THEORIE DER HOCHFREQUENZ-SCHALTUNGEN

VON

H. MEINKE

MIT 383 ABBILDUNGEN
UND 2 TAFELN

MÜNCHEN 1951

VERLAG VON R. OLDENBOURG

Druck und Buchbinderarbeiten:
R. Oldenbourg, Graph. Betriebe G. m. b. H., München.

VORWORT

Das vorliegende Buch unternimmt den Versuch, einen Überblick über die Theorie der Hochfrequenzschaltungen zu geben, soweit sie nicht Elektronenröhren als Bauelemente enthalten. Der verfügbare Rahmen ist infolge der Zeitumstände begrenzt. Es mußte aber trotzdem erreicht werden, daß die Aufgabenstellungen der modernen Dezimeter- und Zentimeterwellentechnik eine ihrer Bedeutung entsprechende Behandlung erhielten. Um den Leser nicht durch eine Fülle von Einzelheiten zu verwirren, mußte ich mich auf die Darstellung der grundlegenden Erscheinungen beschränken. Insbesondere hielt ich es für meine Aufgabe, nicht die komplizierten exakten Theorien wiederzugeben, sondern dem technisch arbeitenden Ingenieur den anschaulichen physikalischen Inhalt der Vorgänge klarzumachen und diejenigen Rechenmethoden und graphischen Lösungsverfahren darzustellen, deren man sich in der Praxis bedient, um trotz aller Kompliziertheit der exakten Theorien mit erträglichem Aufwand eine quantitative Berechnung unter Einhaltung einer zu fordernden Genauigkeit von etwa 1 bis 2% möglich zu machen. Die Erfahrung hat gezeigt, daß solche vereinfachten Verfahren in der Technik außerordentlich erfolgreich sein können, weil der Überblick über die vorhandenen Möglichkeiten nicht durch umfangreiche mathematische Formulierungen verdeckt wird, deren Auswertung viel Zeit kostet, und die den Arbeitsmethoden des Praktikers nicht angepaßt sind. Die gesamte Materie bleibt trotz aller Vereinfachungen noch schwierig genug. Die Notwendigkeit der exakten wissenschaftlichen Begründung durch den Theoretiker bleibt nebenher stets bestehen.

Besonderer Dank gebührt meinem Vater, Heinrich Meinke in Hamburg, der alle Zahlenrechnungen und den Entwurf aller Zeichnungen durchführte, sowie meinem Mitarbeiter Dipl.-Ing. A. Scheuber, der das Manuskript eingehend durchgesehen, wertvolle Ratschläge zu verschiedenen Punkten gegeben und die Korrekturen gelesen hat. Dem Verlag danke ich für seine Bemühungen um die gute Ausstattung des Werkes trotz aller Schwierigkeiten. Herr Dr. Oldenbourg legte mir nahe, durch weitgehende Verwendung des schrägen Bruchstrichs nennenswerten Platz und dadurch Kosten zu sparen, wobei ich annehmen möchte, daß der Leser diese Form der Formeldarstellung als brauchbar anerkennt.

Starnberg, den 14. April 1948

H. Meinke

Die beiden Diagramme (Beilagen I und II) können gegen eine Gebühr von DM. 0.50 je Satz vom Verlag bezogen werden.

INHALTSÜBERSICHT

VI. Leitungsschaltungen

Seite

VII. Die inhomogene Leitung

VIII. Hohlleiter

I. Vorbemerkungen

§ 1. Einige grundlegende Betrachtungen

Derjenige, der sich von der niederfrequenten Elektrotechnik her den Problemen der modernen Hochfrequenztechnik nähern will, wird auf völlig ungewohnte Gedankengänge und Anschauungen stoßen, und die Hauptaufgabe dieses Buches muß es daher sein, in einem Überblick über das gesamte Frequenzgebiet zwischen etwa $2 \cdot 10^4$ und 10^{10} Hz, diese neuen allgemeinen Prinzipien aufzuzeigen, aus denen die Lösungen der unübersehbaren Einzelprobleme herauswachsen. Nur so wird es überhaupt möglich sein, in begrenztem Rahmen eine rein oberflächliche Darstellung zu vermeiden und dem Leser das Verständnis der in den verschiedenen Frequenzbereichen äußerlich so verschiedenartigen Schaltungen soweit zu vermitteln, daß er in der Lage ist, die schwierigere Spezialliteratur zu lesen und mit ihrer Hilfe die Aufgaben der Praxis zu lösen. Nicht darf man dagegen erwarten, daß dieses kleine Buch bereits alle heute bekannten Schaltungsmöglichkeiten und ihre exakten Theorien mitteilt.

Die Kunst des technischen Rechnens besteht darin, die Rechengenauigkeit in diejenige Größenordnung zu bringen, die der bei dem betreffenden Problem auftretenden Genauigkeit der Meßapparaturen und der Herstellbarkeit der einzelnen Bauelemente entspricht. Man verwende jeweils ein Rechenverfahren, das die einfachste, mit der gestellten Aufgabe verträgliche Darstellung ergibt. Dies geschieht nicht so sehr im Hinblick auf die Arbeitsersparnis, sondern zur Steigerung der Übersichtlichkeit. Umfangreiche Formeln verbauen oft die Möglichkeit, alle Varianten zu erkennen, weil sie nach umständlicher Auswertung immer nur Einzelwerte ergeben. Die einfacheren Formeln und auch die durch ihre geometrische Veranschaulichung sehr wertvollen graphischen Methoden gestatten einen schnellen Überblick und geben Hinweise, ob das betreffende Problem noch Abwandlungen gestattet, die eine bessere Lösung ergeben als die ursprünglich beabsichtigte. Gerade im Gebiet der Hochfrequenztechnik, das sich noch in der stetigen Entwicklung befindet und täglich neue, ungelöste Probleme bietet, waren die Verfahren mit zweckmäßig vereinfachter und anschaulicher Darstellung meist erfolgreicher als exakte mathematische Theorien. Dieses Buch befaßt sich daher fast ausschließlich damit, solche einfachen Betrachtungsweisen in Anpassung an die einzelnen Aufgabenstellungen zusammenzustellen. Dabei besteht die Gefahr, daß die äußerlich so verschiedenartigen Formen der Schaltungen in den verschiedenen Frequenzbereichen die Hochfrequenztechnik in verschiedene getrennte Gebiete zerfallen lassen. Es war daher das Bestreben, überall den inneren Zusammenhang

aller Erscheinungen aufzuzeigen, der in den Maxwellschen Grundgesetzen des elektromagnetischen Feldes liegt. Dadurch erreicht man eine einheitliche Behandlung, die eine Anwendung der Erfahrungen des einen Frequenzbereichs auf einen anderen gestattet und dadurch den Umfang des gesamten, vom Hochfrequenztechniker zu beherrschenden Stoffes auf ein erträgliches Maß reduziert. Das elektromagnetische Feld sei daher der Ausgangspunkt aller Betrachtungen. Zur genauen Unterscheidung wird im folgenden die absolute Permeabilität des freien Raumes mit μ_0 und die relative Permeabilität des Mediums mit μ bezeichnet, so daß sich die absolute Permeabilität des Mediums als $\mu \cdot \mu_0$ ergibt. Analog ist ε_0 die absolute Dielektrizitätskonstante des freien Raumes und ε die relative Dielektrizitätskonstante des Mediums. Die absolute Dielektrizitätskonstante des Mediums lautet also $\varepsilon \cdot \varepsilon_0$.
Besteht im Raum mit der Permeabilität μ_0 eine magnetische Feldstärke H, so enthält ein Raumelement dV die magnetische Feldenergie

$$dW_m = \frac{1}{2} \mu_0 H^2 \cdot dV. \tag{1.1}$$

Dimensionen im technischen Maßsystem: H [A/cm], dV [cm³], dW_m [Ws],

$$\mu_0 = 4\pi \cdot 10^{-9} \left[\frac{\text{Vs}}{\text{A cm}}\right] = 4\pi \cdot 10^{-9} \left[\frac{\text{H}}{\text{cm}}\right]. \tag{1.2}$$

Ändert sich im Wechselfeld das H, so muß dauernd eine entsprechende Änderung der Feldenergie vor sich gehen, die durch die bekannten Induktionserscheinungen ihren Ausdruck findet. Wird das H durch ein stromdurchflossenes Leitergebilde erzeugt, das den Strom J [A] führt, so kann man die gesamte Energie W_m des entstandenen Feldes durch Addition aller dW_m bilden und die Induktionserscheinungen durch eine Induktivität L [H] besonders einfach beschreiben, die durch folgendes Gesetz definiert ist:

$$W_m = \frac{1}{2} L J^2. \tag{1.3}$$

Ändert sich J, so muß sich W_m entsprechend ändern, also Energie zugeführt oder abgeführt werden, was zu dem Fragenkomplex der Blindleistung in der Schaltung führt. Bei sehr hohen Frequenzen, wo beispielsweise bei Zentimeterwellen der Strom bis zu 10^{10} Richtungswechsel je Sekunde durchmachen soll, nimmt dieser Energieumsatz des Feldes einen Umfang an, der alle anderen Vorgänge in der Schaltung, insbesondere den Umsatz an Wirkleistung, völlig überdeckt. An sich ist aber die Übertragung einer Wirkleistung vom Generator in den Verbraucher bezüglich der technischen Aufgabenstellung das eigentlich interessierende Moment. Die Hauptaufgabe der modernen Hochfrequenzschaltungstechnik kann man daher mit Recht als den Kampf gegen die Feldenergien bezeichnen. Die einfache Gleichung (1.3) wird bei höheren Frequenzen dadurch unbrauchbar, daß ausgedehntere Gebilde nicht mehr überall den gleichen Strom führen. Dadurch entfallen dann die bekannten Begriffe der Elektrotechnik überhaupt. Da dieser Übergang zu einer neuen Betrachtungsweise erfahrungsgemäß die Hauptschwierigkeit für das Verständnis der Hochfrequenztechnik enthält, soll dies der Kernpunkt des Buches sein, der in den Abschnitten I bis III vorbereitend behandelt wird.

Im Raum bestehen ferner auch elektrische Felder, die ebenfalls eine Feldenergie besitzen. Ist in dem Raum dV mit der Dielektrizitätskonstanten ε_0 die elektrische Feldstärke E [V/cm] gegeben, so enthält dV die Energie

$$dW_e = \frac{1}{2}\,\varepsilon_0\,E^2 \cdot dV \tag{1.4}$$

mit

$$\varepsilon_0 = \frac{1}{3{,}6\,\pi}\,10^{-12}\left[\frac{\mathrm{F}}{\mathrm{cm}}\right]. \tag{1.5}$$

Ein größeres Leitergebilde enthält dann bei gegebener Spannung U [V] zwischen den Leitern die elektrische Feldenergie

$$W_e = \frac{1}{2}\,C\,U^2, \tag{1.6}$$

die proportional zu U^2 ist, wobei der Proportionalitätsfaktor C [F] als Kapazität dieser Anordnung bezeichnet wird. Will man die Spannung ändern, so muß man durch Zuführung oder Abführung von Energie das W_e entsprechend ändern, und so ergibt sich bei sehr hohen Frequenzen, dem schnellen Spannungswechsel entsprechend, auch noch ein erheblicher Umsatz an elektrischer Energie. Keine Spannungsquelle ist in der Lage, solche Energiemengen im Moment des Feldaufbaus bei wachsendem Strom oder wachsender Spannung zu liefern, und kein Gebilde ist in der Lage, die Wärmemengen aufzunehmen, die entstehen würden, wenn man diese Energiemengen im Moment des Feldabbaus bei abnehmendem Strom oder abnehmender Spannung durch Umwandlung in Wärme vernichten wollte. Die Schaltungskunst besteht nun darin, die nicht mehr benötigte Energie der einen Art im betreffenden Moment in Energie der anderen Art zu verwandeln und an einem geeigneten anderen Ort der Schaltung aufzubewahren, um sie zu dem späteren Zeitpunkt, wo man sie nach Ablauf der Schwingungsperiode wieder benötigt, zur Verfügung zu haben. Nur so wird es möglich, einen guten Wirkungsgrad zu erzielen und die Schaltungen mit Elektronenröhren auszusteuern, die stets relativ leistungsschwache Stromquellen darstellen, aber bei hohen Frequenzen durch nichts zu ersetzen sind. Mit Ausnahme weniger Fälle, wo man die Blindleistung zur Erzielung bestimmter Effekte nutzbringend verwenden kann, wird man durch geeignete Formgebung der Schaltelemente die Feldenergien klein halten, möglichst einfache Schaltungen mit wenigen Bauteilen wählen, insbesondere den felderfüllten Raum, also das Volumen der Schaltung, nach Möglichkeit beschränken. Bei höheren Frequenzen ist die Spannung zwischen den begrenzenden Leitern nicht mehr überall die gleiche und die Definition der Kapazität nach (1.6) hört überhaupt auf. Hier sind also völlig neue Definitionen erforderlich, wobei man sich natürlich bemühen wird, sich nicht unnötig weit von den gewohnten Begriffen zu entfernen.

Ferner tritt bei hohen Frequenzen ein extremer Skineffekt auf, so daß die Ströme nur in sehr dünnen Oberflächenschichten der Leiter fließen (Eindringtiefe 10^{-3} bis 10^{-6} cm). Dies führt ebenfalls zu zahlreichen Erscheinungen, die für die normale Elektrotechnik ungewohnt sind. Da das Leiterinnere völlig frei von Strömen und Feldern ist, ist ein Leiter nicht mehr eine gut leitende Verbindung aller seiner Punkte, sondern man muß ihn konsequent so ansehen, als ob das Innere des Leiters unterhalb der dünnen stromdurchflossenen Schicht eine nichtleitende, andersartige Substanz ist, die für alle elektromagnetischen Vorgänge absolut undurchdringlich ist. Diese Erkenntnis wird zum Verständnis vieler eigenartiger Schaltelemente erforderlich sein. In der Gewöhnung an solche neuartigen Erscheinungen liegt der Schlüssel zum Umgang mit den Schaltungen bei höheren Frequenzen, die in der modernen Hochfrequenztechnik eine immer größere Rolle spielen und ein völlig neuartiges Gebiet der Elektrotechnik darstellen.

Da die Betriebsfrequenzen f dann sehr große Zahlen ergeben, ist es vielfach zweckmäßig, an ihrer Stelle mit „Wellenlängen" zu arbeiten. Als Wellenlänge λ bezeichnet man die zu der Betriebsfrequenz gehörende Wellenlänge der elektromagnetischen Wellen im freien Raum. Es ist stets das Produkt der Wellenlänge und der Frequenz gleich der Fortpflanzungsgeschwindigkeit v der Welle. Mit $v = 3 \cdot 10^8$ [m/s] wird

$$\lambda = 3 \cdot 10^8/f\,[\mathrm{m}] = 3 \cdot 10^{10}/f\,[\mathrm{cm}]. \tag{1.7}$$

Man wendet folgende Bezeichnungen an:

Bereiche		Schaltungsarten	Frequenz	Wellenlänge
Lange Wellen	Längstwellen	↑ Konzentrierte Elemente	10^4 Hz	30000 m
			$3 \cdot 10^4$ Hz	10000 m
	Langwellen		10^5 Hz	3000 m
			$3 \cdot 10^5$ Hz	1000 m
	Mittelwellen		10^6 Hz	300 m
			$3 \cdot 10^6$ Hz	100 m
Kurze Wellen	Kurzwellen	↑	10^7 Hz	30 m
			$3 \cdot 10^7$ Hz	10 m
	Ultrakurzwellen	↓ Leitungen	10^8 Hz	3 m
			$3 \cdot 10^8$ Hz	1 m
Sehr kurze Wellen	Dezimeterwellen		10^9 Hz	30 cm
		↑	$3 \cdot 10^9$ Hz	10 cm
	Zentimeterwellen	Hohlleiter	10^{10} Hz	3 cm
		↓ ↓	$3 \cdot 10^{10}$ Hz	1 cm

Bei Verwendung des λ sollte man den inneren Sinn des Wortes „Wellenlänge" ruhig vergessen und λ einfach als eine zweckmäßige Frequenzangabe ansehen. Während man bei Frequenzen unter 10^8 Hz im allgemeinen ebensogut mit Frequenzangaben in MHz arbeiten könnte, wird man sich bei noch kürzeren Wellen eindeutig für die Benutzung des λ entscheiden, weil dieses λ dann auch unmittelbare Beziehungen zu den Vorgängen in der Schaltung hat. Die wirklichen auf den Leitungen in der Schaltung auftretenden Wellenlängen werden zur genauen Unterscheidung vom λ stets mit λ^* bezeichnet.

Es gelingt im allgemeinen, den mathematischen Aufwand der hochfrequenztechnischen Probleme in dem Rahmen zu halten, der einem Ingenieur geläufig ist. Während also die prinzipiellen Schwierigkeiten erträglich bleiben, nehmen jedoch die Formeln häufig einen solchen Umfang an, daß der zeitliche Arbeitsaufwand für ihre Auswertung zu groß wird und ihr quantitativer Inhalt nicht mehr voll überblickt werden kann. Es ist eine bekannte Tatsache, daß wertvolle Eigenschaften bekannter Schaltungsgebilde jahrelang unentdeckt blieben, weil eine zu komplizierte Formel die notwendigen Erkenntnisse nicht zu sehen gestattete, und daß sie sich erst demjenigen eröffneten, dem die notwendige Vereinfachung der mathematischen Darstellung gelang. Diese Vereinfachung geben die sogenannten Näherungsverfahren, die gerade der Praktiker kennen und in größtem Umfang einsetzen sollte. Unter diesen Näherungen spielen die Reihenentwicklungen eine große Rolle. Ihre Anwendung wird in diesem Buch an zahlreichen Beispielen gezeigt.

Die Differentialrechnung beweist, daß man eine gegebene Funktion nach der Vorschrift (1.19) in eine Potenzreihe mit unendlich vielen Gliedern entwickeln kann. Die Funktion und die Reihe sind identisch, solange die Reihe konvergiert. Einen praktischen Nutzen gibt die Reihe nur dann, wenn sie gut konvergiert, d. h. wenn man sich durch Anwendung einer begrenzten und möglichst geringen Anzahl von Gliedern der Ausgangsfunktion bereits mit ausreichender Genauigkeit nähert. Für technische Probleme reicht im allgemeinen eine Genauigkeit von 1% aus, d. h. die Abweichung zwischen der Funktion und der auf endlich viele Glieder beschränkten Reihe soll weniger als 1% des Funktionswertes sein. Ziel der Reihenentwicklung ist es, die gegebene, zu komplizierte Funktion in eine einfachere Form zu bringen, und dieses Ziel wird im allgemeinen nur dann wirklich erreicht, wenn bereits die beiden ersten Glieder der Reihe die Funktion mit der genannten Genauigkeit beschreiben. Eine solche Näherung stellt dann eine mathematisch exakte Formulierung dar, wenn man gleichzeitig angibt, welche Genauigkeit sie erreicht und für welche Grenzen der unabhängigen Veränderlichen x diese Genauigkeit erreicht wird. Maßgebend dafür ist das größte der unendlich vielen vernachlässigten Glieder der Reihe. Dieses Glied gestattet dann eine Abschätzung der Grenzen der aus zwei Gliedern bestehenden Näherung. In (1.14) ist ferner ein wichtiges Beispiel für eine Funktion mit zwei unabhängigen Veränderlichen gegeben.

Folgende Reihen werden vorzugsweise benutzt:

$$1/(1 \pm x) = 1 \mp x + x^2 \ldots\ldots \tag{1.8}$$

$$\sqrt{1 \pm x} = 1 \pm \frac{1}{2} x - \frac{1}{8} x^2 \ldots\ldots \tag{1.9}$$

$$1/\sqrt{1 \pm x} = 1 \mp \frac{1}{2} x + \frac{3}{8} x^2 \ldots\ldots \tag{1.10}$$

Für kleine x kann man das quadratische Glied der Reihe vernachlässigen und hat dann die komplizierte Funktion durch eine sehr einfache lineare Funktion ersetzt. Es gilt die Regel, daß für $x < 0{,}1$ stets bereits durch das lineare Glied die technische Rechengenauigkeit von 1% erreicht wird. Wenn an Stelle von $(1 \pm x)$ der Ausdruck $(a \pm b)$ steht, wo $b < 0{,}1a$ ist, rechnet man: $a \pm b = a\,(1 \pm b/a)$ und setzt dieses $b/a = x$, wobei dann die Forderung $x < 0{,}1$ erfüllt ist und die Näherungsformeln benutzt werden können. Wenn x eine komplexe Zahl ist, muß dabei $|x| < 0{,}1$ sein. Eine geschickte Anwendung dieser Näherungen kann das Rechnen ganz wesentlich erleichtern, ohne daß man auf Genauigkeit zu verzichten braucht. Sehr oft finden diese Formeln Anwendung, wenn man das Verhalten einer Schaltung bei einer bestimmten Frequenz f_0 kennt und nun ihr Verhalten in einem kleinen Frequenzbereich in der Umgebung dieser Frequenz kennenlernen will. Dann setzt man die Frequenz f dieses Bereiches als

$$f = f_0 + \Delta f = f_0\,(1 + \Delta f/f_0) \tag{1.11}$$

und betrachtet so kleine Δf, daß $|\Delta f|/f_0 < 0{,}1$ und als Größe x in den Näherungsformeln verwendbar ist. Beispiel: Zur Frequenz f_0 gehöre nach (1.7) die Wellenlänge λ_0, zur Frequenz f die Wellenlänge λ. Es ist dann

$$\lambda = \lambda_0 + \Delta\lambda = \lambda_0\,(1 + \Delta\lambda/\lambda_0). \tag{1.12}$$

Gesucht ist der Zusammenhang zwischen Δf und $\Delta\lambda$. Nach (1.7) wird

$$\lambda_0\left(1 + \frac{\Delta\lambda}{\lambda_0}\right) = \frac{3 \cdot 10^8}{f_0\,(1 + \Delta f/f_0)}\,[\mathrm{m}].$$

Wegen $\lambda_0 = 3 \cdot 10^8/f_0\,[\mathrm{m}]$ wird nach (1.8)

$$1 + \Delta\lambda/\lambda_0 = 1/(1 + \Delta f/f_0) \approx 1 - \Delta f/f_0;$$

$$\Delta\lambda/\lambda_0 \approx -\Delta f/f_0. \tag{1.13}$$

Für kleine Größen x_1 und x_2 gilt nach (1.8) unter Vernachlässigung aller Glieder höherer Ordnung, insbesondere der Produkte von x_1 und x_2

$$(1 + x_1)/(1 + x_2) \approx 1 + x_1 - x_2. \tag{1.14}$$

Weitere hier verwendete Reihenentwicklungen sind:

$$\sin x = x - x^3/6 \;\ldots\ldots \tag{1.15}$$

$$\cos x = 1 - x^2/2 \;\ldots\ldots \tag{1.16}$$

$$\mathrm{tg}\; x = x + x^3/3 \;\ldots\ldots \tag{1.17}$$

$$\ln(1 \pm x) = \pm x - x^2/2 \;\ldots\ldots \tag{1.18}$$

Alle diese Reihen können nach der Taylorentwicklung

$$f(x) = f(x_0 + \Delta x) = f(x_0) + \left(\frac{df}{dx}\right)_{x = x_0} \cdot \Delta x + \left(\frac{d^2 f}{dx^2}\right)_{x = x_0} \cdot \frac{(\Delta x)^2}{2} + \;\ldots\ldots \tag{1.19}$$

gewonnen werden. $f(x_0)$ ist dabei der Funktionswert des $f(x)$ an der Stelle $x = x_0$, $(df/dx)_{x = x_0}$ und $(d^2 f/dx^2)_{x = x_0}$ usw. sind die ersten, zweiten usw. Differentialquotienten an der Stelle $x = x_0$.

§ 2. Das Rechnen mit komplexen Größen

Im vorliegenden Rahmen kann nicht eine vollständige Ableitung der komplexen Rechenmethode gegeben werden, die bereits in zahlreichen Lehrbüchern dargestellt ist. Trotzdem sollen die Definitionen und Formeln kurz zusammengestellt werden, weil diese Methode für die quantitative Behandlung der Hochfrequenzschaltungen von ausschlaggebender Bedeutung ist.
Eine Schwingung hat den reellen Momentanwert

$$a = A \cdot \cos(\omega t + \psi), \tag{2.1}$$

die reelle Amplitude A, die Kreisfrequenz $\omega = 2\pi f$ und die Phase ψ gegenüber einer Bezugsschwingung, der man die Phase Null zuerteilt hat. Diesen reellen Momentanwert ergänzt man durch ein imaginäres Zusatzglied zum komplexen Momentanwert

$$\mathfrak{a} = A\,[\cos(\omega t + \psi) + j \sin(\omega t + \psi)] = A \cdot e^{j(\omega t + \psi)}, \tag{2.2}$$

wobei man die Eulersche Gleichung

$$\cos\alpha + j\sin\alpha = e^{j\alpha} \tag{2.3}$$

benutzt. Dieses Zusatzglied hat keine physikalische Bedeutung, sondern soll nur die obige Umformung ermöglichen, die bei einer ganzen Reihe von Rechnungen eine wesentliche Erleichterung darstellt. Man muß sich dabei aber auf solche Rechnungen beschränken, bei denen das Zusatzglied unverändert durchläuft und am Schluß wieder herausgezogen werden kann. Es ist zweckmäßig, den Momentanwert (2.2) in zwei Faktoren zu zerlegen

$$\mathfrak{a} = (A \cdot e^{j\psi})\, e^{j\omega t} = \mathfrak{A} \cdot e^{j\omega t}, \tag{2.4}$$

die komplexe Amplitude $\mathfrak{A}$ und den Zeitfaktor $e^{j\omega t}$. In Gleichungen, die auf beiden Seiten den Zeitfaktor $e^{j\omega t}$ enthalten, und in denen dieser die Rechnung unverändert durchläuft, wird man diesen Faktor meist fortlassen, ohne jedoch zu vergessen, daß er im Prinzip dort vorhanden ist. Die komplexe Amplitude

$$\mathfrak{A} = A \cdot e^{j\psi} \tag{2.5}$$

enthält die reelle Amplitude und die Phase der Schwingung. Spezielle Werte der Phase geben nach (2.3) die Zahlen

$$e^{j\psi} = j, \qquad \psi = \pi/2; \tag{2.6}$$

$$e^{j\psi} = -1, \qquad \psi = \pi; \tag{2.7}$$

$$e^{j\psi} = -j, \qquad \psi = 3\pi/2 \text{ oder } \psi = -\pi/2. \tag{2.8}$$

Mit komplexen Amplituden sind folgende Rechnungen zulässig: Addition und Subtraktion ohne Einschränkung, ferner Multiplikation mit einer komplexen Zahl $\mathfrak{K}$, die aber keine komplexe Amplitude sein darf, also zeitunabhängig sein muß. Der Differentialquotient eines komplexen Momentanwertes (2.4) nach der Zeit

$$\frac{d\mathfrak{a}}{dt} = \frac{d}{dt}(\mathfrak{A} \cdot e^{j\omega t}) = j\omega\mathfrak{A} \cdot e^{j\omega t} \tag{2.9}$$

hat die komplexe Amplitude $j\omega\mathfrak{A}$. Der Faktor j bedeutet nach (2.6) eine Phasenverschiebung um $\pi/2$. Eine zeitliche Differentiation erscheint dann also als einfache Mutiplikation mit dem zeitunabhängigen Faktor $j\omega$. Wenn man zwei komplexe Momentanwerte gleicher Frequenz $\mathfrak{a}_1 = \mathfrak{A}_1 \cdot e^{j\omega t} = A_1 \cdot e^{j\varphi_1} \cdot e^{j\omega t}$ und $\mathfrak{a}_2 = \mathfrak{A}_2 \cdot e^{j\omega t} = A_2 \cdot e^{j\varphi_2} \cdot e^{j\omega t}$ dividiert,

$$\frac{\mathfrak{a}_1}{\mathfrak{a}_2} = \frac{\mathfrak{A}_1 \cdot e^{j\omega t}}{\mathfrak{A}_2 \cdot e^{j\omega t}} = \frac{\mathfrak{A}_1}{\mathfrak{A}_2} = \mathfrak{R}, \tag{2.10}$$

so fällt der Zeitfaktor fort und man erhält eine komplexe Zahl $\mathfrak{R}$, die gleich dem Quotienten der komplexen Amplituden ist. Diese Zahl $\mathfrak{R}$ ist von anderer Art als die Zahlen vom Typ $\mathfrak{A}$ oder $\mathfrak{a}$, weil sie zeitunabhängig ist und nicht mehr durch den Faktor $e^{j\omega t}$ ergänzt werden darf.

$$\mathfrak{R} = |\,\mathfrak{R}\,| \cdot e^{j\Phi} = \frac{\mathfrak{A}_1}{\mathfrak{A}_2} = \frac{A_1}{A_2} e^{j(\varphi_1 - \varphi_2)} \tag{2.11}$$

enthält mit seinem Absolutwert $|\mathfrak{R}|$ den Quotienten der reellen Amplituden und mit seiner Phase Φ die Phasendifferenz der beiden Schwingungen. Komplexe Zahlen stellt man in der komplexen Zahlenebene dar. Um die Zahlen vom Typ $\mathfrak{A}$ und $\mathfrak{R}$ auch äußerlich zu unterscheiden, wird hier $\mathfrak{A}$ nach Abb. 1 stets als Pfeil und $\mathfrak{R}$ nach Abb. 2 als Punkt gezeichnet.

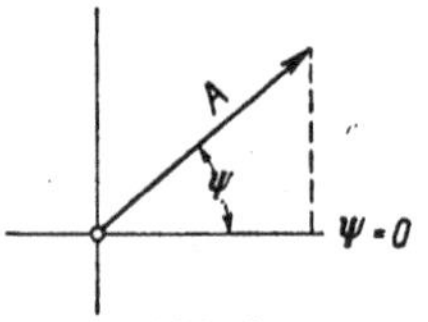

Abb. 1. Komplexe Amplitude

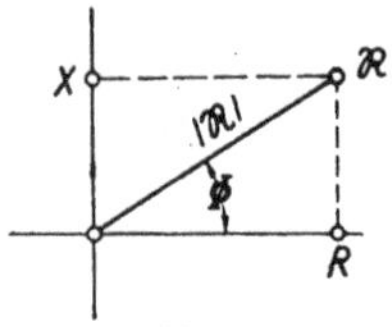

Abb. 2. Komplexe Zahl

Die Zahl

$$\mathfrak{R} = R + jX \tag{2.12}$$

beschreibt man auch durch ihren Realteil R und ihren Imaginärteil jX. Es ist nach Abb. 2

$$R = |\mathfrak{R}| \cdot \cos\Phi; \quad X = |\mathfrak{R}| \cdot \sin\Phi; \quad |\mathfrak{R}| = \sqrt{R^2 + X^2}; \quad \mathrm{tg}\,\Phi = X/R. \tag{2.13}$$

Für die hochfrequenztechnischen Anwendungen werden folgende Bezeichnungen benutzt. Für den Strom: Reeller Momentanwert $i = J \cdot \cos(\omega t + \psi)$; komplexer Momentanwert $\mathfrak{i} = \mathfrak{J} \cdot e^{j\omega t}$; komplexe Amplitude $\mathfrak{J} = J \cdot e^{j\psi}$; reelle Amplitude (Scheitelwert) J. Für die Spannung: Reeller Momentanwert $u = U \cdot \cos(\omega t + \chi)$; komplexer Momentanwert $\mathfrak{u} = \mathfrak{U} \cdot e^{j\omega t}$; komplexe Amplitude $\mathfrak{U} = U \cdot e^{j\chi}$; reelle Amplitude (Scheitelwert) U. Für die elektrische Feldstärke: Komplexer Momentanwert $\mathfrak{e} = \mathfrak{E} \cdot e^{j\omega t}$; komplexe Amplitude $\mathfrak{E} = E \cdot e^{j\xi}$; reelle Amplitude (Scheitelwert) E. Für die magnetische Feldstärke: Komplexer Momentanwert $\mathfrak{h} = \mathfrak{H} \cdot e^{j\omega t}$; komplexe Amplitude $\mathfrak{H} = H \cdot e^{j\tau}$; reelle Amplitude (Scheitelwert) H. Der Quotient der komplexen Amplituden der Spannung und des Stromes nach (2.11) ist der komplexe Widerstand

$$\mathfrak{R} = \mathfrak{U}/\mathfrak{J} = |\mathfrak{R}| \cdot e^{j\Phi} = R + jX \tag{2.14}$$

mit dem Wirkwiderstand R und dem Blindwiderstand jX. Sein Reziprokwert ist der komplexe Leitwert

$$\mathfrak{G} = \mathfrak{J}/\mathfrak{U} = 1/\mathfrak{R} = |\mathfrak{G}| \cdot e^{j\Theta} = G + jY \tag{2.15}$$

mit dem Wirkleitwert G und dem Blindleitwert jY. Die technische Einheit des Leitwerts ist 1 Siemens, abgekürzt S; $[S] = [\Omega^{-1}]$. Es ist wie in (2.13)

$$G = |\mathfrak{G}| \cdot \cos\Theta; \quad Y = |\mathfrak{G}| \cdot \sin\Theta; \quad |\mathfrak{G}| = \sqrt{G^2 + Y^2}; \quad \operatorname{tg}\Theta = Y/G. \tag{2.16}$$

Der Zusammenhang zwischen Widerstand und Leitwert lautet

$$\mathfrak{G} = G + jY = \frac{1}{R + jX} = \frac{R}{R^2 + X^2} - j\frac{X}{R^2 + X^2}; \tag{2.17}$$

$$\mathfrak{R} = R + jX = \frac{1}{G + jY} = \frac{G}{G^2 + Y^2} - j\frac{Y}{G^2 + Y^2}; \tag{2.18}$$

$$|\mathfrak{G}| = 1/|\mathfrak{R}|; \qquad \Theta = -\Phi. \tag{2.19}$$

Die Serienschaltung zweier Widerstände $\mathfrak{R}_1 = R_1 + jX_1$ und $\mathfrak{R}_2 = R_2 + jX_2$ ergibt den Widerstand

$$\mathfrak{R} = \mathfrak{R}_1 + \mathfrak{R}_2 = (R_1 + R_2) + j(X_1 + X_2). \tag{2.20}$$

Bei Parallelschaltung rechnet man mit Leitwerten. Die Parallelschaltung zweier Leitwerte $\mathfrak{G}_1 = G_1 + jY_1$ und $\mathfrak{G}_2 = G_2 + jY_2$ ergibt den Leitwert

$$\mathfrak{G} = \mathfrak{G}_1 + \mathfrak{G}_2 = (G_1 + G_2) + j(Y_1 + Y_2). \tag{2.21}$$

Mit $\mathfrak{G} = 1/\mathfrak{R}$ wird aus (2.21) die bekannte Formel

$$1/\mathfrak{R} = 1/\mathfrak{R}_1 + 1/\mathfrak{R}_2; \qquad \mathfrak{R} = \mathfrak{R}_1\mathfrak{R}_2/(\mathfrak{R}_1 + \mathfrak{R}_2) \tag{2.22}$$

für parallelgeschaltete Widerstände, die jedoch bei komplexen Widerständen in der praktischen Anwendung zu kompliziert ist.

In Analogie zur Leistungsformel $N = U \cdot I$ bei Gleichstrom definiert man hier eine Scheinleistung $\mathfrak{N}$ durch folgendes Produkt

$$\begin{aligned} \mathfrak{N} &= \frac{1}{2}(U \cdot e^{j\chi})(J \cdot e^{-j\psi}) = \frac{1}{2} U J \cdot e^{j(\chi-\psi)} \\ &= \frac{1}{2} U J \cdot \cos(\chi - \psi) + j\frac{1}{2} U J \cdot \sin(\chi - \psi). \end{aligned} \tag{2.23}$$

$(\chi - \psi)$ ist der Phasenwinkel Φ des Widerstandes, dem die Leistung zugeführt wird. Den Realteil bezeichnet man als die Wirkleistung

$$N = \frac{1}{2} U J \cdot \cos\Phi, \tag{2.24}$$

den Imaginärteil als die Blindleistung

$$B = \frac{1}{2} U J \cdot \sin\Phi. \tag{2.25}$$

Mit $U = J \cdot |\mathfrak{R}|$ wird nach (2.14) und (2.3)

$$N = \frac{1}{2} J^2 \cdot R; \qquad B = \frac{1}{2} J^2 \cdot X. \tag{2.26}$$

Es gibt positive (induktive) und negative (kapazitive) Blindleistung. Mit $J = U \cdot |\mathfrak{G}|$ wird nach (2.15) und (2.3)

$$N = \frac{1}{2} U^2 \cdot G; \qquad B = -\frac{1}{2} U^2 \cdot Y. \tag{2.27}$$

II. Konzentrierte, verlustfreie Blindwiderstände

§ 3. Ideale induktive Blindwiderstände

Eine ideale stromdurchflossene Induktivität speichert die gesamte ihr zugeführte Energie in ihrem magnetischen Feld und gibt sie ohne Verlust (§ 7) wieder ab, wenn der Strom aufhört. Wenn dabei keine wesentlichen elektrischen Felder in diesem Gebilde auftreten, also keine Speicherung elektrischer Energie als Nebenerscheinung auftritt (§ 13), stellt diese ideale Induktivität einen positiven Blindwiderstand dar

$$\mathfrak{R}_L = \mathfrak{U}/\mathfrak{J} = jX_L = j\omega L, \tag{3.1}$$

der genau proportional zur Frequenz wächst. Der zugehörige Leitwert lautet nach (2.15)

$$\mathfrak{G}_L = 1/\mathfrak{R}_L = jY_L = -j\,1/(\omega L). \tag{3.1a}$$

Man beachte die Vorzeichenumkehr beim Übergang vom Blindwiderstand zum Blindleitwert. L nennt man die Induktivität der Spule, die bei Anwendung von (3.1) im technischen Maßsystem in Henry [H] einzusetzen ist. Abb. 3 gibt Anhaltspunkte über die in den verschiedenen Frequenzbereichen (§ 1) auftretenden L-Werte. Man erkennt, daß diese Induktivitäten stets sehr klein sind. Die Einheit [H] ist daher für die Hochfrequenztechnik wenig geeignet und man rechnet zahlenmäßig im allgemeinen mit [nH] (1 nH $= 10^{-9}$ H). Die bei hohen Frequenzen zweckmäßige Formel für X_L ersetzt außerdem in (3.1) die Frequenz durch λ nach (1.7) und lautet dann

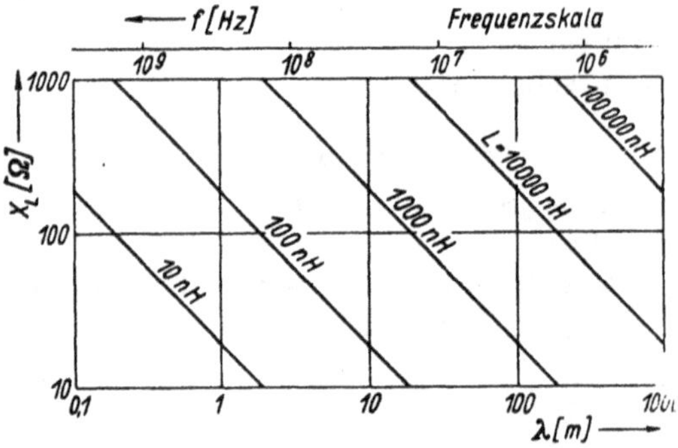

Abb. 3. Induktive Blindwiderstände

$$jX_L = j\,1{,}88 \cdot L/\lambda\,[\Omega] \quad (L \text{ in nH};\ \lambda \text{ in m}). \tag{3.2}$$

Der Blindleitwert lautet dementsprechend

$$jY_L = 1/(jX_L) = -j\,0{,}53 \cdot \lambda/L\,[\mathrm{S}] \quad (L \text{ in nH};\ \lambda \text{ in m}). \tag{3.3}$$

Die größeren Induktivitäten stellt man meist als einlagige Zylinderspulen her (Abb. 4). Ihre Induktivität lautet für $l > 0{,}3D$ in guter Näherung

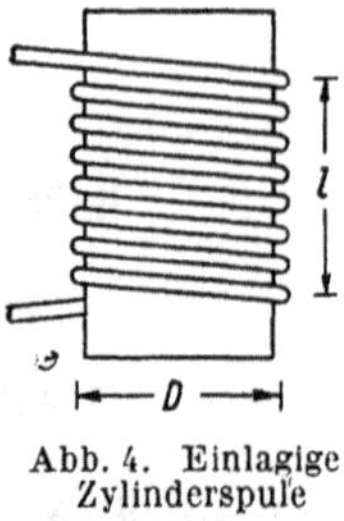

Abb. 4. Einlagige Zylinderspule

$$L = \frac{21{,}8}{1 + 2{,}2\,l/D}\,n^2 D \text{ [nH] (Längen in cm)}, \tag{3.4}$$

wobei n die Windungszahl, D der mittlere Spulendurchmesser (bezogen auf die Drahtachsen) und l die Länge der Spule ist. Auf eine Ableitung dieser und der folgenden Formeln muß verzichtet werden. Diese Formel ist sehr genau, wenn der Abstand benachbarter Drähte gleich dem Drahtdurchmesser ist, und auch dann noch anwendbar, wenn der Abstand benachbarter Drähte kleiner als der doppelte Drahtdurchmesser ist. Sie läßt sich auch auf mehrlagige Zylinderspulen anwenden, wenn die Wicklung nicht zu dick und D der mittlere Durchmesser der Wicklung ist. Auch von der Kreisform abweichende Spulenquerschnitte kann man so annähernd berechnen, wenn man die Querschnittskurve durch einen mittleren Kreis ersetzt. Extreme Anforderungen an die Genauigkeit der L-Berechnung wird man in der Hochfrequenztechnik wegen der vielen Nebeneffekte nicht stellen. Wenn diese Spule in einer Abschirmhaube nach Abb. 5 liegt, vermindert sich die nach (3.4) berechnete Induktivität L wegen der Wirbelströme in der Haube durch einen Faktor F auf den Wert L', wobei man F für eine bestimmte Lage der Spule aus Abb. 5 entnehmen kann:

$$L' = F \cdot L. \tag{3.4a}$$

D_S ist dabei der Durchmesser der Haube mit kreisförmigem Querschnitt oder die Breite der Haube mit quadratischem Querschnitt.

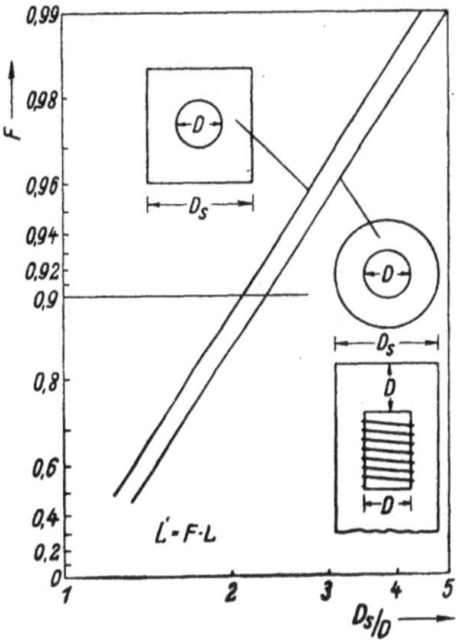

Abb. 5. Zylinderspule mit Abschirmhaube

Wenn man die Induktivität durch einen Eisenkern vergrößern will, muß man zur Verringerung der bei diesen Frequenzen sehr gefährlichen Wirbelströme im Eisen den Kern aus extrem dünnen, voneinander isolierten Blechen aufbauen. Meist verwendet man jedoch sogenanntes Hochfrequenzeisen, das aus feinstem Eisenpulver in einem isolierenden Bindemittel besteht. Die handelsüblichen Kerne, die verschiedenste Formen aufweisen, erhöhen das L der Zylinderspule gegenüber (3.4) um den Faktor 2 bis 5. Höhere Faktoren erreicht man nicht, da das Eisen hier durch zahlreiche nichtmagnetische Zwischenräume unterteilt ist. Die Berechnung der Induktivität erfolgt nach der Formel

$$L = n^2 \cdot K, \tag{3.5}$$

wobei n die Windungszahl und K eine für den betreffenden Kern durch Messung zu bestimmende Kernkonstante ist, die von der Kernform und dem Eisengehalt der Kernsubstanz abhängt. Die endgültige Dimensionierung richtet sich meist nach der Forderung kleinster Verluste (§ 7).

Eine Abart der Zylinderspule ist die Flachspule (Abb. 6). Eine gute Näherungsformel lautet dann für $l > 0{,}2\,D$ ähnlich wie in (3.4)

$$L = \frac{24{,}6}{1 + 2{,}8\, l/D}\, n^2 D\,[\text{nH}]\ (\text{Längen in cm}), \tag{3.6}$$

wobei hier l die Breite der Wicklung und D der mittlere Wicklungsdurchmesser ist.

Spulen aus wenigen Windungen berechnet man nicht nach (3.4), sondern so, daß man zunächst nach (3.8) die Induktivität jeder einzelnen Windung und nach (4.11) die Gegeninduktivität jeder Windung gegen jede andere sucht. Die Gesamtinduktivität L ist dann die Summe aller Induktivitäten L_n der n gleichen Einzelwindungen und aller Gegeninduktivitäten jeder Windung gegen jede andere, wobei also jede Gegeninduktivität zweimal vorkommt:

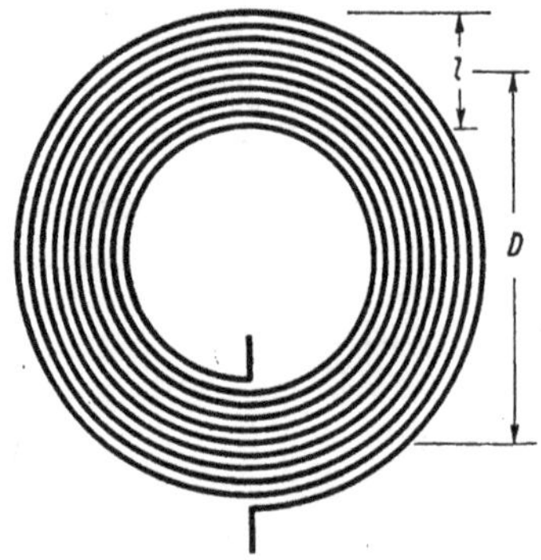

Abb. 6. Flachspule

$$L = n\,L_n + 2 \sum_{n,m} M_{nm}. \qquad (3.7)$$

Dabei ist M_{nm} die Gegeninduktivität zwischen der n-ten und der m-ten Windung.

Eine einzelne kreisförmige Windung mit dem Drahtdurchmesser d und dem mittleren Windungsdurchmesser D besitzt für $d < 0{,}1\,D$ die Formel

$$L = [0{,}5 + 14{,}5\,\lg_{10}(D/d)]\,D\,[\mathrm{nH}] \text{ (Längen in cm).} \qquad (3.8)$$

Hier erreicht man nur sehr kleine Werte des L. Der wesentliche Faktor zur Herstellung großer Induktivitäten ist also das n^2 in den Formeln.

Ein Draht mit dem Durchmesser d und der Länge l hat für $l > 50\,d$ die Induktivität

$$L = [A + 4{,}6\,\lg_{10}(l/d)]\,l\,[\mathrm{nH}] \text{ (Längen in cm),} \qquad (3.9)$$

wobei A folgende Werte hat, wenn der Draht zu Schleifen verschiedener Form gebogen ist:

$A = 0{,}8$ für einen geraden Draht
$A = -2{,}1$ für einen zum Kreis gebogenen Draht nach (3.8)
$A = -2{,}5$ für ein regelmäßiges Sechseck
$A = -2{,}9$ für eine quadratische Schleife
$A = -3{,}6$ für ein gleichseitiges Dreieck.

Bei all diesen Gebilden, deren Felder weit nach außen greifen, ist zu beachten, daß ihre Felder und damit ihre L-Werte auch durch Vorgänge im Außenraum beeinflußt werden, so daß die für den freien Raum berechneten Werte stets nur angenähert richtig sind.

Zu den so berechneten L-Werten kommt die Induktivität der Zuleitungsdrähte zwischen dem betrachteten Gebilde und den Anschlußpunkten in der Schaltung, wo der Blindwiderstand wirksam werden soll. Diese Drähte sind meist so kurz, daß (3.9) nicht mehr anwendbar ist. Dann gilt als sehr einfache, aber für die praktischen Bedürfnisse ausreichende Merkregel

$$L = l/d\,[\mathrm{nH}] \text{ (l und d in gleichen Einheiten)} \qquad (3.10)$$

für Drahtlängen l bis zu einigen cm und Drahtstärken d in der Größe von einigen mm. Bei Hochfrequenz wird man Spulen mit genau vorgeschriebenen

L-Werten nicht durch Berechnung gewinnen, sondern nachträglich mit Hilfe eines geeigneten Meßverfahrens abgleichen und kann deshalb den Formeln gewisse Ungenauigkeiten gestatten. Über solche Meßverfahren vgl. § 12. Daher enthalten die Hochfrequenzschaltungen an den für die Genauigkeit entscheidenden Stellen stets stetig einstellbare Gebilde. Trotz dieser Einstellfreiheit ist dann aber für den eingestellten Wert eine einwandfreie zeitliche Konstanz zu fordern, also die Verhinderung mechanischer Verbiegungen und thermischer Ausdehnung. Zuleitungen mit sehr kleiner Induktivität gewinnt man, wenn man beide Zuleitungen aus dicken Drähten oder breiten Bändern herstellt und sie nahe beieinander laufen läßt, was jedoch stets auch mit nennenswerten Kapazitäten zwischen den Zuleitungen verbunden ist (§ 13). Bilden die Zuleitungen ein Stück homogener Leitung vom Wellenwiderstand Z (§ 25) und der Länge l, so beträgt ihre Induktivität nach (25.13)

$$L = Z \cdot l/30 \text{ [nH] (Längen in cm).} \quad (3.11)$$

Sehr kleine Induktivitäten stellt man durch zwei koaxiale Zylinder der Länge l nach Abb. 7 dar. Nach (3.11) und (25.16) ist dann

$$L = 4{,}6\, l \cdot \lg_{10}(D/d) \text{ [nH] (Längen in cm)} \quad (3.12)$$

bzw.

$$L = 2\, l \cdot \ln(D/d) \text{ [nH] (Längen in cm).} \quad (3.12a)$$

In vielen Fällen benötigt man Spulen mit stetig veränderlicher Induktivität, die man als Variometer bezeichnet. Ein veränderliches L kann man dadurch erreichen, daß man die eine Zuleitung an einen längs des Spulendrahtes verschiebbaren Anschlußpunkt führt. Dann ist jedoch den Kontakten besondere Aufmerksamkeit zu widmen, die oft große Ströme führen und die man stetig verschieben können muß. Man erreicht dabei einen sehr großen Variationsbereich. Auch durch Verändern oder Verschieben eines Hochfrequenzeisenkerns innerhalb der Spule kann man eine L-Änderung in beschränktem Ausmaß erreichen. Verschiebbare Kontakte vermeidet ebenfalls eine Anordnung, wo innerhalb einer großen Spule eine kleinere Spule gedreht wird (Abb. 8). L_1 sei die Induktivität der äußeren, L_2 die Induktivität der inneren Spule, M die vom Drehwinkel α abhängige Gegeninduktivität zwischen den beiden Spulen (§ 4). Wenn dann die beiden Spulen in Serie geschaltet werden, ist die Gesamtinduktivität

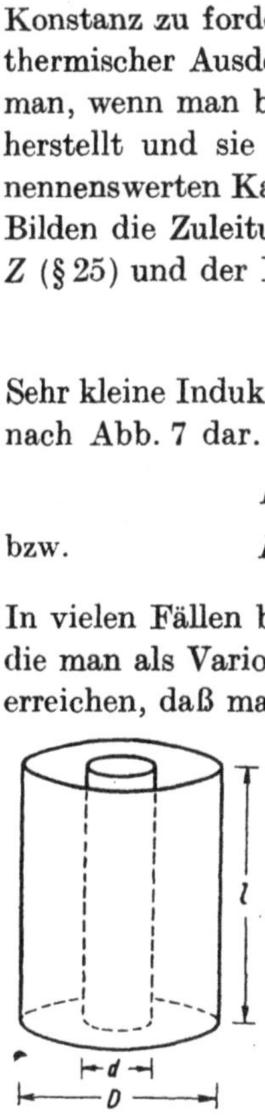

Abb. 7. Koaxiale Zylinder

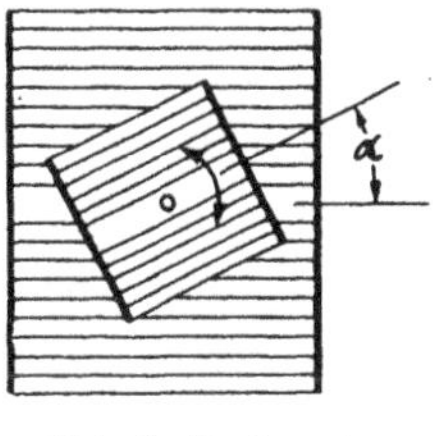

Abb. 8. Variometer

$$L = L_1 + L_2 \pm 2M; \quad (3.13)$$

Vorzeichen je nachdem, ob die Spulen gleichsinnig oder gegensinnig vom Strom durchlaufen werden. Ist M_{max} die maximale Gegeninduktivität für $\alpha = 0$, so wird L insgesamt um $4\,M_{max}$ geändert, wenn α von 0^0 bis 180^0 gedreht wird. Da die Zuleitungen zur drehbaren inneren Spule oft schwierig auszuführen sind, schließt man oft auch die innere Spule zwischen ihren Enden kurz. Der in der inneren Spule induzierte Kurzschlußstrom verringert dann das L_1 der äußeren Spule auf

$$L = L_1 - M^2/L_2 = L_1(1 - K^2), \tag{3.14}$$

wobei K der in (4.4) definierte Kopplungsfaktor der Spulen ist. Je größer M_{max}, desto größer der Variationsbereich. Weiteres in § 4.
Ergänzendes Schrifttum: [1 bis 4].

§ 4. Gegeninduktivität

Wenn magnetische Feldlinien einer vom Wechselstrom der komplexen Amplitude $\mathfrak{J}_1$ durchflossenen Spule L_1 durch das Innere einer anderen Spule L_2 treten, so induzieren sie in der zweiten Spule eine Leerlaufwechselspannung der komplexen Amplitude $\mathfrak{U}_{L2}$ nach dem Gesetz

$$\mathfrak{U}_{L2} = j\omega M \cdot \mathfrak{J}_1, \tag{4.1}$$

wobei die zeitliche Differentiation des Induktionsgesetzes durch den Faktor $j\omega$ nach (2.9) ersetzt ist. Den Zahlenfaktor M nennt man die Gegeninduktivität und gibt ihn im technischen Maßsystem in Henry [H] an. Die Größe

$$\mathfrak{R}_K = jX_M = j\omega M \tag{4.2}$$

nennt man den Kopplungswiderstand. Man vergleiche die analoge Gleichung (3.1). Wie dort ist diese Gleichung nur für eine ideale induktive Kopplung gültig, die insbesondere frei von kapazitiven Nebenkopplungen (§ 13) und anderen Nebeneffekten sein muß. In der Hochfrequenztechnik ist das M stets sehr klein und wird zweckmäßig wieder zahlenmäßig in [nH] angegeben. X_M berechnet man dann wie in (3.2) durch

$$jX_M = j\,1{,}88 \cdot M/\lambda\,[\Omega] \quad (M \text{ in nH};\ \lambda \text{ in m}). \tag{4.3}$$

Als Kopplungsfaktor zwischen den beiden Spulen bezeichnet man die wichtige Größe

$$K = M/\sqrt{L_1 L_2}, \tag{4.4}$$

die im äußersten Fall gleich 1, im allgemeinen aber wesentlich kleiner als 1 ist. K gibt also an, wie weit man sich dem theoretisch größten Wert 1 genähert hat. Bei großen K-Werten spricht man von fester Kopplung, bei kleinen K-Werten von loser Kopplung.

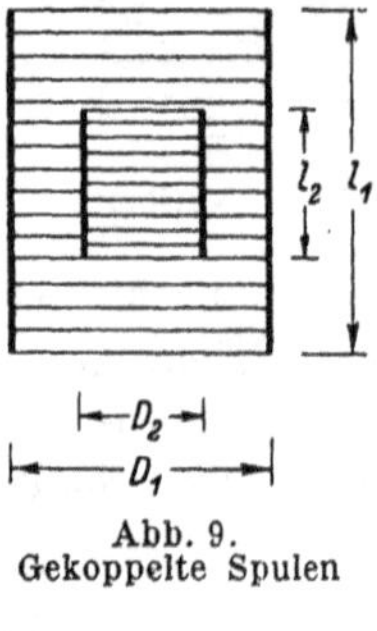

Abb. 9. Gekoppelte Spulen

Zwei koaxiale, symmetrisch liegende Spulen nach Abb. 9 besitzen näherungsweise den Kopplungsfaktor

$$K = D_2^2\, l_2/(D_1^2\, l_1). \tag{4.5}$$

Dem Wert $K = 1$ nähert man sich dadurch, daß D_2 sich dem Werte D_1 und l_2 dem Wert l_1 nähert. Vollständige Kopplung tritt also nur dann ein, wenn die Drähte der zweiten Spule praktisch am gleichen Ort wie die Drähte der ersten Spule liegen, unabhängig von den Windungszahlen. Je kleiner D_2 und l_2, desto kleiner K, das gleich dem Quotienten der von den beiden Spulen umschlossenen Volumina ist. Obige Formel gibt nur für längere Spulen ($l > D$) genauere Werte, ist aber wegen ihrer Einfachheit und Anschaulichkeit in vielen Fällen sehr günstig, da es in der Praxis oft darauf ankommt, sich schnell einen ungefähren Überblick zu verschaffen. Für die Spulen der Abb. 9 beträgt die Gegeninduktivität in sehr guter Näherung

$$M = \frac{9{,}9 \cdot n_1 n_2 D_2^2}{\sqrt{D_1^2 + l_1^2}} \left[1 + \frac{1}{8} \frac{D_1^2 D_2^2}{(D_1^2 + l_1^2)^2} \left(3 - 4 \frac{l_2^2}{D_2^2}\right)\right] \text{[nH] (Längen in cm).} \quad (4.6)$$

n_1 ist die Windungszahl der äußeren, n_2 die Windungszahl der inneren Spule. Dabei kann man die eckige Klammer in den praktisch vorkommenden Fällen gleich 1 setzen, ohne einen Fehler von mehr als 5% zu machen, zumal man sehr kurze Spulen nach einem anderen Verfahren berechnet. Wenn die innere Spule nach Abb. 8 gedreht wird, ändert sich M ziemlich genau wie die Funktion $\cos \alpha$ als Faktor, durchläuft also für $\alpha = 90^0$ den Wert Null und kehrt dann mit größerem α sein Vorzeichen um; vgl. (3.13). Eine innere drehbare Spule ist in ihrer Größe beschränkt. Sie wird wie in Abb. 8 etwa die Dimensionen $D_2 = l_2 = 0{,}6\, D_1$ besitzen. Dann ist der Kopplungsfaktor nach (4.5) etwa $0{,}22\, D_1/l_1$, also bereits recht klein und die L-Variation in (3.13) nicht mehr groß. Da nach (4.5) feste Kopplung nur erzielt werden kann, wenn die stromdurchflossenen Drähte beider Spulen nahe beieinanderliegen, baut man für große Variation Kugelvariometer nach Abb. 10, wo größte Annäherung der Spulen erreicht wird. Der Mittelteil der Spulen bleibt frei von Windungen, um dort die Drehachse anbringen zu können. Wenn man dann die innere Spule noch mit einer Kugel aus Hochfrequenzeisen füllt, wird der Anteil des induzierenden Kraftflusses in der inneren Spule gegenüber dem Anteil des Kraftflusses außerhalb der inneren Spule größer, und der Kopplungsfaktor wächst nochmals. Da in vielen Anwendungsfällen verlangt wird, daß sich L_1 und L_2 beim Verändern des M nicht ändern (§ 10), gibt man dem Eisenkern dann eine solche Form, daß seine Wirkung auf die L-Werte in jeder Lage die gleiche ist (Kugel in Abb. 10). Man kann so Werte $K > 0{,}8$ und sehr große Variation nach (3.13) erreichen. Beispielsweise für $L_1 = L_2$ wird der kleinste Wert $L_{min} = 2L_1(1 - K)$ und der größte Wert $L_{max} = 2L_1(1 + K)$. Der Variationsbereich

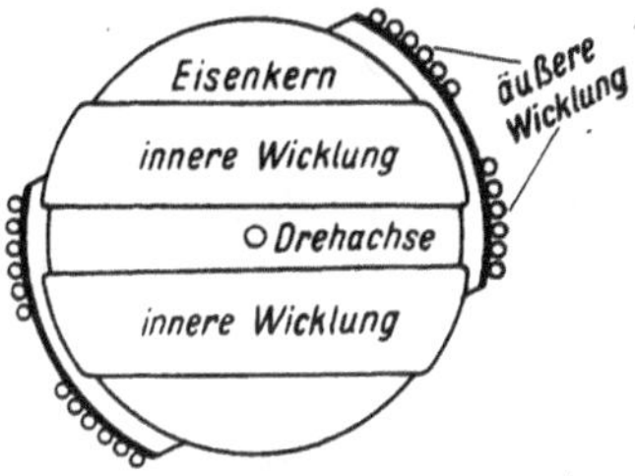

Abb. 10. Kugelvariometer

$$L_{max}/L_{min} = (1 + K)/(1 - K) \quad (4.7)$$

wird für $K = 0{,}8$ gleich 9 : 1, für $K = 0{,}85$ bereits 12 : 1.

Nicht immer ist es möglich, die kleinere Koppelspule ins Innere der großen zu legen. Wenn die Konfiguration der Abb. 11 besteht, ist (4.6) abzuändern in

$$M = \frac{9{,}9 \cdot n_1 n_2 D_1^2}{\sqrt{D_2^2 + l_1^2}} \left[1 + \frac{1}{8} \frac{D_1^2 D_2^2}{(D_2^2 + l_1^2)^2} \left(3 - 4 \frac{l_2^2}{D_1^2}\right)\right] \text{[nH] (Längen in cm).} \quad (4.8)$$

Auch hier kann man die eckige Klammer meist gleich 1 setzen.

Oft erreicht man eine veränderliche Kopplung dadurch, daß man nach Abb. 12 die beiden Spulen seitlich mit veränderlichem Abstand a koppelt. Solange a nicht extrem klein ist, berechnet man das M nach folgendem Näherungsverfahren. Man denkt sich jede Spule ersetzt durch drei Drahtringe (1 bis 6 in Abb. 12) mit gleichem Durchmesser wie die Spule, die an den Spulenenden und in der Spulenmitte liegen. Man berechnet nun die Gegeninduktivität M zwischen je zweien dieser Drahtringe nach (4.11) und Abb. 14, und zwar die sechs Werte M_{24} zwischen 2 und 4, M_{25} zwischen 2 und 5, M_{26} zwischen 2 und 6, ebenso M_{51}, M_{52} (identisch mit M_{25}) und M_{53} und bildet den Mittelwert dieser M:

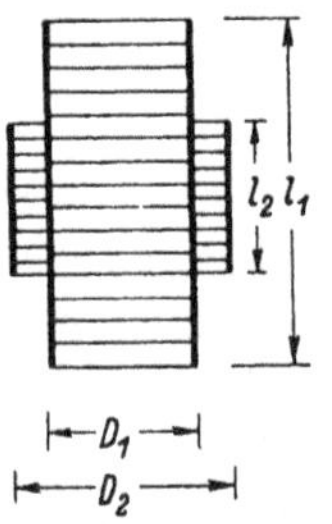

Abb. 11.
Gekoppelte Spulen

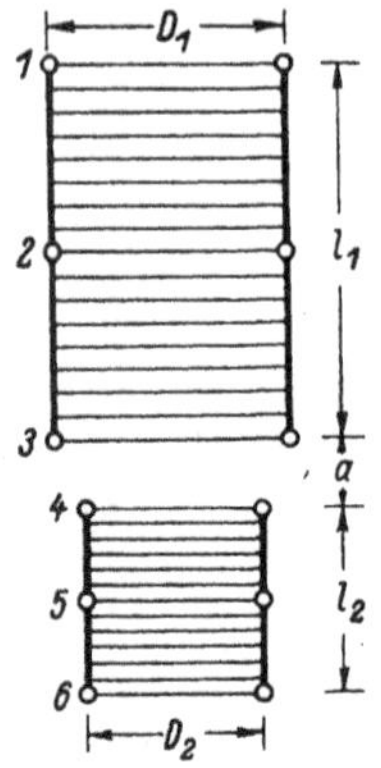

Abb. 12.
Gekoppelte Spulen

$$\overline{M} = \frac{1}{6}\,(M_{24} + M_{26} + M_{51} + M_{53} + 2M_{25}). \tag{4.9}$$

Dann ist die Gegeninduktivität zwischen den ursprünglichen Spulen näherungsweise

$$M = n_1 \cdot n_2 \cdot \overline{M}. \tag{4.10}$$

Die Anteile M_{26} und M_{51} der äußeren Windungen sind meist sehr klein. Da man in vielen Fällen Wert darauf legt, daß L_2 möglichst klein wird (§ 10), prüfe man stets durch Rechnung, ob die äußersten Windungen der zweiten Spule überhaupt noch einen angemessenen Beitrag zum M liefern, oder ob man sie ohne wesentliche Verringerung des M fortlassen kann. Die mit dieser Anordnung erreichbaren M-Werte sind im allgemeinen klein. Ein Zahlenbeispiel für die in Abb. 12 maßstäblich dargestellte Kombination mit $D_1 =$ 4 cm, $n_1 = 100$ Wdg. und $n_2 = 50$ Wdg. soll eine Anschauung vermitteln. Es ist $M_{24} = 1{,}85$ nH, $M_{25} = 0{,}79$ nH, $M_{26} = 0{,}42$ nH, $M_{51} = 0{,}29$ nH und $M_{53} = 4{,}8$ nH. Man erkennt das äußerst schnelle Absinken des M mit wachsendem Abstand und die geringen Beiträge der entfernteren Spulenteile. Der Mittelwert nach (4.9) lautet $\overline{M} = 1{,}5$ nH, die Gegeninduktivität nach (4.10) $M = 7500$ nH. Mit $L_1 = 203000$ nH und $L_2 = 51000$ nH nach (3.4) wird nach (4.4) $K = 0{,}075$ sehr klein. Größeres K kann man erreichen, wenn man eine flache Koppelspule zwischen die in zwei Teile geteilte Hauptspule nach Abb. 13 schiebt, wobei man die Kopplung durch seitliche Verschiebung der Koppelspule stetig verändern kann. Dadurch kann man die mittleren Abstände wesentlich verkleinern und K etwa verdreifachen. Durch einen Eisenkern, der in Abb. 12 durch beide Spulen läuft, kann man K erheblich erhöhen, wenn man auch bei der kleinen Permeabilität des Hochfrequenzeisens nicht die bei hochpermeablen, massiven

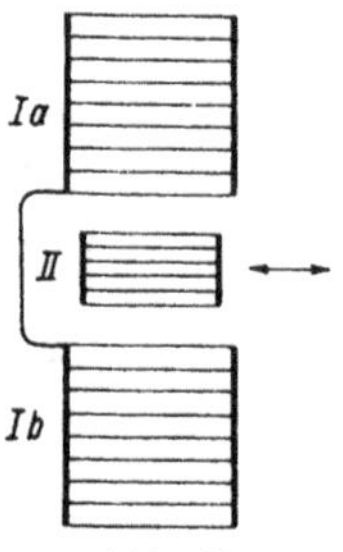

Abb. 13.
Gekoppelte Spulen

Eisenkernen gewohnten Werte erreicht. Bei flachen Spulen mit wenigen Windungen rechnet man so, daß man nach (4.11) und Abb. 14 die Gegeninduktivitäten von je zwei Einzelwindungen sucht und sie dann addiert.
Ein wichtiges Element ist also die Gegeninduktivität zwischen zwei parallelen koaxialen Kreisringen nach Abb. 14. Solange der Drahtdurchmesser klein gegen die Ringdurchmesser ist, lautet die Formel

$$M = F\sqrt{D_1 D_2}\,[\mathrm{nH}] \quad \text{(Längen in cm)}, \tag{4.11}$$

wobei D_1 und D_2 die Ringdurchmesser und F ein aus Abb. 14 zu entnehmender Faktor ist, der von dem Quotienten der beiden Entfernungen r_1 und r_2 abhängt. Diese Formel gilt auch noch, wenn beide Kreise in einer Ebene liegen.

Bei sehr hohen Frequenzen besteht bereits eine wirksame induktive Kopplung zwischen parallel laufenden, einfachen Drähten (Abb. 15)

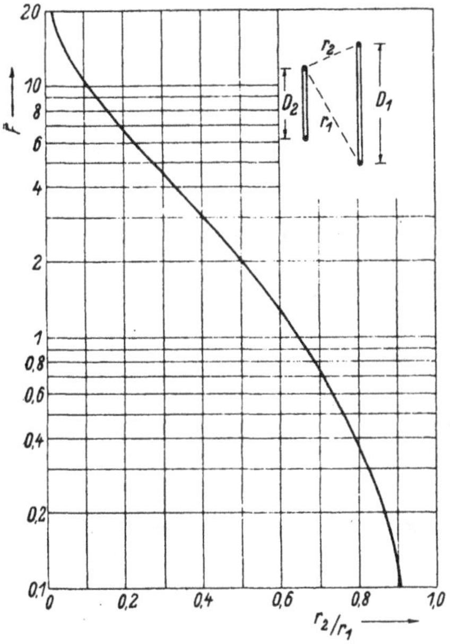

Abb. 14. Gekoppelte Kreisringe

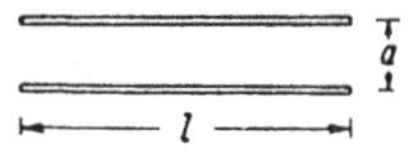

Abb. 15. Parallele Drähte

näherungsweise mit

$$M = 4{,}6\,l \cdot \lg_{10}(l/a) - 0{,}6\,l + 2a\,[\mathrm{nH}] \quad \text{(Längen in cm)}, \tag{4.12}$$

wobei l die Drahtlänge, a der Abstand der Drähte ($l > 2a$) und der Drahtdurchmesser klein gegen a ist.
Schrifttum: [1 bis 4].

§ 5. Kapazitive Blindwiderstände

Eine ideale Kapazität speichert die gesamte ihr zugeführte Energie in ihrem elektrischen Feld und gibt sie ohne Verlust wieder ab (§ 8), wenn die Ladung abfließt. Wenn dabei durch den Ladestrom keine wesentlichen magnetischen Felder in diesem Gebilde auftreten, also keine Speicherung magnetischer Feldenergie als Nebenerscheinung auftritt (§ 13), stellt diese ideale Kapazität einen negativen Blindwiderstand dar

$$\mathfrak{R}_C = jX_C = -j\,1/(\omega C), \tag{5.1}$$

der sich genau umgekehrt proportional zur Frequenz ändert. Der zugehörige Leitwert lautet

$$\mathfrak{G}_C = jY_C = 1/\mathfrak{R}_C = j\omega C. \tag{5.1a}$$

C ist die durch (1.6) definierte Kapazität des Kondensators, die bei Anwendung von (5.1) im technischen Maßsystem in Farad [F] einzusetzen ist. Abb. 16 gibt Anhaltspunkte über die in den verschiedenen Frequenzbereichen (§ 1) auftretenden C-Werte. Man arbeitet also durchweg mit sehr kleinen Kapazitäten, so daß sich die Einheit [F] nur wenig eignet und man allgemein mit der Einheit [pF] ($1\,\mathrm{pF} = 10^{-12}\,\mathrm{F}$) arbeitet. Die bei sehr hohen Frequenzen zweckmäßige Formel für X_C ersetzt außerdem die Frequenz durch die Wellenlänge λ nach (1.7) und lautet dann

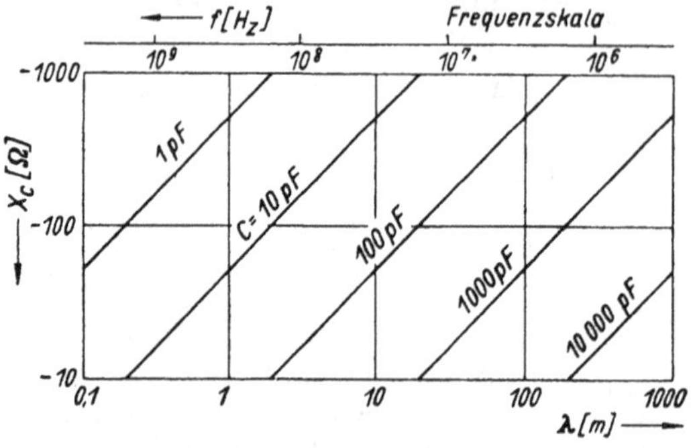

Abb. 16. Kapazitive Blindwiderstände

$$jX_C = -j\,530 \cdot \lambda/C\ [\Omega] \quad (C \text{ in pF};\ \lambda \text{ in m}). \tag{5.2}$$

Der Blindleitwert lautet dementsprechend

$$jY_C = 1/(jX_C) = j\,0{,}00188 \cdot C/\lambda\ [\mathrm{S}] \quad (C \text{ in pF};\ \lambda \text{ in m}). \tag{5.3}$$

Ein Kondensator besteht aus zwei Leitern, zwischen denen sich ein isolierendes Medium aus Luft oder einem festen bzw. flüssigen Dielektrikum befindet. Die Kapazitätsformeln werden im folgenden für Luft als Dielektrikum angegeben. Wenn dann der Raum zwischen den Leitern ganz mit einem anderen Dielektrikum gefüllt wird, erhöht sich die Kapazität um einen für die betreffende Substanz charakteristischen Faktor ε, der als relative Dielektrizitätskonstante bezeichnet wird. Wenn das betreffende Medium den Raum nur teilweise ausfüllt, wird der Faktor kleiner; vgl. (8.7a) und (8.9). Wesentlich für die Verwendbarkeit eines Dielektrikums ist sein Verlustfaktor (§ 8). Sogenannte natürliche Dielektrika, die sich für hohe Frequenzen eignen, sind reines Paraffin mit $\varepsilon \approx 2{,}2$, Quarzglas mit $\varepsilon \approx 4{,}5$ und Glimmer mit $\varepsilon \approx 7$. Glimmer findet umfangreiche Verwendung. Als flüssiges Dielektrikum benutzt man für Hochspannungskondensatoren Paraffinöl mit $\varepsilon \approx 2{,}2$. Künstliche Dielektrika sind entweder organische Kunststoffe oder Keramik. Der bekannteste organische Kunststoff ist das Polystyrol mit $\varepsilon \approx 2{,}4$, in Deutschland auch als Styroflex und Trolitul bekannt. Seine Nachteile sind die geringe mechanische Festigkeit und seine Erweichung bei 70° C. Diese Nachteile kann man durch besondere Herstellungsverfahren oder durch Beimischung von anderen Stoffen bis zu einem gewissen Grad beseitigen, wobei jedoch im allgemeinen das ε und der Verlustfaktor (§ 8) steigt. Kleinere ε-Werte erreicht man dadurch, daß man solche Stoffe schaumartig mit zahlreichen Luftbläschen erstarren läßt. Größere ε-Werte kann man durch Beimischung von Quarzpulver, Titandioxyd o. ä. erzielen (bis zu $\varepsilon = 20$). Daneben gibt es eine ständig wachsende Zahl weiterer Kunststoffe, unter denen das Oppanol (Polyisobutylen) als plastischer Werkstoff für die Herstellung biegsamer Kabel wichtig ist ($\varepsilon \approx 2{,}5$). Durch Verwendung sehr dünner Kunststoffolien als

Dielektrikum zwischen zwei Metallplatten können große Kapazitätswerte erzielt werden. Unter den keramischen Werkstoffen sind die Magnesiumsilikate (Frequenta und Calit) mit $\varepsilon \approx 6$ wichtig. Bei Verwendung von Titandioxyd (Rutil) erreicht man Werte bis $\varepsilon = 80$ bei kleinem Verlustfaktor. Durch entsprechende Mischungsverhältnisse läßt sich so jeder beliebige ε-Wert herstellen. Von besonderer Wichtigkeit ist ferner die Möglichkeit der Erzeugung bestimmter Temperaturabhängigkeiten des ε zur Kompensation des meist positiven Temperaturkoeffizienten der Induktivität in Resonanzkreisen (§ 9). Eine erschöpfende Darstellung dieser Stoffe ist im vorliegenden Rahmen nicht möglich, zumal ihre Entwicklung noch nicht abgeschlossen ist.

Die häufigste Form des Kondensators für größere Kapazitätswerte stellt der Plattenkondensator dar, der aus zwei parallelen Platten besteht (Abb. 17). Seine Kapazität in Luft beträgt mit ε_0 nach (1.5)

$$C = \varepsilon_0 \cdot F/a \tag{5.4}$$

oder in zweckmäßiger Darstellung

$$C = 0{,}088 \cdot F/a \text{ [pF]} \quad (F \text{ in cm}^2;\ a \text{ in cm}), \tag{5.4a}$$

wobei F die Fläche der gegenüberstehenden Platten und a der Abstand dieser Flächen ist und die Streukapazitäten des Randes vernachlässigt sind. Da

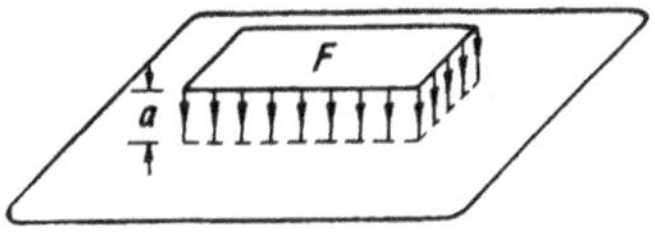

Abb. 17. Plattenkondensator

Abb. 18. Mehrfachplattenkondensator

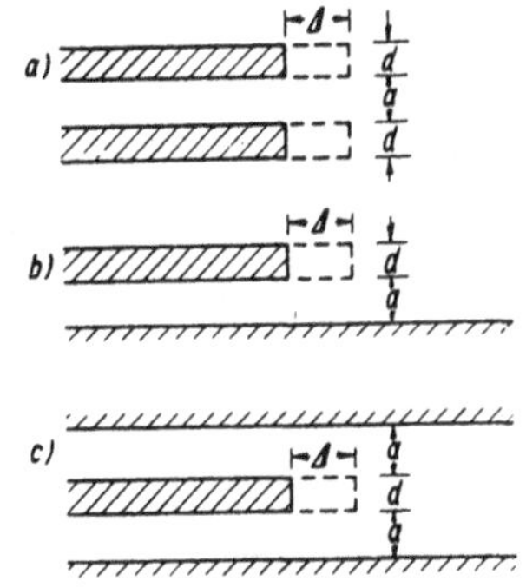

Abb. 19. Plattenränder

man in Luft wegen der erforderlichen Spannungsfestigkeit und der mechanischen Ungenauigkeit den Abstand a nicht sehr klein machen kann, benötigt man für größere C-Werte große Flächen. Für $a = 1$ mm erfordert z. B. ein $C = 500$ pF eine Fläche von 570 cm². Solche Flächen stellt man nach Abb. 18 durch einen Mehrfachkondensator dar, wo man beide Seiten der Platten zur Kapazitätsbildung ausnützen kann. Größere Kapazitäten erreicht man nur dadurch, daß man ein Dielektrikum zwischen die Platten bringt und auf wesentlich kleinere Plattenabstände übergeht. F ist stets nach Abb. 17 die den beiden Platten gemeinsame Fläche. Wenn der eine Leiter nach Abb. 17 eine größere Fläche als der andere besitzt, so zählt doch in (5.4) nur der Teil F, wo sich die Platten gegenüberstehen. Zur genauen Berechnung der Kapazität gehört dann noch eine angenäherte Erfassung der Streukapazitäten der Plattenränder. Es werden die Randformen der Abb. 19 näher betrachtet.

Die Randkapazität erfaßt man dadurch am besten, daß man sich die Platten um ein bestimmtes Stück Δ verbreitert denkt, so daß ihre wirksame Fläche F entsprechend größer als ihre geometrische Fläche ist. Mit dieser wirksamen Fläche F kann man dann C sehr genau nach (5.4) berechnen. Wenn der Kondensator ein Dielektrikum besitzt, das mit dem Plattenrand abschneidet, kann man die Randstreuung vernachlässigen, weil die Streufeldlinien dann in Luft verlaufen und entsprechend weniger wirksam sind. Die folgenden Angaben beziehen sich auf den Fall, wo der gesamte Streuraum ebenfalls mit Dielektrikum gefüllt ist, insbesondere also auf den Luftkondensator. Für die Anordnung der Abb. 19a wird für $d < a$ näherungsweise

$$\Delta = 0{,}5\,a + 0{,}16\,d\,[1 + \ln(1 + a/d)], \tag{5.5}$$

in Abb. 19b

$$\Delta = a + 0{,}16\,d\,[1 + \ln(1 + 2a/d)], \tag{5.6}$$

in Abb. 19c

$$\Delta = 0{,}44\,a + 0{,}16\,d\,[1 + \ln(1 + 4a/d)]. \tag{5.7}$$

Diese Formeln kann man auch auf Platten mit gekrümmten Flächen anwenden, solange sie konstanten Abstand haben und ihr Krümmungsradius groß gegen a ist.

Eine weitere gebräuchliche Form ist der koaxiale Zylinderkondensator, der nach Abb. 7 aus zwei koaxialen Kreiszylindern der Länge l mit den Durchmessern d und D besteht. Seine Kapazität lautet ohne die Streukapazitäten der Zylinderenden in Luft

$$C = 0{,}24 \cdot l/\lg_{10}(D/d)\ [\text{pF}]\ \ (\text{Längen in cm}) \tag{5.8}$$

bzw.

$$C = 0{,}56 \cdot l/\ln(D/d)\ [\text{pF}]\ \ (\text{Längen in cm}). \tag{5.8a}$$

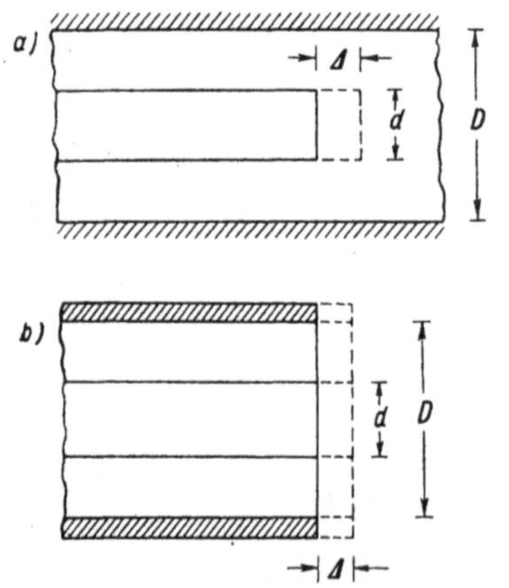

Abb. 20. Ränder beim Zylinderkondensator

Wenn wie in Abb. 20a der Außenleiter länger als der Innenleiter ist, bezieht sich l stets auf die Länge des Innenleiters. Man berücksichtigt dann die Streukapazität des Innenleiterendes dadurch recht gut, daß man sich den Innenleiter um $\Delta = 0{,}17\,D$ verlängert denkt und dann (5.8) anwendet. Wenn

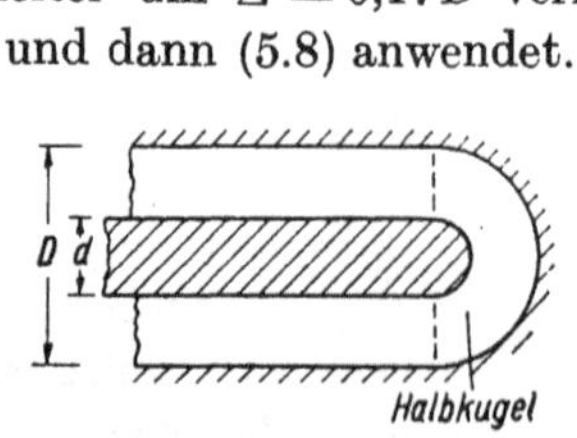

Abb. 21. Halbkugel als Abschluß

beide Leiter wie in Abb. 20b gleich lang sind, wähle man $\Delta = 0{,}08\,D$. Wenn jedoch zwischen den Zylindern ein Dielektrikum liegt, das in Abb. 20b mit den Zylindern abschneidet, setzt man $\Delta = 0$, weil dann die Streufeldlinien in Luft verlaufen und entsprechend weniger wirksam sind. Zur Erhöhung der

Spannungsfestigkeit schließt man die Enden auch oft durch eine Halbkugel nach Abb. 21 ab. Die zusätzliche Kapazität dieser Halbkugel lautet in Luft

$$C = 0{,}28 \cdot d/(1 - d/D)\ [\mathrm{pF}]\ \text{(Längen in cm)}. \tag{5.9}$$

Mit Luft als Dielektrikum erreicht man nach (5.8) nur kleine C-Werte, z. B. für $d = 5$ cm, $D = 6$ cm, $l = 10$ cm nur 30 pF. Mit Dielektrikum (ε bis 80) und kleinen Abständen kann man jedoch große C-Werte auf kleinem Raum erhalten, z. B. für $d = 1$ cm, $D = 1{,}2$ cm, $l = 3$ cm und $\varepsilon = 80$ bereits 720 pF. Für einen Kondensator, der aus einem Stück einer homogenen Leitung der Länge l mit beliebiger Querschnittsform besteht und deren Wellenwiderstand Z in Luft nach § 25 bekannt ist, gewinnt man die Kapazität nach (25.13) ohne Randstreuung als

$$C = 33{,}3 \cdot l/Z\ [\mathrm{pF}]\ \text{(Längen in cm)}. \tag{5.10}$$

Insbesondere lautet die Kapazität zwischen zwei parallelen Drähten mit kleinem Drahtdurchmesser d nach Abb. 15 ohne Randstreuung

$$C = 0{,}12 \cdot l/\lg_{10}(2a/d)\ [\mathrm{pF}]\ \text{(Längen in cm)}. \tag{5.10a}$$

Man beachte auch die Möglichkeit der graphischen Kapazitätsberechnung nach § 8. So erhält man geeignete Formen für sehr kleine Kapazitäten. Zu den nach den genannten Formeln beerechneten Kapazitäten addiert man dann noch die Kapazität der Zuleitungen zu den Punkten der Schaltung, in denen die Kapazität wirksam werden soll. Genau vorgeschriebene Kapazitätswerte wird man im allgemeinen nicht durch Rechnung gewinnen, sondern durch einen Feinabgleich auf meßtechnischem Wege (§ 12).

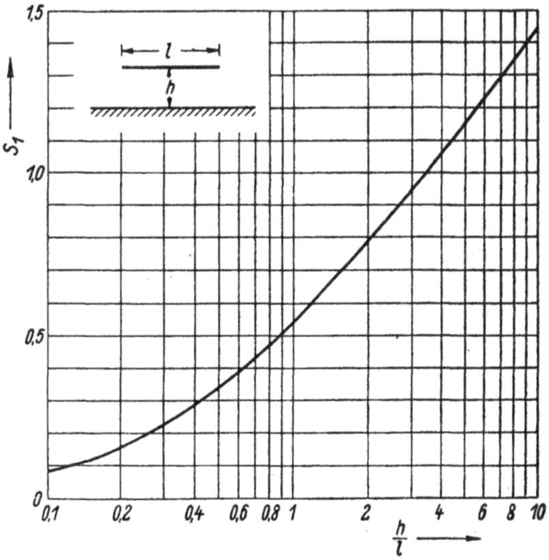

Abb. 22. Waagerechter Antennendraht

Von Interesse ist ferner die Kapazität einzelner Drähte und von Drahtkombinationen gegen eine leitende Ebene zur Berechnung der Kapazität von Antennen. Hier wird man mit sehr dünnen Drähten arbeiten, aber die in (5.10) vernachlässigte Streukapazität der Drahtenden berücksichtigen müssen. Ein Draht mit der Länge l und dem sehr kleinen Durchmesser d, der in der Höhe h parallel zu einer leitenden Ebene läuft, hat in Luft die Kapazität

$$C = \frac{0{,}24\, l}{\lg_{10}(4h/d) - S_1}\ [\mathrm{pF}]\ \text{(Längen in cm)}, \tag{5.11}$$

wobei S_1 ein die Endstreuung beschreibendes Korrekturglied ist, das aus Abb. 22 entnommen werden kann. Wenn der Draht senkrecht zu dieser

Ebene steht und in der Höhe h über dem Erdboden beginnt, lautet die Formel für $d \ll l$

$$C = \frac{0{,}24\, l}{\lg_{10}(2l/d) - S_2}\ [\text{pF}]\ (\text{Längen in cm}), \qquad (5.12)$$

wobei S_2 ein Korrekturglied ist, das man in Abb. 23 findet.

Stetig veränderliche Kapazitäten erhält man durch Plattenkondensatoren nach Abb. 17 mit einstellbarem Abstand a oder durch Zylinderkondensatoren nach Abb. 7 mit einstellbarer Eintauchtiefe l des Innenleiters in den Außenleiter. Größere veränderliche Kapazitäten baut man in der Form des bekannten Drehkondensators, wo ein Mehrfachplattenkondensator nach Abb. 18

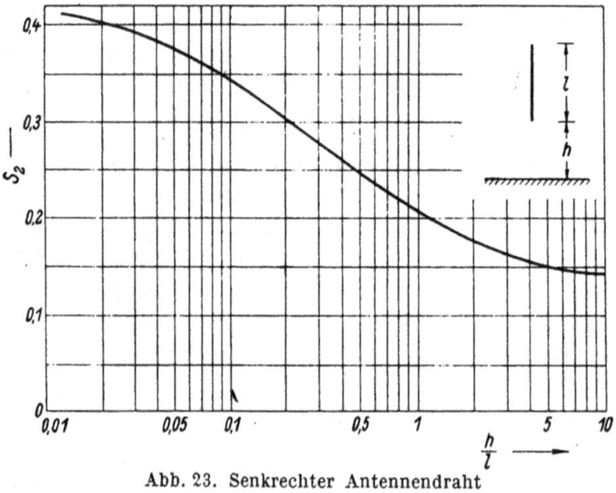

Abb. 23. Senkrechter Antennendraht

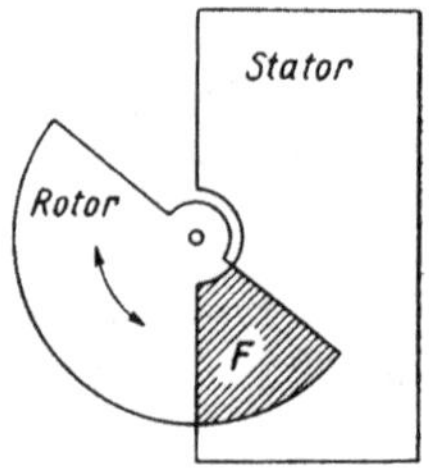

Abb. 24. Drehkondensator

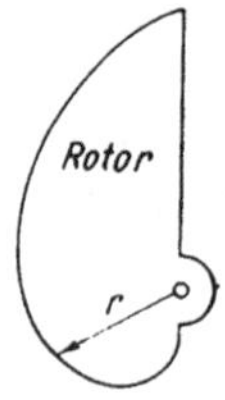

Abb. 25. Rotorplatte

aus einer festliegenden Plattengruppe (Stator) und einer drehbaren Plattengruppe (Rotor) nach Abb. 24 besteht und man durch Drehen die wirksame Plattenfläche F verändern kann. Man berücksichtigt die Randstreuung des F durch ein Δ nach (5.5) bis (5.7). Die Rotorfläche in Halbkreisform nach Abb. 24 gibt einen „kapazitätsgeraden" Kondensator, dessen Kapazität, von einer Restkapazität C_0 bei vollständig herausgedrehten Platten beginnend, fast linear mit dem Drehwinkel ansteigt. C_0 wird man meist klein halten und erreicht Werte C_0 von etwa 5% des Maximalwertes bei eingedrehten Platten, also eine Variation 1 : 20. Meist werden die Rotorplatten keine Halbkreisform haben. Durch eine geeignete Randkurve kann man dem Kapazitätsverlauf die jeweils gewünschte Winkelabhängigkeit geben, wobei man oft Formen mit wachsender Plattenbreite r wie in Abb. 25 verwendet. Man erreicht so z. B., daß die Kapazitätsänderung ΔC beim Drehen bei kleinem eingedrehtem Winkel (kleiner Kapatität C) klein und bei großer Kapazität groß ist, so daß die relative Änderung $\Delta C/C$ beim Drehen überall annähernd gleich ist.

Ausführliches Schrifttum: [2, 3, 5].

§ 6. Kombinierte Blindwiderstände

In diesem Abschnitt werden die Rechenregeln für den Umgang mit reinen Blindwiderständen zusammengestellt. Zunächst werden Kombinationen aus zwei Blindwiderständen betrachtet, die bei Serienschaltung nach (2.20) und bei Parallelschaltung als Leitwerte nach (2.21) addiert werden, dann allgemeinere Kombinationen und abschließend die Strom-Spannungsverhältnisse in solchen Schaltungen.

Schaltet man in Serie zu einer Induktivität L die Induktivität L', so erhält man den größeren Wert

$$L_S = L + L', \tag{6.1}$$

bei Parallelschaltung aus der Gleichung $1/(\omega L_P) = 1/(\omega L) + 1/(\omega L')$ den kleineren Wert

$$L_P = L/(1 + L/L'). \tag{6.2}$$

Wenn man die Induktivität L' sucht, mit deren Hilfe man durch Parallelschaltung aus einem gegebenen L ein kleineres L_P machen kann, so lautet diese nach (6.2)

$$L' = L/(L/L_P - 1). \tag{6.3}$$

Schaltet man parallel zu einer Kapazität C eine Kapazität C', so erhält man den größeren Wert

$$C_P = C + C'. \tag{6.4}$$

Bei Serienschaltungen addieren sich die Blindwiderstände (5.1), und aus der Gleichung $1/(\omega C_S) = 1/(\omega C) + 1/(\omega C')$ erhält man den kleineren Wert

$$C_S = C/(1 + C/C'). \tag{6.5}$$

Wenn man die Kapazität C' sucht, mit deren Hilfe man durch Serienschaltung aus C den Wert C_S macht, so erhält man nach (6.5)

$$C' = C/(C/C_S - 1). \tag{6.6}$$

Dies sind die einfachsten Schaltmaßnahmen, mit deren Hilfe man Blindwiderstände ändert, ohne daß sich dabei ihre Frequenzabhängigkeit nach (3.1) oder (5.1) ändert.

Blindwiderstände mit geänderter Frequenzabhängigkeit erhält man, wenn man Induktivitäten und Kapazitäten kombiniert. Zunächst soll eine Serienschaltung einer Kapazität C und einer Induktivität L betrachtet werden. Der resultierende Blindwiderstand ist die Summe der Blindwiderstände nach (3.1) und (5.1)

$$jX = jX_L + jX_C = j\,[\omega L - 1/(\omega C)]. \tag{6.7}$$

Den charakteristischen Verlauf des X in Abhängigkeit von der Frequenz zeigt Abb. 26, wobei die Frequenz nach (1.7) durch λ ersetzt ist, um diesen bekannten Verlauf auch einmal in dieser Ansicht zu zeigen. Das Hauptmerkmal ist die Nullstelle des X bei einer bestimmten Frequenz f_R, wo X_L

und X_C entgegengesetzt gleich sind. Bei dieser „Resonanzfrequenz" ist $X_L = |X_C| = X_R$ (Abb. 26). X_R nennt man den Resonanzblindwiderstand

$$X_R = \omega_R L = 1/(\omega_R C) = \sqrt{L/C} \tag{6.8}$$

mit

$$\omega_R = 2\pi f_R = 1/\sqrt{LC}. \tag{6.9}$$

Die Frequenzabhängigkeit des X aus (6.7) wird dann am besten beschrieben durch die Form

$$jX = jX_R(\omega/\omega_R - \omega_R/\omega) = jX_R(\lambda_R/\lambda - \lambda/\lambda_R), \tag{6.10}$$

weil λ und ω nach (1.7) umgekehrt proportional sind. Auch dieses X läßt sich also wie in (3.1) und (5.1) darstellen als das Produkt einer Konstanten und eines Frequenzfaktors (K_1 der Abb. 28). Der Leitwert

$$jY = \frac{1}{jX} = j\frac{Y_R}{\omega_R/\omega - \omega/\omega_R} = j\frac{Y_R}{\lambda/\lambda_R - \lambda_R/\lambda} \tag{6.11}$$

hat mit dem Resonanzblindleitwert

$$Y_R = 1/(\omega_R L) = \omega_R C = 1/X_R \tag{6.12}$$

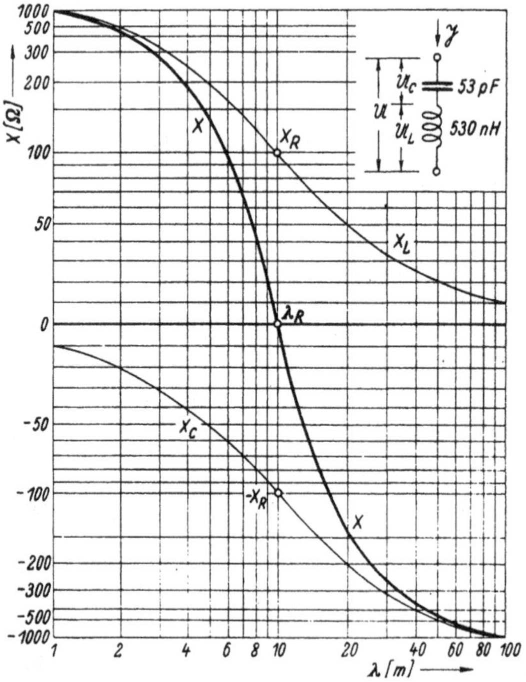

Abb. 26. Serienschaltung von L und C

den negativ reziproken Frequenzfaktor K_2, dessen Verlauf in Abb. 28 dargestellt ist. Bemerkenswert ist dabei der Sprung des Leitwerts $Y_R \cdot K_2$ von $-\infty$ nach $+\infty$ im Resonanzpunkt. Praktisch tritt dieser scharfe Sprung nicht ein, weil man in der Umgebung der Resonanz die Verluste in den Blindwiderständen nicht vernachlässigen darf. Die Umgebung der Resonanz wird in (9.18) näher betrachtet. An die Stelle des Sprungs tritt dann ein weicher Übergang, wie ihn die Funktion f_3 der Abb. 45 zeigt. In Abb. 28 ist daher gestrichelt auch der Verlauf von K_2 mit Verlusten eingezeichnet, wobei die gestrichelte Kurve jedoch keinerlei quantitative Bedeutung hat, sondern nur die Form zeigen soll. Je kleiner die Verluste, desto steiler der Übergang, desto ausgeprägter die Annäherung an den verlustfreien Sprung. Bei Frequenzen $f < f_R$ ist X negativ und entspricht einer Kapazität C', die größer als das gegebene C ist. Das wirksame C' lautet wegen $X_{C'} = -1/(\omega C')$ nach (6.8) und (6.10)

$$C' = \frac{C}{1-(\omega/\omega_R)^2} = \frac{C}{1-(\lambda_R/\lambda)^2}, \tag{6.13}$$

wird also mit wachsender Frequenz größer und nähert sich dem Wert ∞, der für $f = f_R$ erreicht wird. Dies ist eine gebräuchliche Methode, um große Kapazitätswerte zu erzeugen, die man mit anderen Hilfsmitteln nicht in geeigneter Weise erhält. Für Frequenzen $f > f_R$ ist X nach Abb. 26 positiv und entspricht einer Induktivität L', die kleiner als das gegebene L ist. Das wirksame L' lautet wegen $X_{L'} = \omega L'$ nach (6.8) und (6.10)

$$L' = L[1-(\omega_R/\omega)^2] = L[1-(\lambda/\lambda_R)^2]. \tag{6.14}$$

Dies ist eine insbesondere bei sehr kurzen Wellen oft verwendete Methode, um gegebene Induktivitäten L zu verkleinern. Bei Annäherung an die Resonanzfrequenz erreicht L' den Wert Null. Näheres über die Umgebung der Resonanz in § 9.

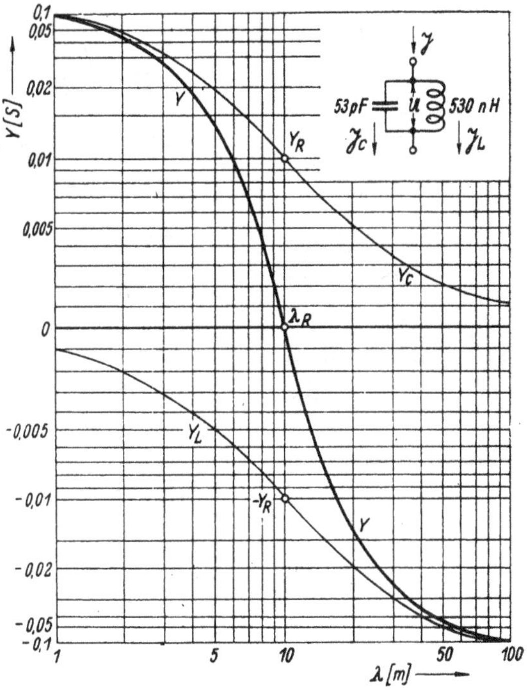

Abb. 27. Parallelschaltung von L und C

Wenn man eine **Parallelschaltung** eines L und eines C hat, rechnet man mit Leitwerten nach (2.21). Der resultierende Blindleitwert lautet ähnlich wie in (6.7) nach (3.1a) und (5.1a).

$$jY = jY_C + jY_L = j[\omega C - 1/(\omega L)]. \tag{6.15}$$

Die Frequenzabhängigkeit dieses Leitwerts zeigt Abb. 27 in einem Beispiel. Man erkennt die Analogie zur Abb. 26. Mit X_R nach (6.8) und Y_R nach (6.12) erhält man hier die gleichen Frequenzfaktoren wie in (6.10) und (6.11), die in Abb. 28 dargestellt sind, jedoch vertauscht:

$$jY = jY_R(\omega/\omega_R - \omega_R/\omega) = jY_R(\lambda_R/\lambda - \lambda/\lambda_R), \tag{6.16}$$

$$jX = j\frac{X_R}{\omega_R/\omega - \omega/\omega_R} = j\frac{X_R}{\lambda/\lambda_R - \lambda_R/\lambda}. \tag{6.17}$$

Hier entsteht im Resonanzfall eine Nullstelle des Leitwerts, also eine Unendlichkeitsstelle des Blindwiderstandes. Aus K_1 und K_2 der Abb. 28 kann man durch Multiplikation mit X_R bzw. Y_R wieder die Widerstands- und Leitwertkurven gewinnen. X_R und Y_R sind dabei ein geeignetes Maß für die Steilheit der X- und Y-Kurven, also für die Frequenzabhängigkeit des Gebildes. Der Sprung des X von $-\infty$ nach $+\infty$ im Resonanzpunkt wird durch die Verluste in den Blindwiderständen nach (9.23) wieder zu einem weichen Übergang, wie ihn die gestrichelte Kurve der Abb. 28 zeigt. Man vergleiche Abb. 45. Für Frequenzen $f < f_R$ ist der Leitwert negativ, stellt also eine Induktivität L' dar, die größer als das gegebene L ist. Das wirksame L' lautet wegen $Y = -1/(\omega L')$ nach (6.12) und (6.16)

$$L' = \frac{L}{1-(\omega/\omega_R)^2} = \frac{L}{1-(\lambda_R/\lambda)^2}. \tag{6.18}$$

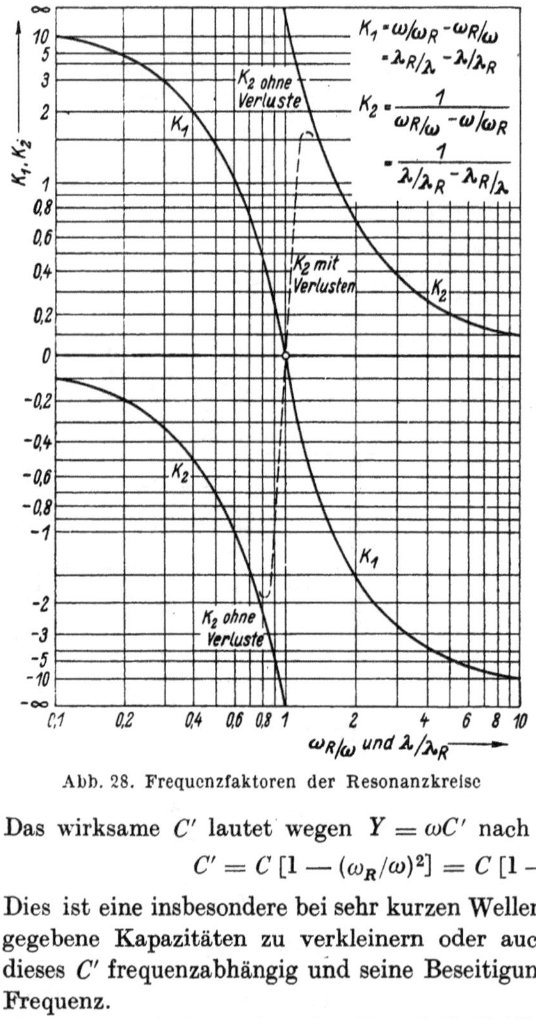

Abb. 28. Frequenzfaktoren der Resonanzkreise

Dies ist eine gebräuchliche Methode, um sehr große L-Werte zu erzeugen, die man unter Umständen auf anderen Wegen nicht erreicht. Für Frequenzen $f > f_R$ ist der Blindleitwert positiv, stellt also eine Kapazität C' dar, die stets kleiner als das gegebene C und bei der Resonanzfrequenz gleich Null ist. Das wirksame C' lautet wegen $Y = \omega C'$ nach (6.12) und (6.16)

$$C' = C\,[1-(\omega_R/\omega)^2] = C\,[1-(\lambda/\lambda_R)^2]. \tag{6.19}$$

Dies ist eine insbesondere bei sehr kurzen Wellen oft verwendete Methode, um gegebene Kapazitäten zu verkleinern oder auch zu beseitigen. Jedoch ist dieses C' frequenzabhängig und seine Beseitigung gelingt nur für jeweils eine Frequenz.

Wenn man wie in (3.2) und (5.2) auf die Wellenlänge λ übergeht, wird aus (6.9) die sehr einfache Formel für die Resonanzwellenlänge

$$\lambda_R = 0{,}06\,\sqrt{L\,C}\ [\mathrm{m}]\quad (L \text{ in nH};\ C \text{ in pF}). \tag{6.20}$$

Entsprechend wird aus (6.8)

$$X_R = 31{,}6\,\sqrt{L/C}\ [\Omega]\quad (L \text{ in nH};\ C \text{ in pF}). \tag{6.21}$$

Wachsendes L und abnehmendes C vergrößert X_R und dadurch die Steilheit der X-Kurven in Abb. 26. Abnehmendes L und wachsendes C wirkt in gleicher

Weise auf Y_R in Abb. 27. Bei gegebenem λ_R und L ist das zur Resonanz erforderliche

$$C = 280 \cdot \lambda_R^2/L\,[\mathrm{pF}] \quad (L \text{ in nH};\ \lambda_R \text{ in m}) \tag{6.22}$$

und bei gegebenem C das benötigte L

$$L = 280 \cdot \lambda_R^2/C\,[\mathrm{nH}] \quad (C \text{ in pF};\ \lambda_R \text{ in m}). \tag{6.23}$$

Beim Zusammenschalten mehrerer Widerstände bevorzugt man in der Hochfrequenztechnik, insbesondere bei höheren Frequenzen, das in Abb. 29 dar-

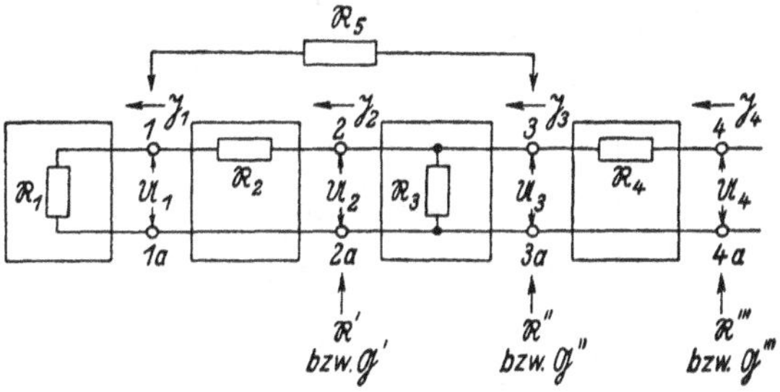

Abb. 29. Stufenschaltung

gestellte Schaltungsprinzip, das man als Stufenschaltung bezeichnen kann. Dann wird jeder weitere Widerstand durch Serien- oder Parallelschaltung an den Zweipolklemmen der gegebenen Kombination zugefügt und die Kombination entsteht stufenweise an den mit fortschreitenden Ziffern versehenen Klemmen. Vermieden werden sollen dabei die sehr schwierigen Brückenschaltungen, wo wie z. B. in Abb. 29 ein Widerstand $\mathfrak{R}_5$ zwischen die Klemmen 3 und 1 als Brücke über mehrere Stufen gelegt werden könnte. Die quantitativ exakte Herstellung beabsichtigter Hochfrequenzschaltungen ist so schwierig, daß man sich nach Möglichkeit auf allereinfachste Schaltungen beschränken sollte. Den Widerstand $\mathfrak{R}_1$ bezeichnet man als den Abschlußwiderstand, die Serienwiderstände ($\mathfrak{R}_2$ und $\mathfrak{R}_4$) als Längswiderstände und die Parallelwiderstände ($\mathfrak{R}_3$) als Querwiderstände. In Abb. 29 würde man $\mathfrak{R}' = \mathfrak{R}_1 + \mathfrak{R}_2$ berechnen, dann den Leitwert $\mathfrak{G}' = 1/\mathfrak{R}'$ bilden. Zwischen 3 und 3a liegt ein $\mathfrak{G}'' = \mathfrak{G}' + \mathfrak{G}_3$ mit $\mathfrak{G}_3 = 1/\mathfrak{R}_3$. Aus $\mathfrak{R}'' = 1/\mathfrak{G}''$ erhält man $\mathfrak{R}''' = \mathfrak{R}'' + \mathfrak{R}_3$ zwischen den Klemmen 4 und 4a. Wenn die Widerstände der Abb. 29 reine Blindwiderstände sind, berechnet man also bei $\mathfrak{R}_1$ beginnend stufenweise die Blindwiderstände an den bezifferten Klemmen, bei Serienschaltung durch Addition der Widerstände, bei Parallelschaltung durch Addition der Leitwerte $jY = -j\,1/X$ unter genauer Beachtung der Vorzeichen und bei Resonanzstellen unter Berücksichtigung der Verluste nach § 9. Eine sehr brauchbare Regel für solche Kombinationen ist der Satz, daß der Eingangsblindwiderstand (und auch der Blindleitwert) mit wachsender Frequenz (abnehmender Wellenlänge) stets wächst und nur für einzelne Frequenzen eine Sprung von $+\infty$ nach $-\infty$ macht, um dann wieder weiter zu steigen. Nach Abb. 26 bis 28 gilt dies sowohl für **einzelne** X_L und X_C wie auch für ihre Serienschaltung, für ihre Parallelschaltung und die zugehörigen Leitwerte. Es ist nicht schwierig zu beweisen, daß nach Zuschaltung einer weiteren Stufe in Abb. 29 immer wieder ein mit wachsender Frequenz wachsender Blindwiderstand entsteht. Abb. 30 zeigt ein Beispiel.

Wenn man dann alle Widerstände kennt, die zwischen den verschiedenen zusammengehörenden, bezifferten Klemmen auftreten, kann man an die Berechnung der Ströme $\mathfrak{J}_n$ und Spannungen $\mathfrak{U}_n$ an diesen Klemmen (Abb. 29) gehen. Man benutzt dabei folgende Regeln: Bei Serienschaltungen ist der Strom, der die Stufe unverändert durchläuft, der zweckmäßige Ausgangspunkt. Z. B. ist $\mathfrak{J}_1 = \mathfrak{J}_2$ und $\mathfrak{J}_3 = \mathfrak{J}_4$, während $\mathfrak{J}_2 \neq \mathfrak{J}_3$ ist. Bei Parallelschaltung ist die Spannung das wichtigste Rechenelement, weil dann sie die Stufe unverändert durchschreitet ($\mathfrak{U}_2 = \mathfrak{U}_3$). In Abb. 29 würde man also von $\mathfrak{J}_4$ ausgehen, das gleich $\mathfrak{J}_3$ ist. Zwischen den Klemmen 3 und 3a liegt der Blindwiderstand jX'', den man vorher berechnet hat. Dann ist $\mathfrak{U}_3 = jX'' \cdot \mathfrak{J}_3$ und dadurch wieder $\mathfrak{U}_2$ gegeben. Zwischen den Klemmen 2 und 2a liegt der Blindwiderstand jX', den man kennt. Dann ist $\mathfrak{J}_2 = -j\,\mathfrak{U}_2/X'$ und dadurch das $\mathfrak{J}_1$ bekannt. So kommt man mit kleinstem Rechenaufwand durch eine solche Stufenschaltung hindurch; denn aus den Größen $\mathfrak{J}_4$, $\mathfrak{U}_3$ und $\mathfrak{J}_2$ kann man für jeden beteiligten Widerstand Strom und Spannung nach dem Ohmschen Gesetz berechnen. Man beachte die Vorzeichen und Phasen. Die Ströme $\mathfrak{J}_n$ sind zueinander teils gleichphasig, teils gegenphasig, ebenso die Spannungen $\mathfrak{U}_n$ jeweils untereinander. Dagegen besteht zwischen den Spannungen und den Strömen der Faktor j (oder $-j$), also nach (2.6) und (2.8) die Phasendifferenz $\pi/2$ (oder $-\pi/2$). Andere Phasenlagen können bei verlustfreien Blindwiderständen nicht auftreten. Bei Resonanzstellen in der Schaltung muß man im allgemeinen die Verluste nach § 9 berücksichtigen und erhält nicht diese einfachen Verhältnisse. Zahlenbeispiel zu Abb. 29: $\mathfrak{R}_1 = j\,100\,\Omega$; $\mathfrak{R}_2 = -j\,50\,\Omega$; $\mathfrak{R}_3 = j\,50\,\Omega$; $\mathfrak{R}_4 = -j\,50\,\Omega$. Zwischen den Klemmen 2 und 2a erscheint der Widerstand $\mathfrak{R}' = \mathfrak{R}_1 + \mathfrak{R}_2 = j\,50\,\Omega$, Leitwert $\mathfrak{G}' = -j\,0{,}02$ S. Der Leitwert von $\mathfrak{R}_3$ ist $\mathfrak{G}_3 = -j\,0{,}02$ S. Zwischen 3 und 3a erscheint dann

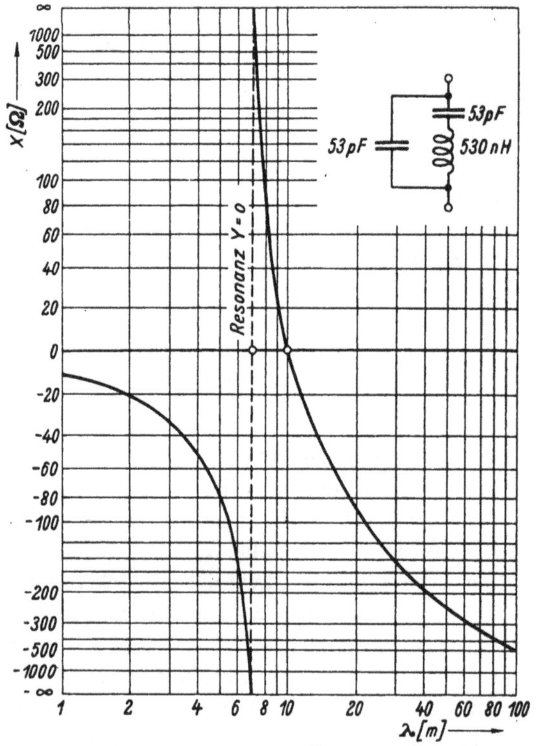

Abb. 30. Kombinierte Resonanzen

der Leitwert $\mathfrak{G}'' = -j\,0{,}04$ S oder der Widerstand $\mathfrak{R}'' = j\,25\ \Omega$. Zusammen mit $\mathfrak{R}_4$ gibt dies zwischen den Klemmen 4 und 4a den Widerstand $\mathfrak{R}''' = -j\,25\ \Omega$. Setzt man $\mathfrak{J}_4 = 10$ A, so folgt $\mathfrak{J}_3 = 10$ A; $\mathfrak{U}_3 = \mathfrak{R}'' \cdot \mathfrak{J}_3 = j\,250$ V $= \mathfrak{U}_2$; $\mathfrak{J}_2 = \mathfrak{U}_2 \cdot \mathfrak{G}' = 5$ A $= \mathfrak{J}_1$; $\mathfrak{U}_1 = j\,500$ V.

Von besonderer Bedeutung sind die Stellen, wo der Blindwert Null oder der Blindwert ∞ auftritt. Den einfachsten Fall des Blindwiderstandes Null zeigt die Serienresonanzschaltung der Abb. 26. Man vergegenwärtige sich bei gegebenem Strom $\mathfrak{J}$ die Spannungen $\mathfrak{U}_L$ und $\mathfrak{U}_C$ an den beiden Schaltelementen und $\mathfrak{U}$ am Gesamtgebilde, die den Blindwiderständen direkt proportional sind. Wichtig ist insbesondere die entgegengesetzte Phase der Spannungen an den beiden Elementen. Man benutzt die Schaltung auch als Phasenumkehrschaltung, weil die Spannung an dem kleineren der beiden Widerstände umgekehrte Phase hat wie am Gesamtwiderstand.

$$\mathfrak{U} = \mathfrak{J} \cdot jX; \quad \mathfrak{U}_C = \mathfrak{J} \cdot jX_C; \quad \mathfrak{U}_L = \mathfrak{J} \cdot jX_L. \tag{6.24}$$

Eine Resonanz tritt dann auf, wenn bei gegebenem $\mathfrak{U}$ die Frequenz verändert wird und der Strom $\mathfrak{J}$ im Resonanzpunkt $X = 0$ unendlich groß wird. Der Blindwiderstand ∞ (Leitwert 0) tritt in der Parallelresonanzschaltung der Abb. 27 auf. Man vergegenwärtige sich bei gegebener Spannung $\mathfrak{U}$ an dem Gebilde die Ströme $\mathfrak{J}_L$ und $\mathfrak{J}_C$ in den Einzelelementen und den Gesamtstrom $\mathfrak{J}$ in Abhängigkeit von der Frequenz, die den Leitwerten proportional sind.

$$\mathfrak{J} = \mathfrak{U} \cdot jY; \quad \mathfrak{J}_C = \mathfrak{U} \cdot jY_C; \quad \mathfrak{J}_L = \mathfrak{U} \cdot jY_L. \tag{6.25}$$

Eine Resonanz tritt dann auf, wenn bei gegebenem Strom $\mathfrak{J}$ die Spannung bei $Y = 0$ unendlich groß wird. Die nächsthöhere Resonanzschaltung entsteht, wenn man zum Serienkreis der Abb. 26 einen Blindwiderstand parallelschaltet oder zum Parallelkreis der Abb. 27 einen Blindwiderstand in Serie schaltet. Abb. 30 zeigt in einem Beispiel, daß dann sowohl ein Punkt $X = 0$ wie auch ein Punkt $X = \infty$ auftritt. Den Frequenzabstand dieser beiden Resonanzen kann man durch Wahl der Elemente beliebig einstellen. Durch wachsende Zahl der Einzelelemente nach Abb. 29 kann man weitere Nullstellen und Unendlichkeitsstellen erzeugen und den Frequenzgang variieren, ohne daß man an dem grundsätzlichen Ansteigen des X mit wachsender Frequenz etwas ändern kann. Man benutzt solche Schaltungen zu Frequenzfiltern, indem man diese Blindwiderstandskombinationen in Serie oder parallel zu einem Wirkwiderstand legt, dem von einer Spannungsquelle eine Wirkleistung zugeführt wird. $jX = \infty$ in Serie oder $jX = 0$ parallel wirkt dann als Sperre für die betreffende Frequenz, während $jX = \infty$ parallel oder $jX = 0$ in Serie zum Wirkwiderstand eine ungestörte Leistungsübertragung gestattet. Man erreicht dadurch eine Frequenzauswahl für die Wirkleistung in einem Verbraucher (Oberwellensiebung u. dgl.).

Daneben interessieren Blindwiderstandskombinationen, die nur bei einer einzigen Frequenz betrieben werden, in denen aber einer der Bestandteile, z.B. eine Kapazität, stetig verändert wird. Man erhält dann beim Verändern der Kapazität ähnliche X-Kurven mit Resonanzen wie in Abb. 26, 27 und 30

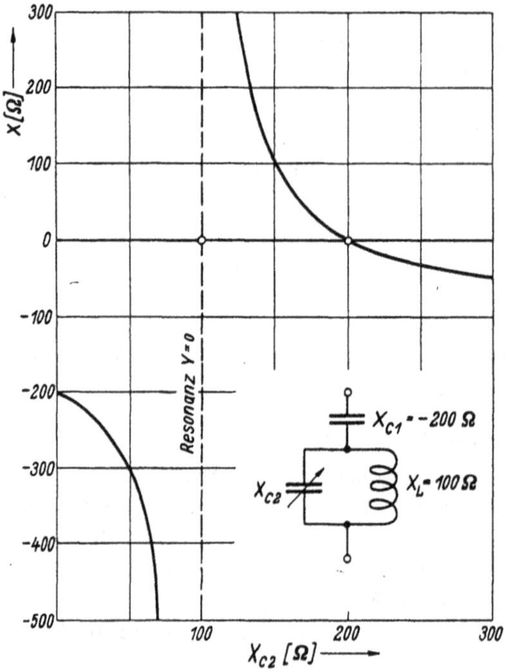

Abb 31. Regelbare Kombination

beim Verändern der Frequenz. Abb. 31 zeigt eine Kombination aus drei Blindwiderständen mit einer veränderlichen Kapazität. Für einen bestimmten Wert $C_2 = C_{2\infty}$ erhält man den Blindwiderstand ∞, für einen kleineren Wert $C_2 = C_{20}$ (größeres $|X_{C2}|$) den Blindwiderstand Null. Es ist $C_{2\infty} - C_{20} = C_1$, dem nicht veränderten Wert der Serienkapazität. Eine solche Anordnung kann man als einen stetig regelbaren Schalter benutzen, da sie parallel oder in Serie zu einem Wirkwiderstand die von diesem Wirkwiderstand aus einer Spannungsquelle aufgenommene Leistung durch Ändern der Kapazität C_2 stetig zu regeln gestattet.

Ergänzendes Schrifttum: [2, 6, 7, 53].

III. Konzentrierte Blindwiderstände mit kleinen Verlusten

§ 7. Das magnetische Feld einer Spule und ihre Verluste

Eine der wichtigsten Erscheinungen ist der extreme Skineffekt des Leitungsstromes bei hohen Frequenzen. Die Ströme fließen auf den Leitern nur in äußerst dünnen Schichten an der Leiteroberfläche. Betrachtet man der Einfachheit halber einen sehr dicken Leiter mit ebener Oberfläche, der von parallelen Wechselströmen hoher Frequenz durchflossen wird, so sinkt die Amplitude der Stromdichte beim Eindringen in den Leiter nach einer e-Funktion ab (Abb. 32a). Die Wirkung dieser sehr komplizierten Stromverteilung ersetzt man durch folgende Hilfsvorstellung, die das Rechnen vereinfacht, ohne wesentlich ungenau zu sein, und durch ihre Anschaulichkeit das Ver-

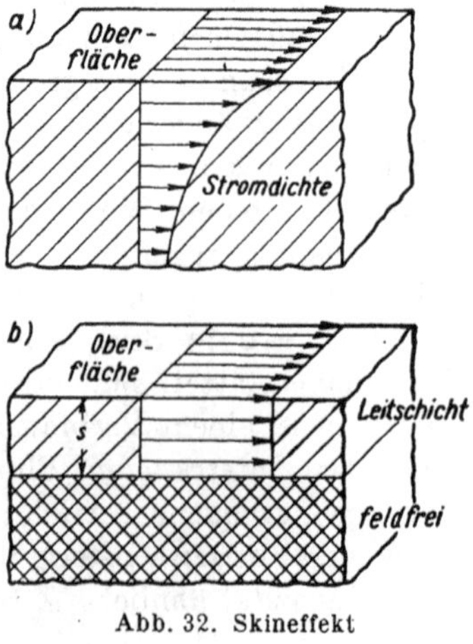

Abb. 32. Skineffekt

ständnis für viele ungewohnte Erscheinungen erleichtert. Ein Leiter besteht darnach vom Standpunkt der Hochfrequenztechnik ersatzweise aus zwei Substanzen von sehr verschiedenen Eigenschaften. Nach Abb. 32b enthält er eine dünne Oberflächenschicht, die sogenannte Leitschicht, die die gleiche Leitfähigkeit hat wie der ursprüngliche Leiter und gleichmäßig vom Strom durchflossen wird. Darunter wirkt der restliche Leiter wie eine nichtleitende Substanz, die außerdem feldabstoßende Wirkung hat, d.h. in ihr können weder elektrische noch magnetische Felder bestehen. Eine wichtige Größe ist die Dicke s der Leitschicht, die von der Frequenz, der Permeabilität μ und der Leitfähigkeit σ der Substanz abhängt. Da s proportional $\sqrt{1/\mu}$ ist, sind ferromagnetische Stoffe wegen der erheblich kleineren Leitschichtdicke nicht für Oberflächen von Hochfrequenzleitern geeignet. Den folgenden Betrachtungen wird daher ein $\mu = 1$ zugrunde gelegt. Für die Leitschicht-dicke gilt dann

$$s = \sqrt{2/(\omega\,\mu_0\,\sigma)}. \tag{7.1}$$

Für die praktische Anwendung dieser Formel sei folgendes Verfahren empfohlen. Man nimmt μ_0 aus (1.2), ersetzt ω durch λ nach (1.7) und berechnet das s für Silber ($\sigma_S = 62 \cdot 10^4$ S/cm). Alle anderen Leiterstoffe geben dann eine um den Faktor $K_1 = \sqrt{\sigma_S/\sigma}$ größere Leitschichtdicke und man erhält:

$$s = 3{,}7 \cdot 10^{-4}\, K_1 \sqrt{\lambda}\ [\text{cm}] \quad (\lambda \text{ in m}), \tag{7.2}$$

wobei K_1 aus der nebenstehenden Tabelle zu entnehmen ist. Man führt hier als neue Definition den spezifischen Oberflächenwiderstand ϱ^* ein. ϱ^* ist der Widerstand eines Oberflächenstücks der Breite 1 cm und der Länge 1 cm (und der Tiefe s nach Abb. 32b). Aus (7.1) folgt

$$\varrho^* = 1/(s\,\sigma) = \sqrt{\omega\mu_0/(2\sigma)}. \tag{7.3}$$

Werkstoff	K_1
Silber . . .	1
Kupfer . . .	1,03
Gold . . .	1,2
Aluminium .	1,4
Zink . . .	2,0
Messing . .	2,2
Platin . . .	2,6
Manganin . .	5,2
Kohle . . .	50

Für die praktische Auswertung benutzt man in Analogie zu (7.2) die Formel

$$\varrho^* = 0{,}0044 \cdot K_1/\sqrt{\lambda}\,[\Omega] \quad (\lambda \text{ in m}), \tag{7.4}$$

wobei K_1 wieder aus der Tabelle zu entnehmen ist. Ferner definiert man den Begriff der Oberflächenstromdichte (J^* = reelle Amplitude; $\mathfrak{J}^*$ = komplexe Amplitude), der eindeutig von dem bekannten Begriff der Stromdichte in Leitern mit gleichmäßiger Stromverteilung unterschieden werden muß. J^* ist der Strom durch ein Oberflächenstück der Breite 1 cm (der Tiefe s in Abb. 32b); seine technische Einheit ist [A/cm]. Betrachtet man ein kleines Oberflächenstück der Länge dx in Stromrichtung und der Breite dy quer zur Stromrichtung nach Abb. 33, so ist $J^* \cdot dy$ der durchfließende Strom, $\varrho^* \cdot dx/dy$ der Widerstand des Stücks und nach (2.26)

$$dN = \frac{1}{2}\,(J^* \cdot dy)^2\, \varrho^* \frac{dx}{dy} = \frac{1}{2}\, J^{*2} \cdot \varrho^*\, dx\, dy \tag{7.5}$$

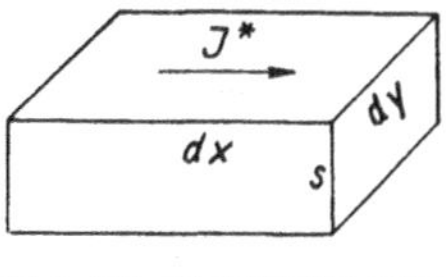

Abb. 33. Oberflächenstück

die in diesem Oberflächenteil verbrauchte Wirkleistung. Der Faktor $^1/_2$ tritt hier bei allen Leistungsformeln auf, weil Ströme und Spannungen stets als Scheitelwerte gegeben sind. Zu beachten ist, daß für die Leitfähigkeit eines Hochfrequenzleiters stets nur das σ der dünnen Oberflächenschicht maßgebend ist. Ein eiserner Leiter mit versilberter Oberfläche wirkt wie ein Leiter aus Silber. Im ϱ^* nach (7.4) tritt das σ der verschiedenen Metalle im K_1 nur als $\sqrt{\sigma}$ auf, so daß Leitfähigkeitsunterschiede bei Hochfrequenz weit weniger wirksam sind als bei Gleichstrom (Faktor K_1 der Tabelle). Dies liegt daran, daß die Leiter mit geringerer Leitfähigkeit σ nach (7.1) eine größere Leitschichtdicke besitzen.

Da die magnetischen Felder nicht in den Leiter eindringen können wie bei Gleichstrom, laufen die magnetischen Feldlinien an den Leiteroberflächen stets parallel zu diesen. Zwischen der tangentialen magnetischen Feldstärke $\mathfrak{H}$ an der Oberfläche und der Oberflächenstromdichte $\mathfrak{J}^*$ an der gleichen Stelle bestehen sehr einfache Beziehungen. Nach Abb. 34, die einen 1 cm breiten Ausschnitt der Abb. 32b zeigt, steht die magnetische Feldstärke stets senkrecht zum Strom, wobei die angegebenen Pfeilrichtungen zu beachten sind. Das allgemeine Durchflutungsgesetz (§ 34) lautet für technische Einheiten, daß der durch eine Fläche tretende Strom gleich der magnetischen Spannung längs des Flächenrandes ist. Bezieht man dies auf das in Abb. 34 dick ausgezogene Rechteck, dessen lange Kante gleich 1 cm und dessen schmale Kante gleich s ist, so tritt durch diese Fläche der Strom $\mathfrak{J}^*$. Die magnetische Randspannung gibt längs der unteren langen Kante keinen Beitrag, weil sie im feldfreien Innenraum des Leiters (Abb. 32b) läuft. Die senkrechten Kanten s geben keinen Beitrag, da längs derselben kein Feld existiert. Nur die lange Kante im Außenraum gibt mit der Länge 1 cm und der Feldstärke $\mathfrak{H}$ [A/cm] die Spannung $\mathfrak{H} \cdot 1$. Aus dem Durchflutungsgesetz folgt also die für die gesamte Hochfrequenztechnik fundamentale Beziehung

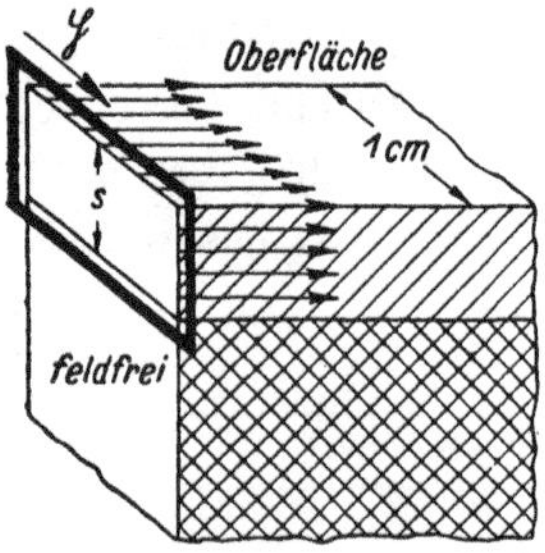

Abb. 34. Magnetische Feldstärke an der Leiteroberfläche

$$\mathfrak{H} = \mathfrak{J}^* \quad (\mathfrak{H} \text{ und } \mathfrak{J}^* \text{ in A/cm}). \tag{7.6}$$

Jedes magnetische Feld an der Oberfläche eines Leiters erzeugt in der Leiteroberfläche einen dazu senkrechten Strom, wobei die komplexe Amplitude $\mathfrak{J}^*$ der Oberflächenstromdichte zahlenmäßig gleich der komplexen Amplitude $\mathfrak{H}$ der Feldstärke ist (gleiche reelle Amplitude und gleiche Phase). Umgekehrt erzeugt jeder Oberflächenstrom ein entsprechendes magnetisches Feld.

Da längs großer Leiteroberflächen im allgemeinen keine gleichmäßige magnetische Feldstärke bestehen wird, muß man also eine ungleichmäßige Verteilung des Stromes auf den Leiteroberflächen berücksichtigen, wodurch meist sehr komplizierte Verhältnisse entstehen. Die einfachsten Verhältnisse zeigt ein gerader Draht mit Kreisquerschnitt im freien Raum. Er ist nach Abb. 35 von kreisförmigen magnetischen Feldlinien umgeben, längs denen die Feldstärke $\mathfrak{H}$ jeweils konstant ist. Die Oberflächenstromdichte ist auf der Drahtoberfläche dann nach (7.6) ebenfalls konstant. Wenn d der Drahtdurchmesser ist, beträgt der Gesamtstrom durch den Draht $\mathfrak{J} = \pi d \cdot \mathfrak{J}^*$. Die magnetische Feldstärke $\mathfrak{H}$ ergibt sich aus dem Durchflutungsgesetz (§ 34) für die Feldlinie mit dem Radius r (Abb. 35): $2\pi r \cdot \mathfrak{H} = \mathfrak{J}$. Daraus folgt

$$\mathfrak{H} = \mathfrak{J}/(2\pi r) = \mathfrak{J}^* \cdot d/(2r). \tag{7.7}$$

Der Leistungsverbrauch pro cm Drahtlänge beträgt nach (7.5) für $dx = 1$ cm und $dy = \pi d$

$$dN = \frac{1}{2} J^{*2} \cdot \varrho^* \pi d = \frac{1}{2} J^2 \frac{\varrho^*}{\pi d} = \frac{1}{2} J^2 R^*. \tag{7.8}$$

Der Draht wirkt also so, als ob er pro cm Länge den Wirkwiderstand

$$R^* = \varrho^*/(\pi d) \tag{7.9}$$

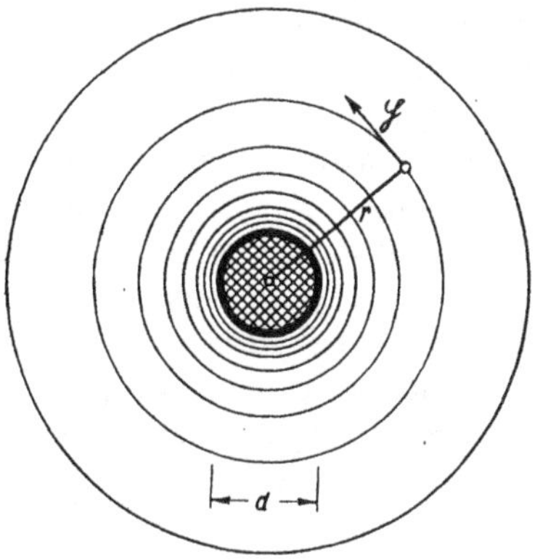

Abb. 35. Magnetfeld eines geraden Drahtes

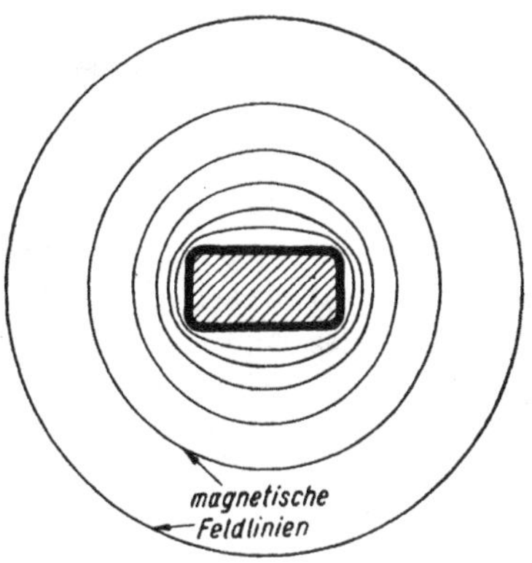

Abb. 36. Draht mit Rechteckquerschnitt

hat, wie es dem nach Abb. 32b angenommenen, stromdurchflossenen Querschnitt der Tiefe s entspricht. Nicht so einfach ist die Berechnung des R^* für Drähte mit beliebigem Querschnitt, z.B. für die häufig verwendeten Rechteckquerschnitte der Abb. 36. Die Zusammendrängung der Feldlinien an den Leiterecken führt nach (7.6) zu einer wesentlich erhöhten Stromdichte an den Ecken gegenüber der Stromdichte auf den Rechteckseiten. Den wirksamen Widerstand R^* für einen Querschnitt mit ungleichmäßiger Oberflächenstromdichte berechnet man nach der Formel

$$R^* = K_2 \cdot \varrho^*/a, \tag{7.10}$$

wobei a der Umfang des Drahtquerschnitts ist. Für $K_2 = 1$ ist dies identisch mit (7.9). Es gilt nun die Regel, daß bei ungleichmäßiger Stromverteilung K_2 stets größer als 1 ist, und zwar um so größer, je ungleichmäßiger die Verteilung ist. Eine Berechnungsmethode für K_2 bei allgemeineren Drahtquerschnitten findet man in § 25.

Bei sehr dünnen Drähten, deren Durchmesser d kleiner als s ist, kann man mit gleichmäßig durchflossenem Querschnitt wie bei Gleichstrom rechnen und erhält dann als R^* den Gleichstromwiderstand R_0^*. Bei wachsender Frequenz zeigt sich der Skineffekt in einem langsam wachsenden R^*. Für einen Kreisquerschnitt, bei dem $d < 4s$ ist, gilt die Näherungsformel

$$R^* = R_0^* \left[1 + 1{,}3 \cdot 10^{-3} (d/s)^4\right], \qquad (7.11)$$

wobei man s für die betreffende Frequenz aus (7.2) berechnet. Für $d > 4s$ benutzt man dann (7.9). Um nun den Leiterquerschnitt besser auszunutzen, verwendet man bei höheren Frequenzen Hochfrequenzlitze. Man nimmt statt des massiven Drahtes der Abb. 35 eine entsprechend große Zahl sehr dünner Drähte, deren Durchmesser so klein ist, daß nach (7.11) noch keine nennenswerte Widerstandserhöhung eintritt. Diese Einzeldrähte werden zu einem Drahtbündel so verflochten, daß auf einer gewissen Länge jeder Draht jede Lage innerhalb des Querschnitts gleich lange einnimmt. Dann haben alle diese Drähte gleiche Feldbedingungen und werden von gleichen Strömen durchflossen, so daß der Gesamtquerschnitt gleichmäßig ausgenutzt wird. Dies erreicht man praktisch jedoch nur für Frequenzen unter 10^6 Hz ($\lambda > 300$ m), da bei höheren Frequenzen bereits der Skineffekt der Einzeldrähte nach (7.11) in Erscheinung tritt, aber auch durch kapazitive Ströme zwischen benachbarten Leitern der gewünschte Effekt gestört wird, so daß oberhalb von $2 \cdot 10^6$ Hz eine Litze meist sogar ungünstiger als ein glatter Draht ist.

In Abb. 35 wurde angenommen, daß sich der Draht im freien Raum befindet. Wenn sich nun aber nach Abb. 37 ein zweiter Draht im Raum befindet, tritt eine Veränderung des Feldes auf. Werden die Drähte nach Abb. 37a von Strömen entgegengesetzter Richtung durchflossen, so konzentriert sich zwischen ihnen das Feld und entsprechend dem $\mathfrak{H}$ fließen nach (7.6) die Hauptströme auf

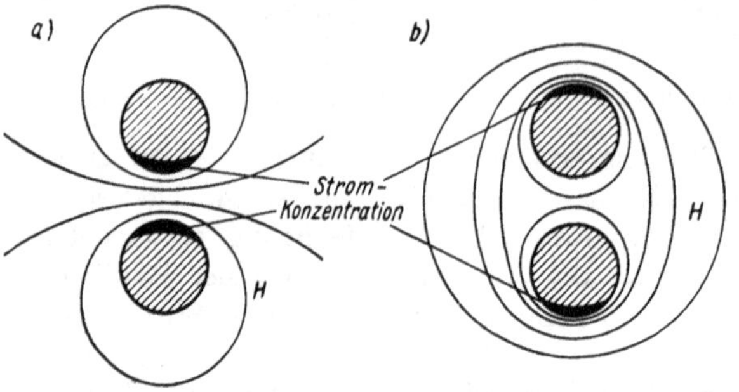

Abb. 37. Proximity-Effekt

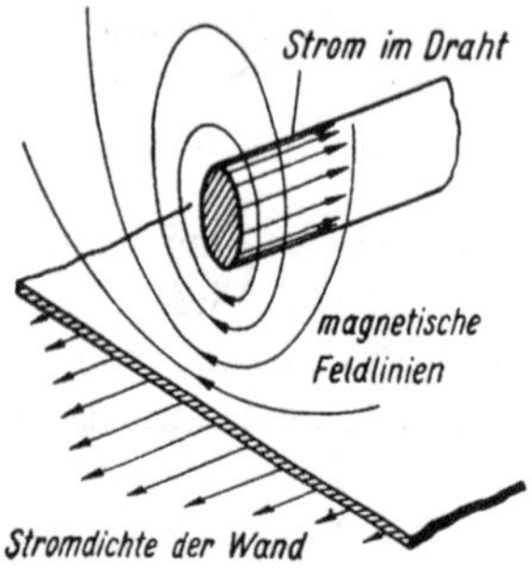

Abb. 38. Wandströme

den einander zugewandten Seiten der Drähte (Proximity-Effekt). Bei gleichgerichteten Strömen befindet sich dagegen zwischen den Drähten nur ein schwaches Feld und die Ströme fließen zur Hauptsache auf den einander abgewandten Seiten der Drähte. In jedem Fall läßt die ungleichmäßige Stromverteilung statt der Gleichung (7.9) einen Faktor $K_2 > 1$ nach Gleichung (7.10) auftreten. Wenn der stromdurchflossene Draht der Abb. 35 in der Nähe einer leitenden Wand läuft (Abb. 38), so verändert die Wand das magnetische Feld des Drahtes, weil die Feldlinien in der Wandnähe parallel zur Wand verlaufen müssen. Nach (7.6) und Abb. 34 fließen dann Ströme in der Wand, die entgegengesetzte Richtung wie der Strom im Draht haben und deren

Oberflächendichte mit wachsendem Abstand vom Draht abnimmt. Dadurch tritt nach (7.5) ein zusätzlicher Leistungsverbrauch in der Wand auf, aber auch eine Verminderung der Induktivität des Drahtes, weil Teile des magnetischen Feldes verschwinden und sich dadurch die magnetische Feldenergie W_m in (1.3) verkleinert. Vgl. Abb. 5. Diese für den einzelnen Draht abgeleiteten Grunderscheinungen gelten sinngemäß auch für Induktivitäten aus Kombinationen solcher Drähte. Man beachte dabei den Skineffekt, den Proximity-Effekt und die Feldverdrängung durch leitende Wände. Die Kenntnis des Feldes eines stromdurchflossenen Gebildes ist daher sehr nützlich, da sie nach (1.3) Anhaltspunkte zur Berechnung des L, nach (4.1) Anhaltspunkte zur Berechnung des M und hier Anhaltspunkte zur Berechnung des R^* gibt, also alle mit einer Induktivität verknüpften Probleme zu lösen gestattet.

Die Existenz magnetischer Feldenergie ist stets mit Verlusten durch die sie erzeugenden Ströme auf den Leiteroberflächen verbunden. Eine Induktivität ist daher kein reiner Blindwiderstand nach (3.1), weil wegen des Wirkleistungsverbrauchs die Phase Φ zwischen $\mathfrak{U}$ und $\mathfrak{J}$ etwas kleiner als $\pi/2$ ist. Bei gegebener Amplitude J des Spulenstromes entsteht die Blindleistung (2.26)

$$B_L = \frac{1}{2} J^2 X_L. \tag{7.12}$$

Gleichzeitig verbraucht man dabei eine Wirkleistung N_L, die sehr klein gegen B_L ist. Als **Verlustfaktor** d_L der Spule bezeichnet man den Quotienten

$$d_L = N_L/B_L. \tag{7.13}$$

Das N_L setzt sich nach (7.5) aus Teilen dN zusammen, die dem Quadrat der Oberflächenstromdichten J^* proportional sind. Die Stromdichten sind aber überall proportional dem Spulenstrom J. Also ist das ganze N_L proportional dem J^2, ebenso wie die Blindleistung B_L nach (7.12). Man setzt dann

$$N_L = \frac{1}{2} J^2 R_L. \tag{7.14}$$

Diese Größe R_L, die die Dimension eines Widerstandes hat, nennt man den Serienverlustwiderstand der Spule. Dann wird aus (7.13) nach Fortfall des Faktors J^2

$$d_L = R_L/X_L \tag{7.15}$$

und für den Verlustwiderstand gilt

$$R_L = d_L \cdot X_L. \tag{7.15a}$$

Hier ergänzt man also den Blindwiderstand der Spule durch einen in Serie geschalteten Wirkwiderstand R_L, der ebenfalls vom Spulenstrom J durchflossen wird, und dem man nach (7.14) den auftretenden Verbrauch an Wirkleistung zuschreibt. R_L ist kein realer Widerstand, sondern nur eine sehr brauchbare Rechengröße, die durch (7.14) als

$$R_L = 2 N_L/J^2 \tag{7.16}$$

definiert ist. Um R_L zu finden, berechnet man also alle Verluste dN nach (7.5) einschließlich der Verluste durch die in benachbarten Leitern nach Abb. 38

induzierten Ströme und erhält R_L aus (7.16). Abgesehen von den in Nebenkreisen induzierten Verlusten ist das R_L der Verlustwiderstand des Spulendrahtes, den man aus dem Verlustwiderstand R^* pro cm Drahtlänge nach (7.10) berechnet. Für die späteren Anwendungen ist jedoch die allgemeinere und exakte Definition des R_L nach (7.16) äußerst wichtig. Zur Erzielung günstiger induktiver Wirkungen wird man sich natürlich bemühen, das d_L möglichst klein zu halten. Den Reziprokwert des d_L bezeichnet man als den Gütefaktor der Spule

$$Q_L = 1/d_L, \tag{7.17}$$

der also möglichst hohe Werte erreichen soll. Ein Q_L zwischen 200 und 400 (d_L zwischen 0,0025 und 0,005) ist stets das erstrebte und auch erreichbare Ziel. Die genaue Vorausberechnung des Q_L ist recht kompliziert, so daß man sich meist auf eine angenäherte Berechnung des R^* nach (7.10) beschränken und außerdem $K_2 = 1$ annehmen wird. Ist l_D die Länge des aufgewickelten Drahtes, so ist annähernd $R_L = l_D \cdot R^*$. Die genaue Bestimmung des R_L, das etwas größer als dieser berechnete Wert sein wird, sollte man einer Messung nach § 12 überlassen.

Zusätzliche Verluste treten in Spulen auf, die einen Hochfrequenzeisenkern haben. Die Hysteresis des Eisens gibt Verluste bei der Ummagnetisierung im Wechselfeld; ferner fließen Wirbelströme in den Eisenteilchen. Andererseits werden aber die Verluste in den Leitern dadurch kleiner, daß man zur Erzeugung eines bestimmten L-Wertes mit wachsender Eisenmenge immer weniger Draht aufwickeln muß. Bei der Verwendung von Eisenkernen muß man durch passende Wahl der Eisenmenge und der Drahtlänge, also durch geeignete Aufteilung der Verluste auf das Eisen und den Draht, den Verlustfaktor bei gegebenem L auf ein Minimum bringen. Man erreicht dann mit einem Hochfrequenzeisenkern im Vergleich zu Luftspulen ein größeres Q_L mit wesentlich kleinerem Raumbedarf.

Ein möglichst kleines d_L ist nicht nur deshalb erwünscht, um den Wirkungsgrad einer Schaltung groß zu halten, sondern man verringert dadurch auch die Erwärmung der Spule. Die Verlustleistung

$$N_L = d_L \cdot B_L \tag{7.18}$$

nach (7.13) ist proportional zu der vorhandenen Blindleistung nach (7.12) und dem Verlustfaktor der Spule. N_L wird in den Leitern und im Eisenkern in Wärme umgesetzt. Die zulässige Temperatur der Spule ist aber begrenzt, weil die Erwärmung der Bauteile zu thermischer Ausdehnung führt, die die Induktivität der Spule ändert, in extremen Fällen sogar zu bleibenden Formänderungen, Oxydation usw. Die Temperatur der Spule im Betriebszustand hängt ab von der zugeführten Leistung N_L und von den Abkühlungsbedingungen. Die Temperatur steigt solange, bis Wärmezufuhr und Wärmeabfuhr gleich groß sind. Die Abkühlung erfolgt im allgemeinen durch die an dem Bauelement vorbeistreichende Luft, wobei man im Gerät darauf achten muß, daß der Abtransport der erwärmten Luft und die Zufuhr kalter Luft ungehindert vor sich gehen kann. Je größer N_L, desto größer muß bei gegebener

Temperatur die Oberfläche des Gebildes sein, um die entstandene Wärme wieder zu entfernen. Mit $^1/_{10}$ bis $^1/_5$ Watt pro cm^2 kühlender Oberfläche wird man geeignete Temperaturen erreichen. Wenn die Gebilde zu groß werden, muß man durch künstliche Ventilation (Gebläse) die Wärmeabfuhr verbessern und kann dann entsprechend kleinere Oberflächen verwenden. In extremen Fällen baut man die Spulendrähte aus Rohren, durch deren Inneres man Wasser strömen läßt. Da 1 Watt = 0,24 cal/s ist, kann man aus N_L die Erwärmung des durchströmenden Wassers berechnen. Wenn man annimmt, daß das Wasser dabei etwa von 20^0 auf 50^0 C erwärmt wird, benötigt man je Watt eine durchströmende Wassermenge von etwa 0,5 cm^3 je Minute. Ergänzendes Schrifttum: [2, 8, 53].

§ 8. Das elektrische Feld des Kondensators und seine Verluste

Das elektrische Feld stellt man durch Feldlinien und Äquipotentialflächen dar, wobei es sehr zweckmäßig ist, die Dichte der Feldlinien im Raum proportional zur Feldstärke zu zeichnen. Als Feldliniendichte wird die Zahl der Feldlinien durch eine Fläche von 1 cm^2 senkrecht zur Feldlinienrichtung definiert. Sie soll zahlenmäßig gleich der an der betreffenden Stelle bestehenden Feldstärke E sein. Durch eine Fläche dF senkrecht zu den Feldlinien tritt also die Feldlinienmenge $E \cdot dF$. Die Äquipotentialflächen zeichnet man dann so, daß je zwei benachbarte Äquipotentialflächen stets gleiche Potentialdifferenzen besitzen. Der Abstand dieser Flächen ist umgekehrt proportional zur Feldstärke. Die Kenntnis der Verteilung der elektrischen Feldstärke in den verwendeten Gebilden ist außerordentlich wichtig. Man berechnet aus ihr nach (1.4) und (1.6) die Kapazität des Gebildes, aber auch die **Spannungsfestigkeit** des Kondensators ist von der auftretenden maximalen Feldstärke abhängig. In Luft oder in einem homogenen Dielektrikum liegt die maximale Feldstärke E_{max} stets an der Oberfläche eines der beteiligten Leiter. Die Spannungsfestigkeit der Luft unterscheidet sich bei Hochfrequenz nicht wesentlich von den bei Gleichspannung bekannten Verhältnissen, wenn man jeweils den Scheitelwert der Wechselspannung betrachtet und es sich nur um kleine Luftabstände handelt. Die Durchbruchsfeldstärke liegt dann bei etwa $3 \cdot 10^4$ V/cm und man arbeitet zweckmäßig mit maximalen Feldstärken von

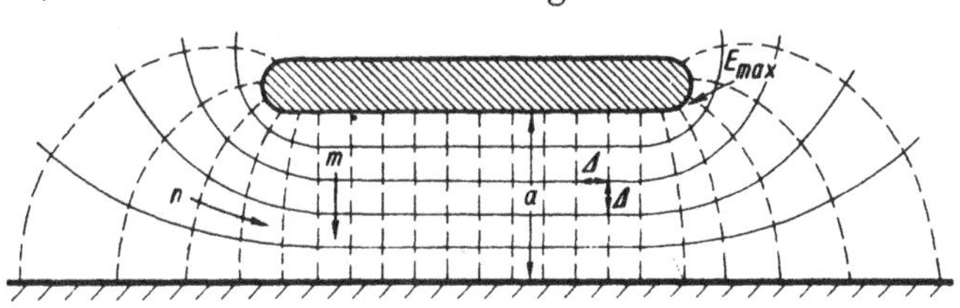

Abb. 39. Feldlinien und Äquipotentiallinien

10^4 V/cm, um eine in jeder Hinsicht ausreichende Sicherheit zu haben. Flüssige und feste Dielektrika haben eine größere Spannungsfestigkeit. Man beachte jedoch die Erläuterungen zur Abb. 42. Im allgemeinen verwendet man möglichst einfache Kondensatorformen, deren Feld sich durch wenige Schnitte wie in Abb. 39 und 40 darstellen läßt. Solche Feldlinienbilder geben dann sehr wichtige Aufschlüsse über das Verhalten des Gebildes.

In vielen Fällen kann man das elektrische Feld berechnen. Im homogenen Teil des Plattenkondensators der Abb. 17 und 39 besteht die konstante Feldstärke

$$E = U/a, \tag{8.1}$$

wobei U die Spannung zwischen den Platten und a der Abstand der Platten ist. Die die Spannungsfestigkeit bestimmende Feldstärke E_{max} liegt dann stets im Streufeld des Randes (Abb. 39). Im Zylinderkondensator der Abb. 7 (Querschnitt in Abb. 40) nimmt die Feldstärke mit wachsendem Abstand r vom Zentrum ab:

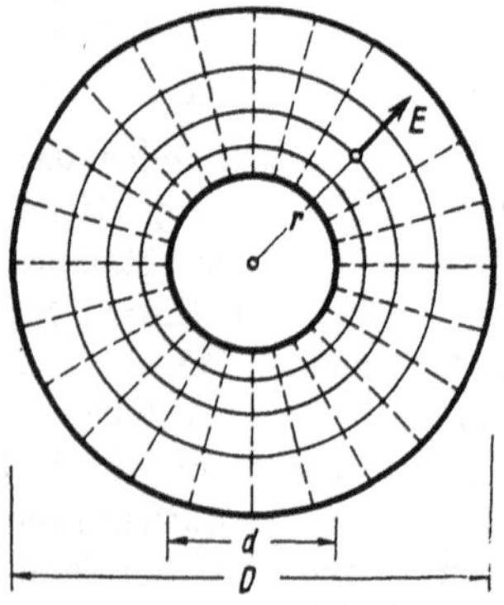

Abb. 40.
Feld des Zylinderkondensators

$$E = \frac{U}{r \cdot \ln(D/d)}. \tag{8.2}$$

Die maximale Feldstärke liegt an der Oberfläche des Innenleiters ($r = d/2$) und lautet

$$E_{max} = \frac{2U}{d \cdot \ln(D/d)} \tag{8.3}$$

bzw.

$$E_{max} = \frac{0{,}87\,U}{d \cdot \lg_{10}(D/d)}. \tag{8.3a}$$

Im Raum zwischen zwei konzentrischen Kugeln (Halbkugeln in Abb. 21 rechts) besteht die Feldstärke

$$E = \frac{U}{r^2}\,\frac{d \cdot D}{2(D-d)}. \tag{8.4}$$

Wenn ein Kondensator vollständig mit einem homogenen Dielektrikum ausgefüllt ist, bestehen die gleichen Feldstärken wie im Luftkondensator.

In allgemeinen Feldern kann man sich in vielen Fällen mit den folgenden graphischen Methoden ausreichend genaue Informationen verschaffen. Es sei zunächst im einfachsten Fall angenommen, daß sich die Leiter (wie in Abb. 39 und 40) senkrecht zur Zeichenebene bei g l e i c h b l e i b e n d e m Q u e r s c h n i t t so weit erstrecken, daß ihre Dimensionen senkrecht zur Zeichenebene wesentlich größer als die Dimensionen ihres Querschnitts in der Zeichenebene sind. Dann verlaufen alle Feldlinien in der gezeichneten Querschnittsebene. Die Schnitte der Äquipotentialflächen mit der Zeichenebene seien als Äquipotentiallinien bezeichnet. Feldlinien und Äquipotentiallinien bilden zwei Kurvenscharen, die sich überall senkrecht schneiden. Da hier sowohl der Abstand benachbarter Feldlinien wie auch der Abstand benachbarter Äquipotentiallinen umgekehrt proportional zur Feldstärke ist, kann man an jeder Stelle der Zeichenebene diese beiden Abstände Δ gleich groß machen (Abb. 39), so daß bei genügend dichter Kurvenfolge das Feld in zahlreiche quadratähnliche Flächenstücke geteilt wird. Jedes dieser Elementarquadrate denkt man sich nach Abb. 41 als einen selbständigen Platten-

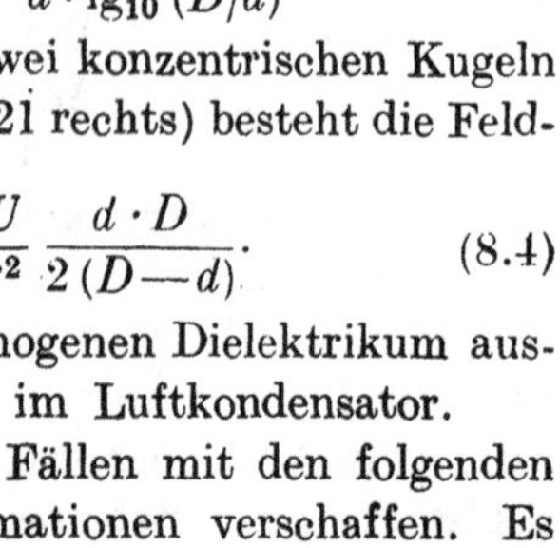

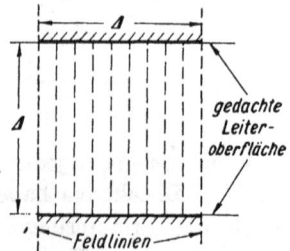

Abb. 41. Elementarquadrat

kondensator, wobei die begrenzenden Äquipotentialflächen die gedachten Leiteroberflächen sind. Das Feld dieses Quadrats ist homogen und die zugehörige Kapazität exakt nach (5.4) zu berechnen. Der Plattenabstand a ist hier Δ. Wenn sich die Anordnung senkrecht zur Zeichenebene bis zur Tiefe b ausdehnt, ist $b \cdot \Delta$ die Fläche F dieses Kondensators und seine Kapazität nach (5.4) gleich $\varepsilon_0 \cdot b$. Liegen in dem Querschnitt des Feldes (Abb. 39) zwischen je zwei benachbarten Äquipotentiallinien n solcher Quadrate, so ist die Kapazität zwischen diesen beiden, als Leiteroberflächen gedachten Äquipotentialflächen nach (6.4) $\varepsilon_0 \cdot l \cdot n$. Liegen zwischen den wirklichen Leitern des Kondensators m solcher Quadratgruppen hintereinander ($m = 5$ in Abb. 39), so ist die Gesamtkapazität

$$C = \varepsilon_0 \cdot b \cdot n/m \tag{8.5}$$

mit ε_0 nach (1.5), also die Serienschaltung von m gleichen Kapazitäten der Größe $\varepsilon_0 \cdot b \cdot n$ nach (6.5). Sobald man eine solche „quadratische" Feldeinteilung hat, ist die Kapazität nach (8.5) elementar berechenbar. Man gewinnt diese Feldeinteilung auf rein zeichnerischem Wege sehr leicht mit völlig befriedigender Genauigkeit nach einigem Probieren, wenn man nur immer die Bedingung des Senkrechtstehens der Kurven und der Quadratbildung beachtet. Man beginnt das Zeichnen in irgendeinem Bereich des Feldes und zeichnet unter Quadratbildung die anschließenden Bereiche, bis das ganze Feld entsteht. Man erkennt sehr bald, wo der erste Versuch unbefriedigende Abweichungen hatte, korrigiert entsprechend und ist bei feinerer Unterteilung in immer kleinere Quadrate bald am Ziel. Auch die elektrische Feldstärke gewinnt man aus einem solchen Bild für jeden Punkt des Feldes. Ist U die Spannung zwischen den Leitern des Kondensators, so ist U/m die Spannungsdifferenz zwischen benachbarten Äquipotentiallinien und die Feldstärke

$$E = U/(m\Delta), \tag{8.6}$$

wobei Δ der Abstand der Äquipotentiallinien an dieser Stelle ist (Abb. 39). Wenn diese Methode zunächst auch spielerisch erscheint, so ist sie doch sehr erfolgreich und in vielen Fällen durch nichts zu ersetzen, weil die theoretische

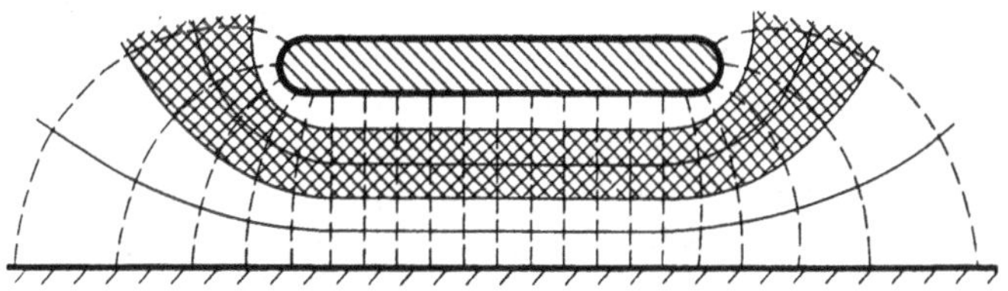

Abb. 42. Inhomogenes Dielektrikum

Berechnung solcher Felder meist nicht möglich ist. Diese Methode läßt sich auf zylindersymmetrische Felder erweitern, wenn auch die Konstruktion dort schon etwas schwieriger ist.

Nach § 5 erhöht sich die Kapazität einfach um den Faktor ε, wenn man den Luftraum vollständig mit einem Dielektrikum ausfüllt. Schwierig ist die Berechnung aber, wenn das Dielektrikum den Raum nur teilweise ausfüllt.

Hier sind zwei Fälle einfach berechenbar. Wenn nach Abb. 42 genau zwischen m_1 von m Querzonen (in Abb. 42 $m_1 = 2$ und $m = 5$) das Dielektrikum liegt, entsteht eine Serienschaltung von m_1 Kapazitäten $\varepsilon \cdot \varepsilon_0 \cdot b \cdot n$ und von $(m - m_1)$ Kapazitäten $\varepsilon_0 \cdot b \cdot n$, also insgesamt nach (6.5) die Kapazität

$$C_\varepsilon = \frac{\varepsilon_0 \cdot b \cdot n}{m - m_1 + m_1/\varepsilon}. \tag{8.7}$$

Vergleicht man dies mit der Luftkapazität C nach (8.5), so wirkt das partielle Dielektrikum ebenso wie ein massives Dielektrikum mit einer kleineren „wirksamen" Dielektrizitätskonstanten ε'. Aus $C_\varepsilon = \varepsilon' \cdot C$ folgt für dieses ε' mit C aus (8.5)

$$\varepsilon' = \frac{m}{m - m_1 + m_1/\varepsilon}. \tag{8.7a}$$

Entsprechend kann man auch ein Dielektrikum nach Abb. 43 berücksichtigen, das genau n_1 von n senkrechten Streifen der Abb. 39 ausfüllt (in Abb. 43

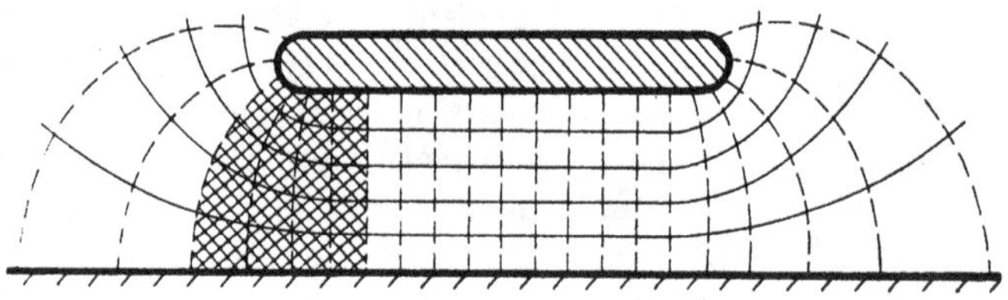

Abb. 43. Inhomogenes Dielektrikum

$n_1 = 4$). Es entsteht dann eine Parallelschaltung von n_1 Kapazitäten $\varepsilon \cdot \varepsilon_0 \cdot b/m$ und von $(n - n_1)$ Kapazitäten $\varepsilon_0 \cdot b/m$, also insgesamt nach (6.4)

$$C_\varepsilon = \varepsilon_0 \cdot b\,[\varepsilon n_1 + (n - n_1)]/m. \tag{8.8}$$

Vergleicht man dies mit der Luftkapazität C nach (8.5), so wirkt das partielle Dielektrikum wie ein massives Dielektrikum mit der kleineren wirksamen Dielektrizitätskonstanten ε'. Aus $C_\varepsilon = \varepsilon' \cdot C$ folgt für das ε' mit C aus (8.5)

$$\varepsilon' = [\varepsilon n_1 + (n - n_1)]/n. \tag{8.9}$$

Nur in diesen beiden Sonderfällen bleibt das für Luft in Abb. 39 konstruierte Feldlinienbild erhalten. Es ergibt sich, daß eine gewisse Menge Dielektrikum dort am wirksamsten ist, wo die Feldstärke groß ist, wo sie also viele Quadrate ausfüllt. Will man die zur Halterung der Kondensatorplatten unvermeidlichen Stützisolatoren unwirksam machen, so bringe man sie an Stellen an, wo die Feldstärke klein ist, beim Plattenkondensator nach Abb. 43 beispielsweise im großen Bogen zwischen den Rückseiten der Platten. Dann vermeidet man auch das Wirksamwerden der dielektrischen Verluste dieser Halterung nach (8.13).

Bei beliebiger Form des Dielektrikums ändern sich auch die Feldlinien und man kann sich nur dadurch einen Anhaltspunkt verschaffen, daß man die gegebene Form wenigstens näherungsweise auf eine Form zurückführt, die zu einem der in Abb. 42 und 43 angeführten Sonderfälle paßt. Bezüglich der Feldstärke ändert eine Schichtung parallel zu den Feldlinien nach Abb. 43 die für Luft berechneten Feldstärken nicht, während die Schichtung parallel zu den Äquipotentiallinien nach Abb. 42 die Feldstärken im Dielektrikum verkleinert, aber in den Luftschichten vergrößert. Dies bedeutet also eine Verminderung der Spannungsfestigkeit gegenüber einem reinen Luftkondensator. Dünne Luftschichten zwischen einem massiven Dielektrikum und den Kondensatorplatten sind daher sehr gefährlich, da in ihnen die Feldstärke annähernd ε-mal so groß ist gegenüber dem für ein exakt homogenes Dielektrikum berechneten Wert. Eine in der Praxis übliche Methode, diese Gefahrstellen zu umgehen, besteht darin, daß man die Kondensatorbeläge als Metallschicht unmittelbar auf das Dielektrikum aufbringt (metallisieren).

Ein Kondensator im freien Raum ist verlustfrei, wenn man von den Verlusten des Ladestroms in den Zuleitungen absieht (§ 13). Verluste entstehen durch das zwischen den Leitern liegende Dielektrikum. In ihm entsteht durch die Wirkung der elektrischen Feldstärke eine Polarisation der Moleküle, was die Erhöhung der Kapazität um den Faktor ε bedingt. Die Wechselfeldstärke erzwingt einen periodischen Wechsel der Polarisationsrichtung und daher molekulare Ströme, die nicht verlustfrei sind. Ein Kondensator hat also auch einen Verlustfaktor d_C, der wie in (7.13) definiert ist. Es bestehen dann die gleichen Formeln (7.14) bis (7.16). Die Verluste werden beschrieben durch einen in Serie zur Kapazität liegenden Verlustwiderstand R_C, an dem die Verlustleistung N_C entsteht:

$$d_C = R_C/|X_C|; \qquad R_C = d_C \cdot |X_C|; \tag{8.10}$$

$$N_C = \frac{1}{2} J^2 R_C = d_C \frac{1}{2} J^2 |X_C| = d_C \cdot |B_C|. \tag{8.11}$$

Dabei ist $|X_C|$ der Blindwiderstand der Kapazität ohne das negative Vorzeichen. Wie in (7.17) definiert man als Gütefaktor des Kondensators die Größe

$$Q_C = 1/d_C. \tag{8.12}$$

Wenn der Kondensator vollständig mit einem Dielektrikum ausgefüllt ist, wird d_C gleich dem Verlustfaktor d_ε der betreffenden Substanz. Das d_ε der Luft ist vernachlässigbar klein. Das d_ε der in der Hochfrequenztechnik verwendeten Dielektrika liegt im allgemeinen zwischen 2 bis $5 \cdot 10^{-4}$ und ist in den interessierenden Frequenzbereichen nicht wesentlich frequenzabhängig. Oberhalb 10^9 Hz muß man mit einem schwachen Anstieg rechnen. Wenn der Kondensator nur teilweise mit Dielektrikum gefüllt ist, ist das d_C nur ein entsprechender Teil des d_ε und im allgemeinen nur meßtechnisch zu bestimmen. Lediglich in den in Abb. 42 und 43 dargestellten Sonderfällen ist d_C zu berechnen. In Abb. 42 hat man dann die Serienschaltung eines verlustfreien Luftkondensators und eines verlustbehafteten, mit Dielektrikum gefüllten Kondensators und in Abb. 43 eine entsprechende Parallelschaltung. Näheres in § 9. Angenähert berechnet man d_C dann auf folgende Weise. Das Dielektrikum ist gegeben durch ε und d_ε. Die Kapazität C_ε des gegebenen Gebildes ist um den Faktor ε' größer als die des gleichen Gebildes in Luft: $C_\varepsilon = \varepsilon' \cdot C$. Das ε'

ist die wirksame Dielektrizitätskonstante; vgl. (8.7) bis (8.9). Dann gilt in guter Näherung allgemein:

$$d_C \approx d_\varepsilon\,(\varepsilon' - 1)/(\varepsilon - 1). \tag{8.13}$$

Ergänzendes Schrifttum: [8, 9, 10].

§ 9. Kombinationen verlustbehafteter Blindwiderstände

Die Betrachtungen des § 6 müssen erweitert werden, weil jeder technische Blindwiderstand als komplexer Widerstand zu betrachten ist. Man kann jedoch voraussetzen, daß der Verlustfaktor stets sehr klein ist. Man wird dann nicht die komplizierteren Rechenmethoden des § 15 verwenden, sondern zu wesentlich einfacheren Näherungsverfahren übergehen. Ein solcher Widerstand kann als die Serienschaltung eines reinen Blindwiderstandes jX und eines sehr kleinen Wirkwiderstandes R dargestellt werden: $\mathfrak{R} = R + jX$. Berechnet wird sein Leitwert

$$\mathfrak{G} = 1/\mathfrak{R} = 1/(R + jX) = G + jY. \tag{9.1}$$

Nach (2.17) ist exakt

$$G = R/(R^2 + X^2); \qquad Y = -X/(R^2 + X^2). \tag{9.2}$$

Unter der Voraussetzung $R < 0{,}1\,|X|$ wird daraus in guter Näherung die wesentlich einfachere Formel

$$G = R/X^2; \qquad Y = -1/X, \tag{9.3}$$

wobei im Nenner das kleine R^2 neben X^2 vernachlässigt wurde. Aus der Serienschaltung eines Blindwiderstandes mit einem sehr kleinen Wirkwiderstand kann man also eine gleichwertige Parallelschaltung eines Blindleitwerts jY und eines sehr kleinen Wirkleitwerts G machen. Bemerkenswert ist, daß dieses jY dann die gleiche Größe hat wie im verlustfreien Fall. Die Serienschaltung $R + jX$ ist also auch identisch mit der Parallelschaltung des gleichen Blindwiderstandes jX und eines Parallelwiderstandes

$$R_p = 1/G = X^2/R \tag{9.4}$$

(Abb. 44). Umgekehrt ist die Parallelschaltung eines Blindwiderstandes jX und eines großen Wirkwiderstandes $R_p > 10\,|X|$ identisch mit der Serienschaltung des gleichen Blindwiderstandes jX und eines kleinen Wirkwiderstandes

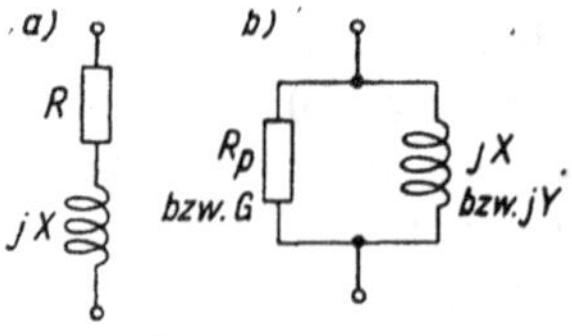

Abb. 44. Äquivalente Schaltungen

$$R = X^2/R_p = G/Y^2. \tag{9.5}$$

Wendet man dies auf einen verlustbehafteten Blindwiderstand $\mathfrak{R}$ mit dem Verlustfaktor d an, so erhält man

a) mit dem Ersatzbild Abb. 44a ($\mathfrak{R} = R + jX$) nach (7.15a) und (8.10)

$$R = d \cdot |X|, \tag{9.6}$$

b) mit dem Ersatzbild Abb. 44b ($\mathfrak{G} = 1/\mathfrak{R} = G + jY$) nach (9.3) bis (9.5)

$$G = d \cdot |Y| \tag{9.6a}$$

und somit

$$R_p = 1/G = |X|/d = |X| \cdot Q, \tag{9.7}$$

wo Q der Gütefaktor nach (7.17) oder (8.12) ist. Diese einfache Umrechnung der Serienverluste in Parallelverluste, die für $d < 0{,}1$ brauchbar ist, ist außerordentlich wichtig. Bei Serienschaltung verlustbehafteter Blindwiderstände rechnet man mit dem Serienersatzbild (Abb. 44a) nach (2.20), bei Parallelschaltung mit dem Parallelersatzbild (Abb. 44b) nach (2.21).

Serienschaltung gleichartiger Blindwiderstände: Es sollen als Beispiel zwei Induktivitäten L_1 und L_2 mit den Verlustfaktoren d_{L1} und d_{L2} in Serie geschaltet werden. Der komplexe Gesamtwiderstand lautet nach (7.15a)

$$\mathfrak{R} = (d_{L1} \cdot \omega L_1 + d_{L2} \cdot \omega L_2) + j(\omega L_1 + \omega L_2) = R + jX \tag{9.8}$$

und der neue Verlustfaktor

$$d = R/X = d_{L1} \cdot L_1/(L_1 + L_2) + d_{L2} \cdot L_2/(L_1 + L_2). \tag{9.9}$$

Parallelschaltung gleichartiger Blindwiderstände: Als Beispiel dienen zwei Kapazitäten C_1 und C_2 mit den Verlustfaktoren d_{C1} und d_{C2}. Der komplexe Gesamtleitwert lautet nach (9.6a) und (5.1a)

$$\mathfrak{G} = (d_{C1} \cdot \omega C_1 + d_{C2} \cdot \omega C_2) + j(\omega C_1 + \omega C_2) = G + jY \tag{9.10}$$

mit dem neuen Verlustfaktor

$$d = G/Y = d_{C1} \cdot C_1/(C_1 + C_2) + d_{C2} \cdot C_2/(C_1 + C_2). \tag{9.10a}$$

Es tritt also in (9.9) und (9.10a) eine Art Mittelwertbildung des Verlustfaktors ein.

Wesentlich anders wird es jedoch, wenn eine Kombination verschiedenartiger Blindwiderstände vorliegt. Bei Serienschaltung einer Induktivität L mit dem Verlustfaktor d_L und einer Kapazität C mit dem Verlustfaktor d_C wie in Abb. 26 wird der Gesamtwiderstand

$$\mathfrak{R} = [d_L \cdot \omega L + d_C/(\omega C)] + j[\omega L - 1/(\omega C)] = R + jX \tag{9.11}$$

und der neue Verlustfaktor

$$d = \frac{R}{|X|} = \frac{d_L \cdot \omega L + d_C/(\omega C)}{|\omega L - 1/(\omega C)|}. \tag{9.11a}$$

Hier ist der Zähler eine Summe und der Nenner eine Differenz, und das d wird bei Annäherung an den Resonanzpunkt $X = 0$ (Abb. 26) immer größer, im Resonanzpunkt sogar unendlich groß, so daß in der Umgebung eines Resonanzpunktes eine gesonderte Behandlung erforderlich wird.

Für einen Parallelresonanzkreis gilt in Abänderung von (9.10) nach (9.6a)

$$\mathfrak{G} = [d_L/(\omega L) + d_C \cdot \omega C] + j[\omega C - 1/(\omega L)] = G + jY \tag{9.12}$$

mit dem Verlustfaktor

$$d = \frac{G}{|Y|} = \frac{d_L/(\omega L) + d_C \cdot \omega C}{|\omega C - 1/(\omega L)|}. \tag{9.12a}$$

Auch hier ergibt sich wie in (9.11a) in der Nähe des Resonanzpunktes $Y = 0$ ein schnell zunehmendes d, das bei Resonanz sogar unendlich groß wird und einer eigenen Betrachtung bedarf.

Wenn man allgemeinere Schaltungen nach Abb. 29 berechnen muß, geht man schrittweise vor wie in § 6. Man muß lediglich beachten, daß beim Zufügen eines Serienwiderstandes (z.B. $\mathfrak{R}_2$) die Verluste stets als Wirkwiderstand R

und beim Zufügen eines Parallelwiderstandes (z.B. $\mathfrak{R}_3$) als Wirkleitwert G gegeben sein müssen, um (2.20) und (2.21) jeweils sinnvoll anwenden zu können. Dazu benötigt man dann oft die Umrechnung (9.4) vom Widerstand zum Leitwert und umgekehrt.

Das Zahlenbeispiel zur Abb. 29 auf S. 34 soll dahingehend erweitert werden, daß jedem Blindwiderstand ein Verlustfaktor $d = 0{,}005$ zuerteilt wird. Dann ist $\mathfrak{R}_1 = 0{,}5 + j\,100\ \Omega$; $\mathfrak{R}_2 = 0{,}25 - j\,50\ \Omega$ und ihre Summe $\mathfrak{R}' = 0{,}75 + j\,50\ \Omega$ hat den wesentlich größeren Verlustfaktor $d' = 0{,}015$. Der Leitwert des $\mathfrak{R}'$ nach (9.3) [$\mathfrak{G}' = 3 \cdot 10^{-4} - j\,0{,}02$ S] ergibt mit dem parallelen Leitwert des $\mathfrak{R}_3$ nach (9.6a) [$\mathfrak{G}_3 = 10^{-4} - j\,0{,}02$ S] die Summe $\mathfrak{G}'' = 4 \cdot 10^{-4} - j\,0{,}04$ S oder nach (9.5) den Widerstand $\mathfrak{R}'' = 0{,}25 + j\,25\ \Omega$. Nach Vorschalten von $\mathfrak{R}_4 = 0{,}25 - j\,50\ \Omega$ wird das Endergebnis $\mathfrak{R}''' = 0{,}5 - j\,25\ \Omega$, mit dem Verlustfaktor $d''' = 0{,}02$.

Kombinationen haben meist einen recht großen Verlustfaktor. Solange alle vorkommenden Verlustfaktoren sehr klein bleiben, also auch alle Zwischenwerte der Rechnung kleines d besitzen, kann man die Ströme und Spannungen wie im Zahlenbeispiel zur Abb. 29 für verlustfreie Widerstände berechnen, ohne einen störenden Fehler zu machen. Die in den einzelnen Blindwiderständen bei einem Verlustfaktor $d = 0{,}005$ von den für $\mathfrak{J}_4 = 10$ A auf S. 35 berechneten Strömen in Wärme umgesetzte Wirkleistung beträgt dann nach (7.14) in $\mathfrak{R}_1 : N_1 = 6{,}3$ W; in $\mathfrak{R}_2 : N_2 = 3{,}1$ W; in $\mathfrak{R}_3$ fließt der Strom $|\mathfrak{U}_3/\mathfrak{R}_3| = 5$ A $: N_3 = 3{,}1$ W; in $\mathfrak{R}_4 : N_4 = 12{,}5$ W.

In der Umgebung der Resonanzpunkte $X = 0$ oder $Y = 0$ einer beliebigen Kombination von Blindwiderständen (Abb. 26, 27 und 30) wird der Verlustfaktor nach (9.11a) und (9.12a) sehr groß und verliert dadurch seinen eigentlichen Sinn. Bei Blindwiderständen mit kleinen Verlusten ist dies aber jeweils nur ein sehr kleiner Frequenzbereich, für den zur Bestimmung von Widerstand und Leitwert folgendes Näherungsverfahren sinnvoll ist. Die Resonanzfrequenz sei f_R ($\omega_R = 2\pi f_R$) und die Frequenzen in der Umgebung von f_R durch die kleine Frequenzabweichung Δf beschrieben.

$$f = f_R + \Delta f. \tag{9.13}$$

Zunächst sei ein Resonanzpunkt mit $X = 0$ betrachtet (Abb. 26 und 30). In dem interessierenden kleinen Frequenzbereich kann man die X-Kurve näherungsweise als eine Gerade ansehen, die für $f = f_R$ durch $X = 0$ geht und mit wachsendem f positives X gibt, also die einfache Gleichung

$$X = A_x \cdot \Delta f \tag{9.14}$$

hat. Der zugehörige Serien-Wirkwiderstand R_K, der die Verluste der Blindwiderstände beschreiben soll, kann in diesem kleinen Frequenzbereich als konstant angesehen werden. In der Umgebung eines solchen Resonanzpunktes beträgt also der komplexe Widerstand der Schaltung

$$\mathfrak{R} = R_K + jA_x \cdot \Delta f = R_K\,(1 + j\Delta f \cdot A_x/R_K). \tag{9.15}$$

Im Resonanzpunkt ist $\mathfrak{R} = R_K$. Um alle Resonanzerscheinungen einheitlich zu behandeln, führt man hier eine Größe ξ ein. Es ist

$$\xi = \Delta f \cdot A_x/R_K \tag{9.16}$$

und man schreibt einfach

$$\mathfrak{R} = R_K\,(1 + j\,\xi). \tag{9.17}$$

Der zugehörige Leitwert $\mathfrak{G} = G + j\,Y = 1/\mathfrak{R}$ lautet dann nach (2.17)

$$\mathfrak{G} = \frac{1}{R_K\,(1 + j\,\xi)} = \frac{1}{R_K}\frac{1}{1+\xi^2} - j\,\frac{1}{R_K}\frac{\xi}{1+\xi^2} = \frac{1}{R_K}\,[f_2(\xi) + j\,f_3(\xi)] \tag{9.18}$$

mit dem Absolutwert

$$|\,\mathfrak{G}\,| = 1/(R_K\sqrt{1+\xi^2}) = (1/R_K)\,f_1(\xi). \tag{9.19}$$

Die Funktionen

$$f_1(\xi) = 1/\sqrt{1+\xi^2};\qquad f_2(\xi) = 1/(1+\xi^2);\qquad f_3(\xi) = -\,\xi/(1+\xi^2)$$

sind in Abb. 45 zu finden. Man gewinnt aus ihnen folgende Größen. f_1 multipliziert mit $1/R_K$ gibt $|\mathfrak{G}|$; f_2 multipliziert mit $1/R_K$ gibt den Wirkleitwert G; f_3 multipliziert mit $1/R_K$ den Blindleitwert Y. Die Resonanzkurve des Stromes J bei gegebener Spannung U am Gebilde ist das Produkt von f_1 mit U/R_K (proportional zu $|\mathfrak{G}|$). Der Verlauf der Spannung U bei konstantem J ist umgekehrt proportional zu $|\mathfrak{G}|$, also proportional zu $1/f_1$. In allen solchen Resonanzschaltungen sucht man sich also zunächst das R_K für die Resonanzfrequenz und A_x aus (9.14), berechnet dann ξ nach (9.16) und erhält alles weitere aus (9.17) bis (9.19) und Abb. 45.

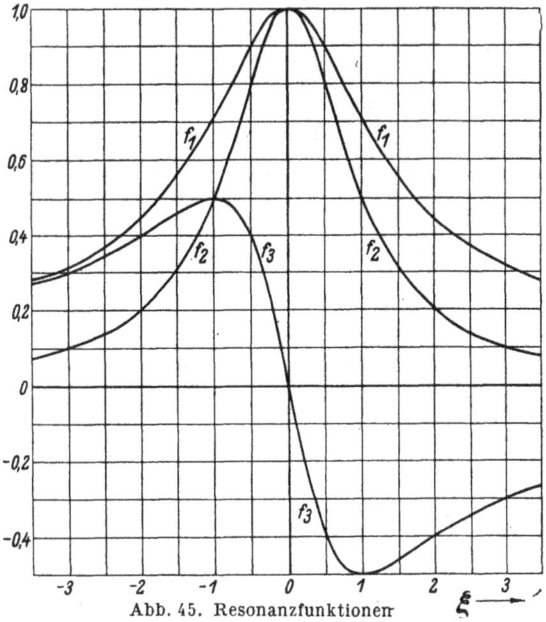

Abb. 45. Resonanzfunktionen

Für Resonanzpunkte $Y = 0$ (Abb. 27 und 30) erhält man das gleiche mit Leitwerten. In der Umgebung der Resonanz nach (9.13) ist Y proportional zu Δf ähnlich wie das X in (9.14) und der die Verluste beschreibende parallele Wirkleitwert G_K annähernd konstant, also der komplexe Leitwert ähnlich (9.15) zweckmäßig darzustellen als

$$\mathfrak{G} = G_K + j A_y \cdot \Delta f. \tag{9.20}$$

Hier kommt man zur normierten Resonanzkurve, wenn man

$$\xi = \Delta f \cdot A_y / G_K \tag{9.21}$$

setzt. Statt $1/G_K$ kann man auch den Widerstand R_K nach Abb. 44b schreiben Im Resonanzpunkt $\Delta f = 0$ stellt die Schaltung dann nach (9.20) einen sehr kleinen Wirkleitwert G_K bzw. einen sehr großen Wirkwiderstand $R_K = 1/G_K$ dar. Mit Benutzung der Größe ξ wird aus dem Leitwert $\mathfrak{G}$ nach (9.20)

$$\mathfrak{G} = G_K\,(1 + j\,\xi). \qquad (9.22)$$

Dann ergibt sich der Widerstandsverlauf mit $R_K = 1/G_K$ zu

$$\mathfrak{R} = \frac{1}{\mathfrak{G}} = \frac{R_K}{1 + j\,\xi} = R_K\left[\frac{1}{1+\xi^2} - j\,\frac{\xi}{1+\xi^2}\right] = R_K[f_2(\xi) + j\,f_3(\xi)]. \qquad (9.23)$$

Der Absolutwert des $\mathfrak{R}$ lautet

$$|\,\mathfrak{R}\,| = R_K/\sqrt{1 + \xi^2} = R_K \cdot f_1(\xi). \qquad (9.23\text{a})$$

Mit $f_2(\xi) = 1/(1 + \xi^2)$ und $f_3(\xi) = -\,\xi/(1 + \xi^2)$ erhält man seine Wirkkomponente $R = R_K \cdot f_2(\xi)$ und seine Blindkomponente $X = R_K \cdot f_3(\xi)$. Die Resonanzkurve bei konstantem J ist $U = J \cdot |\,\mathfrak{R}\,|$. Aus dem ξ nach (9.21) kann man also mit Hilfe der in Abb. 45 dargestellten Funktionen $f_1(\xi)$, $f_2(\xi)$ und $f_3(\xi)$ wieder alle in der Umgebung der Resonanz auftretenden Größen leicht berechnen.

Von besonderem Interesse sind hier die Resonanzschaltungen der Abb. 26 und 27. Die Serienschaltung von L und C hat den Blindwiderstand (6.10), der in der Umgebung der Resonanz in die Form (9.14) gebracht werden muß. Es ist mit (9.13)

$$\omega/\omega_R = f/f_R = 1 + \Delta f/f_R, \qquad (9.24)$$

$$\omega_R/\omega = f_R/f = 1/(1 + \Delta f/f_R) \approx 1 - \Delta f/f_R. \qquad (9.25)$$

In der letzten Gleichung wurde der Bruch nach (1.8) durch eine Reihenentwicklung ersetzt, die für $|\Delta f|/f_R < 0{,}1$ hinreichend genau ist. Aus (6.10) folgt dann $X = X_R \cdot 2\Delta f/f_R$ und nach (9.14)

$$A_x = 2\,X_R/f_R. \qquad (9.26)$$

Mit diesem A_x erhält man aus (9.16)

$$\xi = (X_R/R_K)\,2\Delta f/f_R \qquad (9.27)$$

und die Resonanzkurve (9.19), wobei R_K nach (9.11) die Summe der Verlustwiderstände der Spule R_L nach (7.15a) und des Kondensators R_C nach (8.10) für die Resonanzfrequenz ist. Die Größe

$$d_K = R_K/X_R \qquad (9.28)$$

nennt man in Analogie zu (7.15) den Verlustfaktor des Resonanzkreises. Wegen $R_K = R_L + R_C$ wird aus (9.28) mit (9.6)

$$d_K = R_L/X_R + R_C/X_R = d_L + d_C, \qquad (9.28\text{a})$$

also gleich der Summe der Verlustfaktoren d_L der Spule und d_C des Kondensators bei der Resonanzfrequenz. Den Reziprokwert

$$Q_K = 1/d_K = X_R/R_K \qquad (9.28\text{b})$$

bezeichnet man wiederum als Gütefaktor des Kreises, dessen Eingangswiderstand bei Resonanz

$$R_K = X_R/Q_K = X_R \cdot d_K \qquad (9.28\text{c})$$

einen sehr kleinen Wirkwiderstand darstellt. In Resonanznähe geben die Formeln (9.17) bis (9.19) die Widerstände und Leitwerte mittels der Funktionen der Abb. 45.

Die Resonanz der Parallelschaltung des L und C nach Abb. 27 hat den Blindleitwert (6.16). Benutzt man hier für die Umgebung (9.13) der Resonanzfrequenz (9.24) und (9.25) und vergleicht das Ergebnis mit (9.20), so wird

$$A_y = 2\,Y_R/f_R \tag{9.29}$$

und in (9.21)

$$\xi = (Y_R/G_K)\,2\Delta f/f_R. \tag{9.29a}$$

Damit erhält man die Resonanzkurve (9.23a), die der nach (9.19) entspricht, wobei G_K nach (9.12) die Summe der nach (9.6a) berechneten Verlustleitwerte G_L der Spule und G_C des Kondensators für die Resonanzfrequenz ist. Als Verlustfaktor des Resonanzkreises bezeichnet man die Größe

$$d_K = G_K/Y_R = X_R/R_K, \tag{9.30}$$

wobei $R_K = 1/G_K$ ist und der Resonanzblindwiderstand X_R nach (6.8) berechnet werden kann. Da G_K die Summe der Wirkleitwerte der Spule und des Kondensators ist, wird d_K die Summe der Verlustfaktoren d_L der Spule und d_C des Kondensators bei der Resonanzfrequenz, die einzeln nach (9.6a) berechnet werden. Der Reziprokwert

$$Q_K = Y_R/G_K = R_K/X_R \tag{9.31}$$

ist der Gütefaktor des Kreises. Im Resonanzfall ($\Delta f = 0$) stellt der Kreis einen großen Wirkwiderstand

$$R_K = Q_K \cdot X_R = X_R/d_K \tag{9.32}$$

dar. Für die unmittelbare Umgebung der Resonanzfrequenz erhält man Leitwert und Widerstand nach (9.22) und (9.23) mit Hilfe der Funktionen der Abb. 45. Die Spannung U bei konstantem Strom J ist proportional zu $|\mathfrak{R}|$, also zu $f_1(\xi)$, der Strom J bei konstanter Spannung U proportional zu $1/f_1(\xi)$. Im Resonanzfall fließen bei gegebener Spannungsamplitude U in den beiden Blindwiderständen die gleichen, verhältnismäßig großen Ströme $J_X = U/X_R$ (mit entgegengesetzter Phase), aber von außen in den Kreis nur der sehr kleine Strom $J = U/R_K$. Es ist also wegen

$$J_X/J = R_K/X_R = 1/d_K = Q_K \tag{9.33}$$

J_X um den Faktor Q_K größer als J.

Ergänzendes Schrifttum: [53].

§ 10. Resonanztransformationen

Bisher wurde angenommen, daß die Wirkwiderstände aus den Verlusten der Blindwiderstände entstanden seien. Die Gedankengänge des § 9 lassen sich aber ohne weiteres auf die Fälle ausdehnen, wo diese Wirkwiderstände als Schaltelemente zusätzlich in die Schaltung eingebaut sind. Es soll hier lediglich wieder angenommen werden, daß die Serienwirkwiderstände klein und die parallelen Wirkwiderstände groß gegen den betreffenden Blindwiderstand sind, damit die einfachen Gleichungen (9.3) und (9.5) anwendbar sind. Man benutzt solche Schaltungen zum Zwecke der Widerstandstransformation: Elektronenröhren sind auf ihrer Eingangsseite Verbraucher mit sehr großem Wirkwiderstand und auf ihrer Ausgangsseite Spannungsquellen mit sehr großem Innenwiderstand (Größenordnung 10^3 bis $10^6\ \Omega$). Antennen und Leitungen besitzen jedoch als Verbraucher oder Spannungsquellen wesentlich kleinere Widerstände (Größenordnung 10 bis 100 Ω). Um nun niederohmige und hochohmige Teile in Verbindung bringen und mit Hilfe des Anpassungsprinzips maximale Wirkleistung vom einen zum anderen übertragen zu können, muß eine Zwischentransformation erfolgen. Es wird hier nur die Transformation eines kleinen Widerstandes R_1 in einen wesentlich größeren Wert R_2 betrachtet, weil man eine solche Schaltung auch stets in umgekehrter Richtung verwenden kann, um ein großes R_2 in ein wesentlich kleineres R_1 zu transformieren. Die beiden Anschlußpunkte des R_1 in den folgenden Schaltungen werden dann die Klemmen, zwischen denen das kleine R_1 erscheint. Sinngemäß werden die Eingangsklemmen der gezeichneten Schaltungen (Abb. 46 bis 49), zwischen denen das große R_2 erscheint, bei Benützung in umgekehrter Richtung die Anschlußklemmen des R_2. Das Verhältnis

$$\ddot{u} = R_2/R_1 \tag{10.1}$$

sei als das Widerstandstransformationsverhältnis der Schaltung bezeichnet.

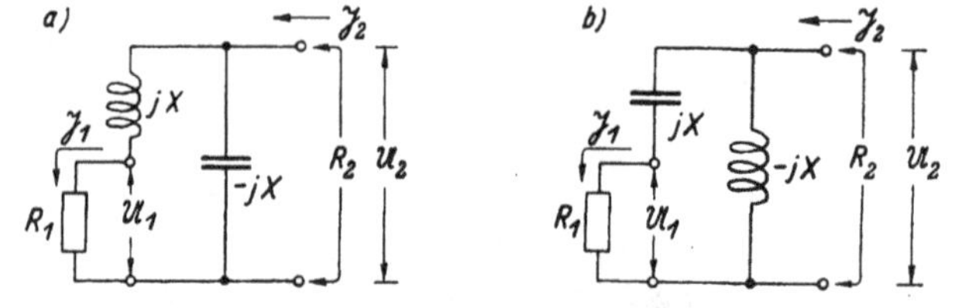

Abb. 46. Resonanztransformation

Das Transformationsprinzip für großes $\ddot{u}$ geht von Abb. 44 aus. In Abb. 46 ist das gegebene R_1 in Serie zu einem Blindwiderstand jX geschaltet, wobei $R_1 < 0{,}1\ |X|$ sein soll. Nach (9.3) hat dann die Serienschaltung den Wirkleitwert $G = R_1/X^2$ und den Blindleitwert $Y = -j\ 1/X$. Schaltet man parallel dazu einen verlustfreien Blindleitwert mit entgegengesetztem Vorzeichen (Resonanz), also den Blindwiderstand $-jX$, so bleibt nach (2.21) nur der Wirkleitwert G nach. Der Eingansgwiderstand $R_2 = 1/G = X^2/R_1$ ist also ein reiner und sehr großer Wirkwiderstand. Das Transformationsverhältnis (10.1) lautet hier

$$\ddot{u} = R_2/R_1 = (X/R_1)^2. \tag{10.2}$$

Da $R_1 < 0{,}1\ |X|$ sein muß, damit die Gleichung (9.3) gültig ist, bestehen diese einfachen Verhältnisse nur für $\ddot{u} > 100$. Für kleinere $\ddot{u}$ vgl. § 15.

Für kleinere $\ddot{u}$ verwendet man auch die Spannungsteilerschaltungen der Abb. 47. Das R_1 liegt parallel zu einem Blindwiderstand jX_1, wobei $R_1 > 10\ |X_1|$ sein soll. Die Parallelschaltung ist dann nach (9.5) der Serienschaltung eines Wirkwiderstandes $R = X_1^2/R_1$ und des gleichen Blindwiderstandes jX_1 gleichwertig. Dazu addiert man den gleichartigen Widerstand jX_2 und erhält aus $jX_1 + jX_2 = jX$ nach Abb. 47 den komplexen Widerstand $\mathfrak{R} = R + jX$, wobei wegen $R_1 > 10\,|X_1|$ stets $R < 0{,}1\,|X_1|$ und damit auch stets $R < 0{,}1\,|X|$ ist. Dann ist der Leitwert des $\mathfrak{R}$ nach (9.3) die Parallelschaltung des Wirk-

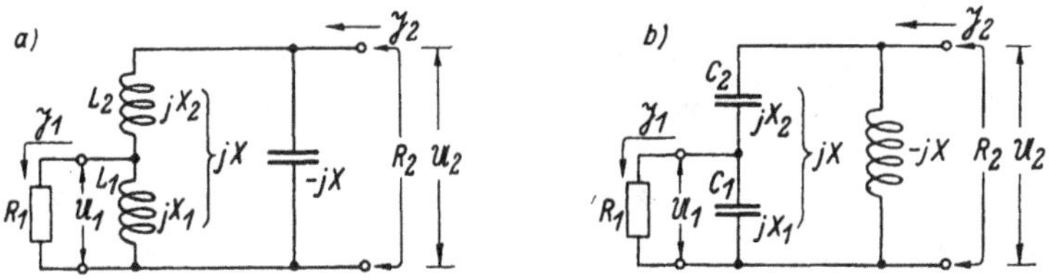

Abb. 47. Spannungsteilerschaltung

leitwerts $G = R/X^2$ und des Blindleitwerts $jY = -j\,1/X$. Schaltet man nun parallel dazu einen gleich großen Blindleitwert mit entgegengesetztem Vorzeichen, also den Blindwiderstand $-jX$, so bleibt nur der Wirkleitwert G nach und der Eingangswiderstand der Schaltung ist der Wirkwiderstand $R_2 = 1/G = X^2/R$. Das Transformationsverhältnis (10.1) lautet dann

$$ü = R_2/R_1 = (X/X_1)^2. \qquad (10.3)$$

Sind jX_1 und jX_2 zwei Spulen L_1 und L_2 nach Abb. 47a, so wird aus (10.3)

$$ü = [(L_1 + L_2)/L_1]^2. \qquad (10.4)$$

Sind jX_1 und jX_2 zwei Kapazitäten C_1 und C_2 nach Abb. 47b, so wird aus (10.3)

$$ü = [(C_1 + C_2)/C_2]^2. \qquad (10.5)$$

Sehr oft sind R_1 und R_2 nicht genau bekannt. Dann benötigt man eine Anordnung, die das $ü$ in gewissen Grenzen stetig zu verändern gestattet. Ungünstig ist dabei, daß beispielsweise beim Verändern von C_1 auch noch C_2 oder $-jX$ geändert werden muß, damit der Eingang der Schaltung frei von Blindkomponenten bleibt. Eine Anordnung, die dieses vermeidet, zeigt Abb. 48. Die beiden Kapazitäten der Abb. 47b werden hier durch drei Platten dargestellt, von denen die beiden äußeren festliegen und die mittlere zwischen ihnen auf und ab bewegt werden kann. Beim Bewegen dieser Platte wird C_1, C_2 und $ü$ nennenswert geändert, aber die Gesamtkapazität (Serienschaltung des C_1 und C_2), die den Blindwiderstand jX bildet, bleibt annähernd konstant, so daß auch die Parallelinduktivität $-jX$ unverändert bleiben kann. Wenn man nämlich C_1 und C_2 nach (5.4) berechnet, wobei beide die gleiche Fläche F, aber verschiedene Plattenabstände a_1 und a_2 haben, so wird $C_1 = \varepsilon_0 \cdot F/a_1$ und $C_2 = \varepsilon_0 \cdot F/a_2$, und ihre Serienschaltung nach (6.5) $C_S = \varepsilon_0 \cdot F/(a_1 + a_2)$ ist nur noch von der Summe der Plattenabstände abhängig, die sich beim Verschieben der mittleren Platte nicht ändert. Zu untersuchen ist dann lediglich,

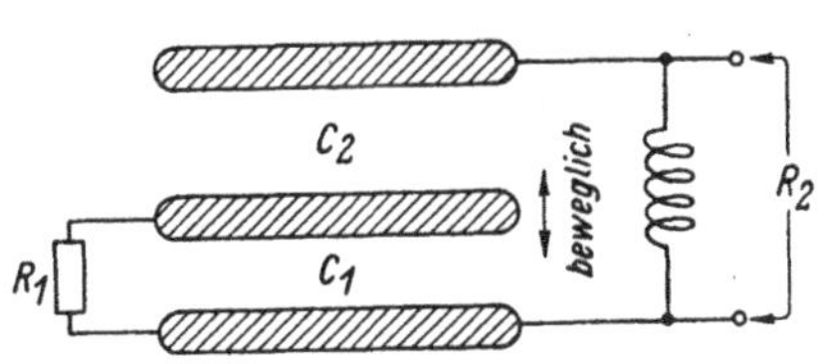

Abb. 48. Dreiplattenkondensator

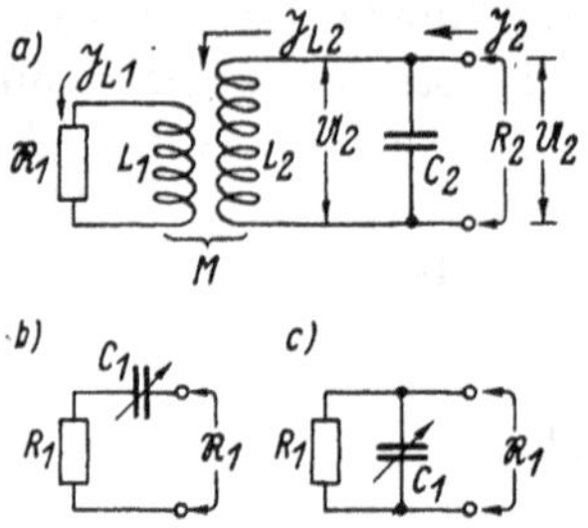

Abb. 49. Induktive Kopplung

ob man so große C_1-Werte nach (5.4a) erreicht, daß die Bedingung $R_1 > 10\,|X_1|$ erfüllt werden kann.

Eine häufig benützte und sehr einfach regelbare Transformation erhält man mit Hilfe induktiver Kopplung (Abb. 49). Zwischen zwei Spulen L_1 und L_2 bestehe die (stetig veränderliche) Gegeninduktivität M. Der Strom $\mathfrak{J}_{L2}$ in L_2 induziert in L_1 nach (4.1) eine Leerlaufspannung $\mathfrak{U}_{L1} = j\omega M \cdot \mathfrak{J}_{L2}$, wodurch in der mit dem komplexen Widerstand $\mathfrak{R}_1$ abgeschlossenen Spule L_1 ein Strom $\mathfrak{J}_{L1}$ entsteht:

$$\mathfrak{J}_{L1} = \mathfrak{U}_{L1}/(j\omega L_1 + \mathfrak{R}_1) = \mathfrak{J}_{L2} \cdot j\omega M/(j\omega L_1 + \mathfrak{R}_1). \tag{10.6}$$

Dieser Strom $\mathfrak{J}_{L1}$ induziert nun umgekehrt in L_2 wieder die Spannung $\mathfrak{U}_{L2} = j\omega M \cdot \mathfrak{J}_{L1}$, die die Rückwirkung der Vorgänge im angekoppelten $\mathfrak{R}_1$-Kreis auf den Widerstand der von $\mathfrak{J}_{L2}$ durchflossenen Spule L_2 darstellt. An der Spule L_2 liegen daher zwei gegenläufige Spannungsteile, der Spannungsabfall $j\omega L_2 \cdot \mathfrak{J}_{L2}$ des $\mathfrak{J}_{L2}$ am Blindwiderstand des L_2 und obige Zusatzspannung $\mathfrak{U}_{L2}$. Die Spannung $\mathfrak{U}_2$ an den Klemmen von L_2 lautet insgesamt

$$\mathfrak{U}_2 = \mathfrak{J}_{L2} \cdot j\omega L_2 - \mathfrak{J}_{L1} \cdot j\omega M. \tag{10.7}$$

Setzt man hier $\mathfrak{J}_{L1}$ nach (10.6) ein, so ist $\mathfrak{U}_2$ proportional zu $\mathfrak{J}_{L2}$ und der Proportionalitätsfaktor ist nach (2.14) der komplexe Widerstand $\mathfrak{R}_2$ der Spule L_2 mit dem angekoppelten Kreis des $\mathfrak{R}_1$:

$$\mathfrak{R}_2 = \mathfrak{U}_2/\mathfrak{J}_2 = j\omega L_2 + (\omega M)^2/(j\omega L_1 + \mathfrak{R}_1) = j\omega L_2 + \mathfrak{R}_ü. \tag{10.8}$$

Er setzt sich zusammen aus dem Blindwiderstand $j\omega L_2$ der Spule und einem Zusatzwiderstand $\mathfrak{R}_ü$, der von L_1 und $\mathfrak{R}_1$ abhängt. Hier sollen Näherungsformeln für einige besonders wichtige Fälle berechnet werden. Das M ist nach § 4 für Hochfrequenzspulen immer recht klein und daher das Zusatzglied klein gegen $j\omega L_2$. Es werden nur solche Fälle betrachtet, wo $j\omega L_1 + \mathfrak{R}_1 = R_1$ ein reiner Wirkwiderstand ist. Dann ist der Zusatzwiderstand $\mathfrak{R}_ü$ ein kleiner Wirkwiderstand $R_ü$ in Serie zu L_2 und es tritt der Fall der Abb. 46a ein. Wie dort schaltet man eine Kapazität C_2 parallel zu L_2, deren Blindwiderstand entgegengesetzt gleich dem Blindwiderstand des L_2 ist (Resonanz) und verwendet (10.2). Statt des R_1 in (10.2) setzt man hier $R_ü = (\omega M)^2/R_1$ und statt X das ωL_2 ein. Dann wird

$$R_2 = R_1\,(L_2/M)^2. \tag{10.9}$$

Die Voraussetzung, daß $(j\omega L_1 + \mathfrak{R}_1)$ in (10.8) ein reiner Wirkwiderstand R_1 ist, ist in folgenden Fällen erfüllt:

1. Man mache L_1 so klein wie möglich und wähle ein rein reelles $\mathfrak{R}_1 = R_1$, das wesentlich größer als ωL_1 ist, so daß man ωL_1 neben R_1 vernachlässigen kann. Hier tritt die Aufgabe auf, ein bestimmtes M mit einem möglichst kleinen L_1 zu erreichen, also mit einer möglichst kleinen Koppelspule unter Fortlassung aller Windungen, die nicht wesentlich zum M beitragen. Wenn

man so zu gegebenem R_1 das L_1 sehr einschränken muß, wird man unter Umständen kein hinreichend großes M mehr erreichen, um nach (10.9) das gewünschte Übersetzungsverhältnis zu erhalten. Dann hilft eine entsprechende Verkleinerung des L_2 in (10.9), wobei man in L_2 diejenigen Windungen fortfallen läßt, die nur wenig zum M beitragen.

2. Wenn L_1 bei gegebenem R_1 nicht klein genug wird, muß man dem Wirkwiderstand R_1 eine Serienkapazität C_1 geben, deren Blindwiderstand entgegengesetzt gleich dem Blindwiderstand des L_1 ist (Resonanz). Man ersetzt also nach Abb. 49b das $\mathfrak{R}_1$ in (10.8) durch R_1 und den Blindwiderstand jX_{C1} des C_1 in Serie.

3. Eine solche Schaltung ist auch anzuwenden, wenn der gegebene Widerstand $\mathfrak{R}_1$ komplex ist, also eine größere Blindkomponente jX_1 hat, die man einschließlich des $j\omega L_1$ dann durch Serienschaltung eines zusätzlichen, entgegengesetzt gleichen Blindwiderstandes aufheben muß. Immer kommt es darauf an, alles zu beseitigen, was die Entwicklung großer Ströme $\mathfrak{J}_{L1}$ im $\mathfrak{R}_1$-Kreis nach (10.6) erschwert, weil man nur so mit den kleinen M-Werten größere Leistungen übertragen kann. Da man in der Praxis stets mit einstellbaren Transformationsschaltungen arbeiten wird, muß man im Fall 2 und 3 nicht nur das M veränderlich machen, sondern auch den zusätzlichen Serienblindwiderstand im $\mathfrak{R}_1$-Kreis. Dies erschwert natürlich die Bedienung der Schaltung, so daß man nach Möglichkeit immer den Fall 1 anstreben wird.

4. Wenn R_1 schon relativ groß ist, so daß das Übersetzungsverhältnis R_2/R_1 nach (10.9) klein wird, kann man kein hinreichend großes M mehr schaffen. Dann schaltet man nach Abb. 49c die Kapazität C_1 parallel zu R_1. Wenn der Blindwiderstand jX_1 des C_1 wesentlich kleiner als dieses R_1 ist, kann man die Parallelschaltung nach (9.5) in eine Serienschaltung umrechnen. In Serie zum C_1 erscheint dann der kleine Widerstand $R_1' = X_1^2/R_1$, der die Stelle des R_1 in (10.9) einnimmt, wenn der Blindwiderstand jX_1 des C_1 entgegengesetzt gleich dem Blindwiderstand des L_1 wie im Fall 2 ist: $|X_1| = \omega L_1$. Setzt man dies in (10.9) ein, so erhält man

$$R_2 = R_1'(L_2/M)^2 = (\omega L_1 L_2/M)^2/R_1, \qquad (10.10)$$

woraus unter Einführung des K nach (4.4)

$$ü = R_2/R_1 = [\omega L_1 L_2/(MR_1)]^2 = [\omega M/(K^2 R_1)]^2 \qquad (10.10a)$$

wird und eine Transformation für größere R_1 bereits mit sehr kleinen M-Werten möglich ist.

Solange man alle beteiligten Blindwiderstände als verlustfrei betrachtet, ist es leicht, die reellen Amplituden der Spannungen und Ströme in der Transformationsschaltung zu berechnen. In diesem Fall verwendet man mit Erfolg das Prinzip der durchgehenden Wirkleistung. Wenn in den Eingang der Schaltung, wo der Widerstand R_2 besteht, eine Wirkleistung N einströmt, beträgt die reelle Amplitude des Eingangsstroms J_2 wegen $N = {}^1/_2\, J_2^2 \cdot R_2$

$$J_2 = \sqrt{2N/R_2} \qquad (10.11)$$

und die reelle Amplitude der Eingangsspannung U_2 wegen $N = {}^1/_2\ U_2{}^2/R_2$

$$U_2 = \sqrt{2N \cdot R_2}. \tag{10.12}$$

Wegen der Verlustfreiheit wandert diese Leistung N voll in den Widerstand R_1, so daß auch für R_1 entsprechende Gleichungen gelten. Ist nach Abb. 46 bis 49 J_1 die reelle Amplitude des Stromes im Verbraucher R_1 und U_1 die Spannung an dem reellen R_1, so wird

$$J_1 = \sqrt{2N/R_1}; \qquad U_1 = \sqrt{2N \cdot R_1}. \tag{10.13}$$

Daraus folgen die allgemeinen Beziehungen

$$J_1/J_2 = \sqrt{R_2/R_1}; \qquad U_1 / U_2 = \sqrt{R_1/R_2}. \tag{10.14}$$

Die grundsätzliche Aufgabe der betrachteten Schaltungen besteht also darin, aus einem sehr kleinen Eingangsstrom J_2 mit Hilfe von Resonanzen nach (9.33) große Verbraucherströme J_1 zu erzeugen, damit in R_1 eine entsprechende Wirkleistung N entsteht. Bei induktiver Kopplung nach Abb. 49 dienen die großen Ströme $\mathfrak{J}_{L2}$ dazu, trotz kleiner M-Werte nennenswerte Spannungen im Sekundärkreis zu erzeugen.

Wenn man die Leistungsverluste in den beteiligten Blindwiderständen berücksichtigen will, muß man entsprechende Verlustwiderstände einfügen. Sämtliche Schaltungen der Abb. 46 bis 48 enthalten einen Parallelresonanzkreis, dessen Verluste man nach (9.32) durch einen Widerstand R_K beschreibt, der parallel zu R_2 liegt. Die ankommende Leistung N verteilt sich dann auf R_2 und R_K. R_2 erhält die Leistung N_2 und R_K die Leistung N_K, die dann recht groß ist, wenn R_2 groß ist:

$$N_2 = N/(1 + R_2/R_K); \qquad N_K = N/(1 + R_K/R_2). \tag{10.15}$$

Als Wirkungsgrad der Transformationseinrichtung bezeichnet man

$$\eta = N_2/N = 1/(1 + R_2/R_K). \tag{10.16}$$

Je größer R_2 ist, je größer also in Abb. 46 und 47 das $ü = R_2/R_1$, desto kleiner wird der Wirkungsgrad, weil die Ströme J_X bei gleichem X_R nach (9.33) dann immer größer werden. Bei der induktiven Kopplung nach Abb. 49 kommen außerdem noch die Verluste in den Blindwiderständen des angekoppelten Kreises hinzu. Besonders ungünstig ist die Schaltung der Abb. 49c, wo auch im Sekundärkreis noch ein Resonanzkreis mit Verlustwiderstand parallel zu R_1 liegt. Man ersetzt daher die letztere Schaltung meist durch die wesentlich einfachere der Abb. 47 und 48.

§ 11. Breitbandschaltungen aus Resonanzkreisen

Der komplexe Widerstand eines Resonanzkreises ist nach Abb. 45 stark frequenzabhängig, d.h. er ändert sich bei kleinsten Frequenzänderungen ganz erheblich. Im Resonanzpunkt ist er ein reiner Wirkwiderstand, nur in einer kleinen Umgebung der Resonanz noch einigermaßen konstant und arm an Blindkomponenten. Als Bandbreite eines Resonanzkreises bezeichnet man den Frequenzabstand $\pm \Delta f$ nach (9.13), wo $\xi = \pm 1$ ist, wo also nach

Abb. 45 die Resonanzkurve $f_1(\xi)$ auf den 0,7-fachen Resonanzwert und die Wirkkomponente $f_2(\xi)$ auf den 0,5-fachen Resonanzwert gefallen ist, während die Blindkomponente $f_3(\xi)$ dem Betrage nach gleich der Wirkkomponente und die Phase des Widerstandes also nach (2.13) oder (2.19) gleich $\pm\pi/4$ ist. Innerhalb der Bandbreite kann man den Resonanzkreis in den meisten Fällen mit befriedigender Genauigkeit als Wirkwiderstand R_K benutzen. Die Bandbreite wird damit ein Kriterium für die Brauchbarkeit der Schaltung. Zur Definition des ξ vgl. (9.16), (9.21), (9.27) und (9.29a). Für den einfachen Serienresonanzkreis folgt wegen $\xi = \pm 1$ nach (9.27) und (9.28) als Bandbreite

$$\Delta f = \pm (R_K/X_R)\, f_R/2 = \pm d_K \cdot f_R/2. \qquad (11.1)$$

Für den einfachen Parallelresonanzkreis folgt aus (9.29a) und (9.30) als Bandbreite

$$\Delta f = \pm (G_K/Y_R)\, f_R/2 = \pm d_K \cdot f_R/2. \qquad (11.2)$$

Dieses Δf hat also in beiden Fällen den gleichen Zusammenhang mit dem Verlustfaktor des Kreises. Je größer d_K, desto größer der verwertbare Frequenzbereich. d_K kann man beim Serienkreis vergrößern durch Vergrößerung der Wirkkomponente R_K oder Verkleinerung der Blindkomponente X_R. Beim Parallelkreis ergibt sich eine Vergrößerung des d_K durch Vergrößerung der Wirkkomponente G_K oder durch Verkleinerung der Blindkomponente Y_R des Leitwerts. Vergrößerung der Wirkkomponenten R_K bzw. G_K bedeutet meist größeren Verbrauch an Wirkleistung und die Blindkomponenten X_R bzw. Y_R lassen sich nicht immer beliebig verkleinern. In vielen Fällen ist man daher gezwungen, andere Resonanzkombinationen von Blindwiderständen zu suchen, die eine größere Bandbreite besitzen. Dazu benötigt man mehr als zwei Blindwiderstände, aber der erhöhte Aufwand und die schwierigere Einstellung der Resonanz ist bei manchen Aufgaben durchaus tragbar. Solche Schaltungen nennt man dann Breitbandschaltungen.

Die große Frequenzabhängigkeit eines einfachen Resonanzkreises aus L und C kommt daher, daß zwar im Resonanzpunkt beide Blindwiderstände entgegengesetzt gleich sind, daß aber ihre Absolutwerte sich in Abhängigkeit von der Frequenz durch die Faktoren ω und $1/\omega$ gegenläufig verhalten (Abb.50). Wenn man eine Resonanz mit größerer Bandbreite will, müßte man zwei Blindwiderstände kombinieren, deren Absolutwerte in der Umgebung der Resonanzfrequenz gleiche Frequenzabhängigkeit zeigen. Die folgenden Erörterungen beziehen sich auf den wichtigen Parallelresonanzkreis, wo man mit Leitwerten rechnet. Für den Serienresonanzkreis gelten analoge Formeln mit Widerständen. Abb. 50 zeigt den Absolutwert $1/(\omega L)$ des Leitwerts einer Spule und den Leitwert ωC der parallelgeschalteten Kapazität. Man erkennt die gegenläufige Frequenzabhängigkeit. Es wurde bereits in §6 der

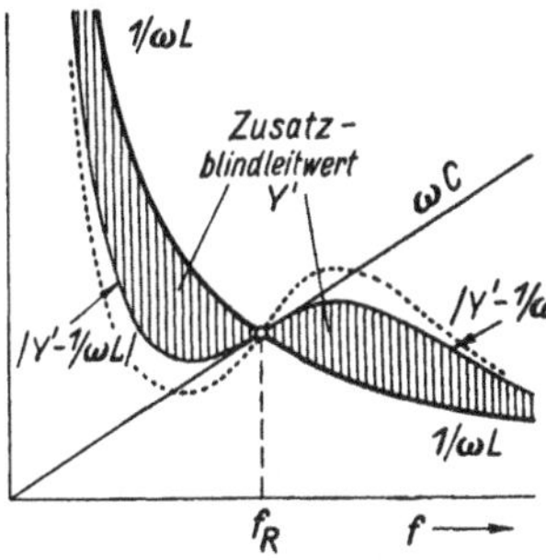

Abb. 50. Blindleitwerte

allgemeine Satz erwähnt und für die wichtigsten Fälle bewiesen, daß der Leitwert jY einer beliebigen Kombination von Blindwiderständen mit wachsender Frequenz stets wächst, so daß auf diesem Wege kein Blindwiderstand geschaffen werden kann, der einen umgekehrten Frequenzgang hat. Dagegen zeigt die Kurve $f_3(\xi)$ in Abb. 45, die z.B. nach (9.18) den Verlauf des Blindleitwerts jY in der Umgebung einer Resonanzstelle $X = 0$ beschreibt, daß eine Kombination verlustbehafteter Blindwiderstände in der Umgebung der Resonanz ihren Frequenzgang umkehrt. Nur durch Kombination von Blindwiderständen mit Wirkwiderständen läßt sich also ein Blindwiderstand schaffen, der die für die Verbreiterung einer Resonanzkurve geeigneten Eigenschaften hat. In jedem Fall muß man dafür also wieder Wirkleistung opfern. Der abfallende Kurventeil des $f_3(\xi)$ in Abb. 45 liegt zwischen den Grenzen $\xi = \pm 1$. Nach (11.1) und (11.2) ist das zu $\xi = \pm 1$ gehörende Δf proportional zum Verlustfaktor des Kreises. Je größer der Verlustfaktor, desto breiter wird allgemein der Frequenzbereich, in dem die Umkehr des Frequenzganges einer Blindkomponente stattfindet. Abb. 50 zeigt die zu erzielende Kompensation, wobei zu beachten ist, daß jeweils nur die Absolutwerte der Blindleitwerte eingetragen sind. Parallel zur Spule (Abb. 51) schaltet man einen komplexen Leitwert $\mathfrak{G}' = G' + jY'$ nach (9.18), der in der Umgebung von f_R die gewünschte Umkehr des Frequenzgangs des Y' zeigt. Man benötigt dazu also stets ein $\mathfrak{G}'$, das zu einer Resonanz vom Typ $X = 0$ (Serienresonanz) gehört, während die Ausgangsschaltung (L und C) bei gleichem f_R eine Resonanz vom Typ $Y = 0$ (Parallelresonanz) besitzt. Jede Resonanz muß man also mit einer Resonanzschaltung entgegengesetzten Typs kombinieren, wenn man Breitbandwirkung erreichen will. Das zusätzliche Y' (proportional $f_3(\xi)$ nach Abb. 45) ist der schraffierte Bereich der Abb. 50, dessen Frequenzgang so gewählt werden muß, daß Spule und Zusatzleitwert jY' zusammen in der Nähe von f_R einen

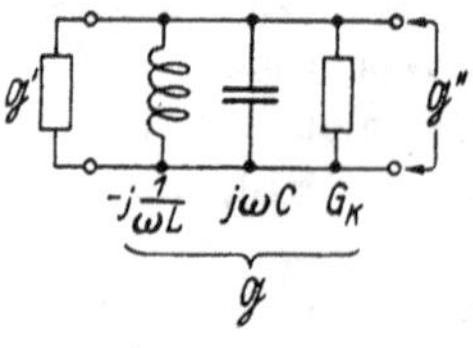

Abb. 51. Breitbandresonanzschaltung

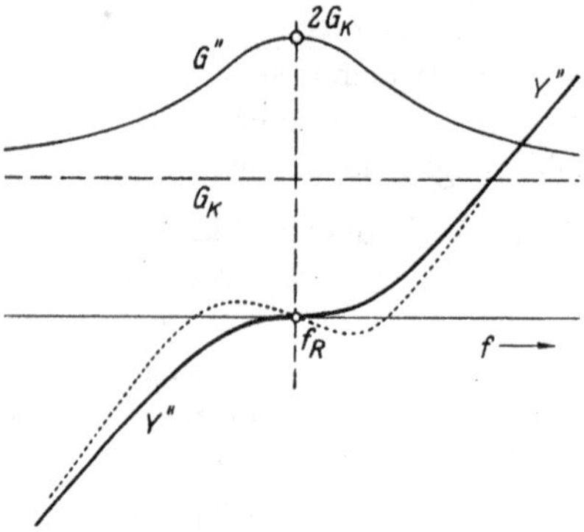

Abb. 52. Kompensierter Resonanzpunkt

Absolutwert des Blindleitwerts geben, der die ωC-Kurve berührt. Dann wird der gesamte Blindleitwert

$$j\,[\omega C - 1/(\omega L) + Y'] = j\,Y'' \tag{11.3}$$

den in Abb. 52 dargestellten Verlauf besitzen, wobei Y' aus (9.18) und Abb. 45 entnommen ist. Y'' ist die Differenz zwischen der Kurve ωC und der Kurve $|Y' - 1/(\omega L)|$ in Abb. 50 und wird in der Umgebung der Resonanz eine waagerechte Tangente ergeben, also der Blindleitwert in einem gewissen Frequenzbereich praktisch verschwinden. Dafür tritt in diesem Bereich nach (9.18) ein der Funktion $f_2(\xi)$ entsprechender Wirkleitwert G' auf, der sich zu dem in Abb. 51 gezeichneten, die Verluste des L und C darstellenden Wirkleitwert G_K nach (9.20) addiert. Den gesamten Wirkleitwert $G'' = G_K + G'$ der Schaltung der Abb. 51 zeigt Abb. 52, wobei angenommen wurde, daß R_K in beiden Kreisen gleich groß ist. Für die Auswahl zwischen den zahlreichen möglichen Schaltungen spielt die Frage eines möglichst kleinen Wirkleistungsverbrauchs bei gewünschter Bandbreite eine wichtige Rolle. Wenn man den Zusatzblindleitwert Y' noch etwas größer macht, entsteht die in Abb. 50 punktierte Kurve für $|Y' - 1/(\omega L)|$ und dementsprechend die punktierte Kurve für Y'' in Abb. 52, die für die praktische Verwendung in einem noch größeren Frequenzbereich brauchbar ist als die tangierende Y''-Kurve, weil man in der Praxis stets Abweichungen nach beiden Seiten der Null-Linie zulassen darf.

Im Prinzip könnte man einen Parallelresonanzkreis mit einem parallelgeschalteten Serienresonanzkreis kombinieren, jedoch gibt dies für die üblichen Kreise mit großem Gütefaktor Q_K eine praktisch nicht brauchbare Dimensionierung für den Serienresonanzkreis. Es ist allgemein üblich, zwei gleiche Parallelresonanzkreise zu verwenden, die man in geeigneter Weise miteinander koppelt. Die exakte Rechnung ist außerordentlich kompliziert und wird am besten mit den graphischen Methoden des § 15 durchgeführt. Die folgende Näherungsrechnung für zwei gleiche, induktiv gekoppelte Kreise nach Abb. 53a soll das Prinzip zeigen. Der vom linken Kreis nach (10.8) in Serie zur rechten Induktivität erzeugte Widerstand $\mathfrak{R}_{ü}$ übernimmt dann die kompensierende Wirkung des $\mathfrak{G}'$ in Abb. 51. Im Übergang zu Abb. 53b wird der Wirkleitwert G_K nach (9.5) in den kleinen Serienwiderstand $R = G_K/Y_R{}^2$ umgerechnet, wobei Y_R der allen Blindwiderständen der Schaltung gemeinsame Resonanzblindleitwert ist. Im Übergang zu Abb. 53c wird dann der angekoppelte Kreis in einen Widerstand $\mathfrak{R}_{ü}$ nach (10.8) umgerechnet. Die Größe $(j\omega L_1 + \mathfrak{R}_1)$ in (10.8) ist hier ein Serienresonanzkreis aus R, C und L mit dem Widerstand (9.17) in der Umgebung der Resonanzfrequenz und mit ξ aus (9.27). Also wird die Serienschaltung des $\mathfrak{R}_{ü}$ und der rechten Spule L

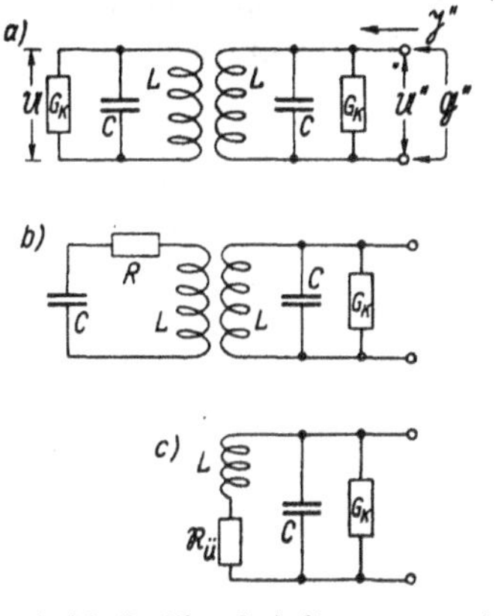

Abb. 53. Breitbandschaltung aus zwei gleichen Kreisen

$$\mathfrak{R}_L = j\omega L + \mathfrak{R}_{ü} = j\omega L + \frac{(\omega M)^2}{R(1 + j\xi)}. \tag{11.4}$$

Dieses $\mathfrak{R}_L$ muß man nun in einen Leitwert umrechnen:

$$\mathfrak{G}_L = \frac{1}{\mathfrak{R}_L} = \frac{1}{j\omega L + \mathfrak{R}_{ü}} = \frac{1}{j\omega L}\,\frac{1}{1 + \mathfrak{R}_{ü}/(j\omega L)}.$$

Das M ist in diesem Fall sehr klein, also auch $\mathfrak{R}_{ü}$ klein gegen $j\omega L$ und $\mathfrak{R}_{ü}/(j\omega L)$ klein gegen 1. Dann kann man den zweiten Bruch mit der Näherungsformel (1.8) umformen und $\mathfrak{G}_L$ teilt sich in zwei Teile

$$\mathfrak{G}_L = 1/(j\omega L) + \mathfrak{R}_{ü}/(\omega L)^2, \tag{11.5}$$

also in den unveränderten Leitwert $1/(j\omega L)$ der rechten Spule und den Zusatzleitwert

$$\mathfrak{G}' = \mathfrak{R}_{ü}/(\omega L)^2, \tag{11.6}$$

so daß aus Abb. 53c wieder die Schaltung der Abb. 51 entsteht. Setzt man hier $\mathfrak{R}_{ü}$ nach (11.4) und $R = G_K/Y_R^2$ wie oben ein, so wird mit (9.18)

$$\mathfrak{G}' = \left(\frac{M}{L}\right)^2 \frac{Y_R^2}{G_K}\left[\frac{1}{1+\xi^2} - j\,\frac{\xi}{1+\xi^2}\right] = G' + jY'. \tag{11.7}$$

Parallel zu diesem $\mathfrak{G}'$ liegt in Abb. 51 der Leitwert des rechten Kreises nach (9.22)

$$\mathfrak{G} = G_K\,(1 + j\,\xi) = G_K + j\,\xi G_K. \tag{11.8}$$

$(\mathfrak{G} + \mathfrak{G}')$ ist der Leitwert $\mathfrak{G}''$ der ganzen Anordnung, wobei erreicht werden soll, daß wie in Abb. 52 das $Y'' = Y + Y'$ in der Umgebung der Resonanzfrequenz verschwindet. M muß daher so gewählt werden, daß für kleine ξ

$$Y'' = G_K \cdot \xi - \left(\frac{M}{L}\right)^2 \frac{Y_R^2}{G_K}\,\frac{\xi}{1+\xi^2} = 0 \tag{11.9}$$

wird. Wenn man für kleine ξ das ξ^2 im Nenner neben 1 vernachlässigt, folgt aus (11.9) mit (9.30)

$$M/L = G_K/Y_R = d_K. \tag{11.9a}$$

In diesem Fall, den man als kritische Kopplung bezeichnet, muß also das Verhältnis $K_0 = M/L$, das gleich dem Kopplungsfaktor K nach (4.4) für $L_1 = L_2 = L$ ist, gleich dem Verlustfaktor des einzelnen Kreises nach (9.30), bzw.

$$M = d_K \cdot L \tag{11.10}$$

sein. Dann ist der Gesamtleitwert $\mathfrak{G}'' = \mathfrak{G} + \mathfrak{G}'$ der Anordnung der Abb. 53a nach (11.7) und (11.8) wie in Abb. 52

$$\mathfrak{G}'' = G_K\left[\left(1 + \frac{1}{1+\xi^2}\right) + j\,\xi\left(1 - \frac{1}{1+\xi^2}\right)\right] = G'' + jY''. \tag{11.11}$$

Im Resonanzfall $\xi = 0$ ist $G'' = 2G_K$, der Leitwert also doppelt so groß wie der des Einzelkreises. Parallel zum Leitwert G_K des rechten Kreises liegt dann nochmals ein Leitwert $G' = G_K$, der den Leistungsverbrauch des angekoppelten zweiten Kreises darstellt. Die verbrauchte Wirkleistung verteilt sich in zwei gleichen Hälften auf beide Kreise. Im Resonanzfall ist daher die Spannung U'' am rechten Kreis und die Spannung U am linken Kreis (Abb. 53a) gleich groß. Man kann dem M auch andere Werte als nach (11.10) geben, also einen anderen Kopplungsfaktor K als den kritischen Kopplungsfaktor $K_0 = d_K$ benutzen. Für $K < K_0$ spricht man von unterkritischer Kopplung, für $K > K_0$ von überkritischer Kopplung. Wählt man ein von K_0 abweichendes K, so wird nach (11.9) der Faktor $(M/L)^2 Y_R{}^2/G_K = (K/K_0)^2 G_K$ und nach (11.7) und (11.8) allgemein statt (11.11)

$$\mathfrak{G}'' = G_K \left\{ \left[1 + \left(\frac{K}{K_0} \right)^2 \frac{1}{1+\xi^2} \right] + j\,\xi \left[1 - \left(\frac{K}{K_0} \right)^2 \frac{1}{1+\xi^2} \right] \right\}. \qquad (11.12)$$

Im Resonanzfall bleibt dann der reelle Wirkleitwert

$$G'' = G_K \left[1 + (K/K_0)^2 \right], \qquad (11.13)$$

d. h. parallel zum G_K des ersten Kreises liegt der wirksame Leitwert $(K/K_0)^2 G_K$ des zweiten Kreises. Für $K < K_0$ ist letzterer kleiner als G_K und der angekoppelte Kreis hat eine kleinere Spannungsamplitude (kleinere Wirkleistung) als der erste Kreis. Für $K > K_0$ erhält der zweite Kreis die größere Leistung und hat daher im Resonanzpunkt die größere Amplitude. Erhält das rechte G_K die Leistung N_1, so erhält das linke G_K die Leistung $N_2 = N_1 (K/K_0)^2$. Am rechten G_K liegt dann nach (10.12) die Spannung $U'' = \sqrt{2N_1/G_K}$, am linken G_K die Spannung $U = \sqrt{2N_2/G_K}$ und es ist im Resonanzfall (vgl. Abb. 54 und 55 für $\xi = 0$)

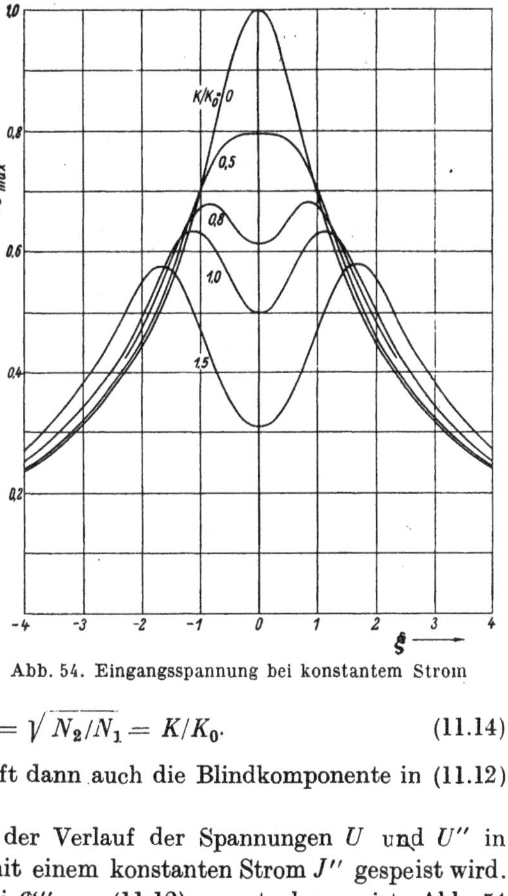

Abb. 54. Eingangsspannung bei konstantem Strom

$$U/U'' = \sqrt{N_2/N_1} = K/K_0. \qquad (11.14)$$

Dem K/K_0 entsprechend verläuft dann auch die Blindkomponente in (11.12) verschieden.

Von besonderem Interesse ist der Verlauf der Spannungen U und U'' in Abb. 53a, wenn die Schaltung mit einem konstanten Strom J'' gespeist wird. Dann ist $U'' = J''/|\mathfrak{G}''|$, wobei $\mathfrak{G}''$ aus (11.12) zu entnehmen ist. Abb. 54 zeigt den Verlauf des U'' für verschiedene Kopplung, wobei man für $K = 0$ die Resonanzkurve $f_1(\xi)$ der Abb. 45 für einen Einzelkreis erhält. Die höchste Spannung U''_{max} tritt am Eingang bei gegebenem J'' auf, wenn $|\mathfrak{G}''|$ am kleinsten ist, also bei $K = 0$ im Resonanzpunkt $\xi = 0$: $U''_{max} = J''/G_K$. Allgemein ist dann $U'' = J''/|\mathfrak{G}''| = U''_{max} \cdot G_K/|\mathfrak{G}''|$. Mit (11.12) folgt dann

$$\frac{U''}{U''_{max}} = \frac{1}{\sqrt{\left[1 + \left(\frac{K}{K_0} \right)^2 \frac{1}{1+\xi^2} \right]^2 + \xi^2 \left[1 - \left(\frac{K}{K_0} \right)^2 \frac{1}{1+\xi^2} \right]^2}}. \qquad (11.15)$$

Man vergleiche diese Funktion mit der gewöhnlichen Resonanzkurve $1/\sqrt{1+\xi^2}$ [$K = 0$ in (11.15)]. Die beiden Glieder unter der Wurzel haben hier Faktoren erhalten, die für kleine ξ die günstige Verbreiterung der Resonanzkurve ergeben. Das Spannungsniveau sinkt mit wachsender Kopplung K wegen des wachsenden Leistungsverbrauchs des zweiten Kreises. Es treten bemerkenswerte Höcker auf, die einen sehr günstigen Kurvenverlauf darstellen, solange die Höcker klein sind. Die größte Annäherung an die gewünschte Konstanz des U'' bei gegebenem J'' erhält man somit für etwa $K/K_0 = 0{,}8$.

Die Spannung U am G_K des zweiten Kreises berechnet man wieder nach dem Prinzip der durchgehenden Wirkleistung. Nach (11.12) liegt stets parallel zum Wirkleitwert G_K des ersten Kreises der Wirkleitwert $G' = G_K\,(K/K_0)^2/(1+\xi^2)$, der den Leistungsverbrauch des zweiten Kreises darstellt. An G' liegt die in (11.15) und Abb. 54 beschriebene Spannung U''. G' erhält also die Wirkleistung $N_2 = {}^1/_2\, U''^2 \cdot G'$. Dieses N_2 wird dem G_K des zweiten Kreises zugeführt und erzeugt an ihm die gesuchte Spannung U, wobei aber auch $N_2 = {}^1/_2\, U^2 \cdot G_K$ sein muß. Es ist daher ähnlich wie in (10.14) nach obiger Formel für G'

$$U/U'' = \sqrt{G'/G_K} = (K/K_0)/\sqrt{1+\xi^2} \tag{11.16}$$

in Erweiterung von (11.14) auf Frequenzen außerhalb der Resonanz. So kann man also aus den Kurven der Abb. 54 leicht die Kurven der Abb. 55 für U bei gegebenem J'' finden. Die beste Höckerkurve erhält man etwa für $K/K_0 = 1{,}5$, also für überkritische Kopplung. Wenn man zu gegebenen Kreisen diese Kurven auswerten will, berechne man ξ nach (9.29a). Zum d_K des Kreises findet man K_0 aus (11.9a). Wählt man an Hand der Kurven ein passendes K/K_0, erhält man aus obigem K_0 das K und das erforderliche $M = K \cdot L$. Aus dem gegebenen J'' erhält man $U''_{\max} = J''/G_K$ und kann dann U'' aus Abb. 54 und U aus Abb. 55 entnehmen.

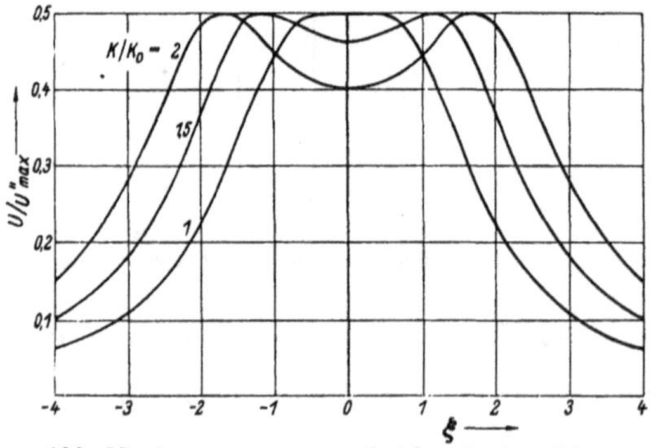

Abb. 55. Ausgangsspannung bei konstantem Strom

Neben der hier betrachteten Schaltung gibt es zahlreiche weitere Kopplungsmöglichkeiten zwischen den beiden Kreisen. Sehr oft schaltet man z.B. den zweiten Kreis über eine kleine Serienkapazität parallel zum ersten Kreis. Stets aber gibt es eine kritische Kopplung und Kurven wie in Abb. 54 und Abb. 55. Wenn man zwei ungleiche Kreise benutzt, also ungleiches Y_R oder G_K, kann man diese Anordnung als Breitbandtransformator benutzen, der ein gegebenes G_K des angekoppelten Kreises in ein größeres oder kleineres G' transformiert, das als Eingangsleitwert des ersten Kreises erscheint. Man erhält dann einen

verbesserten Resonanztransformator nach § 10, der eine beabsichtigte Transformation nicht nur für eine einzige Frequenz, sondern für einen kleinen Frequenzbereich ausführt.
Ergänzendes Schrifttum: [2, 11, 52, 53].

§ 12. Resonanz-Meßverfahren

Die folgenden Meßverfahren beruhen auf der Messung einer Resonanzkurve. Man mißt entweder bei gegebener Spannung U am Resonanzgebilde den Verlauf des Eingangsstromes J oder bei gegebenem Strom den Verlauf der Spannung U, und zwar wird dabei entweder bei unverändertem Gebilde die Frequenz verändert, oder bei konstanter Frequenz einer der beteiligten Blindwiderstände stetig geändert. Im Resonanzfall $X = 0$ (Serienresonanz) erhält man bei gegebenem U maximales J oder bei gegebenem J minimales U, im Resonanzfall $Y = 0$ (Parallelresonanz) dagegen bei gegebenem U kleinstes J und bei gegebenem J größtes U. Da man sehr kleine Ströme oder Spannungen nur schwer messen kann, wird man die Verfahren bevorzugen, die im Resonanzfall eine Maximalanzeige geben. Bei Serienresonanz wird man also zu einem konstanten U den Verlauf des Stromes und bei Parallelresonanz zu einem konstanten J den Verlauf der Spannung am Resonanzgebilde messen. Spannungen mißt man mit einem Röhrenvoltmeter (Abb. 56), bestehend aus einer Diode, deren Gleichstrom J_0 über einen sehr hohen Widerstand R_0 fließen muß. Man mißt J_0 und berechnet die Gleichspannung $U_0 = J_0 \cdot R_0$ an R_0, die sehr genau gleich der reellen Amplitude U der zu messenden, zwischen Anode und Kathode der Diode liegenden Wechselspannung ist. Diese Diode ist ein äußerst hochohmiger Spannungsmesser, da ihr hochfrequenter Eingangswiderstand bei großem R_0 gleich $R_0/2$ ist, also sehr groß gemacht werden kann. Das Diodenvoltmeter belastet allerdings auch das Meßobjekt durch seine zwischen Anode und Kathode liegende Röhrenkapazität, die man klein halten und bei der Auswertung des Meßergebnisses berücksichtigen wird. Zu beachten ist, daß an der Kathode der Diode das Meßinstrument und der Heizkreis hängt, so daß dieser Punkt stets eine sehr große und wenig definierte Kapazität gegen seine Umgebung hat. Das Röhrenvoltmeter muß daher mit seiner Kathode stets an der Abschirmung der Meßanordnung liegen (Abb. 56) und mißt nur Spannungen zwischen den einzelnen Punkten der Schaltung und der Abschirmung. Einen Strom mißt man dadurch, daß man ihn durch einen kurzen Widerstandsdraht leitet und die Temperatur dieses Drahtes mißt. Man kann aber auch den unbekannten Strom über einen bekannten Widerstand leiten, die Spannung an diesem Widerstand messen und den Strom daraus berechnen. Wenn man eine Spule in das Magnetfeld des von einem unbekannten Strom durchflossenen Drahtes legt, erhält man wegen der hohen Frequenzen meßbare induzierte Spannungen nach (4.1), aus denen

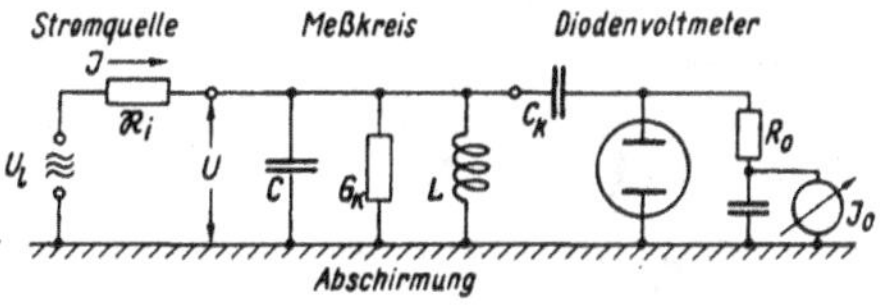

Abb. 56. Messung der Resonanzkurve

man den Strom ebenfalls berechnen kann. Am bekanntesten ist die Schaltung der Abb. 56, wo man am Parallelresonanzkreis die Spannung U bei konstantem J mißt.

Die genaue Berechnung der Blindwiderstände und Verlustwiderstände gelingt bei hohen Frequenzen im allgemeinen nicht. Man ist darauf angewiesen, die letzte Genauigkeit durch Messung zu erreichen. Die zugehörige Meßtechnik ist daher ein notwendiger Bestandteil der Schaltungstheorie, weil sie in den meisten Fällen die für die Rechnungen verwendeten quantitativen Angaben über die Schaltelemente liefert. Ohne eine einwandfreie Meßtechnik gibt es keine quantitative Hochfrequenztechnik. Die Meßverfahren zur Bestimmung von L, M, C und Verlustfaktoren benutzen einen Parallelresonanzkreis nach Abb. 56. Man mißt die Spannung U am Kreis mit einem Röhrenvoltmeter und speist einen Strom J ein. Zur Erleichterung des Verständnisses für die verschiedenen Effekte ist es zweckmäßig, den bekannten Übergang von der Spannungsquelle zur Stromquelle zu machen. Dieses allgemeine Prinzip der Elektrotechnik soll hier nicht neu bewiesen, aber wegen seiner Bedeutung ausführlich beschrieben werden. Die Regel, die man stets zur Erleichterung der Rechnung beachten sollte, heißt: Zu Widerständen, also bei vorliegender Serienschaltung, gehört die Spannungsquelle; zu Leitwerten, also bei vorliegender Parallelschaltung, gehört die Stromquelle. Zweck aller solcher Umrechnungen ist es immer, umfangreichere Formeln mit komplexen Größen zu vermeiden, deren zahlenmäßige Auswertung stets unangenehm ist. Abb. 57a zeigt die bekannte Spannungsquelle mit der Leerlaufspannung $\mathfrak{U}_l$ und dem Innenwiderstand $\mathfrak{R}_i$, die auf den als Widerstand $\mathfrak{R}$ dargestellten Verbraucher arbeitet. Die Spannung $\mathfrak{U}_l$ liegt an der Serienschaltung des $\mathfrak{R}_i$ und $\mathfrak{R}$. Strom $\mathfrak{J}$ und Spannung $\mathfrak{U}$ am Verbraucher berechnet man dann als

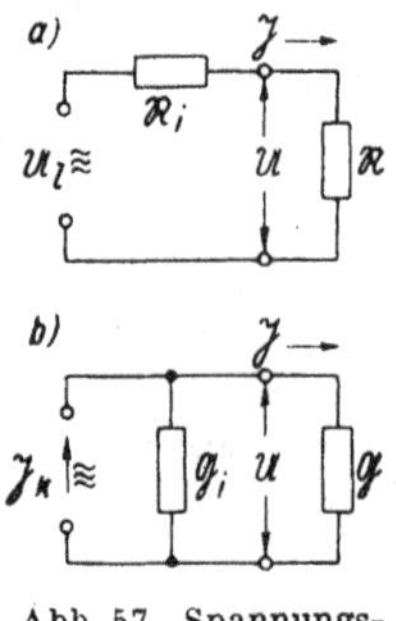

Abb. 57. Spannungs- und Stromquelle

$$\mathfrak{J} = \mathfrak{U}_l/(\mathfrak{R}_i + \mathfrak{R}); \qquad \mathfrak{U} = \mathfrak{J}\cdot\mathfrak{R} = \mathfrak{U}_l\cdot\mathfrak{R}/(\mathfrak{R}_i + \mathfrak{R}). \tag{12.1}$$

Eine gleichwertige Beschreibung, die gleiche Werte von $\mathfrak{U}$ und $\mathfrak{J}$ am Verbraucher ergibt, zeigt Abb. 57b. Der Kurzschlußstrom $\mathfrak{J}_k$ und der innere Leitwert $\mathfrak{G}_i$ der Quelle berechnen sich aus $\mathfrak{U}_l$ und $\mathfrak{R}_i$ als

$$\mathfrak{J}_k = \mathfrak{U}_l/\mathfrak{R}_i; \qquad \mathfrak{G}_i = 1/\mathfrak{R}_i. \tag{12.2}$$

Wenn man dann nach Abb. 57b durch die Parallelschaltung des $\mathfrak{G}_i$ und des als Leitwert $\mathfrak{G} = 1/\mathfrak{R}$ gegebenen Verbrauchers den Strom $\mathfrak{J}_k$ fließen läßt, wird $\mathfrak{U}$ und $\mathfrak{J}$ an $\mathfrak{G}$

$$\mathfrak{U} = \mathfrak{J}_k/(\mathfrak{G}_i + \mathfrak{G}); \qquad \mathfrak{J} = \mathfrak{U}\cdot\mathfrak{G} = \mathfrak{J}_k\cdot\mathfrak{G}/(\mathfrak{G}_i + \mathfrak{G}). \tag{12.3}$$

Setzt man in (12.3) $\mathfrak{J}_k$ und $\mathfrak{G}_i$ nach (12.2) und $\mathfrak{G} = 1/\mathfrak{R}$ ein, so erhält man (12.1). Die Schaltung der Abb. 57b ergibt also am gleichen Verbraucher die gleichen Werte $\mathfrak{U}$ und $\mathfrak{J}$ wie die Schaltung der Abb. 57a, wenn ihre Daten nach (12.2) zusammenhängen. Beide Schaltungen geben eine gleichwertige

Beschreibung und sind daher austauschbar. Abb. 57a nennt man das Spannungsquellenersatzbild und Abb. 57b das Stromquellenersatzbild. Man verwendet jeweils dasjenige Ersatzbild, das in dem betreffenden Fall die einfachsten Formeln ergibt. Wenn also der Verbraucher $\mathfrak{R}$ aus einer Serienschaltung von Widerständen besteht, verwendet man das Spannungsquellenersatzbild, wenn er aus einer Parallelschaltung von Widerständen besteht, das Stromquellenersatzbild.

Die Meßschaltung der Abb. 56 ist ein typisches Beispiel für die Anwendung des Stromquellenersatzbildes. Nach Abb. 58 liegt hier eine Parallelschaltung des $\mathfrak{G}_i$ der Stromquelle, des Leitwerts $\mathfrak{G}$ des Meßkreises und des komplexen Leitwerts $\mathfrak{G}_v$ des Diodenvoltmeters vor. Diese Kombination wird dann vom Kurzschlußstrom $\mathfrak{J}_k$ der Stromquelle durchflossen. Beabsichtigt ist, den Meßkreis von einem konstanten Strom J durchfließen zu lassen und die Spannung $\mathfrak{U} = J/|\mathfrak{G}|$ zu messen. Dies erreicht man ohne Mühe, wenn man $\mathfrak{G}_i = 0$ und $\mathfrak{G}_v = 0$ machen kann; denn dann wird der Meßkreis stets von dem konstanten Strom $\mathfrak{J}_k$ der Stromquelle durchflossen. $\mathfrak{G}_i = 0$ bedeutet $\mathfrak{R}_i = \infty$, also eine Quelle, deren Innenwiderstand wesentlich größer als alle Widerstände des Meßkreises, insbesondere größer als der im Resonanzfall auftretende Widerstand $R_K = 1/G_K$ ist. $\mathfrak{G}_v = 0$ bedeutet, daß sowohl der Wirkleitwert des Diodenkreises der Abb. 56 (Innenwiderstand $R_0/2$ der Diode und das parallele R_0 des Gleichstromkreises) als auch der Blindleitwert der Diodenkapazität klein gegen den Leitwert $\mathfrak{G}$ des Meßkreises sein müssen. Dies erreicht man z. B. dadurch, daß man als $\mathfrak{R}_i$ eine extrem kleine Kapazität benutzt und das Diodenvoltmeter über eine sehr kleine Kapazität C_K ankoppelt. Da man den Idealfall nie ganz erreichen wird, muß man für sehr genaue Messungen das $\mathfrak{G}_i$ und das $\mathfrak{G}_v$ kennen und als parallele Leitwerte nach der vollständigen Schaltung der Abb. 58 bei der Auswertung der gemessenen Resonanzkurve berücksichtigen. Kleines $\mathfrak{G}_i$ verlangt sehr große Leerlaufspannungen $\mathfrak{U}_l$, damit überhaupt ein nennenswerter Strom $\mathfrak{J}_k$ fließt, der an der wegen $\mathfrak{G}_v = 0$ sehr lose angekoppelten Diode noch eine meßbare Wechselspannung erscheinen läßt.

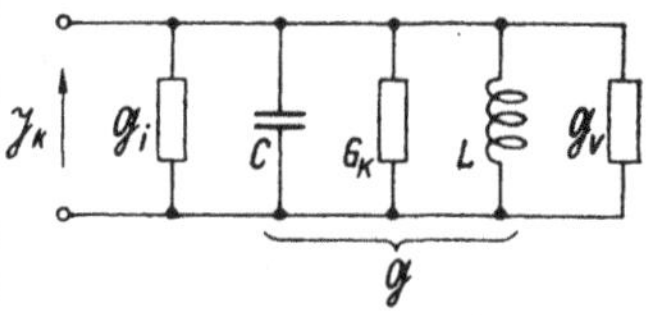

Abb. 58. Stromquellenersatzbild mit Meßschaltung

Besonders einfach ist die Messung einer Induktivität L. Man benötigt dazu eine bekannte Kapazität C und verändert die Frequenz der Quelle bei konstantem J_k, bis die Spannung U am Kreis einen Maximalwert ergibt. Aus der so gemessenen Resonanzfrequenz und dem bekannten C erhält man dann L nach (6.23). Man kann auch die Frequenz konstant lassen und das C als geeichten Drehkondensator variieren, bis die Resonanz eintritt. Wenn man die Gegeninduktivität M zweier Spulen L_1 und L_2 messen will, mißt man zuerst L_1 und L_2 nach obigem Verfahren, wobei die jeweils zweite Spule offen bleibt. Dann mißt man das Absinken des L_1 bei kurzgeschlossener zweiter Spule. Nach (3.14) sinkt dabei das L_1 um $K^2 \cdot L_1 = M^2/L_2$, woraus man M und K berechnen kann. Eine Kapazität C mißt man in gleicher Weise, indem man aus einem bekannten L und der gemessenen Resonanzfrequenz nach (6.22) das C berechnet. Sehr genau ist eine Substitutionsmethode, bei der das C in Abb. 56 ein sehr genau geeichter Drehkondensator ist, dem ein nicht veränderliches und nicht näher bekanntes L parallelgeschaltet ist. Man stimmt den Kreis auf Resonanz ab und liest die zugehörige Kapazität C_0 ab. Dann schaltet man parallel zu dem Kreis die unbekannte Kapazität C_x und ändert das C, bis bei gleicher Frequenz wieder Resonanz besteht. Diese neue Einstellung C_1 liest man ab und erhält

$$C_x = C_0 - C_1. \tag{12.4}$$

Schaltet man parallel zum Kreis ein unbekanntes L_x, so muß man bei gleichbleibender Frequenz C vergrößern, um wieder Resonanz zu erhalten. Diesen neuen Wert C_2 liest man ab. Der Leitwertzuwachs $\omega(C_2 - C_0)$ der Kapazität ist dann gleich dem Leitwert $1/(\omega L_x)$ der zugeschalteten unbekannten Induktivität, also

$$L_x = \frac{1}{\omega^2 (C_2 - C_0)}. \tag{12.5}$$

Diese Blindwiderstandsmessungen ohne Berücksichtigung der Verluste verlangen kein extrem hohes $\mathfrak{R}_i$, sondern das $\mathfrak{R}_i$ muß nur so groß sein, daß man die Resonanz deutlich erkennt. Kleines $\mathfrak{R}_i$ würde dagegen an dem hochohmigen Kreis annähernd konstantes U ergeben. Bei dieser Substitutionsmethode ist sogar das $\mathfrak{G}_v$ ohne Interesse, weil es sich in (12.4) und (12.5) nur um eine Differenzbildung handelt.

Etwas schärfer sind die Anforderungen an die Meßapparatur, wenn man auch das $\mathfrak{G}_K$ des Kreises der Abb. 56 bestimmen will. Im Idealfall $\mathfrak{G}_i = 0$ und $\mathfrak{G}_v = 0$ fließt durch den Kreis der konstante Strom $\mathfrak{J}_k$. Man mißt U in Abhängigkeit von der Frequenz und erhält die Resonanzkurve $U = |\mathfrak{R}| \cdot J_k$ der Abb. 59, die dem $|\mathfrak{R}|$ des Kreises proportional ist. $|\mathfrak{R}|$ gibt nach (9.23a) eine Resonanzkurve wie $f_1(\xi)$ der Abb. 45. Man bestimmt die Resonanzfrequenz f_R und die dort auftretende Spannung U_R. Man ändert die Frequenz um einen bekannten Betrag Δf nach beiden Seiten und mißt die in diesen Punkten auftretende Spannung U. Der Quotient U/U_R ist gleich $f_1(\xi) = 1/\sqrt{1+\xi^2}$, so daß man das zugehörige ξ berechnen kann:

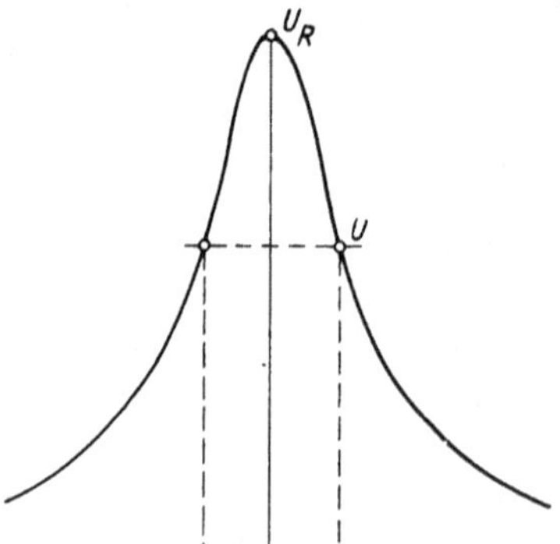

Abb. 59. Resonanzkurve

$$\xi = \sqrt{(U_R/U)^2 - 1} = (Y_R/G_K)\, 2\Delta f/f_R \tag{12.6}$$

nach (9.29a). Bemerkenswert ist, daß man dazu keinen absolut geeichten Spannungsmesser braucht, sondern nur relative Spannungsänderungen (U_R/U) mißt. Auch die Größe des Stromes J_k ist ohne Interesse, solange diese konstant bleibt. Wenn Y_R, Δf und f_R bekannt sind, wird also der gesuchte Leitwert des Kreises

$$G_K = \frac{Y_R}{\sqrt{(U_R/U)^2 - 1}} \frac{2\,\Delta f}{f_R} \tag{12.7}$$

oder der Verlustfaktor des Kreises

$$d_K = \frac{G_K}{Y_R} = \frac{1}{\sqrt{(U_R/U)^2 - 1}} \frac{2\,\Delta f}{f_R}. \tag{12.8}$$

Man kann sich nun solche Verhältnisse U_R/U aussuchen, wo die Wurzel besonders einfache Werte ergibt, z. B. den Wert $U_R/U = \sqrt{2}$, wo die Wurzel den Wert 1 hat. Dort wäre also einfach $d_K = 2\,|\Delta f\,|/f_R$. Wenn man das allgemeine Ersatzbild der Abb. 58 betrachtet, erkennt man, daß in dem so gemessenen G_K die Wirkleitwerte des $\mathfrak{G}_i$ und des $\mathfrak{G}_v$ enthalten sind, die entweder vernachlässigbar klein oder bekannt sein müssen. Auch sehr große unbekannte Wirkwiderstände R_x kann man hier messen, indem man R_x parallel zum Kreis legt. Dann enthält das gemessene G_K neben dem die Kreisverluste beschreibenden und vorher gemessenen Wirkleitwert auch den Leitwert $G_x = 1/R_x$.

An Stelle einer Frequenzänderung kann man auch bei konstanter Frequenz die Kapazität stetig verändern. Ist C_R der Wert der Kapazität, der zur Resonanz führt, so ändert man C_R um ΔC,

$$C = C_R + \Delta C \tag{12.9}$$

und erhält eine Resonanzkurve wie in Abb. 59, wo statt Δf das ΔC steht. Man mißt wieder U_R/U und das zugehörige ΔC. U ist proportional zum Absolutwert $|\mathfrak{R}|$ des Kreiswiderstandes. Der Leitwert des Kreises lautet

$$\mathfrak{G} = G_K + j\omega(C_R + \Delta C) - j\,1/(\omega L) = G_K + j\omega\cdot\Delta C, \tag{12.10}$$

weil wegen der Resonanz $\omega C_R = 1/(\omega L)$ ist. Dann wird

$$|\mathfrak{R}| = 1/|\mathfrak{G}| = 1/\sqrt{G_K^2 + (\omega\cdot\Delta C)^2} \tag{12.11}$$

mit dem Resonanzwert $R_K = 1/G_K$ für $\Delta C = 0$. Es ist also

$$U_R/U = R_K/|\mathfrak{R}| = \sqrt{1 + (\omega\cdot\Delta C/G_K)^2} \tag{12.12}$$

oder ähnlich wie in (12.7)

$$G_K = \omega\cdot\Delta C/\sqrt{(U_R/U)^2 - 1}. \tag{12.12a}$$

Setzt man in (12.7) $Y_R = \omega_R C$, so tritt hier ΔC an die Stelle von $2C\cdot\Delta f/f_R$ bei der Messung mit Frequenzänderung.

Bei gegebenem Strom J_k ist die Resonanzspannung U_R des Kreises proportional zum Resonanzwiderstand $R_K = 1/G_K$ des Kreises nach (9.32). Vergleicht man bei gleichem J_k das U_R zweier verschiedener Kreise, so ist das Verhältnis der beiden Resonanzspannungen gleich dem Verhältnis der beiden Resonanzwiderstände

$$U_{R1}/U_{R2} = R_{K1}/R_{K2} = G_{K2}/G_{K1}. \tag{12.13}$$

Wenn einer der beiden Widerstände bekannt oder nach der vorher beschriebenen Methode bestimmt wurde, kann man alle weiteren R_K nach dieser Vergleichsmethode sehr leicht bestimmen

$$R_{K2} = R_{K1} \cdot U_{R2}/U_{R1}. \tag{12.14}$$

Fehler entstehen hier ebenfalls durch Wirkkomponenten des $\mathfrak{G}_i$ und $\mathfrak{G}_v$. Wenn man das G_K eines Kreises nach Abb. 56 gemessen hat und man schaltet parallel dazu einen unbekannten Wirkleitwert G_x, so entsteht der Leitwert $(G_K + G_x)$ und die Spannung U_{R1} sinkt auf U_{R2}. Nach (12.13) ist dann

$$U_{R1}/U_{R2} = (G_K + G_x)/G_K = 1 + G_x/G_K. \tag{12.15}$$

Dann ist das zusätzliche

$$G_x = G_K\,[(U_{R1}/U_{R2}) - 1], \tag{12.16}$$

wobei eventuelle Wirkkomponenten des $\mathfrak{G}_i$ und $\mathfrak{G}_v$ in das G_K einbezogen sein müssen. Sehr günstig ist auch eine Substitutionsmethode, zu der man einen stetig veränderlichen, aber geeichten Widerstand R_N benötigt. Man legt zunächst das unbekannte R_x in den Kreis, mißt die Resonanzspannung U_R, entfernt dann R_x und legt an seine Stelle das R_N. R_N regelt man so, daß wieder die gleiche Spannung U_R entsteht. Dann ist das R_x gleich dem jetzt eingestellten R_N. Bei dieser Methode braucht man also keine Eichung für das Voltmeter mehr, das man ja nur auf Gleichheit einstellt. Die Leitwerte $\mathfrak{G}_i$ und $\mathfrak{G}_v$ stören ebenfalls nicht, und auch die Blindwiderstände des Meßkreises kommen nicht in den Auswertungsformeln vor. Man benötigt lediglich ein stetig veränderliches R_N, das man nach Rohde [13] durch eine Diode darstellt, in deren Gleichstromkreis ein veränderlicher Widerstand R_0 liegt, der der Diode den regelbaren hochfrequenten Eingangswiderstand $R_N = R_0/2$ gibt, solange R_0 nicht zu klein wird (siehe auch Abb. 56).

Wenn L und C eines Kreises bekannt sind, kann man die Resonanz auch zur Frequenzmessung benutzen. Es ist dann entweder L oder C stetig zu verändern, bis Resonanz eintritt. Aus L und C berechnet man dann die Wellenlänge λ nach (6.20) oder die Frequenz nach (6.9). Die Genauigkeit hängt ab von der Genauigkeit, mit der L und C bekannt sind. Am besten bestimmt man dieses L und C nach der bereits beschriebenen Methode mit Hilfe bekannter Frequenzen, d. h. man eicht die Skala des veränderlichen Blindwiderstandes direkt mit Hilfe einer möglichst dichten Folge bekannter Frequenzen. Je kleiner der Verlustfaktor des Kreises, desto schärfer ist die Resonanzkurve, desto genauer wird die Einstellung, weil man zwei dicht nebeneinanderliegende Frequenzen nur dann noch unterscheiden kann, wenn ihre Differenz Δf nach (12.6) mindestens ein ξ von mehr als 0,3 hervorruft, also in Abb. 59 ein $U_R/U > 1{,}05$.

Ergänzendes Schrifttum: [12, 18, 19].

§ 13. Technische Blindwiderstände

In § 7 wurde bereits gezeigt, daß die Herstellung einer idealen Induktivität mit dem komplexen Widerstand (3.1) wegen der unvermeidlichen Verluste nicht gelingt. Dies muß hier noch bezüglich kapazitiver Nebeneffekte ergänzt werden. Der Blindwiderstand der Spule läßt Spannungen an der Spule entstehen, die ein elektrisches Feld zur Folge haben. Dieses Feld besitzt nach (1.4) elektrische Feldenergie, die nach (1.6) eine wirksame Kapazität ergibt. Im Prinzip besteht zwischen jedem Drahtstück und jedem anderen Drahtstück der Spule eine Kapazität, deren Feldenergie nach (1.6) von der Spannung zwischen den betreffenden Drahtstücken abhängt, die also um so wirksamer ist, je größer diese Spannung ist. Das genaue schaltungsmäßige Verhalten einer Spule ist also sehr kompliziert. Abb. 60 zeigt den Vergleich zwischen dem idealen Verlauf des $|\mathfrak{R}_L| = \omega L$ nach (3.1) und dem wirklichen Verlauf unter der Wirkung der Eigenkapazitäten. Für hinreichend niedrige Frequenzen bleibt der Verlauf ωL. Mit wachsender Frequenz wirken die Kapazitäten zunächst so, als ob nur eine einzige Kapazität parallel zur Spule liegt wie in Abb. 27. Die gesamte elektrische Feldenergie W_e aller Nebenkapazitäten zusammen ergibt bei der zwischen den Spulenenden liegenden Gesamtspannung U nach (1.6) eine wirksame Kapazität C, die man als die Eigenkapazität der Spule bezeichnet. Dies ist also keine wirkliche Kapazität, sondern nur eine gedachte Größe, die aber das Ansteigen des $|\mathfrak{R}_L|$ gegenüber dem ωL in Abb. 60 quantitativ gut beschreibt, solange $\lambda > \lambda_R$ ist, wobei λ_R die sogenannte Eigenwelle der Spule ist. Bei $\lambda = \lambda_R$ ergibt die Spule eine Parallelresonanz, deren reeller Resonanzwert $R_{\max}$ wie in (9.32) von den Verlusten der Spule abhängt. Aus L und λ_R findet man die wirksame Eigenkapazität nach (6.22). Die wirksame Induktivität L' ist für $\lambda > \lambda_R$ größer als das gegebene L und nach (6.18) zu berechnen. Der Blindwiderstand verläuft für $\lambda > \lambda_R$ nach (6.17) und in der Nähe der Resonanz nach (9.23a). Aus dem Resonanzwert $R_{\max}$ und dem Resonanzblindwiderstand $X_R = \omega_R L$ (Abb. 60) findet man den Verlustfaktor dieser Eigenresonanz nach (9.30). Für $\lambda < \lambda_R$ wird dann der Verlauf des $|\mathfrak{R}_L|$ so kompliziert, daß man die Abweichung nicht mehr durch eine einzelne Kapazität beschreiben und kaum noch quantitative Angaben machen kann.

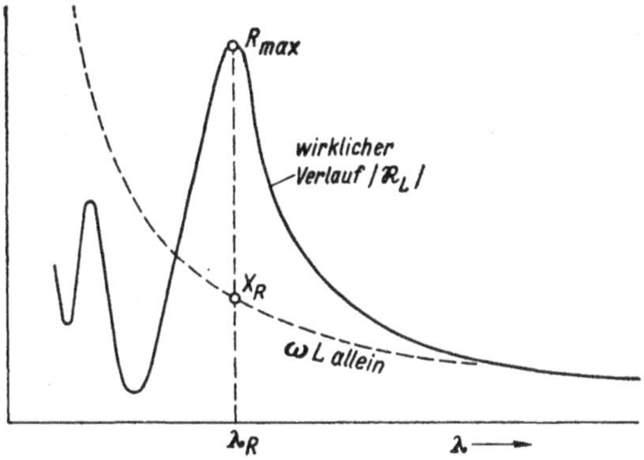

Abb. 60. Spule mit Eigenkapazität

Für eine einlagige Zylinderspule im freien Raum sind Regeln über ihre Eigenwelle aufgestellt worden, die zum mindesten Anhaltspunkte ergeben. In Abb. 61 ist λ_R als Funktion der Drahtlänge l_D und der Spulenform dargestellt. λ_R ist dort jeweils ein Vielfaches der Drahtlänge l_D. In Wirklichkeit wird die Eigenwelle noch größer sein, weil die Spule einen Wickelkörper oder eine Halterung besitzt, deren Dielektrizitätskonstante größer als 1 ist. Auch ein Kern aus Hochfrequenzeisen erhöht die Eigenkapazität merklich, weil Hochfrequenzeisen eine Dielektrizitätskonstante von 20 bis 30 besitzt. Fast immer muß man sich daher bemühen, der Spule eine möglichst kapazitätsarme Halterung zu geben, also λ_R klein gegen die Betriebswellenlänge zu machen, um dadurch ein rein induktives Verhalten zu erreichen. Nach (8.7) und (8.9) benützt man möglichst wenig Dielektrikum und legt dieses an Stellen kleiner Feldstärke, also nach Möglichkeit nicht in die Nähe der Drähte. Bei mehrlagigen Spulen ist die Eigenkapazität nur dadurch klein zu halten, daß die Drähte mit möglichst viel Luftabstand gewickelt werden und die ersten und die letzten Lagen der Spule weit voneinander entfernt sind. Dies erreicht man am besten durch

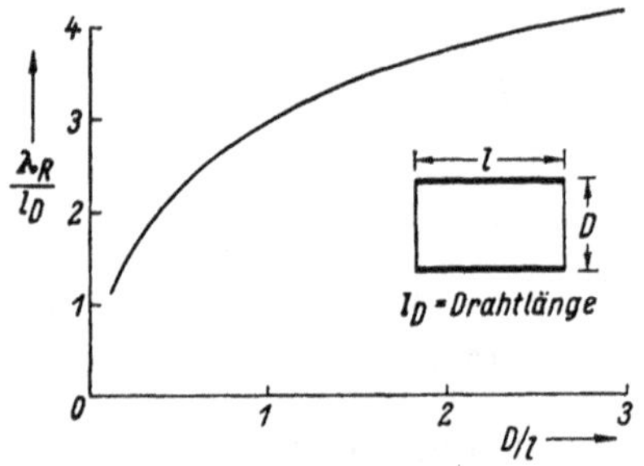

Abb. 61. Eigenwelle einer Spule

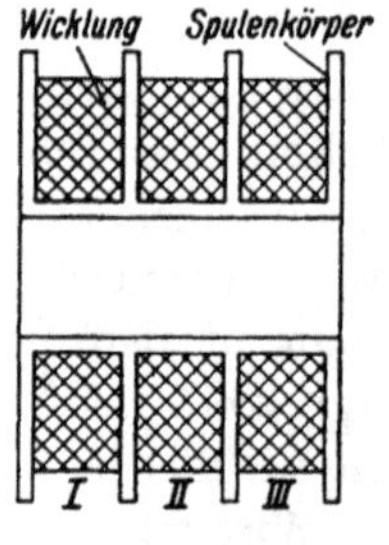

Abb. 62. Scheibenwicklung

die sogenannte Scheibenwicklung, wo die Wicklung nach Abb. 62 in drei Teile geteilt ist, die nacheinander vollgewickelt werden, wo also der Anfang in I und das Ende in III liegt. Zu diesen Eigenkapazitäten ist auch die Kapazität der Spule gegen ihre Umgebung zu zählen. Man entferne daher alle anderen Gegenstände aus der Nähe der Spule, insbesondere von den Bezirken der Spule, die eine hohe Wechselspannung gegen ihre Umgebung besitzen, wo also die Streukapazitäten besonders wirksam sind. Bei hochwertigen Spulen (großes Q_L) wird man Wickelkörper aus Keramik oder Kunststoff mit kleinem Verlustfaktor benutzen, weil Verluste im Dielektrikum als Erhöhung der Spulenverluste bemerkbar werden. Es tritt hier der Fall ein, der in (9.12a) beschrieben wurde, nämlich eine wesentliche Erhöhung des Verlustfaktors durch die Anwesenheit einer Parallelkapazität (das ωC im Nenner) und zusätzlich durch deren Verluste (das $d_C \cdot \omega C$ im Zähler). Dies erkennt man auch mit Hilfe von Abb. 45. $f_2(\xi)$ gibt den Wirkwiderstand, $f_3(\xi)$ den Blindwiderstand der Parallelschaltung. Der Verlustfaktor, also der Quotient f_2/f_3, steigt bei Annäherung an die Resonanz außerordentlich an.

Zu beachten ist, daß sich auch das Verhalten der idealen Gegeninduktivität nach (4.1) nicht exakt verwirklichen läßt. Es bestehen Kapazitäten zwischen jedem Drahtstück der einen Spule und jedem Drahtstück der anderen Spule. Da es meist unvermeidlich ist, daß nennenswerte Spannungen zwischen den beiden Spulen bestehen, werden alle diese Nebenkapazitäten der jeweiligen Spannungsdifferenz entsprechend wirksam und ergeben eine zusätzliche Kopplung, die die Kopplung nach (4.1) unterstützen, aber auch abschwächen kann. Man verringert diese Kopplung dadurch, daß man die Spulen so legt, daß zwischen ihnen eine möglichst kleine Spannung besteht, gelegentlich auch durch Benützung von Doppelspulen, in denen die kapazitive Nebenkopplung entgegengesetzt gleiche Wirkungen gibt, die sich dann für die gesamte Doppelspule gegenseitig aufheben. Das wirkliche Verhalten einer Spule in einer Schaltung wird auch dadurch beeinflußt, daß im Prinzip zwischen der Spule und jeder anderen Leitung der Schaltung eine Gegeninduktivität besteht, die man nur durch geeignete Abschirmmaßnahmen verhindert. Man beachte jedoch dabei, daß sich in jeder Abschirmwand nach Abb. 38 neue Stromkreise entwickeln, die nun ihrerseits wieder Induktionswirkungen ausüben. Grundsätzlich bestehen auch zwischen allen Leitern der Schaltung Kapazitäten, die man durch Abschirmmaßnahmen verhindern muß, wenn sie stören. Auch dann entstehen in den Abschirmwänden wieder Ströme, nämlich die Ladeströme der Kapazität zwischen dem Leiter und der Abschirmwand. Alle diese Störerscheinungen nehmen mit wachsender Frequenz zu, weil das Induktionsgesetz (4.1) die Frequenz als Faktor enthält und weil der Leitwert der Störkapazitäten nach (5.1a) ebenfalls proportional zur Frequenz wächst. Die exakte technische Darstellung einer Schaltung bei höheren Frequenzen hängt daher ganz wesentlich von der Beachtung der Nebenwirkungen ab, die das wirkliche Verhalten eines größeren Schaltungsgebildes außerodentlich kompliziert machen können. Man wird sich daher mit wachsender Frequenz immer mehr möglichst einfachen und übersichtlichen Schaltelementen mit einwandfreier Abschirmung zuwenden (vgl. § 21).

Auch die Herstellung einer idealen Kapazität nach (5.1) scheitert an der Tatsache, daß die Ladeströme des Kondensators ein magnetisches Feld besitzen. An jeder stromführenden Oberfläche entstehen magnetische Felder nach (7.6), also auch magnetische Feldenergie nach (1.1), die eine induktive Nebenwirkung ergeben. Die induktiven Beiträge der einzelnen Leiterstücke richten sich nach der Stärke des Stromes, den sie führen. Der wirkliche Leitwert $|\mathfrak{G}_C|$ eines technischen Kondensators hat den gleichen Verlauf wie der Widerstand $|\mathfrak{R}_L|$ einer Spule nach Abb. 60. Für niedrige Frequenzen ist $|\mathfrak{G}_C| = \omega C$ (gestrichelte Kurve). Die induktive Wirkung gibt dann ein stärkeres Wachsen des $|\mathfrak{G}_C|$ mit abnehmendem λ wie in Abb. 26. Es gibt eine Serienresonanz mit sehr großem reellen Leitwert $G_{\max}$ bei der Eigenwelle λ_R. Für $\lambda > \lambda_R$ kann man den Leitwert sehr gut durch die Serienschaltung der gegebenen Kapazität mit einer einzigen Induktivität beschreiben. Diese „Eigeninduktivität“ L des Kondensators bestimmt man aus dem gegebenen C und λ_R nach (6.23). Die wirksame Kapazität C' ist für $\lambda > \lambda_R$ größer als C, frequenzabhängig und nach (6.13) zu berechnen. Der Blindleitwert berechnet sich dort nach (6.11) und in der Umgebung der Resonanz nach (9.19) und (9.27). Bei Annäherung an die Eigenresonanz steigt der Verlustfaktor nach (9.11a) merklich an, so daß man dort durch Versilbern der Leiteroberflächen (kleineres d_L) den Anteil $d_L \cdot \omega L$ wesentlich verkleinern kann. Mit $X_R = 1/(\omega_R C)$ und dem Resonanzwiderstand $R_K = 1/G_{\max}$ ergibt sich der Verlustfaktor der Eigenresonanz nach (9.28). Für $\lambda < \lambda_R$ wird der Kondensator ein induktiver Widerstand mit kompliziertem, im allgemeinen nicht berechenbarem Verlauf, wo seine Eigeninduktivität nicht mehr als zusammenhängendes Ganzes wirkt, sondern als verteilter Widerstand nach Abb. 133. Als Regel für λ_R kann gelten, daß λ_R bei Luftkondensatoren etwa gleich der vierfachen Länge des Stromweges von einem Anschlußpunkt bis zum äußersten Ende der betreffenden Kondensatorplatte ist, bei dielektrischen Kondensatoren ist λ_R etwa um den Faktor $\sqrt{\varepsilon}$ größer (am Ende offene Leitung nach § 23). Man sorge also für möglichst kurze Stromwege auf den Kondensatorflächen.

Von besonderer Bedeutung sind diese Nebenerscheinungen, wenn man sehr große Blindwiderstände ωL oder sehr große Blindleitwerte ωC erzeugen will, da dann die nach (3.1) oder (5.1a) berechneten Blindwerte nach Abb. 60 oft hinter der Eigenresonanz liegen werden, also in Wirklichkeit nicht mehr auftreten. Dieser Fall tritt z. B. ein bei den verdrosselten Gleichstromzuführungen einer Schaltung. Bei Verwendung von Elektronenröhren führen in die hochfrequente Schaltung auch die an sich völlig schaltungsfremden, Gleichstrom oder niederfrequenten Wechselstrom führenden Speiseleitungen der Röhre (Kathodenheizung, Anodenspannung usw.). Man muß dann sehr darauf achten, daß diese Leitungen frei von hochfrequenten Wechselströmen bleiben und nicht als undefinierte Schaltelemente wirksam werden, daß andererseits aber auch diese Spannungsquellen nicht durch hochfrequente Schaltelemente kurzgeschlossen werden. Jede solche Speiseleitung wird daher über eine sogenannte Drossel, eine Spule mit möglichst großem Blindwiderstand, an die hochfrequente Schaltung herangeführt. Um einen möglichst großen Blindwiderstand zu erhalten, wird man die Eigenresonanz der Abb. 60 ausnutzen. Insgesamt muß man dann versuchen, das X_R groß zu halten, also nach (6.21) möglichst viel L mit möglichst wenig C zu erreichen suchen, und außerdem kleine Verluste anstreben. Die Eigenresonanz hängt in gewissem Umfang von den Streukapazitäten der Umgebung ab, die man meist nicht genau kennt. Man bleibt daher in der Praxis stets im Bereich $\lambda > \lambda_R$, um mit Sicherheit den Bereich $\lambda < \lambda_R$ zu vermeiden. Abb. 63 zeigt als Beispiel

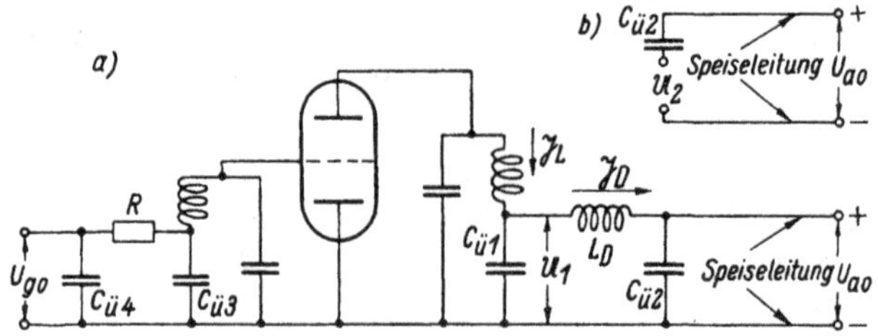

Abb. 63. Zuleitungen einer Elektronenröhre

die Verwendung einer Drossel L_D in der Zuleitung der Anodenspannung U_{a0} einer Elektronenröhre. Als Anschlußpunkt am Anodenresonanzkreis wählt man einen Punkt kleinster Wechselspannung, wobei man den Gleichstromkurzschluß durch einen sehr großen Kurzschlußkondensator $C_{ü1}$ mit sehr kleinem Blindwiderstand jX_1 verhindert. $C_{ü1}$ stört den Hochfrequenzvorgang dann nicht. An $C_{ü1}$ entsteht eine sehr kleine Wechselspannung $\mathfrak{U}_1 = \mathfrak{J}_L \cdot jX_1$ durch den Strom $\mathfrak{J}_L$ des Resonanzkreises, der wegen des sehr kleinen $\mathfrak{J}_D$

praktisch vollständig über $C_{ü1}$ fließt. Dieses $\mathfrak{U}_1$ bestimmt den Wechselstrom $\mathfrak{J}_D$, der über die Drossel in die Speiseleitung strömt. Sehr wichtig ist, daß eine solche Drossel so gelegt wird, daß sie keine nennenswerte Gegeninduktivität mit irgendwelchen Hochfrequenzkreisen besitzt, da die durch diese Gegeninduktivität in der Drossel nach (4.1) induzierten Spannungen die Sperrwirkung der Drossel wieder aufheben würden. Notwendig ist es daher, die Drossel hinter eine Abschirmwand zu legen, in der Schaltung nach Abb. 63 z. B. am besten dadurch, daß man $C_{ü1}$ als einen durch diese Abschirmwand führenden Kondensator nach Abb. 64 baut.

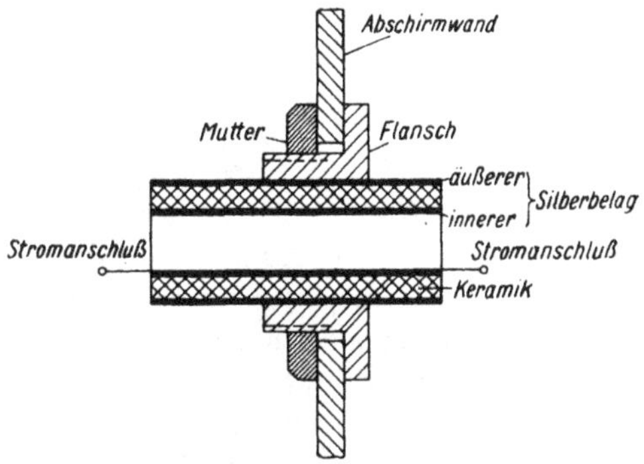

Abb. 64. Flanschkondensator

In vielen Fällen muß man erreichen, daß die Hochfrequenzströme auf den Gleichstromleitungen extrem klein sind. Dann ergänzt man die Drossel nach Abb. 63 durch einen zweiten Kurzschlußkondensator $C_{ü2}$ zu einem Siebglied. Da der Widerstand $\mathfrak{R}_D$ der Drossel groß gegen den Widerstand des $C_{ü2}$ ist, wird der Strom J_D durch die Drossel fast nur von $|\mathfrak{R}_D|$ bestimmt. Liegt an $C_{ü1}$ die bereits berechnete Spannung $\mathfrak{U}_1$, so fließt durch die Drossel ein Strom mit der reellen Amplitude $J_D = U_1/|\mathfrak{R}_D|$, der praktisch unabhängig von $C_{ü2}$ und dem Widerstand der Speiseleitung ist. Dieser Strom verteilt sich dann wie in Abb. 57b auf den Leitwert $\mathfrak{G}_2$ des $C_{ü2}$ und den Leitwert der Speiseleitung. Rechnet man dies formal auf ein Spannungsquellenersatzbild nach Abb. 57a um, so erhält man aus (12.2) nach Abb. 63b eine neue Spannungsquelle mit der Leerlaufspannung

$$U_2 = \frac{J_D}{|\mathfrak{G}_2|} = \frac{U_1}{|\mathfrak{R}_D| \cdot |\mathfrak{G}_2|} \tag{13.1}$$

in Serie zu $C_{ü2}$, die nun die hochfrequenten Ströme auf der anschließenden Speiseleitung bestimmt. Die Siebwirkung dieser (LC)-Kombination gibt man üblicherweise durch die Größe

$$b = \ln(U_1/U_2) = \ln(|\mathfrak{R}_D| \cdot |\mathfrak{G}_2|) \tag{13.2}$$

an. b ist an sich eine dimensionslose Zahl. Um jedoch zu kennzeichnen, daß sie aus einem natürlichen Logarithmus definiert wurde, setzt man stets hinter diese Zahl das Kennwort „Neper". Im anglo-amerikanischen Sprachgebrauch ist es üblich, solche Quotienten mit Hilfe von Logarithmen der Basis 10 umzurechnen und benutzt die Definitionsgleichung

$$b = 20 \cdot \lg_{10}(U_1/U_2) \tag{13.2a}$$

und kennzeichnet dieses b dann durch den Zusatz „Dezibel". Es ist 1 Neper = 8,7 Dezibel. Wesentlich ist also der Quotient $|\mathfrak{R}_D| \cdot |\mathfrak{G}_2|$, der möglichst groß sein soll. Dies bedeutet großes $\mathfrak{R}_D$ und $\mathfrak{G}_2$, wobei man stets in die Bereiche hineinkommt, wo die Eigenkapazität der Drossel und die Eigeninduktivität des Kondensators von entscheidender Bedeutung wird. Großes $\mathfrak{G}_2$ bedeutet möglichst großes $C_{ü2}$ mit möglichst kleiner Eigeninduktivität. In neuerer Zeit verwendet man hier Flanschkondensatoren nach Abb. 64. Dies sind keramische Zylinderkondensatoren mit kleiner Wandstärke und hoher Dielektrizitätskonstante, die also auf kleinem Raum eine große Kapazität ergeben. Der äußere Silberbelag ist über einen aufgelöteten Flansch direkt mit der Abschirmwand, durch die die Gleichstromleitung hindurchgeführt werden muß, verbunden. Der innere Silberbelag ist der Weg des Gleichstroms. Die wirksame Induktivität des Weges des Hochfrequenzstroms vom Anschlußpunkt der Schaltung bis zur Abschirmwand ist extrem klein. Es gelingt auf diese Weise die Herstellung von rein kapazitiven Blindwiderständen in der Größe von 2 Ω, die weit oberhalb ihrer Grenzwelle liegen, wo also der Blindwiderstand der inneren Induktivität trotz der großen Kapazität noch kleiner als 1 Ω ist. Bei $\lambda = 1$ m müßte dann für 2 Ω nach (5.2) eine Kapazität von 265 pF erzeugt werden, deren Eigeninduktivität nach (3.2) kleiner als 0,5 nH sein muß. Solange die Eigenkapazität der Drossel und die Eigeninduktivität des Kondensators vernachlässigt werden, wird aus (13.2) nach (3.1) und (5.1a)

$$b = \ln(U_1/U_2) = \ln(\omega^2 L_D\, C_{ü2}). \tag{13.3}$$

Bei Annäherung an die Eigenresonanz werden X_D und Y_2 Kurven wie in Abb. 60 durchlaufen und entsprechend der Überhöhung dieser Werte gegenüber der gestrichelten Kurve in einem kleinen Frequenzbereich wesentlich größere Werte als nach (13.3) annehmen. Bei günstigem, durch exakte Messungen kontrolliertem Aufbau, kann man mit b-Werten rechnen, wie sie in Abb. 65 dargestellt sind. λ_R ist die Eigenwelle der Drossel, und die Eigenwelle des

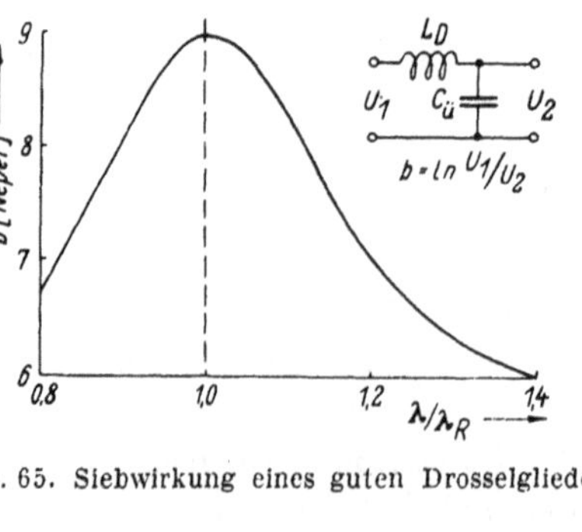

Abb. 65. Siebwirkung eines guten Drosselgliedes

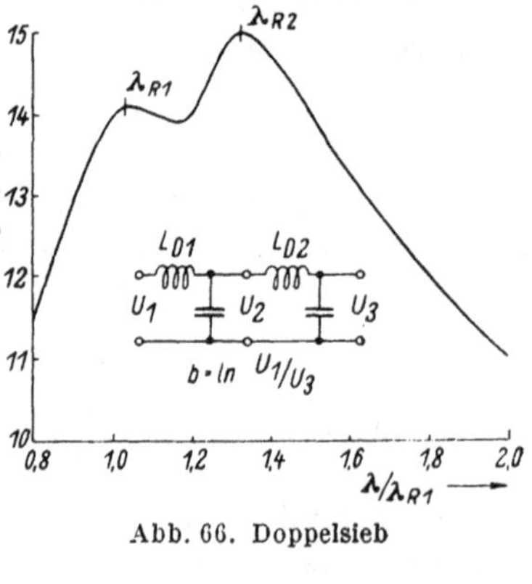

Abb. 66. Doppelsieb

Kondensators soll wesentlich kleiner als λ_R sein. Man erreicht im Resonanzpunkt der Drossel sehr hohe Werte, aber nur in einem kleinen Frequenzbereich. Wenn man größere Dämpfung erreichen und größere Frequenzbereiche überstreichen will, schaltet man zwei Siebglieder nach Abb. 66 hintereinander, wobei man zur Erzielung einer gleichmäßigeren Dämpfung den beiden Drosseln etwa um 30% verschiedene Eigenwellen λ_{R1} und λ_{R2} gibt. Die Siebwirkung beträgt dann in Erweiterung von (13.2)

$$b = \ln(U_1/U_3) = \ln(U_1/U_2) + \ln(U_2/U_3) = b_1 + b_2, \qquad (13.4)$$

ist also die Summe der Siebwirkungen der beiden Glieder, weil die Leerlaufspannung U_2 des ersten Siebes nach (13.1) und Abb. 63b wegen des hohen Drosselwiderstandes $\mathfrak{R}_{D2}$ die Eingangsspannung des zweiten Siebes ist.

Diese Werte der Abb. 66 erreicht man allerdings nur, wenn alle Bestandteile eine definierte Umgebung haben, ihr Blindwiderstand in dieser Umgebung genau gemessen wird und das gesamte Gebilde eine völlig dichte Abschirmung besitzt. Man bevorzugt dazu oft einen Aufbau in einem Rohr mit vollständig geschlossener Außenwand nach Abb. 67. Solche extremen Siebwirkungen, die oft verwendet werden, sind nur dann sinnvoll, wenn das hochfrequente Gerät mit einer absolut dichten Hülle umgeben ist, damit nicht auf anderen Wegen wesentliche Felder austreten können. Dabei müssen bei der hochfrequenten Abschirmung andere Gesichtspunkte als bei Niederfrequenz angewandt werden, insbesondere müssen diese Gehäuse fugenlos sein, weil auf den Abschirmwänden sehr große Ströme fließen können und dann auch durch die kleinste Fuge meßbare Felder austreten. Eine zusammenhängende metallische Wand ist eine absolute Abschirmung, weil wegen des Skineffekts nach

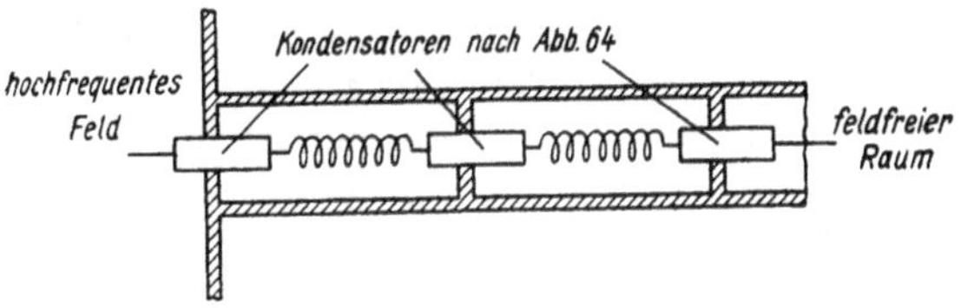

Abb. 67. Siebglieder im Rohr

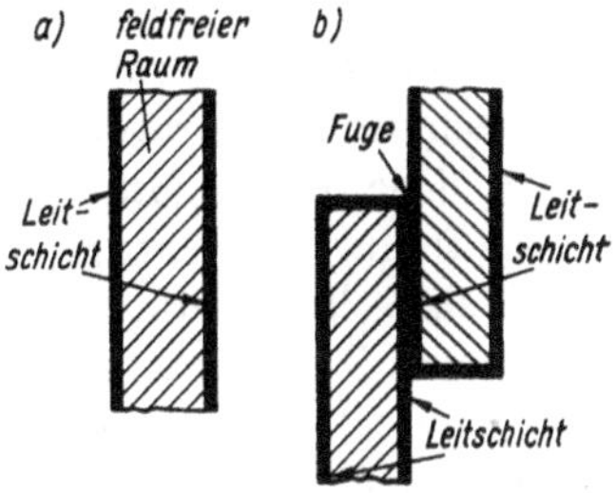

Abb. 68. Abschirmwand

Abb. 32 das Innere eines Leiters eine feldabstoßende Substanz ist. Nach Abb. 68a sind die beiden Seiten einer Abschirmwand unabhängige Leitschichten ohne Zusammenhang. Jede Fuge in der Wand nach Abb. 68b, selbst wenn sie noch so dicht zu sein scheint, durchbricht das Abschirmprinzip, weil dort stets die Leitschichten beider Wandseiten zusammenstoßen, solange die Fuge nicht durch Verlöten in einen exakten metallischen Zusammenhang gebracht wird. Die stets nur punktweise Berührung aufeinandergelegter Metallflächen stellt keine sichere Abschirmung dar. Zur Ergänzung ist zu erwähnen, daß man in Leitungen, die nur kleine Ströme führen, die Drossel oft auch durch einen einfachen, aber möglichst großen Widerstand R ersetzt. Ein Beispiel gibt die Zuleitung der Gitterspannung zur Elektronenröhre in Abb. 63a. Man ersetzt dann in (13.1) und (13.2) das $\mathfrak{R}_D$ durch R und erhält nicht die extreme Frequenzabhängigkeit des b wie in Abb. 65, die durch das $\mathfrak{R}_D$ der Abb. 60 entsteht.

Ergänzendes Schrifttum: [53].

IV. Allgemeine komplexe Widerstände

§ 14. Technische Wirkwiderstände

Von besonderer Bedeutung sind Wirkwiderstände, die auch bei hohen Frequenzen einen definierten und phasenreinen Wert R besitzen, der nach Möglichkeit in einem großen Frequenzbereich gleich groß bleibt. Man bemüht sich daher, Widerstände zu schaffen, die ihren Gleichstromwert bis zu möglichst hohen Frequenzen behalten. In diesem Fall muß zunächst der Skineffekt hinreichend klein bleiben. Bei einem Widerstand aus massivem Draht mit Kreisquerschnitt ist (7.11) anzuwenden. Wenn hier also die Forderung der Frequenzunabhängigkeit erfüllt sein soll, ist zu verlangen, daß der Drahtdurchmesser d kleiner als die 1,7-fache Leitschichtdicke s nach (7.2) ist, also $d < 6 \cdot 10^{-4}\, K_1 \sqrt{\lambda}$ cm ist. Hier ist λ in m einzusetzen und K_1 aus der Tabelle auf S. 37 zu entnehmen. Da man im allgemeinen Manganin oder das fast gleichwertige Konstantan benutzen wird ($K_1 = 5{,}2$), muß dann $d < 0{,}03 \sqrt{\lambda}$ mm bleiben. Manganindrähte sind also bei längeren Wellen durchaus verwendbar, ein Draht mit $d = 0{,}1$ mm noch frequenzunabhängig bis etwa $\lambda = 10$ m. Da man in vielen Fällen auf extreme Frequenzunabhängigkeit keinen Wert legt, wird man dann auch noch dickere Drähte im Bereich der Kurzwellen verwenden. Extrem dünne Wolframdrähte ($K_1 = 2$ bis 4 je nach der Temperatur) sind noch bei Dezimeterwellen im Bolometer anwendbar (siehe S. 81). Mit $d = 0{,}01$ mm ist der Widerstand eines Wolframdrahtes noch frequenzunabhängig bei $\lambda = 30$ cm. Sehr störend ist aber die Tatsache, daß ein solcher Draht auch einen induktiven Blindwiderstand hat, weil die ihn durchfließenden Ströme ein magnetisches Feld aufbauen, insbesondere bei längeren Drähten, die man auf Wickelkörper in Form von Zylinderspulen aufwickelt. In diesem Fall muß man zu induktionsarmen Wicklungsarten übergehen, deren Prinzip Abb. 69 zeigt. Man führt die Drähte immer hin und her, legt sie dicht nebeneinander, so daß benachbarte Drähte stets vom Strom in entgegengesetzter Richtung durchflossen werden. Dann erfüllen die magnetischen Felder nur kleine Räume und die magnetische Feldenergie bleibt ebenfalls klein. Wichtig ist stets, daß man dann nicht durch zusätzliche Zuleitungsinduktivitäten neue induktive Komponenten wieder hinzufügt.

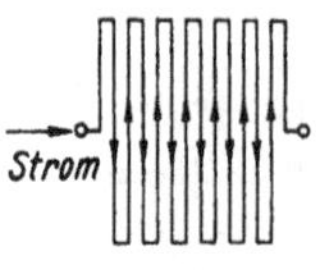

Abb. 69. Induktionsarme Wicklung

Bei höheren Frequenzen wird aber die Induktivität, insbesondere bei sehr dünnen Drähten so wirksam, daß man keine Drähte mehr verwenden wird. Für diesen Zweck sind die sogenannten Schichtwiderstände entwickelt worden. Sie bestehen aus einem keramischen Zylinder mit einer dünnen leitenden Schicht aus Platin oder Kohle. Solange die Schichtdicke des Leiters kleiner als die 0,7-fache Leitschichtdicke nach (7.2) ist, bleibt der Gleichstromwiderstand erhalten. Insbesondere Kohle mit $K_1 \approx 50$ gestattet noch bei Dezimeterwellen nennenswerte Schichtdicken. Schwierig ist dabei lediglich die Herstellung sehr hoher Widerstandswerte bei kleinen Zylinderlängen. Dann hilft man sich so, daß man Rillen in die Widerstandsschicht einschleift, derart, daß Stromwege wie in Abb. 69 entstehen, die also wesentlich länger als der Zylinder, aber trotzdem induktionsarm sind. Die Größe des Widerstandes richtet sich nach der aufzunehmenden Wirkleistung und den Abkühlungsverhältnissen. Ohne künstliche Kühlung rechnet man mit einer maximalen Belastung von etwa 0,3 Watt pro cm^2 der Zylinderoberfläche. Merkregel: Länge [cm] $\times$ Durchmesser [cm] gibt ungefähre Belastbarkeit [Watt]. Künstliche Ventilation gestattet höhere Leistungen. Bei sehr großen Leistungen verwendet man einen keramischen Hohlzylinder als Träger, dessen Inneres man von Wasser durchströmen läßt. Die Induktivität solcher Schichtwiderstände ist sehr klein und nach (3.10) abzuschätzen. Wenn man die Induktivität weiter verkleinern will, baut man den Widerstand nach Abb. 7 in eine leitende zylindrische Außenhülle ein und erhält das L nach (3.12). Allgemein ist zu beachten, daß auch Kapazitäten zwischen allen Teilen der Schicht und gegen die Umgebung bestehen. Der Spannungsabfall am Widerstand ist meist groß und läßt durch diese Kapazitäten Blindströme fließen. Besonders groß sind diese Kapazitäten beim induktionsarmen Einbau nach Abb. 7. Insbesondere der keramische Träger ($\varepsilon = 6$) und das eventuell durch ihn fließende Kühlwasser ($\varepsilon = 80$) verstärken wegen ihrer hohen Dielektrizitätskonstanten diese kapazitiven Ströme. Solange die Länge des Widerstandes kleiner als $\lambda/10$ ist, wirken alle diese Nebenkapazitäten so, als ob parallel zum Widerstand eine einzige, frequenzunabhängige Kapazität liegt.

Ebenso wie in (9.3) bis (9.7) Näherungsformeln für den Fall angegeben wurden, daß eine dominierende Blindkomponente mit kleinen Wirkkomponenten kombiniert war, kann man hier analoge Formeln aufstellen, wenn eine dominierende Wirkkomponente mit einer kleinen Blindkomponente auftritt. Zunächst sei ein Wirkwiderstand R mit einem in Serie liegenden, wesentlich kleineren Blindwiderstand jX betrachtet: $\mathfrak{R} = R + jX$; $R > 10|X|$. Als Phasenfaktor des Widerstandes R sei der Quotient

$$k_R = X/R \tag{14.1}$$

bezeichnet, der positiv oder negativ sein kann, und dessen Absolutwert kleiner als 0,1 ist. Der Leitwert des $\mathfrak{R}$ ist dann exakt durch (2.17) gegeben. Unter der Voraussetzung $|k_R| < 0{,}1$ kann man im Nenner X^2 neben R^2 vernachlässigen und erhält als Näherung

$$G = 1/R; \quad Y = -X/R^2. \tag{14.2}$$

Aus der Serienschaltung wird also wie in Abb. 44 die gleichwertige Parallelschaltung eines Wirkleitwertes G und eines sehr kleinen Blindleitwertes jY Bemerkenswert ist, daß G die gleiche Größe hat wie wenn $\mathfrak{R}$ ein phasenreiner Wirkwiderstand ist. Die Serienschaltung ist also auch identisch mit der Parallelschaltung des gleichen R und eines sehr großen Blindwiderstandes

$$jX_P = -j\,1/Y = j\,R^2/X. \tag{14.3}$$

Vgl. Abb. 44. Wenn umgekehrt die Parallelschaltung eines Wirkwiderstandes R und eines sehr großen Blindwiderstandes jX_P ($|X_P| > 10R$) gegeben ist, so ist sie gleichwertig der Serienschaltung des gleichen Wirkwiderstandes R und eines kleinen Blindwiderstandes

$$jX = jR^2/X_P = -jR^2 \cdot Y. \tag{14.4}$$

Der Phasenfaktor eines Leitwerts $\mathfrak{G} = G + jY$ mit $|Y| < 0{,}1\,G$

$$k_G = Y/G = -X/R = -k_R \tag{14.5}$$

ist gleich dem negativen Phasenfaktor des entsprechenden Widerstandes. Man beachte stets die Vorzeichenumkehr der Blindkomponente beim Übergang vom Widerstand zum Leitwert nach (9.2). Es bestehen in Analogie zu (7.15) und (9.6) bis (9.7) die Gleichungen

$$X = k_R \cdot R; \quad Y = k_G \cdot G; \quad X_P = R/k_R. \tag{14.6}$$

Die wichtigste Anwendung ist die Serienschaltung eines Wirkwiderstandes R mit einer kleinen Induktivität

$$X_L = \omega L; \quad k_R = \omega L/R; \quad Y_L = -\omega L/R^2 \tag{14.7}$$

und die Parallelschaltung mit einer kleinen Kapazität

$$Y_C = \omega C; \quad k_G = \omega C/G = \omega C \cdot R; \quad X_C = -\omega C \cdot R^2. \tag{14.8}$$

Da die technischen Wirkwiderstände gleichzeitig eine kleine Induktivität und Kapazität besitzen, muß man eine Kombination nach Abb. 70 betrachten.

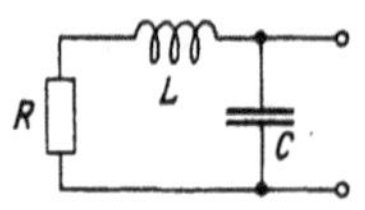

Abb. 70. Widerstand mit Blindkomponenten

R und L in Serie gibt nach (14.2) den Wirkleitwert $1/R$ und nach (14.7) den Blindleitwert $Y_L = -\omega L/R^2$. Hinzu kommt der Blindleitwert $Y_C = \omega C$ nach (14.8). Der Summenleitwert $Y = Y_L + Y_C$ liegt also parallel zum Leitwert $G = 1/R$ und die Kombination der Abb. 70 hat den Phasenfaktor

$$k_G = R\,(\omega C - \omega L/R^2) = R \cdot \omega C - \omega L/R. \tag{14.9}$$

Die Phasenfaktoren des L und C wirken also gegeneinander. Es gilt die Regel, daß in (14.9) bei kleinen Widerständen R vorzugsweise die Induktivität des Widerstandes wirksam ist und klein gehalten werden muß. Dort übersteigt also die vom Strom erzeugte magnetische Feldenergie die von der Spannung am Widerstand erzeugte elektrische Feldenergie, weil der Strom groß ist. Dagegen ist in (14.9) bei großen Widerständen R wegen der kleinen Ströme vorzugsweise die Parallelkapazität wirksam und muß klein gehalten werden. Die Erzeugung sehr kleiner und sehr großer phasenreiner Widerstände ist daher nicht möglich. Dagegen besteht bei Widerständen mittlerer Größe (30 bis 200Ω) die Möglichkeit der gegenseitigen Kompensation der beiden Blindkomponenten. Aus (14.9) folgt, daß für die spezielle Bedingung

$$R = \sqrt{L/C} \tag{14.11}$$

eine vollständige und frequenzunabhängige Kompensation eintritt. Wenn man also einem Widerstand R eine definierte Umgebung gibt, so daß L und C durch den Aufbau eindeutig festgelegte Werte haben, kann man diesem L und C durch geeignete Formgebung der Umgebung solche Werte geben, daß

der betreffende Widerstand phasenrein gleich seinem Gleichstromwert bleibt, solange die Voraussetzung für das Bestehen der Näherungen (14.2) bis (14.8) gegeben ist, daß nämlich der von jeder Komponente erzeugte Phasenfaktor (14.7) bzw. (14.8) kleiner als 0,1 bleibt. Wenn man beispielsweise einen zylindrischen Schichtwiderstand in eine koaxiale, leitende Hülle nach Abb. 7 legt, kann man einen solchen Außendurchmesser finden, der gerade diese Kompensation gibt. Solche Widerstände sind dann frequenzunabhängig, solange ihre Länge kleiner als $\lambda/10$ ist. Man beachte jedoch, daß die Induktivitäten und Kapazitäten der Zuleitungen zu einem solchen Widerstand ebenfalls in die Betrachtungen einbezogen werden müssen, wenn der Effekt eintreten soll.
In vielen Fällen stellt man nicht so hohe Anforderungen, weil man die Möglichkeit hat, durch eine vorgeschaltete Widerstandstransformation nach § 10 oder § 15 Fehler des Widerstandes wieder auszugleichen. Trotzdem muß man sich stets bemühen, die Blindkomponenten des Widerstandes klein zu halten, weil dies die Einstellung der Transformation erleichtert, sowie ihre Frequenzabhängigkeit und die Leistungsverluste bei der Transformation vermindert. Man beachte also stets die gegebenen Regeln und halte die störenden Blindkomponenten der Zuleitungen klein, damit nur die unvermeidlichen Blindkomponenten der den Widerstand bildenden Leiter auftreten. Von besonderer Bedeutung sind hier die Wolframdrähte, die man bei Leistungsmessungen verwendet, wobei man die zu messende Leistung dem Wolframdraht zuführt. Bei kleinen Leistungen mißt man die durch die Temperaturerhöhung hervorgerufene Erhöhung des Widerstandes des Drahtes in einer Gleichstrombrücke, die man mit Hilfe von Drosseln nach § 13 an die Enden des Wolframdrahtes anschließt. Bei größeren Leistungen mißt man die Temperatur der glühenden Drähte auf optischem Wege. Die dünnen Drähte haben eine große Induktivität, während kapazitive Nebenwirkungen nur bei extrem hohen Frequenzen auftreten. Mit abnehmendem Fadendurchmesser steigt das R schneller als das L, so daß dünnere Drähte einen kleineren Phasenfaktor ergeben.
Ergänzendes Schrifttum: [9, 12, 15].

§ 15. Einfache Widerstandstransformation

Die Gedankengänge des § 10 sollen hier auf solche Widerstände angewandt werden, die nicht mehr den Näherungsformeln (9.3) bis (9.7) genügen. Dann ist die exakte Gleichung (9.2) anzuwenden, die im allgemeinen für praktische Zwecke zu kompliziert ist. In diesem Fall geht man zu graphischen Methoden über. Man beachte dabei, daß jedes technische Gebilde in seinen wirklichen Eigenschaften stets etwas von den angenommenen oder beabsichtigten Werten abweicht, was man auch durch eine Messung wegen der unvermeidlichen Meßfehler nicht mehr kontrollieren kann. Es ist daher sinnvoll, alle Berechnungsverfahren in vereinfachte Näherungsverfahren umzuwandeln, wobei man darauf achten muß, die Genauigkeit der Berechnung der für den speziellen Zweck erforderlichen Genauigkeit anzupassen. Nur so kann man jeweils den Aufwand der Rechnung auf ein Minimum herabsetzen. Man wird dann dadurch belohnt, daß man ein Höchstmaß an Übersichtlichkeit erreicht und die Möglichkeiten einer Schaltung deutlicher erkennt. Insbesondere die graphischen Methoden sind durch die geometrische Veranschaulichung unübersichtlicher Formeln eine wertvolle Hilfe und erreichen bei richtiger Anwendung auch die erforderliche Genauigkeit. Die hier zu lösende Aufgabe besteht darin, daß ein gegebener komplexer Widerstand $\mathfrak{R}_0$ durch Serienschaltung oder Parallelschaltung von möglichst verlustfreien Blindwiderständen oder Blindwiderstandskombinationen in einen anderen komplexen Wert $\mathfrak{R}$ transformiert wird, wobei dieses neue $\mathfrak{R}$ vorzugsweise ein reiner Wirkwiderstand sein soll. Die günstigste technische Darstellbarkeit solcher Transformationen, bei denen der Verlust an Wirkleistung innerhalb der Transformationsschaltung sehr klein bleibt, liegt bei Widerständen in der Größe von 20 bis 500Ω.

Die graphische Behandlung dieser Aufgaben beruht auf den bekannten Inversionsdiagrammen, die eine graphische Lösung der Umwandlung der Widerstandskomponenten R und X in die Leitwertkomponenten G und Y nach (2.17) gestatten. Die Theorie der Inversion muß aus anderen Lehrbüchern entnommen werden. Es gelten folgende Regeln: Nach (2.17) ist

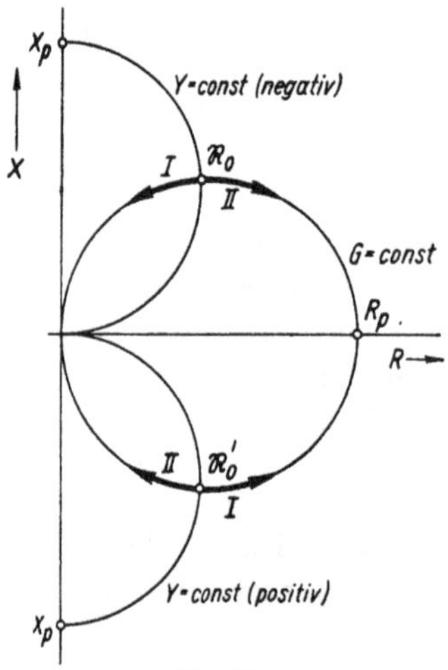

Abb. 71. Leitwertkreise in der Widerstandsebene (I: Parallel-L, II: Parallel-C)

$$G = R/(R^2 + X^2), \quad (15.1)$$

$$Y = - X/(R^2 + X^2). \quad (15.2)$$

Alle Widerstände $\mathfrak{R}$, die nach Abb. 71 auf einem Kreis liegen, der durch den Nullpunkt geht, und dessen Mittelpunkt auf der reellen Achse liegt, haben den gleichen Wirkleitwert $G = 1/R_p$, wobei R_p der Punkt ist, in dem der Kreis die reelle Achse schneidet; denn die Gleichung (15.1) ist für konstantes G die Gleichung dieses Kreises. Solche Kreise konstanten Wirkleitwerts werden als G-Kreise bezeichnet. Alle Widerstände $\mathfrak{R}$, die nach Abb. 71 auf einem Kreis liegen, der durch den Nullpunkt geht und dessen Mittelpunkt auf der positiv imaginären Achse liegt, haben den gleichen negativen (induktiven) Blindleitwert $Y = -1/X_p$, wobei X_p der Punkt ist, in dem der Kreis die imaginäre Achse schneidet. Man erkennt, daß (15.2) für konstantes negatives Y die Gleichung dieses Kreises ist. Ebenso sind die entsprechenden Kreise unterhalb der reellen Achse Kreise für alle Werte $\mathfrak{R}$, die gleichen positiven (kapazitiven) Blindleitwert haben. Solche Kreise konstanten Blindleitwerts bezeichnet man als Y-Kreise. Für die hier interessierenden Widerstandstransformationen ist folgende Tatsache wichtig: Wenn man parallel zu einem gegebenen Widerstand $\mathfrak{R}_0$ einen reinen Blindwiderstand schaltet, ändert sich nach (2.21) der Wirkleitwert G dabei nicht; d. h. der Widerstand $\mathfrak{R}$, der das Ergebnis der Parallelschaltung darstellt, liegt auf dem durch $\mathfrak{R}_0$ laufenden G-Kreis. Wenn in Abb. 71 ein Wert $\mathfrak{R}_0$ oberhalb der reellen Achse und ein Punkt $\mathfrak{R}_0'$ unterhalb der reellen Achse betrachtet werden, so verschieben sich diese auf dem zugehörigen G-Kreis, und zwar beim Parallelschalten einer Induktivität in Richtung der Pfeile I, beim Parallelschalten einer Kapazität in Richtung der Pfeile II. Dabei kann in keinem Fall der Ursprung $R = 0$, $X = 0$ überschritten werden, wogegen ein Überschreiten des mit R_p bezeichneten Schnittpunkts jederzeit möglich ist. So erhält man eine sehr anschauliche Darstellung dieses Vorgangs.

Um zu einer einfachen quantitativen Auswertung zu kommen, zeichnet man das sogenannte Transformationsdiagramm nach Abb. 72. Es enthält eine systematische Folge von G-Kreisen, deren Parameter in einer Zehnerteilung aufeinanderfolgen. In Abb. 72, die für Widerstände in der Umgebung von 10 Ω brauchbar ist (10 Ω = 0,1 S), findet man Kreise mit G von 0,06 bis 0,17 S im Parameterabstand 0,01 S. Das G ist nach Abb. 71 der Reziprokwert des Punktes, wo der Kreis die reelle Achse schneidet, nimmt also mit wachsendem Kreisdurchmesser ab. Ebenso enthält Abb. 72 eine Folge von Kreisen mit positivem und negativem Y zwischen 0,12 S und — 0,12 S im Parameterabstand 0,01 S. Das gesamte Kreissystem zeichnet man auf gewöhnliches Koordinatenpapier, in dem man dann auch die Koordinaten R und X eines Widerstandes $\mathfrak{R}$ ablesen kann.

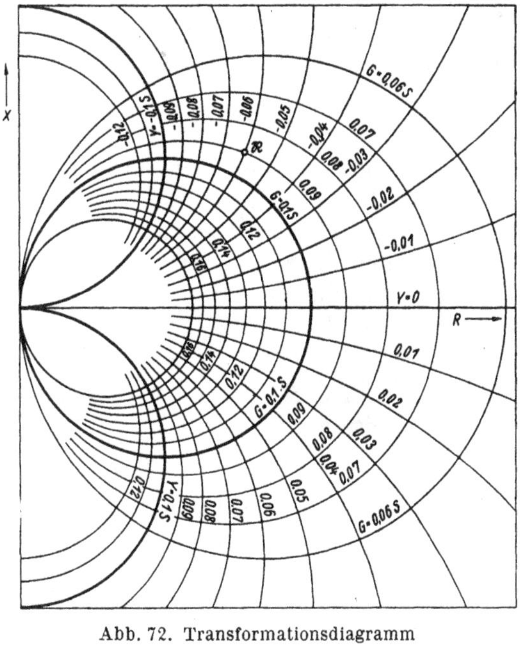

Abb. 72. Transformationsdiagramm

Ist z. B. ein Widerstand $\mathfrak{R} = R + jX = 7{,}7 + j\,5{,}2\ \Omega$ gegeben, so zeichnet man ihn in dieses Kreissystem ein (Abb. 72). Die Parameter G und Y der durch $\mathfrak{R}$ gehenden Diagrammkreise geben dann die Wirkkomponente und die Blindkomponente des $\mathfrak{G} = 1/\mathfrak{R}$: $G = 0{,}09$ S; $Y = -0{,}06$ S. Wenn $\mathfrak{R}$ nicht direkt auf den gezeichneten Kreisen liegt, gewinnt man G und Y durch Interpolation aus den benachbarten Kreisen. Wenn umgekehrt der Leitwert $\mathfrak{G} = G + jY$ gegeben ist, findet man die Komponenten R und X des entsprechenden Widerstandes $\mathfrak{R} = 1/\mathfrak{G}$ aus dem Punkt $\mathfrak{R}$, der der Schnittpunkt der beiden, zu den betreffenden Werten G und Y gehörenden Diagrammkreise ist. Dadurch hat man eine sehr einfache Umrechnung zwischen den Komponenten des $\mathfrak{R}$ und $\mathfrak{G}$ unter Vermeidung von (15.1) und (15.2). Daraus entwickeln sich dann zahlreiche Anwendungsmöglich-

keiten, mit deren Hilfe sich der an sich recht komplizierte, quantitative Umgang mit komplexen Größen wesentlich vereinfacht.
Unangenehm ist lediglich, daß man für die verschiedenen Widerstandsbereiche verschiedene Diagramme braucht, da ein solches Kreissystem immer nur in einem beschränkten Bereich eine ausreichende Genauigkeit hat. Bei Annäherung an den Nullpunkt häufen sich die Kreise, während nach außen hin ihre Abstände immer größer werden. Hier hilft das Rechnen mit neutralen komplexen Zahlen $\mathfrak{a}$ und $\mathfrak{b}$, die man nach einem passenden System auf die komplexen Widerstände bezieht. Man zeichnet ein solches Kreissystem mit neutralen Koordinaten a_1 und a_2 in der Umgebung des Punktes 1, wie es dem Buch als Beilage I in zweifarbigem Druck beigegeben ist. Dann wählt man eine reelle, möglichst einfache Zahl Z von passender Größe (beispielsweise eine Zehnerpotenz) und dividiert den Widerstand $\mathfrak{R}$ durch Z. Den Quotienten

$$\mathfrak{R}/Z = R/Z + jX/Z = \mathfrak{a} = a_1 + ja_2 \tag{15.3}$$

legt man zweckmäßigerweise durch geeignete Wahl des Z in die Umgebung des Punktes 1, wo das Kreissystem die beste Ablesegenauigkeit besitzt. Die G-Kreise tragen hier den Parameter b_1 (Kreisdurchmesser $1/b_1$), die Y-Kreise den Parameter b_2 (Kreisdurchmesser $1/b_2$). Die im Punkte $\mathfrak{a}$ abgelesenen Werte b_1 und b_2 sind der Realteil und der Imaginärteil des komplexen Reziprokwerts $\mathfrak{b} = 1/\mathfrak{a}$:

$$\mathfrak{b} = b_1 + jb_2 = 1/\mathfrak{a}. \tag{15.4}$$

Für $Z = 1$ ist also $\mathfrak{R} = \mathfrak{a}$ und $\mathfrak{G} = \mathfrak{b}$. Mit beliebigem Z ist $\mathfrak{R} = \mathfrak{a} \cdot Z$ und daher der Leitwert

$$\mathfrak{G} = 1/\mathfrak{R} = (Z/\mathfrak{R})/Z = \mathfrak{b}/Z = b_1/Z + jb_2/Z. \tag{15.4a}$$

In den folgenden allgemeineren Rechnungen dividiert man also zu Beginn alle gegebenen Widerstände durch Z nach (15.3). Die ganze Rechnung führt man dann mit den relativen Zahlen $\mathfrak{a}$ und $\mathfrak{b}$ durch. Das Resultat ist ein relativer Widerstand $\mathfrak{a}$, den man mit Z multipliziert, um $\mathfrak{R}$ zu erhalten. Wünscht man den Leitwert $\mathfrak{G} = 1/\mathfrak{R}$, so muß man den relativen Leitwert $\mathfrak{b} = 1/\mathfrak{a}$ durch Z dividieren.
Während es bei niedrigen Frequenzen gebräuchlich ist, Widerstandstransformationen mit Hilfe von Eisenkerntransformatoren durchzuführen, ist die Transformation mit Hilfe induktiver Kopplung bei Hochfrequenz wegen der kleinen Kopplungsfaktoren nur brauchbar, wenn man wie in § 10 Resonanzerscheinungen zu Hilfe nehmen kann. Die Verluste bei der Transformation sind dann jedoch oft erheblich. Für Widerstände mittlerer Größe ist bei kleineren Transformationsverhältnissen die Anwendung eines Transformators so ungünstig, daß man zu Blindwiderstandsschaltungen übergeht, wie sie im folgenden beschrieben werden. Zunächst soll betrachtet werden, wie sich ein gegebener komplexer Widerstand $\mathfrak{R}_0 = R_0 + jX_0$ durch Serien- oder Parallelschaltung eines Blindwiderstandes ändert. Bei Serienschaltung eines Blindwiderstandes jX bleibt nach (2.20) der Wirkwiderstand R_0 des $\mathfrak{R}_0$ erhalten und man addiert die Blindwiderstände X_0 und X. Bei Serienschaltung

eines induktiven Blindwiderstandes jX_1 verschiebt sich nach Abb. 73a das $\mathfrak{R}_0$ nach $\mathfrak{R}_1$ senkrecht nach oben um die Strecke X_1. Bei Serienschaltung eines kapazitiven Blindwiderstandes jX_2' wandert $\mathfrak{R}_0$ nach $\mathfrak{R}_2$ senkrecht nach unten um das Stück $|X_2|$. Bei Parallelschaltung eines induktiven Blindwider-

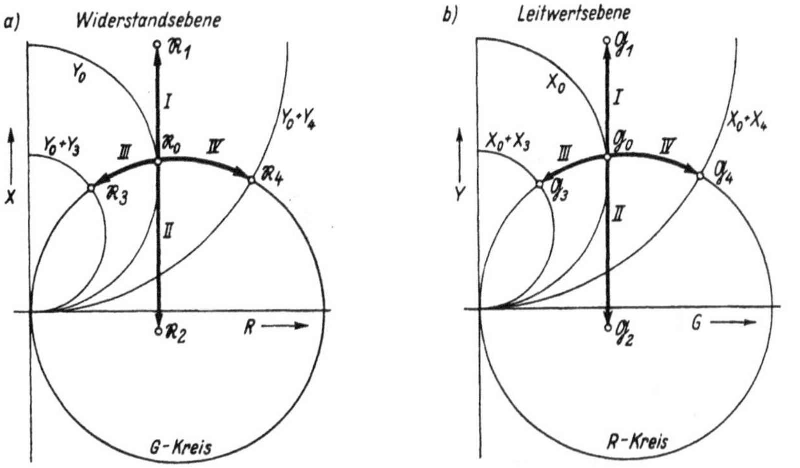

Abb. 73. Transformation durch einen Blindwiderstand

I: Serien-L, II: Serien-C
III: Parallel-L, IV: Parallel-C

I: Parallel-C, II: Parallel-L
III: Serien-C, IV: Serien-L

standes jX_3 wandert $\mathfrak{R}_0$ nach Abb. 73a auf seinem G-Kreis gegen den Uhrzeigersinn nach $\mathfrak{R}_3$. Um die Lage des $\mathfrak{R}_3$ zu gewinnen, liest man in $\mathfrak{R}_0$ den zugehörigen Blindleitwert Y_0 am Y-Kreis ab. Ferner berechnet man den Blindleitwert $jY_3 = -j\,1/X_3$ der parallelgeschalteten Induktivität und addiert nach (2.21) Y_0 und Y_3. $\mathfrak{R}_3$ liegt dann auf dem G-Kreis des $\mathfrak{R}_0$ dort, wo ihn der Y-Kreis mit dem Parameter $(Y_0 + Y_3)$ schneidet (Abb. 73a). Beim Parallelschalten eines kapazitiven Blindwiderstandes jX_4 verschiebt sich $\mathfrak{R}_0$ auf seinem G-Kreis nach Abb. 73a im Uhrzeigersinn nach $\mathfrak{R}_4$. Um den Ort des $\mathfrak{R}_4$ zu erhalten, berechnet man zunächst den Leitwert $jY_4 = -j\,1/X_4$. $\mathfrak{R}_4$ liegt dann auf dem gleichen G-Kreis dort, wo ihn der Y-Kreis mit dem Parameter $(Y_0 + Y_4)$ schneidet (Y_4 positiv). Man erkennt, daß die Möglichkeiten zum Verändern des $\mathfrak{R}_0$ mit Hilfe eines Blindwiderstandes nur beschränkt sind. Auch zwei Blindwiderstände in Serie oder zwei Blindwiderstände parallel geben keine anderen Möglichkeiten als die Verschiebung des $\mathfrak{R}_0$ auf einer senkrechten Geraden oder auf dem G-Kreis nach Abb. 73a.

Um die allgemeine Transformationsaufgabe zu lösen, ein gegebenes komplexes $\mathfrak{R}_1$ in einen anderen gewünschten Wert $\mathfrak{R}_2$ zu verschieben, benötigt man mindestens zwei Blindwiderstände, von denen der eine in Serie und der andere parallel geschaltet werden muß. Es gibt dann zahlreiche Kombinationen von Induktivitäten und Kapazitäten zu solchen Transformationsschaltungen, und die gestellte Aufgabe läßt sich meist mit mehreren verschiedenen Schaltungen lösen. Der Transformationsweg ist dabei stets die Kombination eines senkrechten Geradenstücks und eines Stücks eines G-Kreises. Abb. 74 zeigt als Zahlenbeispiel die Verschiebung des Widerstandes $\mathfrak{R}_1 = 41 + j\,49\ \Omega$ in den Wert $\mathfrak{R}_2 = 90 + j\,99\ \Omega$ mit Hilfe zweier typischer Schaltungen. Die eine Schaltung verschiebt $\mathfrak{R}_1$ durch ein Parallel-C nach $\mathfrak{R}'$ genau unter $\mathfrak{R}_2$ und dann $\mathfrak{R}'$ senkrecht nach oben durch ein Serien-L in das gewünschte $\mathfrak{R}_2$.

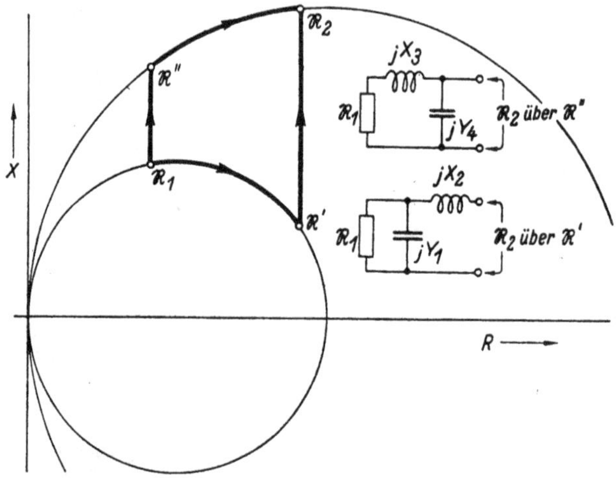

Abb. 74. Blindwiderstandstransformationen

Den Zwischenpunkt $\mathfrak{R}' = 90 + j\,30\ \Omega$ findet man sehr leicht als Schnittpunkt der senkrechten Geraden durch $\mathfrak{R}_2$ und des G-Kreises durch $\mathfrak{R}_1$. Den Blindleitwert $j\,Y_1$ der Parallelkapazität findet man nach Abb. 73a als Differenz der Blindleitwerte des $\mathfrak{R}_1$ und $\mathfrak{R}'$, also als Differenz der Parameter der durch diese Punkte gehendeo Y-Kreise. Durch $\mathfrak{R}_1$ geht der Y-Kreis mit dem Parameter $-\,0{,}012$ S, durch $\mathfrak{R}'$ der Y-Parameter $-\,0{,}0033$ S, also $Y_1 = -\,0{,}0033 + 0{,}012 = 0{,}0087$ S. Der Blindwiderstand $j\,X_2$ der Serieninduktivität ist die Differenz der Blindwiderstände des $\mathfrak{R}_2$ und des $\mathfrak{R}'$, also $X_2 = 99 - 30 = 69\ \Omega$. In der zweiten Schaltung der Abb. 74 wandert $\mathfrak{R}_1$ durch ein Serien-L senkrecht nach oben bis zum G-Kreis des $\mathfrak{R}_2$ nach $\mathfrak{R}'' = 41 + j\,81\ \Omega$, so daß der Blindwiderstand X_3 der Serieninduktivität $81 - 49 = 32\ \Omega$ betragen muß. Dann wandert $\mathfrak{R}''$ auf dem G-Kreis nach $\mathfrak{R}_2$, wobei der Leitwert Y_4 dieser Parallelkapazität gleich der Differenz der in $\mathfrak{R}''$ und $\mathfrak{R}_2$ als Parameter der Y-Kreise abgelesenen Blindwerte ist: $Y_4 = -\,0{,}0055 + 0{,}0098 = 0{,}0043$ S. Um den Nutzen solcher graphischer Verfahren voll würdigen zu können, rechne man vergleichsweise diese Aufgabe mit Hilfe von (15.1) und (15.2) und mit dem Diagramm der Beilage I.

Da alle beteiligten Blindwiderstände frequenzabhängig sind, tritt die gewünschte Transformation lediglich für eine einzige Frequenz f_0 exakt und für eine kleine Umgebung dieser Frequenz näherungsweise ein. Man interessiert sich für diese Frequenzabhängigkeit, weil sie je nach Aufgabenstellung nützlich oder schädlich sein kann. Zu diesem Zweck betrachtet man eine kleine Umgebung der Frequenz f_0:

$$f = f_0 + \Delta f. \tag{15.5}$$

Für die Frequenz f_0 ($\Delta f = 0$) hat der Eingangswiderstand seinen Sollwert $\mathfrak{R}_{20}$, für die anderen Frequenzen einen abweichenden Wert ($\mathfrak{R}_{20} + \Delta\mathfrak{R}_2$). Der Widerstandsfehler $\Delta\mathfrak{R}_2$ hat einen Realteil und einen Imaginärteil

$$\Delta\mathfrak{R}_2 = \Delta R_2 + j\,\Delta X_2, \tag{15.6}$$

die beide eine Funktion von f sind und in der Umgebung von f_0 in eine Reihe nach Potenzen von Δf entwickelt werden können. Für kleine Δf kann man die Reihe nach dem linearen Glied abbrechen, d. h. die Fehler ΔR_2 und ΔX_2 sind dann einfach proportional zu Δf:

$$\Delta R_2 = K_1 \cdot \Delta f; \qquad \Delta X_2 = K_2 \cdot \Delta f. \tag{15.7}$$

Die Frequenzabhängigkeit gibt man zweckmäßig durch den Absolutwert

$$|\Delta\mathfrak{R}_2| = \sqrt{(\Delta R_2)^2 + (\Delta X_2)^2} = \sqrt{K_1^2 + K_2^2}\,|\Delta f| \tag{15.8}$$

an. Um die Frequenzabhängigkeit verschiedener Schaltungen vergleichen zu können, betrachtet man den relativen Widerstandsfehler $|\Delta\mathfrak{R}_2|/|\mathfrak{R}_{20}|$ in Abhängigkeit von der relativen Frequenzänderung $|\Delta f|/f_0$. Als Maß der Frequenzabhängigkeit für kleine Δf kann man dann den Quotienten

$$F = \frac{|\Delta\mathfrak{R}_2|/|\mathfrak{R}_{20}|}{|\Delta f|/f_0} = \frac{\sqrt{K_1^2 + K_2^2}\,f_0}{|\mathfrak{R}_{20}|} \tag{15.9}$$

definieren.

Als wichtige Merkregel gilt für Schaltungen aus zwei Blindwiderständen, daß F annähernd proportional zur Länge des Transformationsweges in der Widerstandsebene ist. Als Transformationsweg bezeichnet man die durchlaufenen Stücke der senkrechten Geraden und der G-Kreise. F wächst also grundsätzlich mit wachsendem Abstand von $\mathfrak{R}_1$ und $\mathfrak{R}_2$ und ist am kleinsten bei Schaltungen, die die Transformation auf kürzestem Wege erreichen. Abb. 75 zeigt als Beispiel die Transformation eines reellen Wiverstandes $\mathfrak{R}_1 = 100\ \Omega$ in derschiedene reelle Werte $\mathfrak{R}_{20}$ und für diese $\mathfrak{R}_{20}$ die Kurve, auf der $\mathfrak{R}_2$ bei Frequenzänderungen wandert. Durch gestrichelte Kurven sind die Punkte verbunden, die zu relativen Frequenzänderungen $\Delta f/f_0$ von $\pm 0{,}05$ und $\pm 0{,}1$ gehören. Man erkennt die lineare Beziehung (15.7) für kleine Δf und das Anwachsen des F mit wachsendem Transformationsweg. Für Leser, die dieses Beispiel als Anwendung des Transformationsdiagramms noch quantitativ nachrechnen wollen, seien folgende Anhaltspunkte gegeben. Wenn eine

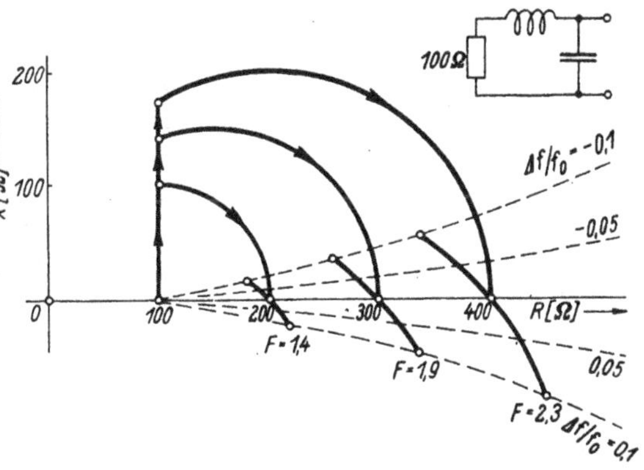

Abb. 75. Frequenzabhängigkeit der Transformation

Induktivität L bei der Frequenz f_0 den Blindwiderstand $X_{L0} = \omega_0 L$ hat, so hat sie bei der nach (15.5) abweichenden Frequenz f den Blindwiderstand

$$X_L = \omega L = \omega_0 L \cdot \omega/\omega_0 = X_{L0} \cdot f/f_0 = X_{L0}\,(1 + \Delta f/f_0). \qquad (15.10)$$

Ebenso gilt für den Leitwert einer Kapazität, die bei der Frequenz f_0 den Blindleitwert $Y_{C0} = \omega_0 C$ hat,

$$Y_C = \omega C = \omega_0 C \cdot \omega/\omega_0 = Y_{C0} \cdot f/f_0 = Y_{C0}\,(1 + \Delta f/f_0). \qquad (15.10\text{a})$$

Wenn man für kleine $\Delta f/f_0$ die Näherung nach (1.8) anwendet, gilt für den Leitwert einer Induktivität

$$Y_L = -1/(\omega L) = Y_{L0}\,(1 - \Delta f/f_0) \qquad (15.11)$$

und für den Widerstand einer Kapazität

$$X_C = -1/(\omega C) = X_{C0}\,(1 - \Delta f/f_0). \qquad (15.12)$$

Mit diesen Gleichungen kann man die Abweichungen in der Nähe der Frequenz f_0 leicht berechnen, wenn die Daten der Schaltung bei der Frequenz f_0 gegeben sind. Abb. 76 zeigt die Durchführung einer bestimmten Transformation mit

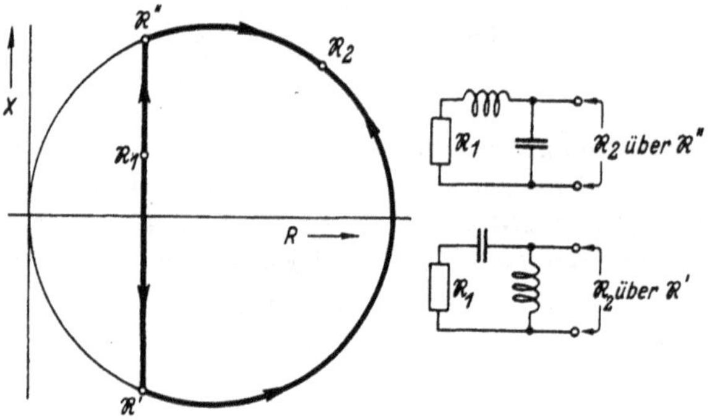

Abb. 76. Vergleich zweier Transformationsschaltungen

zwei verschiedenen Schaltungen, von denen die eine einen langen, die andere einen kurzen Transformationsweg hat. Dementsprechend ist auch die Frequenzabhängigkeit F nach (15.9) verschieden groß: auf dem kurzen Weg über $\mathfrak{R}''$ wird $F = 1{,}4$; auf dem langen Weg über $\mathfrak{R}'$ wird $F = 2{,}4$.

In vielen Fällen ist das $\mathfrak{R}_1$ nicht genau bekannt oder auch veränderlich. Dann baut man den Transformator mit zwei stetig einstellbaren Blindwiderständen und kann Werte $\mathfrak{R}_1$ eines größeren Bereichs der Widerstandsebene in den gewünschten Wert $\mathfrak{R}_2$ verschieben. Abb. 77 zeigt als Beispiel, welche Werte $\mathfrak{R}_1$ man in einen bestimmten reellen Wert R_2 transformieren kann, wenn man L und C zwischen 0 und ∞ variiert. Da man aber L und C nur in bestimmten Grenzen verändern kann, ist der Bereich des $\mathfrak{R}_1$ in praktischen Fällen stets kleiner. Um mit einer Parallelkapazität nach R_2 zu kommen, muß der Zwischenwert $\mathfrak{R}'$ auf dem G-Kreis durch R_2 liegen und auf ihm nach Abb. 73a im Uhrzeigersinn wandern können. Für $C = 0$ liegt $\mathfrak{R}'$ in R_2 und für $C = \infty$ im Nullpunkt, so daß alle Punkte $\mathfrak{R}'$ der oberen Kreishälfte geeignet sind. Um von $\mathfrak{R}_1$ durch ein Serien-L nach einem solchen $\mathfrak{R}'$ zu kommen, muß $\mathfrak{R}_1$ in dem schraffierten Bereich unterhalb des Halbkreises liegen. Da der $\mathfrak{R}_1$-Bereich begrenzt ist, wird man also gewisse Anhaltspunkte über die voraussichtliche Lage des $\mathfrak{R}_1$ haben müssen, wenn man eine Transformationsschaltung auswählt. In gleicher Weise ist es natürlich auch möglich, ein gegebenes $\mathfrak{R}_1$ mit stetig veränderlichen Blindwiderständen in Werte $\mathfrak{R}_2$ eines größeren Bereichs der

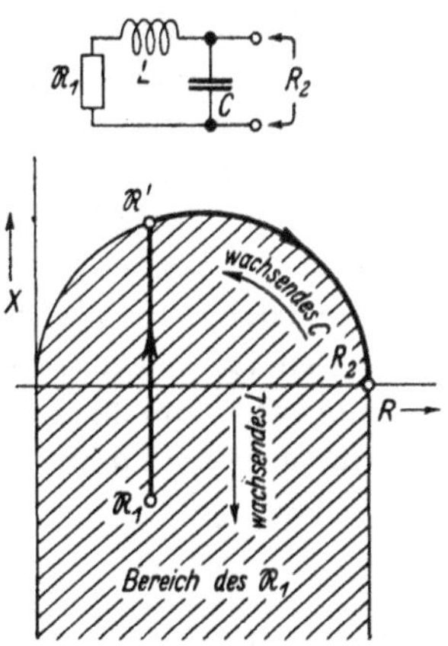

Abb. 77. Transformationsbereich

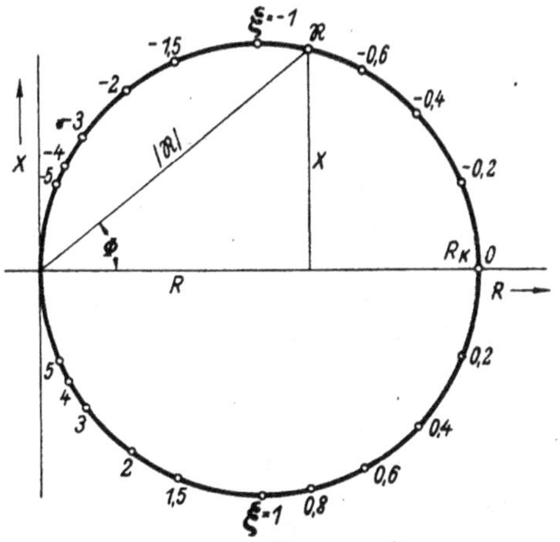

Abb. 78. Der Widerstand eines Parallelresonanzkreises

Widerstandsebene zu verwandeln, wenn man beispielsweise die günstigste Anpassung des $\mathfrak{R}_1$ an eine Spannungsquelle mit einem nicht genau bekannten Innenwiderstand erreichen will.

Auch den Verlauf des komplexen Widerstandes $\mathfrak{R}$ einer Parallelresonanz nach (9.23) kann man sich so veranschaulichen. Der Leitwert $\mathfrak{G}$ nach (9.22) hat einen konstanten Wirkleitwert G_K. Alle $\mathfrak{R}$ liegen also auf dem zu diesem G_K gehörenden G-Kreis: $R_K = 1/G_K$ (Abb. 78). Die Lage des $\mathfrak{R}$ auf diesem Kreis ist durch den Blindleitwert $jY = j\,\xi\,G_K$ nach (9.22) gegeben. $\mathfrak{R}$ liegt also jeweils auf dem zu dem ξ gehörigen Y-Kreis des Transformationsdiagramms. In Abb. 78 ist die Lage des $\mathfrak{R}$ für verschiedene Werte von ξ gezeichnet. Der Absolutwert $|\mathfrak{R}|$ beschreibt den Verlauf des f_1, die Wirkkomponente R das f_2, die Blindkomponente X das f_3 der Abb. 45 in Abhängigkeit von ξ.

Man kann eine solche Transformation auch mit drei Blindwiderständen ausführen. Dann ergibt eine bestimmte Kombination von Schaltelementen im allgemeinen unendlich viele Dimensionierungen, die dieses Ziel erreichen. Abb. 79 gibt ein Beispiel für eine Transformation von $\mathfrak{R}_1 = R_1 = 100\ \Omega$ nach $\mathfrak{R}_2 = R_2 = 200\ \Omega$ über verschiedene Wege I bis VI. Durch Wahl verschieden großer Induktivitäten L erreicht man zunächst verschieden hohe Punkte $\mathfrak{R}'_{\mathrm{I}}$ bis $\mathfrak{R}'_{\mathrm{VI}}$. Von diesen Punkten aus kommt man durch Wahl einer geeigneten Kapazität C_1 auf einem G-Kreis zu den Punkten $\mathfrak{R}''_{\mathrm{I}}$ bis $\mathfrak{R}''_{\mathrm{VI}}$, die auf einer senkrechten Geraden über R_2 liegen, wobei $R_2 = \mathfrak{R}''_{\mathrm{VI}}$ ist. Von dem jeweiligen $\mathfrak{R}''$ gelangt man dann mit Hilfe einer geeigneten Kapazität

C_2 nach R_2. Es gilt auch hier im allgemeinen die Regel, daß die Frequenzabhängigkeit mit wachsendem Transformationsweg wächst, so daß man dann große Umwege wie z. B. über $\Re_I'$ und $\Re_I''$ vermeiden sollte. In Einzelfällen sind aber Kombinationen denkbar, die eine geringere Frequenzabhängigkeit trotz größerem Weg in der Widerstandsebene haben (vgl. § 16 und § 17). Wenn man stetig einstellbare Blindwiderstände benutzt, kann man wieder Transformationsbereiche wie in Abb. 77 schaffen, die bei drei Blindwiderständen durchweg wesentlich größer sein werden als bei Verwendung von nur zwei Blindwiderständen. Man sorge aber stets dafür, daß man die Transformation durch die eingestellten Größen auch immer quantitativ übersehen kann, weil die zahlreichen verschiedenen Einstellmöglichkeiten der drei Blindwiderstände stets die Gefahr bestehen lassen, daß man zufällig Einstellungen gewählt hat, mit denen man einen großen Transformationsumweg macht, sich einer Resonanzschaltung nach § 10 annähert, und dann eine unnötig große Frequenzabhängigkeit mit nennenswerten Verlusten an Wirkleistung in den Blindwiderständen vorliegt. Mehr als drei Blindwiderstände sollte man nicht verwenden, da man dann das Verhalten der Schaltung nicht mehr übersehen kann.

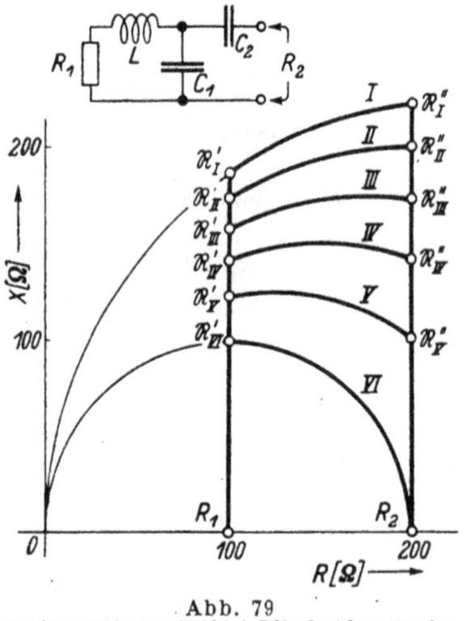

Abb. 79
Transformation mit drei Blindwiderständen

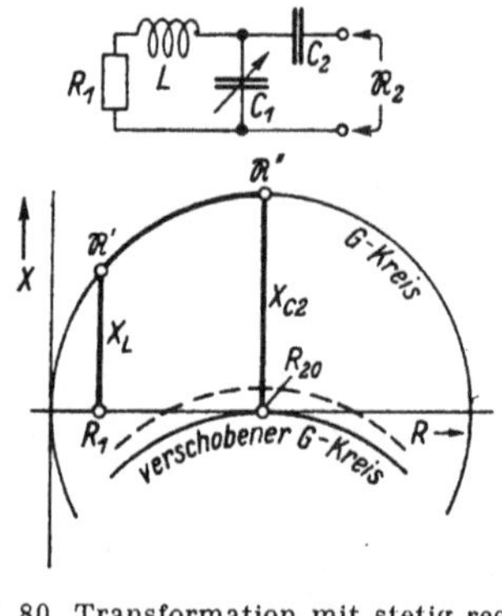

Abb. 80. Transformation mit stetig regelbarem Übersetzungsverhältnis

Zur Lösung der einfachen Transformationsaufgabe, ein gegebenes $\Re_1$ in ein gegebenes $\Re_2$ zu verschieben, benötigt man (von Ausnahmefällen abgesehen) zwei Blindwiderstände. Wenn drei Blindwiderstände zur Verfügung stehen, kann man von der Schaltung noch die Erfüllung einer weiteren Bedingung fordern. Ein Beispiel soll näher betrachtet werden, das gleichzeitig beweist, welche wertvolle anschauliche Hilfe das Transformationsdiagramm sein kann. Die Schaltung der Abb. 79 soll wieder einen reellen Widerstand $\Re_1 = R_1$ in einen reellen Widerstand $\Re_2 = R_{20}$ transformieren. Für den in Abb. 80 betrachteten Fall wird als Zusatzbedingung gestellt, daß C_1 ein veränderlicher Drehkondensator ist und daß sich beim Verändern des C_1 der Endpunkt $\Re_2$ annähernd auf der reellen Achse bewegt. Das bedeutet, daß der Eingangswiderstand $\Re_2$ praktisch ein reiner Wirkwiderstand R_2 bleiben und durch Verändern des C_1 das Transformationsverhältnis R_2/R_1 stetig verändert werden soll. Der durch das L erzeugte Punkt $\mathfrak{R}'$ oberhalb von R_1 bleibt dabei konstant. $\mathfrak{R}''$ verschiebt sich beim Verändern des C_1 auf einem G-Kreis. Der Abstand der Punkte $\mathfrak{R}''$ und $\mathfrak{R}_2$ ist stets konstant gleich dem Blindwiderstand $|X_{C2}|$ des C_2. Wenn sich $\mathfrak{R}''$ verschiebt, verschiebt sich also auch $\mathfrak{R}_2$ auf einem um $|X_{C2}|$ nach unten verschobenen gleichartigen Kreis. Wenn dabei $\mathfrak{R}_2$ möglichst auf der reellen Achse wandern soll, muß dieser verschobene G-Kreis in dem mittleren Punkt R_{20} die Achse berühren. Bei dieser Schaltung benötigt man also zwischen $\mathfrak{R}'$ und $\mathfrak{R}''$ einen G-Kreis, dessen Mittelpunkt das vorgeschriebene mittlere R_{20} ist. Man zeichnet den Kreis um R_{20} und findet $\mathfrak{R}'$ und $\mathfrak{R}''$ durch die senkrechten Geraden durch R_1 und R_{20}. Die Strecke $\overline{R_1\mathfrak{R}'}$ ist X_L, die Strecke $\overline{R_{20}\mathfrak{R}''}$ das erforderliche $|X_{C2}|$. Die Differenz der Blindleitwerte des $\mathfrak{R}'$ und $\mathfrak{R}''$ gibt den zur Erreichung des Punktes R_{20} benötigten Leitwert des C_1, also den mittleren Wert des C_1. Ändert man C_1 um diesen Wert herum, so wandert der Eingangswiderstand $\mathfrak{R}_2$ der Schaltung auf dem verschobenen G-Kreis und bleibt zunächst in der Nähe der reellen Achse. Man beachte, daß dieses Resultat hier ohne Rechnung auf rein anschaulichem Wege gewonnen werden konnte. Wenn man ein etwas kleineres $|X_{C2}|$ wählt, so wandert $\mathfrak{R}_2$ auf dem gestrichelten Kreis der Abb. 80, der für praktische Zwecke eine noch bessere Annäherung an die reelle Achse darstellt. So wird es möglich, im gezeichneten Beispiel den Wirkwiderstand R_2 im Verhältnis 1:2,5 durch die einfache Bedienung des C_1 zu verschieben, ohne daß größere Blindkomponenten des $\mathfrak{R}_2$ auftreten.

Die allgemeinste Transformationsschaltung ist durch Abb. 81 gegeben (vgl. Abb. 29), wobei $\mathfrak{R}_0$ der komplexe, zu transformierende Widerstand und alle weiteren $\mathfrak{R}_n$ Blindwiderstände sind. Um diese Blindwiderstände richtig zu dimensionieren, müssen nicht nur ihre Widerstandswerte bekannt sein, sondern auch die Ströme und Spannungen in den einzelnen Elementen, weil Erwärmung und Spannungsfestigkeit maßgebend für den Aufbau sind. Zu deren Berechnung darf man annehmen,

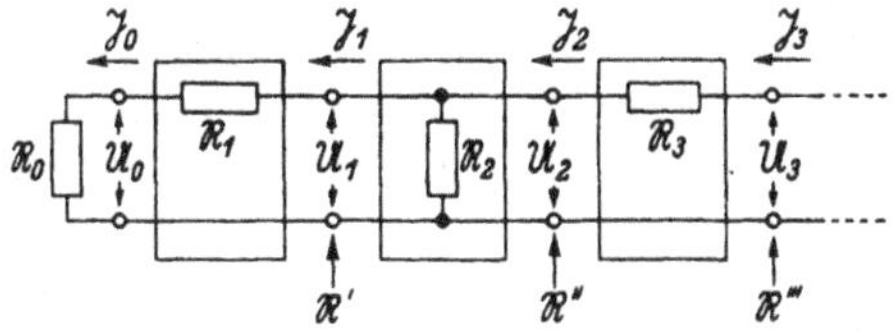

Abb. 81. Allgemeine Transformationsschaltung

daß die Blindwiderstände verlustfrei sind und das in § 10 entwickelte Prinzip der durchgehenden Wirkleistung angewandt werden kann. Man vergleiche (10.11) bis (10.14) und die Erläuterungen zur Abb. 29. Man konstruiere zunächst den Transformationsweg mit den Zwischenpunkten $\mathfrak{R}'$, $\mathfrak{R}''$, $\mathfrak{R}'''$ usw. Bekannt sei die Wirkleistung N, die dem Verbraucher $\mathfrak{R}_0 = R_0 + jX_0$ zugeführt werden soll. Der Verbraucher wird vom Strom der reellen Amplitude J_0 durchflossen und es ist dann $N = {}^1/_2\, J_0^2 \cdot R_0$ oder bei gegebenem N

$$J_0 = \sqrt{2N/R_0} \tag{15.13}$$

sehr leicht zu berechnen. Die Spannung $\mathfrak{U}_0$ an $\mathfrak{R}_0$ hat dann die reelle Amplitude

$$U_0 = J_0 \cdot |\mathfrak{R}_0| = \sqrt{2N(R_0^2 + X_0^2)/R_0} = \sqrt{2N/G_0}, \tag{15.14}$$

wobei G_0 der Wirkleitwert des $\mathfrak{R}_0$ ist, der im Punkte $\mathfrak{R}_0$ aus dem Transformationsdiagramm entnommen wird. Eine wichtige Regel lautet: Den Strom in einem komplexen Widerstand berechnet man bei gegebenem N stets mittels des Wirkwiderstandes nach (15.13), die Spannung dagegen mittels des Wirkleitwerts nach (15.14). So erhält man die jeweils einfachsten Formeln. Durch Zufügen des Blindwiderstandes $\mathfrak{R}_1$ wird aus $\mathfrak{R}_0$ nach Abb. 81 der komplexe Widerstand $\mathfrak{R}'$, dessen Klemmen wegen der Verlustfreiheit der Blindwiderstände das gleiche N zugeführt wird. Ist R' der Wirkwiderstand des $\mathfrak{R}'$ und G' sein aus dem Diagramm entnommener Wirkleitwert, so ist wie in (15.13) und (15.14)

$$J' = \sqrt{2N/R'}; \qquad U' = \sqrt{2N/G'}. \tag{15.15}$$

Entstehen nun aus $\mathfrak{R}'$ durch Zuschalten weiterer Blindwiderstände die Zwischenwerte $\mathfrak{R}''$, $\mathfrak{R}'''$ usw., so gelten für die entsprechenden, in Abb. 81 gezeichneten Ströme und Spannungen entsprechende Gleichungen wie (15.15). Damit ist auch für jeden der beteiligten Blindwiderstände bereits entweder der durch ihn fließende Strom oder die an ihm liegende Spannung bekannt. Selbst wenn N noch nicht bekannt ist, kann man bereits folgende Quotienten angeben:

$$J'/J_0 = \sqrt{R_0/R'}; \qquad U'/U_0 = \sqrt{G_0/G'}. \tag{15.16}$$

Zweckmäßig berechnet man abschließend noch die Verluste ΔN an Leistung in den einzelnen Blindwiderständen, und zwar bei gegebenem Strom nach (7.14) oder (8.11), bei gegebener Spannung besser mit (9.6a) nach

$$\Delta N = \frac{1}{2}\, U^2 d_n \cdot |Y_n|, \tag{15.17}$$

wobei d_n der Verlustfaktor des $\mathfrak{R}_n$ und Y_n sein Blindleitwert ist. Man überzeuge sich, daß die Leistungsverluste ΔN wirklich so klein gegen die übertragene Wirkleistung sind, daß die Annahme der Verlustfreiheit gestattet und der Wirkungsgrad der Transformation befriedigend ist. Es gilt die Regel, daß auch die Wirkleistungsverluste mit wachsendem Transformationsweg wachsen.

Eine wertvolle Hilfe kann oft das Prinzip der inversen Schaltung sein (vgl. § 20). Bisher wurde stets die Ebene des Widerstandes $\mathfrak{R}$ mit ihren rechtwinkligen Koordinaten R und X gezeichnet und die Wanderung des Punktes $\mathfrak{R}$ betrachtet. Ebenso kann man auch mit einer Leitwertsebene arbeiten, in der direkt der Leitwert $\mathfrak{G} = 1/\mathfrak{R}$ als Punkt mit seinen rechtwinkligen Koordinaten G und Y dargestellt ist. Wenn man in Analogie zur Abb. 73a das Wandern des Leitwerts $\mathfrak{G}_0$ in der Leitwertsebene nach Abb. 73b betrachtet, so ist nach (2.21) die Parallelschaltung einer Kapazität eine Wanderung senkrecht nach oben nach $\mathfrak{G}_1$, die Parallelschaltung einer Induktivität ein Wandern senkrecht nach unten nach $\mathfrak{G}_2$, die Serienschaltung einer Kapazität ein Wandern auf dem Kreis, der in der Widerstandsebene ein G-Kreis war, gegen den Uhrzeigersinn nach $\mathfrak{G}_3$ und die Serienschaltung einer Induktivität ein Wandern auf dem gleichen Kreis im Uhrzeigersinn nach $\mathfrak{G}_4$. Dieser Kreis ist hier ein Kreis konstanten Wirkwiderstandes (R-Kreis), während die früheren Y-Kreise hier Kreise konstanten Blindwiderstandes (X-Kreise) sind. Man kann also alle Transformationen in entsprechender Weise auch in der Leitwertsebene vornehmen, insbesondere auch auf neutrale komplexe Zahlen $\mathfrak{a}$ und $\mathfrak{b}$ übergehen, um das beigelegte neutrale Kreisdiagramm (Beilage I) benutzen zu können. Zweckmäßig wählt man eine geeignete reelle Zahl Z und bildet das Produkt

$$\mathfrak{G} \cdot Z = G \cdot Z + j\,Y \cdot Z = \mathfrak{a} = a_1 + j a_2. \tag{15.18}$$

für jeden beteiligten Leitwert, rechnet dann mit neutralen komplexen Zahlen und dividiert abschließend wieder durch Z

$$\mathfrak{G} = \mathfrak{a}/Z = a_1/Z + j\,a_2/Z. \tag{15.19}$$

Die neutralen Zahlen $\mathfrak{b}$ sind dann die relativen Widerstände

$$\mathfrak{R}/Z = R/Z + j\,X/Z = \mathfrak{b} = b_1 + j\,b_2, \tag{15.20}$$

$$\mathfrak{R} = \mathfrak{b} \cdot Z = b_1 \cdot Z + j\,b_2 \cdot Z. \tag{15.21}$$

So enthält also das neutrale Diagramm umfassende Anwendungsmöglichkeiten. Ergänzendes Schrifttum: [14, 53].

§ 16. Kompensationsschaltungen

Infolge der unvermeidlichen Blindleistung zeigen die Schaltelemente und Schaltungen ein frequenzabhängiges Verhalten. Dies ist in den meisten Fällen sehr störend, z. B. wenn bei einem Wechsel der Betriebsfrequenz alle beteiligten Schaltelemente verändert und neu eingestellt werden müssen, oder wenn ein modulierter Sender großer Bandbreite für seine verschiedenen Seitenbänder ganz verschiedenes Schaltungsverhalten vorfindet und dadurch Modulationsverzerrungen auftreten. Man sucht dann nach Schaltungen, die in einem gewissen Frequenzbereich eine wesentlich verminderte Frequenzabhängigkeit zeigen (Beispiele bereits in § 11 und § 14). Man muß sich dabei darüber klar sein, daß solche Schaltungen relativ selten sind und daß diese innere Kompensation der Blindleistung nur dann wirklich auftritt, wenn alle Bestandteile der Schaltung genau die auf Grund der Theorie berechneten Werte haben. Die Kompensationsverfahren sind daher nur möglich in Verbindung mit einer exakten Meßtechnik, die das Verhalten der Schaltelemente und der Schaltung zu kontrollieren gestattet. Diese Hinweise werden mit wachsender Frequenz immer wichtiger, weil dann die Bauelemente undefinierter werden (vgl. § 21). Hier soll das Kompensationsproblem in folgender spezieller Form betrachtet werden. Gegeben ist ein komplexer Verbraucher $\mathfrak{R}_1 = R_1 + j X_1$, dessen Komponenten irgendwelche Funktionen der Frequenz sind. $\mathfrak{R}_1$ durchläuft also in Abhängigkeit von der Frequenz eine Kurve in der Widerstandsebene (Abb. 82). Vor dieses $\mathfrak{R}_1$ schaltet man dann eine Blind-

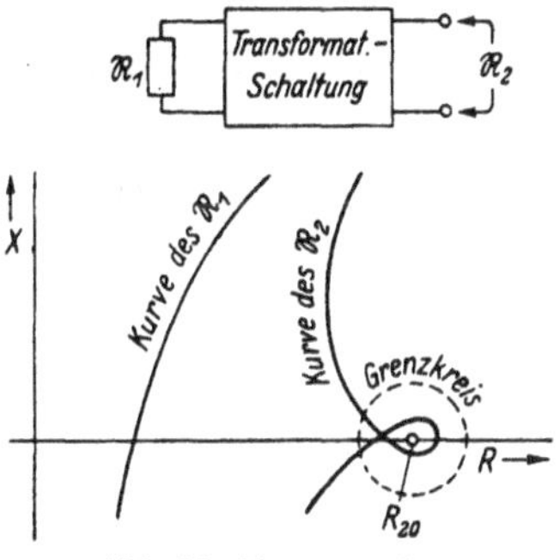

Abb. 82. Kompensation

widerstandskombination nach Abb. 81, deren Eingangswiderstand $\mathfrak{R}_2$ im Idealfall ein frequenzunabhängiger Widerstand $\mathfrak{R}_{20}$ sein soll. In der Praxis interessieren fast ausschließlich die Fälle, wo $\mathfrak{R}_{20}$ ein reiner Wirkwiderstand R_{20} ist. Man kennt den Beweis, daß die ideale Kompensation nicht gelingt, sondern daß nur in einem beschränkten Frequenzbereich dieses reelle R_{20} entsteht. Der Eingangswiderstand $\mathfrak{R}_2$ der Schaltung ist prinzipiell auch ein frequenzabhängiger komplexer Widerstand, der sich aber einem vorgeschriebenen reellen Wert R_{20} mit einer für die Praxis ausreichenden Genauigkeit so weit annähert, daß alle Werte $\mathfrak{R}_2$ eines bestimmten Frequenzbereichs innerhalb eines sehr kleinen Grenzkreises um den Sollwert R_{20} herum liegen (Abb. 82).
Je nach der Zahl der verwendeten Blindwiderstände ist der Frequenzbereich der Kompensation verschieden groß, jedoch wird man sich auf Schaltungen mit wenigen Blindwiderständen beschränken, da stets die Gefahr besteht, daß kompliziertere Schaltungen kleine Aufbaufehler zeigen, die man nicht erkennt, und die dann das Eintreten der Kompensation verhindern. Die Möglichkeiten, die ein einzelner Blindwiderstand gibt, wurden bereits in § 14 angedeutet (Abb. 70). Dieses wichtige Prinzip zeigt Abb. 83. Wenn das frequenzabhängige $\mathfrak{R}_1$ aus einem frequenzunabhängigen Wirkwiderstand R_1 und einem induktiven Serienblindwiderstand besteht, der proportional zur Frequenz wächst (ωL), erreicht man eine Kompensation durch eine Parallelkapazität (Abb. 83a). Diese ist nach (14.11) zu berechnen, vorausgesetzt, daß die Näherung (14.9) besteht, d. h. solange $R_1 \cdot \omega C = \omega L / R_1$ kleiner als 0,1 bleibt. Die gleichen Gleichungen beschreiben dann auch den umgekehrten Fall der Abb. 83b. Zweckmäßig beschreibt man allgemein das Frequenzverhalten solcher (LC)-Schaltungen (Serien-L, Parallel-C) durch eine kritische Frequenz f_K, die mit R_1 nach (14.11) durch folgende Gleichung definiert wird:

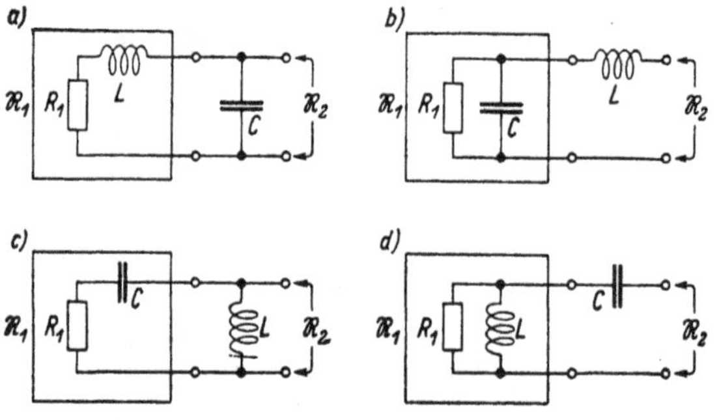

Abb. 83. Kompensation mit einem Blindwiderstand

$$\omega_K = 2\pi f_K = 0{,}1/\sqrt{LC} = 0{,}1/(R_1 C) = 0{,}1 \cdot R_1/L. \tag{16.1}$$

Die Kombination nach Abb. 83a ergibt dann nach (16.1)

$$R_1 \omega_K C = \omega_K L / R_1 = 0{,}1, \tag{16.2}$$

so daß die kritische Frequenz f_K für diese Schaltung die Grenze hinreichender Kompensation des $\mathfrak{R}_1$ angibt. Diese Kompensation reicht bei gegebenem L und C von der Frequenz Null bis zur Frequenz f_K. Je kleiner also in Abb. 83a das störende L und in Abb. 83b das störende C ist, desto höher wird die kritische Frequenz. Vom allgemeinen Kompensationsstandpunkt eignet sich die Schaltung der Abb. 83a für solche Widerstände $\mathfrak{R}_1 = R_1 + jX_1$, deren R_1 nahezu konstant und deren hinreichend kleines X_1 positiv und proportional zur

Frequenz ist. Die Schaltung der Abb. 83b benutzt man für solche R_1, deren hinreichend kleines X_1 bei nahezu konstantem R_1 negativ und proportional zur Frequenz ist. Diese Schaltungen beschreiben also eine Kompensation mit Tiefpaßcharakter (§ 17). Im Transformationsdiagramm ist diese Kompensation auch anschaulich zu erklären (Abb. 84). Der Widerstand $\mathfrak{R}_1$ der Abb. 83a

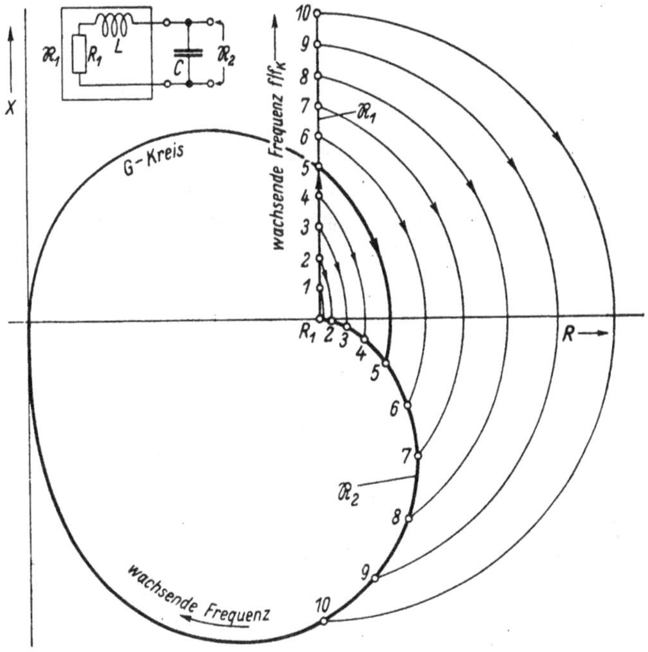

Abb. 84. Kompensation durch Parallelkapazität

liegt auf einer senkrechten Geraden durch R_1 und entfernt sich mit wachsender Frequenz von R_1. Die bezifferten Punkte der $\mathfrak{R}_1$-Geraden sind Punkte gleichen Frequenzabstandes. Die eingetragenen Frequenzzahlen geben für jedes $\mathfrak{R}_1$ das Verhältnis f/f_K der betrachteten Frequenz f zu der nach (16.1) definierten kritischen Frequenz f_K der Kompensation an. Die Punkte $\mathfrak{R}_1$ wandern durch das vorgeschaltete C auf ihrem G-Kreis im Uhrzeigersinn nach $\mathfrak{R}_2$ entsprechend dem Leitwert des C bei der betreffenden Frequenz. Unterhalb des Frequenzpunktes 1 fallen die Punkte $\mathfrak{R}_1$ dadurch angenähert in den Punkt R_1 zurück. Oberhalb dieses Punktes ergibt die Abweichung des G-Kreises von der $\mathfrak{R}_1$-Geraden Punkte $\mathfrak{R}_2$, die sich mit wachsender Frequenz immer mehr von R_1 entfernen. Eine entsprechende Überlegung gilt auch für Abb. 83b.

Abb. 83c und d zeigen Widerstände $\mathfrak{R}_1$, deren Frequenzabhängigkeit durch ein Serien-C oder ein Parallel-L entsteht und die man durch einen entsprechenden Blindwiderstand kompensieren kann, solange der Phasenfaktor des $\mathfrak{R}_1$ klein ist. Diese Kompensation hat Hochpaßcharakter (§ 17), besitzt also eine untere kritische Frequenz. Nur oberhalb einer bestimmten Frequenz ist dann der Phasenfaktor des $\mathfrak{R}_1$ klein und wird mit wachsender Frequenz immer kleiner. Nach (14.4) ist in Abb. 83d die Parallelschaltung des kleinen Leitwerts $-1/(\omega L)$ der Parallelinduktivität gleichwertig der Serienschaltung des kleinen Blindwiderstandes $X = R_1{}^2/X_P = R_1{}^2/(\omega L)$, der durch den Serienblindwiderstand $-1/(\omega C)$ der Kapazität C kompensiert werden kann. Aus $R_1{}^2/(\omega L) = 1/(\omega C)$ folgt wieder wie in (14.11)

$$R_1 = \sqrt{L/C}. \tag{16.3}$$

Gleiches gilt für die Schaltung der Abb. 83c. Die Frequenzgrenze der Kompensation ist dadurch gegeben, daß die benutzten Näherungsformeln nur gültig sind, solange die Beträge der Phasenfaktoren des $\mathfrak{R}_1$ oder $\mathfrak{G}_1 = 1/\mathfrak{R}_1$ durch das C oder L nach (14.1) bzw. (14.5) kleiner als 0,1 sind. Das Frequenzverhalten derartiger (LC)-Schaltungen (Serien-C, Parallel-L) beschreibt man zweckmäßig wiederum durch eine kritische Frequenz f_K, die mit R_1 nach (16.3) allgemein durch die Gleichung

$$\omega_K = 2\pi f_K = 10/\sqrt{LC} = 10/(R_1 C) = 10 \cdot R_1/L \tag{16.4}$$

definiert ist. Die Schaltung nach Abb. 83d ergibt dann nach (16.4)

$$1/(\omega_K C R_1) = R_1/(\omega_K L) = 0{,}1. \tag{16.5}$$

Die kritische Frequenz f_K gibt also für diese Schaltung die Grenze hinreichender Kompensation des $\mathfrak{R}_1$. Sie ist bei gegebenem L und C die kleinste noch brauchbare Frequenz. Je größer L in Abb. 83d und C in Abb. 83c, desto kleiner wird f_K. Da die Kompensation zwischen den Frequenzen f_K und ∞ brauchbar ist, kann man hier durch Verkleinern des f_K den Frequenzbereich vergrößern. Die kritische Frequenz kann man wieder durch Überlegungen wie zur Abb. 84 erläutern. Serienblindwiderstände kompensiert man also durch Parallelblindwiderstände entgegengesetzten Vorzeichens und umgekehrt, wobei stets (16.3) besteht. Voraussetzung ist, daß R_1 einigermaßen konstant und der Betrag des Phasenfaktors des $\mathfrak{R}_1$ kleiner als 0,1 ist. Das Verfahren ist sehr wichtig und wegen seiner Einfachheit und seines großen Frequenzbereichs außerordentlich günstig. Man achte lediglich auf die kritische Frequenz und sorge dafür, daß bereits das $\mathfrak{R}_1$ mit möglichst kleinen Blindkomponenten behaftet ist. Das Ergebnis ist dann ein weitgehend frequenzunabhängiger Widerstand R_1.

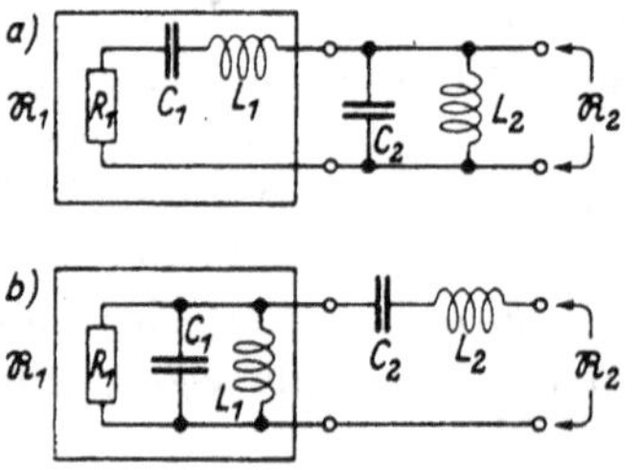

Abb. 85.
Kompensation durch Resonanzkreise

Nach den gleichen Gedankengängen arbeiten die Schaltungen der Abb. 85. Liegt in Serie zu einem frequenzunabhängigen R_1 ein Serienresonanzkreis, so ist $\mathfrak{R}_1$ in der Umgebung der Resonanzfrequenz f_R ein Widerstand mit kleinem Phasenfaktor. Ist Δf die Abweichung der Betriebsfrequenz f von der Resonanzfrequenz nach (9.13), so gilt für $\mathfrak{R}_1$ nach (9.15)

$$\mathfrak{R}_1 = R_1 + jA_x \cdot \Delta f = R_1 + j\,\Delta X_1. \tag{16.6}$$

Der kleine Blindwiderstand ΔX_1 ist mit positivem A_x proportional zur Frequenzdifferenz Δf und zu kompensieren durch einen neuen Blindwiderstand $-j\,A_x \cdot \Delta f$, den man in Abb. 85a durch einen Parallelresonanzkreis mit gleicher Resonanzfrequenz f_R erzeugt. Dieser hat nach (9.20) den Blindleitwert $j\,\Delta Y = j\,A_y \cdot \Delta f$ mit positivem A_y und dem gleichen Δf wie oben. Solange der Phasenfaktor des $\mathfrak{R}_1$ klein ist, kann man diesen kleinen Blindleitwert $j\,\Delta Y$ nach (14.4) umrechnen in einen kleinen Serienblindwiderstand $j\,\Delta X = -j\,R_1^2 \cdot A_y \cdot \Delta f$, der zur Kompensation des ΔX_1 geeignet ist, wenn $A_x = R_1^2 \cdot A_y$ oder

$$R_1 = \sqrt{A_x/A_y} \tag{16.7}$$

ist. Für die einfachen Resonanzkreise ist nach (9.26) und (9.29)

$$R_1 = \sqrt{X_{RS}/Y_{RP}}, \tag{16.8}$$

wobei X_{RS} der Resonanzblindwiderstand des Serienresonanzkreises nach (6.8) und Y_{RP} der Resonanzblindleitwert des Parallelresonanzkreises nach (6.12) ist. Die gleichen Formeln und Gedankengänge gelten auch für die Schaltung der Abb. 85b, wo die Frequenzabhängigkeit des $\mathfrak{R}_1$ in der Nähe der Resonanz durch einen parallelen Blindleitwert $j\,\Delta Y_1 = j\,A_y \cdot \Delta f$ erzeugt wird. Solange der Phasenfaktor des $\mathfrak{R}_1$ klein ist, rechnet man dieses $j\,\Delta Y_1$ nach (14.4) wieder um in einen kleinen Serienblindwiderstand $j\,\Delta X_1 = -j\,R_1^2 \cdot A_y \cdot \Delta f$. Dieses ΔX_1 hat das entgegengesetzte Vorzeichen wie das ΔX_1 in (16.6). Es wird also

$$\mathfrak{R}_1 = R_1 - j\,R_1^2 \cdot A_y \cdot \Delta f. \tag{16.9}$$

Hier erfolgt dann die Kompensation durch einen in Serie geschalteten Serienresonanzkreis mit gleichem f_R. In Analogie zur Abb. 84 erläutert Abb. 86 das Zustandekommen der Kompensation und ihre Begrenzung auf einen kleinen Frequenzbereich für die Schaltung der Abb. 85a. Die Punkte $\mathfrak{R}_1$ nach (16.6) liegen auf einer senkrechten Geraden durch R_1. Mit wachsender Frequenz wandert $\mathfrak{R}_1$ von unten nach oben und durchläuft den reellen Punkt R_1 bei der Resonanzfrequenz ($\Delta f = 0$). Die bezifferten Punkte entsprechen Punkten gleichen Frequenzabstandes. Der Blindleitwert $j\,\Delta Y$ des parallelgeschalteten Resonanzkreises verschiebt das jeweilige $\mathfrak{R}_1$ auf seinem G-Kreis. Der Punkt 5 der Resonanz bleibt wegen $\Delta Y = 0$ liegen. Die Punkte $\mathfrak{R}_1$ unterhalb der reellen Achse entsprechen

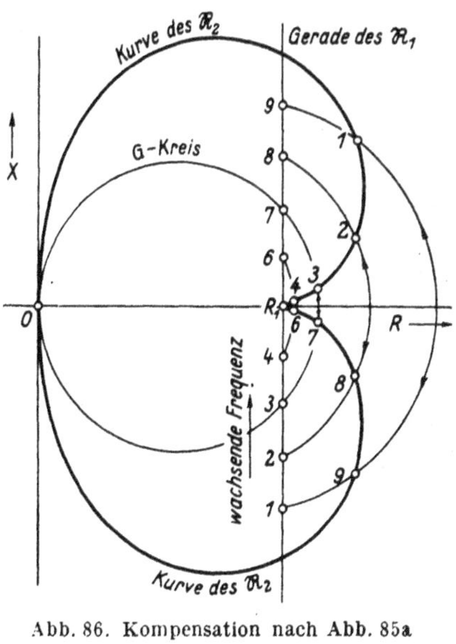

Abb. 86. Kompensation nach Abb. 85a

Frequenzen $f < f_R$, wo ein induktiver Leitwert parallelgeschaltet wird, und werden daher gegen den Uhrzeigersinn nach oben verschoben. Die Punkte oberhalb der reellen Achse gehören zu Frequenzen $f > f_R$, wo ein kapazitiver Leitwert parallelgeschaltet wird, und werden daher im Uhrzeigersinn nach unten verschoben. So tritt also der prinzipielle Ausgleich ein. Wählt man das Y_{RP} nach (16.8), so kommen die dem Resonanzpunkt 5 benachbarten Punkte 4 und 6 fast genau nach R_1 zurück wie in Abb. 84, weil dort der G-Kreis nahezu senkrecht läuft, während die weiter entfernten Punkte nicht mehr nach R_1 kommen, weil der G-Kreis sie schon nach außen verschiebt. Der Eingangswiderstand $\mathfrak{R}_2$ der Schaltung durchläuft dann für größere Δf eine charakteristische Spitzkurve, deren Spitze in R_1 liegt, wo sich die in der Nähe der Resonanz liegenden Punkte häufen. Die bezifferten Punkte der $\mathfrak{R}_2$-Kurven entsprechen den gleichbezifferten Punkten der $\mathfrak{R}_1$-Geraden. Eine gute Kompensation tritt ein, solange der Betrag des Phasenfaktors des $\mathfrak{R}_1$ nach (14.1) kleiner als 0,1 ist. Der Kompensationsbereich ist durch diejenige kritische Frequenzabweichung Δf_K festgelegt, bei der der Betrag des Phasenfaktors gleich 0,1 ist:

$$0{,}1 = A_x \cdot \Delta f_K / R_1 = A_y \cdot \Delta f_K \cdot R_1,$$

oder nach (16.7)

$$\Delta f_K = 0{,}1 \cdot R_1 / A_x = 0{,}1/(R_1 A_y) = 0{,}1/\sqrt{A_x \cdot A_y}. \qquad (16.10)$$

Führt man nach (9.26) und (9.29) wieder X_{RS} und Y_{RP} wie in (16.8) ein, so wird die relative kritische Frequenzabweichung:

$$\Delta f_K / f_R = 0{,}05/\sqrt{X_{RS} \cdot Y_{RP}}. \qquad (16.11)$$

Mit wachsendem X_{RS} und Y_{RP}, also mit wachsender Blindleistung in den Schaltelementen, wird der Frequenzbereich kleiner. Die Kompensation tritt mit ausreichender Qualität zwischen den Grenzen $(f_R \pm \Delta f_K)$ ein.

Wenn allgemein der gegebene Widerstand $\mathfrak{R}_1$ komplex ist und sich sowohl seine Wirkkomponente R_1 wie auch seine Blindkomponente X_1 in Abhängigkeit von der Frequenz ändert (Abb. 82), wird eine Kompensation wesentlich schwieriger. Man muß sich aber trotzdem bemühen, mit möglichst einfachen Schaltungen auszukommen. Es soll daher untersucht werden, welche Kompensationsmöglichkeiten Schaltungen aus zwei Blindwiderständen bieten,

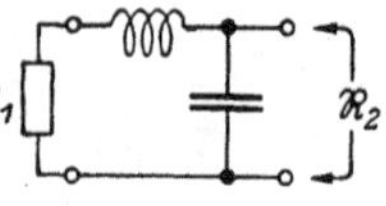

Abb. 87. Allgemeine Kompensation

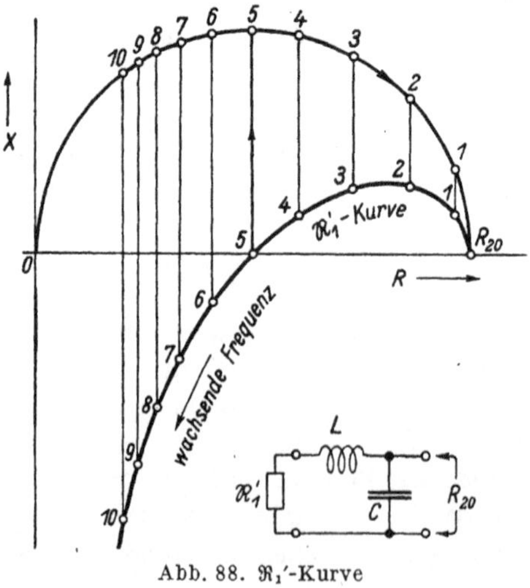

Abb. 88. $\mathfrak{R}_1'$-Kurve

wobei der eine Blindwiderstand in Serie und der andere parallel geschaltet wird. Lediglich für die Schaltung der Abb. 87 soll dies näher ausgeführt werden. Andere (*LC*)-Kombinationen gestatten ebenfalls eine entsprechende Behandlung und geben weitere Kompensationsmöglichkeiten. Hier stellt man zweckmäßig zunächst die Frage: Wie muß ein Abschlußwiderstand $\mathfrak{R}_1'$ dieser Schaltung in Abhängigkeit von der Frequenz verlaufen, damit er durch die vorgegebene (*LC*)-Kombination in einen frequenzunabhängigen, reellen Widerstand R_{20} verwandelt wird? Wenn man diese $\mathfrak{R}_1'$-Kurve kennt und sie mit der Kurve eines gegebenen $\mathfrak{R}_1$ vergleicht, kann man leicht erkennen, ob die Schaltung sich zur Kompensation dieses $\mathfrak{R}_1$ eignet. In Abb. 88 ist eine solche $\mathfrak{R}_1'$-Kurve gezeichnet. Der Punkt $\mathfrak{R}_1'$ wandert über den gezeichneten Transformationsweg nach R_{20}. Wenn die Frequenz kleiner wird, nimmt der Blindwiderstand das *L* ab, ebenso der Blindleitwert des *C* und der nach R_{20} zu transformierende Wert $\mathfrak{R}_1'$ nähert sich dem Punkt R_{20}. Bei der Frequenz Null muß $\mathfrak{R}_1' = R_{20}$ sein, weil dann die Blindwiderstände nicht mehr transformieren. Mit wachsender Frequenz wird für das gegebene *L* und *C* der Transformationsweg immer größer und $\mathfrak{R}_1'$ nähert sich asymptotisch der negativen Imaginärachse. Die bezifferten Frequenzpunkte auf der $\mathfrak{R}_1'$-Kurve bezeichnen Punkte gleichen Frequenzabstandes und zeigen die Wanderungsgeschwindigkeit des $\mathfrak{R}_1'$ auf der Kurve mit wachsender Frequenz.

Nur wenn ein gegebenes $\mathfrak{R}_1$ (Abb. 87) bei einer bestimmten Frequenz auf dem zu dieser Frequenz gehörenden Punkt der $\mathfrak{R}_1'$-Kurve liegt, wird es durch die zugehörige Transformationsschaltung in den reellen Wert R_{20} transformiert. Bei einer Kompensationsschaltung muß man aber noch mehr verlangen, weil ein Frequenz**bereich** erzielt werden soll, für den $\mathfrak{R}_1$ in R_{20} transformiert wird. Dies definiert man zweckmäßig so, daß dann **zwei** $\mathfrak{R}_1$-Punkte des erstrebten Frequenzbereiches mit den zu diesen beiden Frequenzen gehörenden Punkten der $\mathfrak{R}_1'$-Kurve zusammenfallen müssen. Abb. 89 zeigt die notwendige Konfiguration. Die Punkte $\mathfrak{R}_1$ geben in Abhängigkeit von der Frequenz eine Kurve, die die $\mathfrak{R}_1'$-Kurve in zwei Punkten *A* und *B* schneidet, die so nahe beieinander liegen sollen, daß die zwischen ihnen liegenden Kurvenstücke des $\mathfrak{R}_1$ und des $\mathfrak{R}_1'$ sich nicht zu sehr voneinander entfernen. Die Pfeilrichtung wachsender Frequenz muß auf **beiden** Kurven die **gleiche** sein, insbesondere soll zu den Punkten *A* und *B* auf **beiden** Kurven jeweils die **gleiche** Frequenz gehören. Dann wird für die zu *A* und *B* gehörenden Frequenzen das $\mathfrak{R}_1$ genau nach R_{20} transformiert und für die dazwischenliegenden Punkte bleibt der Eingangswiderstand $\mathfrak{R}_2$ der Schaltung der Abb. 87 wie in Abb. 82 innerhalb eines kleinen Kreises um R_{20} herum. Außerhalb dieses Bereichs tritt keine wesentliche Kompensation mehr ein. Je weiter *A* und *B* auseinanderliegen, desto größer wird der Frequenzbereich, desto größer aber auch die Abweichung des $\mathfrak{R}_2$ von R_{20} in dem Bereich zwischen

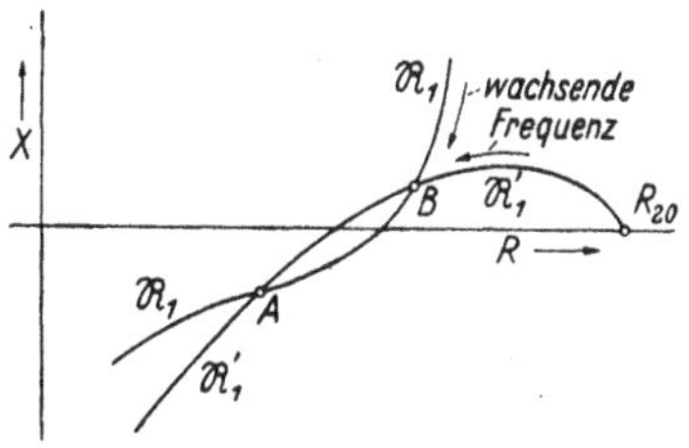

Abb. 89. Kompensationsbedingungen

A und B. Je größer der in Abb. 82 gezeichnete Grenzkreis sein darf, desto weiter kann man also A und B voneinander entfernen.

Diese Bedingungen, bei denen Kompensation auftritt, sind sehr schwerwiegend und ihre Erfüllung nur jeweils für ganz spezielle Kombinationen möglich. Da man aber dem L und C der Schaltung noch beliebige Werte erteilen kann, sind trotzdem viele Möglichkeiten vorhanden. Um diese zu übersehen, ist folgendes systematische Verfahren anwendbar. Betrachtet wird zunächst die Schaltung der Abb. 90. Die Gesamtheit aller $\mathfrak{R}_1'$-Kurven, die also wie in Abb. 88 bei entsprechender Dimensionierung der Schaltelemente in den reellen Eingangswiderstand R_{20} transformiert werden, kann man am besten mit Hilfe relativer Widerstände darstellen. Man dividiert alle auftretenden Widerstände durch den Sollwert R_{20}, bildet also

$$\mathfrak{r}_1' = \mathfrak{R}_1'/R_{20} = R_1'/R_{20} + j\,X_1'/R_{20}, \tag{16.12}$$

und zeichnet diese Kurve nach Abb. 90 in eine relative Widerstandsebene mit den Koordinaten R/R_{20} und X/R_{20}. Die $\mathfrak{r}_1'$-Kurve läuft dann bei der Frequenz Null in den Punkt 1 ($R_1' = R_{20}$). Ist X_L der Blindwiderstand des L und Y_C der Blindleitwert des C in Abb. 90, so sind ihre relativen Werte

$$x_L = X_L/R_{20} = \omega L/R_{20}\,; \qquad y_C = Y_C \cdot R_{20} = \omega C \cdot R_{20}. \tag{16.13}$$

Längs einer $\mathfrak{r}_1'$-Kurve ist also der Quotient

$$q = x_L/y_C = (L/C)/R_{20}^2 \tag{16.14}$$

konstant. Daraus folgt die wichtige Erkenntnis, daß alle Schaltungen, die das gleiche Verhältnis L/C haben, auch die gleiche $\mathfrak{r}_1'$-Kurve besitzen. Die Gesamtheit aller möglichen $\mathfrak{r}_1'$-Kurven ist daher durch eine Kurvenschar gegeben, wie sie Abb. 90 zeigt. Zu jeder Kurve ist als Parameter die Kenngröße q nach (16.14) angegeben. Das Verhalten der Schaltung wird dadurch sehr übersichtlich. Benötigt wird jetzt noch eine Kennzeichnung, zu welchen Frequenzen die einzelnen Punkte einer Kurve gehören. Da zu jeder Kurve nur der Quotient L/C nach (16.14) festliegt, aber die Wahl des L noch frei ist, gehören zu jedem Kurvenpunkt je nach dem gewählten L ganz verschiedene Frequenzen, aber stets der **gleiche** Wert x_L nach (16.13). Dies ist nach Abb. 88 durchaus verständlich, weil der Transformationsweg von einem gegebenen $\mathfrak{R}_1'$ nach R_{20} nur mit einem be-

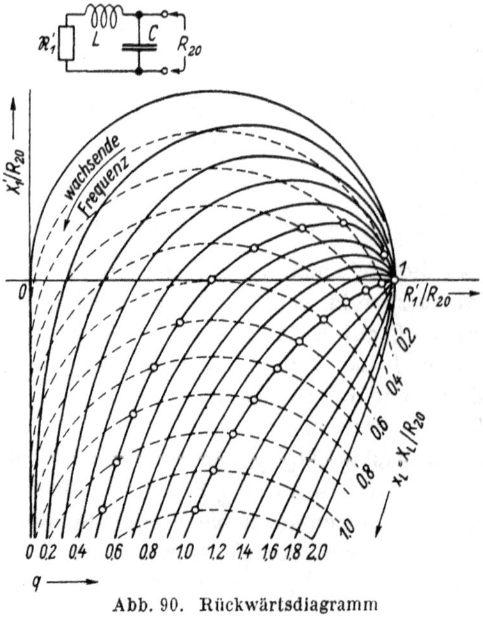

Abb. 90. Rückwärtsdiagramm

stimmten X_L durchgeführt werden kann. Jede $\mathfrak{r}_1'$-Kurve in Abb. 90 setzt sich daher aus Punkten verschiedener x_L-Werte zusammen. Punkte mit gleichem x_L sind durch die gestrichelten Kurven verbunden. Diese gestrichelten Kurven sind Kreise, nämlich jeweils der um das Stück x_L nach unten verschobene G-Kreis durch den Punkt 1. Der Quotient der x_L-Werte zweier Punkte der gleichen $\mathfrak{r}_1'$-Kurve ist nach (16.13) gleich dem Quotienten der zu diesen beiden Punkten gehörenden Frequenzen. Die Frequenz, die einem Punkt $\mathfrak{r}_1'$ zukommt, liegt nach (16.13) erst dann fest, wenn man L und R_{20} bereits gewählt hat. Andererseits kann man jedem Punkt $\mathfrak{r}_1'$ eine Frequenz f zuteilen und dann das L aus dem x_L des Punktes, dem f und dem R_{20} berechnen. Das Kurvensystem der Abb. 90 nennt man das Rückwärtsdiagramm der Kompensationsschaltung.

Gegeben sei nun ein bestimmter frequenzabhängiger Verlauf $\mathfrak{R}_1$ wie in Abb. 89. Dabei wird die Aufgabe insofern eingeschränkt werden müssen, als der zu erreichende Wert R_{20} zunächst noch freigestellt ist, ebenso die Lage des kompensierbaren Bereichs auf der $\mathfrak{R}_1$-Kurve, also die Lage der Punkte A und B. Durch diese Ungebundenheit erreicht man eine Kompensation auf relativ einfache Weise, und wenn man überhaupt erst eine Kompensation gefunden hat, ist es im allgemeinen leicht, von dort aus die Bedingungen so zu verändern, daß die Kompensation weiteren, noch zu stellenden Bedingungen genügt. Man wählt sich zunächst eine geeignete Folge von Werten R_{20} und bildet zu jedem R_{20} den Quotienten $\mathfrak{r}_1 = \mathfrak{R}_1/R_{20} = R_1/R_{20} + jX_1/R_{20}$. Zu jedem R_{20} erhält man also eine $\mathfrak{r}_1$-Kurve, insgesamt eine $\mathfrak{r}_1$-Kurvenschar. Im Gegensatz zur $\mathfrak{r}_1'$-Kurvenschar der Abb. 90, wo bei konstantem R_{20} das Verhältnis L/C geändert wurde, wird hier also das R_{20} zum Parameter. Diese $\mathfrak{r}_1$-Kurvenschar zeichnet man in das Rückwärtsdiagramm der Abb. 90 ein und erhält Abb. 91. Dann findet man zu jeder $\mathfrak{r}_1$-Kurve eine $\mathfrak{r}_1'$-Kurve, die diese in zwei benachbarten Punkten A und B schneidet. Man prüft zunächst, ob die Pfeilrichtung wachsender Frequenz auf beiden Kurven übereinstimmt (vgl. Abb. 89). Ist dies nicht der Fall, so ist die gewählte Schaltung prinzipiell ungeeignet und man muß das L und C anders kombinieren. Stimmt die Pfeilrichtung, so betrachtet man die Frequenzen in den Schnittpunkten. In A bestehe auf der $\mathfrak{r}_1$-Kurve die Frequenz f_A, in B die Frequenz f_B. Zu A gehört auf der $\mathfrak{r}_1'$-Kurve der Wert x_{LA}, zu B der Wert x_{LB}. Dann muß

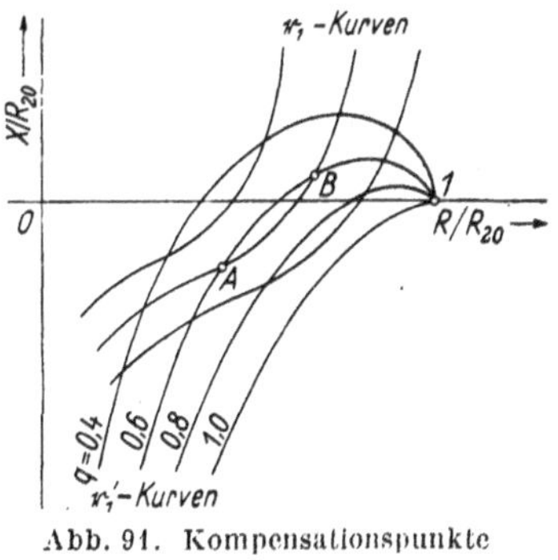

Abb. 91. Kompensationspunkte

$$f_A/f_B = x_{LA}/x_{LB} \tag{16.15}$$

sein, damit die Frequenzen in A und B auf beiden Kurven gleich und A und B nach R_{20} transformiert werden. Man findet nun unter den verschiedenen $\mathfrak{r}_1$-Kurven und $\mathfrak{r}_1'$-Kurven leicht die beiden, für die die Bedingung (16.15) erfüllt werden kann. Zu dieser $\mathfrak{r}_1$-Kurve gehört dann ein ganz bestimmter

Wert R_{20}, der der Schaltung zugrunde gelegt werden muß. Aus der zugehörigen $\mathfrak{r}_1'$-Kurve ist der Wert q zu entnehmen, und damit nach (16.14) der Quotient L/C bekannt. Da in A das x_{LA} zur Frequenz f_A gehört, ergibt sich aus (16.13) das L und die Schaltung ist quantitativ dargestellt. Ermittelt man zu dieser Schaltung (Abb. 87) den Verlauf des Eingangswiderstandes $\mathfrak{R}_2$, so erhält man eine charakteristische Schleife nach Abb. 82, die für f_A und f_B durch R_{20} läuft, und die um so größer wird, je weiter A und B auseinander lagen. Meist liegt die so erreichte Kompensation nicht im gewünschten Frequenzbereich, sondern zwischen irgendwelchen Frequenzen f_A und f_B. Wenn man die einfache Kompensationsschaltung beibehalten will, muß man dann versuchen, die $\mathfrak{R}_1$-Kurve zu ändern. Hier hilft oft das Ähnlichkeitsgesetz des elektromagnetischen Feldes [16]. Dieses besagt, daß sich der Eingangswiderstand eines Gebildes mit Ausnahme der durch den Skineffekt verursachten, meist vernachlässigbaren Nebenerscheinungen nicht ändert, wenn man alle geometrischen Dimensionen des Gebildes sowie die Wellenlänge λ um den gleichen Faktor vergrößert. Wenn also obige Kompensation geglückt war, kann man durch Verkleinerung oder Vergrößerung des das $\mathfrak{R}_1$ darstellenden Gebildes ein $\mathfrak{R}_1$ gewinnen, das die gleiche Kurve wie vorher durchläuft, aber bei entsprechend kleineren oder größeren Frequenzen, dessen Kompensation also in einem entsprechend anderen Frequenzbereich nach dem gleichen Prinzip eintritt, wobei dieser Frequenzbereich dann der ursprünglich gewollte sein kann. Dieses Prinzip eignet sich besonders für den Eingangswiderstand von Antennen. Es ist aber auch möglich, das gegebene $\mathfrak{R}_1$ zunächst mit einem Blindwiderstand zu kombinieren, um die $\mathfrak{R}_1$-Kurve dadurch so zu verändern, daß die Kompensation im gewünschten Frequenzbereich stattfindet. So kommt man zu einer quantitativen Darstellung der Kompensation mit drei Blindwiderständen, die außerordentlich viele Möglichkeiten hat.
Ergänzendes Schrifttum: [15, 54].

§ 17. Filterschaltungen

Ein Filter ist eine Schaltung, die zwischen Generator und Verbraucher gelegt wird, und die für bestimmte Frequenzen Wirkleistung zum Verbraucher durchläßt (Durchlaßbereich), für andere Frequenzen den Leistungsdurchgang zum Verbraucher sperrt (Sperrbereich). Um definierte Verhältnisse zu erhalten, werden folgende idealisierenden Annahmen gemacht: Der Verbraucher ist ein frequenzunabhängiger reiner Wirkwiderstand R_1. Das vorgeschaltete Filter besteht aus verlustfreien Blindwiderständen und der Innenwiderstand der speisenden Quelle ist ein frequenzunabhängiger reiner Wirkwiderstand R_i (Abb. 92). Im idealen Durchlaßbereich soll die Filterschaltung den Abschlußwiderstand am Filtereingang wieder unverändert als phasenreines R_1 erscheinen lassen, also so wirken, als ob kein Filter vorhanden ist. An sich verbraucht das Filter keine Wirkleistung und läßt stets die aufgenommene Wirkleistung

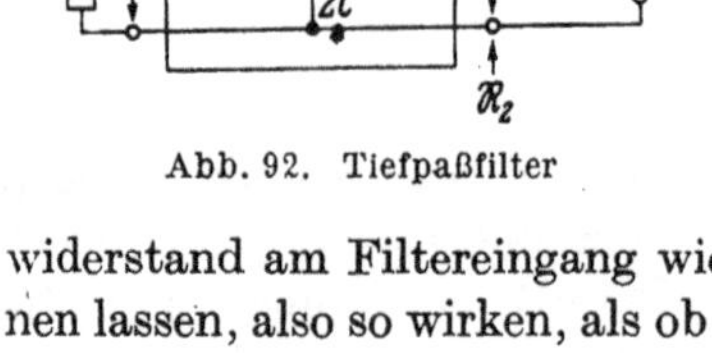

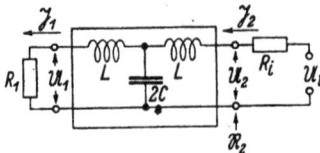

Abb. 92. Tiefpaßfilter

zum Verbraucher durch. Es wirkt in Verbindung mit dem Innenwiderstand des Generators aber derart, daß es im Sperrbereich eine so große Fehlanpassung des Eingangswiderstandes $\mathfrak{R}_2$ an den Innenwiderstand des Generators ergibt, daß $\mathfrak{R}_2$ praktisch keine Wirkleistung aufnimmt. Die quantitative Wirkung des Filters hängt daher sehr wesentlich vom Innenwiderstand R_i des Generators ab.

Es interessieren einige Sonderfälle:

1. R_i ist sehr groß gegen alle auftretenden Werte von $\mathfrak{R}_2$. Beim Stromquellenersatzbild ist $\mathfrak{G}_i$ neben $\mathfrak{G}_2$ in (12.3) zu vernachlässigen und $\mathfrak{J}_2 = \mathfrak{J}_k$. Die Stromquelle liefert einen belastungsunabhängigen Strom $\mathfrak{J}_2$ in das Filter. Die Filterdämpfung beschreibt man hier am besten durch das Verhältnis des Stromes J_1 im konstanten Verbraucher R_1 zum konstanten Speisestrom $J_2 = J_k$ nach (15.16)

$$J_1/J_k = \sqrt{R_2/R_1} = e^{-b}, \tag{17.1}$$

wobei R_2 die Wirkkomponente des Eingangswiderstandes $\mathfrak{R}_2$ ist. Im Durchlaßbereich, wo $R_2 = R_1$ ist, wird $J_1/J_k = 1$. Im Sperrbereich kommt es also darauf an, möglichst kleines R_2 zu erzeugen. Setzt man den Quotienten J_1/J_k gleich e^{-b}, so gibt dieses

$$b = \ln(J_k/J_1) = \frac{1}{2}\ln(R_1/R_2) \tag{17.2}$$

eine sehr zweckmäßige, quantitative Darstellung der durch das Filter erzeugten Dämpfung in Neper; vgl. (13.2) und (13.2a). Im Durchlaßbereich ist $b = 0$.

2. R_i ist sehr klein gegen alle Werte $\mathfrak{R}_2$. In (12.1) ist dann R_i neben $\mathfrak{R}_2$ zu vernachlässigen und $\mathfrak{U}_l = \mathfrak{U}_2$. Die Spannungsquelle liefert eine belastungsunabhängige Eingangsspannung $\mathfrak{U}_2$ am Filter. Die Filterdämpfung beschreibt man hier zweckmäßig durch das Verhältnis der Spannung U_1 am konstanten Verbraucher R_1 zur konstanten Eingangsspannung U_l nach (15.16)

$$U_1/U_l = \sqrt{G_2/G_1} = e^{-b}, \tag{17.3}$$

wobei G_2 der Wirkleitwert des $\mathfrak{G}_2 = 1/\mathfrak{R}_2$ und $G_1 = 1/R_1$ ist. Nach (17.3) ergibt sich die Filterdämpfung in Neper zu

$$b = \ln(U_l/U_1) = \frac{1}{2}\ln(G_1/G_2). \tag{17.4}$$

Im Durchlaßbereich ist wiederum $b = 0$, $U_1 = U_l$. Im Sperrbereich kommt es dann darauf an, möglichst kleines G_2 zu erzeugen. Die Aufgabe des Filters erfüllt man in beiden Fällen dadurch, daß der Eingangswiderstand $\mathfrak{R}_2$ im Sperrbereich ein Blindwiderstand mit sehr kleiner Wirkkomponente ist.

3. Bei sehr hohen Frequenzen interessiert vorzugsweise der Sonderfall $R_i = R_1$. Im Durchlaßbereich besteht Anpassung und R_1 nimmt die maximal aus der Quelle entnehmbare Wirkleistung

$$N_{\max} = \frac{1}{2}\,U_1^2/R_1 = \frac{1}{8}\,U_l^2/R_i \tag{17.5}$$

auf. Im Sperrbereich nimmt das komplexe $\mathfrak{R}_2 = R_2 + jX_2$ eine wesentlich kleinere Wirkleistung $N = {}^1/_2\, J_2^2 \cdot R_2$ auf. In Abb. 92 ist allgemein für $R_i = R_1$ das J_2 gegeben durch $J_2 = U_l / |R_i + \mathfrak{R}_2|$ oder die durch das Filter geschickte Wirkleistung

$$N = \frac{1}{2}\, U_l^2 \frac{R_2}{|R_1 + \mathfrak{R}_2|^2} = \frac{1}{2}\, U_l^2 \frac{R_2}{(R_1 + R_2)^2 + X_2^2}. \qquad (17.6)$$

In diesem Fall beschreibt man die Dämpfung des Filters am besten durch den Quotienten der von R_1 aufgenommenen Wirkleistung N nach (17.6) und der Wirkleistung N_{max} nach (17.5), die der Verbraucher R_1 aufnehmen würde, wenn kein Filter eingeschaltet wäre.

$$\frac{N}{N_{max}} = \frac{4\, R_1 R_2}{(R_1 + R_2)^2 + X_2^2}. \qquad (17.7)$$

Um einen Vergleich mit den Formeln (17.1) und (17.3) zu erhalten, kann man statt (17.7) auch den Quotienten der Spannung U_1 am Verbraucher und der Spannung U_{max} bilden, die bei Abwesenheit des Filters am Verbraucher bestehen würde:

$$\frac{U_1}{U_{max}} = \sqrt{\frac{N}{N_{max}}} = 2\sqrt{\frac{R_1 R_2}{(R_1 + R_2)^2 + X_2^2}}. \qquad (17.8)$$

(17.7) und (17.8) sind relativ unübersichtlich und werden daher durch ein einfaches Kreisdiagramm erläutert. Gesucht wird der geometrische Ort aller Punkte $\mathfrak{R}_2$ in der Widerstandsebene, die den gleichen Quotienten N/N_{max} geben. (17.7) ist die Gleichung dieser Kurve, nämlich eine Beziehung zwischen den Koordinaten R_2 und X_2 der Widerstandsebene, wobei N/N_{max} eine gegebene Zahl ist. Dies ist offensichtlich die Gleichung eines Kreises, die nach Umformung wegen $R_1 = R_i$ lautet

$$\left[R_2 - \left(2\,\frac{N_{max}}{N} - 1\right) R_i\right]^2 + X_2^2 = 4\,\frac{N_{max}}{N}\left(\frac{N_{max}}{N} - 1\right) R_i^2. \qquad (17.9)$$

Der Mittelpunkt M des Kreises liegt auf der reellen Achse bei $R_2 = (2N_{max}/N - 1) R_i$ und das Quadrat seines Radius ist die rechte Seite von (17.9). Um ein einheitliches Diagramm zu erhalten, geht man wieder auf relative Widerstände über und dividiert alle Widerstände durch R_i:

$$\mathfrak{r}_2 = \mathfrak{R}_2 / R_i = R_2/R_i + j\, X_2/R_i. \qquad (17.10)$$

Der relative Innenwiderstand der Quelle ist dann $R_i/R_i = 1$. In dieser relativen Widerstandsebene mit den Koordinaten R_2/R_i und X_2/R_i hat der Kreis (17.9) die Gleichung

$$\left[\frac{R_2}{R_i} - \left(2\,\frac{N_{max}}{N} - 1\right)\right]^2 + \left(\frac{X_2}{R_i}\right)^2 = 4\,\frac{N_{max}}{N}\left(\frac{N_{max}}{N} - 1\right). \qquad (17.11)$$

Diese Kreise zeigt Abb. 93. Wenn also ein bestimmtes $\mathfrak{R}_2$ gegeben ist, berechnet man $\mathfrak{r}_2$ nach (17.10), trägt dieses $\mathfrak{r}_2$ in das Diagramm ein und liest N/N_{max} im Punkt $\mathfrak{r}_2$ ab.

Zunächst soll das Problem des Tiefpaßfilters behandelt werden, wo für niedrige Frequenzen Durchlaß und für hohe Frequenzen Sperre besteht. Ein erstes

Filter dieser Art zeigt bereits Abb. 83a, wo der Widerstand R_1 mit einem L und C nach (14.11) kombiniert ist und die Grenze des exakten Durchlasses etwa durch (16.1) gegeben ist. Abb. 84 zeigt für dieses Filter den Verlauf des $\mathfrak{R}_2$ für alle Frequenzen, woraus man die Dämpfung des Filters in Abhängigkeit

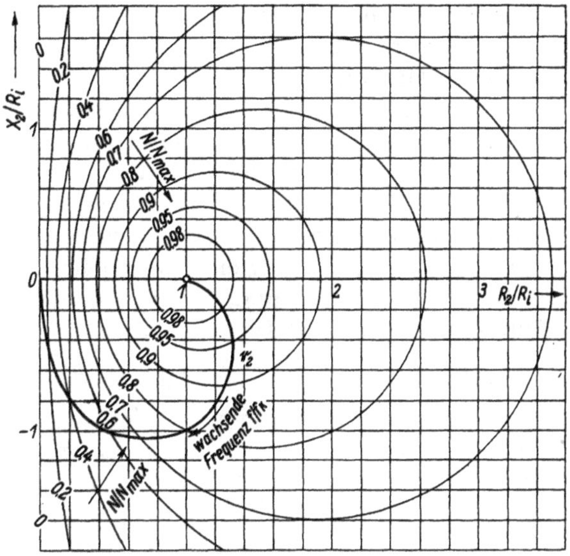

Abb. 93. Wirkleistungsdiagramm

von der Frequenz nach (17.2), (17.4) oder (17.7) ermitteln kann. Bei Verwendung des beiliegenden Transformationsdiagramms zur Berechnung des $\mathfrak{R}_2$ rechnet man am besten mit relativen Größen nach (15.3) und (15.4), wobei man hier die Zahl Z gleich dem R_1 setzt. Man erhält dann Ergebnisse, die für alle Werte von R_1 gültig sind. Der relative Abschlußwiderstand $r_1 = R_1/R_1 = 1$ liegt dann in einem besonders günstigen Punkt des Diagramms. In Serie zu r_1 ist nach Abb. 83a der relative Blindwiderstand $x_L = \omega L/R_1$ geschaltet. Führt man hier ω_K nach (16.1) ein und beachtet (14.11), so wird einfach

$$x_L = 0{,}1 \cdot f/f_K. \tag{17.12}$$

Parallel dazu schaltet man dann den relativen Blindleitwert $y_C = \omega C \cdot R_1$ der Kapazität, der nach (16.1) und (14.11) ebenfalls gleich

$$y_C = 0{,}1 \cdot f/f_K \tag{17.13}$$

ist. So erhält man sehr leicht die Kurve des relativen Eingangswiderstandes $\mathfrak{r}_2 = r_2 + jx_2$ für alle Frequenzen f, die in Abb. 93 eingezeichnet ist. Die Wirkkomponente $r_2 = R_2/R_1$ kann man sofort in (17.1) benutzen und erhält $J_1/J_k = \sqrt{r_2}$. Zu $\mathfrak{r}_2$ liest man im Transformationsdiagramm das zugehörige $\mathfrak{g}_2 = 1/\mathfrak{r}_2$ ab, insbesondere die relative Wirkkomponente $g_2 = G_2 \cdot R_1 = G_2/G_1$, so daß man aus (17.3) $U_1/U_l = \sqrt{g_2}$ in einfachster Weise berechnen kann.

Zur Berechnung von (17.8) trägt man die relative Kurve $\mathfrak{r}_2 = \mathfrak{R}_2/R_1$ in das Diagramm der Abb. 93 ein, entnimmt zu jedem Punkt das N/N_{max} und berechnet U_1/U_{max}. Die in (16.1) definierte kritische Frequenz f_K begrenzt den Bereich, wo der Eingangswiderstand $\mathfrak{R}_2$ noch ausreichend genau mit R_1 übereinstimmt (Kompensation). Die Siebwirkung des Filters beginnt jedoch erst bei wesentlich höheren Frequenzen und hängt maßgeblich von R_i ab. Die in Abb. 93 dargestellte Kurve $\mathfrak{r}_2$ zeigt, daß die Wirkkomponente r_2 für $f > f_K$ zunächst sogar noch ansteigt (vgl. Abb. 84), also für $R_i = \infty$ der Faktor J_1/J_k größer als 1 wird, um erst bei wesentlich höheren Frequenzen zu sinken. Auch für $R_i = R_1$ sinkt das U_1/U_{max} zunächst fast gar nicht, weil sich die Parameter N/N_{max} der Kreise der Abb. 93 in der Umgebung von 1 nur sehr langsam vom Wert 1 entfernen. Lediglich die Kurve U_1/U_l für $R_i = 0$ beginnt für $f > f_K$ sofort mit einem langsamen, wenn auch nicht befriedigenden Abfall. Der wesentliche Abfall beginnt etwa bei der zehnfachen kritischen Frequenz. Die Frequenz $f_g = 10\, f_K$ nennt man daher die Grenzfrequenz des Filters. Es ist mit (16.1)

$$\omega_g = 2\pi f_g = 10\,\omega_K = 1/\sqrt{LC} = R_1/L = 1/(R_1 C). \qquad (17.15)$$

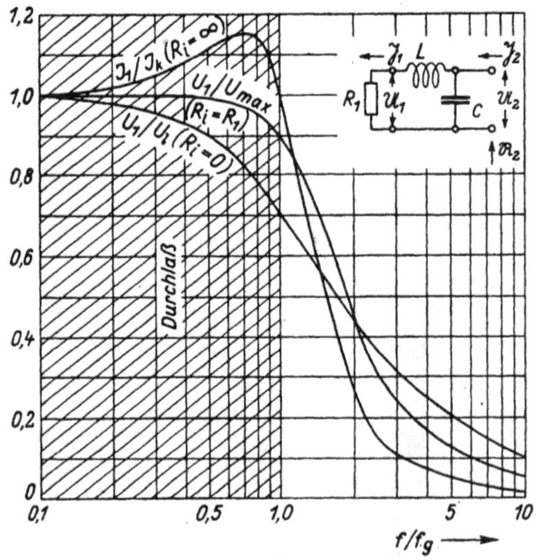

Abb. 94. Einfache Filterkurven

Abb. 94 gibt zu der betrachteten Schaltung den Verlauf des J_1/J_k für Quellen mit hohem Innenwiderstand R_i, den Verlauf des U_1/U_l für Quellen mit kleinem Innenwiderstand R_i und des U_1/U_{max} nach (17.8) für angepaßte Quellen ($R_1 = R_i$) in Abhängigkeit von f/f_g. Aus den drei Kurven der Abb. 94 kann man dann die Filterkurven für andere R_i-Werte leicht abschätzen. Bei der Grenzfrequenz sind die Blindwiderstände nach (17.15)

$$\omega_g L = 1/(\omega_g C) = R_1 \qquad (17.16)$$

und daher das notwendige L nach (3.2) und das C nach (5.2) zu berechnen, wenn f_g und R_1 gegeben sind. Setzt man in (17.12) und (17.13) f_g statt f_K ein, so werden die relativen Blindwerte bei einer beliebigen Frequenz f einfach

$$x_L = \omega L/R_1 = f/f_g; \qquad y_C = \omega C \cdot R_1 = f/f_g. \qquad (17.17)$$

x_L und y_C sind stets gleich groß, während der Blindwiderstand X_L des L um den Faktor $(f/f_g)^2$ größer als der Blindwiderstand $|X_C|$ des C ist. Für größere Werte f/f_g liegt das $\mathfrak{r}_2$ in Abb. 93 bereits so nahe an der imaginären Achse, daß die graphische Auswertung nicht mehr befriedigt. Man kommt dann wie folgt schnell zum Ziel: Für Frequenzen $f/f_g > 5$ fließt wegen des großen X_L der Eingangsstrom fast ausschließlich durch C, so daß näherungsweise einfach $U_2 = J_2/(\omega C)$ ist. Der Strom J_1 durch die Serienschaltung des L und R_1 wird dann aus U_2 berechnet als $J_1 = U_2/\sqrt{(\omega L)^2 + R_1^2}$. Da für diese hohen Frequenzen R_1 jedoch wesentlich kleiner als ωL ist, wird angenähert $J_1 = U_2/(\omega L)$. Für $R_i = \infty$ ist $J_2 = J_k$ und damit $J_1/J_k = 1/(\omega^2 LC) = (f_g/f)^2$ nach (17.17) mit R_1 nach (14.11). Für $R_i = 0$ ist $U_2 = U_l$ und somit nach (17.17) $U_1/U_l = R_1/(\omega L) = f_g/f$.

Der Sperrbereich zeigt stets eine mit wachsender Frequenz wachsende Dämpfung. An der Grenze des Durchlaßbereichs liegt also eine Übergangszone, in der weder ein ausreichender Durchlaß noch eine ausreichende Sperre besteht. Die Vervollkommnung der Schaltung geht im wesentlichen in der Richtung der Verkleinerung dieser Übergangszone, also in der Erzeugung eines möglichst steilen Kurvenabfalles hinter der Grenze des Durchlaßbereichs. Dies erreicht man am einfachsten dadurch, daß man die Schaltung der Abb. 83a durch zwei gleiche Schaltelemente symmetrisch ergänzt, so daß die in Abb. 92 gezeichnete Schaltung entsteht, in der die beiden Kapazitäten C zu einer Kapazität $2C$ zusammengezogen sind. (14.11) bleibt also bestehen. Die Konstruktion der Abb. 84 wird fortgesetzt, indem das $\mathfrak{R}_2$ weiter auf seinem G-Kreis nach $\mathfrak{R}_1''$ wandert, und dann abschließend durch das Serien-L noch nach $\mathfrak{R}_2$ verschoben wird, wie dies in Abb. 95 dargestellt ist. Diese $\mathfrak{R}_2$-Kurve kann man wieder auswerten, wie es für Abb. 94 beschrieben wurde. Im folgenden wird nur noch die Kurve U_1/U_{max} für den Fall $R_i = R_1$ nach Abb. 93 ausgewertet, da die Kurven $R_i = 0$ und $R_i = \infty$ nur geringe Abweichungen zeigen und bei vorliegendem Interesse ohne Mühe wie in Abb. 94 gewonnen werden können. Abb. 96 zeigt zum Vergleich die Kurve der Abb. 94 zur Schaltung nach Abb. 83a und die neue, steilere Kurve zur Schaltung nach Abb. 92. Noch steilere Kurven erhält man durch ein Doppelfilter nach Abb. 97, wo die beiden

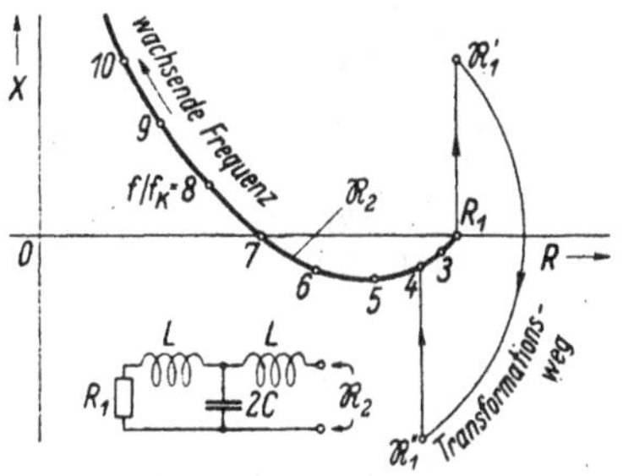

Abb. 95. Symmetrisches Filter

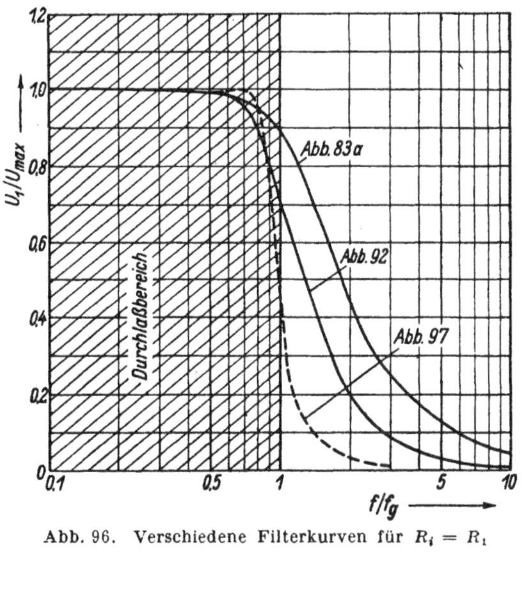

Abb. 96. Verschiedene Filterkurven für $R_i = R_1$

mittleren L zu einem Schaltelement $2L$ zusammengefaßt sind. Der Eingangswiderstand des Doppelfilters ergibt eine Schleife, die zweimal durch R_1 läuft, so daß die gestrichelte Kurve der Abb. 96 innerhalb ihres Durchlaßbereichs wesentlich gleichmäßiger den Wert 1 besitzt als die Kurve des Einzelfilters. Das Doppelfilter gibt bereits eine nahezu ideale Filterkurve mit steiler Flanke bei $f/f_g = 1$. Abb. 97 zeigt den Verlauf des $\mathfrak{R}_2$, wobei die Frequenzzahlen die gleichen sind wie in Abb. 84 und Abb. 95. Wegen $f_g = 10\,f_K$ nach (17.15) ist der Frequenzpunkt 10 in Abb. 97 die Mitte der steilen Flanke in Abb. 96 bei $f/f_g = 1$. Durch Zufügen weiterer Filter gleichen Aufbaus kann man diesen Effekt verstärken. Man bildet jeweils den Transformationsweg in der Widerstandsebene und findet die $\mathfrak{R}_2$-Kurve, aus der man die Filterdämpfung berechnet. Mit wachsender Filterzahl muß man daran denken, daß die Verluste der Blindwiderstände sich durch einen wachsenden Leistungsverlust im Durchlaßbereich bemerkbar machen werden. Der Sperrbereich wird bei sehr hohen Frequenzen nicht das berechnete Verhalten zeigen, weil die Blindwiderstände nach § 13 dort mit erheblichen Nebeneffekten behaftet sind. Im Prinzip kann man für alle Filterkurven auch Formeln angeben, die aber schon so kompliziert sind, daß die hier angewandte graphische Methode nützlicher erscheint.

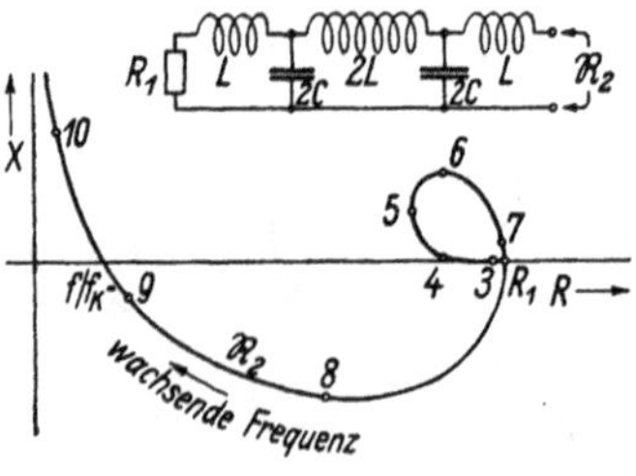

Abb. 97. Doppelfilter

Die Daten L und C des Tiefpaßfilters liegen fest, wenn $R_1 = \sqrt{L/C}$ und die Grenzfrequenz f_g gewählt sind. Aus (17.15) folgt dann

$$C = 1/(R_1\,\omega_g); \qquad L = R_1/\omega_g. \tag{17.18}$$

Benutzt man statt f_g die Grenzwellenlänge λ_g nach (1.7), so wird einfach

$$C = 530 \cdot \lambda_g/R_1\,[\mathrm{pF}]; \quad L = 0{,}53 \cdot R_1 \cdot \lambda_g\,[\mathrm{nH}]\ (\lambda_g \text{ in m},\ R_1 \text{ in } \Omega). \tag{17.19}$$

Wenn die höchste, noch durchzulassende Frequenz f_1 und die kleinste, noch zu sperrende Frequenz f_2 nicht sehr weit voneinander entfernt sind, erhält man die beste Sperre, wenn man f_g so wählt, daß f_1 am Beginn des abfallenden Kurventeils liegt. Wenn die Bedingungen weniger scharf sind, wird man f_1 nicht an diese äußerste Grenze legen, weil die hier nicht berücksichtigten Verluste der Blindwiderstände bei Annäherung an den Steilabfall schon meßbar wirksam werden. Da außerdem bei hohen Frequenzen die herstellbaren Werte L und C gewisse Ungenauigkeiten aufweisen, liegt das f_g im wirklichen Filter stets nicht genau auf dem berechneten Wert und man sollte auch aus diesem Grunde dem f_1 einen gewissen Sicherheitsabstand vom f_g geben. Man kann die Kurvensteilheit noch verbessern, wenn man in der Schaltung der Abb. 92 das L etwas größer wählt, als nach (17.18). Dann findet auch unterhalb der kritischen Frequenz nach (16.1) keine exakte Kompensation statt und $\mathfrak{R}_2$ durchläuft im Durchlaßbereich eine Schleife, wie sie in Abb. 98 gezeichnet ist, wobei wiederum die gleichen Frequenzzahlen wie in Abb. 95 eingetragen sind. Man verfolge den Transformationsweg der einzelnen Punkte und vergleiche mit Abb. 95. Je größer L, desto größer die Schleife. Im Fall $R_i = R_1$ ergeben gewisse Abweichungen des $\mathfrak{R}_2$ von R_1 kein Absinken des N/N_{max}, weil, wie die Kreise der Abb. 93 zeigen, der Parameter N/N_{max} in der Nähe des Punktes 1 nahezu gleich 1 bleibt. Erst bei sehr großen Schleifen zeigt sich im Durchlaßbereich ein kleines Absinken. Abb. 99 enthält die Veränderung der Filterkurve mit wachsendem L bei konstantem C. Wenn man aus Abb. 99 die für das jeweilige Problem günstigste Kurve entnommen hat, kann man die Lage des f_g zu den beabsichtigten Betriebsfrequenzen angeben, daraus f_g gewinnen und das zugehörige L aus (17.17) mit dem entsprechenden Aufschlag berechnen.

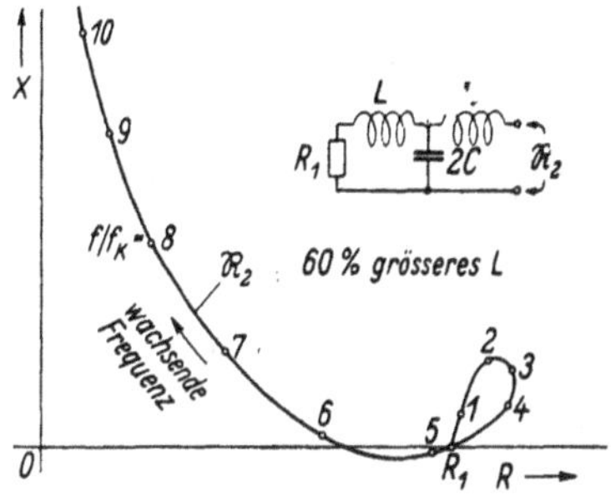

Abb. 98. Widerstandsschleife

Eine steile Kurve mit relativ kleinem Aufwand erhält man aus der Schaltung der Abb. 92, wenn man vor die Kapazität nach Abb. 100 eine kleine Serieninduktivität L' schaltet. Bei niedrigen Frequenzen ist dieses L' ohne wesentliche Wirkung, weil der Blindwiderstand des C dann noch erheblich größer ist. Die Serienresonanz f_R des L' und $2C$ legt man in den Sperrbereich, um dort die Siebwirkung durch eine ausgeprägte Nullstelle der Kurve U_1/U_{max} zu verbessern (Abb. 101). Im Durchlaßbereich wirkt das L' nach (6.13) durch eine Erhöhung der Kapazität

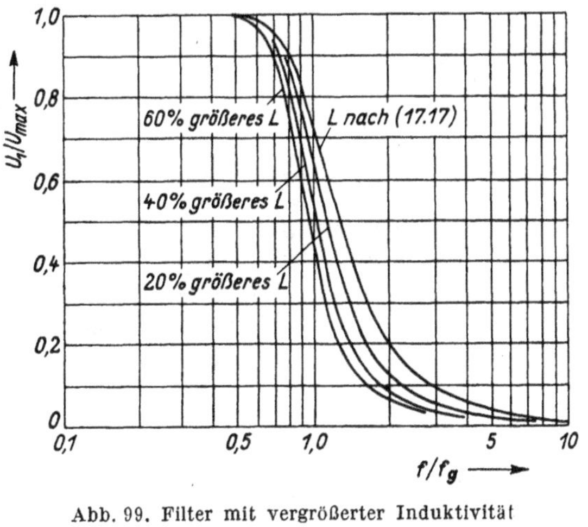

Abb. 99. Filter mit vergrößerter Induktivität

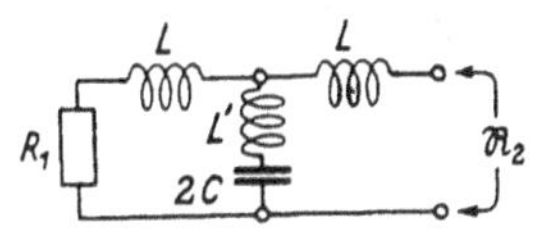

Abb. 100. Tiefpaßfilter mit Resonanzkreis

$2C$ auf den wirksamen, größeren Wert $2C'$, der allerdings frequenzabhängig ist. Man kann ein solches Filter nach folgenden Gesichtspunkten sehr einfach berechnen. Die niedrigste, noch zu sperrende Frequenz f_2 hat bei den bisherigen Filtern die kleinste Dämpfung. An diese Stelle legt man daher zweckmäßig die Nullstelle der Dämpfung, also $f_R = f_2$. Die höchste noch durchzulassende Frequenz f_1 legt man in die Nähe der Grenzfrequenz, also etwa $f_g = 1{,}25\, f_1$. Bei der Frequenz f_g wirkt dann durch Vorschalten des L' statt C der größere Wert C' nach (6.13)

$$C' = \frac{C}{1-(f_g/f_2)^2}. \tag{17.20}$$

Aus (17.17) berechnet man das L wie immer, aber das nach (17.17) berechnete C ist jetzt das wirksame C' nach (17.20), das also mit $[1 - (f_g/f_2)^2]$ multipliziert werden muß, um das C der Schaltung der Abb. 100 zu erhalten. Das L' erhält man aus (6.23) mit der Resonanzfrequenz f_2 (Wellenlänge λ_2) und der zugehörigen Kapazität $2C$, mit der es in Resonanz kommen soll.

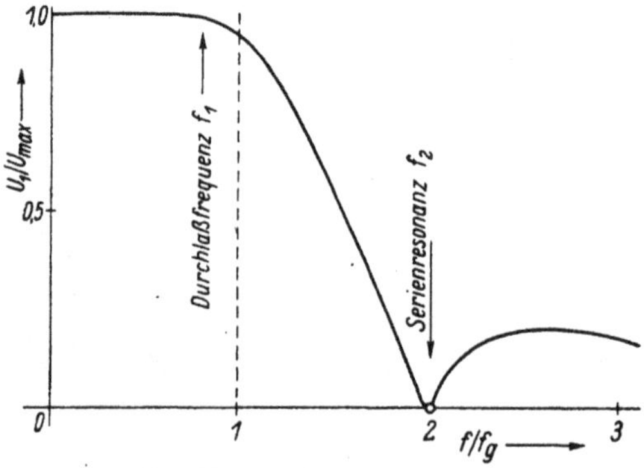

Abb. 101. Filterkurve von Abb. 100

Abb. 101 zeigt eine Filterkurve für den Fall $f_2 = 2{,}5\, f_1$, deren Berechnung hier als Beispiel näher skizziert werden soll. $f_2 = 2 f_g$ ist die Resonanzfrequenz des Serienkreises, $f_1 = 0{,}8\, f_g$, der Faktor $1 - (f_g/f_2)^2 = 0{,}75$. Aus (17.17) folgt

$$L = R_1/(2\pi f_g); \qquad C' = 1/(R_1 \cdot 2\pi f_g) \tag{17.21}$$

bzw. nach (17.20)

$$C = 0{,}75/(R_1 \cdot 2\pi f_g). \tag{17.22}$$

Das zugehörige Serien-L' ergibt sich dann nach (6.23) zu

$$L' = 140 \cdot \lambda_2^2/C \text{ [nH]} \quad (C \text{ in pF}, \lambda_2 \text{ in m}). \tag{17.23}$$

Für die Schaltung der Abb. 100 benötigt man zur graphischen Auswertung den Leitwert der Serienschaltung des L' und des $2C$ nach (6.11). Der relative Resonanzblindleitwert $y_R = Y_R \cdot R_1$ des $2C$ bei der Frequenz f_2 ergibt sich mit (17.22) zu $y_R = 2\pi f_2 \cdot 2C \cdot R_1 = 1{,}5 \cdot f_2/f_g$. Der relative Leitwert der Serienschaltung lautet dann nach (6.11) ähnlich wie in (17.17)

$$y = 1{,}5 \frac{f}{f_g} \frac{1}{1-(f/f_2)^2}. \tag{17.24}$$

Man sieht, daß man bei diesem Vorgehen zu sehr einfachen Formeln gelangt, wobei das Ergebnis der Rechnung für beliebige Werte von $R_1 = \sqrt{L/C'}$ mit C' aus (17.21) gültig ist. Auch die Anwendung dieser Formeln zur Berechnung des relativen Eingangswiderstandes $\mathfrak{r}_2 = \mathfrak{R}_2/R_1$ ist sehr einfach, weil der relative Abschlußwiderstand $r_1 = R_1/R_1 = 1$ ist und die Werte x_L nach (17.17) und y nach (17.24) direkt zur Benutzung im relativen Transformationsdiagramm (siehe Beilage I) geeignet sind. Man erhält ausgehend von $r_1 = 1$ durch Serienschaltung des x_L, Parallelschaltung des y und nochmalige Serienschaltung des x_L das $\mathfrak{r}_2$ in Abhängigkeit von der Frequenz und trägt die

$\mathfrak{r}_2$-Kurve in Abb. 93 ein. Abb. 101 zeigt das Ergebnis $U_1/U_{max} = \sqrt{N/N_{max}}$ nach (17.8) für $R_i = R_1$.

Man kann auch die Kompensationsschaltung der Abb. 83b als ein Tiefpaßfilter ansehen und symmetrisch ergänzen, so daß die Schaltung der Abb. 102 entsteht. Um diese Schaltungen zu unterscheiden, nennt man die Schaltung der Abb. 92 ein T-Glied und die Schaltung der Abb. 102 ein Π-Glied entsprechend der Lage der drei Blindwiderstände. Die Schaltung der Abb. 83a ist dann ein halbes T-Glied und die Schaltung der Abb. 83b ein halbes Π-Glied. Die Berechnung des Π-Gliedes ist sehr leicht, wenn die Filterkurven des T-Gliedes bereits gegeben sind. Wenn das R_1 und die Grenzfrequenz für beide Schaltungen gleich sind, sind auch die Werte L und C gleich, weil sie stets aus (16.1) und (14.11) berechnet werden. Dann sind auch die relativen Größen x_L und y_C in beiden Schaltungen gleich. Da x_L und y_C nach (17.17) aber auch zahlenmäßig untereinander gleich sind, liegen hier zwei inverse Schaltungen vor, bei denen lediglich relative Widerstände und Leitwerte vertauscht sind. In solchen Schaltungen ist der Weg des relativen Widerstandes $\mathfrak{r}_2$ der einen Schaltung in der relativen Widerstandsebene der gleiche wie der Weg des relativen Leitwerts $\mathfrak{g}_2$ der anderen Schaltung in der relativen Leitwertsebene. Der relative Eingangswiderstand $\mathfrak{r}_2$ der T-Schaltung, der bisher ausführlich behandelt wurde, ist gleichzeitig der relative Eingangsleitwert $\mathfrak{g}_2$ der zugehörigen Π-Schaltung. Der Stromverlauf J_1/J_k der einen Schaltung ist dann gleich dem Spannungsverlauf U_1/U_l in der anderen Schaltung. Ohne weitere Rechnung ergeben sich also für die einfache Schaltung der Abb. 83b die gleichen Kurven wie in Abb. 94. Dabei wird die Kurve $R_i = \infty$ bei der inversen Schaltung die Kurve für $G_i = \infty$, also $R_i = 0$ und die frühere Kurve $R_i = 0$ hier die Kurve für $G_i = 0$, also $R_i = \infty$. Die Kurve $R_i = R_1$ bleibt sogar unverändert. Ferner gelten auch die Kurven der Abb. 96 ohne Änderung für die neue Schaltung, insbesondere die mittlere Kurve für die Schaltung der Abb. 102 und die untere Kurve für ein entsprechendes Doppelfilter (zwei Π-Glieder). Die Kurven der Abb. 99 entstehen für die Schaltung der Abb. 102, wenn man das C bei unverändertem L entsprechend vergrößert, und der Resonanzeffekt der Abb. 101, wenn man parallel zur Induktivität $2L$ eine Kapazität C' schaltet, die bei der Frequenz f_R zusammen mit $2L$ eine Parallelresonanz ergibt, wobei der relative Längswiderstand jx zahlenmäßig gleich dem früheren Leitwert jy nach (17.24) ist; man beachte dazu die formelle Gleichheit von (6.11) und (6.17).

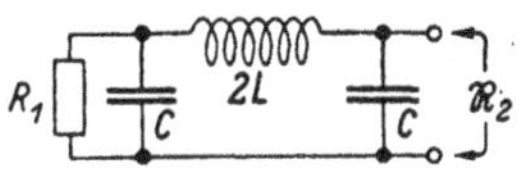

Abb. 102. Tiefpaß-Π-Glied

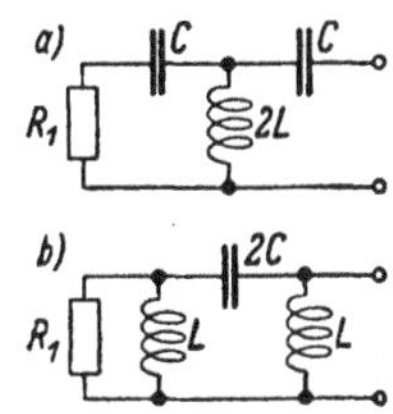

Abb. 103. Hochpaßfilter

Aus den Schaltungen der Abb. 83c und d entwickeln sich durch symmetrische Ergänzung das T-Glied der Abb. 103a und das Π-Glied der Abb. 103b. Die Berechnung von L und C erfolgt nach (16.3) und (16.4), wenn R_1 und die kritische Frequenz f_K gegeben sind. Hier ist die Grenzfrequenz $f_g = 0{,}1 f_K$. Mit (16.4) ergibt sich wie in (17.15)

$$\omega_g = 2\pi f_g = 0{,}1\ \omega_K = 1/\sqrt{LC} = R_1/L = 1/(R_1 C) \tag{17.25}$$

und damit wieder wie in (17.18)

$$C = 1/(R_1 \omega_g); \qquad L = R_1/\omega_g. \tag{17.25a}$$

Statt (17.17) stehen hier für die relativen Größen

$$y_L = -f_g/f; \qquad x_C = -f_g/f, \tag{17.26}$$

also der negativ reziproke Frequenzfaktor der Tiefpaßschaltungen. Dadurch ist die Berechnung der Hochpaßfilter geklärt und man kann alle Kurven der entsprechenden Tiefpaßfilter übernehmen, wenn man in den Formeln das L, C und f/f_g der Tiefpaßfilter durch das C, L und $-f_g/f$ der Hochpaßfilter ersetzt. Statt $\mathfrak{r}_2$ tritt hier $-\mathfrak{r}_2$ auf. So gelingt es, alle bisher genannten Filter mit relativ einfachen Berechnungsverfahren auf eine gemeinsame Grundlage zu stellen.

Die Wahl zwischen einer Π-Schaltung oder T-Schaltung erfolgt meist auf Grund des Verhaltens ihres Eingangswiderstandes $\mathfrak{R}_2$ im Sperrbereich. Die T-Schaltung der Abb. 92 hat im Sperrbereich einen sehr hohen Eingangswiderstand, dagegen die Π-Schaltung der Abb. 102 einen sehr kleinen, weil die Eingangskapazität bei sehr hohen Frequenzen einen kleinen Blindwiderstand darstellt und dann der Hauptbestandteil des $\mathfrak{R}_2$ ist. Gleiches gilt für die Schaltungen der Abb. 103 bei sehr niedrigen Frequenzen. Oft verwendet man die Filter in einer Frequenzweiche nach Abb. 104, wo zwei Frequenzen f_1 und f_2 verschiedenen Verbrauchern zugeführt werden. Die kleinere Frequenz f_1 geht durch ein Tiefpaßfilter nach R_1, die größere durch ein Hochpaßfilter nach R_2, wobei die Filter jeweils die andere Frequenz sperren. Dazu wird man T-Glieder benutzen, deren hoher Eingangsblindwiderstand im Sperrbereich parallel zum Wirkwiderstand des anderen Filters, das dort seinen Durchlaßbereich hat, keine Störung bedeutet. Das Π-Glied dagegen würde durch seinen kleinen Eingangswiderstand jeweils das andere Filter in der Parallelschaltung der Abb. 104 kurzschließen.

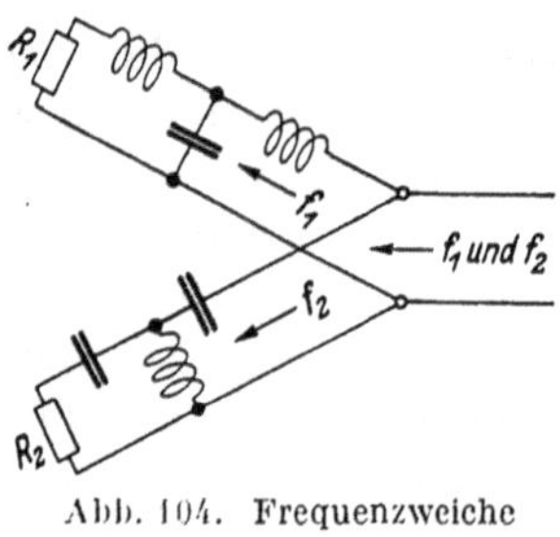

Abb. 104. Frequenzweiche

Als Bandfilter bezeichnet man die Schaltungen, deren Durchlaßbereich die Umgebung $f_R \pm \Delta f_g$ einer mittleren Frequenz f_R ist. Der Sperrbereich enthält alle Frequenzen unter $(f_R - \Delta f_g)$ und alle Frequenzen über $(f_R + \Delta f_g)$. Sie entwickeln sich aus den Resonanzschaltungen der Abb. 85, deren Resonanzkreise auf die Frequenz f_R abgestimmt sind. Diese Filter zeigen auf beiden Seiten ihres Durchlaßbereichs ähnlich abfallende Kurven wie die bisher besprochenen Filter hinter der Grenzfrequenz f_g. Ihre Berechnung gelingt bei richtiger Anwendung der erwähnten Rechenverfahren ohne Mühe. Es ergeben sich dabei die gleichen Effekte wie bei der Tiefpaßfilterkurve. An Stelle der einseitigen $\mathfrak{r}_2$-Kurven wie in Abb. 93, 95, 97 und 98 entstehen hier symmetrische Kurven wie in Abb. 86.

Abschließend soll eine allgemeine Regel mitgeteilt werden, unter welchen Umständen Schaltungen aus drei Blindwiderständen nach Abb. 105 und Abb. 106 überhaupt bei irgendeiner Frequenz einen Durchlaß ergeben können, wo sie also den Abschlußwiderstand R_1 unverändert am Eingang erscheinen lassen. Voraussetzung dazu ist stets Symmetrie, also $X_1 = X_3$, verschiedenes Vorzeichen von X_1 und X_2 und eine bestimmte Beziehung zwischen X_1 und X_2 für die betreffende Frequenz. Wenn, wie in Abb. 105, X_1 positiv ist, durchläuft R_1 den Transformationsweg über $\mathfrak{R}_1'$ und $\mathfrak{R}_1''$ nach R_1 zurück. Dies tritt ein, wenn der Betrag des Blindleitwerts $j\,Y_2 = -j\,1/X_2$ doppelt so groß ist wie der Betrag des Blindleitwerts des Punktes $\mathfrak{R}_1' = R_1 + jX_1$, der nach (9.2) berechnet oder dem Transformationsdiagramm entnommen werden kann:

$$|Y_2| = \left|\frac{2\,X_1}{R_1{}^2 + X_1{}^2}\right|. \tag{17.27}$$

Nur dann wird $\mathfrak{R}_1'$ nach $\mathfrak{R}_1''$ genau unter R_1 verschoben. Wenn in Abb. 105 X_1 negativ ist, wird der Transformationsweg in umgekehrter Richtung durchlaufen und (17.27) bleibt bestehen. Für die Schaltung der Abb. 106 besteht

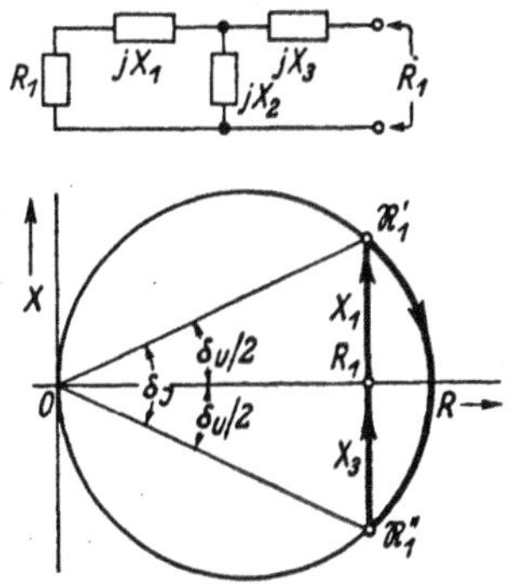

Abb. 105. Durchlaßschaltung

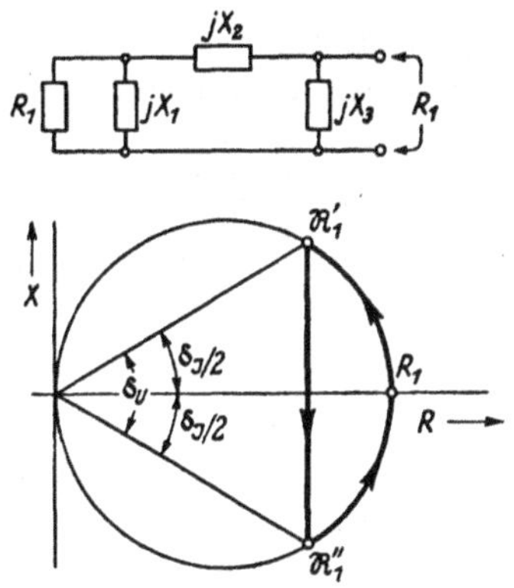

Abb. 106. Durchlaßschaltung

ebenfalls die Bedingung der Symmetrie ($X_1 = X_3$) und des entgegengesetzten Vorzeichens von X_1 und X_2. Die Abbildung zeigt den Transformationsweg für positives X_1. Der Betrag des Blindwiderstandes jX_2 muß dann doppelt so groß sein wie der Betrag des Blindwiderstandes des $\mathfrak{R}_1'$, damit $\mathfrak{R}_1''$ auf dem durch R_1 laufenden G-Kreis liegt. Wenn $jY_1 = -j\,1/X_1$ der Leitwert des jX_1 ist, so wird hier

$$|X_2| = \left|\frac{2\,Y_1}{(1/R_1)^2 + Y_1{}^2}\right|. \tag{17.28}$$

Für negatives X_1 wird der Transformationsweg in umgekehrter Richtung durchlaufen, wobei (17.28) erhalten bleibt.

Ergänzendes Schrifttum: [17, 18].

§ 18. Breitbandtransformation

Die Erörterungen des § 15 sind hier durch solche Schaltungen zu ergänzen, die die gewünschte Transformation in einem größeren Frequenzbereich durchführen. Gegeben sei ein frequenzunabhängiger reiner Wirkwiderstand R_0. Gewünscht wird, daß dieser frequenzunabhängig in einen ganz bestimmten reinen Wirkwiderstand R_{20} transformiert wird. Dies wird praktisch nur in der Form gelingen, daß der komplexe Eingangswiderstand $\mathfrak{R}_2$ der Schaltung in einem gewissen Frequenzbereich wie in Abb. 82 innerhalb eines kleinen Kreises um den Sollwert R_{20} herum liegt. Im einfachsten Fall verlangt man wie in § 16, daß die Transformation für zwei nicht sehr weit voneinander entfernte Frequenzen genau richtig ist. Dann ist sie innerhalb des Bereichs zwischen diesen beiden Frequenzen annähernd richtig und der Eingangswiderstand $\mathfrak{R}_2$ durchläuft eine Schleife ähnlich Abb. 82, die bei den beiden beabsichtigten Frequenzen den Sollwert R_{20} trifft. Zur Lösung der Aufgabe benötigt man vier Blindwiderstände, weil man an die Schaltung vier Forderungen stellt. Es soll nämlich der Realteil R_2 des $\mathfrak{R}_2$ für zwei Frequenzen gleich R_{20} und der Imaginärteil jX_2 des $\mathfrak{R}_2$ für diese beiden Frequenzen gleich Null sein. Es werden nur Schaltungen betrachtet, die das Aufbauprinzip der Abb. 81 haben, deren Transformation also nach dem üblichen Verfahren mit dem Transformationsdiagramm berechnet werden kann.

Die Transformationsschaltungen des § 15, die aus zwei Blindwiderständen bestehen, sollen als Elementartransformatoren bezeichnet werden. Der hier besprochene Breitbandtransformator ist stets eine Hintereinanderschaltung von zwei Elementartransformatoren, wie es Abb. 107 in einem Beispiel zeigt. Der Transformator I transformiert das gegebene R_0 in einen frequenzabhängigen komplexen Widerstand $\mathfrak{R}_1$. Der zweite Elementartransformator transformiert dann als Kompensationsglied nach § 16 dieses $\mathfrak{R}_1$ für zwei Frequenzen in den Sollwert R_{20} und für den Bereich zwischen diesen Frequenzen in eine kleine Schleife. Das Beispiel der Abb. 107 benutzt die Kompensationsschaltung der Abb. 90 mit dem dort gegebenen Rückwärtsdiagramm. Sie wird ergänzt durch eine passende Transformationsschaltung I, deren Eingangswiderstand $\mathfrak{R}_1$ bei richtiger Dimensionierung mit einer der $\mathfrak{R}_1'$-Kurven der Abb. 90 die in Abb. 89 dargestellte Kompensationsbedingung erfüllt. Man arbeitet mit relativen Widerständen $\mathfrak{r} = \mathfrak{R}/R_{20}$, die also den relativen Sollwert $R_{20}/R_{20} = 1$ für die Schaltung ergeben. Dadurch gewinnt man wiederum Ergebnisse, die für beliebiges R_{20} anwendbar sind. In Abb. 108 ist zunächst der relative Abschlußwiderstand $r_0 = R_0/R_{20}$ eingezeichnet. Der relative Blindwiderstand $x_{C1} = -1/(\omega C_1 R_{20})$ der Kapazität und der relative Blindleitwert $y_{L1} = -R_{20}/(\omega L_1)$ der Induktivität des Elementartransformators I bestimmen die Transformation des r_0 in den relativen Eingangswiderstand $\mathfrak{r}_1 = \mathfrak{R}_1/R_{20}$ dieses Transformators. Als sein Vorwärtsdiagramm

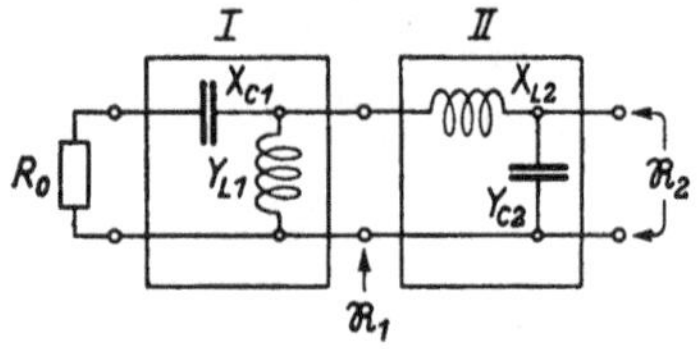

Abb. 107.
Breitbandtransformationsschaltung

bezeichnet man die Gesamtheit aller Kurven $\mathfrak{r}_1$ für jeweils konstantes L_1 und C_1 in Abhängigkeit von der Frequenz. Man erhält eine Kurvenschar (Abb. 108) ähnlich wie das Rückwärtsdiagramm in Abb. 90. Da der Quotient

$$q_{\mathrm{I}} = x_{C1}/y_{L1} = (L_1/C_1)/R_{20}^2 \tag{18.1}$$

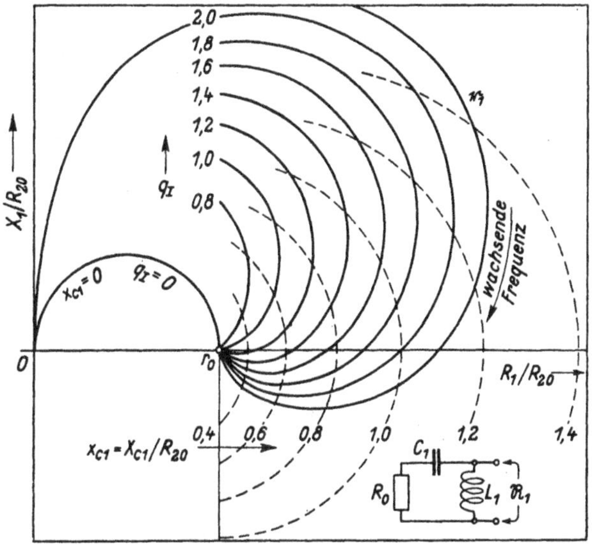

Abb. 108. Vorwärtsdiagramm

wie in (16.14) unabhängig von der Frequenz ist, besitzt jede Kurve des frequenzabhängigen $\mathfrak{r}_1$ jeweils konstantes q_{I} zu gegebenem L_1 und C_1. Die Lage der zu den einzelnen Frequenzen gehörenden Werte $\mathfrak{r}_1$ und die Wanderungsgeschwindigkeit des $\mathfrak{r}_1$ auf den Kurven mit wachsender Frequenz wird wie in Abb. 90 durch die gestrichelten Kurven mit dem Parameter x_{C1} gegeben. Gehört zu einem Punkt A einer Kurve der Parameter $(x_{C1})_A$ und zu einem Punkt B der gleichen Kurve der Parameter $(x_{C1})_B$, so gilt für das Frequenzverhältnis f_A/f_B dieser beiden Punkte ähnlich wie in (16.15)

$$f_A/f_B = \omega_A C_1/(\omega_B C_1) = (x_{C1})_B/(x_{C1})_A. \tag{18.2}$$

Um die zur Kompensation geeigneten Punkte A und B nach dem Prinzip der Abb. 89 zu erhalten, zeichnet man wie in Abb. 109 das Rückwärtsdiagramm der Abb. 90 und das Vorwärtsdiagramm der Abb. 108 übereinander. Jede Kurve $\mathfrak{r}_1$ des Vorwärtsdiagramms schneidet eine der Kurven $\mathfrak{r}_1'$ des Rückwärtsdiagramms in zwei benachbarten Punkten A und B. Unter diesen vielen Schnitten ist derjenige der

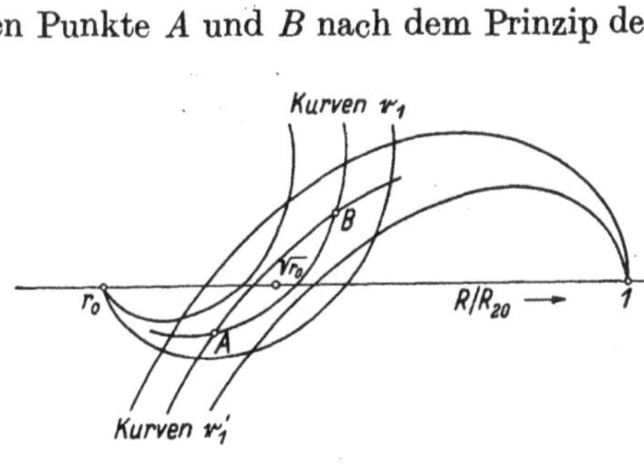

Abb. 109. Kompensationspunkte

richtige, für den der Quotient f_A/f_B der $\mathfrak{r}_1$-Kurve nach (18.2) und der Quotient f_A/f_B der $\mathfrak{r}_1'$-Kurve nach (16.15) den gleichen Wert haben. Dann erfolgt sowohl die Transformation des r_0 über den Zwischenpunkt A bei der Frequenz f_A wie auch über den Zwischenpunkt B bei der Frequenz f_B nach dem Sollwert $r_{20} = 1$. Aus den Kurven entnimmt man für den Punkt A die Quotienten q_{I} und q_{II} sowie die Werte $(x_{C1})_A$ für den Transformator I und $(x_{L2})_A$ für den Transformator II (gestrichelte Kurven der Abb. 108 und 90). Damit kennt man auch nach (18.1) $(y_{L1})_A = (x_{C1})_A/q_{\mathrm{I}}$ und nach (16.14), $(y_{C2})_A = (x_{L2})_A/q_{\mathrm{II}}$. Aus $(x_{C1})_A$, $(y_{L1})_A$, $(x_{L2})_A$ und $(y_{C2})_A$ erhält man dann bei bekannter Frequenz f_A und gegebenem R_{20} alle L und C der Schaltung. Anschließend ermittelt man die relativen Blindwiderstände der vier Schaltelemente für beliebige Frequenzen f nach folgendem einfachen Verfahren. Es sind bei der Frequenz f_A die oben erhaltenen Werte

$$(x_{C1})_A = -\frac{1}{2\pi f_A \cdot C_1 \cdot R_{20}}; \qquad (y_{L1})_A = -\frac{R_{20}}{2\pi f_A \cdot L_1};$$

$$(x_{L2})_A = \frac{2\pi f_A \cdot L_2}{R_{20}}; \qquad (y_{C2})_A = 2\pi f_A \cdot C_2 \cdot R_{20}.$$

Daraus erhält man die Werte bei einer anderen Frequenz durch Multiplikation mit f/f_A oder f_A/f

$$x_{C1} = (x_{C1})_A \cdot f_A/f; \qquad y_{L1} = (y_{L1})_A \cdot f_A/f;$$

$$x_{L2} = (x_{L2})_A \cdot f/f_A; \qquad y_{C2} = (y_{C2})_A \cdot f/f_A.$$

Mit diesen relativen Werten ermittelt man die Transformation bei der Frequenz f mit dem Transformationsdiagramm, erhält den Eingangswiderstand $\mathfrak{R}_2$ der Schaltung, also die Schleife für den interessierenden Frequenzbereich, und erkennt, ob diese Schleife sich in den zulässigen Grenzen hält. Es ergibt sich, daß die Punkte A und B (Abb. 109) bei dieser Schaltung in der Nähe der reellen Achse liegen. Nähert man A und B einander immer mehr, so treffen sie sich im Punkte $\sqrt{r_0}$ der reellen Achse, der also als der eigentliche Breitbandpunkt bezeichnet werden kann. Der Transformator I transformiert dann bei der mittleren Frequenz f_0 von r_0 nach $\sqrt{r_0}$, also wie $1 : \sqrt{r_0}$, der Transformator II von $\sqrt{r_0}$ nach 1, also ebenfalls wie $1 : \sqrt{r_0}$. Beide Transformatoren übernehmen also den gleichen Teil der Gesamttransformation.

Die Breitbandeigenschaft dieser Schaltung kann auch rechnerisch erfaßt werden, insbesondere kann man allgemein beweisen, daß für den angenommenen reellen Zwischenpunkt $\mathfrak{r}_1 = \sqrt{r_0}$ die Kompensation nach Abb. 89 für sehr nahe beieinanderliegende Punkte A und B tatsächlich eintritt. Gegeben sei R_0, der Sollwert R_{20} und die mittlere Frequenz f_0. Der Quotient $\ddot{u} = R_{20}/R_0$ sei das Transformationsverhältnis der gesamten Schaltung für die Frequenz f_0. Der Transformator I transformiert dann R_0 in den reellen Zwischenwert $R_{10} = R_0 \sqrt{\ddot{u}}$, der Transformator II dieses $_{10}$ nach R_{20}. Den Transfor-

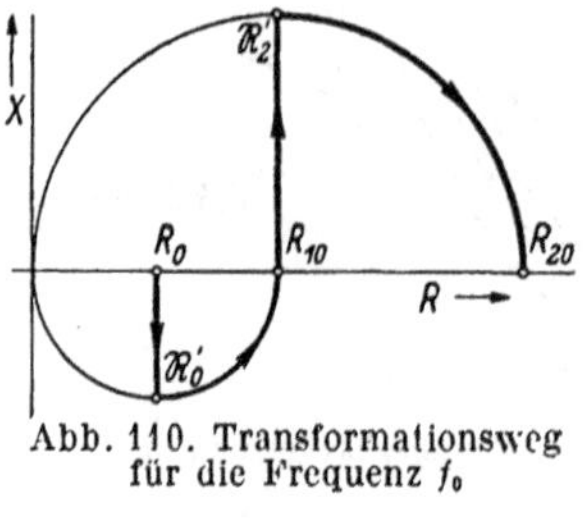

Abb. 110. Transformationsweg für die Frequenz f_0

mationsweg für die Frequenz f_0 zeigt Abb. 110. Von R_0 gelangt man durch X_{C1} nach $\mathfrak{R}_0'$, anschließend durch Y_{L1} auf einem G-Kreis nach R_{10}, weiter durch X_{L2} nach $\mathfrak{R}_2'$ und durch Y_{C2} auf dem G-Kreis nach R_{20}. Der Durchmesser des kleinen G-Kreises ist R_{10}, der Durchmesser des großen G-Kreises R_{20}. Nach elementaren Gesetzen ist dann die Strecke $\overline{R_0\mathfrak{R}_0'} = \sqrt{R_0(R_{10} - R_0)}$ oder der Blindwiderstand des erforderlichen C_1 bei der Frequenz f_0

$$X_{C1} = -1/(2\pi f_0 \cdot C_1) = -\sqrt{R_0(R_{10} - R_0)} = -R_0\sqrt{\sqrt{\ddot{u}} - 1}. \qquad (18.3)$$

Der Blindleitwert des L_1 bei der Frequenz f_0 ist gleich dem negativen Blindleitwert des $\mathfrak{R}_0' = R_0 + jX_{C1}$, der nach (9.2) berechnet werden kann:

$$Y_{L1} = -\frac{1}{2\pi f_0 \cdot L_1} = -\frac{1}{R_0}\frac{\sqrt{\sqrt{\ddot{u}} - 1}}{\sqrt{\ddot{u}}}. \qquad (18.4)$$

Der Blindwiderstand X_{L2} des L_2 bei der Frequenz f_0 ist gleich der Strecke $\overline{R_{10}\mathfrak{R}_2'}$:

$$X_{L2} = 2\pi f_0 \cdot L_2 = \sqrt{R_{10}(R_{20} - R_{10})} = R_0\sqrt{\ddot{u}}\sqrt{\sqrt{\ddot{u}} - 1}. \qquad (18.5)$$

Der Blindleitwert Y_{C2} des C_2 bei der Frequenz f_0 ist gleich dem negativen Blindleitwert des $\mathfrak{R}_2' = R_{10} + jX_{L2}$, der nach (9.2) berechnet wird:

$$Y_{C2} = 2\pi f_0 \cdot C_2 = \frac{1}{R_0}\frac{\sqrt{\sqrt{\ddot{u}} - 1}}{\ddot{u}}. \qquad (18.6)$$

Aus diesen Gleichungen kann man die Dimensionierung der Schaltung für eine unendlich kleine Schleife berechnen und durch geringe Abweichungen von diesen Werten größere Schleifen erhalten. Wenn man den rechnerischen Nachweis erbringen will, daß der Zwischenpunkt R_{10} wirklich der Breitbandpunkt ist, betrachtet man ein kleines Frequenzintervall um die mittlere Frequenz f_0 nach (15.5) und benutzt die Näherungsformeln (15.10) bis (15.12), um mit (18.3) bis (18.6) die Blindwerte für die Frequenzabweichung Δf zu erhalten.

Abb. 111 zeigt, wie man anschaulich das Entstehen der Breitbandschleife aus den Transformationseigenschaften der Blindwiderstände ableiten kann. Aus dem Punkt R_0 entstehen durch Serienschaltung des C_1 die Punkte $\mathfrak{R}_0'$, die in Abhängigkeit von der Frequenz auf einer senkrechten Geraden liegen. Man verfolge insbesondere die Transformation der bezifferten Punkte und beachte, daß das Ziel der Transformation eine Schleife ist, die zwischen den Punkten 1 und 3 liegen soll. Das parallelgeschaltete L_1 verschiebt jedes $\mathfrak{R}_0'$ auf seinem G-Kreis und läßt als Eingangswiderstand des Transformators I

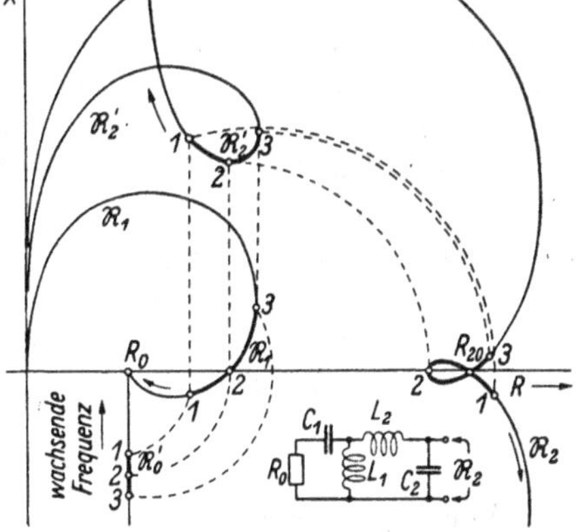

Abb. 111. Entstehung einer Breitbandschleife

den Widerstand $\Re_1$ entstehen, dessen Kurve schon ein schleifenähnliches Aussehen hat. Durch Vorschalten des L_2, wobei alle Punkte $\Re_1$ senkrecht nach oben wandern, entsteht daraus die Kurve $\Re_2'$, die bereits eine Schleife besitzt. Das parallelgeschaltete C_2 verschiebt alle Punkte $\Re_2'$ auf ihrem G-Kreis, bringt die Schleife auf die reelle Achse in die Nähe des Sollwerts R_{20} und zieht sie auf die beabsichtigte Größe zusammen, so daß sie zwischen ihren Punkten 1 und 3 überall den zulässigen Abstand von R_{20} hat.

Es gibt noch weitere Schaltungen dieser Art, wo z. B. der Transformator I und der Transformator II ihre Lage vertauschen (Abb. 112a). Der Trans-

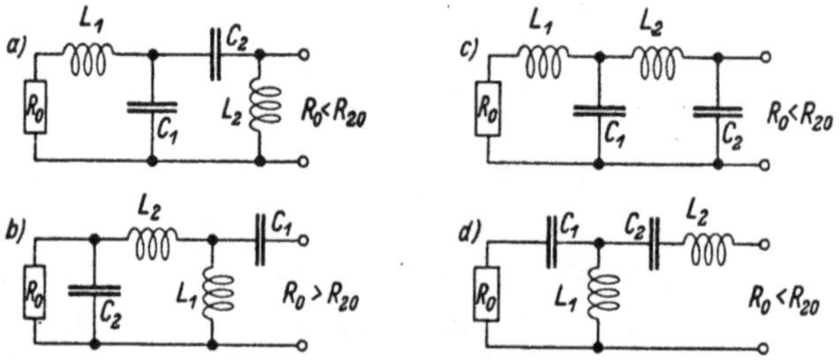

Abb. 112. Breitbandtransformationsschaltungen

formationsweg für die Frequenz f_0 verläuft dann spiegelbildlich zur Abb. 110, die einzelnen Strecken bleiben aber bei gleichem Transformationsverhältnis $ü$ die gleichen. Die Berechnung der L und C gelingt dann mit (18.3) bis (18.6): Bei der Frequenz f_0 ist der Blindwiderstand X_{L1} gleich $-X_{C1}$ nach (18.3), der Blindleitwert Y_{C1} gleich $-Y_{L1}$ nach (18.4), der Blindwiderstand X_{C2} gleich $-X_{L2}$ nach (18.5) und der Blindleitwert Y_{L2} gleich $-Y_{C2}$ nach (18.6). Bisher war stets $R_0 < R_{20}$. Man kann jedoch jede dieser Schaltungen auch in umgekehrter Richtung verwenden, um ein größeres R_0 in ein kleineres R_{20} zu transformieren. Abb. 112b zeigt als Beispiel die Umkehrung der Schaltung der Abb. 107, wobei in die Endformeln (18.3) bis (18.6) lediglich R_{20} statt R_0 und $ü = R_0/R_{20} > 1$ einzusetzen ist. Der brauchbare Frequenzbereich, also die Bandbreite, nimmt bei gegebenem Fehlerkreis (vgl. Abb. 82) mit wachsendem Transformationsverhältnis $ü$ ab. Als ungefährer Anhaltspunkt möge dienen, daß der nach (15.6) definierte Fehler $\Delta\Re_2$ des Eingangswiderstandes $\Re_2$ in der Umgebung von f_0 nicht mehr linear nach (15.7) von Δf abhängt, sondern quadratisch. Eine Näherungsformel, deren Ableitung hier nicht interessieren soll, besagt, daß für kleine Schleifen bei Schaltungen nach Abb. 111 und den daraus abgeleiteten Schaltungen der Widerstandsfehler

$$|\Delta\Re_2| = 5(\sqrt{ü} - 1)(\Delta f/f_0)^2 R_{20} \tag{18.7}$$

ist. Voraussetzung ist stets, daß alle beteiligten Widerstände, also das R_0 und die Blindwiderstände, sehr genau die in der Theorie vorausgesetzten Werte auch wirklich in der praktisch ausgeführten Schaltung besitzen.

Weitere Breitbandschaltungen kann man leicht finden, wenn man nur den grundsätzlichen Verlauf der $\mathfrak{r}_1$-Kurven und der $\mathfrak{r}_1'$-Kurven für die verwendeten Elementartransformatoren kennt. Abb. 113 gibt ein Beispiel zur Schaltung der Abb. 112c. Die $\mathfrak{R}_1$-Kurve des Transformators I hat den in Abb. 113 gezeichneten prinzipiellen Verlauf, der spiegelbildlich zu den Kurven der Abb. 108 ist. Die $\mathfrak{R}_1'$-Kurve des Transformators II findet man in Abb. 90. Wenn man nur die Form dieser Kurven kennt, kann man bereits allgemein entscheiden, ob es bei dieser Kombination eine Breitbandmöglichkeit gibt. Man prüft lediglich wie in Abb. 113, ob die beiden Kurven sich in zwei benachbarten Punkten A und B schneiden können, und ob der Pfeil wachsender Frequenz dort auf beiden Kurven gleiche Richtung hat. Wenn es einen solchen Schnitt überhaupt gibt, dann gibt es auch stets unter den vielen Kurven des Vorwärts- und Rückwärtsdiagramms solche, bei denen der Frequenzquotient f_A/f_B der Punkte A und B auf beiden Kurven gleich ist. So findet man sehr schnell die Gesamtheit aller Schaltungen, die Breitbandeigenschaften besitzen.

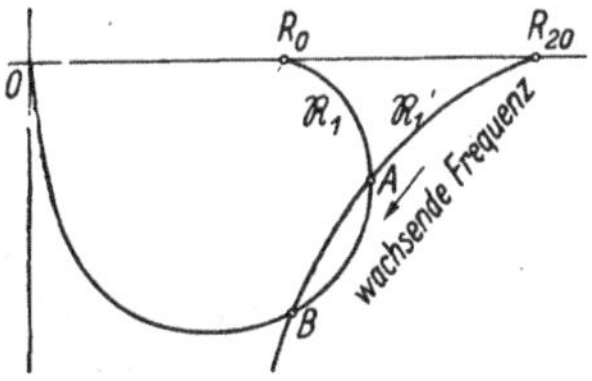

Abb. 113.
Kompensation zur Schaltung der Abb. 112c

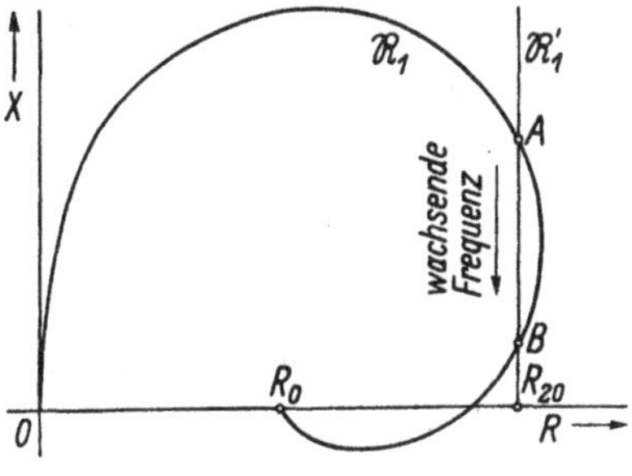

Abb. 114.
Kompensation zur Schaltung der Abb. 112d

Man kann auch wie in Abb. 112d den ersten oder den zweiten Transformator durch einen Resonanzkreis ersetzen, der ein Serienresonanzkreis oder ein Parallelresonanzkreis sein kann und der in Serie oder parallel zu den betreffenden Punkten des verbleibenden Transformators geschaltet wird. So erhält man zahlreiche weitere Kombinationen, unter denen viele Breitbandtransformatoren sind. Die Schaltung der Abb. 112d berechnet man nach Abb. 114. Der Serienwiderstand (C_2, L_2) verschiebt das $\mathfrak{R}_1$ des Transformators I auf einer senkrechten Geraden. Man zeichnet also als Rückwärtsdiagramm des Transformators II die senkrechte Gerade $\mathfrak{R}_1'$ durch R_{20} und sucht die Kurve $\mathfrak{R}_1$ des Vorwärtsdiagramms des Transformators I (Abb. 108), die diese Gerade in zwei benachbarten Punkten A und B schneidet. Die Frequenzen f_A und f_B in diesen Punkten sind durch die Aufgabe gegeben. Die Strecke $\overline{R_{20}A} = X_1$ ist dann der Blindwiderstand der Serienschaltung des L_2 und C_2 bei der Frequenz f_A, die Strecke $\overline{R_{20}B} = X_2$ ihr Blindwiderstand bei der Frequenz f_B. Die Formel für den Blindwiderstand findet man in (6.10), wobei die Größen X_R und ω_R unbekannt sind. Aus

$$X_1 = X_R\,(f_A/f_R - f_R/f_A);$$
$$X_2 = X_R\,(f_B/f_R - f_R/f_B)$$

kann man dann X_R und f_R und aus (6.8) L_2 und C_2 berechnen. Es gibt allgemein diejenige Breitbandschaltung die größte Bandbreite, bei der der Transformationsweg in der Widerstandsebene am kleinsten ist.

Ergänzendes Schrifttum: [15].

§ 19. Phasenschieber

Wenn bisher Strom und Spannung in einer Schaltung betrachtet wurden, so geschah dies im Hinblick auf ihre reelle Amplitude. Im folgenden wird nun die Phase betrachtet, insbesondere die Veränderung der Phase des Stromes und der Spannung durch eine vorgeschaltete Stufenschaltung aus Blindwiderständen nach Abb. 81. Im einfachsten Fall fließt ein Strom der komplexen Amplitude $\mathfrak{J}$ durch die Serienschaltung der komplexen Widerstände $\mathfrak{R}_0$ und $\mathfrak{R}_1$ nach Abb. 115. An $\mathfrak{R}_0$ liegt die Spannung der komplexen Amplitude $\mathfrak{U}_0 = \mathfrak{J} \cdot \mathfrak{R}_0$ und an der Summe $(\mathfrak{R}_0 + \mathfrak{R}_1)$ die Spannung $\mathfrak{U}_1 = \mathfrak{J} (\mathfrak{R}_0 + \mathfrak{R}_1)$. Der Widerstand $\mathfrak{R}_0$ besitzt den Phasenwinkel Φ_0; es ist also nach (2.14) $\mathfrak{R}_0 = |\mathfrak{R}_0| \cdot e^{j\Phi_0}$. Der Widerstand $(\mathfrak{R}_0 + \mathfrak{R}_1)$ besitzt den Phasenwinkel Φ_1, also $\mathfrak{R}_0 + \mathfrak{R}_1 = |\mathfrak{R}_0 + \mathfrak{R}_1| \cdot e^{j\Phi_1}$. Die Phasendifferenz δ_U zwischen $\mathfrak{U}_0$ und $\mathfrak{U}_1$ erhält man aus dem Quotienten

$$\frac{\mathfrak{U}_1}{\mathfrak{U}_0} = \frac{|\mathfrak{R}_0 + \mathfrak{R}_1|}{|\mathfrak{R}_0|} e^{j(\Phi_1 - \Phi_0)}. \tag{19.1}$$

Es ist daher

$$\delta_U = \Phi_1 - \Phi_0 = \Theta_0 - \Theta_1, \tag{19.2}$$

also gleich der Differenz der Phasenwinkel der betrachteten Widerstände $(\mathfrak{R}_0 + \mathfrak{R}_1)$ und $\mathfrak{R}_0$. Wenn also wie in Abb. 115 $\mathfrak{R}_0$ durch Serienschaltung in der Widerstandsebene verschoben wird, ist δ_U der Nullpunktswinkel zwischen

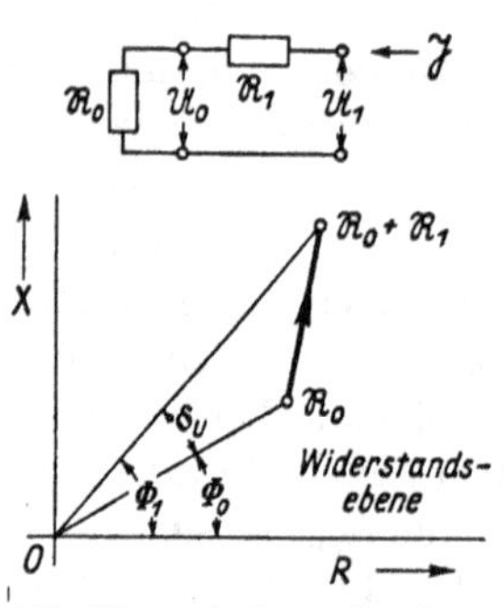

Abb. 115. Phasendrehung der Spannung

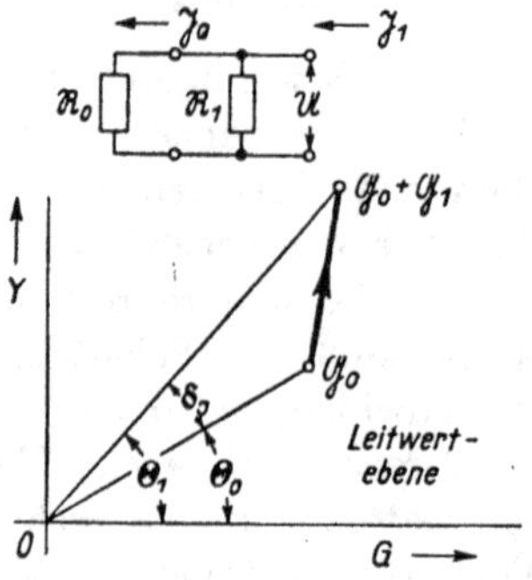

Abb. 116. Phasendrehung des Stromes

dem neuen Ort und dem früheren Ort. Nach (2.19) sind die Phasenwinkel Φ und Θ des Widerstands und des Leitwerts entgegengesetzt gleich, so daß man δ_U nach (19.2) auch durch die Phasenwinkel der Leitwerte ausdrücken kann. Wenn man dann einen Widerstand parallelschaltet (z. B. $\mathfrak{R}_2$ in Abb. 81), ändert sich die Phase der Spannung nicht, weil $\mathfrak{U}_2 = \mathfrak{U}_1$ ist. In einer längeren Schaltung nach Abb. 81 ändern also nur die Serienwiderstände die Phase der Spannung entsprechend der Konstruktion der Abb. 115.

Wenn an der Parallelschaltung der Widerstände $\mathfrak{R}_0$ und $\mathfrak{R}_1$ (Abb. 116) die Spannung $\mathfrak{U}$ liegt, so tritt eine Phasendifferenz δ_J zwischen dem Strom $\mathfrak{J}_0$ in $\mathfrak{R}_0$ und dem Gesamtstrom $\mathfrak{J}_1$ durch die Parallelschaltung ein. Man rechnet dann mit Leitwerten $\mathfrak{G}_0 = 1/\mathfrak{R}_0$ und $\mathfrak{G}_1 = 1/\mathfrak{R}_1$. Durch $\mathfrak{G}_0$ fließt der Strom $\mathfrak{J}_0 = \mathfrak{U} \cdot \mathfrak{G}_0$ und durch die Parallelschaltung $(\mathfrak{G}_0 + \mathfrak{G}_1)$ der Strom $\mathfrak{J}_1 = \mathfrak{U} (\mathfrak{G}_0 + \mathfrak{G}_1)$.

Der Leitwert $\mathfrak{G}_0$ besitzt den Phasenwinkel Θ_0 nach (2.15) und (2.19), der Leitwert $(\mathfrak{G}_0 + \mathfrak{G}_1)$ den Phasenwinkel Θ_1: $\mathfrak{G}_0 = |\mathfrak{G}_0| \cdot e^{j\Theta_0}$; $\mathfrak{G}_0 + \mathfrak{G}_1 = |\mathfrak{G}_0 + \mathfrak{G}_1| \cdot e^{j\Theta_1}$. Die Phasendifferenz δ_J zwischen $\mathfrak{J}_0$ und $\mathfrak{J}_1$ erhält man aus dem Quotienten

$$\frac{\mathfrak{J}_1}{\mathfrak{J}_0} = \frac{|\mathfrak{G}_0 + \mathfrak{G}_1|}{|\mathfrak{G}_0|} e^{j(\Theta_1 - \Theta_0)}. \tag{19.3}$$

Es ist daher

$$\delta_J = \Theta_1 - \Theta_0 = \Phi_0 - \Phi_1, \tag{19.4}$$

also gleich der Differenz der Phasenwinkel der betrachteten Leitwerte $(\mathfrak{G}_0 + \mathfrak{G}_1)$ und $\mathfrak{G}_0$ oder anschaulich in Abb. 116 der Nullpunktswinkel zwischen dem Ort $\mathfrak{G}_0$ und $(\mathfrak{G}_0 + \mathfrak{G}_1)$ in der Leitwertsebene. Da die Phasenwinkel der Widerstände und Leitwerte nach (2.19) entgegengesetzt gleich sind, kann man δ_J nach (19.4) auch durch die Differenz der Phasenwinkel der Widerstände $\mathfrak{R}_0 = 1/\mathfrak{G}_0$ und $\mathfrak{R} = 1/(\mathfrak{G}_0 + \mathfrak{G}_1)$ ausdrücken. Man beachte jedoch in (19.2) und (19.4) genau die Vorzeichen. Wenn man eine umfangreichere Transformationsschaltung aus Blindwiderständen nach Abb. 81 hat, zeichnet man den Transformationsweg in der Widerstandsebene. Dann geben alle senkrechten Geradenstücke (Serienwiderstände) einen Beitrag zur Phasendrehung der Spannung, während die Stücke der G-Kreise (Parallelwiderstände) dazu keinen Beitrag liefern. Bezüglich des Vorzeichens des δ_U nach (19.2) beachte man die Richtung, in der die Geradenstücke durchlaufen werden. Die Verschiebung durch eine Serieninduktivität gibt einen positiven Winkel, die Serienkapazität dagegen einen negativen Winkel. Der Transformationsweg der Abb. 110 gibt z. B. insgesamt keine Phasendrehung, da die beiden Geradenstücke entgegengesetzte Richtung haben und für die Dimensionierung nach (18.3) bis (18.6) die beiden Drehwinkel entgegengesetzt gleich sind. Die Phasendrehung des Stromes findet dagegen längs der G-Kreise (Parallelwiderstände) statt und ist jeweils gleich der Differenz der Phasenwinkel der Endpunkte dieser Kreise. Bezüglich des Vorzeichens des δ_J nach (19.4) ergeben Parallelkapazitäten einen positiven, Parallelinduktivitäten einen negativen Winkel.

Unter einer Phasenschieberschaltung im engeren Sinn soll eine Schaltung aus Blindwiderständen verstanden werden, die mit einem reellen R_0 abgeschlossen ist und keine Widerstandstransformation bewirkt, dagegen aber eine definierte Phasendrehung. Hierzu eignen sich alle in § 17 genannten Filterschaltungen in ihrem Durchlaßbereich. Bei exaktem Durchlaß, wo das R_0 als Eingangswiderstand erscheint und der Transformationsweg wie in Abb. 105 oder 106 verläuft, also die Blindwiderstände durch (17.27) oder (17.28) gegeben sind, ist der Drehwinkel der Spannung bzw. der Drehwinkel des Stromes der in Abb. 105 bzw. 106 eingezeichnete Winkel δ_U bzw. δ_J. In Abb. 105 ist im Dreieck $OR_1\mathfrak{R}_1'$

$$\operatorname{tg}(\delta_J/2) = X_1/R_1. \tag{19.5}$$

Die Phasendrehung der Spannung erfolgt jeweils durch die Serienwiderstände jX_1 und $jX_3 = jX_1$. Nach (19.2) ist $\delta_U/2$ gleich dem Unterschied der Phasenwinkel des $\mathfrak{R}_1'$ und des R_1, also

$$\operatorname{tg}(\delta_U/2) = X_1/R_1. \tag{19.5a}$$

Ein Vergleich mit (19.5) ergibt

$$\delta_U = \delta_J. \tag{19.6}$$

Analoges gilt für Abb. 106. Eine Blindwiderstandsschaltung, die den Abschlußwiderstand R_0 wieder nach R_0 transformiert, dreht also die Spannung und den Strom um den gleichen Winkel.

Oft benötigt man eine Phasenschieberschaltung, deren Phasenwinkel $\delta_U = \delta_J$ stetig verändert werden muß. Um dies zu erreichen, müssen die Blindwiderstände stetig veränderlich sein, wobei die Bedingung, daß der Eingangswiderstand stets R_0 ist, nach wie vor aufrechterhalten bleibt. Im Prinzip müßte man dazu alle drei Blindwiderstände verändern, damit (17.27) oder (17.28) bestehen bleibt. Innerhalb der praktisch erstrebten Genauigkeit kann man aber bei Verwendung der Schaltung der Abb. 117 die gestellten Bedingungen erfüllen, wenn man nur die beiden gleichen Widerstände verändert. Für eine mittlere Phasenverschiebung haben die beiden Kondensatoren C_1 den mittleren Wert C_{10}, der so gewählt ist, daß die Zwischenpunkte $\mathfrak{R}_{01}'$ und $\mathfrak{R}_{01}''$ der Transformation auf dem höchsten und niedrigsten Punkt des Kreises liegen. Die Strecke $\overline{\mathfrak{R}_{01}' \mathfrak{R}_{01}''}$ ist dann gleich dem Kreisdurchmesser R_0. Die Dimensionierung für diese mittlere Stellung lautet daher

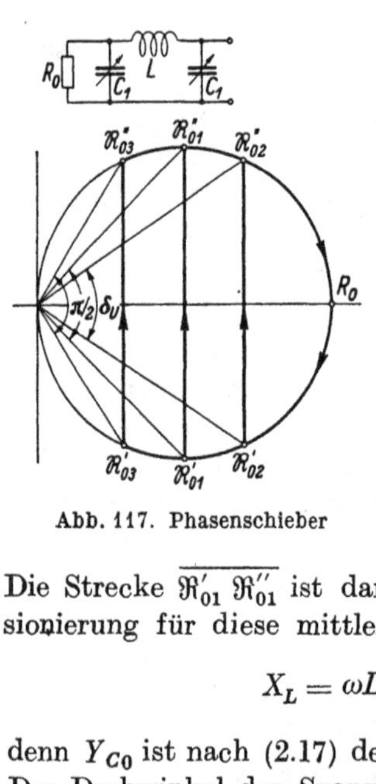

Abb. 117. Phasenschieber

$$X_L = \omega L = R_0; \qquad Y_{C0} = \omega C_{10} = 1/R_0; \tag{19.7}$$

denn Y_{C0} ist nach (2.17) der Blindleitwert des Punktes $\mathfrak{R}_{01}' = (R_0 - jR_0)/2$. Der Drehwinkel der Spannung und des Stromes, der nach Abb. 117 gleich dem Winkel $\mathfrak{R}_{01}''\,O\,\mathfrak{R}_{01}'$ ist, wird in dieser mittleren Stellung $\delta_U = \delta_J = \pi/2$. Ändert man nun C_1, so wandern $\mathfrak{R}_{01}'$ und $\mathfrak{R}_{01}''$ auf dem G-Kreis zwischen den in Abb. 117 gezeichneten Grenzen und der Phasenwinkel δ_U ändert sich entsprechend. An sich müßte man zur Erzielung des Eingangswiderstandes R_0 auch L ändern, da X_L der senkrechte Abstand von $\mathfrak{R}_0'$ und $\mathfrak{R}_0''$ ist. In der Umgebung des Scheitelpunkts des Kreises aber durchläuft X_L, also auch L, sein Maximum und ändert sich daher in der Umgebung des Maximums so wenig, daß man es für nicht zu große Änderungen des C_1 ohne meßbaren Fehler konstant lassen kann. Man erkennt immer wieder, wie die graphische Darstellung in der Widerstandsebene eine anschauliche Erläuterung für die Eigenschaften der Schaltungen gibt und daher auch ein sehr erfolgreiches Hilfsmittel zur Entdeckung unbekannter Eigenschaften von Schaltungen und zur Entwicklung neuer Schaltungen ist.

Ein Sonderfall der Abb. 115 und 116 sind die Schaltungen aus reinen Blindwiderständen nach Abb. 29. Die Punkte $\mathfrak{R}_0$ und $\mathfrak{G}_0$ liegen dann auf der imaginären Achse und der gesamte Transformationsweg verläuft auf der imaginären Achse. Es ist also $\delta_U = \delta_J = 0$. Nur wenn der Transformationsweg des $\mathfrak{R}$ durch den Nullpunkt geht, wird für diesen Schaltvorgang $\delta_U = \pi$. Ebenso wird $\delta_J = \pi$, wenn der Weg des $\mathfrak{G}$ in der Leitwertsebene durch den Nullpunkt läuft. Auf diese Weise entstehen also die Phasenumkehrschaltungen der

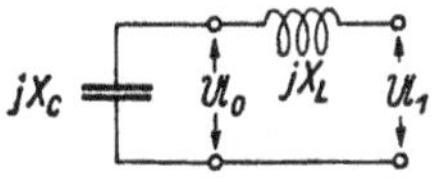

Abb. 118. Phasenumkehr der Spannung

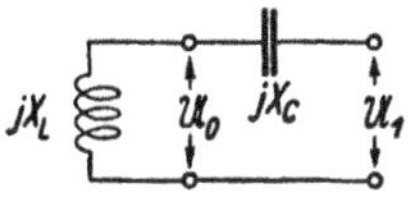

Abb. 119. Phasenumkehr der Spannung

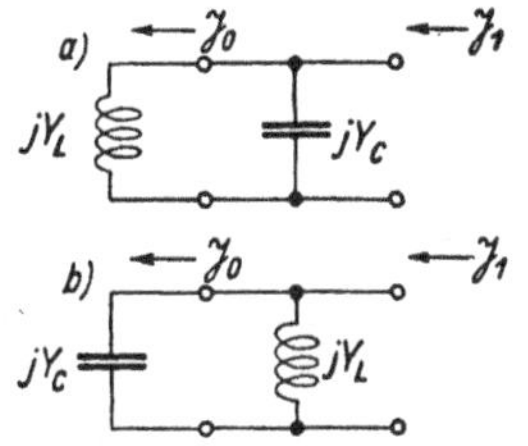

Abb. 120. Phasenumkehr des Stromes

Spannung nach Abb. 118 und 119, wobei in Abb. 118 für $X_L > |X_C|$ das $\delta_U = \pi$ und in Abb. 119 für $X_L < |X_C|$ das $\delta_U = -\pi$ wird. Abb. 120 zeigt die Phasenumkehrschaltungen für den Strom, wobei in Abb. 120a für $Y_C > |Y_L|$ das $\delta_J = \pi$ und in Abb. 120b für $Y_C < |Y_L|$ das $\delta_J = -\pi$ wird. δ ist dabei stets nach (19.2) und (19.4) die Phase des Quotienten $\mathfrak{U}_1/\mathfrak{U}_0$ oder $\mathfrak{J}_1/\mathfrak{J}_0$.

§ 20. Vierpole

Die Schaltung, die zwischen dem Verbraucher $\mathfrak{R}_1$ und der speisenden Quelle liegt, bezeichnet man als Vierpol, weil sie vier Anschlußklemmen hat. An den beiden Ausgangsklemmen (Abb. 121) liegt der Verbraucher $\mathfrak{R}_1$ und an den beiden Eingangsklemmen der Generator. Wir beschränken uns hier auf Schaltungen, die aus linearen, passiven Schaltelementen bestehen, die also dem Ohmschen Gesetz genügen (linear) und keine irgendwie gearteten Spannungsquellen enthalten (passiv). Für jedes Schaltelement des Vierpols besteht dann ein linearer Zusammenhang zwischen dem hindurchfließenden Strom und der anliegenden Spannung. Beispielsweise dürfen also innerhalb des Vierpols keine Elektronenröhren vorhanden sein, weil wegen ihrer gekrümmten Kennlinien keine Proportionalität zwischen ihren Wechselströmen und den die Ströme aussteuernden Wechselspannungen vorhanden ist. Über diese Vierpole gibt es eine umfangreiche Literatur, deren Ergebnisse hier nicht wiedergegeben werden können. Es sollen lediglich die für die Hochfrequenztechnik wichtigen Grundgesetze und Definitionen zusammengestellt werden, wobei teilweise auf eine allgemeine Beweisführung verzichtet wird und diesbezüglich auf das spezielle Vierpolschrifttum verwiesen sei.

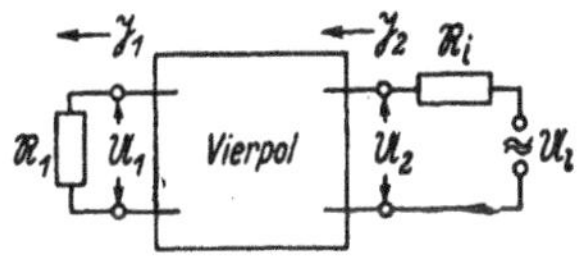

Abb. 121. Vierpol

Die folgenden Beweise werden der Einfachheit halber auf den fast ausschließlich interessierenden Fall beschränkt, daß die Vierpolschaltung eine **Stufenschaltung** nach Abb. 29 oder 81 mit beliebig komplexen Widerständen ist. Der Aufwand der Beweisführung wird dadurch auf ein erträgliches Maß herabgesetzt. Während für einen gewöhnlichen Widerstand, der wegen seiner zwei Anschlußklemmen auch als Zweipol bezeichnet wird, das lineare Gesetz einfach $\mathfrak{U} = \mathfrak{R} \cdot \mathfrak{J}$ heißt, muß man es für Vierpole erweitern:

$$\begin{aligned} \mathfrak{U}_2 &= \mathfrak{A} \cdot \mathfrak{U}_1 + \mathfrak{B} \cdot \mathfrak{J}_1; \\ \mathfrak{J}_2 &= \mathfrak{C} \cdot \mathfrak{U}_1 + \mathfrak{D} \cdot \mathfrak{J}_1. \end{aligned} \qquad (20.1)$$

Hierbei sind $\mathfrak{U}_1$ und $\mathfrak{J}_1$ nach Abb. 121 Strom und Spannung am Ausgang, $\mathfrak{U}_2$ und $\mathfrak{J}_2$ Strom und Spannung am Eingang des Vierpols. Die komplexen Konstanten $\mathfrak{A}$, $\mathfrak{B}$, $\mathfrak{C}$ und $\mathfrak{D}$ nennt man die Vierpolkonstanten. Man beweist (20.1) zunächst für elementare Schaltvorgänge, nämlich die Serienschaltung eines einzelnen Widerstandes und die Parallelschaltung eines einzelnen Widerstandes. Bei der Serienschaltung nach Abb. 122a lautet (20.1) einfach

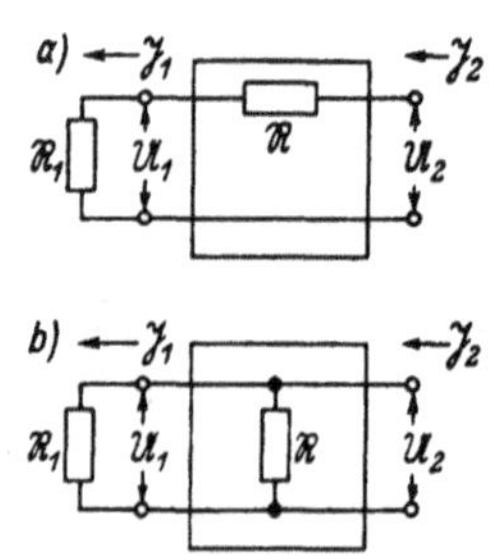

Abb. 122. Elementare Vierpole

$$\mathfrak{U}_2 = \mathfrak{U}_1 + \mathfrak{J}_1 \cdot \mathfrak{R}; \qquad \mathfrak{J}_2 = \mathfrak{J}_1. \qquad (20.2)$$

Bei der Parallelschaltung nach Abb. 122b wird entsprechend

$$\mathfrak{U}_2 = \mathfrak{U}_1; \qquad \mathfrak{J}_2 = \mathfrak{U}_1/\mathfrak{R} + \mathfrak{J}_1. \qquad (20.3)$$

Die allgemeine Schaltung der Abb. 29 setzt sich aus solchen Einzelvierpolen zusammen. In jedem Zwischenpunkt sind Strom $\mathfrak{J}_n$ und Spannung $\mathfrak{U}_n$ lineare Funktionen des Stromes $\mathfrak{J}_{n-1}$ und der Spannung $\mathfrak{U}_{n-1}$ des vorhergehenden Zwischenpunktes nach (20.2) oder (20.3), die ihrerseits wieder linear mit den Größen $\mathfrak{J}_{n-2}$ und $\mathfrak{U}_{n-2}$ des weiter rückwärts liegenden Zwischenpunktes zusammenhängen. Insgesamt entsteht so ein linearer Zusammenhang nach (20.1) über die ganze Vierpolschaltung.

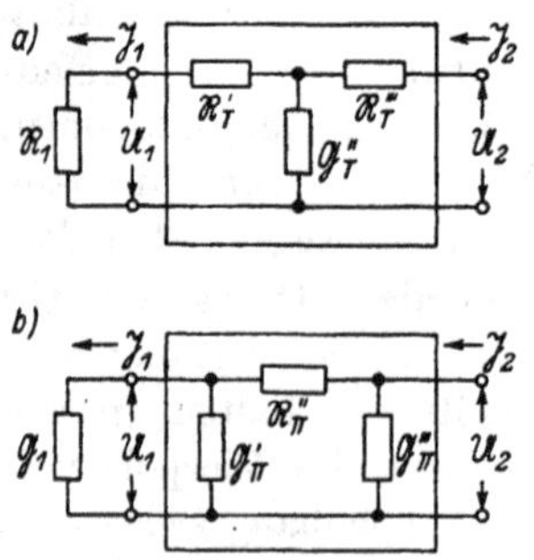

Abb. 123. Vierpole aus drei Widerständen

Von besonderer Wichtigkeit sind Vierpole aus drei Widerständen in der T-Form nach Abb. 123a und in der Π-Form nach Abb. 123b. Berechnet man für Abb. 123a die Vierpolgleichungen (20.1) durch stufenweise Anwendung von (20.2) und (20.3), so erhält man

$$\mathfrak{U}_2 = \mathfrak{U}_1 (1 + \mathfrak{R}_T''' \mathfrak{G}_T'') + \mathfrak{J}_1 [\mathfrak{R}_T' (1 + \mathfrak{R}_T''' \mathfrak{G}_T'') + \mathfrak{R}_T''']; \qquad (20.4)$$

$$\mathfrak{J}_2 = \mathfrak{U}_1 \cdot \mathfrak{G}_T'' \qquad + \mathfrak{J}_1 [1 + \mathfrak{R}_T' \mathfrak{G}_T'']. \qquad (20.5)$$

Für die Schaltung der Abb. 123b erhält man in gleicher Weise unter geeigneter Benutzung von Leitwerten

$$\mathfrak{U}_2 = \mathfrak{U}_1 [1 + \mathfrak{G}_{II}' \mathfrak{R}_{II}''] \qquad + \mathfrak{J}_1 \mathfrak{R}_{II}''; \qquad (20.6)$$

$$\mathfrak{J}_2 = \mathfrak{U}_1 [\mathfrak{G}_{II}' (1 + \mathfrak{G}_{II}''' \mathfrak{R}_{II}'') + \mathfrak{G}_{II}'''] + \mathfrak{J}_1 (1 + \mathfrak{G}_{II}''' \mathfrak{R}_{II}''). \qquad (20.7)$$

Man beachte die formale Analogie zwischen den Vierpolgleichungen von Abb. 123a und b, wo lediglich $\mathfrak{U}$ und $\mathfrak{J}$, $\mathfrak{R}_T$ und $\mathfrak{G}_\Pi$ sowie $\mathfrak{G}_T$ und $\mathfrak{R}_\Pi$ miteinander vertauscht sind. Man kann auch zu jedem Vierpol der Abb. 123a einen gleichwertigen Vierpol nach Abb. 123b finden, d. h. einen solchen Vierpol, der die gleichen Konstanten $\mathfrak{A}$, $\mathfrak{B}$, $\mathfrak{C}$ und $\mathfrak{D}$ hat, also schaltungsmäßig bei gleichem $\mathfrak{U}_1$ und $\mathfrak{J}_1$ das gleiche $\mathfrak{U}_2$ und $\mathfrak{J}_2$ ergibt: Setzt man die Größe $\mathfrak{B}$ aus (20.4) mit der entsprechenden Größe aus (20.6) gleich, so folgt

$$\mathfrak{R}''_\Pi = \mathfrak{R}'_T(1 + \mathfrak{R}'''_T\mathfrak{G}''_T) + \mathfrak{R}'''_T. \tag{20.8}$$

Aus der Gleichsetzung der entsprechenden Größen $\mathfrak{A}$ folgt $\mathfrak{R}'''_T\mathfrak{G}''_T = \mathfrak{G}'_\Pi\mathfrak{R}''_\Pi$ oder nach (20.8)

$$\mathfrak{G}'_\Pi = \frac{\mathfrak{R}'''_T\mathfrak{G}''_T}{\mathfrak{R}'_T(1 + \mathfrak{R}'''_T\mathfrak{G}''_T) + \mathfrak{R}'''_T}. \tag{20.9}$$

Aus der Gleichsetzung der Größen $\mathfrak{D}$ folgt $\mathfrak{R}'_T\mathfrak{G}''_T = \mathfrak{G}'''_\Pi\mathfrak{R}''_\Pi$ oder nach (20.8)

$$\mathfrak{G}'''_\Pi = \frac{\mathfrak{R}'_T\mathfrak{G}''_T}{\mathfrak{R}'_T(1 + \mathfrak{R}'''_T\mathfrak{G}''_T) + \mathfrak{R}'''_T}. \tag{20.10}$$

Die Größen $\mathfrak{C}$ sind dann ebenfalls gleich. Diese Formeln dienen lediglich einigen allgemeinen Betrachtungen.

Wenn ein Vierpol aus vier Widerständen gegeben ist, hat er die Form der Abb. 124a oder Abb. 125a. Solche Vierpole kann man dann stets auf gleichwertige

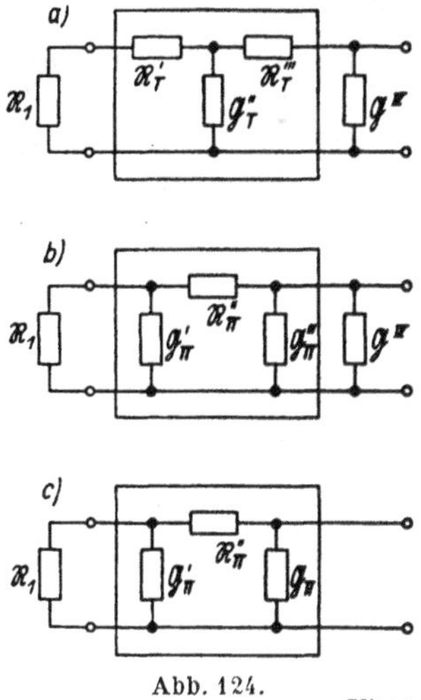

Abb. 124.

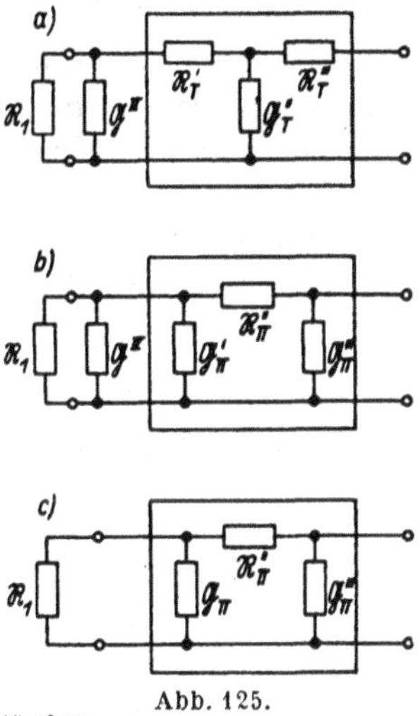

Abb. 125.

Vierpol aus vier Widerständen

Vierpole aus drei Widerständen zurückführen: In Abb. 124a ist ein T-Glied enthalten, das man nach (20.8) bis (20.10) in ein gleichwertiges Π-Glied umrechnet, so daß die Schaltung der Abb. 124b entsteht. In dieser faßt man die Leitwerte $\mathfrak{G}'''_\Pi$ und $\mathfrak{G}^{IV}$ im Leitwert $\mathfrak{G}_\Pi$ zusammen und erhält ein der Abb. 124a völlig gleichwertiges Π-Glied nach Abb. 124c. Bei der Kombination der Abb. 125a verwandelt man das T-Glied in ein gleichwertiges Π-Glied nach Abb. 125b und zieht das $\mathfrak{G}^{IV}$ mit dem $\mathfrak{G}'_\Pi$ zu einem Leitwert $\mathfrak{G}_\Pi$ zusammen, so daß insgesamt wieder ein Π-Glied nach Abb. 125c entsteht, das der Ausgangsschaltung völlig gleichwertig ist. Ebenso kann man Schaltungen aus fünf Widerständen zunächst auf eine Schaltung aus vier Widerständen und schließlich ebenfalls auf eine Schaltung aus drei Widerständen zurückführen. Ganz allgemein gibt es zu jeder Stufenschaltung nach Abb. 29 eine gleichwertige Schaltung aus drei Blindwiderständen mit gleichen Konstanten $\mathfrak{A}$, $\mathfrak{B}$, $\mathfrak{C}$ und $\mathfrak{D}$ wie die Ausgangsschaltung. Diese äquivalenten T- und Π-Schaltungen bezeichnet man als das T-Ersatzbild bzw. Π-Ersatzbild des Vierpols. Man berechne also zu einem gegebenen Vierpol zunächst $\mathfrak{A}$, $\mathfrak{B}$, $\mathfrak{C}$ und $\mathfrak{D}$ stufenweise nach (20.2) und (20.3) und daraus dann nach (20.4) und (20.5) $\mathfrak{R}_T'$, $\mathfrak{G}_T''$ und $\mathfrak{R}_T'''$ bzw. nach (20.6) und (20.7) $\mathfrak{G}_\Pi'$, $\mathfrak{R}_\Pi''$ und $\mathfrak{G}_\Pi'''$. Dadurch ist der Vierpol auf drei Widerstände reduziert und wesentlich vereinfacht. Mit dem T-Ersatzbild ergibt sich nach (20.4) und (20.5):

$$\mathfrak{A} = 1 + \mathfrak{R}_T'''\mathfrak{G}_T''; \qquad \mathfrak{C} = \mathfrak{G}_T''; \qquad \mathfrak{D} = 1 + \mathfrak{R}_T'\mathfrak{G}_T''.$$

Also folgt

$$\mathfrak{G}_T'' = \mathfrak{C}; \qquad \mathfrak{R}_T' = (\mathfrak{D} - 1)/\mathfrak{C}; \qquad \mathfrak{R}_T''' = (\mathfrak{A} - 1)/\mathfrak{C}. \tag{20.11}$$

Mit dem Π-Ersatzbild folgt aus (20.6) und (20.7):

$$\mathfrak{A} = 1 + \mathfrak{G}_\Pi'\mathfrak{R}_\Pi''; \qquad \mathfrak{B} = \mathfrak{R}_\Pi''; \qquad \mathfrak{D} = 1 + \mathfrak{G}_\Pi'''\mathfrak{R}_\Pi'',$$

bzw.

$$\mathfrak{G}_\Pi' = (\mathfrak{A} - 1)/\mathfrak{B}; \qquad \mathfrak{R}_\Pi'' = \mathfrak{B}; \qquad \mathfrak{G}_\Pi''' = (\mathfrak{D} - 1)/\mathfrak{B}. \tag{20.11a}$$

Die Schaltungen aus drei Widerständen stellen also bereits den allgemeinsten Vierpol dieser Art dar. Daraus folgt, daß ein solcher Vierpol schon durch drei komplexe Konstanten beschrieben wird, beispielsweise durch $\mathfrak{R}_T'$, $\mathfrak{G}_T''$ und $\mathfrak{R}_T'''$ oder auch durch $\mathfrak{A}$, $\mathfrak{B}$ und $\mathfrak{C}$ aus (20.1). Die Konstante $\mathfrak{D}$ kann man aus den drei übrigen berechnen. Aus (20.4) und (20.5) ergibt sich folgende Gleichung zwischen den vier Vierpolkonstanten:

$$\mathfrak{A}\mathfrak{D} - \mathfrak{B}\mathfrak{C} = 1. \tag{20.12}$$

Es gibt zahlreiche weitere Möglichkeiten, den Vierpol durch drei komplexe Zahlen zu beschreiben. Jede dieser Zahlen hat einen Realteil und einen Imaginärteil, so daß insgesamt der allgemeinste Vierpol durch sechs unabhängige Kenngrößen festgelegt werden muß.

Der allgemeine Vierpol ist von geringem Interesse. Häufiger benutzt man den Sonderfall des symmetrischen Vierpols, der dadurch gekennzeichnet ist, daß sein T-Ersatzbild (Abb. 123a) zwei gleiche Widerstände $\mathfrak{R}_T' = \mathfrak{R}_T'''$ oder sein Π-Ersatzbild (Abb. 123b) zwei gleiche Leitwerte $\mathfrak{G}_\Pi' = \mathfrak{G}_\Pi'''$ enthält. Solche Vierpole werden dann also bereits durch zwei komplexe Zahlen $\mathfrak{R}'$ und $\mathfrak{G}''$ vollständig beschrieben. Setzt man in den Gleichungen (20.4) und (20.5) $\mathfrak{R}_T' = \mathfrak{R}_T'''$, so werden daraus die Gleichungen des symmetrischen Vierpols:

$$\begin{aligned} \mathfrak{U}_2 &= \mathfrak{U}_1 \underbrace{(1 + \mathfrak{R}_T'\mathfrak{G}_T'')}_{\mathfrak{A}} + \mathfrak{I}_1 \cdot \underbrace{\mathfrak{R}_T'(2 + \mathfrak{R}_T'\mathfrak{G}_T'')}_{\mathfrak{B}}, \\ \mathfrak{I}_2 &= \mathfrak{U}_1 \cdot \underbrace{\mathfrak{G}_T''}_{\mathfrak{C}} \qquad\qquad + \mathfrak{I}_1 \underbrace{(1 + \mathfrak{R}_T'\mathfrak{G}_T'')}_{\mathfrak{D}}. \end{aligned} \tag{20.13}$$

Wie ersichtlich ist für symmetrische Vierpole $\mathfrak{A} = \mathfrak{D}$ und aus (20.12) folgt $\mathfrak{A}^2 - \mathfrak{B}\mathfrak{C} = 1$ oder $\mathfrak{C} = (\mathfrak{A}^2 - 1)/\mathfrak{B}$. Ein symmetrischer Vierpol wird also bereits durch die zwei Konstanten $\mathfrak{A}$ und $\mathfrak{B}$ vollständig beschrieben, weil sich $\mathfrak{C}$ und $\mathfrak{D}$ aus $\mathfrak{A}$ und $\mathfrak{B}$ berechnen lassen. Ebenso kann man natürlich aus $\mathfrak{A}$ und $\mathfrak{C}$ das $\mathfrak{B}$ bzw. aus $\mathfrak{B}$ und $\mathfrak{C}$ das $\mathfrak{A}$ berechnen. Beispiele symmetrischer Vierpole findet man u. a. in den Abb. 100, 105 und 117. Von besonderem Interesse ist in der Hochfrequenztechnik stets der Eingangswiderstand $\mathfrak{R}_2 = \mathfrak{U}_2/\mathfrak{J}_2$ der Schaltung in Abhängigkeit vom Abschlußwiderstand $\mathfrak{R}_1 = \mathfrak{U}_1/\mathfrak{J}_1$. Für symmetrische Vierpole folgt aus (20.1)

$$\mathfrak{R}_2 = \frac{\mathfrak{R}_1 + \mathfrak{B}/\mathfrak{A}}{1 + \mathfrak{R}_1 \cdot \mathfrak{C}/\mathfrak{A}}, \tag{20.14}$$

wobei die Beziehung $\mathfrak{A} = \mathfrak{D}$ benutzt wurde. Für eine zahlenmäßige Auswertung sind diese Gleichungen außerordentlich kompliziert und daher ihre Anwendung nur in einfachen Sonderfällen üblich.

In den meisten Fällen wird man verlustfreie Vierpole aus reinen Blindwiderständen benutzen, die man wieder auf ein Ersatzbild aus drei Blindwiderständen zurückführt. Wenn in (20.4) und (20.5) $\mathfrak{R}'_T = jX'$, $\mathfrak{G}''_T = jY''$ und $\mathfrak{R}'''_T = jX'''$ ist, werden die Konstanten

$$\mathfrak{A} = 1 - X'''Y'' = A; \tag{20.15}$$

$$\mathfrak{B} = j\,[X'(1 - X'''Y'') + X'''] = jB; \tag{20.16}$$

$$\mathfrak{C} = jY'' = jC; \tag{20.17}$$

$$\mathfrak{D} = 1 - X'Y'' = D \tag{20.18}$$

rein reell oder rein imaginär. Aus (20.12) wird dann

$$AD + BC = 1. \tag{20.19}$$

Der Vierpol wird somit durch drei reelle Konstanten, z. B. A, B und C, vollständig beschrieben. Der symmetrische verlustfreie Vierpol mit $A = D$ (Abb. 92, 102, 103 u. a.) ist dann bereits durch zwei reelle Konstanten z. B. A und B festgelegt, also ein außerordentlich einfaches Gebilde im Vergleich zum allgemeinen Vierpol mit seinen sechs Konstanten. Es interessiert besonders die Widerstandstransformation $\mathfrak{R}_1 \to \mathfrak{R}_2$ nach (20.14), da man dann Ströme und Spannungen leicht nach (15.16) berechnen kann. Diese Transformation muß nun für die praktische Auswertung eine übersichtliche Darstellung erhalten. Für verlustfreie Vierpole gilt nach (20.1) mit (20.15) bis (20.19)

$$\mathfrak{R}_2 = \frac{\mathfrak{U}_2}{\mathfrak{J}_2} = \frac{\mathfrak{R}_1 + j\,B/A}{D/A + j\,\mathfrak{R}_1 \cdot C/A}. \tag{20.20}$$

Das Studium dieser Gleichung ist eine der Hauptaufgaben der hochfrequenten Vierpoltheorie. Man interessiert sich für eine möglichst einfache Darstellung dieses Zusammenhangs zwischen $\mathfrak{R}_1$ und $\mathfrak{R}_2$, insbesondere für eine graphische Darstellung. Zunächst werden einige besonders einfache Fälle betrachtet: Für einen Kurzschluß am Ausgang ($\mathfrak{R}_1 = 0$) wird der Eingangswiderstand

$$\mathfrak{R}_{2k} = jX_{2k} = j\,B/D \tag{20.21}$$

ein Punkt auf der imaginären Achse der Widerstandsebene. Für Leerlauf am Ausgang ($\mathfrak{R}_1 = \infty$) muß man (20.20) umformen, um die Größe ∞/∞ zu vermeiden. Man dividiert Zähler und Nenner durch $\mathfrak{R}_1$ und setzt dann $1/\mathfrak{R}_1 = 0$. Der Leerlaufeingangswiderstand lautet dann

$$\mathfrak{R}_{2l} = jX_{2l} = -j\,A/C \tag{20.22}$$

und ist ebenfalls ein Punkt der imaginären Achse. Wenn $\mathfrak{R}_1 = jX_1$ allgemein ein Blindwiderstand ist, wird auch $\mathfrak{R}_2$ ein Blindwiderstand, weil die gesamte Schaltung keine Wirkleistung verbraucht. Dann ist

$$\mathfrak{R}_2 = jX_2 = j\,\frac{X_1 + B/A}{D/A - X_1 \cdot C/A}. \tag{20.23}$$

Wenn X_1 den speziellen Wert

$$X_{1k} = -B/A \tag{20.24}$$

hat, wird der Eingangswiderstand $jX_2 = 0$. Wenn X_1 den speziellen Wert

$$X_{1l} = D/C \tag{20.25}$$

hat, wird der Eingangswiderstand $jX_2 = \infty$. So erhält man einen einfachen Zusammenhang zwischen den Vierpolkenngrößen A, B, C, D und einigen charakteristischen Blindwiderständen. Diese Beziehungen kann man benutzen, um für einen gegebenen Vierpol die Vierpolgrößen aus sehr einfachen Widerstandsmessungen zu gewinnen. Da für einen verlustfreien Vierpol zwischen den Konstanten die Beziehung (20.19) besteht, genügt die Messung von dreien dieser Blindwiderstände. Zwischen den vier Größen besteht nach (20.21) bis (20.25) die einfache Gleichung

$$X_{1k}/X_{2k} = X_{1l}/X_{2l}. \tag{20.26}$$

Es erscheint sehr zweckmäßig, die Größen X_{1k}, X_{1l} und X_{2l} als Vierpolkenngrößen zu benutzen. Setzt man diese über (20.21) bis (20.25) in (20.20) ein, so wird

$$\mathfrak{R}_2 = jX_{2l}\,\frac{\mathfrak{R}_1 - jX_{1k}}{\mathfrak{R}_1 - jX_{1l}}. \tag{20.27}$$

An dieser Gleichung erkennt man sofort, daß für $\mathfrak{R}_1 = jX_{1k}$ das $\mathfrak{R}_2 = 0$, für $\mathfrak{R}_1 = jX_{1l}$ das $\mathfrak{R}_2 = \infty$ und für $\mathfrak{R}_1 = \infty$ das $\mathfrak{R}_2 = jX_{2l}$ wird. Auch diese Gleichung kann man mit dem Transformationsdiagramm des § 15 (siehe Beilage I) sehr einfach behandeln. Man gibt dazu (20.27) folgende Form

$$\mathfrak{R}_2 = jX_{2l} + X_{2l}\,\frac{X_{1k} - X_{1l}}{\mathfrak{R}_1 - jX_{1l}}. \tag{20.28}$$

(20.28) beweist man am einfachsten, indem man $\mathfrak{R}_2$ nach (20.27) in (20.28) einsetzt und eine Identität erhält. Die Transformation von $\mathfrak{R}_1$ nach $\mathfrak{R}_2$ geschieht nun in folgenden Schritten: Vom gegebenen $\mathfrak{R}_1 = R_1 + jX_1$ zieht man jX_{1l} ab und erhält eine komplexe Zahl

$$\mathfrak{b} = b_1 + jb_2 = R_1 + j(X_1 - X_{1l}). \tag{20.29}$$

Dann geht man zum Reziprokwert $\mathfrak{a} = a_1 + ja_2 = 1/\mathfrak{b}$ über mit Hilfe des Transformationsdiagramms; denn in diesem erhält man zu gegebenen Kreiskoordinaten b_1 und b_2 (Beilage I) einen Punkt $\mathfrak{a}$ in der komplexen Ebene, für den man die Koordinaten a_1 und a_2 ablesen kann. Dieses $\mathfrak{a}$ multipliziert man mit dem Zahlenfaktor $F = X_{2l}(X_{1k} - X_{1l})$, addiert jX_{2l} und erhält $\mathfrak{R}_2$ nach (20.28). Daraus folgt die charakteristische Darstellung des $\mathfrak{R}_2 = R_2 + jX_2$ in der Widerstandsebene der Abb. 126. Auf der imaginären Achse

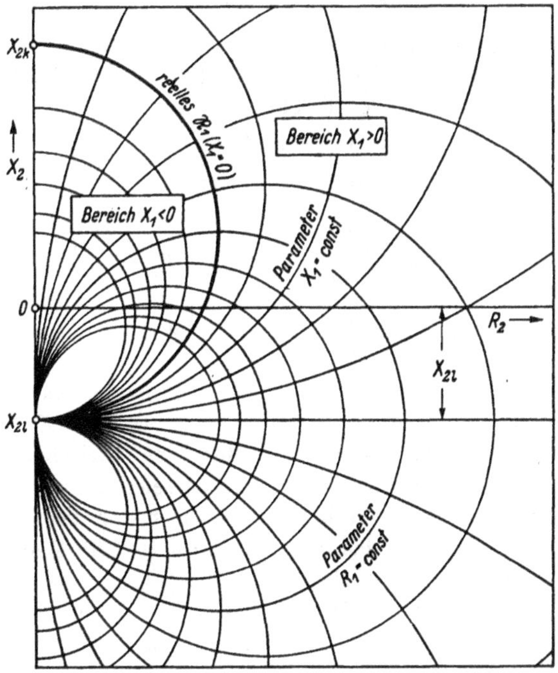

Abb. 126. Eingangswiderstand eines verlustfreien Vierpols

liegen die Punkte X_{2k} für $\mathfrak{R}_1 = 0$ und X_{2l} für $\mathfrak{R}_1 = \infty$, ferner alle Punkte, die aus einem reinen Blindwiderstand jX_1 ($R_1 = 0$) hervorgehen. Alle $\mathfrak{R}_1$ mit gleicher Wirkkomponente R_1 haben gleiches b_1, geben also Punkte $\mathfrak{a} = 1/\mathfrak{b}$, die auf einem Kreis $b_1 = \text{const}$ liegen. Die mit F multiplizierten Zahlen $F \cdot \mathfrak{a}$ liegen dann auch auf einem Kreis und somit auch die $\mathfrak{R}_2$ nach (20.28) auf einem um jX_{2l} verschobenen Kreis. Da alle Kreise $b_1 = \text{const}$ durch $\mathfrak{a} = 0$ gehen (vgl. Beilage I), gehen alle $\mathfrak{R}_2$-Kreise für konstantes R_1 durch jX_{2l}. Ebenso geben alle $\mathfrak{R}_1$ mit gleicher Blindkomponente X_1 nach (20.29) gleiches b_2, im Diagramm der Abb. 126 also entsprechende Kreise $X_1 = \text{const}$, die auf den ersteren senkrecht stehen. Der Kreis für reelles $\mathfrak{R}_1 = R_1$ geht durch die Punkte jX_{2l} und jX_{2k}. Die Kreissysteme der Abb. 126 und 72 unterscheiden sich nur dadurch, daß die reelle Achse des $\mathfrak{R}_2$ um X_{2l} verschoben ist und daß die Parameter an den Kreisen R_1 statt G und X_1 statt Y heißen, wobei $R_1 = G/F$ und $X_1 = Y/F + X_{1l}$ ist. In einem Diagramm nach Abb. 126 findet man ohne Mühe zu gegebenem R_1 und X_1 den komplexen Punkt $\mathfrak{R}_2$ als

Schnittpunkt der zu diesen Parametern gehörenden Kreise. Insbesondere erkennt man leicht die Änderung des $\mathfrak{R}_2$ bei Änderung des $\mathfrak{R}_1$.

Besonders einfach sind die symmetrischen verlustfreien Vierpole. Dort ist $A = D$, also nach (20.22) und (20.25) $X_{1l} = -X_{2l}$, also nach (20.26) auch $X_{1k} = -X_{2k}$. Aus (20.20) wird

$$\mathfrak{R}_2 = \frac{\mathfrak{R}_1 + j\,B/A}{1 + j\,\mathfrak{R}_1 \cdot C/A}. \tag{20.30}$$

Hier benutzt man oft die Analogie zur homogenen verlustfreien Leitung nach § 26. Man führt daher unter Benutzung von (20.24) und (20.22), zwei neue Größen Z und a durch folgende Gleichungen ein:

$$\begin{aligned} B/A &= X_{2k} = Z \cdot \operatorname{tg} a; \\ C/A &= -1/X_{2l} = \operatorname{tg} a \,/\, Z, \end{aligned} \tag{20.31}$$

wobei also

$$Z = \sqrt{\frac{B/A}{C/A}} = \sqrt{-X_{2k} \cdot X_{2l}}\,; \tag{20.32}$$

$$\operatorname{tg} a = \sqrt{\frac{B}{A}\,\frac{C}{A}} = \sqrt{-\frac{X_{2k}}{X_{2l}}} \tag{20.33}$$

auf sehr einfache Weise aus leicht meßbaren Größen berechnet werden können. In den häufigen Fällen, wo Z und $\operatorname{tg} a$ reell sind, wo also X_{2k} und X_{2l} verschiedenes Vorzeichen haben, sieht man den symmetrischen verlustfreien Vierpol als ein Stück einer homogenen verlustfreien Leitung an und verwendet zur Berechnung seines Verhaltens die Methoden der Leitungstheorie (§ 27). Daher bezeichnet man das nach (20.32) definierte Z als den Wellenwiderstand des symmetrischen verlustfreien Vierpols und das a nach (20.33) als sein Phasenmaß. Das Wort „Wellenwiderstand" ist historisch begründet und entspricht in seinem eigentlichen Sinn nicht mehr dem heutigen Inhalt. Im angloamerikanischen Sprachgebrauch nennt man ihn treffender „characteristic impedance", also charakteristischen Widerstand. Schließt man nämlich den symmetrischen verlustfreien Vierpol durch den Widerstand $\mathfrak{R}_1 = Z$ ab, so wird nach (20.30) und (20.31) auch $\mathfrak{R}_2 = Z$. Dieses reelle Z ist also der Widerstandswert, der durch den vorgeschalteten Vierpol nicht transformiert wird. Man vergleiche den Fall der Abb. 105 und 106. Daß dieser Widerstandswert charakteristisch für das Verhalten des Vierpols ist, zeigt später das Diagramm der Abb. 179.

Vierpole mit komplexen Widerständen interessieren im allgemeinen nur unter zwei Gesichtspunkten, als Vierpole aus Blindwiderständen mit kleinen Verlusten, die man zweckmäßig nach der am Schluß von § 15 erwähnten Methode berücksichtigt, und als sogenannte Dämpfungsvierpole, bei denen der Vierpol nur noch einen sehr kleinen Teil der seinem Eingang zugeführten Wirkleistung dem Verbraucher zuführt. Am einfachsten orientiert man sich meßtechnisch über das Verhalten solcher Vierpole, indem man Blindwiderstände (einschl. $\mathfrak{R}_1 = 0$ und $\mathfrak{R}_1 = \infty$) an den Vierpolausgang legt und den zugehörigen Eingangswiderstand $\mathfrak{R}_2$ mißt. Während dann alle $\mathfrak{R}_2$ des verlustfreien Vierpols auf der imaginären Achse liegen, liegen sie im allgemeinen Fall auf einem Kreis nach Abb. 127, den man als den Kennkreis bezeichnen kann. Die Eingangswiderstände $\mathfrak{R}_{2k}$ für $\mathfrak{R}_1 = 0$ und $\mathfrak{R}_{2l}$ für $\mathfrak{R}_1 = \infty$ sind komplex. Man findet den Kreis bei bereits gemessenem $\mathfrak{R}_{2k}$ und $\mathfrak{R}_{2l}$, wenn man das $\mathfrak{R}_2$ noch für einen beliebigen Blindwiderstand $\mathfrak{R}_1 = jX_1$ mißt. Rechnerisch ergibt sich der Kreis bei gegebenen Vierpolkonstanten $\mathfrak{A}$, $\mathfrak{B}$, $\mathfrak{C}$ und $\mathfrak{D}$, wenn man in (20.20) $\mathfrak{R}_1 = jX_1$ setzt und die komplexe Gleichung des $\mathfrak{R}_2 = R_2 + jX_2$ in zwei reelle Gleichungen für R_2 und X_2 zerlegt. Eliminiert man aus diesen Gleichungen den Parameter X_1, so erhält man die Kreisgleichung. Für beliebig komplexes $\mathfrak{R}_1$ ergibt sich stets ein $\mathfrak{R}_2$ innerhalb des Kennkreises. Je kleiner der Kennkreis, desto mehr Wirkleistung geht beim Durchgang durch den Vierpol verloren. Bei verlustarmen Vierpolen muß der Kennkreis nahe an der imaginären Achse liegen. Je mehr sich im Betriebszustand bei gegebenem Verbraucher $\mathfrak{R}_1$ der Eingangswiderstand $\mathfrak{R}_2$ dem Kennkreis nähert, ein desto größerer Anteil der Wirkleistung geht im Vierpol verloren [20].

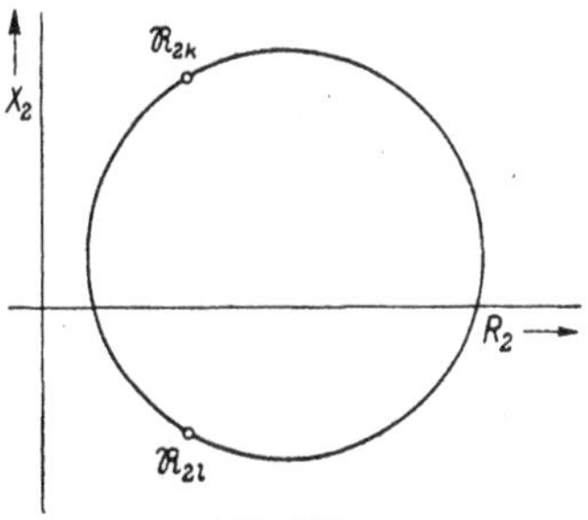

Abb. 127.
Kennkreis eines verlustbehafteten Vierpols

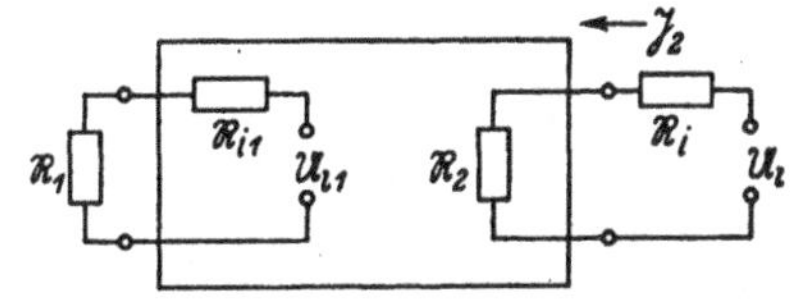

Abb. 128. Ersatzbild für extrem gedämpfte Vierpole

In extremen Fällen kann der Kennkreis zu einem Punkt zusammenschrumpfen. Dann ist sein Eingangswiderstand $\mathfrak{R}_2$ unabhängig von $\mathfrak{R}_1$. Dies tritt ein, wenn die Vierpolwiderstände und Leitwerte in Abb. 123 wesentlich größer sind als der Widerstand oder Leitwert des Verbrauchers. Solche Vierpole betrachtet man dann nach dem Ersatzbild der Abb. 128. Eingangsseitig sind sie ein konstanter Widerstand $\mathfrak{R}_2$, ausgangsseitig eine neue Spannungsquelle $\mathfrak{U}_{l1}$ mit einem Innenwiderstand $\mathfrak{R}_{i1}$, der unabhängig vom $\mathfrak{R}_i$ der eingangsseitigen Spannungsquelle ist und vom Vierpol bestimmt wird. Die Leerlaufspannung $\mathfrak{U}_{l1}$ der inneren Spannungsquelle ist nach (20.1) proportional zum Eingangsstrom $\mathfrak{J}_2$:

$$\mathfrak{U}_{l1} = \mathfrak{R}_K \cdot \mathfrak{J}_2. \quad (20.34)$$

Der durch diese Gleichung definierte Proportionalitätsfaktor $\mathfrak{R}_K$, der die Dimension eines Widerstandes hat, wird als der Kopplungswiderstand des Vierpols bezeichnet.

Ergänzendes Schrifttum: [6, 9, 18, 19, 20].

§ 21. Schaltungen bei sehr hohen Frequenzen

Die Gesichtspunkte, die in § 13 und § 14 für die Einzelelemente behandelt wurden, gelten in gleicher Weise auch für die gesamte Schaltung. Je höher die Frequenz wird, desto weniger wird sich die Schaltung entsprechend den theoretischen Erwartungen verhalten. Die Verbindungsleitungen zwischen den Schaltelementen haben eine Induktivität mit nennenswertem Blindwiderstand, aber auch eine nicht vernachlässigbare Kapazität. Man beachte die Induktivität des geraden Drahtes nach (3.10) und ihren Blindwiderstand nach Abb. 3. Z. B. besitzt ein Draht von 1 mm Durchmesser und 1 cm Länge ein $L \approx 10$ nH und bei $\lambda = 1$ m bereits ein $X_L \approx 19\ \Omega$. Der gleiche Draht hat nach (5.8) eine Kapazität von ungefähr 0,18 pF (Blindwiderstand $|X_C| \approx 3000\ \Omega$ bei $\lambda = 1$ m) gegen seine Umgebung, wenn diese einen mittleren Abstand von 1 cm vom Draht hat. Solche Widerstandswerte können das Verhalten einer Schaltung schon wesentlich beeinflussen. Hinzu kommen unübersehbare induktive und kapazitive Kopplungen zwischen den verschiedenen Schaltelementen, so daß man das wirkliche Verhalten einer Schaltung bei sehr hohen Frequenzen nur bei genauer Berücksichtigung aller Nebeneffekte im voraus berechnen kann. Besondere Schwierigkeiten treten dann auf, wenn solche Erscheinungen das einfache Prinzip der Stufenschaltung der Abb. 29 durchbrechen, Brückenglieder (z. B. $\mathfrak{R}_5$ in Abb. 29) über verschiedene Schaltelemente hinweg bilden und dadurch das bisherige einfache Berechnungsverfahren der Stufenschaltungen zunichte machen. Wenn man daher eine quantitativ richtige und nicht untragbar komplizierte Berechnung von Schaltungen bei sehr hohen Frequenzen erreichen will, ist man zur Verwendung äußerst einfacher Schaltungsgebilde gezwungen, bei denen das Auftreten unübersehbarer Nebeneffekte möglichst vermieden ist. Insbesondere wenn man Schaltungen für bestimmte Aufgaben wie in den §§ 16 bis 19 bauen will, muß man exakt berechenbare Gebilde benutzen, da der gewünschte Zweck ja nur für ganz bestimmte Widerstandswerte eintritt.

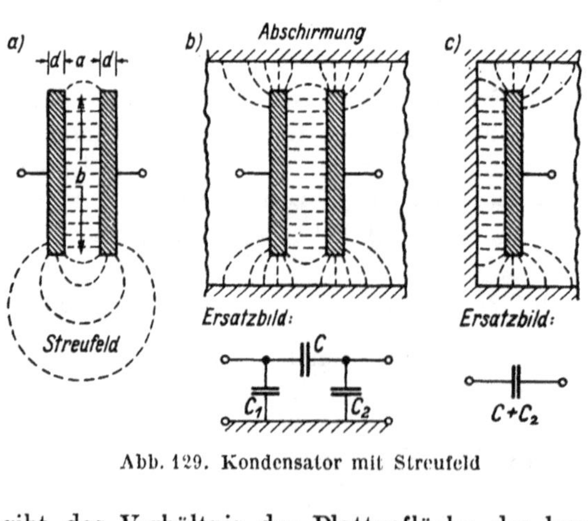

Abb. 129. Kondensator mit Streufeld

Mit wachsender Frequenz werden die verwendeten Werte L und C immer kleiner und die Anteile der schwer übersehbaren und leicht beeinflußbaren Streufelder größer. Benutzt man die Formel (5.4a) für den Plattenkondensator der Abb. 129a, so ist die Randstreuung durch die scheinbare Plattenverbreiterung Δ nach (5.5) zu berücksichtigen. Bei einer wirklichen Plattenbreite b gibt das Verhältnis der Plattenfläche des homogenen inneren Feldes zum Flächenanteil des verbreiternden Δ das Verhältnis des Kapazitätsanteils des homogenen inneren Feldes zum Anteil des äußeren Streufeldes. Mit abnehmender Kapazität bei konstantem a und d, also abnehmender Plattenfläche F_b, nimmt b und damit der Anteil des homogenen Feldes ab, während das Δ annähernd gleich groß bleibt. Ein Vergleich von (5.5) bis (5.7) zeigt, daß Δ sehr wesentlich von der Form der Umgebung abhängt, also die Gesamtkapazität bei kleinem b sehr wesentlich durch Veränderungen in der Umgebung verändert wird. Zur Herstellung definierter Kapazitäten gehört deshalb vor allem eine definierte, unveränderliche, leitende Abschirmung. Es treten zwar auch Nebenkapazitäten C_1 und C_2 zwischen den Kondensatorplatten und der Abschirmung auf (Abb. 129b), jedoch sind diese oft berechenbar oder mindestens exakt meßbar. Wenn möglich verbindet man dann die eine Platte mit der Abschirmung wie in Abb. 129c und erreicht dadurch, daß die Nebenkapazität C_1 verschwindet und C_2 ein Bestandteil der gewünschten Kapazität wird. Dies ist ein erstes Beispiel dafür, wie man durch geeignete Wahl der äußeren Abschirmung das Ersatzbild eines Gebildes wesentlich vereinfachen und das Verhalten einer Schaltung übersichtlicher gestalten kann. Auch die Streufelder der Induktivitäten sollte man in dieser Weise begrenzen. Man vergleiche das einfache Beispiel der Abb. 7.

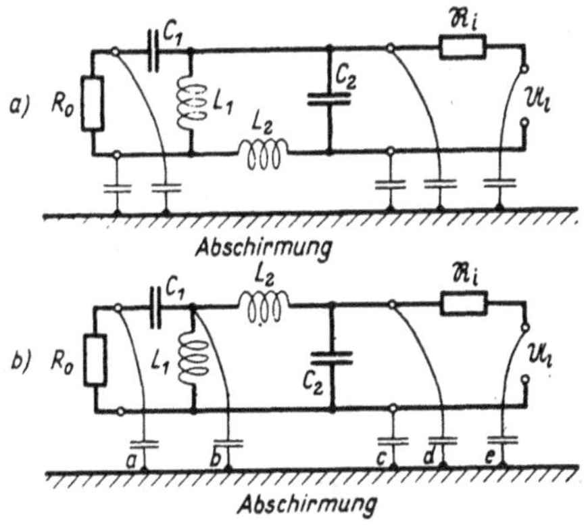

Abb. 130. Abgeschirmter Breitbandtransformator

Auch für umfangreichere Schaltungen ist das Vorhandensein der Abschirmung und ihr zweckmäßiger Einsatz innerhalb der Schaltung von großer Wichtigkeit. Abb. 130 zeigt die Breitbandschaltung der Abb. 107 in zwei möglichen Formen innerhalb einer Abschirmung. Das L_2 hat zwei verschiedene Lagen, die rein theoretisch keinen Unterschied der Schaltung geben, wohl aber bei Berücksichtigung der Kapazitäten zwischen den einzelnen Schaltungspunkten und der Abschirmung. Eine dieser Nebenkapazitäten kann man jeweils ausschalten, indem man die Abschirmung mit dem zugehörigen Punkt der Schaltung verbindet. Wenn man dies in Abb. 130a durchführt, verbleiben stets Nebenkapazitäten, die einen Brückenwiderstand ($\mathfrak{R}_5$ in Abb. 29) darstellen. Die Schaltung der Abb. 130b hat dagegen eine durchgehende Verbindung zwischen dem einen Pol des Generators und dem einen Pol des Verbrauchers. Wenn man diese mit der Abschirmung gleichsetzt, erhält man Abb. 131 und sieht, daß dann einschließlich der Nebenkapazitäten eine reine Stufenschaltung entsteht. Die Nebenkapazität a wurde in § 14 als Nebenkapazität des Wirkwiderstandes R_0 ausführlich betrachtet und kann nach (14.11) unwirksam gemacht werden. Die Kapazität b ist eine Kapazität parallel zu L_1 und in § 13 behandelt. Die Kapazität c der Abb. 130b ist verschwunden und die Kapazität d als Bestandteil des C_2 zu berücksichtigen. Der Strom durch die Kapazität e

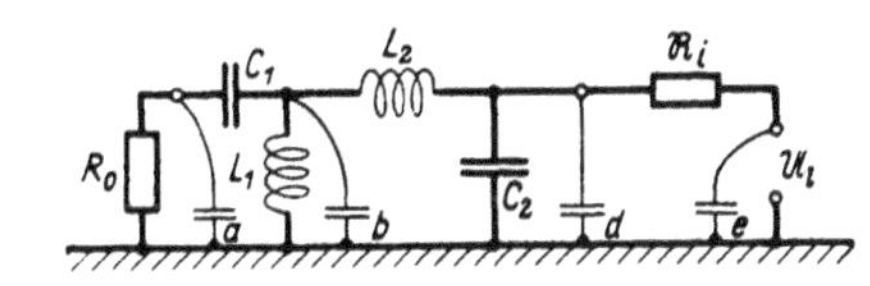

Abb. 131. Breitbandtransformator mit Abschirmung

ist für die Schaltung jetzt ohne Interesse. Die Störerscheinungen werden also sehr übersichtlich, wenn man allgemein Schaltungen wie in Abb. 29 benutzt, die e i n e durchgehende Verbindung zwischen Generator und Verbraucher haben, und man die Abschirmung als diese durchgehende Verbindung benutzt. Eine Möglichkeit, mit Schaltungen zu arbeiten, die nicht unmittelbar an der Abschirmung hängen, aber das gleiche einfache Verhalten zeigen, sind die symmetrisch aufgebauten Schaltungen (Abb. 132), die durch Verdopplung der vorher betrachteten, sogenannten unsymmetrisch aufgebauten Schaltungen (Abb. 131) entstehen. Wenn das Gebilde dann auch räumlich völlig symmetrisch ist und symmetrisch in der Abschirmung liegt, sind alle entsprechenden Nebenkapazitäten jeweils gleich ($a_1 = a_2$; $b_1 = b_2$ usw.). Dann ist die Abschirmung eine neutrale Leitung, über die keine Ausgleichströme fließen (Querzweig einer genau abgeglichenen Brücke), so daß die gleichen Ströme wie in Abb. 131 fließen. Jede Störung der Symmetrie ändert dann aber das Verhalten der Schaltung in komplizierter Weise, so daß solche symmetrischen Schaltungen in der Hochfrequenztechnik bei höheren Frequenzen nicht empfehlenswert sind.

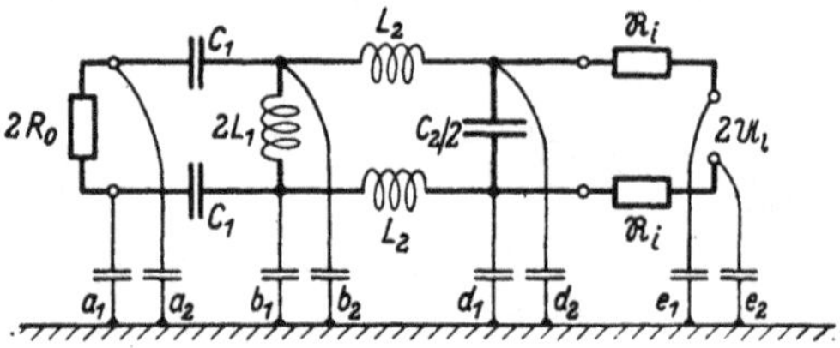

Abb. 132. Doppelschaltung

Eine Abschirmung ist zwar ein unvermeidlicher Bestandteil der Schaltung, aber sie bringt auch große Nebenkapazitäten, die mit wachsender Frequenz entscheidenden Einfluß gewinnen. Diese Kapazitäten stören nur dann nicht, wenn sie, wie in Abb. 131 die Kapazität d, parallel zu einer sowieso vorhandenen Kapazität C_2 liegen. Man macht dann lediglich das einzubauende C_2 etwas kleiner, so daß man zusammen mit der Kapazität d den beabsichtigten Wert C_2 erhält und dieser Teil der Schaltung exakt den theoretischen Forderungen entspricht. Sehr störend dagegen sind solche Kapazitäten, die parallel zu Induktivitäten liegen (b in Abb. 131), da sich dadurch das Verhalten der Induktivität grundlegend ändert (Abb. 60). Daneben sind sehr gefährlich die Induktivitäten der Verbindungsleitungen in der Längsrichtung. Während eine Zuleitungsinduktivität in Serie zu einer Induktivität nicht stört, verändert eine solche das Verhalten einer Serienkapazität ganz erheblich. Eine Schaltung aus Serien-C_1 und Parallel-L_1 wie in Abb. 131 links macht daher bei sehr hohen Frequenzen große Schwierigkeiten, während die Schaltung aus Serien-L_2 und Parallel-C_2 in Abb. 131 rechts sehr exakt dargestellt werden kann und daher für Schaltungen bei sehr hohen Frequenzen bevorzugt wird. Dies liegt daran, daß bereits ein Leiter relativ allgemeiner Form

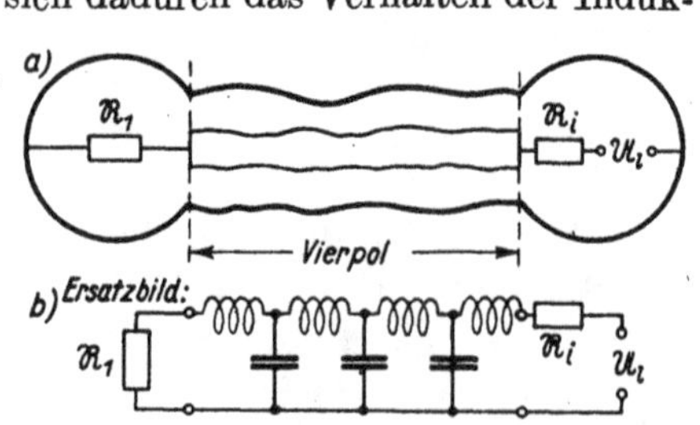

Abb. 133.
Einfachster Vierpol für sehr hohe Frequenzen

in einer Abschirmhülle nach Abb. 133a ein praktisch verlustfreier Vierpol ist, der als eine Kombination von verschiedenen L und C nach Abb. 133b aufgefaßt werden kann, weil jedes Leiterstück diese beiden Bestandteile in sich trägt. Das Studium solcher Schaltungen wird daher im folgenden einen großen Raum einnehmen.

Zunächst sollen einige grundlegende Eigenschaften derartiger Schaltungen, die sich aus Gliedern nach Abb. 134a und b zusammensetzen, geklärt werden.

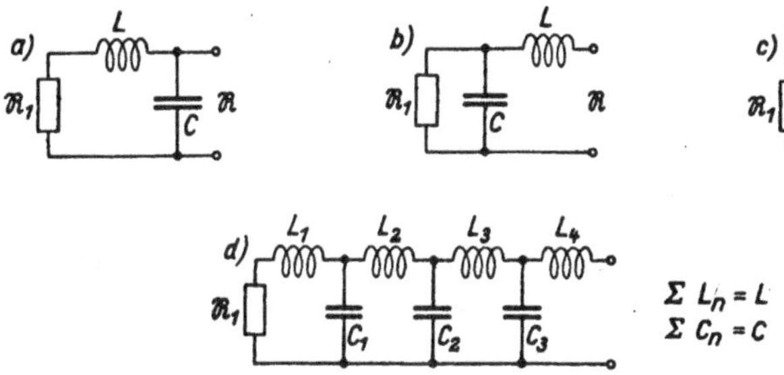

Abb. 134. Elementarglieder

Abb. 135 zeigt die Transformation eines gegebenen $\mathfrak{R}_1$ durch solche Glieder. Die Schaltung der Abb. 134a transformiert $\mathfrak{R}_1$ über $\mathfrak{R}_3$ nach $\mathfrak{R}_6$, die Schaltung Abb. 134b über $\mathfrak{R}_4$ nach $\mathfrak{R}_6$. Solange $\mathfrak{R}_1$ und $\mathfrak{R}_6$ dicht beieinander liegen, ist das Ergebnis $\mathfrak{R}_6$ bei gleichem L und C annähernd unabhängig davon, ob man Abb. 134a oder b benutzt. Auch wenn man die Aufteilung nach Abb. 134c verwendet, erhält man dann das gleiche $\mathfrak{R}_6$ über die Zwischenpunkte $\mathfrak{R}_2$ und $\mathfrak{R}_5$ der Abb. 135. Man gewinnt also das wichtige Ergebnis, daß die Verteilung des L und C innerhalb einer (LC)-Transformationsschaltung gleichgültig ist, solange die Transformationswege klein sind. Rechnerisch sieht dies folgendermaßen aus: Liegt parallel zu einem Widerstand $\mathfrak{R}$ ein kleiner kapazitiver Leitwert $j\omega C$, so lautet der Gesamtleitwert $(1/\mathfrak{R} + j\omega C)$, also der Widerstand nach (1.8)

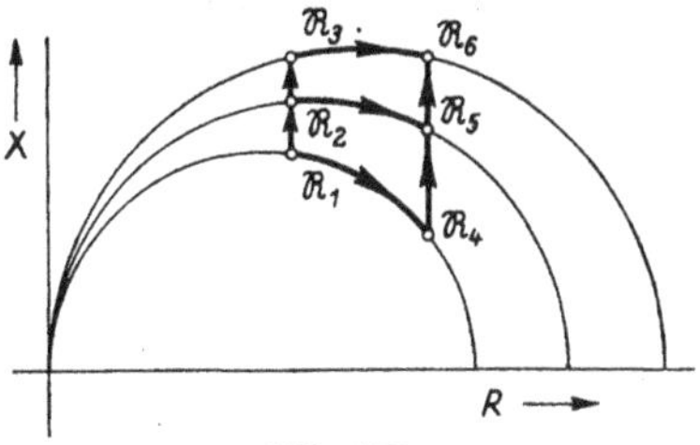

Abb. 135. Transformation durch Elementarglieder

$$1/(1/\mathfrak{R} + j\omega C) = \mathfrak{R}/(1 + j\omega C\mathfrak{R}) \approx \mathfrak{R}\,(1 - j\omega C\mathfrak{R}). \tag{21.1}$$

Die Näherung gilt, solange $|\omega C\,\mathfrak{R}| < 0{,}1$, also $\omega C < 0{,}1/|\mathfrak{R}|$ ist. Dann wirkt eine Parallelkapazität näherungsweise wie die Serienschaltung eines kleinen komplexen Widerstandes $-j\omega C\,\mathfrak{R}^2$. In der Schaltung der Abb. 134a kommt man von $\mathfrak{R}_1$ nach $\mathfrak{R}_3 = \mathfrak{R}_1 + j\omega L$ durch die Serienschaltung des L, dann durch die Parallelschaltung des C für $\omega C < 0{,}1/|\mathfrak{R}_3|$ nach (21.1) nach

$$\mathfrak{R}_6 = \mathfrak{R}_3\,(1 - j\omega C\mathfrak{R}_3) = \mathfrak{R}_1\,[1 + j\omega L/\mathfrak{R}_1 - j\omega C\mathfrak{R}_1 + \omega^2 LC\,(1 + \mathfrak{R}_3/\mathfrak{R}_1)]. \tag{21.2}$$

In der Schaltung der Abb. 134b kommt man durch die Parallelschaltung des C für $\omega C < 0{,}1/|\Re_1|$ nach (21.1) nach $\Re_4 = \Re_1(1 - j\omega C\,\Re_1)$, dann durch die Serienschaltung des L aufwärts nach

$$\Re_6 = \Re_4 + j\omega L = \Re_1\,[1 + j\omega L/\Re_1 - j\omega C \Re_1]. \tag{21.3}$$

Das Ergebnis $\Re_6$ der Schaltung der Abb. 134c mit $\omega C < 0{,}1/|\Re_2|$ ergibt einen Wert zwischen den Werten $\Re_6$ nach (21.2) und (21.3):

$$\Re_6 = \Re_1\,[1 + j\omega L/\Re_1 - j\omega C \Re_1 + \omega^2 LC\,(1 + \Re_2/\Re_1)/2]. \tag{21.4}$$

Die noch weiter unterteilten Schaltungen (Abb. 134d) ergeben ähnliche Werte wie (21.4). Das Zusatzglied ist stets proportional zu $\omega^2 LC$. Wenn

$$\omega^2 LC < 0{,}01 \tag{21.5}$$

ist, ist der Eingangswert $\Re_6$ mit ausreichender Genauigkeit unabhängig von der Verteilung des L und C in der Schaltung, solange die Summe L aller Induktivitäten und die Summe C aller Kapazitäten gleich bleibt. Damit dabei die Näherung (21.1) gilt und (21.5) erfüllt ist, muß für L und C folgende Nebenbedingung bestehen:

$$\omega C < 0{,}1/|\Re_1|; \qquad \omega L < 0{,}1 \cdot |\Re_1|. \tag{21.6}$$

Man kann aber auch jede solche Schaltung als einen symmetrischen Vierpol nach Abb. 134c auffassen und ihm einen Wellenwiderstand Z nach (20.32) und ein Phasenmaß a nach (20.33) zuschreiben. Unter Berücksichtigung von (21.5) ist der Kurzschlußwiderstand dieser Schaltung $X_{2k} = \omega L$ und der Leerlaufwiderstand $X_{2l} = -1/(\omega C)$, also

$$Z = \sqrt{L/C}; \tag{21.7}$$

$$\operatorname{tg} a \approx a = \omega \sqrt{LC}. \tag{21.8}$$

a ist nach (21.5) stets so klein, daß man die Näherung (1.17) anwenden kann.

Allgemeine Schaltungen wie in Abb. 133 kann man daher so vereinfachen, daß man die verschiedenen L und C in Gruppen zusammenfaßt, wobei für die Summe der L und C jeder einzelnen Gruppe stets (21.5) erfüllt sein muß. Unter Umständen kann man also einen solchen Vierpol durch eine Kombination eines L und eines C beschreiben und die genaue Verteilung des L und C innerhalb des Vierpols unbeachtet lassen. Mit wachsender Frequenz wachsen ωL und ωC und zwingen dann zu einer feineren Aufteilung des Gesamtvierpols in einzelne (LC)-Gruppen. Man wird jedoch die Zahl dieser Gruppen nicht größer machen, als es bei der jeweiligen Frequenz wegen (21.5) erforderlich ist. Beispiele in § 22, § 26 und § 36. Da an sich jedes infinitesimale Element des Vierpols der Abb. 133 gleichzeitig eine Induktivität und eine Kapazität hat, ist im Prinzip jedes Ersatzbild zu grob und man müßte, um der Wirklichkeit voll zu entsprechen, ein Ersatzbild mit unendlich vielen, unendlich kleinen L und C haben. Da L und C hier stetig über den ganzen Vierpol in der Längsrichtung vom Verbraucher zum Generator verteilt sind, spricht man von stetig verteilten Blindwiderständen. An Stelle der vorher genannten Zerlegung in Einzelgruppen kann man auch eine exakte Theorie unter Benutzung der Differentialrechnung aufstellen, die die stetige Verteilung berücksichtigt. Die Differentialgleichungen sind aber nur lösbar, wenn L und C nicht nur stetig, sondern auch gleichmäßig längs des Vierpols verteilt sind. Man erhält dann die Theorie der homogenen Leitung, die im Abschn. V behandelt wird. Die Abschn. VI und VII zeigen dann Wege, um sich dem allgemeineren Problem bei ungleichmäßiger Verteilung des L und C zu nähern.

V. Die homogene Leitung

§ 22. Die am Ende kurzgeschlossene Leitung

Der Vierpol der Abb. 133 wird zunächst unter der vereinfachenden Bedingung betrachtet, daß er aus einem Stück homogener Leitung besteht. Eine Leitung soll homogen heißen, wenn sie überall den gleichen Querschnitt hat. Sie besteht aus einem „Innenleiter" mit konstantem Querschnitt innerhalb einer Abschirmung mit konstantem Querschnitt („Außenleiter"), wobei der Innenleiter innerhalb des Außenleiters stets die gleiche Lage hat. Falls im Raum zwischen diesen Leitern ein Dielektrikum vorhanden ist, so soll dieses den Querschnitt entweder ganz oder überall zum gleichen Teil erfüllen. Eine derart

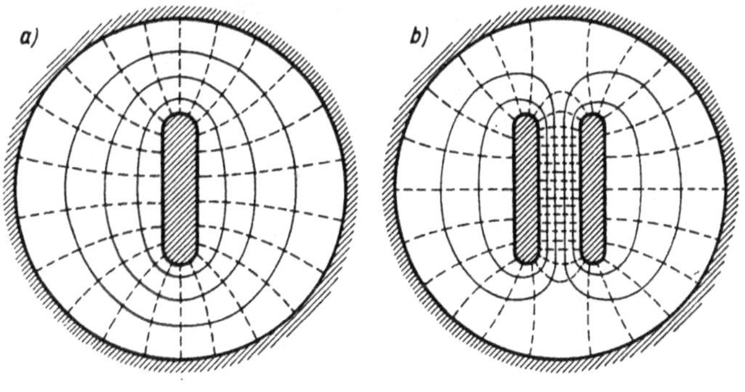

Abb. 136. Leitungsquerschnitte

aufgebaute Leitung, wovon Abb. 136a ein Beispiel zeigt, wird als unsymmetrisch aufgebaute Leitung bezeichnet. Wenn man eine symmetrische Ergänzung wie in Abb. 132 vornimmt, kommt man zur symmetrisch aufgebauten Leitung der Abb. 136b, wo zwei Innenleiter symmetrisch in einem Außenleiter liegen. Auf die gefährliche Wirkung von oft unvermeidlichen Unsymmetrien der Lage, wo unkontrollierbare Ausgleichströme über den Außenleiter zu fließen beginnen, wurde bereits hingewiesen. Die unsymmetrisch aufgebauten Leitungen sind daher das wesentliche Bauelement bei sehr hohen Frequenzen. Ihre elektrischen und magnetischen Felder werden in § 25 eingehend berechnet. Alle Feldlinien verlaufen in Querschnittsebenen (Abb. 136: elektrische Feldlinien gestrichelt, magnetische Feldlinien ausgezogen). Die Ortskoordinate längs der Leitung sei mit z bezeichnet und der Anfang $z = 0$ der Koordinate liegt zweckmäßig am Leitungsende (Abb. 137), weil man alle Stufenschaltungen vom Abschlußwiderstand ausgehend berechnet. Teilt man die Leitung in der Längsrichtung durch Querschnittsebenen gleichen Abstandes Δz in gleiche Teile, so besitzt jeder dieser Teile gleiche Induktivität und gleiche Kapazität. Als Kapazitätsbelag C^* wird die Kapazität eines Leitungsstücks von 1 cm Länge bezeichnet. Dann ist $\Delta C = C^* \cdot \Delta z$ die Kapazität des Leitungsstücks der Länge Δz. Als Induktionsbelag L^* wird die Induktivität eines Leitungsstücks von 1 cm Länge bezeichnet und $\Delta L = L^* \cdot \Delta z$ ist die Induktivität des Leitungsstücks der Länge Δz.

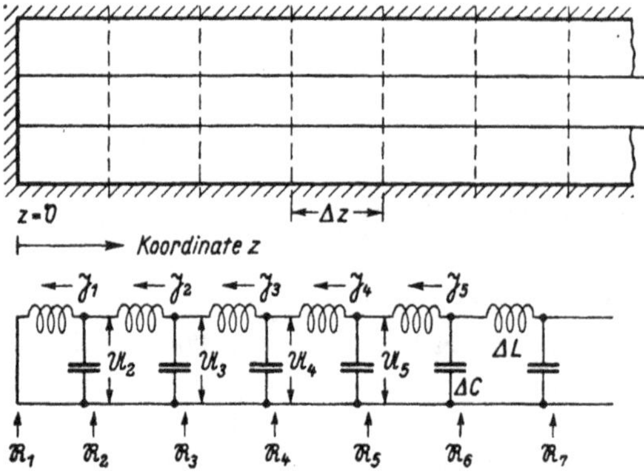

Abb. 137. Homogene Leitung

In dem hier betrachteten Fall sei die Leitung bei $z = 0$ durch eine leitende Querebene kurzgeschlossen. Um die späteren Differentialgleichungen vorzubereiten und den Abschluß an die früheren Betrachtungen mit konzentrierten Elementen zu gewinnen, wird zunächst eine Näherungsrechnung durchgeführt, die bereits alle wesentlichen Erscheinungen zeigt. Wie in Abb. 133 wirkt die Leitung wie eine Folge von (LC)-Kombinationen. Nach den Erörterungen am Schluß von § 21 kann man jeden Abschnitt Δz durch eine einfache (LC)-Kombination ersetzen, wobei die nähere Verteilung des L und C in dem Abschnitt dann gleichgültig ist, wenn (21.5) besteht, also $\omega^2 \cdot \Delta L \cdot \Delta C < 0{,}01$ bleibt. Wegen $\Delta L = L^* \cdot \Delta z$ und $\Delta C = C^* \cdot \Delta z$ muß daher stets $\Delta z < 0{,}1 / (\omega \sqrt{L^* C^*})$ gemacht werden. Man teilt also die Leitung für die betrachtete Frequenz ω in so kleine Δz, daß diese Bedingung erfüllt ist, und benutzt die Näherung (21.3) für jedes dieser Leitungselemente. Es soll zunächst untersucht werden, wie sich der Eingangswiderstand der Leitung, der bei kurzgeschlossenem Leitungsende wegen der vorausgesetzten Verlustlosigkeit der Leitung ein Blindwiderstand ist, mit wachsender Zahl der Leitungselemente Δz, also mit wachsender Leitungslänge z, ändert. Wendet man (21.3) auf das erste Element an, so ist $\Re_1 = 0$ und der Eingangswiderstand des letzten Elements $\Re_2 = jX_2 = j\omega \cdot \Delta L = j\omega L^* \cdot \Delta z$. In der Nähe des Kurzschlusses wirkt also nur die Induktivität der Leitung. Dieses $\Re_2$ ist der Abschlußwiderstand des zweiten Elements, das nach (21.3) den Eingangswiderstand $\Re_3 = jX_3 = j\omega \cdot \Delta L (2 + \omega^2 \cdot \Delta C \cdot \Delta L)$ hat. Es hat sich nicht nur die induktive Wirkung dabei verdoppelt, sondern auch die Parallelkapazität ΔC in einer weiteren Erhöhung des Blindwiderstandes bemerkbar gemacht. $\mathfrak{R}_3$ ist der Abschluß des dritten Vierpols, der nach (21.3) den Eingangswiderstand $\mathfrak{R}_4 = jX_4 = j\omega \cdot \Delta L\,(3 + 5\omega^2 \cdot \Delta C \cdot \Delta L)$ hat, wobei man höhere Potenzen des Faktors $\omega^2 \cdot \Delta C \cdot \Delta L$ vernachlässigt, weil dieser Faktor laut Voraussetzung sehr klein ist. Der Eingangswiderstand $\mathfrak{R}_5$ des vierten Vierpols lautet dann analog $\mathfrak{R}_5 = jX_5 = j\omega \cdot \Delta L\,(4 + 14\omega^2 \cdot \Delta C \cdot \Delta L)$. Abb. 138 zeigt das Anwachsen des Blindwiderstandes X mit wachsender Zahl der Vierpole, wobei das erste Glied proportional wächst, während das Zusatzglied, das durch ΔC verursacht wird, wesentlich schneller wächst. Das X erreicht schließlich den Wert ∞, also die Parallelresonanz aller ΔL und ΔC, wobei allerdings in der Umgebung des Punktes ∞ die Näherung (21.3) versagt und man mit den exakten Formeln des § 6 rechnen muß. Hinter der Unendlichkeitsstelle erscheint X kapazitiv wie beim Parallelresonanzkreis, läuft dann aber mit wachsendem z durch eine Nullstelle und die ganze Kurve wiederholt sich von neuem.

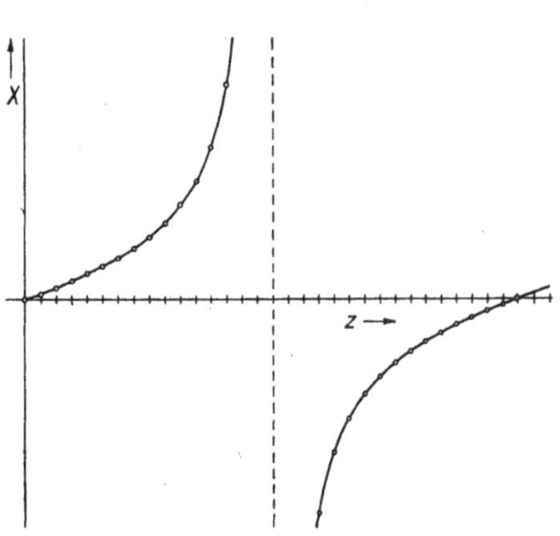

Abb. 138. Eingangswiderstand der koaxialen Leitung

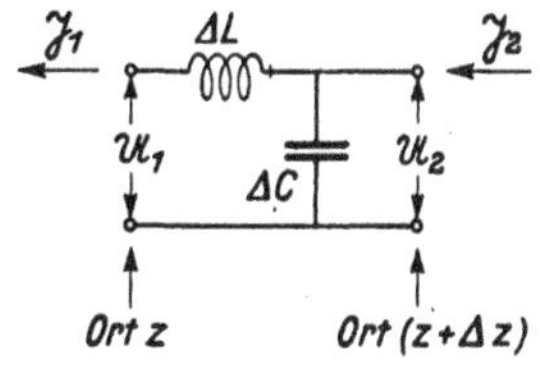

Abb. 139. Leitungsabschnitt

Auf ähnliche Weise kann man sich auch den Verlauf des Stromes und der Spannung längs der Leitung entwickeln. Zu diesem Zweck stelle man die Vierpolgleichungen (20.1) des Leitungsabschnitts der Abb. 139 auf, unter Benutzung von (20.2) und (20.3). Der Spannungsabfall an der Induktivität lautet $j\omega \cdot \Delta L \cdot \mathfrak{J}_1$. Also ist für jedes Element nach Abb. 139

$$\mathfrak{U}_2 = \mathfrak{U}_1 + j\omega \cdot \Delta L \cdot \mathfrak{J}_1. \tag{22.1}$$

Der Strom durch ΔC beträgt $j\omega \cdot \Delta C \cdot \mathfrak{U}_2 = j\omega \cdot \Delta C \cdot \mathfrak{U}_1 - \omega^2 \cdot \Delta L \cdot \Delta C \cdot \mathfrak{J}_1$. Da $\omega^2 \cdot \Delta L \cdot \Delta C < 0{,}01$ sein soll, kann man das zweite Glied meist vernachlässigen und es wird für jedes Element

$$\mathfrak{J}_2 = j\omega \cdot \Delta C \cdot \mathfrak{U}_1 + \mathfrak{J}_1. \tag{22.2}$$

In Abb. 137b ist für das erste Element Δz am Kurzschluß $\mathfrak{U}_1 = 0$ und es fließt ein bestimmter Strom $\mathfrak{J}_1$. Für den Eingang des Elements gilt dann $\mathfrak{U}_2 = j\omega \cdot \Delta L \cdot \mathfrak{J}_1$ und $\mathfrak{J}_2 = \mathfrak{J}_1$. Dieses sind dann die Abschlußwerte des zweiten Elements, für dessen Eingang nach (22.1) und (22.2) gilt:

$$\mathfrak{U}_3 = j2\omega \cdot \Delta L \cdot \mathfrak{J}_1 \quad \text{und} \quad \mathfrak{J}_3 = (1 - \omega^2 \cdot \Delta L \cdot \Delta C)\,\mathfrak{J}_1.$$

Die Spannung steigt also zunächst proportional zur Zahl der Elemente, während der Strom nur sehr langsam kleiner wird. $\mathfrak{U}_3$ und $\mathfrak{J}_3$ sind die Abschlußwerte des dritten Elements, für dessen Eingang nach (22.1) und (22.2) gilt:

$$\mathfrak{U}_4 = j\omega \cdot \Delta L \cdot \mathfrak{J}_1 (3 - \omega^2 \cdot \Delta L \cdot \Delta C); \qquad \mathfrak{J}_4 = (1 - 3\omega^2 \cdot \Delta L \cdot \Delta C)\, \mathfrak{J}_1.$$

Weiter folgt nach Abb. 137b

$$\mathfrak{U}_5 = j\omega \cdot \Delta L \cdot \mathfrak{J}_1 (4 - 4\omega^2 \cdot \Delta L \cdot \Delta C); \qquad \mathfrak{J}_5 = (1 - 6\omega^2 \cdot \Delta L \cdot \Delta C)\, \mathfrak{J}_1,$$

wobei höhere Potenzen von $\omega^2 \cdot \Delta L \cdot \Delta C$ wegen der Kleinheit dieses Faktors vernachlässigt werden. Wenn man dies fortsetzt, erhält man eine Punktfolge wie in Abb. 140, wobei man in der Nähe des Stromnullpunkts auf die Anwendung der Näherung (22.2) verzichten u. exakt nach den Regeln des § 6 rechnen muß. Das X in Abb. 138 ist der Quotient der Spannung und des Stromes der Abb. 140. Man ahnt bereits, daß die Kurven trigonometrischen Funktionen entsprechen. Daß die X-Kurve in Abb. 138 eine tg-Funktion ist, kann man noch auf elementarem Wege beweisen. Die Vierpolgleichungen (22.1) und (22.2) des Leitungsabschnitts Δz nach Abb. 139 ergeben $\mathfrak{A} = \mathfrak{D}$. Das Elementarglied wirkt also in der vorliegenden Näherung ($\omega^2 \cdot \Delta L \cdot \Delta C < 0{,}01$) als symmetrischer Vierpol, und es wurde ja auch schon bewiesen, daß zwischen der Schaltung der Abb. 134a und der symmetrischen Schaltung der Abb. 134c kein Unterschied ist, wenn ΔL und ΔC hinreichend klein sind. Dieser symmetrische verlustfreie Vierpol mit $A = D = 1$, $B = \omega \cdot \Delta L$ und $C = \omega \cdot \Delta C$ und dem Abschlußwiderstand $\mathfrak{R}_1$ hat einen Eingangswiderstand nach (22.1) und (22.2) wie in (20.30)

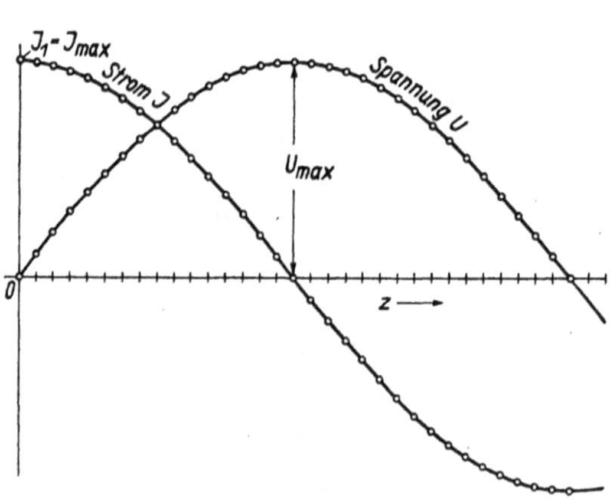

Abb. 140.
Strom und Spannung auf der kurzgeschlossenen Leitung

$$\mathfrak{R}_2 = \mathfrak{U}_2/\mathfrak{J}_2 = (\mathfrak{R}_1 + j\omega \cdot \Delta L)/(1 + j\omega \cdot \Delta C \cdot \mathfrak{R}_1). \tag{22.3}$$

Führt man nach (20.32) den Wellenwiderstand

$$Z = \sqrt{\Delta L/\Delta C} = \sqrt{L^*/C^*} \tag{22.4}$$

und nach (20.33)

$$\mathrm{tg}\,(\Delta a) = \omega \sqrt{\Delta L \cdot \Delta C} = \omega \cdot \Delta z \sqrt{L^* C^*} \tag{22.5}$$

ein, so erhält man über (20.31) aus (22.3)

$$\mathfrak{R}_2 = \frac{\mathfrak{R}_1 + j\, Z \cdot \mathrm{tg}\,(\Delta a)}{1 + j\,(\mathfrak{R}_1/Z)\, \mathrm{tg}\,(\Delta a)}. \tag{22.6}$$

Auch mit dieser Formel kann man die Schaltung der Abb. 137b berechnen und die Punkte der Abb. 138 erhalten. Für den ersten Vierpol am Kurzschlußpunkt ist $\mathfrak{R}_1 = 0$ und $\mathfrak{R}_2 = jZ \cdot \text{tg}(\Delta a)$. Dieses $\mathfrak{R}_2$ ist der Abschluß des zweiten Vierpols und dessen Eingangswiderstand nach (22.6)

$$\mathfrak{R}_3 = jZ \frac{2\,\text{tg}\,(\Delta a)}{1 - \text{tg}^2\,(\Delta a)} = jZ \cdot \text{tg}\,(2\,\Delta a).$$

Dieses $\mathfrak{R}_3$ ist der Abschluß des dritten Vierpols, dessen Eingangswiderstand sich ergibt zu

$$\mathfrak{R}_4 = jZ \frac{\text{tg}\,(2\,\Delta a) + \text{tg}\,(\Delta a)}{1 - \text{tg}\,(2\,\Delta a) \cdot \text{tg}\,(\Delta a)} = jZ \cdot \text{tg}\,(3\,\Delta a)$$

nach dem bekannten Additionstheorem der tg-Funktion. Das Δa hat also einen proportional zur Vierpolzahl wachsenden Zahlenfaktor. Der Eingangswiderstand des n-ten Vierpols lautet somit

$$\mathfrak{R}_{n+1} = jZ \cdot \text{tg}(n \cdot \Delta a), \tag{22.7}$$

wie es die Kurve der Abb. 138 zeigt.

Nachdem durch die vorhergehenden Erörterungen der Zusammenhang der Vorgänge mit den früheren Formeln gegeben wurde, soll nun auch die exakte Ableitung dargelegt werden. Man betrachtet nicht mehr endliche Stücke Δz sondern infinitesimale Stücke dz. Der Leitungsabschnitt der Abb. 139 hat dann keine endliche Induktivität ΔL, sondern eine infinitesimale $dL = L^* \cdot dz$ und eine infinitesimale Kapazität $dC = C^* \cdot dz$. Aus (22.1) und (22.2) erhält man als zweckmäßige Form für infinitesimale Vierpolgleichungen

$$(\mathfrak{U}_2 - \mathfrak{U}_1)/dz = j\omega L^* \cdot \mathfrak{J}_1; \tag{22.8}$$

$$(\mathfrak{J}_2 - \mathfrak{J}_1)/dz = j\omega C^* \cdot \mathfrak{U}_1. \tag{22.9}$$

$\mathfrak{U}_1$ ist die Spannungsamplitude am Ort z (Abb. 137a), die jetzt allgemeiner als $(\mathfrak{U})z$ bezeichnet wird; ebenso heißt die Stromamplitude $\mathfrak{J}_1$ hier $\mathfrak{J}(z)$. $\mathfrak{U}_2 = \mathfrak{U}(z + dz)$ ist die Spannungsamplitude am Ort $(z + dz)$ der Leitung, die nur noch um eine infinitesimale Größe $d\mathfrak{U}$ größer als $\mathfrak{U}\,(z)$ ist: $\mathfrak{U}_2 = \mathfrak{U} + d\mathfrak{U}$. $d\mathfrak{U}$ ist gleich der durch die Induktion aus den magnetischen Wechselfeldern des Leitungsstücks entstehenden Zusatzspannung und daher dem magnetischen Feld, also dem Strom proportional (Induktionsgesetz, s. § 34). Ebenso ist die Stromamplitude $\mathfrak{J}_2$ nur um eine infinitesimale Größe $d\mathfrak{J}$ größer als $\mathfrak{J}(z)$: $\mathfrak{J}_2 = \mathfrak{J} + d\mathfrak{J}$. $d\mathfrak{J}$ ist der Strom durch die Querkapazität des Leitungsstücks, der der Spannung $\mathfrak{U}$ an der betreffenden Stelle proportional ist. Aus (22.8) und (22.9) erhält man dann die Differentialgleichungen

$$\frac{d\mathfrak{U}}{dz} = j\omega L^* \cdot \mathfrak{J}; \tag{22.10}$$

$$\frac{d\mathfrak{J}}{dz} = j\omega C^* \cdot \mathfrak{U}. \tag{22.11}$$

Diese bekannten Gleichungen, die die wechselseitige Verknüpfung von Strom und Spannung längs der Leitung beschreiben, sind also nichts anderes als die Differentialform der Vierpolgleichungen (22.1) und (22.2), deren Lösungsfunktionen Abb. 140 zeigt. Rein mathematisch gewinnt man diese Funktionen dadurch, daß man (22.10) nach z differenziert, das entstehende $d\mathfrak{J}/dz$ aus (22.11) einsetzt und so eine Gleichung erhält, die nur noch die unbekannte Funktion $\mathfrak{U}(z)$ enthält:

$$\frac{d^2\mathfrak{U}}{dz^2} = j\omega L^* \frac{d\mathfrak{J}}{dz} = -\omega^2 L^* C^* \cdot \mathfrak{U}. \tag{22.12}$$

$\mathfrak{U}$ muß also eine Funktion sein, deren zweiter Differentialquotient bis auf einen konstanten, negativen Faktor $-\omega^2 L^* C^*$ gleich der Funktion $\mathfrak{U}$ ist und die außerdem für die am Ende ($z = 0$) kurzgeschlossene Leitung gleich Null wird. Die allgemeinste Funktion dieser Art lautet:

$$\mathfrak{U}(z) = \mathfrak{K} \cdot \sin(\alpha z), \tag{22.12a}$$

die für jedes $\mathfrak{K}$ die Gleichung (22.12) erfüllt, so daß die Konstante $\mathfrak{K}$ noch frei gewählt werden kann. Die Größe α ist dagegen nicht frei verfügbar, weil nur für

$$\alpha = \pm \omega \sqrt{L^* C^*} \tag{22.13}$$

$\mathfrak{U}(z)$ die Gleichung (22.12) befriedigt. Im Prinzip ergeben beide Vorzeichen eine richtige Lösung. Da es für die Betrachtungen in diesem Paragraphen aber gleichgültig ist, welches von beiden man wählt, soll hier nur das positive Vorzeichen in (22.13) berücksichtigt werden. Das zu $\mathfrak{U} = \mathfrak{K} \cdot \sin(\alpha z)$ passende $\mathfrak{J}$ erhält man aus (22.10):

$$\mathfrak{J} = \frac{1}{j\omega L^*} \frac{d\mathfrak{U}}{dz} = \frac{1}{j\omega L^*} \mathfrak{K} \cdot \alpha \cdot \cos(\alpha z) = -j\,\mathfrak{K} \sqrt{\frac{C^*}{L^*}} \cos(\alpha z). \tag{22.14}$$

Berechnet man daraus den Eingangswiderstand $\mathfrak{R}_2$ der Leitung der Länge l als Quotienten der Spannung $\mathfrak{U}_2$ und des Stromes $\mathfrak{J}_2$ für $z = l$, so wird mit Hilfe von (22.4)

$$\mathfrak{R}_2 = \mathfrak{U}_2/\mathfrak{J}_2 = jX_2 = jZ \cdot \mathrm{tg}(\alpha l) \tag{22.15}$$

und man hat die exakte Formulierung für (22.7). Der Eingangsleitwert lautet dementsprechend

$$\mathfrak{G}_2 = \mathfrak{J}_2/\mathfrak{U}_2 = 1/\mathfrak{R}_2 = jY_2 = -j\,(1/Z)\,\mathrm{ctg}(\alpha l). \tag{22.16}$$

Für kleine αl ist nach (1.17) $\mathrm{tg}(\alpha l) = \alpha l$ und $jX_2 = jZ \cdot \alpha l$. Mit (22.4) und (22.13) folgt daraus $jX_2 = j\omega L^* \cdot l$. Die Leitung wirkt dann also lediglich durch ihre Induktivität $L^* \cdot l$. Bei längeren Leitungen kommt die Wirkung der Leitungskapazität hinzu, die den komplizierten tg-Verlauf verursacht. $\mathfrak{K}$ ist die in (22.12a) für $\alpha z = \pi/2$ auftretende maximale Spannung $\mathfrak{U}_{max}$ (Abb. 140). $-j\mathfrak{K}\sqrt{C^*/L^*}$ ist der für $\cos(\alpha z) = 1$ auftretende maximale Strom $\mathfrak{J}_{max}$, den man insbesondere auch am Leitungsende $z = 0$ (Kurzschlußstrom $\mathfrak{J}_1$) findet. Zwischen dem maximalen Strom (reelle Amplitude $J_{max} = J_1$) und der maximalen Spannung (reelle Amplitude U_{max}) besteht also die wichtige Beziehung

$$U_{max}/J_{max} = \sqrt{L^*/C^*} = Z. \tag{22.17}$$

Setzt man dieses $\mathfrak{K}$ in (22.12a) und (22.14) ein, so lautet also die Lösung für $\mathfrak{U}$ und $\mathfrak{J}$

$$\mathfrak{U} = \mathfrak{U}_{max} \cdot \sin(\alpha z) = j\mathfrak{J}_1 Z \cdot \sin(\alpha z), \qquad (22.18)$$

$$\mathfrak{J} = -j\,(\mathfrak{U}_{max}/Z) \cos(\alpha z) = \mathfrak{J}_1 \cdot \cos(\alpha z) \qquad (22.19)$$

mit α aus (22.13) und Z aus (22.4).

Diese wichtigen Funktionen müssen ausführlich erörtert werden. Um $\mathfrak{U}$ und $\mathfrak{J}$ gleichzeitig darstellen zu können, betrachtet man in Abb. 141a die dimensionslosen Quotienten $U/U_{max} = |\sin(\alpha z)|$ und $J/J_{max} = |\cos(\alpha z)|$, die den relativen Verlauf der reellen Amplituden wiedergeben. Beide Kurven, deren Maxima gleich groß sind, haben die gleiche Form, sind aber um $\pi/2$ gegeneinander verschoben, so daß die Maxima der einen am Ort der Nullstellen der anderen liegen. Die Spannungen bzw. Ströme in benachbarten Halbbögen der $|\sin|$- oder $|\cos|$-Funktion sind dabei wegen des Vorzeichenwechsels der trigonometrischen Funktionen gegenphasig. Zwischen $\mathfrak{U}$ und $\mathfrak{J}$ eines Punktes z besteht ferner stets eine zeitliche Phasendifferenz von $\pi/2$ oder $-\pi/2$. Abb. 141a gibt nicht nur die Abhängigkeit bei veränderlicher Leitungslänge z und konstanter Frequenz, also konstantem α nach (22.13), sondern auch für konstante Leitungslänge z und veränderlicher Frequenz (veränderliches α). Um $\mathfrak{R}_2$ nach (22.15) und $\mathfrak{G}_2$ nach (22.16) in Abb. 141b gemeinsam darstellen zu können, sind die Größen $X_2/Z = \operatorname{tg}(\alpha l)$ und $Y_2 \cdot Z = -\operatorname{ctg}(\alpha l)$ eingezeichnet. Diese Funktionen geben wiederum die Abhängigkeit des X_2 und Y_2 von der Leitungslänge l bei konstanter Frequenz, also konstantem α nach (22.13), wie auch ihre Abhängigkeit von der Frequenz (veränderliches α) bei konstanter Leitungslänge l. Charakteristisch für das Verhalten der Leitung sind die Längen, bei denen αz ein Vielfaches von $\pi/2$ ist. Diese Punkte haben einen engen Zusammenhang mit der Wellenlänge λ^* der Wellen auf der Leitung, die in § 24 entwickelt werden. Die Zurückführung des Leitungsverhaltens auf Wellenbetrachtungen ist zwar eine physikalisch interessante Erläuterung, aber vom technischen Standpunkt relativ unwichtig, da die hier durchgeführte Zurückführung der Leitungsvorgänge auf die Vorgänge in hintereinandergeschalteten infinitesimalen Vierpolen nicht nur eine zusammenhängende Darstellung aller Hochfrequenzschaltungen er-

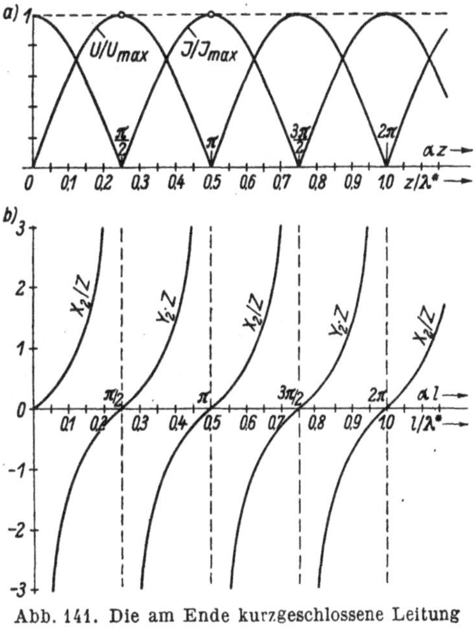

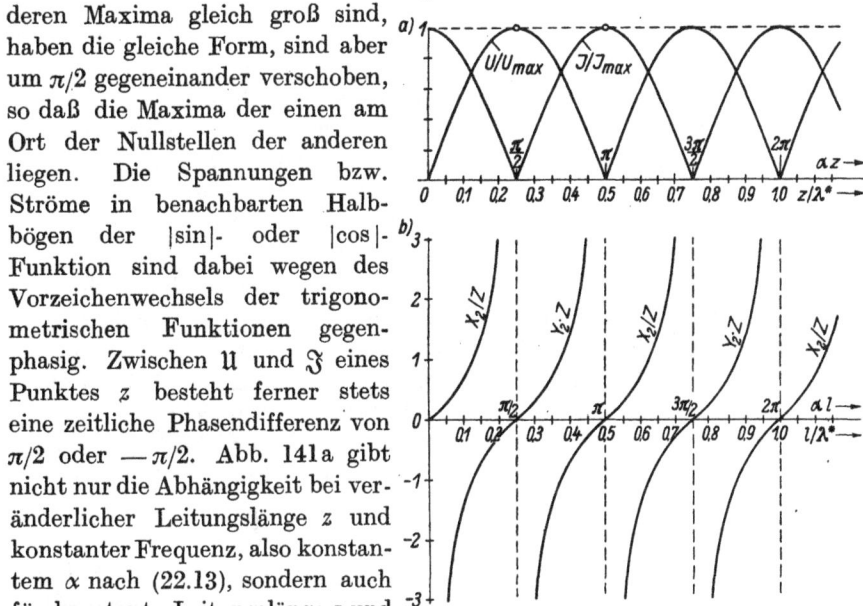

Abb. 141. Die am Ende kurzgeschlossene Leitung

möglicht, sondern auch weitere sehr fruchtbare Konsequenzen hat. Es wäre dabei sicher vorteilhaft, den historischen Begriff „Wellenlänge auf der Leitung" durch das neutrale Wort „charakteristische Länge" zu ersetzen, doch wird man nicht umhin können, das allgemein übliche Wort „Wellenlänge" zu benutzen. Wir definieren daher hier als eine für das Leitungsverhalten charakteristische Länge den Abstand λ^* des Kurzschlußpunktes ($z = 0$) von dem Ort, wo $\alpha z = 2\pi$ ist, wo also die trigonometrischen Funktionen ihre volle Periode durchlaufen haben. Aus $\alpha\lambda^* = 2\pi$ folgt für die Wellenlänge λ^* auf der Leitung

$$\lambda^* = 2\pi/\alpha; \qquad \alpha = 2\pi/\lambda^*; \qquad \alpha z = 2\pi z/\lambda^*. \tag{22.20}$$

Man unterscheide stets das durch (1.7) definierte λ (Wellenlänge im freien Raum), das als Frequenzangabe benutzt wird, und die Wellenlänge λ^* auf Leitungen, die daher durch den Stern deutlich unterschieden werden sollen. Zusammenhänge zwischen λ und λ^* gibt § 25. Dieses λ^* ist eine auf der kurzgeschlossenen Leitung nach Abb. 141a sehr genau definierte und einer Messung nach § 28 gut zugängliche Größe. Die als Funktion von αz dargestellten Leitungsvorgänge kann man dann nach (22.20) zweckmäßig durch den Quotienten $z/\lambda^* = (\alpha/2\pi)z$ beschreiben (Abb. 141).
Mit Hilfe einer kurzgeschlossenen Leitung kann man nach Abb. 141b durch Verändern von l alle Blindwiderstände zwischen $-\infty$ und $+\infty$ herstellen, insbesondere auch Serienresonanzen $X_2 = 0$ bei $\alpha z = n\pi$ bzw. $z = n \cdot \lambda^*/2$ ($n = 0, 1, 2 \ldots$) und Parallelresonanzen $Y_2 = 0$ bei $\alpha z = \pi/2 + n\pi$ bzw. $z = \lambda^*/4 + n \cdot \lambda^*/2$ ($n = 0, 1, 2 \ldots$). Abb. 141b zeigt gleichzeitig die Abhängigkeit von αl und $l/\lambda^* = (\alpha/2\pi) l$ an zwei Skalen. Ein wesentlicher Unterschied zwischen den so erzeugten Blindwiderständen und den konzentrierten Widerständen nach (3.1) und (5.1) ist ihre Abhängigkeit von der Frequenz nach der Funktion $\operatorname{tg}(\omega\sqrt{L^* C^*}\, l)$. Dies würde sich insbesondere bei den Anwendungen nach § 11 und den §§ 16 bis 18 auswirken. Es lassen sich mit solchen Leitungsblindwiderständen zwar auch Kompensationsschaltungen aufbauen (§ 31), aber der neue Frequenzgang erfordert besondere Dimensionierungen. Von Interesse ist daher die Änderung des X bei kleinen Frequenzänderungen Δf. Bei einer mittleren Frequenz f_0 habe X_2 den Wert X_{20}. Für eine benachbarte Frequenz $f = f_0 + \Delta f$ stellt man X_2 nach (22.15) in einer Reihe nach (1.19) dar, die man für kleine Δf nach dem linearen Glied abbricht:

$$X_2 = X_{20} + \left(\frac{dX_2}{df}\right)_{f=f_0} \cdot \Delta f = X_{20} + \Delta X_2. \tag{22.21}$$

Aus $X_2 = Z \cdot \operatorname{tg}(2\pi f \sqrt{L^* C^*}\, l)$ folgt demnach für ΔX_2 unter Benutzung von (22.4)

$$\Delta X_2 = \frac{2\pi Z \sqrt{L^* C^*}\, l}{\cos^2(2\pi f_0 \sqrt{L^* C^*}\, l)}\, \Delta f = \frac{2\pi L^* \cdot l}{\cos^2(2\pi f_0 \sqrt{L^* C^*}\, l)}\, \Delta f. \tag{22.22}$$

$L = L^* \cdot l$ ist die Gesamtinduktivität des Leitungsstücks der Länge l, das als konzentrierter Widerstand nach (3.1) ein $X_2 = 2\pi f \cdot L$ und nach (22.21) einen

Frequenzgang $\Delta X_2 = 2\pi L \cdot \Delta f$ geben würde. Das Leitungsstück zeigt dagegen zusätzlich das $\cos^2$ im Nenner von (22.22) als Wirkung der Leitungskapazitäten. Die Formel (22.22) versagt für $\cos(2\pi f_0 \sqrt{L^* C^*}\, l) = 0$, also in der Umgebung der Punkte $X_2 = \infty$, wo X_2 einen Sprung macht. In diesem Bereich arbeitet man dann zweckmäßig mit den Leitwerten Y_2 nach (22.16). Die Reihenentwicklung lautet nach (1.19)

$$Y_2 = Y_{20} + \left(\frac{dY_2}{df}\right)_{f=f_0} \cdot \Delta f = Y_{20} + \Delta Y_2. \qquad (22.23)$$

Aus $Y_2 = -(1/Z) \operatorname{ctg}(2\pi f \sqrt{L^* C^*}\, l)$ ergibt sich dann mit (22.4)

$$\Delta Y_2 = \frac{2\pi \sqrt{L^* C^*}\, l}{Z \cdot \sin^2(2\pi f_0 \sqrt{L^* C^*}\, l)} \Delta f = \frac{2\pi C^* \cdot l}{\sin^2(2\pi f_0 \sqrt{L^* C^*}\, l)} \Delta f. \qquad (22.24)$$

Bei allen Aufgabenstellungen, wo man sich nur für den Blindwiderstand bei einer einzigen Frequenz interessiert, kann man die Leitungsblindwiderstände ohne weiteres an Stelle von gewöhnlichen Blindwiderständen benutzen. In Kompensationsschaltungen beachte man aber die geänderte Frequenzabhängigkeit.

Die einzelnen Leitungsbestandteile ΔL und ΔC sind nicht verlustfrei und daher wird auch das jX_2 der kurzgeschlossenen Leitung einen Verlustfaktor besitzen. Es gibt wieder zwei Ursachen der Verluste, den Wirkwiderstand der stromdurchflossenen Leiteroberflächen und die dielektrischen Verluste des Mediums zwischen den Leitern. Solange der Verlustfaktor klein ist, erfolgt seine Berechnung auf dem Umweg über die verbrauchte Wirkleistung wie in § 7 und § 8. Man setzt dabei voraus, daß Strom und Spannung hinreichend genau die in (22.18) und (22.19) für den verlustfreien Fall berechneten Werte annehmen. Wenn man verlustarme Blindwiderstände herstellen will, wird man nach Möglichkeit ein Dielektrikum vermeiden, da die dielektrischen Verluste bei sehr hohen Frequenzen groß sind. Näheres über dielektrische Verluste in § 23. Hier soll angenommen werden, daß das Dielektrikum aus Luft besteht und keine dielektrischen Verluste vorhanden sind. Als Widerstandsbelag R^* der Leitung bezeichnet man den Wirkwiderstand der Leiteroberfläche für ein Leitungsstück der Länge 1 cm. R^* ist also die Summe der Widerstände des Außenleiters und des Innenleiters für Leitungen vom Typ der Abb. 136. Genaueres in § 25. $R^* \cdot dz$ ist dann der Wirkwiderstand eines Leitungsstücks der Länge dz. Fließt in diesem dz ein Strom mit der reellen Amplitude J, so verbraucht dieses Stück die Wirkleistung $dN = \frac{1}{2} J^2 R^* \cdot dz$. Bei gegebener Amplitude des Stromes J_1 im Kurzschlußpunkt verbraucht dann ein Leitungsstück dz am Orte z (nach 22.19) die Leistung

$$dN = \frac{1}{2} J_1^2 R^* \cdot dz \cdot \cos^2(\alpha z). \qquad (22.25)$$

Große Leistungsverbraucher sind also diejenigen Bereiche der Leitung, wo nach Abb. 141a große Ströme J fließen, also die Umgebung der Punkte $\alpha z = n\pi$ ($n = 0, 1, 2 \ldots$). Der gesamte Wirkleistungsverbrauch N_L der Leitung der

Länge l ist die Summe aller dieser dN, also

$$N_L = \int_0^l dN \cdot dz = \frac{1}{2} J_1^2 R^* \int_0^l \cos^2(\alpha z) \cdot dz$$
$$= \frac{1}{4} J_1^2 R^* \cdot l \left[1 + \frac{1}{2\alpha l} \sin(2\alpha l)\right]. \qquad (22.26)$$

Denkt man sich den Eingangswiderstand der verlustbehafteten Leitung als einen Blindwiderstand jX_2 nach (22.15), dem zur Beschreibung der Verluste ein Verlustwiderstand R_L in Serie geschaltet ist, so würde dieses R_L bei gegebener reeller Amplitude des Eingangsstroms $J_2 = J_1 \cdot |\cos(\alpha l)|$ nach (22.19) die Leistung $N_L = {}^1/_2\, J_2^2\, R_L$ aufnehmen, die gleich dem N_L nach (22.26) sein muß, wenn R_L den Leistungsverbrauch richtig beschreiben soll. Man vergleiche (7.14). Dann ist wie in (7.16) $R_L = 2N_L/J_2^2$ oder mit $\sin(2\alpha l) = 2\sin(\alpha l) \cdot \cos(\alpha l)$.

$$R_L = R^* \cdot l \left[\frac{1}{2\cos^2(\alpha l)} + \frac{1}{2\alpha l} \operatorname{tg}(\alpha l)\right] = R^* \cdot l \cdot F_1. \qquad (22.27)$$

$R^* \cdot l$ ist der Gesamtwiderstand der Leitung der Länge l, der hier mit dem Faktor F_1 im R_L wirksam wird. F_1 findet man in Abb. 142. Es beginnt für kleine αl mit dem Wert 1, weil für kleine αl stets $\operatorname{tg}(\alpha l) = \alpha l$ und $\cos(\alpha l) = 1$ gesetzt werden kann. Für $\alpha l = \pi/2$ wird gleichzeitig mit $X_2 = \infty$ auch $R_L = \infty$.

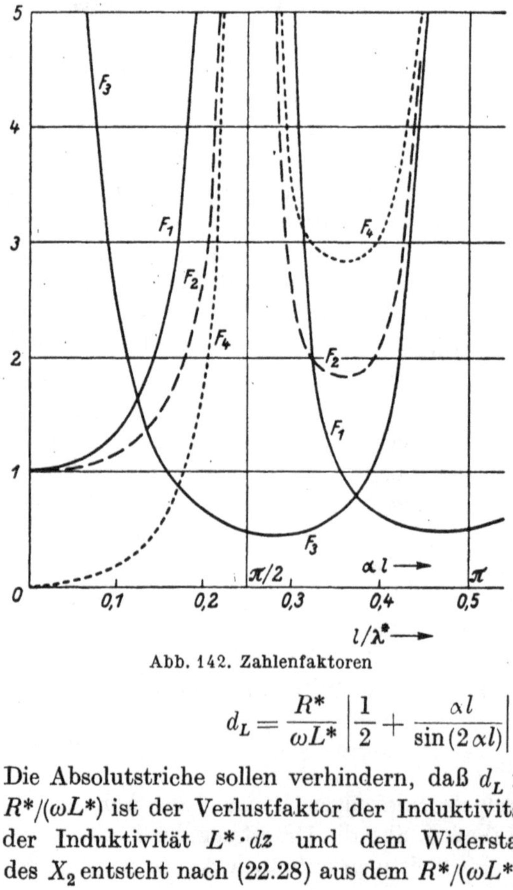

Abb. 142. Zahlenfaktoren

Der Verlustfaktor des $X_2 = Z \cdot \operatorname{tg}(\alpha l)$ ist dann nach (7.15) $d_L = R_L/|X_2|$. Für $\alpha l < \pi/2$ ist $\operatorname{tg}(\alpha l)$ positiv und $|X_2| = X_2$. Für $\pi/2 < \alpha l < \pi$ ist $\operatorname{tg}(\alpha l)$ negativ und $|X_2| = -X_2$. Da R_L stets positiv ist, berechne man zunächst R_L/X_2 mit (22.27) und (22.15) und bildet dann den Absolutwert dieser Größe:

$$d_L = \frac{R^*}{\omega L^*} \left|\frac{1}{2} + \frac{\alpha l}{\sin(2\alpha l)}\right| = \frac{R^*}{\omega L^*} F_2. \qquad (22.28)$$

Die Absolutstriche sollen verhindern, daß d_L für $\pi/2 < \alpha l < \pi$ negativ wird. $R^*/(\omega L^*)$ ist der Verlustfaktor der Induktivität eines Leitungsstücks dz mit der Induktivität $L^* \cdot dz$ und dem Widerstand $R^* \cdot dz$. Der Verlustfaktor des X_2 entsteht nach (22.28) aus dem $R^*/(\omega L^*)$ durch Multiplikation mit dem

Faktor F_2 der Abb. 142. F_2 ist für kleine αl gleich 1 und wächst mit wachsender Leitungslänge. Wenn man ein verlustarmes jX_2 mit Hilfe von Leitungen herstellen will, vermeide man Leitungslängen, die sich dem Wert $\alpha l = \pi/2$ zu sehr nähern. Dieser Anstieg des Verlustfaktors ist der gleiche Effekt, der für konzentrierte Blindwiderstände in (9.12a) dargestellt ist. Wenn man mit Leitwerten rechnet, kann man die Verluste durch einen Wirkleitwert G_L parallel zum Blindleitwert jY_2 nach (22.16) darstellen. An G_L liegt die Leitungsspannung (22.18) für $z = l$ mit der reellen Amplitude $U_2 \doteq J_1 \cdot Z \cdot \sin(\alpha l)$. Wenn G_L dabei die Wirkleistung $N_L = {}^1/_2\, U_2{}^2\, G_L$ nach (22.26) aufnehmen soll, muß dieses mit (22.18) den Wert

$$G_L = \frac{2\,N_L}{U_2{}^2} = \frac{R^* \cdot l}{Z^2}\left[\frac{1}{2\sin^2(\alpha l)} + \frac{1}{2\alpha l}\,\mathrm{ctg}(\alpha l)\right] = \frac{R^* \cdot l}{Z^2} F_3 \qquad (22.29)$$

haben. Den Faktor F_3 findet man ebenfalls in Abb. 142. Für $d_L = G_L/|Y_2|$ nach (9.6a) ergibt sich dann ebenfalls Gl. (22.28). Die Leitwertsdarstellung hat den Vorteil, daß G_L in der Umgebung von $\alpha l = \pi/2$ endliche Werte behält, so daß sie sich dort zur Beschreibung der Verluste eignet, wo R_L unendlich groß wird, insbesondere also auch dort, wo $X_2 = \infty$ wird. Andererseits ist die Darstellung der Verluste mit einem Widerstand R_L dort geboten, wo G_L unendlich groß wird, also in den Bereichen, wo $Y_2 \to \infty$ geht ($\alpha l = 0, \pi, \ldots$). Durch geeignete Wahl der Darstellung findet man also stets eine passende, einfache Beschreibung der Leitungsverluste (Widerstand R_L bzw. Leitwert G_L).

§ 23. Blindwiderstände und Resonanzkreise aus Leitungen

Von besonderem technischen Interesse sind die Resonanzstellen des Eingangswiderstandes $X_2 = 0$ und $Y_2 = 0$, mit deren Hilfe man bei sehr hohen Frequenzen die erforderlichen Resonanzkreise herstellt. Zu ihrer einheitlichen Behandlung sollen die Erörterungen des § 22 zunächst noch eine Verallgemeinerung erfahren. Ohne Mühe kann man aus dem Verhalten der kurzgeschlossenen Leitung die Vorgänge einer mit einem beliebigen Blindwiderstand jX_1 — einschließlich dem Leerlauf $X_1 = \infty$ („offenes“ Leitungsende) — abgeschlossenen Leitung ableiten. Abb. 143 zeigt Strom und Spannung auf der kurzgeschlossenen Leitung wie in Abb. 141a. Schneidet man die Leitung im Abstand l_1 vom Leitungsende durch und läßt die Koordinate z an dieser neuen Stelle beginnen, so erhält man dann auf der Leitung die gleichen Verhältnisse wie vorher, wenn sie an der Stelle $z = 0$ mit einem Blindwiderstand jX_1 abgeschlossen ist, der gleich dem Eingangswiderstand (22.15) der dahinter liegenden Leitung der Länge l_1 ist:

$$jX_1 = jZ \cdot \mathrm{tg}\,(\alpha l_1); \qquad \alpha l_1 = 2\,\pi l_1/\lambda^* = \mathrm{arc\,tg}\,(X_1/Z). \qquad (23.1)$$

Es ist dabei gleichgültig, ob jX_1 eine kurzgeschlossene oder leerlaufende Leitung oder ein irgendwie anders hergestellter Blindwiderstand ist. Die Verhältnisse auf einer mit einem Blindwiderstand jX_1 abgeschlossenen Leitung sind also die gleichen, wie auf einer um l_1 längeren kurzgeschlossenen Leitung, wobei man das zugehörige αl_1 aus (23.1) berechnen kann. Aus (22.18) und (22.19) wird dann allgemein für einen beliebigen Ort z

$$\mathfrak{U} = \mathfrak{U}_{max} \cdot \sin(\alpha z + \alpha l_1), \tag{23.2}$$

$$\mathfrak{I} = \mathfrak{I}_{max} \cdot \cos(\alpha z + \alpha l_1). \tag{23.2a}$$

(22.17) bleibt bestehen. Sind $\mathfrak{U}_1$ und $\mathfrak{I}_1$ die Spannung und der Strom bei $z = 0$, wobei $\mathfrak{U}_1/\mathfrak{I}_1 = jX_1$ ist, so wird nach (23.2) und (23.2a)

$$\mathfrak{U}_1 = \mathfrak{U}_{max} \cdot \sin(\alpha l_1); \qquad \mathfrak{I}_1 = \mathfrak{I}_{max} \cdot \cos(\alpha l_1) \tag{23.3}$$

oder mit (23.1)

$$\mathfrak{U}_{max} = \frac{\mathfrak{U}_1}{\sin(\alpha l_1)} = j\frac{\mathfrak{I}_1 X_1}{\sin(\alpha l_1)} = j\frac{\mathfrak{I}_1 Z}{\cos(\alpha l_1)}; \tag{23.4}$$

$$\mathfrak{I}_{max} = \frac{\mathfrak{I}_1}{\cos(\alpha l_1)} = -j\frac{\mathfrak{U}_1}{X_1 \cdot \cos(\alpha l_1)} = -j\frac{\mathfrak{U}_1}{Z \cdot \sin(\alpha l_1)}. \tag{23.5}$$

Der Eingangsblindwiderstand lautet nach (23.2) und (23.2a) mit (23.4) und (23.5) für $z = l$

$$\mathfrak{R}_2 = jX_2 = \mathfrak{U}_2/\mathfrak{I}_2 = jZ \cdot \mathrm{tg}(\alpha l + \alpha l_1) = jZ \cdot \mathrm{tg}\,[\alpha l + \mathrm{arc\,tg}\,(X_1/Z)]. \tag{23.6}$$

Dieses X_2 kann man aus Abb. 141b entnehmen, wenn man den Anfangspunkt $\alpha l = 0$ um αl_1 nach rechts verschiebt. Gleiches gilt für den Eingangsleitwert. Abb. 143a zeigt ein Beispiel für positives X_1 (induktiver Abschluß) und Abb. 143c für negatives X_1 (kapazitiver Abschluß). Für $X_1 > 0$ ist $0 < \alpha l_1 < \pi/2$ oder nach (22.20) $0 < l_1 < \lambda^*/4$. Für $X_1 < 0$ wird dagegen $\pi/2 < \alpha l_1 < \pi$ oder $\lambda^*/4 < l_1 < \lambda^*/2$. Größere Werte l_1 wird man im allgemeinen nicht verwenden, obwohl wegen der Periodizität der tg-Funktion in (23.1) an sich unendlich viele, jeweils um $\lambda^*/2$ verschiedene Werte möglich sind.

Ein wichtiger Sonderfall ist die am Ende offene Leitung mit $X_1 = \infty$ und $\mathfrak{I}_1 = 0$, die in Abb. 143b dargestellt ist. Hier ist nach (23.1) $\alpha l_1 = \pi/2$ und nach (23.2), (23.2a) und (23.5)

$$\mathfrak{U} = \mathfrak{U}_{max} \cdot \cos(\alpha z) = \mathfrak{U}_1 \cdot \cos(\alpha z), \tag{23.7}$$

$$\mathfrak{I} = -\mathfrak{I}_{max} \cdot \sin(\alpha z) = j\frac{\mathfrak{U}_1}{Z}\sin(\alpha z). \tag{23.8}$$

Gegenüber der kurzgeschlossenen Leitung nach (22.18), (22.19) und Abb. 141a sind die Bilder von Strom und Spannung längs der Leitung vertauscht. Der Eingangswiderstand lautet dann nach (23.7) für $z = l$

$$\mathfrak{R}_2 = jX_2 = \mathfrak{U}_2/\mathfrak{I}_2 = -jZ \cdot \mathrm{ctg}(\alpha l). \tag{23.9}$$

Dieses X_2/Z läuft also wie die Kurve $Y_2 \cdot Z$ der Abb. 141b. Der Eingangsleitwert lautet

$$\mathfrak{G}_1 = \frac{1}{\mathfrak{R}_2} = jY_2 = j\frac{\mathrm{tg}(\alpha l)}{Z}. \tag{23.10}$$

Das $Y_2 \cdot Z$ verläuft wie die Kurve X_2/Z der Abb. 141b. Für kleine αl ist $\mathrm{tg}(\alpha l) = \alpha l$ und somit $Y_2 = \alpha l/Z$. Nach (22.4) und (22.13) folgt daraus $Y_2 = \omega C^* \cdot l$. Es wirkt also für hinreichend kleine Leitungslängen lediglich die Kapazität $C^* \cdot l$ des Leitungsstücks und Y_2 wächst proportional $C^* \cdot l$. Bei größerem l wächst Y_2 aber schneller, weil auch die Induktivität wirksam wird, und erreicht den Wert $Y_2 = \infty$ für $\alpha l = \pi/2$, der einer Serienresonanz zwischen der Induktivität und der Kapazität des Leitungsstücks vollkommen entspricht. Für $\alpha l > \pi/2$ nimmt wegen der zunehmenden Induktivität $|Y_2|$ immer mehr ab und erreicht für $\alpha l = \pi$ den Wert $Y_2 = 0$. In der Umgebung von $\alpha l = \pi$ ergibt sich also ein Leitungsverhalten, das dem einer Parallelresonanz völlig analog ist. Im Prinzip kann man die mit der offenen Leitung erzeugten Blindwiderstände auch mit einer kurzgeschlossenen Leitung erzeugen, die nach Abb. 143b um $\lambda^*/4$ länger oder kürzer ist. Man beachte dabei jedoch, daß die den Verlustfaktor bestimmenden Verluste dN der einzelnen Leitungsstücke dz nach (22.25) von den Strömen auf der Leitung abhängen und daher N_L bei gleichem X_2 je nach dessen Entstehungsweise sehr verschieden sein kann. Deshalb wird man stets bemüht sein, das X_2 mit möglichst kurzen Leitungen herzustellen und die Ströme auf der Leitung klein zu halten. Wenn man z. B. kapazitive Blindwiderstände herstellen will, erreicht man mit der am Ende offenen Leitung wesentlich kleinere Verluste als mit der kurzgeschlossenen Leitung, weil bei ihr die Stellen hoher Stromstärke in der Nähe des Leitungskurzschlusses fortfallen.

Für die zweckmäßige Herstellung eines Blindwiderstandes jX_2, für die es ja zahlreiche Möglichkeiten gibt, sind Anordnungen mit kleinstem Verlustwinkel von besonderem Interesse. Zur Berücksichtigung der Verluste wird wie in § 22 angenommen, daß die Leitung keine dielektrischen Verluste besitzt, sondern nur einen Widerstandsbelag R^*. Solange die Verluste klein sind, wird die für die verlustfreie Leitung berechnete Stromverteilung (23.2a) mit ausreichender Genauigkeit erhalten bleiben. Man berechnet den Leistungsverbrauch N_L der Leitung wie in (22.26), wobei hier jedoch in $dN = {}^1/_2\, J^2 R^* \cdot dz$ die reelle Amplitude J des Stromes nach (23.2a) einzusetzen ist. Zu diesem N_L kommt dann noch der Leistungsverbrauch N_B des Ab-

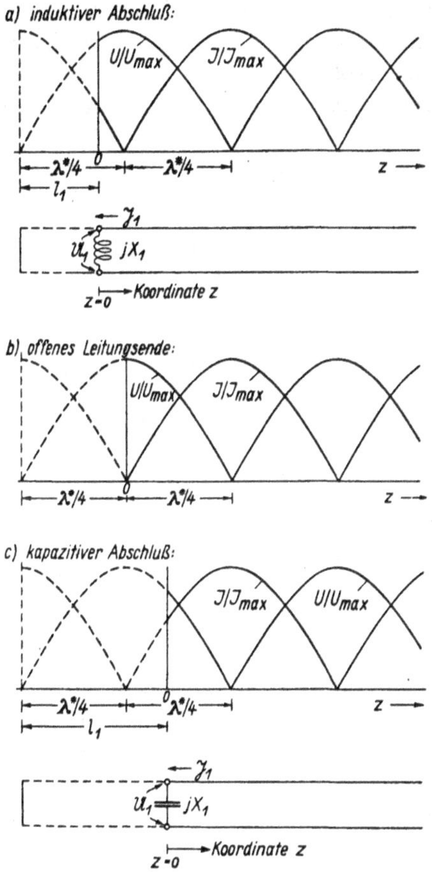

Abb. 143. Mit Blindwiderstand abgeschlossene Leitung

schlußblindwiderstandes jX_1, der den Verlustfaktor d_B besitzt, also den Verlustwiderstand $R_B = d_B \cdot |X_1|$ und der vom Strom J_1 durchflossen wird. Man bevorzugt Kapazitäten als Abschlußwiderstände jX_1, weil man diese mit Luft als Dielektrikum verlustfrei bauen kann ($N_B = 0$). Allgemein beträgt der Leistungsverbrauch

$$N_L + N_B = \frac{1}{2} J_{\max}^2 R^* \int_0^l \cos^2(\alpha z + \alpha l_1) \cdot dz + \frac{1}{2} J_1^2 R_B. \quad (23.11)$$

Wenn $J_2 = J_{\max} \cdot \cos(\alpha l + \alpha l_1)$ der Eingangsstrom an der Stelle $z = l$ ist, kann man dort wie in (22.27) einen Verlustwiderstand R_L durch $N_L + N_B = {}^1/_2 J_2^2 R_L$ definieren, der sich mit (23.11) ergibt zu

$$R_L = \left[R^* \int_0^l \cos^2(\alpha z + \alpha l_1) \cdot dz + R_B \cos^2(\alpha l_1)\right] \frac{1}{\cos^2(\alpha l + \alpha l_1)}. \quad (23.12)$$

Der Verlustfaktor des jX_2 nach (23.6) ist also gegeben durch $d_L = R_L / |X_2|$. Man beachte aber, daß diese Darstellung nur gilt, solange die Stromverteilung nach (23.2a) durch die Verluste nicht wesentlich beeinflußt wird. Besonders einfach und wichtig sind die Verhältnisse auf der am Ende offenen Leitung nach Abb. 143b. Dort ist $N_B = 0$ und die reelle Amplitude des Stromes auf der Leitung nach (23.8) $J = U_1 \cdot |\sin(\alpha z)|/Z$. Daher wird

$$\begin{aligned} N_L &= \int_0^l dN \cdot dz = \frac{1}{2} \int_0^l J^2 R^* \cdot dz = \frac{1}{2} \left(\frac{U_1}{Z}\right)^2 R^* \int_0^l \sin^2(\alpha z) \cdot dz \\ &= \frac{1}{4} \left(\frac{U_1}{Z}\right)^2 R^* \cdot l \left[1 - \frac{1}{2\alpha l} \sin(2\alpha l)\right] \end{aligned} \quad (23.13)$$

und damit der Verlustwiderstand wie in (22.27)

$$R_L = \frac{2 N_L}{J_2^2} = R^* \cdot l \left[\frac{1}{2 \sin^2(\alpha l)} - \frac{1}{2\alpha l} \operatorname{ctg}(\alpha l)\right]. \quad (23.14)$$

Analog (22.28) ist der Verlustfaktor d_L des jX_2

$$d_L = \frac{R_L}{|X_2|} = \frac{R^*}{\omega L^*} \left|\frac{1}{2} - \frac{\alpha l}{\sin(2\alpha l)}\right| = \frac{R^*}{\omega L^*} F_4. \quad (23.14a)$$

Dieses F_4 kann man aus Abb. 142 entnehmen. Man vergleiche (22.28). Das Minuszeichen in (23.14a) kann man sich für die Herstellung sehr verlustarmer Blindwiderstände zunutze machen, solange $\sin(2\alpha l)$ positiv ist, also für $\alpha l < \pi/2$ oder $l < \lambda^*/4$. Man beachte, daß F_4 im Gegensatz zum F_2 der verlustbehafteten kurzgeschlossenen Leitung nach (22.28) bei $\alpha l = 0$ mit dem Wert Null beginnt. Dies liegt darin begründet, daß eine kurze offene Leitung nach Abb. 143b praktisch stromlos und daher bei Vernachlässigung dielektrischer Verluste fast verlustfrei ist.

Da im Integral des N_L stets das J^2 maßgebend ist, geben diejenigen Stellen der Leitung einen wesentlichen Beitrag zum N_L, die nach Abb. 143 in der Nähe der Strommaxima liegen und sind daher nach Möglichkeit zu vermeiden. Eine sehr anschauliche Darstellung der Verluste gewinnt man aus (23.12) nach Abb. 144. Man benützt die Formel

$$\frac{R_L}{R^*}\cos^2(\alpha l+\alpha l_1)=\int\limits_0^l\cos^2(\alpha z+\alpha l_1)\cdot dz+\frac{R_B}{R^*}\cos^2(\alpha l_1) \qquad (23.15)$$

und zeichnet die Kurve $\cos^2(\alpha z+\alpha l_1)$. Das Produkt $\cos^2(\alpha z+\alpha l_1)\cdot dz$ ist eine am Ort z befindliche Rechteckfläche der Breite dz und der Höhe $\cos^2(\alpha z+\alpha l_1)$ (in Abb. 144 gekreuzt schraffiert). Diese Fläche ist proportional

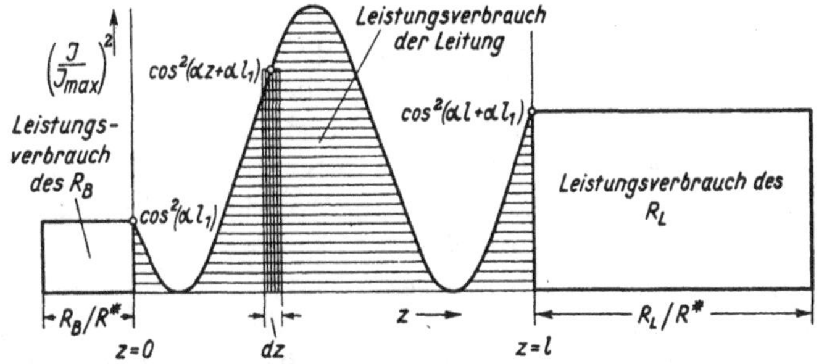

Abb. 144. Veranschaulichung der Verlustleistung

dem Leistungsverbrauch des Leitungsstücks der Länge dz bei der vorliegenden Stromverteilung; denn $\cos^2(\alpha z+\alpha l_1)$ ist nach (23.2a) das Quadrat des Stromes J für $J_{\max}=1$. Das Integral ist also die Fläche zwischen der Abszissenachse und der $\cos^2$-Kurve der Abb. 144. Der Leistungsverbrauch des R_B ist dem Rechteck mit der Breite R_B/R^* und der Höhe $\cos^2(\alpha l_1)$ proportional, das ebenfalls in Abb. 144 zu finden ist. Der gesamte Leistungsverbrauch entspricht also der Summe dieser beiden Flächen und ist anschaulich gleich einem Rechteck mit der Breite R_L/R^* und der Höhe $\cos^2(\alpha l+\alpha l_1)$. So gewinnt man eine Darstellung des R_L, kann den Leistungsverbrauch des R_B und der Leitung vergleichen und erkennt die Stellen der Leitung, die den Leistungsverbrauch besonders erhöhen. In der Praxis wird es auf der Leitung auch Orte geben, z. B. Kontaktstellen, wo das R^* besonders groß ist. Solche Stellen legt man dann nicht in Bezirke mit großem Strom.

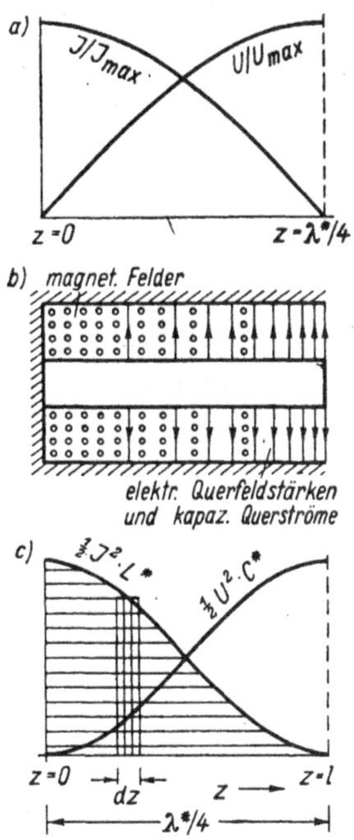

Abb. 145. Einfache Parallelresonanz

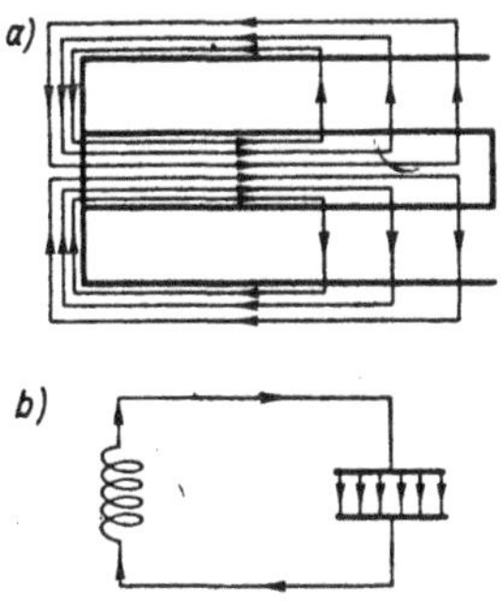

Abb. 146. Stromkreise bei Parallelresonanz

Von besonderem Interesse sind wie schon eingangs erwähnt die Resonanzen $X_2=0$ und $X_2=\infty$. Als wichtigster Fall soll zunächst die Resonanz $X_2=\infty$ der kurzgeschlossenen Leitung für $\alpha l=\pi/2$ ($l=\lambda^*/4$; Abb. 141 b) betrachtet werden. Abb. 145a zeigt den Verlauf des Leitungsstroms und der Spannung auf dieser Leitung. Es fließen kapazitive Querströme entlang der elektrischen Feldlinien nach Abb. 145b, deren Größe proportional zur Spannung U nach (22.18) ist. Diese Ströme bilden geschlossene Stromkreise mit den Leitungsströmen und den Strömen im Kurzschlußpunkt, wie dies in Abb. 146a gezeichnet ist. Während in einem gewöhnlichen verlustfreien Resonanzkreis nach Abb. 146b die Induktivität und die Kapazität einen geschlossenen Stromkreis bilden, der von einem überall gleich großen Strom durchflossen wird, verteilt sich hier der kapazitive Strom über das ganze Leitungsstück nach einem sin-Gesetz. Seine Größe in Abhängigkeit von z soll in Abb. 145b durch die Dichte der Querströme dargestellt werden. Bei Verwendung konzentrierter L und C bleibt die magnetische Feldenergie auf die Spule und die elektrische Feldenergie auf den Kondensator beschränkt. Hier sind die magnetischen Felder, die überall den Strom J proportional sind, über die ganze Leitung nach dem cos-Gesetz verteilt. In Abb. 145b laufen die magnetischen Feldlinien (wie die Äquipotentiallinien in Abb. 39 und 40) in Querschnittsebenen senkrecht zur Zeichenebene und ihre Durchstoßpunkte durch die Zeichenebene sind durch kleine Kreise versinnbildlicht. Ihre Dichte soll das Abnehmen des magnetischen Feldes mit wachsendem z demonstrieren.

Die in § 6 und § 9 entwickelten Resonanzgesetze müssen nun eine für solche verteilten Felder brauchbare Erweiterung finden. Zunächst wird die magnetische Feldenergie berechnet. Wegen des ortsabhängigen J kann man (1.3) nur auf sehr kleine Leitungsstücke dz anwenden, deren Feldenergie mit (22.19) den Scheitelwert

$$dW_m = \frac{1}{2}\, J^2 L^* \cdot dz = \frac{1}{2}\, J_{\max}^2\, L^* \cdot dz \cdot \cos^2(\alpha z) \tag{23.16}$$

besitzt. (1.3) bezieht sich auf den reellen Momentanwert des Stromes, so daß das nach (23.16) definierte dW_m die Feldenergie für den Moment darstellt, wo der Strom seinen Scheitelwert J besitzt, so daß man diese als den Scheitelwert der Feldenergie bezeichnen kann. Zeichnet man in Abb. 145c die Kurve $^1/_2\, J^2 L^*$, so stellt das gekreuzt schraffierte Rechteck der Breite dz den Anteil dW_m nach (23.16) des Leitungsstücks der Länge dz dar. Die schraffierte Gesamtfläche gibt dann den Scheitelwert der gesamten Feldenergie

$$W_m = \int\limits_0^{\lambda^*/4} \frac{1}{2}\, J^2 L^* \cdot dz = \left(\frac{1}{2}\, J_{\max}\right)^2 L^* \frac{\lambda^*}{4} \tag{23.17}$$

des Leitungsstücks der Länge $\lambda^*/4$, wobei $L^* \cdot \lambda^*/4$ die Gesamtinduktivität des Leitungsstücks ist. Man vergleiche (1.3). Ebenso folgt aus (1.6) mit (22.18) für den Scheitelwert der elektrischen Feldenergie des Leitungsstücks dz

$$dW_e = \frac{1}{2}\, U^2 C^* \cdot dz = \frac{1}{2}\, U_{\max}^2\, C^* \cdot dz \cdot \sin^2(\alpha z). \tag{23.18}$$

Zeichnet man in Abb. 145c die Kurve $^1/_2 U^2 C^*$, so stellt $^1/_2 U^2 C^* \cdot dz$ die elektrische Feldenergie des Leitungsstücks dz nach (23.18) dar. Nach (22.17) ist

$J_{max}^2 L^* = U_{max}^2 C^*$ und somit das Maximum beider Kurven der Abb. 145c gleich groß. Die Fläche unter der gezeichneten Kurve stellt den Scheitelwert der gesamten elektrischen Feldenergie dar

$$W_e = \int_0^{\lambda^*/4} \frac{1}{2} U^2 C^* \cdot dz = \left(\frac{1}{2} U_{max}\right)^2 C^* \frac{\lambda^*}{4} \cdot \qquad (23.19)$$

Aus (23.17) und (23.19) folgt mit Hilfe von (22.17)

$$W_m = W_e \qquad (23.20)$$

als allgemeinste Resonanzbedingung. Wegen der zeitlichen Phasenverschiebung $\pi/2$ zwischen $\mathfrak{U}$ und $\mathfrak{J}$ tritt eine dauernde Umlagerung zwischen elektrischer und magnetischer Feldenergie auf. Wenn der Momentanwert des Stromes $i = J \cos \omega t$ sein Maximum J durchläuft, besteht die Feldenergie W_m nach (23.17). Der Momentanwert u der Spannung ist dann gleich Null und keine elektrische Feldenergie vorhanden. Nach einer Viertelperiode hat der Strom den Momentanwert Null und die Spannung ihren Maximalwert U. Es besteht keine magnetische Feldenergie mehr, während die elektrische Feldenergie ihr Maximum W_e nach (23.19) erreicht hat. Nach (23.20) ist für ein Resonanzgebilde bei Vernachlässigung der Verluste keine äußere Energiezufuhr erforderlich, sondern das Gebilde befriedigt seinen Blindleistungsbedarf in sich selbst. Wenn man einen Serienresonanzkreis mit $X_2 = 0$ herstellen will, nimmt man am besten eine am Ende offene Leitung der Länge $\lambda^*/4$. Nach Abb. 143b sind dann in Abb. 145 U und J zu vertauschen und die allgemeine Bedingung (23.20) besteht ebenfalls. Im Resonanzfall ist daher entweder zwischen den Eingangsklemmen $\mathfrak{J}_2 = 0$ $(X_2 = \infty)$ oder $\mathfrak{U}_2 = 0$ $(X_2 = 0)$.

Lediglich zur Nachlieferung der kleinen Wirkleistung, die die Verluste deckt, ist ein kleiner Leistungszuschuß erforderlich, so daß $\mathfrak{J}$ bzw. $\mathfrak{U}$ nicht exakt gleich Null werden können. Die Verluste bei Parallelresonanz stellt man durch einen kleinen Wirkleitwert G_L parallel zum Eingang des Kreises dar. Für die kurzgeschlossene Leitung $l = \lambda^*/4$ oder $\alpha l = \pi/2$ erhält man G_L aus (22.29) zu

$$G_L = R^* \cdot l/(2Z^2). \qquad (23.21)$$

Für die Umgebung der Resonanzfrequenz sollen nun Formeln aufgestellt werden, die den in § 9 für den Fall der Parallelresonanz entwickelten ähnlich sind. Ist f_R die Resonanzfrequenz, so betrachtet man einen kleinen Frequenzbereich

$$f = f_R + \Delta f. \qquad (23.22)$$

Für $f = f_R$ ist $Y_2 = 0$ und in der Umgebung des f_R das $Y_2 = \Delta Y_2$ nach (22.24). Mit der Leitungslänge $l = \lambda_R^*/4$, wobei λ_R^* die Wellenlänge auf der Leitung bei der Resonanzfrequenz f_R und

$$\alpha_R l = 2\pi f_R \sqrt{L^* C^*}\, l = \pi/2 \qquad (23.23)$$

nach (22.13) und (22.20) ist, ergibt sich $\Delta Y_2 = (\alpha_R l/Z)(\Delta f/f_R) = [\pi/(2Z)](\Delta f/f_R)$ und der komplexe Leitwert $\mathfrak{G}_2$ beträgt mit G_L nach (23.21)

$$\mathfrak{G}_2 = G_L + j\frac{\pi}{2Z}\frac{\Delta f}{f_R}. \tag{23.24}$$

Vergleicht man dies mit einem gewöhnlichen Resonanzkreis nach (9.20) und (9.29), so entspricht die Größe $\pi/(2Z)$ der Größe $2Y_R$ bei einem gewöhnlichen Resonanzkreis bezüglich des Frequenzgangs in der Umgebung der Resonanzfrequenz. Setzt man

$$\xi = \frac{\pi}{2ZG_L}\frac{\Delta f}{f_R}, \tag{23.25}$$

so wird $\mathfrak{G}_2 = G_L(1 + j\xi)$ und es gelten die allgemeinen Formeln (9.23) und (9.23a). Man kann also das Verhalten des komplexen Widerstandes $\mathfrak{R}_2 = 1/\mathfrak{G}_2$ dem Betrage, sowie seiner Wirk- und Blindkomponente nach mit den Funktionen der Abb. 45 beschreiben. Der Verlustfaktor des Kreises ist nach (9.30) als $d_K = G_K/Y_R$ definiert und hier mit $Y_R = \pi/(4Z)$ und $G_K = G_L$ nach (23.21) gegeben durch

$$d_K = 4Z \cdot G_L/\pi = 2R^* \cdot l/(\pi Z). \tag{23.26}$$

Entsprechende Formeln ergeben sich für die Serienresonanz $X_2 = 0$ der am Ende offenen Leitung der Länge $l = \lambda_R^*/4$. Die Verluste beschreibt man hier durch einen kleinen Verlustwiderstand R_L in Serie zum Eingang des Kreises, den man aus (23.14) für $l = \lambda_R^*/4$ oder $\alpha_R l = \pi/2$ berechnet:

$$R_L = R^* \cdot l/2. \tag{23.27}$$

Für $f = f_R$ ist $X_2 = 0$ und in der Umgebung des f_R nach (23.22) wird $X_2 = \Delta X_2 = (dX_2/df)_{f=f_R} \cdot \Delta f$ nach (22.21). Setzt man X_2 nach (23.9) ein, so erhält man mit (22.13) und (23.23)

$$X_2 = -Z \cdot \operatorname{ctg}(2\pi f\sqrt{L^*C^*}\, l) = 2\pi Z\sqrt{L^*C^*}\, l \cdot \Delta f = (\pi Z/2)(\Delta f/f_R)$$

und der ganze komplexe Widerstand mit R_L nach (23.27) lautet

$$\mathfrak{R}_2 = R_L + j(\pi Z/2)(\Delta f/f_R). \tag{23.28}$$

Der Größe X_R in (9.26) entspricht hier die Größe $\pi Z/4$ und mit

$$\xi = \frac{\pi Z}{2R_L}\frac{\Delta f}{\cdot f_R} \tag{23.29}$$

kann man die Formeln (9.17) bis (9.19) und die Kurven der Abb. 45 auch für diese Resonanz verwenden. Aus der Analogie von X_R und $\pi Z/4$ folgt der gleiche Verlustfaktor des Kreises $d_K = R_L/X_R$ wie in (23.26) bei Parallelresonanz. Die Größe ξ gestattet also eine einheitliche Behandlung aller Resonanzschaltungen und es wird dadurch außerordentlich leicht gemacht, gewöhnliche Resonanzkreise durch gleichwertige Leitungskreise zu ersetzen.

Diese reinen Leitungskreise kommen jedoch im allgemeinen nur in etwas abgewandelter Form vor. Das Leitungsstück, das nach Abb. 145 die großen kapazitiven Querströme führt, ersetzt man meist durch eine gleichwertige konzentrierte Kapazität C, so daß eine Parallelschaltung einer Kapazität und eines induktiven Blindwiderstandes nach Abb. 147a entsteht. Den induktiven Blindwiderstand erzeugt man durch eine am Ende kurzgeschlossene Leitung der Länge $l < \lambda^*/4$. Strom und Spannung auf der Leitung zeigt Abb. 147b und die gestrichelte Verlängerung der Kurven den Verlauf nach Abb. 145a. Die Resonanzbedingung lautet, daß bei der Resonanzfrequenz f_R [$\omega_R = 2\pi f_R$; λ_R nach (1.7)] der Blindwiderstand der Kapazität entgegengesetzt gleich dem Blindwiderstand der Leitung nach (22.15) sein muß. Mit (22.20) ist also

$$1/(\omega_R C) = Z \cdot \operatorname{tg}(2\pi l/\lambda_R^*). \tag{23.30}$$

Je größer C, desto kleiner l; denn das C ersetzt dann die Kapazität eines immer größeren Leitungsstücks. Der Verlustleitwert dieses Kreises ist die Summe des Verlustleitwerts des Leitungsstücks nach (22.29) und der Kapazität nach (9.6a). Der Frequenzgang in der Umgebung der Resonanzfrequenz setzt sich zusammen aus dem Frequenzgang des Leitungsleitwerts nach (22.24) und des Blindleitwerts der Kapazität nach (15.10a).

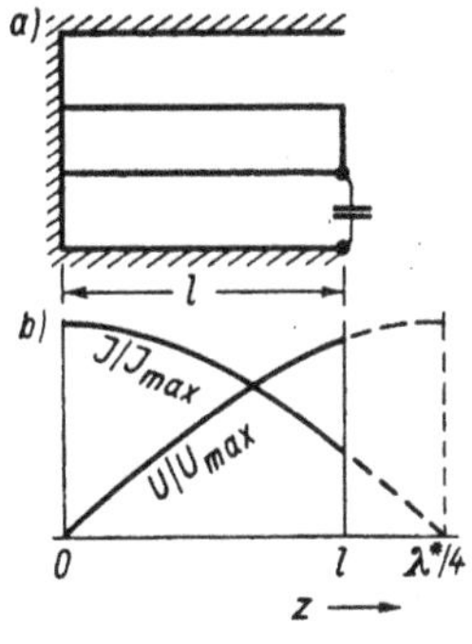

Abb. 147. Kapazitiv belasteter Parallelresonanzkreis

Auch die Resonanztransformationen des § 10 sind mit Leitungskreisen möglich. Es wird wieder nur der Fall betrachtet, wo ein kleiner Widerstand R_1 in einen sehr großen Widerstand R_2 verwandelt werden soll. Die Umkehrung der Schaltung eignet sich dann zur Transformation eines gegebenen großen R_2 in ein kleines R_1. Es wird die Schaltung der Abb. 148 betrachtet, die der Schaltung der Abb. 47a entspricht. Es handelt sich um den Resonanzkreis der Abb. 147, der den Grenzfall der Abb. 145 für $C = 0$ ($l = \lambda_R^*/4$) einschließt. Das gegebene R_1 ist an einer bestimmten Stelle l_1 der Leitung angebracht. Das erstrebte R_2 wird parallel zur Kapazität C gemessen. Es wird angenommen, daß der Kreis verlustfrei ist. Ohne R_1 erscheint also der Leitungseingang als $\Re_2 = \infty$. Wie in § 10 wird angenommen, daß der Leitungslängsstrom J der Leitung am Ort l_1 so groß sei, daß daneben der nach dem Zuschalten des R_1 durch das R_1 fließende Strom vernachlässigt werden kann. Man muß aber in jedem Einzelfall prüfen, ob diese Bedingung erfüllt ist. Dies bedeutet wie bei der Abb. 47, daß der parallel zu R_1 liegende Blindwiderstand $jX_1 = jZ\operatorname{tg}(\alpha l_1)$ der Leitung der Länge l_1 klein sein muß: $|X_1| < 0{,}1 R_1$. In erster Näherung fließt dann in der Leitung der Strom nach (22.19) und es besteht die Spannung nach (22.18) längs der Leitung. Am Ort des R_1 besteht also die reelle Amplitude $U_1 = J_{\max} Z \cdot \sin(\alpha l_1)$, am Ort des R_2 aber $U_2 = J_{\max} Z \cdot \sin(\alpha l)$. Nach dem Prinzip der durchgehenden Wirkleistung ist wie in (10.14) einfach $U_2/U_1 = \sqrt{R_2/R_1}$ oder

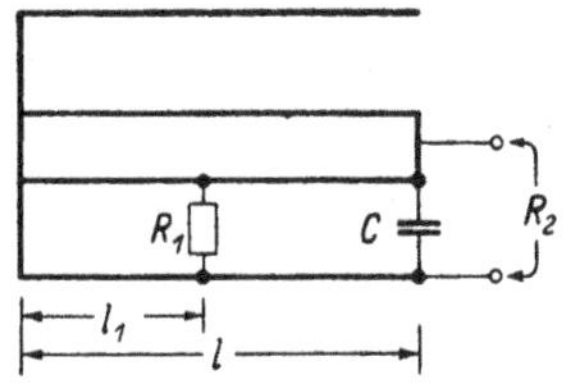

Abb. 148. Resonanztransformation

$$R_2/R_1 = (U_2/U_1)^2 = [\sin(\alpha l)/\sin(\alpha l_1)]^2. \tag{23.31}$$

Durch Verschieben des Anschlußpunktes des R_1 kann man also unter Beachtung der gemachten Voraussetzung das Übersetzungsverhältnis einstellen. Für die unbelastete Resonanzleitung ($C = 0$) wird $\sin(\alpha l) = 1$ und

$$R_2/R_1 = 1/\sin^2(\alpha l_1). \qquad (23.31a)$$

Die induktive Kopplung der Abb. 49 sieht hier so aus, daß in der Nähe des Leitungskurzschlusses, wo die starken magnetischen Felder (Abb. 145b) bestehen, eine kleine Koppelschleife nach Abb. 149 eingesetzt wird, deren Fläche senkrecht zu den magnetischen Feldlinien steht. Die Schleifenfläche F wird als so klein angenommen, daß in ihr das magnetische Feld als konstant angesehen werden kann. Die magnetische Feldstärke $\mathfrak{H}$ in der Schleifenfläche ist proportional zum Strom $\mathfrak{J}_1$ im Kurzschlußpunkt: $\mathfrak{H} = K \cdot \mathfrak{J}_1$. Der Faktor K hängt ab von der jeweiligen Feldform (§ 25). Dann ist $\mu_0 \cdot \mathfrak{H} \cdot F$ der magnetische Fluß durch die Fläche und die in der Schleife induzierte Spannung nach dem Induktionsgesetz $j\omega\mu_0 \cdot \mathfrak{H} \cdot F$ (§ 34). Solange der Blindwiderstand der Schleife klein gegen R_1 ist, hat der Strom durch R_1 die reelle Amplitude $\omega\mu_0 \cdot H \cdot F/R_1 = \omega\mu_0 \cdot K J_1 \cdot F/R_1$. Das R_1 nimmt die Leistung $N = {}^1/_2 (\omega\mu_0 K J_1 F)^2/R_1$ auf, die bei verlustfrei angenommenem Kreis nach dem Prinzip der durchgehenden Wirkleistung dem großen Eingangswiderstand R_2

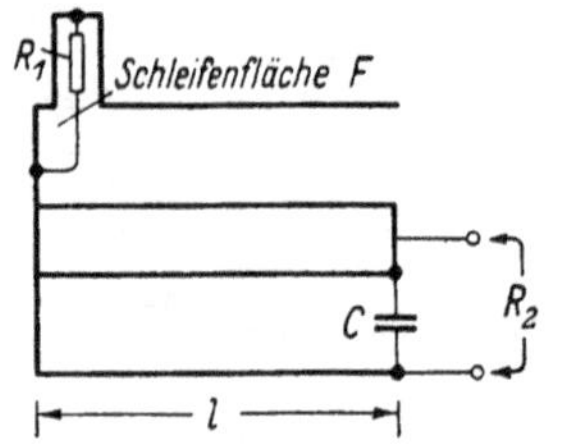

Abb. 149. Induktive Leitungskopplung

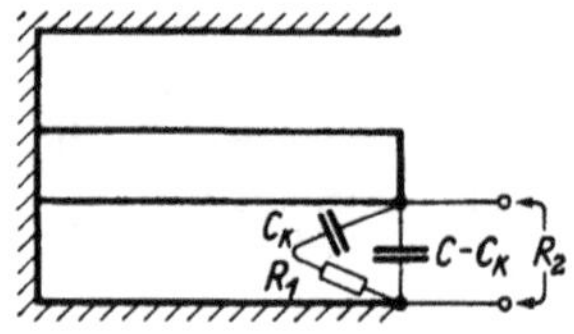

Abb. 150. Kapazitive Resonanzkopplung

zugeführt werden muß, an dem die Spannung $U_2 = J_1 Z \cdot \sin(\alpha l)$ nach (22.18) liegt: $N = {}^1/_2 U_2{}^2/R_2 = {}^1/_2 [J_1 Z \cdot \sin(\alpha l)]^2/R_2$. Aus der Gleichsetzung ergibt sich

$$R_2 = \left(\frac{Z \cdot \sin(\alpha l)}{\omega\mu_0 K F}\right)^2 R_1. \qquad (23.32)$$

Für die unbelastete Leitung ($C = 0$) ist $\sin(\alpha l) = 1$.

Eine weitere, besonders für Leitungskreise wichtige Kopplungsart ist die kapazitive Kopplung nach Abb. 150. Ein bestimmter Teil C_K der Kreiskapazität C wird aus dem C herausgenommen, so daß $C - C_K$ nachbleibt. In Serie zum C_K legt man das gegebene R_1, wobei jedoch der Blindwiderstand jX_K des C_K groß gegen R_1 sein soll: $|X_K| > 10 R_1$. Dann kann man die Serienschaltung des jX_K und R_1 nach (9.3) umrechnen in eine Parallelschaltung des gleichen X_K und eines sehr großen Widerstandes

$$R_2 = X_K{}^2/R_1. \qquad (23.33)$$

Das unveränderte C_K gibt zusammen mit dem Resonanzkreis eine Resonanz $X = \infty$, so daß als Eingangswiderstand zwischen den gezeichneten Klemmen der Abb. 150 nur das R_2 nach (23.33) bleibt. Bei all diesen Schaltungen liegt parallel zum R_2 der Verlustwiderstand des Resonanzkreises R_K, der einen verkleinerten Wirkungsgrad der Transformation nach (10.16) bedingt. Wenn man die Kapazität C_K als verlustfrei annimmt, wird $R_K = 1/G_L$, also gleich dem reziproken Verlustleitwert der Leitung.

§ 24. Wellen auf einer Leitung

Zunächst wird die Leitung wieder wie in Abb. 137 als eine Folge kleiner Leitungsstücke Δz mit der Induktivität $\Delta L = L^* \cdot \Delta z$ und der Kapazität $\Delta C = C^* \cdot \Delta z$ betrachtet, wobei Δz so klein sein soll, daß $\omega^2 \cdot \Delta L \cdot \Delta C < 0{,}01$ oder $\Delta z < 0{,}1/(\omega\sqrt{L^* C^*})$ ist. Man vergleiche den Anfang von § 22, insbesondere (22.2). Nach (22.13) bzw. (22.20) soll also $\Delta z < 0{,}1/\alpha$ bzw. $\Delta z < 0{,}015\,\lambda^*$ sein, wobei λ^* die in § 22 auf der kurzgeschlossenen Leitung definierte charakteristische Länge („Wellenlänge") ist. Die bisherigen Betrachtungen müssen nun auf Abschlußwiderstände $\Re_1$ der Leitung ausgedehnt werden, wo $\Re_1$ ein allgemeiner komplexer Widerstand ist. Zunächst soll wieder ein besonders einfacher Fall betrachtet werden. Der Abschlußwiderstand sei ein reiner Wirkwiderstand. Wenn dieser nun gerade so groß ist, daß er gleich dem Wellenwiderstand Z der Leitung nach (22.4) ist, dann ist die durch den letzten Elementarvierpol der Leitung (Abb. 151) bedingte Widerstandstransformation bereits in Abb. 84 behandelt (Abb. 152). Unter der obigen Bedingung

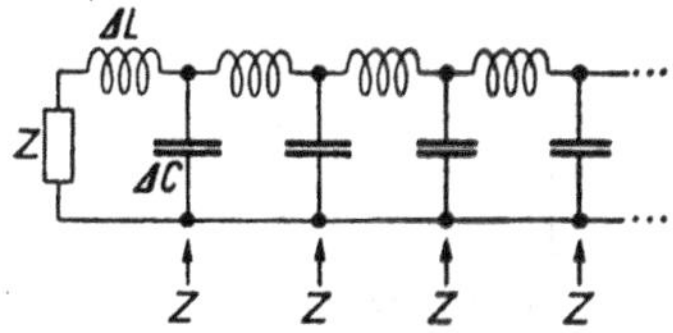

Abb. 151. Leitung mit Abschlußwiderstand Z

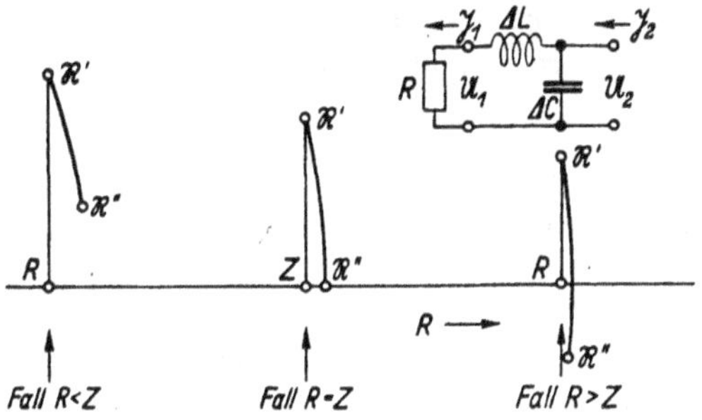

Abb. 152. Transformation durch ein kurzes Leitungsstück

$\omega^2 \cdot \Delta L \cdot \Delta C < 0{,}01$, die mit der Bedingung $R_1 \omega C$ und $\omega L/R_1$ kleiner als 0,1 in § 16 [Grenzfrequenz ω_K nach (16.1)] identisch ist, wird dann der Eingangswiderstand des Leitungsstücks gleich diesem Z, so daß der folgende Vierpol wieder den Abschlußwiderstand Z hat, also ebenfalls den Eingangswiderstand Z. Die Vierpolkette der Abb. 151 hat dann in allen Zwischenpunkten den Eingangswiderstand Z. Es findet längs der Leitung keine Widerstandstransformation statt. Dies stimmt mit den Betrachtungen über symmetrische verlustfreie Vierpole in § 20 überein, wo der charakteristische Widerstand Z („Wellenwiderstand") als derjenige Widerstand erkannt wurde, der durch den Vierpol nicht transformiert wird. Nicht nur jedes Leitungselement, sondern auch das ganze Leitungsstück der Länge l ist solch ein symmetrischer verlustfreier Vierpol mit dem Wellenwiderstand $Z = \sqrt{L^*/C^*}$ nach (22.4).

Bei der Widerstandstransformation durch reine Blindwiderstände in der Schaltung nach Abb. 81 berechnet man die reellen Amplituden U und J nach (15.15). Da hier keine Widerstandsänderung erfolgt, bleibt also U und J längs der Leitung konstant, so daß die Verhältnisse außerordentlich einfach werden. Es findet lediglich eine Phasendrehung des Stromes $\mathfrak{J}$ und der Spannung $\mathfrak{U}$ längs der Leitung statt, jedoch bleiben $\mathfrak{U}$ und $\mathfrak{J}$ in jedem Punkt z gleichphasig, weil ihr Quotient $\mathfrak{U}/\mathfrak{J} = Z$ überall ein reiner Wirkwiderstand ist. In Abb. 152 Mitte ist die Widerstandstransformation des Z durch ein Leitungsstück Δz betrachtet. Aus Z entsteht durch Serienschaltung des ΔL der komplexe Widerstand $\mathfrak{R}' = Z + j\omega \cdot \Delta L$. Wie in Abb. 115 und (19.2) entsteht dadurch eine Phasendrehung δ_U der Spannung, die gleich der Differenz der Phasenwinkel der Widerstände $\mathfrak{R}'$ und Z, also gleich dem Phasenwinkel Φ' des $\mathfrak{R}'$ ist. Da $\operatorname{tg} \Phi' = \omega \cdot \Delta L/Z$ nach (2.13) und für kleine Winkel Φ' das $\operatorname{tg} \Phi' = \Phi'$ nach (1.17) ist, wird

$$\delta_U = \omega \cdot \Delta L/Z = \omega \sqrt{L^* C^*} \cdot \Delta z = \alpha \cdot \Delta z \tag{24.1}$$

nach (22.4) und (22.13). Durch das Parallelschalten des ΔC in Abb. 152 kommt $\mathfrak{R}'$ nach $\mathfrak{R}''$, wobei $\mathfrak{R}''$ für die kleinen ΔL und ΔC wieder gleich Z ist. Dabei tritt eine Phasendrehung des Stromes $\mathfrak{J}$ um δ_J ein, die nach (19.4) gleich der Differenz der Phasenwinkel der Widerstände $\mathfrak{R}'$ und $\mathfrak{R}'' = Z$ ist, also gleich dem obigen $\Phi' = \delta_U$. Auf der mit Z abgeschlossenen Leitung ist allgemein $\delta_J = \delta_U$ und die Phasendrehungen auf einem Leitungsstück zwischen einem Ort z_1 und einem Ort z_2 proportional zum Abstand $(z_2 - z_1)$ dieser Punkte:

$$\delta_U = \delta_J = \alpha(z_2 - z_1) = 2\pi(z_2 - z_1)/\lambda^*. \tag{24.2}$$

Den Proportionalitätsfaktor α nennt man daher auch die Phasenkonstante der Leitung. Maßgebend für die Phasendrehung ist also das Verhältnis des Abstandes zur Wellenlänge auf der Leitung. Ein Leitungsstück der Länge λ^* dreht die Phase um den vollen Winkel 2π. Auch hier erkennt man das λ^* wieder als eine für das Verhalten der Leitung charakteristische Länge.

Es ist nun nicht mehr schwer, mit diesen Ergebnissen die exakte Lösung für die mit dem Wellenwiderstand Z abgeschlossene Leitung zu finden. Man geht in Abb. 151 lediglich zu infinitesimalen Leitungsstücken dz mit Induktivitäten $dL = L^* \cdot dz$ und Kapazitäten $dC = C^* \cdot dz$ über. Die Vierpolgleichungen des infinitesimalen Leitungsstücks dz findet man bereits in (22.10) und (22.11). Ihre Lösungsfunktion ist hier nach den vorhergehenden Erörterungen eine Spannung und ein Strom mit längs der Leitung konstanten reellen Amplituden und einer Phasendrehung nach (24.2). Für einen beliebigen Ort z der Leitung gilt:

$$\mathfrak{U} = \mathfrak{U}_1 \cdot e^{j\,2\pi z/\lambda^*}; \qquad \mathfrak{J} = \mathfrak{J}_1 \cdot e^{j\,2\pi z/\lambda^*}, \tag{24.3}$$

wobei $\mathfrak{U}_1$ und $\mathfrak{J}_1$ die phasengleichen Größen am Ort $z = 0$ sind: $\mathfrak{U}_1/\mathfrak{J}_1 = Z$, und die Phasendrehung um αz nach (2.2) als komplexer Faktor $e^{j\alpha z}$ dargestellt wurde. Für beliebige Orte z der Leitung gilt dann ebenfalls $\mathfrak{U}/\mathfrak{J} = Z$. Die Funktionen (24.3) sind die exakten Lösungen für die Leitung mit stetiger homogener Längsverteilung. Zur physikalischen Veranschaulichung kann man von $\mathfrak{U}$ und $\mathfrak{J}$ nach (24.3) über die komplexen Momentanwerte $\mathfrak{u}$ und $\mathfrak{i}$ nach (2.4) und (2.2) zu den reellen Momentanwerten u und i nach (2.1) übergehen:

$$\mathfrak{u} = \mathfrak{U}_1 \cdot e^{j(\omega t + 2\pi z/\lambda^*)}; \qquad \mathfrak{i} = \mathfrak{J}_1 \cdot e^{j(\omega t + 2\pi z/\lambda^*)}. \tag{24.4}$$

Wenn man $\mathfrak{U}_1$ und damit auch $\mathfrak{J}_1$ die Phase 0 zuerteilt, wird daraus

$$u = U_1 \cdot \cos(\omega t + 2\pi z/\lambda^*); \qquad i = J_1 \cdot \cos(\omega t + 2\pi z/\lambda^*). \tag{24.5}$$

Diese reellen Momentanwerte, die eine Welle darstellen, geben den wirklichen zeitlichen Ablauf der Leitungsvorgänge wieder.

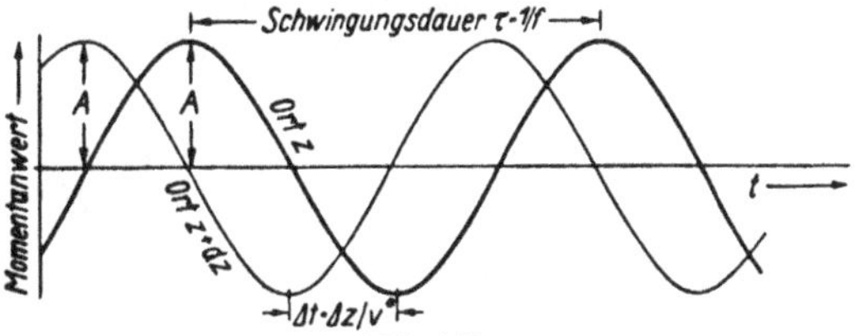

Abb. 153.
Zeitlicher Ablauf einer Welle in verschiedenen Punkten z

Zunächst soll nun ein Wellenvorgang ganz allgemein betrachtet werden. In der Funktion $A \cdot \cos(\omega t + 2\pi z/\lambda^*)$ ist ein zeitlicher Ablauf mit einer räumlichen Abhängigkeit verknüpft. Man kann diese Funktion auf zwei Arten darstellen. Einmal nach Abb. 153 als cos-Kurve, die den zeitlichen Ablauf an einem bestimmten Ort z betrachtet. Die Schwingungsdauer $\tau = 1/f$ ist der zeitliche Abstand zweier gleicher Schwingungszustände. Zeichnet man dazu den Verlauf der Schwingung an einem anderen Ort $(z + \Delta z)$, so erhält man eine verschobene cos-Kurve, die die Phasenverschiebung (24.2) zwischen den Schwingungen an den beiden Orten demonstriert. Abb. 154 zeigt für einen bestimmten Zeitpunkt den Momentanzustand der verschiedenen Schwingungszustände längs der Leitung. Als Wellenlänge λ^* bezeichnet man hier den räumlichen Abstand zweier gleicher Schwingungszustände in einem bestimmten Zeitpunkt. Zu einem späteren Zeitpunkt $(t + \Delta t)$ erhält man eine verschobene cos-Kurve, weil alle Punkte der Leitung inzwischen einen anderen Schwingungsmomentanwert erreicht haben. Diese Verschiebnng des Momentanbildes längs der Leitung mit fortschreitender Zeit ist der eigentliche Inhalt des üblichen Wellenbegriffs (fortschreitende Welle). Als Phasengeschwindigkeit v^* bezeichnet man die Geschwindigkeit, mit der sich das Momentanbild (Abb. 154) längs der Leitung verschiebt. Man bedenke jedoch, daß diese Verschiebung nur ein rein äußerliches Kennzeichen ist und sich unter Umständen bei einer Welle in Wirklichkeit gar nichts verschiebt, sondern dieses bekannte Bild der Welle nur durch die Phasenverschiebung (24.2) zwischen benachbarten Schwingungen entsteht. Denkt man sich einen unendlich langen Wellenzug mit der Wellenlänge λ^* und der Frequenz f und betrachtet man den

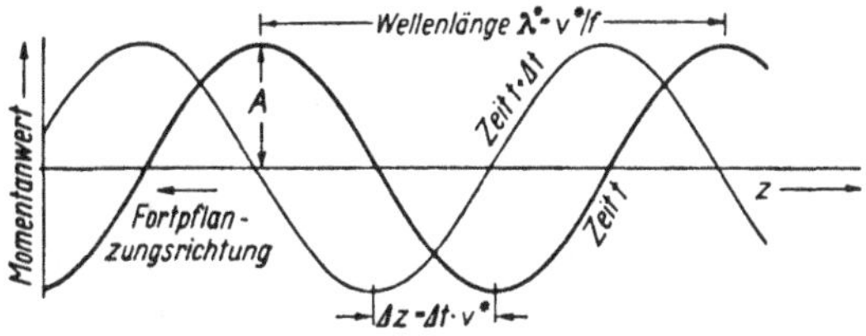

Abb. 154. Momentanbilder einer Welle

Durchgang der Welle durch einen bestimmten Punkt z, so laufen durch ihn je Zeiteinheit f Wellenlängen. Ist die Phasengeschwindigkeit v^*, so ist also

$$v^* = f \cdot \lambda^*. \tag{24.6}$$

Diese fundamentale Gleichung wurde bereits in (1.7) benutzt, wo die Phasengeschwindigkeit der Wellen im freien Raum gleich der Lichtgeschwindigkeit ist.

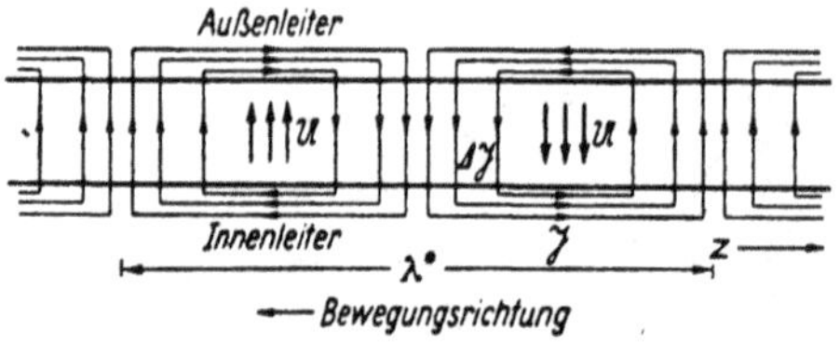

Abb. 155. Momentanbild einer Leitungswelle

Nach diesen allgemeinen Erkenntnissen soll die Welle (24.4) der Leitung in einem Momentanbild veranschaulicht werden. Nach (24.5) verläuft der Strom i in einem bestimmten Zeitpunkt nach einer cos-Funktion als Längsstrom auf dem Innenleiter der Abb. 155. Es wechseln Stellen großen Stromes (dargestellt durch mehrere Stromfäden) mit Stellen kleinen Stromes. Man beachte die Stromumkehr mit dem Vorzeichen der cos-Funktion. Im Abstand λ^* wiederholt sich das Bild. Im Außenleiter findet man eine entgegengesetzte Stromrichtung. Die Stromkreise schließen sich durch die Querströme der Leitungskapazitäten. Wenn $\mathfrak{U}$ die komplexe Amplitude der Leitungsspannung nach (24.3) ist, beträgt der Querstrom durch die Kapazität $C^* \cdot \Delta z$ eines kleinen Leitungsstücks Δz: $\Delta\mathfrak{J} = j\omega C^* \cdot \Delta z \cdot \mathfrak{U}$. Der Faktor j ergibt nach (2.6) eine Phasenverschiebung der Querströme $\Delta\mathfrak{J}$ gegen die Querspannung $\mathfrak{U}$ um $\pi/2$, also auch gegen den Längsstrom $\mathfrak{J}$, der mit $\mathfrak{U}$ phasengleich ist. Während sich also $\mathfrak{J}$ im reellen Momentanwert nach der Funktion $\cos(\omega t + 2\pi z/\lambda^*)$ ändert, ändert sich $\Delta\mathfrak{J}$ nach der Funktion $\cos(\omega t + 2\pi z/\lambda^* + \pi/2) = -\sin(\omega t + 2\pi z/\lambda^*)$. Im Momentanbild längs der Leitung nach Abb. 155 liegt also das Maximum des $\mathfrak{J}$ dort, wo $\Delta\mathfrak{J}$ seine Nullstelle hat und umgekehrt. Die Stromdichteverteilung des $\Delta\mathfrak{J}$ ist durch größeren oder kleineren Abstand der Stromfäden dargestellt. Es entstehen so zusammenhängende Stromkreise. Die mit $\mathfrak{J}$ phasengleiche Spannung $\mathfrak{U}$ zwischen den Leitern hat ihr Maximum dort, wo auch $\mathfrak{J}$ sein Maximum hat. Die Spannungspfeile $\mathfrak{U}$ in Abb. 155 laufen also quer durch die Stromkreise. Dieses ganze Momentanbild wandert mit Phasengeschwindigkeit längs der Leitung. Für die Hochfrequenztechnik ist diese Wellendarstellung nur von geringem Interesse; denn die Welle ist charakterisiert durch ihre Wanderungsgeschwindigkeit v^* und ihr Momentanbild, also durch Begriffe, die einer direkten Messung nicht zugänglich sind. Meßbar sind die reellen Amplituden J und U an einem bestimmten Punkt der Leitung und die Phasenverschiebung (24.2) zwischen zwei Punkten. Dies ist der Grund weshalb man in der Praxis nicht mit Wellen rechnet, sondern wesentlich erfolgreicher mit dem Vierpolbegriff. Eine Leitung ist also aufzufassen als eine stetige Folge infinitesimaler Vierpole mit den Vierpolgleichungen (22.10) und (22.11) (§ 26). Diese Vierpolbetrachtungen gestatten dann auch bei der inhomogenen Leitung (§ 36) eine einfache Erweiterung, die der Wellenbegriff nicht mehr kennt.

Wenn U und J die reellen Amplituden in einem Punkt z sind und die mit Z abgeschlossene Leitung in diesem Punkt nach Abb. 151 den Eingangswiderstand Z hat, nimmt dieses Z die Leistung $N = {}^1/_2\, J\, U = {}^1/_2\, J^2 Z$ auf, d.h. die Welle transportiert je Sekunde durch den betreffenden Leitungsquerschnitt die Energie N. Hat die Leitung je cm Länge den Wirkwiderstand R^*, so verbrauchte ein Leitungsstück der Länge dz die Wirkleistung $dN = {}^1/_2\, J^2 R^* \cdot dz$ und die transportierte Wirkleistung N vermindert sich längs der Leitung in Richtung zum Verbraucher überall um dieses dN. Da an der gleichen Stelle z das J im dN das gleiche ist wie das J im N, folgt

$$dN = (N/Z)\, R^* \cdot dz. \tag{24.7}$$

Je größer N (je größer also J), desto größer ist dN. Da die Koordinate z am Leitungsende beginnt, wächst N mit wachsendem z und dN ist also in (24.7) positiv. Aus (24.7) folgt die Differentialgleichung

$$\frac{dN}{dz} = N \frac{R^*}{Z}. \tag{24.8}$$

Der Verlauf des N längs der Leitung wird also durch eine Funktion beschrieben, deren Differentialquotient bis auf einen konstanten Faktor gleich der Funktion ist. Diese Forderung erfüllt die Funktion $K \cdot e^{2\beta_1 z}$ mit beliebigem K. Wenn man diese in (24.8) einsetzt, folgt

$$\beta_1 = \frac{1}{2} \frac{R^*}{Z} \tag{24.9}$$

und als Lösungsfunktion

$$N = N_1 \cdot e^{2\beta_1 z}, \tag{24.10}$$

wobei der Faktor $K = N_1$ die am Verbraucher bei $z = 0$ ankommende Leistung ist. Schickt man in den Eingang einer Leitung der Länge l die Leistung N_2, so wird der Wirkungsgrad der Leitung

$$\eta_1 = N_1/N_2 = e^{-2\beta_1 l}. \tag{24.11}$$

J und U sind überall wegen $N = {}^1/_2\, J^2\, Z = {}^1/_2\, U^2/Z$ proportional zu $\sqrt{N}$ und sinken ebenfalls in Richtung zum Verbraucher langsam ab:

$$U = U_1 \cdot e^{\beta_1 z}; \qquad J = J_1 \cdot e^{\beta_1 z}. \tag{24.12}$$

β_1 nennt man die Dämpfungskonstante der Leitung. Diese einfachen Betrachtungen gelten nur für sehr kleines β_1, wie man es in normalen Leitungen findet (§ 25).

Wenn die Leitung ein Dielektrikum mit dem Verlustfaktor d_ε (§ 8) besitzt, treten zusätzliche Wirkleistungsverluste im Dielektrikum auf. Wenn U die reelle Amplitude der Leitungsspannung ist, tritt in der Kapazität $C^* \cdot dz$ des Leitungsstücks dz die Blindleistung ${}^1/_2\, U^2\, \omega C^* \cdot dz$ auf, also nach (8.11) die Wirkleistung

$$dN = \frac{1}{2}\, U^2\, \omega C^* d_\varepsilon \cdot dz. \tag{24.13}$$

Die von der Welle transportierte Leistung ist $N = {}^1/_2\, U^2/Z$ und dN also wieder dem N proportional

$$dN = NZ \cdot \omega C^* d_\varepsilon \cdot dz. \tag{24.14}$$

Bei hinreichend kleinem d_ε, wenn also Strom- und Spannungsverteilung praktisch die gleichen sind wie bei der verlustfreien Leitung, wird wegen $Z = \sqrt{L^*/C^*}$ nach (22.4) $Z\omega C^* = \omega\sqrt{L^* C^*} = 2\pi/\lambda^*$ nach (22.20), und die Differentialgleichung für N hat die Form

$$\frac{dN}{dz} = N\frac{2\pi d_\varepsilon}{\lambda^*}. \qquad (24.15)$$

Die Lösung für N lautet wie in (24.10), wobei hier jedoch die neue Dämpfungskonstante

$$\beta_2 = \pi d_\varepsilon/\lambda^* \qquad (24.16)$$

auftritt, die dem dielektrischen Verlustfaktor proportional ist. Da d_ε annähernd frequenzunabhängig ist, wächst dieses β_2 proportional zur Frequenz, weil λ^* nach (22.20) umgekehrt proportional zu ω ist. Die dielektrischen Verluste der Leitung werden also mit wachsender Frequenz immer bedeutsamer, weil im β_1 nach (24.9) das R^* nur dem Skineffekt nach (7.3) entsprechend proportional zu $\sqrt{\omega}$ wächst. Wenn das β_1 nach (24.9) und das β_2 nach (24.16) gleichzeitig vorhanden und beide klein sind, multipliziert man beide durch die Dämpfung hervorgerufenen Faktoren:

$$N = N_1 \cdot e^{2\beta_1 z} \cdot e^{2\beta_2 z} = N_1 \cdot e^{2(\beta_1 + \beta_2)z}. \qquad (24.17)$$

Die gesamte Dämpfungskonstante lautet dann

$$\beta = \beta_1 + \beta_2. \qquad (24.17a)$$

In einer fortschreitenden Welle stehen Strom J und Spannung U stets in einem durch die Leitungsform festgelegten Verhältnis $U/J = Z$. Eine ankommende Welle kann daher von einem Verbraucher am Leitungsende (Abb. 151) nur dann voll aufgenommen werden, wenn dieser Verbraucher selbst auch dieses Verhältnis U/J besitzt, wenn er also ein reeller Widerstand Z ist. Falls er z.B. ein kleiner Wirkwiderstand ist, benötigt er zu dem ankommenden Strom J der Welle nur eine kleinere Spannung und nimmt nur einen entsprechenden Teil der in Wellenform ankommenden Leistung auf. Die nicht verbrauchte Leistung läuft dann als reflektierte Welle zum Leitungseingang zurück. Die reflektierte Welle, die sich also in Richtung wachsender z ausbreitet, besitzt ebenfalls das charakteristische Verhältnis $U/J = Z$. Die geänderte Fortpflanzungsrichtung zeigt sich im Momentanwert (24.5) durch ein negatives Vorzeichen des z: $\cos(\omega t - 2\pi z/\lambda^*)$, ebenso also auch in der komplexen Amplitude:

$$\begin{aligned} &\text{Hinlaufende Welle:} \quad \mathfrak{U}' = \mathfrak{U}_1' \cdot e^{j\,2\pi z/\lambda^*}; \qquad \mathfrak{J}' = \mathfrak{J}_1' \cdot e^{j\,2\pi z/\lambda^*};\\ &\text{Reflektierte Welle:} \quad \mathfrak{U}'' = \mathfrak{U}_1'' \cdot e^{-j\,2\pi z/\lambda^*}; \qquad \mathfrak{J}'' = \mathfrak{J}_1'' \cdot e^{-j\,2\pi z/\lambda^*}; \end{aligned} \qquad (24.18)$$

Der allgemeinste Zustand einer Leitung ist dann durch eine Überlagerung dieser beiden Wellen zu beschreiben:

$$\begin{aligned} \mathfrak{U} &= \mathfrak{U}' + \mathfrak{U}'' = \mathfrak{U}_1' \cdot e^{j\,2\pi z/\lambda^*} + \mathfrak{U}_1'' \cdot e^{-j\,2\pi z/\lambda^*},\\ \mathfrak{J} &= \mathfrak{J}' + \mathfrak{J}'' = \mathfrak{J}_1' \cdot e^{j\,2\pi z/\lambda^*} + \mathfrak{J}_1'' \cdot e^{-j\,2\pi z/\lambda^*}. \end{aligned} \qquad (24.19)$$

Diesen allgemeinsten Wellenzustand nennt man eine „gemischte Welle", die allgemein in § 26 behandelt wird. Die Vorgänge im § 22 und § 23 betreffen den Sonderfall, wo die hinlaufende Welle vollständig reflektiert wird und eine sogenannte „stehende Welle" entsteht. Während für die hinlaufende Welle die Beziehung $\mathfrak{U}'/\mathfrak{J}' = Z$ auch für die komplexen Amplituden besteht, findet man bei der reflektierten Welle die Beziehung $\mathfrak{U}''/\mathfrak{J}'' = -Z$, weil beim Einsetzen der reflektierten Welle in (22.10) oder (22.11) beim Differenzieren nach z ein negatives Vorzeichen auftritt. Am Leitungende $z = 0$ ist dann die Spannung und der Strom gegeben durch

$$\begin{aligned} \mathfrak{U}_1 &= \mathfrak{U}_1' + \mathfrak{U}_1''; \\ \mathfrak{J}_1 &= \mathfrak{J}_1' + \mathfrak{J}_1'' = (\mathfrak{U}_1' - \mathfrak{U}_1'')/Z. \end{aligned} \tag{24.20}$$

Liegt nun am Leitungsende ein komplexer Verbraucher $\mathfrak{R}_1$, so wird

$$\mathfrak{R}_1 = \mathfrak{U}_1/\mathfrak{J}_1 = Z\,(\mathfrak{U}_1' + \mathfrak{U}_1'')/(\mathfrak{U}_1' - \mathfrak{U}_1''). \tag{24.21}$$

Es findet sich stets eine solche Wellenkombination von $\mathfrak{U}_1'$ und $\mathfrak{U}_1''$, die am Ort $z = 0$ das für das $\mathfrak{R}_1$ passende Verhältnis $\mathfrak{U}_1/\mathfrak{J}_1$ besitzt. Aus (24.21) folgt der Quotient

$$\mathfrak{r}_1^* = \frac{\mathfrak{U}_1''}{\mathfrak{U}_1'} = \frac{\mathfrak{R}_1/Z - 1}{\mathfrak{R}_1/Z + 1} = r_1^* \cdot e^{j\Phi_1^*}. \tag{24.22}$$

Das komplexe Verhältnis $\mathfrak{R}_1/Z$ des Verbrauchers zum Wellenwiderstand bestimmt das Verhältnis der komplexen Amplituden der beiden Wellen am Leitungsende. $\mathfrak{r}_1^*$ nennt man daher das Wellenverhältnis am Leitungsende. Der Absolutwert r_1^* des $\mathfrak{r}_1^*$ enthält das Verhältnis der reellen Amplituden U_1'' und U_1' der beiden Wellen, und seine Phase Φ_1^* ist die Differenz der Phasen des $\mathfrak{U}_1''$ und $\mathfrak{U}_1'$. Ist $\mathfrak{r}^*$ das Wellenverhältnis in einem beliebigen Punkt z der Leitung, also der Quotient der Spannungen $\mathfrak{U}''$ und $\mathfrak{U}'$ der beiden Wellen in diesem Punkt, so ist der Absolutwert r^* überall gleich r_1^*, weil bei Vernachlässigung der kleinen Verluste die reellen Amplituden U'' und U' der Wellen gleich groß bleiben. Es ändert sich lediglich die Phase Φ^* des $\mathfrak{r}^*$, weil die zum Verbraucher laufende Welle $\mathfrak{U}'$ nach (24.19) eine mit wachsendem z wachsende Phase, die reflektierte Welle $\mathfrak{U}''$ aber wegen der geänderten Bewegungsrichtung der Welle nach (24.19) eine mit wachsendem z abnehmende Phase hat. Daher enthält Φ^* die doppelte Änderung

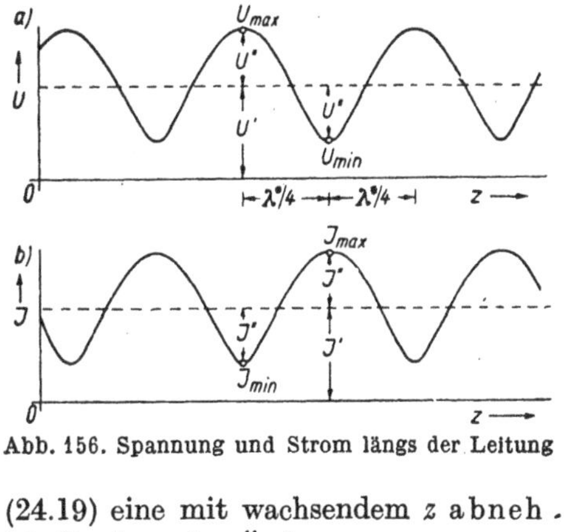

Abb. 156. Spannung und Strom längs der Leitung

$$\mathfrak{r}^* = \mathfrak{r}_1^* \cdot e^{-j4\pi z/\lambda^*} = r_1^* \cdot e^{j(\Phi_1^* - 4\pi z/\lambda^*)}. \tag{24.23}$$

Es gibt also Punkte auf der Leitung, wo $\mathfrak{r}^*$ positiv reell ist, in denen also die beiden Wellen $\mathfrak{U}''$ und $\mathfrak{U}'$ gleichphasig sind und sich die reellen Amplituden ihrer Spannungen zu einem Maximalwert $U_{\max} = U' + U''$ addieren, sowie gegen diese Orte um $\lambda^*/4$ verschobene Punkte mit negativ reellem $\mathfrak{r}^*$, wo die beiden Wellen $\mathfrak{U}''$ und $\mathfrak{U}'$ gegenphasig sind und die Differenz $U_{min} = U' - U''$ der reellen Amplituden auftritt. Die Spannung längs der Leitung nach (24.19) hat also einen Verlauf der reellen Amplituden U wie in Abb. 156a. Da $\mathfrak{U}''/\mathfrak{J}'' = -Z$, also $\mathfrak{J}'' = -\mathfrak{U}''/Z$ ist, tritt für $\mathfrak{J}''/\mathfrak{J}' = -\mathfrak{U}''/\mathfrak{U}'$ die Gleichphasigkeit oder Gegenphasigkeit des Stromes an den entgegengesetzten Stellen auf und die reelle Amplitude J nach (24.19) gibt die Kurve der Abb. 156b, wobei

$$J_{max}/J_{min} = U_{max}/U_{min} \qquad (24.24)$$

ist, weil U und J für jede Einzelwelle proportional sind. Die in § 22 und § 23 behandelten Fälle sind ein Sonderfall, wo vollständige Reflexion auftritt ($r_1^* = 1$; $U' = U''$; $J' = J''$), weil der Verbraucher ein Blindwiderstand ist (einschließlich Kurzschluß und Leerlauf), also aus der Welle keine Leistung entnimmt. In Abb. 141a und Abb. 143 ist daher $U_{min} = 0$ und $J_{min} = 0$.

§ 25. Die Leitungskonstanten

Um die Vorgänge auf einer Leitung aus den bisher genannten Gleichungen quantitativ berechnen zu können, muß man die Größen L^*, C^* und R^* zum jeweils gegebenen Leitungsquerschnitt kennen. Als einfachster Leitungstyp wird eine Bandleitung aus zwei parallelen Bändern der Breite b mit dem Abstand a betrachtet, deren Leitungsquerschnitt Abb. 157 zeigt. Die Leitung erstreckt sich also senkrecht zur Zeichenebene. Es wird zwischen den Bändern ein homogenes Feld angenommen und der Einfluß der Randstreuung zunächst vernachlässigt. Liegt zwischen den Platten die Spannung U, so besteht dann im ganzen Raum zwischen den Bändern längs der parallelen geradlinigen Feldlinien die gleiche elektrische Feldstärke $E = U/a$.

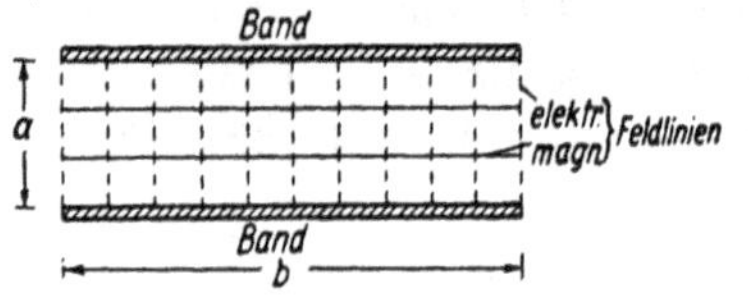

Abb. 157. Bandleitung ohne Randstreuung

Mit Luft ($\varepsilon = 1$) als Dielektrikum enthält somit ein Volumelement dV die Feldenergie $dW_e = \frac{1}{2}\varepsilon_0 E^2 \cdot dV$ nach (1.4). Um den Kapazitätsbelag C^*, also die Kapazität zwischen den Bändern pro cm Leitungslänge senkrecht zur Zeichenebene, nach (1.6) berechnen zu können, benötigt man die gesamte Feldenergie W_e des zugehörigen Volumens $V = a \cdot b \cdot 1\,[\text{cm}^3]$. Da E überall gleich groß ist, wird $W_e = \int_V dW_e = \frac{1}{2}\varepsilon_0 E^2 \cdot ab = \frac{1}{2} C^* U^2$ und mit $E = U/a$

$$C^* = \varepsilon_0 \cdot b/a \qquad (25.1)$$

mit ε_0 nach (1.5). Bei Vernachlässigung der Randstreuung sind die magnetischen Feldlinien Geraden parallel zu den Platten (Abb. 157) und die magnetische Feldstärke H überall gleich groß. Um den Induktivitätsbelag L^*, also die Induktivität des Volumens $V = a \cdot b$ pro cm Leitungslänge nach (1.1) und (1.3) zu berechnen, benötigt man die Feldenergie $W_m = \frac{1}{2}\mu_0 H^2 \cdot ab = \frac{1}{2} L^* J^2$. Nach (7.6) ist H gleich der Oberflächenstromdichte $J^* = J/b$ auf den Bändern.

Der Strom J fließt senkrecht zur Zeichenebene der Abb. 157 und ist bei Vernachlässigung der Randstreuung gleichmäßig über die Bänder verteilt. Aus W_m folgt dann

$$L^* = \mu_0 \cdot a/b \tag{25.2}$$

mit μ_0 aus (1.2). Der Wellenwiderstand ohne Randstreuung lautet dann nach (22.4)

$$Z = \sqrt{\mu_0/\varepsilon_0}\, a/b = 120\pi \cdot a/b \; [\Omega]. \tag{25.3}$$

Zum Einfluß der Randstreuung vgl. Abb. 19.

Als Beispiel eines allgemeinen Feldes sei eine Leitung mit einem Querschnitt nach Abb. 158 betrachtet. Man vergleiche die entsprechenden Betrachtungen zur Abb. 39. Unterteilt man einen solchen Querschnitt durch elektrische Feldlinien und Äquipotentiallinien in bekannter Weise in kleine „Quadrate", so erhält man bei hinreichend feiner Unterteilung Elementarquadrate wie in Abb. 41. Die Spannung zwischen benachbarten Äquipotentiallinien ist U/m, wobei U die Spannung zwischen den Leitern und m die Zahl der durch die Äquipotentiallinien entstandenen Querschichten ist ($m = 4$ in Abb. 158). Ist x die Seitenkante eines Elementarquadrats, so ist $U/(m \cdot x) = E$ die Feldstärke in diesem Quadrat. Betrachtet man ein Leitungsstück von 1 cm Länge senkrecht zur Zeichenebene, so gehört zu jedem Elementarquadrat das Volumelement $dV = x^2 \cdot 1$ [cm³] und sein Energieinhalt beträgt nach (1.4) $dW_e = {}^1/_2\, \varepsilon_0\, (U/m)^2$, ist also unabhängig von x. Alle zu diesen Elementarquadraten gehörenden Volumelemente besitzen also unabhängig von ihrer Größe die gleiche Feldenergie dW_e. Die gesamte Feldenergie pro cm Leitungslänge ist also in Abb. 158 $W_e = dW_e \cdot n \cdot m = {}^1/_2\, \varepsilon_0\, U^2 \cdot n/m$, wobei $n \cdot m$ die Zahl der Elementarquadrate des Querschnittsbildes ist. Der Kapazitätsbelag lautet dann nach (1.6)

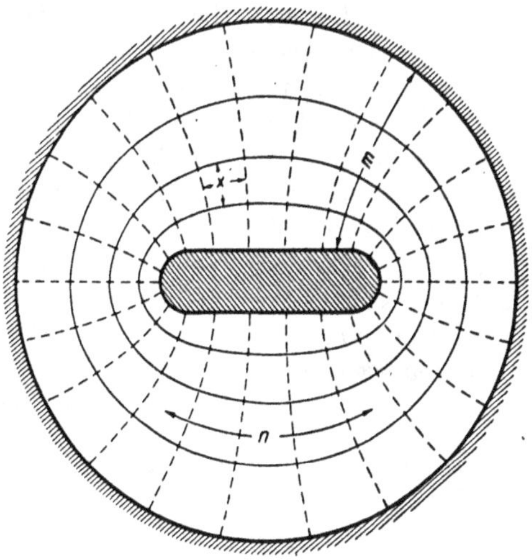

Abb. 158. Leitungsquerschnitt

$$C^* = \varepsilon_0 \cdot n/m. \tag{25.4}$$

Dies ist die Verallgemeinerung von (25.1). Da wegen des extremen Skineffekts (§ 7) die magnetischen Feldlinien parallel zu den Leiteroberflächen laufen, sind nach der allgemeinen Feldtheorie (vgl. § 34) die Äquipotentiallinien des Querschnitts gleichzeitig magnetische Feldlinien, wenn die Leitung senkrecht zur Zeichenebene vom Strom durchflossen wird, und die elektrischen Feldlinien Linien konstanter magnetischer Spannung. Die magnetische Spannung längs einer magnetischen Feldlinie zwischen benachbarten Linien konstanter magnetischer Spannung beträgt $H \cdot x$, wobei x der Abstand dieser Linien an der betreffenden Stelle ist. Dieses $H \cdot x$ ist daher im Feld überall gleich groß, H also umgekehrt proportional zu x. Dichte elektrische Feldlinien, also kleines x, bedeuten großes H und größeres x dementsprechend kleineres H. An den Leiteroberflächen besteht nach (7.6) $H = J^*$, wobei J^* die Oberflächenstromdichte ist. An den Leiteroberflächen ist das x die Breite des Oberflächenstücks zwischen den Auftreffpunkten benachbarter elektrischer Feldlinien und $J^* \cdot x$ der Oberflächenstrom durch dieses Oberflächenstück. Da $J^* \cdot x = H \cdot x$ und $H \cdot x$ überall die gleiche Größe hat, sind also die Stromanteile $\Delta J = J^* \cdot x$ aller dieser Leiterstücke x gleich groß. Ein solches Feldlinienbild beschreibt daher gleichzeitig die Verteilung der Oberflächenstromdichte $J^* = \Delta J/x$ auf den Leiteroberflächen, die ebenfalls umgekehrt proportional zum jeweiligen x ist. Da es n solcher Oberflächenstücke auf jedem der beiden Leiter gibt, wenn die elektrischen Feldlinien die Fläche in n Teile teilen ($n = 22$ in Abb. 158), lautet der Gesamtstrom eines Leiters $J = n \cdot \Delta J$. Die Größe $H \cdot x = J^* \cdot x = J/n$ hängt also direkt mit dem Leitungsstrom J zusammen. Zu jedem Elementarquadrat gehört pro cm Leitungslänge das Volumelement $dV = x^2 \cdot 1$ [cm³] und nach (1.1) die Feldenergie $dW_m = {}^1/_2 \mu_0 (J/n)^2$. Alle diese Volumelemente haben unabhängig von der Größe des Quadrats gleiche Feldenergie und die gesamte Feldenergie pro cm Leitungslänge lautet somit $W_m = dW_m \cdot n \cdot m = {}^1/_2 \mu_0 J^2 \cdot m/n$. Der Induktionsbelag L^* ergibt sich also nach (1.3) zu

$$L^* = \mu_0 \cdot m/n. \tag{25.5}$$

Dies ist die Verallgemeinerung von (25.2). Der Wellenwiderstand beträgt nach (22.4) mit (25.4) und (25.5)

$$Z = \sqrt{\mu_0/\varepsilon_0}\, m/n = 120\pi \cdot m/n\ [\Omega]. \tag{25.6}$$

Man vergleiche (25.3).

Wenn man zu immer feinerer Unterteilung des Feldbildes der Abb. 158 übergeht, kommt man zu infinitesimalen Volumelementen und alle diese Ableitungen gelten exakt. Wichtig ist noch die Berechnung des α nach (22.13). Mit (25.4) und (25.5) wird

$$\alpha = \omega \sqrt{L^* C^*} = \omega \sqrt{\mu_0 \varepsilon_0}. \tag{25.7}$$

Die Fortpflanzungskonstante ist unabhängig von der Leitungsform. Mit $\alpha = 2\pi/\lambda^*$ nach (22.20) folgt aus (25.7) und (24.6)

$$\lambda^* = 1/(f\sqrt{\mu_0 \varepsilon_0}) = \lambda; \qquad v^* = v. \tag{25.8}$$

Setzt man hier nämlich ε_0 aus (1.5) und μ_0 aus (1.2) ein, so wird λ^* gleich dem λ im freien Raum nach (1.7). Bei dem in der Hochfrequenztechnik vorliegenden extremen Skineffekt, wo das Leiterinnere frei von magnetischen Feldern ist, ist also die Wellenlänge λ^* mit Luft als Dielektrikum gleich der Wellenlänge λ bei Ausbreitung im freien Raum und die Phasengeschwindigkeit v^* gleich der Geschwindigkeit $v = 3 \cdot 10^8$ m/sec im freien Raum. Daher hat die Angabe der Frequenz durch das λ nach (1.7) statt durch f bei sehr hohen

Frequenzen eine unmittelbar auf das Schaltungsverhalten hinweisende Bedeutung und ist sehr zweckmäßig. Da zwischen L^* und C^* nach (25.4) und (25.5) die wichtige Beziehung

$$L^* \cdot C^* = \mu_0 \cdot \varepsilon_0 \tag{25.9}$$

besteht, kann man Z nach (22.4) auch durch L^* oder C^* allein ausdrücken:

$$Z = \frac{L^*}{\sqrt{\mu_0 \varepsilon_0}} = \frac{\sqrt{\mu_0 \varepsilon_0}}{C^*}. \tag{25.10}$$

Rechnet man $\mu_0 \cdot \varepsilon_0$ zahlenmäßig aus und setzt L^* in der zweckmäßigen Einheit nH/cm und C^* in pF/cm ein, so erhält man aus (25.10) die wichtigen Formeln

$$Z = 30\, L^* \,[\Omega] \qquad (L^* \text{ in nH/cm}); \tag{25.11}$$

$$Z = 100/(3C^*)\,[\Omega] \qquad (C^* \text{ in pF/cm}) \tag{25.12}$$

mit den Umkehrungen

$$L^* = Z/30\,[\text{nH/cm}]; \qquad C^* = 100/(3Z)\,[\text{pF/cm}]. \tag{25.13}$$

Wenn die Leitung mit einem Dielektrikum der Dielektrizitätskonstanten ε gefüllt ist, erhält das C^* nach (25.4) den Faktor ε, während das L^* nach (25.5) erhalten bleibt. Das Z nach (25.6) erhält den Faktor $1/\sqrt{\varepsilon}$, das α nach (25.7) den Faktor $\sqrt{\varepsilon}$ und das λ^* und v^* nach (25.8) den Faktor $1/\sqrt{\varepsilon}$. Kennzeichnet man die Größen der Leitung mit Dielektrikum durch den Index ε und setzt die entsprechenden Größen in Luft ohne Index, so wird

$$Z_\varepsilon = Z/\sqrt{\varepsilon}\,; \qquad \alpha_\varepsilon = \alpha\sqrt{\varepsilon}\,; \qquad \lambda_\varepsilon^* = \lambda/\sqrt{\varepsilon}\,; \qquad v_\varepsilon^* = v/\sqrt{\varepsilon}. \tag{25.14}$$

Ein Feldlinienbild nach Abb. 158, das entweder durch Rechnung oder durch das zur Abb. 39 beschriebene graphische Verfahren gewonnen wird, ist somit die Grundlage für eine Bestimmung der Leitungskonstanten. Zur Kontrolle der Spannungsfestigkeit bestimmt man ferner aus ihm nach (8.6) die maximale Feldstärke auf der Leitung. Ohne Mühe gewinnt man auch R^*, also den Verlustwiderstand pro cm Leitungslänge. R^* ist definiert durch den Verbrauch an Wirkleistung N in einem vom Strom J durchflossenen Leitungsstück der Länge 1 cm: $N = {}^1/_2\, J^2 R^*$. Das Feldlinienbild teilt im Querschnitt die Oberfläche jedes Leiters in n Teile, die von gleichen Teilströmen $\Delta J = J/n$ durchflossen werden, wie bereits gezeigt wurde. Ist ϱ^* nach (7.3) der Widerstand eines Oberflächenstücks von 1 cm Länge und 1 cm Breite und x die Breite des von ΔJ durchflossenen Oberflächenstücks, so ist ϱ^*/x dessen Widerstand und $\Delta N = {}^1/_2\,(\Delta J)^2\,\varrho^*/x = {}^1/_2\, J^2\,\varrho^*/(x \cdot n^2)$ der Leistungsverbrauch im Teilstück der Länge 1 cm und der Breite x. N ist die Summe aller ΔN der Oberflächenteile. Teilt man N durch ${}^1/_2\, J^2$, so wird nach obiger Definition das gesuchte

$$R^* = 2N/J^2 = (\varrho^*/n^2) \sum 1/x. \tag{25.15}$$

Man entnehme also aus dem Feldlinienbild die Breiten x aller Oberflächenstücke des Innen- und Außenleiters, addiere ihre Reziprokwerte $1/x$ und findet R^* aus dem ϱ^* sehr einfach nach (25.15). Zeichnet man eine Abwicklung der Leiteroberflächen nach Abb. 159 für den Innenleiter und den Außenleiter und deutet auf den abgewickelten Leiterumfängen die Enden der elektrischen Feldlinien durch kurze Striche an, so ist das x der Abstand benachbarter Striche. Zeichnet man zwischen je zwei Strichen einen Pfeil,

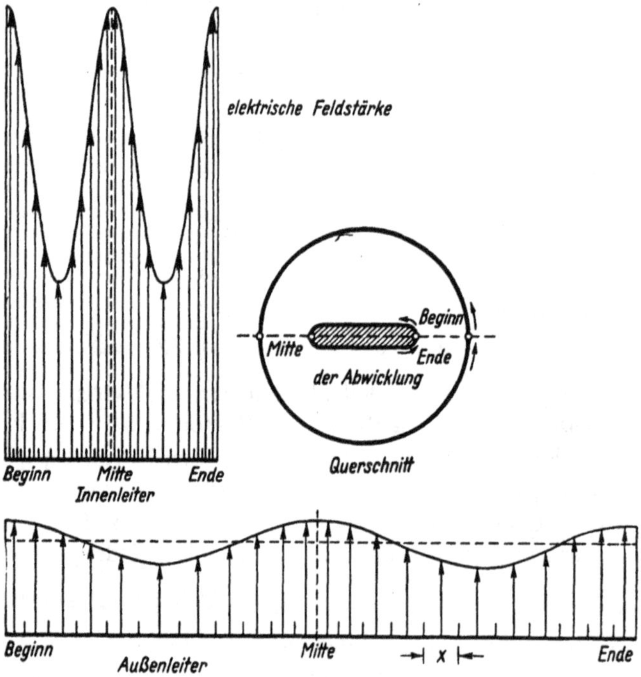

Abb. 159. Feldstärke und Stromdichte auf den Leiteroberflächen

dessen Länge proportional zu $1/x$ ist, so geben diese Pfeile die Verteilung der elektrischen Feldstärke und der Oberflächenstromdichte über die Leiteroberfläche an. Das Feldlinienbild der Abb. 158 gibt also alle wünschenswerten Kenntnisse quantitativ mit ausreichender Genauigkeit auf sehr einfachem und anschaulichem Wege.

Besondere Hinweise verlangt der Fall der Abb. 160, bei dem die Leitung aus zwei gleichen Leitern besteht, die in einem neutralen Abschirmmantel liegen. Dann verlaufen nicht alle elektrischen Feldlinien zwischen den beiden Leitern, sondern mehrere machen den Umweg über den äußeren Leiter. m bleibt gleich der Zahl der Streifen zwischen den beiden inneren Leitern (in Abb. 160 $m = 6$). Eine Abwicklung wie in Abb. 159 würde hier d r e i Linien entsprechend den drei Leitern enthalten. Auch für den Außenleiter zeichnet man dann die Pfeile $1/x$, die die Verteilung der elektrischen Feldstärke am Außenmantel im quantitativ richtigen Maßstab zu den Feldstärken an den Innenleitern geben. Auch auf dem Außenleiter fließen Ströme (vgl. Abb. 38) entsprechend dem Gesetz $H = J^*$. Ist J der Gesamtstrom auf einem der Innenleiter, so fließt auch auf dem Außenleiter im Bereich zwischen je zwei benachbarten, auf dem Außenleiter endenden elektrischen Feldlinien der Teilstrom $\Delta J = J/n$ und man erhält so die Stromverteilung auf dem Mantel. Diese Ströme verbrauchen ebenfalls Leistung und erscheinen im R^* nach (25.15) dadurch, daß man einfach auch die Summanden $1/x$ für den Abschirmmantel hinzufügt. Unter Berücksichtigung von Abb. 34 fließen auf den beiden Innenleitern zwei gleiche Ströme J entgegengesetzter Richtung, auf der linken Hälfte des Mantels in Abb. 160 ein Strom, der kleiner als J ist und entgegengesetzte Richtung zum Strom J des linken Leiters hat, auf der rechten Hälfte des Mantels ein Strom entgegengesetzt zur Richtung des Stromes im rechten Innenleiter. Der Gesamtstrom auf dem Mantel in der Leitungsrichtung ist also gleich Null.

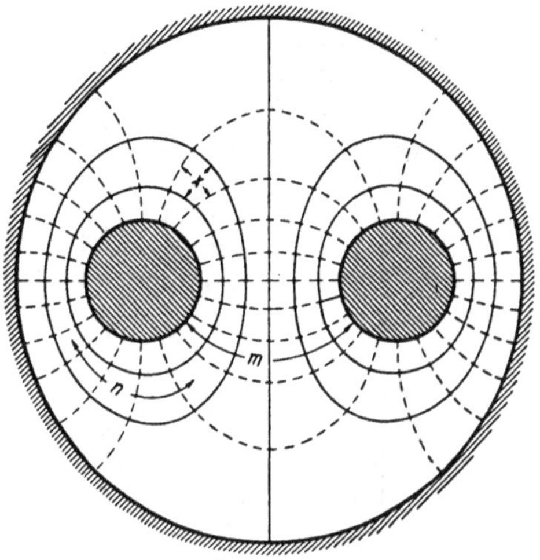

Abb. 160. Abgeschirmte Doppelleitung

Viele Leitungsquerschnitte lassen sich exakt oder angenähert berechnen. Das wichtigste Beispiel ist die koaxiale Leitung, deren Feldlinienbild Abb. 40 zeigt. Die elektrischen Feldlinien sind radial gerichtete Geraden. Die maximale Feldstärke ist durch (8.3) gegeben. Die magnetischen Feldlinien sind konzentrische Kreise, auf denen jeweils H konstant ist. Der Strom J verteilt sich gleichmäßig über die ganze Fläche der Leiter, so daß R^* nach (7.9) berechnet werden kann. Der Kapazitätsbelag C^* ergibt sich aus (5.8) für $l = 1$ cm, der Induktionsbelag L^* aus (3.12) für $l = 1$ cm. Für Luft als Dielektrikum wird also

$$Z = \sqrt{L^*/C^*} = 138 \cdot \lg_{10}(D/d)\,[\Omega] = 60 \cdot \ln(D/d)\,[\Omega]. \qquad (25.16)$$

Abb. 161 gibt eine Auswertung dieser Formel. Solche Leitungen mit Luft als Dielektrikum sind technisch geeignet für Wellenwiderstände zwischen 30 und 150 Ω. Auch bei verlagertem Innenleiter (Querschnitt in Abb. 161 oben rechts) kann man den Wellenwiderstand exakt berechnen (Kurven in Abb. 161). In der Praxis interessiert jedoch nur eine Näherungsformel für kleine Verschiebungen e:

$$Z = 138 \cdot \lg_{10}(D/d) - 240\,(e/D)^2\,[\Omega] \quad (e/D < 0{,}15). \qquad (25.17)$$

Dieses Z entsteht aus dem Z der koaxialen Leitung nach (25.16) durch ein Korrekturglied, das (e/D) quadratisch enthält, also für kleine e sehr klein bleibt. Kleine Exzentrizitäten des Innenleiters ändern das Z der Leitung also praktisch nicht, was im Hinblick auf die Fertigung günstig ist.

Von besonderem Interesse ist der Leistungstransport durch eine solche koaxiale Leitung, weil sie die gebräuchlichste Leitungsform darstellt. Gesucht ist die größte Leistung N_{max} die man durch eine gegebene Leitung schicken kann. Für Leitungen ohne Dielektrikum und bei nicht extrem hohen Frequenzen wird N_{max} durch die Spannungsfestigkeit der Leitung begrenzt. Bei gegebener Leistung N und gegebenem Z betragen bei Fehlen einer reflektierten Welle

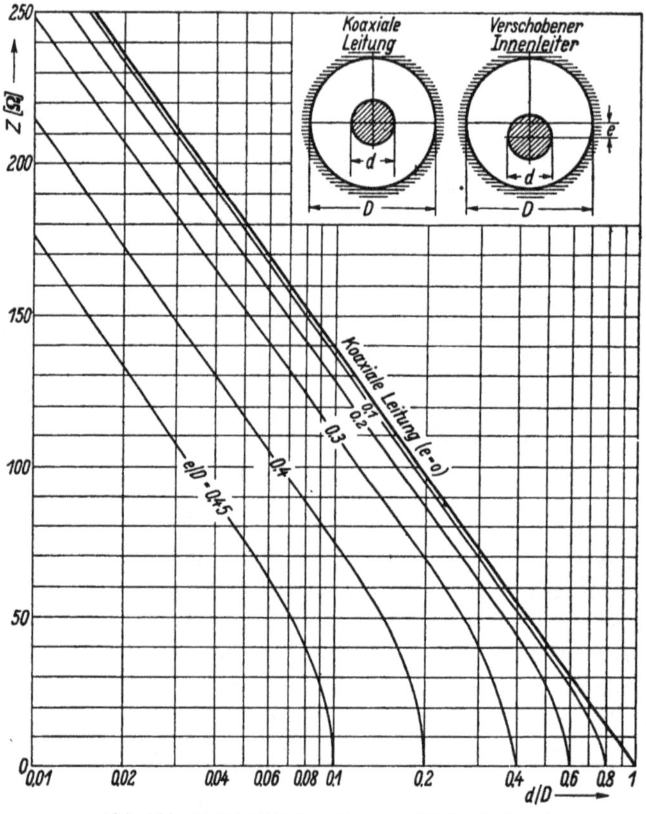

Abb. 161. Konzentrische und exzentrische Leitung

(§ 24) die reellen Amplituden des Stromes und der Spannung auf der ganzen Leitung wegen $N = {}^1/_2\, J U = {}^1/_2\, J^2 Z = {}^1/_2\, U^2/Z$

$$J = \sqrt{2N/Z}; \qquad U = \sqrt{2N \cdot Z}. \tag{25.18}$$

Mit der maximalen Feldstärke $E_{max} = 0{,}87 \cdot U/[d \cdot \log_{10}(D/d)]$ nach (8.3a) und Z nach (25.16) wird der Scheitelwert

$$E_{max} = 14{,}5 \; \frac{\sqrt{N}}{d\,\sqrt{\lg_{10}(D/d)}} \left[\frac{\mathrm{V}}{\mathrm{cm}}\right]. \tag{25.19}$$

Bei gegebenem D und N besitzt E_{max} ein Minimum bei $d/D = 0{,}61$, also für einen Luftwellenwiderstand von $Z = 30\ \Omega$. Durch eine solche Leitung könnte man also bei gegebener Größe (gegebenem D) die größte Leistung transportieren, oder eine solche Leitung könnte bei gegebenem N den kleinsten Durchmesser D

besitzen. Das Minimum ist jedoch nicht stark ausgeprägt, so daß man mit Luft als Dielektrikum bezüglich Spannungsfestigkeit bei gegebener Leistung Wellenwiderstände zwischen 20 und 70 Ω benutzen kann. Für ein Kabel mit Dielektrikum ist Z durch Z_ε nach (25.14) zu ersetzen, also E_{max} mit $1/\sqrt[4]{\varepsilon}$ zu multiplizieren. Das berechnete günstigste $d/D = 0{,}61$ bleibt erhalten und die Wellenwiderstände werden entsprechend kleiner.

Wesentlich geringer ist die übertragbare Leistung, wenn ein Teil der Welle am Leitungsabschluß reflektiert wird und längs der Leitung Spannungsschwankungen wie in Abb. 156a auftreten. Dann sind die Orte maximaler Spannung (U_{max} in Abb. 156a) auf der Leitung für die Spannungsfestigkeit maßgebend. Die vom Generator kommende Welle transportiert die Leistung $N' = {}^1\!/_2\, U'^2/Z$, die am Verbraucher reflektierte die Leistung $N'' = {}^1\!/_2\, U''^2/Z$. Im Verbraucher bleibt nur die **kleinere** Leistung $N = N' - N'' = {}^1\!/_2\,(U'^2 - U''^2)/Z$, während $U_{max} = U' + U''$ noch größer ist als bei einer nur zum Verbraucher hinlaufenden Welle („Anpassung"; Abb. 151). Mit $U_{min} = U' - U''$ wird

$$N = \frac{1}{2}\,\frac{U_{max}\,U_{min}}{Z}, \tag{25.20}$$

während bei fehlender reflektierter Welle die vom Verbraucher aufgenommene Leistung $N = {}^1\!/_2\, U'^2/Z$ ist. Die maximal vom Verbraucher aufgenommene Leistung N^*, die durch die maximal zulässige Spannung U^* begrenzt ist, liegt bei Anpassung vor und beträgt $N^* = {}^1\!/_2\, U^{*2}/Z$. Bei „Fehlanpassung", wenn also ein Teil der ankommenden Welle am Verbraucher reflektiert wird, darf das entstehende U_{max} den maximal zulässigen Wert U^* nicht überschreiten. Mit $U_{max} = U^*$ nimmt dann der Verbraucher nach (25.20) eine geringere maximale Leistung

$$N_{max} = N^* \cdot U_{min}/U^* \tag{25.21}$$

auf. N_{max} ist bei Fehlanpassung also um den Faktor U_{min}/U^* kleiner als die maximal übertragbare Leistung N^* bei Anpassung.

Die Dämpfungskonstante der koaxialen Leitung ist wegen der gleichmäßigen Stromverteilung sehr leicht zu berechnen. Man berechne nach (7.4) ϱ_i^* für den Innenleiter und ϱ_a^* für den Außenleiter. Dann ist nach (7.9)

$$R^* = \varrho_i^*/(\pi d) + \varrho_a^*/(\pi D) \tag{25.22}$$

und die Dämpfungskonstante β_1 der Leitung daraus nach (24.9) zu gewinnen. ϱ_i^* und ϱ_a^* werden nach (7.3) auch dann nicht sehr verschieden sein, wenn die Materialien der beiden Leiter in ihrer Leitfähigkeit σ etwas verschieden sind. Für Leiter mit versilberten Oberflächen ist $\varrho_i^* = \varrho_a^* = \varrho^*$ durch (7.4) gegeben und für Luft als Dielektrikum wird mit (25.22) und (25.16)

$$\beta_1 = \frac{1}{2}\,\frac{R^*}{Z} = 1{,}2 \cdot 10^{-3}\,\frac{\varrho^*}{D}\,\frac{1 + D/d}{\lg_{10}(D/d)}\left[\frac{\text{Neper}}{\text{cm}}\right]. \tag{25.23}$$

Für andere Leiterwerkstoffe ist dieses β_1 mit dem Faktor K_1 der Tabelle auf S. 37 zu multiplizieren. Wenn man das Dämpfungsminimum für eine Leitung mit gegebenem Außendurchmesser D sucht, muß der Faktor $(1 + D/d)/\lg_{10}(D/d)$

seinen kleinsten Wert erreichen. Dieser liegt bei $d/D = 0{,}28$, also in Luftkabeln bei $Z = 76\ \Omega$. Vom Standpunkt kleinster Dämpfung wählt man also Wellenwiderstände zwischen 60 und 100 Ω. Bei Verwendung eines Dielektrikums wird Z nach (25.14) kleiner und β_1 nach (25.23) um den Faktor $\sqrt{\varepsilon}$ größer, ohne daß hierbei die dielektrischen Verluste nach (24.16) berücksichtigt wurden. Die Minimumbedingung $d/D = 0{,}28$ für β_1 bleibt unverändert, der günstigste Wellenwiderstand ist $Z_\varepsilon = 76/\sqrt{\varepsilon}\ [\Omega]$. Da ϱ^* nach (7.3) von $\sqrt{\omega}$ abhängt, β_2 nach (24.16) und (22.20) dagegen proportional zu ω ist, werden die dielektrischen Verluste mit wachsender Frequenz immer wichtiger. Abb. 162 zeigt für ein Kabel mit Kupferleitern und Oppanol ($\varepsilon = 2{,}5$) als Dielektrikum für $Z_\varepsilon = 70\ \Omega$ ($d/D = 0{,}17$) den Dämpfungsanteil des Innenleiters, des Außenleiters und des Dielektrikums bei hohen Frequenzen. Bei sehr hohen Frequenzen wird im Dauerbetrieb die maximal übertragbare Leistung nicht mehr durch die Spannungsfestigkeit, sondern durch die Verluste begrenzt, weil die Erwärmung des Kabels eine bestimmte Temperaturgrenze nicht überschreiten darf. Wenn der Abschlußwiderstand der Leitung nicht gleich dem Wellenwiderstand ist, also auch eine reflektierte Welle besteht, trägt auch die reflektierte Welle zur Erwärmung bei, so daß dann die zulässige Amplitude der zum Verbraucher laufenden Welle kleiner sein muß als im Falle der Anpassung, wo nur eine zum Verbraucher laufende Welle gegeben ist. Weil dabei außerdem nur noch ein Teil dieser Welle dem Verbraucher Nutzleistung zuführt, wird die übertragbare Leistung mit wachsender Fehlanpassung des Verbrauchers rasch kleiner. Da die Bedingungen für größte Spannungsfestigkeit bei gegebenem N und

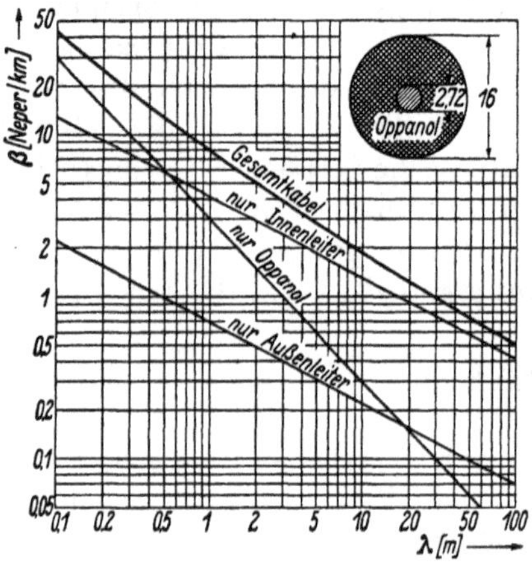

Abb. 162. Dämpfungsfaktoren eines Oppanolkabels

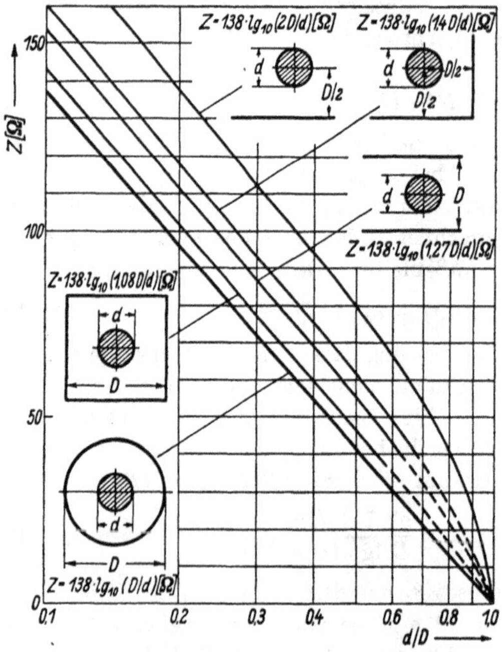

Abb. 163. Abarten der koaxialen Leitung

D ($d/D = 0{,}61$) und für kleinste Dämpfung bei gegebenem D ($d/D = 0{,}28$) voneinander abweichen, ist man genötigt, einen Kompromiß zu schließen. In der Praxis verwendet man daher üblicherweise koaxiale Leitungen mit Wellenwiderständen zwischen 50 und 70 Ω.

Abb. 163 gibt für einige Abarten der koaxialen Leitung Näherungsformeln und Kurven für den Wellenwiderstand, wenn der Außenleiter verschiedene

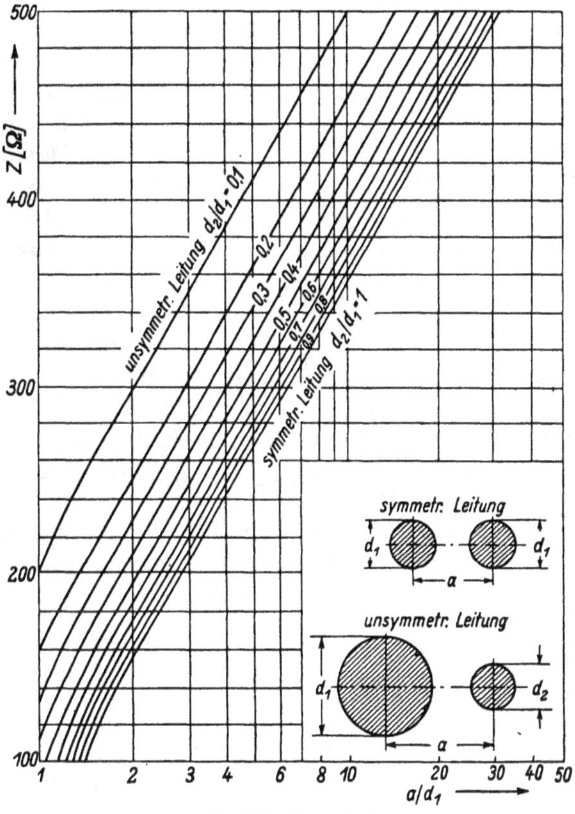

Abb. 164. Doppelleitung

Formen annimmt. Abb. 164 zeigt die Kurven des Z für eine Leitung aus zwei parallelen Drähten nach der exakten Formel

$$Z = 60 \cdot \mathfrak{Ar}\,\mathfrak{Cof}\,[(4\,a^2 - d_1{}^2 - d_2{}^2)/(2\,d_1 d_2)]\ [\Omega] \tag{25.24}$$

mit dem Sonderfall der symmetrischen Doppelleitung für $d_1 = d_2$

$$Z = 60 \cdot \mathfrak{Ar}\,\mathfrak{Cof}\,[2(a/d_1)^2 - 1] = 120 \cdot \mathfrak{Ar}\,\mathfrak{Cof}\,(a/d_1)\ [\Omega]. \tag{25.25}$$

Für größere Leiterabstände ($a/d_1 > 2{,}5$) geht (25.25) in die einfachere Näherungsformel

$$Z = 277 \cdot \lg_{10}(2a/d_1)\ [\Omega] \tag{25.26}$$

über. Die symmetrische Leitung mit zylindrischem Schirm nach Abb. 160

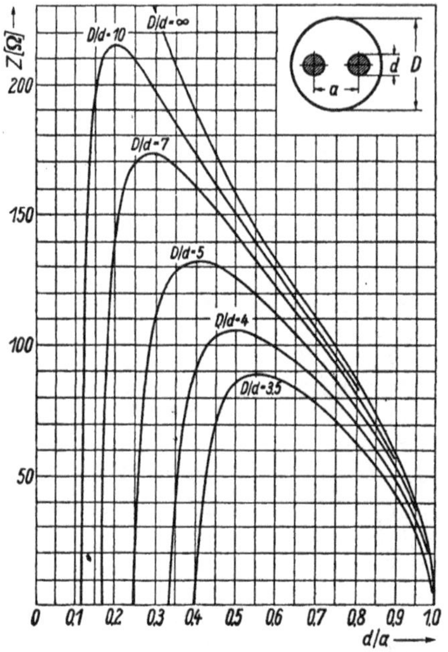

Abb. 165. Abgeschirmte Doppelleitung

(Schirmdurchmesser D, Drahtdurchmesser d, Abstand der Drahtachsen a) hat wegen der durch den Schirm hervorgerufenen Zusatzkapazität nach (25.12) einen kleineren Wellenwiderstand, der in Abb. 165 zu finden ist. Die Kurve $D/d = \infty$ gibt den Wellenwiderstand ohne Schirm nach Abb. 164 für $d_2/d_1 = 1$. Bei variablem a entsteht ein Maximum des Wellenwiderstandes für $a = D/2$. In der Umgebung dieses Maximums ist das Z unempfindlich gegen kleine Änderungen des a, also gegen kleine Lageänderungen eines Innenleiters innerhalb des Schirms. Der Zustand $a = D/2$, der außerdem die kleinste Dämpfung ergibt, wird daher allgemein verwendet. Für $a = D/2$, also für die Maximalwerte des Z, lautet eine sehr genaue Näherungsformel

$$Z = 277\,[\lg_{10}(0{,}6\,D/d) - 0{,}3\,(d/D)^4]\ [\Omega]. \qquad (25.27)$$

Wenn man für die Bandleitung der Abb. 157 die streuungsfreie Formel (25.3) verbessern will, wird man die Streuung dadurch berücksichtigen, daß man sich die Breite b des Bandes auf beiden Seiten um Δ nach (5.5) oder (5.6) verbreitert denkt.

Schrifttum: [9, 10, 21, 22, 59].

§ 26. Die Leitung als Vierpol

Die Leitung sei mit einem beliebig komplexen Widerstand $\mathfrak{R}_1$ abgeschlossen. Sie wird zunächst wieder aufgefaßt als eine Folge kleiner Vierpole nach Abb. 166, deren Induktivität $\Delta L = L^* \cdot \Delta z$ und Kapazität $\Delta C = C^* \cdot \Delta z$ durch Wahl eines hinreichend kleinen $\Delta z < 0{,}015\,\lambda^*$ wie im Anfang von § 24 so klein ist, daß man auf Grund der Erörterungen zur Abb. 133 das ΔL und ΔC für jeden Elementarvierpol zusammenfassen kann und das Ersatzbild der Abb. 166 entsteht. Auch bei beliebig komplexem Abschluß $\mathfrak{R}_1$ entsteht dann ein ähnlicher Transformationsvorgang wie in Abb. 152. $\mathfrak{R}_1$ verschiebt sich durch Serienschaltung des ΔL senkrecht nach oben nach $\mathfrak{R}'$, dann durch Parallelschaltung des ΔC auf einem G-Kreis nach $\mathfrak{R}''$. Die Induktivität ΔL wirkt transformierend durch den Strom $\mathfrak{J}$, der durch sie fließt, die Kapazität ΔC dagegen durch die Spannung $\mathfrak{U}$, die an ihr liegt und den Strom durch die

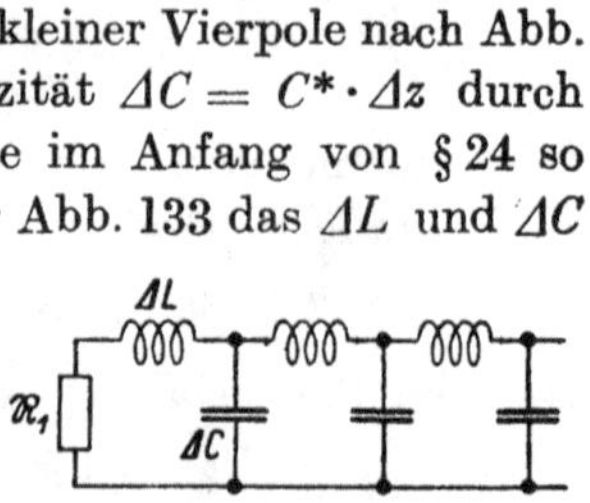

Abb. 166. Leitung mit komplexem Abschluß

Kapazität bedingt. Der Abschluß mit Z nach Abb. 152 Mitte gab nun ein solches Verhältnis von $\mathfrak{U}$ und $\mathfrak{J}$, daß beide Blindwiderstände in gleicher Weise wirksam werden und sich in ihrer Transformationswirkung gegenseitig aufheben. Wenn der Abschlußwiderstand $\mathfrak{R}_1$ ein reeller Widerstand R_1 kleiner als Z ist, ist der Strom bei gleicher Spannung größer als vorher und die Transformationswirkung der Induktivität größer als die der Kapazität. Nach Abb. 152 links entsteht dann eine Transformation mit resultierend induktiver Wirkung. Wenn $R_1 > Z$ ist, wird bei gleicher Spannung der Strom durch die Induktivität kleiner und die Transformation ergibt nach Abb. 152 rechts eine resultierend kapazitive Wirkung.

In gleicher Weise kann man auch die Transformation eines beliebig komplexen $\mathfrak{R}_1$ durch ein kurzes Leitungsstück finden. Setzt man dies über die Vierpolfolge der Abb. 166 fort, so erhält man stufenweise Transformationen, wie sie in der oberen Hälfte der Abb. 167 für einen reellen Widerstand $R_1 < Z$ und der unteren Hälfte für einen reellen Widerstand $R_1 > Z$ dargestellt sind. So gewinnt man anschaulich das Transformationsverhalten eines größeren Leitungsstücks. Da die reelle Amplitude J des Eingangsstroms der Teilvierpole bei Vernachlässigung aller Verluste nach (15.15) proportional zur Wurzel aus der reziproken Wirkkomponente des Eingangswiderstandes des jeweiligen Vierpols ist, ändert sich J entsprechend längs der Leitung und man gewinnt so eine vierpolmäßige Erklärung der Stromkurve der Abb. 156b. Da die reelle Amplitude U der Spannung längs der Leitung nach (15.15) proportional zur Wurzel aus der reziproken Wirkkomponente des Eingangsleitwerts ist, erklärt man durch die Widerstandstransformation der Abb. 167 auch die Spannungskurven der Abb. 156a. Am Ort des Spannungsmaximums (Stromminimums) sind $\mathfrak{U}$ und $\mathfrak{J}$ phasengleich, weil dort auch alle Teilwellen $\mathfrak{U}'$, $\mathfrak{J}'$, $\mathfrak{U}''$ und $\mathfrak{J}''$ phasengleich sind; dort ist der Eingangswiderstand der Leitung reell und zwar größer als Z. Ebenso ist am Ort des Spannungsminimums (Strommaximums) der Eingangswiderstand reell, aber kleiner als Z.

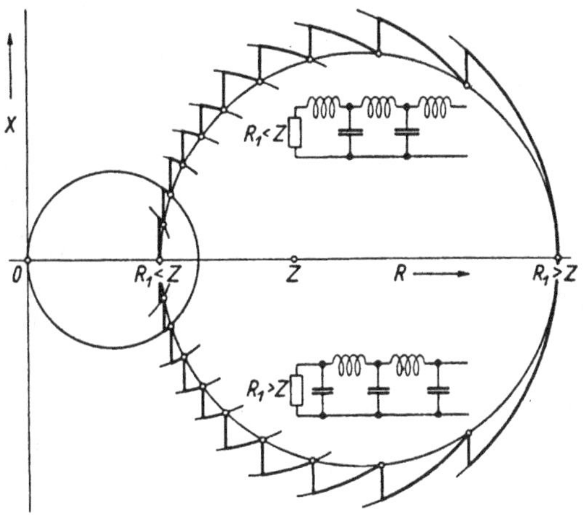

Abb. 167. Leitungstransformation

Macht man die Länge Δz der Leitungsstücke immer kleiner, so gewinnt man mit differentiellen Leitungsstücken dz die exakte Form des Leitungsverhaltens. (24.19) gibt bereits die allgemeinste Form der Leitungsvorgänge als Lösung der differentiellen Vierpolgleichungen (22.10) und (22.11). Sie ist jedoch für die praktische Verwendung nur dann geeignet, wenn man sie durch (24.20) auf die Größen $\mathfrak{U}_1$ und $\mathfrak{J}_1$ am Leitungsende bezieht, um Vierpolgleichungen wie in (20.1) für eine Leitung endlicher Länge zu erhalten. Aus (24.20) folgt $\mathfrak{U}_1' = \frac{1}{2}(\mathfrak{U}_1 + \mathfrak{J}_1 Z)$ und $\mathfrak{U}_1'' = \frac{1}{2}(\mathfrak{U}_1 - \mathfrak{J}_1 Z)$; die zugehörigen Ströme erhält man aus $\mathfrak{J}_1' = \mathfrak{U}_1'/Z$ und $\mathfrak{J}_1'' = -\mathfrak{U}_1''/Z$. Aus (2.3) ergeben sich die bekannten Formeln

$$1/2\,[e^{j\,2\pi z/\lambda^*} + e^{-j\,2\pi z/\lambda^*}] = \cos(2\pi z/\lambda^*); \tag{26.1}$$

$$1/2\,[e^{j\,2\pi z/\lambda^*} - e^{-j\,2\pi z/\lambda^*}] = j\sin(2\pi z/\lambda^*). \tag{26.2}$$

Setzt man dies alles in (24.19) ein, so bleibt als endgültige Form der Vierpolgleichungen

$$\begin{aligned} \mathfrak{U} &= \mathfrak{U}_1 \cdot \cos(2\pi z/\lambda^*) + j\,\mathfrak{J}_1 Z \cdot \sin(2\pi z/\lambda^*); \\ \mathfrak{J} &= j\,(\mathfrak{U}_1/Z)\sin(2\pi z/\lambda^*) + \mathfrak{J}_1 \cdot \cos(2\pi z/\lambda^*). \end{aligned} \tag{26.3}$$

Nach (20.15) bis (20.18) verhält sich also die Leitung wie ein verlustfreier symmetrischer Vierpol mit den Konstanten $\mathfrak{A} = \mathfrak{D} = \cos(2\pi z/\lambda^*)$, $\mathfrak{B} = jZ \cdot \sin(2\pi z/\lambda^*)$ und $\mathfrak{C} = j(1/Z)\sin(2\pi z/\lambda^*)$, die die Bedingung (20.19) erfüllen. Man beachte auch die Umformung (20.31) bis (20.33), wobei hier $\alpha z = 2\pi z/\lambda^*$ das Phasenmaß a ist.

Zunächst soll die Widerstandstransformation durch eine Leitung der Länge l betrachtet werden. Man kann dazu (20.30) benutzen. Zum komplexen Abschlußwiderstand $\mathfrak{R}_1 = \mathfrak{U}_1/\mathfrak{J}_1$ gehört nach (26.3) dann der Eingangswiderstand

$$\mathfrak{R}_2 = \frac{\mathfrak{U}_2}{\mathfrak{J}_2} = \frac{\mathfrak{R}_1 + j\,Z \cdot \mathrm{tg}\,(2\pi l/\lambda^*)}{1 + j\,(\mathfrak{R}_1/Z)\,\mathrm{tg}\,(2\pi l/\lambda^*)}. \tag{26.4}$$

Diese komplexe Gleichung kann man mit Hilfe graphischer Methoden so einfach darstellen, daß sie auch für kompliziertere Anwendungen übersichtlich wird. Zweckmäßig betrachtet man zunächst den Sonderfall eines reellen Abschlußwiderstandes $R_1 = m \cdot Z$, der kleiner als der Wellenwiderstand sein soll ($m < 1$). Dieser Zustand läßt sich dann später sehr einfach auf den Fall eines allgemeinen $\mathfrak{R}_1$ erweitern. Für $\mathfrak{R}_1 = m \cdot Z$ ist

$$\mathfrak{R}_2 = Z\,\frac{m + j\,\mathrm{tg}\,(2\pi l/\lambda^*)}{1 + jm \cdot \mathrm{tg}\,(2\pi l/\lambda^*)} \tag{26.5}$$

mit dem Realteil

$$R_2 = m\,Z\,\frac{1 + \mathrm{tg}^2\,(2\pi l/\lambda^*)}{1 + m^2 \cdot \mathrm{tg}^2\,(2\pi l/\lambda^*)} \tag{26.6}$$

und dem Imaginärteil

$$jX_2 = j\,Z\,(1 - m^2)\,\frac{\mathrm{tg}\,(2\pi l/\lambda^*)}{1 + m^2 \cdot \mathrm{tg}^2\,(2\pi l/\lambda^*)}. \tag{26.7}$$

Man sucht nun in der komplexen Widerstandsebene alle Punkte $\mathfrak{R}_2$, die durch Leitungen mit gleichem Wellenwiderstand Z, aber verschiedener Länge l aus dem gleichen Abschlußwiderstand $m \cdot Z$ hervorgehen. Zu diesem Zweck eliminiert man aus (26.6) und (26.7) die Größe $\mathrm{tg}\,(2\pi l/\lambda^*)$ und erhält eine Gleichung zwischen R_2, X_2, Z und m von folgender Form:

$$\left[R_2 - \frac{1}{2}\,Z\left(\frac{1}{m} + m\right)\right]^2 + X_2^2 = \left[\frac{1}{2}\,Z\left(\frac{1}{m} - m\right)\right]^2. \tag{26.8}$$

Da die Ableitung dieser Gleichung etwas umständlich ist, beweist man sie am besten dadurch, daß man (26.6) und (26.7) in (26.8) einsetzt und nachweist, daß sich eine Identität ergibt. (26.8) ist die Gleichung eines Kreises, dessen Mittelpunkt auf der reellen Achse bei $^1/_2\, Z\,(1/m + m)$ liegt und den man am besten durch seine Schnittpunkte $m \cdot Z$ und Z/m mit der reellen Achse charakterisiert. Ein solcher Kreis wird im folgenden als m-Kreis bezeichnet (Abb. 168).

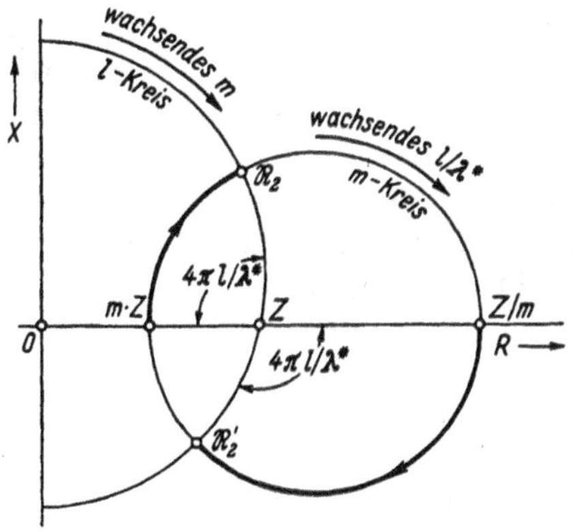

Abb. 168. Leitungskreise

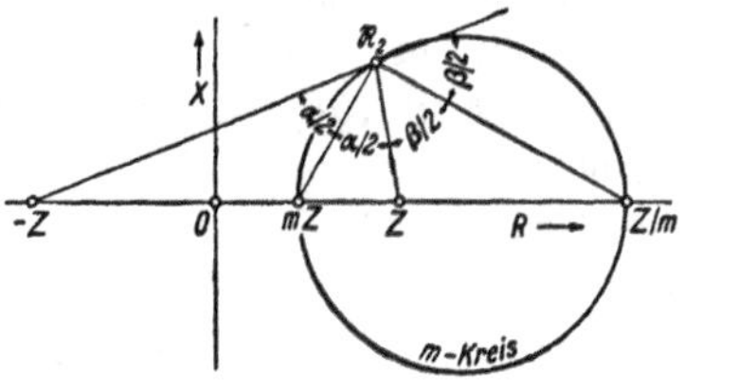

Abb. 169. Konstruktion eines m-Kreises

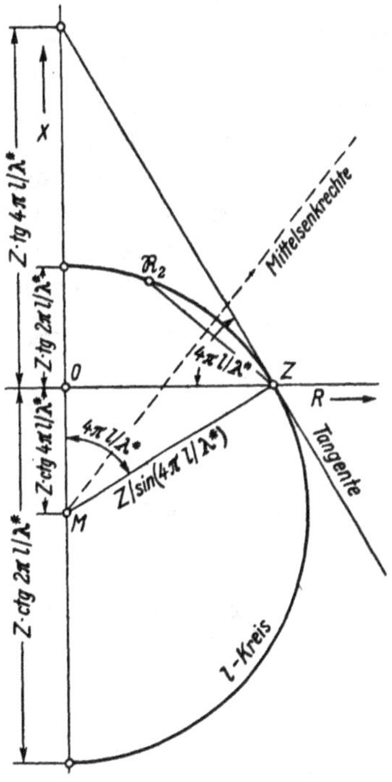

Abb. 170. Konstruktion eines l-Kreises

Ferner benötigt man in der Widerstandsebene die Kurve der Punkte $\mathfrak{R}_2$, die durch eine Leitung konstanter Länge l aus reellen Widerständen $m \cdot Z$ bei verschiedenem m entstehen. In diesem Fall eliminiert man aus (26.6) und (26.7) die Größe m und erhält eine Gleichung zwischen R_2, X_2, Z und l/λ^* in der Form

$$R_2{}^2 + [X_2 + Z \cdot \mathrm{ctg}\,(4\pi l/\lambda^*)]^2 = [Z/\sin(4\pi l/\lambda^*)]^2. \qquad (26.9)$$

Diese Gleichung beweist man ebenfalls am einfachsten dadurch, daß man R_2 nach (26.6) und X_2 nach (26.7) einsetzt. (26.9) ist die Gleichung eines Kreises, dessen Mittelpunkt auf der imaginären Achse bei $-Z \cdot \mathrm{ctg}\,(4\pi l/\lambda^*)$ liegt und der durch den Punkt Z geht. Ein solcher Kreis wird im folgenden kurz als l-Kreis bezeichnet (Abb. 168).

Wenn ein bestimmter reeller Widerstand $m \cdot Z$ gegeben ist, zeichnet man zunächst seinen m-Kreis. Zu gegebener Leitungslänge l berechnet man l/λ^* und zeichnet den l-Kreis. Der gesuchte Eingangswiderstand $\mathfrak{R}_2$ ist dann der Schnittpunkt der beiden Kreise (Abb. 168). Es gibt stets zwei Schnittpunkte. Der richtige ist derjenige, bei dem zwischen der reellen Achse und dem zugehörigen Abschnitt des l-Kreises der Winkel $4\pi l/\lambda^*$ wie in Abb. 168 liegt. Der zweite Schnittpunkt ist der Eingangswiderstand $\mathfrak{R}_2'$ der gleichen Leitung, die mit dem Widerstand Z/m abgeschlossen ist. Mit wachsendem l/λ^* wandert $\mathfrak{R}_2$ auf dem m-Kreis im Uhrzeigersinn. Wenn umgekehrt ein komplexes $\mathfrak{R}_2$ gegeben ist, so liegt dieses bei gegebenem Z auf einem m-Kreis und einem l-Kreis der Widerstandsebene. Den m-Kreis kann man nach Abb. 169 finden. Die Winkelhalbierenden des Winkels $-Z\,\mathfrak{R}_2\,Z$ und des zugehörigen Außenwinkels schneiden die reelle Achse in den Punkten $m \cdot Z$ und Z/m. Diese Konstruktion beruht auf dem Lehrsatz des Apollonius aus der elementaren Geometrie für das Dreieck $-Z\,\mathfrak{R}_2\,Z$. Den l-Kreis findet man durch die Konstruktion der Abb. 170. Der Mittelpunkt M des Kreises ist der Schnittpunkt der Mittelsenkrechten der Strecke $\overline{\mathfrak{R}_2 Z}$ mit der imaginären Achse. Abb. 170 zeigt ferner die Beziehungen einiger wichtiger Punkte zur Größe l/λ^*. Aus diesen Tatsachen folgt folgender wichtige Satz, der das quantitative Arbeiten mit Leitungsschaltungen wesentlich erleichtert: Wenn eine Leitung mit dem Wellenwiderstand Z gegeben ist, kann man sich jeden komplexen Widerstand $\mathfrak{R}$ (also auch den Abschlußwiderstand $\mathfrak{R}_1$) entstanden denken aus einem reellen Abschlußwiderstand $m \cdot Z$ und einer vorgeschalteten Leitung vom Wellenwiderstand Z und bestimmter Länge l (Abb. 168), wobei man den Punkt $m \cdot Z$ nach Abb. 169 und die Größe l/λ^* aus dem Winkel $4\pi l/\lambda^*$ der Abb. 170 finden kann. Weiteres in § 27. Die Vorgänge auf einer mit einem beliebig komplexen Widerstand $\mathfrak{R}_1$ abgeschlossenen Leitung sind also die gleichen wie auf einer um l_1 längeren Leitung, die mit einem reellen Widerstand $m \cdot Z$ abgeschlossen ist. Alle auf Leitungen auftretenden Erscheinungen kann man daher auf der mit einem reellen Widerstand abgeschlossenen Leitung studieren, deren Gleichungen wesentlich einfacher als bei komplexem Abschluß sind. Man kann sich sogar auf den Fall $m < 1$ beschränken.

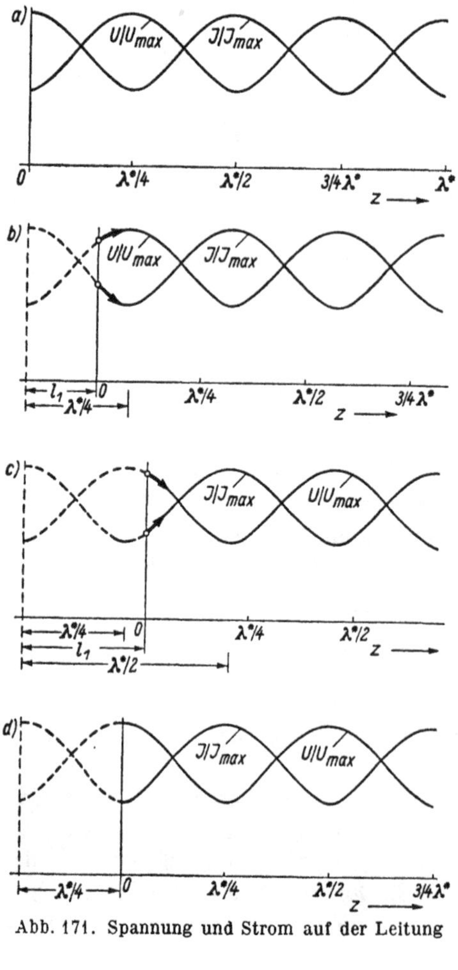

Abb. 171. Spannung und Strom auf der Leitung

Für einen reellen Abschlußwiderstand $m \cdot Z$ $(m < 1)$ ist $m \cdot Z = \mathfrak{U}_1/\mathfrak{J}_1$. Dann wird aus (26.3)

$$\mathfrak{U} = \mathfrak{U}_1 \left[\cos(2\pi z/\lambda^*) + j\,(1/m)\sin(2\pi z/\lambda^*)\right]; \tag{26.10}$$

$$\mathfrak{J} = \mathfrak{J}_1 \left[\cos(2\pi z/\lambda^*) + j m \cdot \sin(2\pi z/\lambda^*)\right]. \tag{26.11}$$

Die komplexen Amplituden $\mathfrak{U}$ und $\mathfrak{J}$ entstehen aus ihren Werten $\mathfrak{U}_1$ und $\mathfrak{J}_1$ am Leitungsende ($z = 0$) durch einen komplexen Faktor, der von m und z/λ^* abhängt. Leicht meßbar und daher wichtig ist der Verlauf der reellen Amplituden

$$U = U_1 \sqrt{\cos^2(2\pi z/\lambda^*) + (1/m)^2 \sin^2(2\pi z/\lambda^*)}; \tag{26.12}$$

$$J = J_1 \sqrt{\cos^2(2\pi z/\lambda^*) + m^2 \cdot \sin^2(2\pi z/\lambda^*)}, \tag{26.13}$$

deren Verlauf für $m = 0{,}5$ in Abb. 171a dargestellt ist. Die Darstellung in der Form $U/U_{\max}$ und $J/J_{\max}$ ist sehr zweckmäßig, da dann beide Kurven gleichen Verlauf zeigen und nur um $\lambda^*/4$ gegeneinander verschoben sind. Man vergleiche Abb. 156. Diese Kurven haben die Periode $\lambda^*/2$. Stets ist dabei

$$m = U_{\min}/U_{\max} = J_{\min}/J_{\max}, \tag{26.14}$$

ferner $U_1 = U_{\min}$ und $J_1 = J_{\max}$. Wegen $U_1/J_1 = m \cdot Z$ ist nach (26.14)

$$U_{\max} = J_{\max} \cdot Z; \qquad U_{\min} = J_{\min} \cdot Z. \tag{26.15}$$

Abb. 172 zeigt eine Serie von Spannungskurven für verschiedene Werte m, wobei $m = 0$ der Sonderfall der Abb. 141a ist. Die Phase der Spannung $\mathfrak{U}$ bezogen auf die Phase der Spannung $\mathfrak{U}_1$ am Leitungsende, also der Phasenwinkel δ_U des Quotienten $\mathfrak{U}/\mathfrak{U}_1$, ist nach (26.10) gegeben durch

$$\operatorname{tg} \delta_U = (1/m)\operatorname{tg}(2\pi z/\lambda^*). \tag{26.16}$$

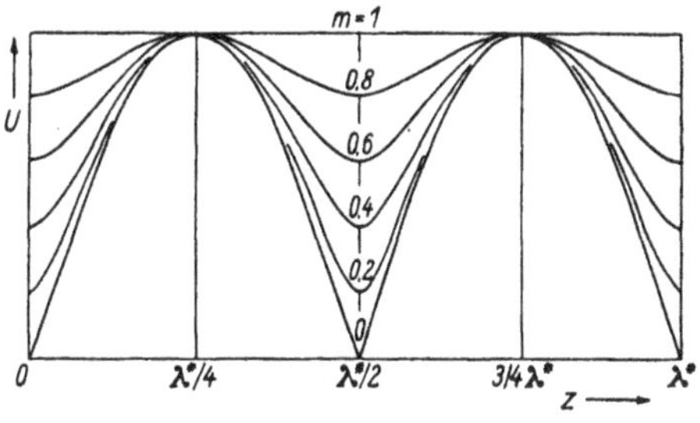

Abb. 172. Spannungskurve für reellen Abschluß

Abb. 173 zeigt als Kurve 4 den Verlauf des δ_U für $m = 0{,}5$ und vergleichsweise in Kurve 3 für $m = 1$ nach (24.2) (Abschlußwiderstand Z). Mit wachsender Fehlanpassung macht δ_U wachsende Schwankungen um die mittlere Gerade. Im Extremfall $m = 0$ treten nach Kurve 5 Sprünge um π auf [Vorzeichenwechsel der sin-Funktion in Gl. (22.18)]. Die Phase des Stromes $\mathfrak{J}$ bezogen auf die Phase des Stromes $\mathfrak{J}_1$ am Leitungsende, also der Phasenwinkel des Quotienten $\mathfrak{J}/\mathfrak{J}_1$, lautet dementsprechend

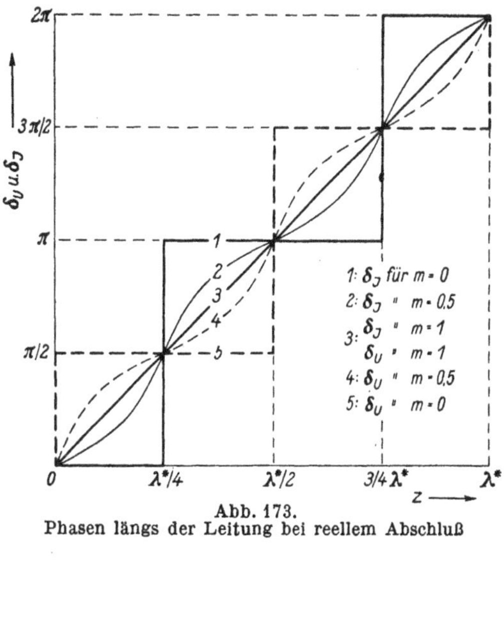

Abb. 173.
Phasen längs der Leitung bei reellem Abschluß

nach (26.11)

$$\operatorname{tg} \delta_J = m \cdot \operatorname{tg}(2\pi z/\lambda^*). \tag{26.17}$$

Den Verlauf von δ_J findet man in Abb. 173 für $m = 0,5$ in Kurve 2 und vergleichsweise für $m = 1$ in Kurve 3, für $m = 0$ in Kurve 1. Die Sprünge des δ_J für $m = 0$ liegen nach (22.19) dort, wo die cos-Funktion ihr Vorzeichen wechselt. Dem gleichmäßigen Wandern der Phase nach (24.2) bei Anpassung ($\mathfrak{R}_1 = Z$) entspricht ein ungleichmäßiges Wandern bei Fehlanpassung.

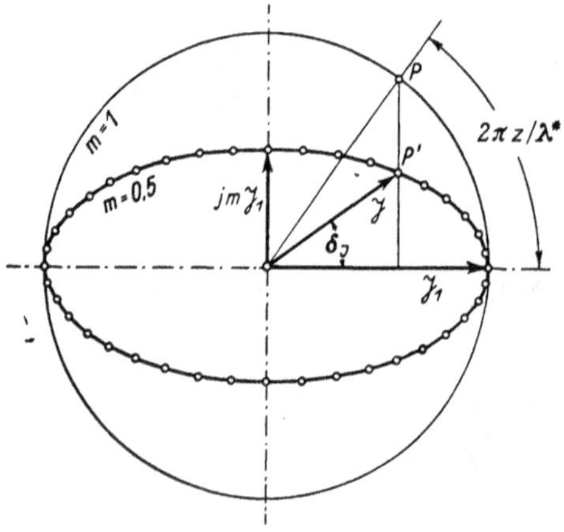

Abb. 174. Stromellipse

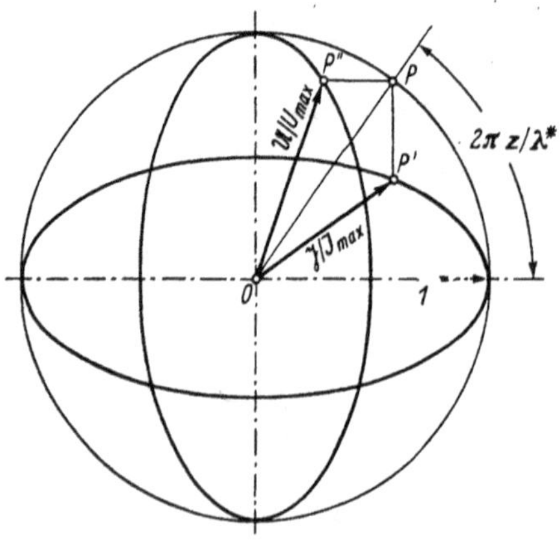

Abb. 175. Relative Strom- und Spannungsellipse

Sehr günstig ist die Darstellung des $\mathfrak{U}$ und $\mathfrak{J}$ durch Pfeile nach Abb. 1, deren Größe und Richtung von m und z/λ^* abhängt. In Abb. 174 ist der Pfeil für $m = 0,5$ in Abhängigkeit von z/λ^* dargestellt. Er enthält nach (26.11) zwei Bestandteile, einen Vektor $\mathfrak{J}_1 \cdot \cos(2\pi z/\lambda^*)$, der mit dem Ausgangsstrom phasengleich ist, und einem Vektor $jm\mathfrak{J}_1 \cdot \sin(2\pi z/\lambda^*)$, der dazu senkrecht steht. Auf der angepaßten Leitung mit $m = 1$ ergibt sich nach (2.3) der Vektor (24.3) konstanter Länge J_1, dessen Endpunkt P auf einem Kreis mit dem Radius J_1 läuft, wobei der Winkel δ_J nach (24.2) proportional zu z ist (Abb. 174). Aus diesem P erhält man nach (26.11) den Endpunkt P' des Vektors $\mathfrak{J}$ für beliebiges m durch senkrechte Projektion, wobei sich die Abstände von der waagerechten Achse um den Faktor m verkleinern. Aus dem äußeren Kreis wird dann eine Ellipse mit dem Achsenverhältnis m, auf der P' in Abhängigkeit von z mit wechselnder Geschwindigkeit nach Abb. 173 wandert. Die in Abb. 174 gezeichneten Punkte auf der Ellipse entsprechen konstanten Abständen $\Delta z/\lambda^*$. Ihre Dichte stellt also die Änderungsgeschwindigkeit der Phase in Abhängigkeit von z/λ^* dar. An den Stellen der Ellipse, wo der Pfeil $\mathfrak{J}$ lang ist, dreht sich $\mathfrak{J}$ nur langsam. An den Stellen, wo der Pfeil $\mathfrak{J}$ kurz ist, dreht sich $\mathfrak{J}$ schnell. Dies ist die anschauliche Erläuterung der Kurven der Abb. 173. Abb. 174 stellt eine Vereinigung der Darstellungen der Abb. 171a und 173 (Kurve 2) dar. Man vergleiche diese Abbildungen. Der Vektor $\mathfrak{U}$

besteht nach (26.10) ebenfalls aus zwei Teilen und sein Endpunkt P'' wandert ebenfalls auf einer Ellipse mit dem Achsenverhältnis m. Die Spannungsellipse steht jedoch senkrecht zur Stromellipse, weil das Maximum der Spannung am Ort z des Stromminimums liegt (Abb. 171a). Wenn man beide Ellipsen in Abb. 175 gleichzeitig darstellen will, betrachtet man die Vektoren $\mathfrak{U}/U_{max}$ und $\mathfrak{J}/J_{max}$. Dann erhält man nach (26.14) zwei gleiche Ellipsen, wobei man die zusammengehörenden Werte von $\mathfrak{U}$ und $\mathfrak{J}$ durch Projektion aus dem gleichen Punkt P eines äußeren Kreises mit dem Radius 1 gewinnt und zwar einmal durch senkrechte Projektion, einmal durch waagerechte Projektion, wobei sich jedesmal der Abstand von der Achse um den Faktor m verkleinert. Das zu einem bestimmten z gehörende P findet man auf dem äußeren Kreis mit Hilfe des Winkels $2\pi z/\lambda^*$.

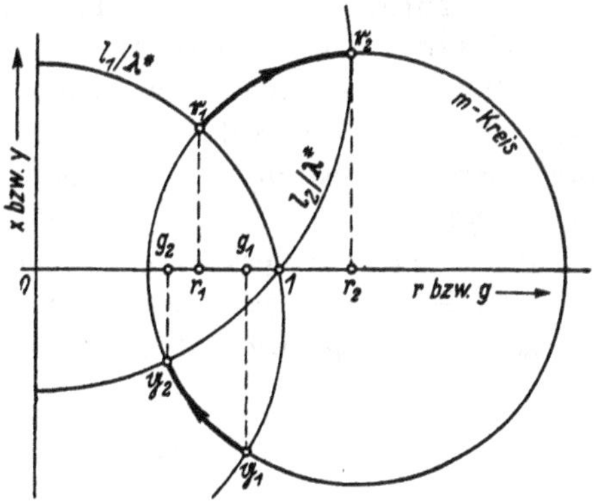

Abb. 176. Widerstandstransformation

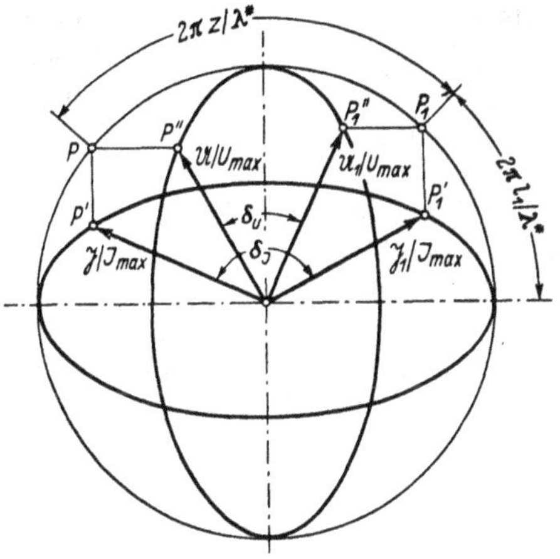

Abb. 177. Strom- und Spannungsellipse bei komplexem Abschluß

Wenn eine Leitung von gegebenem Wellenwiderstand Z mit einem komplexen Widerstand $\mathfrak{R}_1$ abgeschlossen ist, sucht man nach Abb. 169 und Abb. 170 die beiden durch $\mathfrak{R}_1$ gehenden Kennkreise. Wenn diese beiden Kreise in Abb. 176 gegeben sind, kennt man die zugehörigen Werte m und l_1/λ^* der beiden Kreise. $\mathfrak{R}_1$ denkt man sich dann entstanden aus einem reellen Widerstand $m \cdot Z$ und einem vorgeschalteten Leitungsstück der Länge l_1. Sucht man den Eingangswiderstand $\mathfrak{R}_2$ der vor $\mathfrak{R}_1$ geschalteten Leitung der Länge l, so ist dieser gleich dem Eingangswiderstand einer mit $m \cdot Z$ abgeschlossenen Leitung der Länge $(l + l_1)$ und wie in Abb. 168 zu finden. Durch Vorschalten der Leitung wandert $\mathfrak{R}_1$ im Uhrzeigersinn auf seinem m-Kreis nach $\mathfrak{R}_2$ bis zum Schnittpunkt des l-Kreises mit dem Parameter $(l + l_1)/\lambda^*$. Abb. 177 beschreibt die Konstruktion der Strom- und Spannungsvektoren bei komplexem Abschlußwiderstand. Es gibt wieder die beiden gleichen Ellipsen der Abb. 175. Auf dem Außenkreis gewinnt man mit Hilfe des Winkels $2\pi l_1/\lambda^*$ den zum Leitungsende gehörenden Punkt P_1 und aus ihm wie in Abb. 175 durch Projektion die Endpunkte P_1' und P_1'' der Vektoren $\mathfrak{U}_1/U_{max}$ und $\mathfrak{J}_1/J_{max}$ des Leitungsendes ($z = 0$). Dreht man sich dann auf dem Außenkreis um den Winkel $2\pi z/\lambda^*$, so erhält man den Punkt P, der zu dem Leitungsort z gehört, und aus ihm die Vektoren $\mathfrak{U}/U_{max}$ und $\mathfrak{J}/J_{max}$ am Ort z. Die eingezeichneten Winkel δ_J und δ_U geben die Phasendrehung durch die Leitung an. Das Verhältnis der Vektorlängen $(U/U_{max})/(U_1/U_{max})$ gibt das Verhältnis U/U_1, also die Änderung der reellen Amplitude der Spannung. Entsprechendes gilt für den Strom. Abb. 171 b bis d zeigen den charakteristischen Verlauf der reellen Amplituden für verschiedene Abschlußwiderstände $\mathfrak{R}_1$ bei gleichem Wert $m \cdot Z$, wobei also ähnliche Verhältnisse auftreten wie in Abb. 143. Abb. 171b behandelt den Fall eines $\mathfrak{R}_1$ mit induktiver Komponente, wo l_1 stets kleiner als $\lambda^*/4$ ist, Abb. 171c den Fall eines $\mathfrak{R}_1$ mit kapazitiver Komponente, wofür $\lambda^*/4 < l_1 < \lambda^*/2$ ist. Abb. 171d zeigt den Fall des reellen Abschlußwiderstandes $\mathfrak{R}_1 = Z/m$ $(m < 1)$, der eine Verallgemeinerung des offenen Leitungsendes der Abb. 143b darstellt $(l_1 = \lambda^*/4)$.

Wenn man mit Leitwerten rechnet, ist die Leitung mit dem komplexen Leitwert $\mathfrak{G}_1 = \mathfrak{J}_1/\mathfrak{U}_1$ abgeschlossen. Man sucht dann den Eingangsleitwert der Leitung der Länge l, der nach (26.3) lautet

$$\mathfrak{G}_2 = \frac{\mathfrak{J}_2}{\mathfrak{U}_2} = \frac{\mathfrak{G}_1 + j\,(1/Z)\ \mathrm{tg}\,(2\pi l/\lambda^*)}{1 + j\,\mathfrak{G}_1 Z \cdot \mathrm{tg}\,(2\pi l/\lambda^*)}. \tag{26.18}$$

Diese Formel gleicht formal (26.4), wobei lediglich $\mathfrak{G}_2$ und $\mathfrak{R}_2$, $\mathfrak{G}_1$ und $\mathfrak{R}_1$, sowie Z und $1/Z$ vertauscht sind. Für den Eingangsleitwert $\mathfrak{G}_2$ gelten also entsprechend alle für den Widerstand $\mathfrak{R}_2$ abgeleiteten Beziehungen, so daß bei Leitungen Widerstände und Leitwerte in gleicher Weise behandelt werden können. Man kann den komplexen Abschlußleitwert ebenfalls ersetzen durch einen reellen Leitwert m/Z und eine vorgeschaltete Leitung der Länge l_1. Es gibt durch $\mathfrak{G}_1$ einen m-Kreis mit dem Mittelpunkt bei $(1/m + m)/(2Z)$ nach (26.8), der die reelle Achse in den Punkten m/Z und $1/(m \cdot Z)$ schneidet und nach Abb. 169 konstruiert werden kann. Ferner gibt es durch $\mathfrak{G}_1$ einen l-Kreis mit dem Mittelpunkt bei $-(1/Z)\ \mathrm{ctg}\,(4\pi l_1/\lambda^*)$ nach (26.9), der nach Abb. 170 konstruiert werden kann. Die Transformation des $\mathfrak{G}_1$ nach $\mathfrak{G}_2$ findet man dann wie in Abb. 176. Weiteres in § 27.

Eine wesentliche Vereinfachung erreicht man im quantitativen Umgang mit Leitungsschaltungen durch die Diagramme des § 27. Lediglich für sehr kleine m versagen diese Diagramme. Für sehr kleine m rechnet man daher mit den folgenden einfachen Näherungsformeln. Es sei $m < 0{,}1$. Der m-Kreis der Abb. 168 wird dann sehr groß und die Ellipsen der Abb. 175 sehr schmal. Die folgenden Betrachtungen beschränken sich wieder auf den Fall eines sehr kleinen, reellen Abschlußwiderstandes $m \cdot Z$. Für den allgemeinen Fall eines komplexen Abschlusses sind lediglich alle Längen um das passende l_1 zu vergrößern. Abb. 172 läßt erkennen, daß für sehr kleines m nur geringe Unterschiede gegenüber der Kurve für $m = 0$ der Abb. 141a auftreten werden. Lediglich die in Abb. 178 vergrößert gezeichnete Umgebung des Minimums läßt das $m > 0$ in Erscheinung treten. In der kleinen Umgebung des Spannungsminimums ist nach (1.16) $\cos\,(2\pi z/\lambda^*) \approx 1$ und nach (1.15) $\sin\,(2\pi z/\lambda^*) \approx$

$2\pi \cdot \Delta z/\lambda^*$, wobei Δz der Abstand des betrachteten Punktes z vom Ort des Minimums ($\Delta z = 0$) ist. Dann wird aus (26.12)

$$U = U_{\min} \sqrt{1 + (2\pi/m)^2 (\Delta z/\lambda^*)^2}. \tag{26.19}$$

Den Vergleich dieser Kurve mit der Kurve für $m = 0$ zeigt Abb. 178. Mit $\xi = (2\pi/m)(\Delta z/\lambda^*)$ ist dies der reziproke Verlauf einer Resonanzkurve nach Abb. 45. Da man den Spannungsnullpunkt auch als Spannungsknoten bezeichnet, charakterisiert man die Kurve (26.19) durch die „Knotenbreite". Knotenbreite ist in Abb. 178 der Abstand $\pm \Delta z$ der beiden Leitungsorte, wo die Spannung U den $\sqrt{2}$-fachen Wert der Minimalspannung $U_{\min}$ hat. Dies tritt nach (26.19) dort ein, wo $(2\pi/m)(\Delta z/\lambda^*) = \pm 1$ ist, also bei

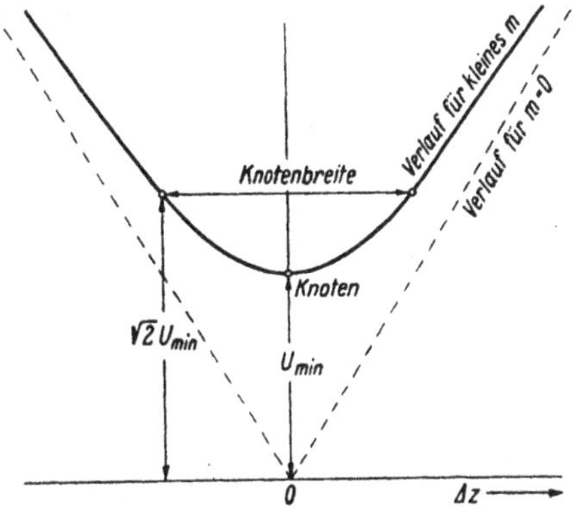

Abb. 178. Spannungskurve für kleines m

$$\Delta z = \pm \lambda^* \cdot m/(2\pi). \tag{26.20}$$

Man vergleiche die Definition der Bandbreite eines Resonanzkreises nach (11.1) und (11.2). Für den Eingangswiderstand erhält man aus (26.6) und (26.7) nur dann einfache Näherungsformeln, wenn nicht nur m, sondern auch $|m \cdot \mathrm{tg}(2\pi l/\lambda^*)|$ klein bleibt. Von der folgenden Näherung sind also diejenigen Bereiche der Leitung ausgeschlossen, für die $|\mathrm{tg}(2\pi l/\lambda^*)|$ groß ist, also die Umgebung des Spannungsmaximums. Für den dadurch ausgeschlossenen Bezirk kann man ähnlich einfache Näherungen für den Leitwert (26.18) entwickeln. Es sei also $m < 0{,}1$ und $|m \cdot \mathrm{tg}(2\pi l/\lambda^*)| < 0{,}1$. Dann wird in (26.6) und (26.7) der Nenner gleich 1 und in (26.7) das $(1 - m^2) \approx 1$. Mit $1 + \mathrm{tg}^2(2\pi l/\lambda^*) = 1/\cos^2(2\pi l/\lambda^*)$ ergibt sich dann

$$R_2 = mZ/\cos^2(2\pi l/\lambda^*); \qquad jX_2 = jZ \cdot \mathrm{tg}(2\pi l/\lambda^*). \tag{26.21}$$

Das X_2 unterscheidet sich im Bereich der Näherung nicht von dem X_2 für $m = 0$ nach (22.15) und Abb. 141b.

§ 27. Leitungsdiagramme

Zur einfachen Behandlung von Leitungsaufgaben ist aus der Konstruktion der Abb. 168 ein Diagramm entwickelt worden. Die Grundlage des Diagramms ist der Begriff des relativen Widerstandes. Als relativen Widerstand $\mathfrak{r}$ bezeichnet man den Quotienten des wirklichen Widerstandes $\mathfrak{R}$ und des Wellenwiderstandes Z. Der relative Widerstand ist eine dimensionslose Zahl. Nach (24.22) hängt das Verhalten der Leitung wesentlich von dem Quotienten $\mathfrak{R}_1/Z$ ab. Mit $\mathfrak{R}_1 = R_1 + jX_1$ ist

$$\mathfrak{r}_1 = \mathfrak{R}_1/Z = R_1/Z + jX_1/Z = r_1 + jx_1. \tag{27.1}$$

Gesucht wird der Eingangswiderstand $\mathfrak{R}_2 = R_2 + jX_2$ und sein relativer Wert

$$\mathfrak{r}_2 = \mathfrak{R}_2/Z = R_2/Z + jX_2/Z = r_2 + jx_2. \tag{27.2}$$

Umgekehrt gewinnt man den wirklichen Widerstand aus dem relativen Widerstand durch Multiplikation mit Z

$$\mathfrak{R} = \mathfrak{r} \cdot Z = r \cdot Z + jx \cdot Z = R + jX. \tag{27.3}$$

Bei Benutzung relativer Größen wird aus (26.4), wenn man beide Seiten durch Z dividiert, die fundamentale Gleichung

$$\mathfrak{r}_2 = \frac{\mathfrak{r}_1 + j\,\mathrm{tg}(2\pi l/\lambda^*)}{1 + j\,\mathfrak{r}_1 \cdot \mathrm{tg}(2\pi l/\lambda^*)}. \tag{27.4}$$

Auch wenn man mit Leitwerten rechnet, benutzt man relative Größen. Der relative Leitwert als dimensionslose Zahl ist sinngemäß das Produkt des wirklichen Leitwerts $\mathfrak{G} = G + jY$ und des Wellenwiderstandes Z

$$\mathfrak{g} = \mathfrak{G} \cdot Z = G \cdot Z + jY \cdot Z = g + jy. \tag{27.5}$$

In der Umkehrung gewinnt man das wirkliche $\mathfrak{G}$ aus dem relativen $\mathfrak{g}$ durch Division durch Z

$$\mathfrak{G} = \mathfrak{g}/Z = g/Z + jy/Z = G + jY. \tag{27.6}$$

Formt man die Leitwertgleichung (26.18) durch Multiplikation mit Z auf relative Größen um, so ergibt

$$\mathfrak{g}_2 = \frac{\mathfrak{g}_1 + j\,\mathrm{tg}(2\pi l/\lambda^*)}{1 + j\,\mathfrak{g}_1 \cdot \mathrm{tg}(2\pi l/\lambda^*)} \tag{27.7}$$

eine Gleichung, die formal mit (27.4) übereinstimmt. Der relative Leitwert ist nach (27.3) und (27.5) der Reziprokwert des relativen Widerstandes:

$$\mathfrak{g} = 1/\mathfrak{r}. \tag{27.8}$$

Bei Benutzung relativer Größen erhält man Gleichungen, die unabhängig von Z sind, also ein Diagramm zu entwickeln gestatten, das für alle homogenen Leitungen brauchbar ist. Dieses Diagramm ist dann auch gleichzeitig für Widerstände und Leitwerte brauchbar.

Die Abb. 168 bis 170 und Abb. 176 lassen sich unmittelbar auf relative Widerstände $\mathfrak{r}$ übertragen, wenn man in ihnen $Z = 1$ setzt. Die relativen Widerstände wandern also beim Vorschalten einer Leitung auf einem m-Kreis, der nach (26.8) folgende Gleichung hat:

$$\left[r - \frac{1}{2}\left(\frac{1}{m} + m\right)\right]^2 + x^2 = \left[\frac{1}{2}\left(\frac{1}{m} - m\right)\right]^2. \tag{27.9}$$

Diese Kreise mit dem Mittelpunkt bei $^1/_2\,(1/m + m)$ gehen durch die Punkte m und $1/m$ der reellen Achse. Abb. 179 zeigt das System dieser m-Kreise. Die l-Kreise haben im relativen Koordinatensystem nach (26.9) die Gleichung

$$r^2 + [x + \mathrm{ctg}\,(4\pi l/\lambda^*)]^2 = 1/\sin^2(4\pi l/\lambda^*). \tag{27.10}$$

Abb. 179 zeigt ebenfalls eine Serie solcher l-Kreise. Da die trigonometrischen Funktionen in (27.10) die Periode $l/\lambda^* = 0{,}5$ besitzen, sind alle l-Kreise, die sich im Parameter l/λ^* um Vielfache von 0,5 unterscheiden, identisch. Der

Punkt 1 teilt den l-Kreis in zwei Teile. Der Teil oberhalb der reellen Achse hat einen anderen Parameter l/λ^* erhalten als der Teil unterhalb der reellen Achse, weil zur Vermeidung von Verwechslungen stets $m < 1$ angenommen wird und dann die beiden Teile des Kreises nach Abb. 168 ($\mathfrak{R}_2$ und $\mathfrak{R}_2'$) verschiedenen Leitungslängen entsprechen, wenn man stets von einem Punkt $m \cdot Z$ mit $m < 1$ ausgeht. Dieses Kreissystem der Abb. 179 zeichnet man auf

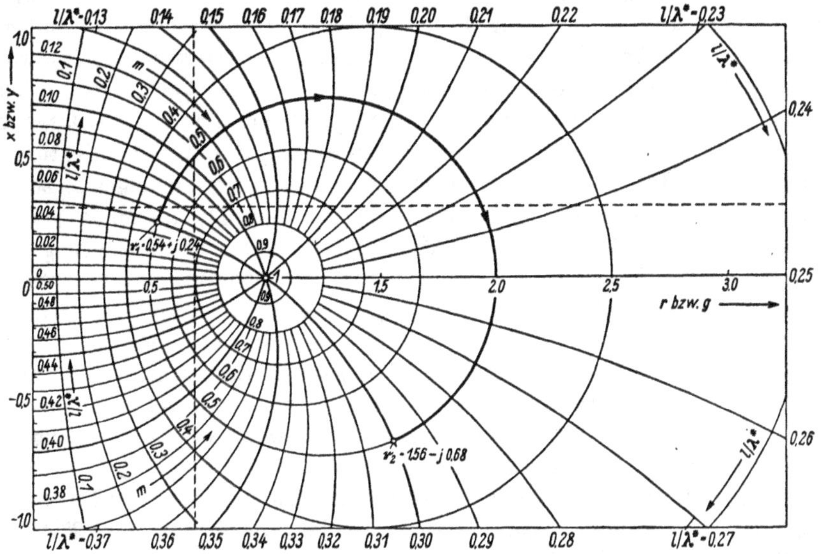

Abb. 179. Kreisdiagramm für relative Widerstände

gewöhnliches Millimeterpapier als Grundnetz und erhält dann das Diagramm, das als Beilage II des Buches zu finden ist. Dieses Diagramm wird im folgenden stets als **Leitungsdiagramm** bezeichnet. Zu jedem komplexen Punkt $\mathfrak{r}$ der relativen Widerstandsebene gehört eine Zahl m und eine Zahl l/λ^*, nämlich die Parameter der beiden durch $\mathfrak{r}$ gehenden Diagrammkreise. Den Widerstand $\mathfrak{R} = \mathfrak{r} \cdot Z$ kann man sich dann entstanden denken aus einem reellen Widerstand $m \cdot Z$ und einer vorgeschalteten Leitung der Länge l. Nach (27.4) ist dann

$$\mathfrak{r} = \frac{m + j\,\mathrm{tg}\,(2\pi l/\lambda^*)}{1 + j\,m \cdot \mathrm{tg}\,(2\pi l/\lambda^*)} \qquad (27.11)$$

mit der Wirkkomponente wie in (26.6)

$$r = m\,\frac{1 + \mathrm{tg}^2\,(2\pi l/\lambda^*)}{1 + m^2 \cdot \mathrm{tg}^2\,(2\pi l/\lambda^*)} \qquad (27.12)$$

und der Blindkomponente analog (26.7)

$$j\,x = j\,(1 - m^2)\,\frac{\mathrm{tg}\,(2\pi l/\lambda^*)}{1 + m^2 \cdot \mathrm{tg}^2\,(2\pi l/\lambda^*)}\,. \qquad (27.13)$$

Die Anwendung des Leitungsdiagramms: Gegeben ist der Abschlußwiderstand $\mathfrak{R}_1 = R_1 + jX_1$, der Wellenwiderstand Z der Leitung und die Wellenlänge λ^*. Man berechnet zunächst den relativen Widerstand $\mathfrak{r}_1$ nach (27.1) und sucht mit Hilfe des Grundnetzes (Beilage II) den Punkt $\mathfrak{r}_1$ mit den Koordinaten r_1 und x_1. Dieser Punkt liegt auf einem m-Kreis, dessen Parameter das m (26.14) des Transformationsvorgangs ergibt. $\mathfrak{r}_1$ liegt ferner auf einem l-Kreis, dessen Parameter l_1/λ^* man abliest. $\mathfrak{R}_1$ kann man dann ersetzt denken durch einen reellen Widerstand $m \cdot Z$ und eine vorgeschaltete Leitung der Länge l_1. Die Ersatzgrößen l_1 und m findet man also sehr einfach. Hat die dem $\mathfrak{R}_1$ vorgeschaltete Leitung die Länge l, so berechnet man l/λ^* und verschiebt $\mathfrak{r}_1$ wie in Abb. 176 auf seinem m-Kreis im Uhrzeigersinn nach $\mathfrak{r}_2$, wobei sich der Parameter des l-Kreises von l_1/λ^* um l/λ^* auf $(l_1/\lambda^* + l/\lambda^*)$ erhöht. In $\mathfrak{r}_2$ kann man die relativen Werte r_2 und x_2 aus dem Grundnetz ablesen und findet dann den wirklichen Eingangswiderstand $\mathfrak{R}_2$ durch Multiplikation mit Z nach (27.3). In Abb. 179 sind die Punkte $\mathfrak{r}_1$ und $\mathfrak{r}_2$ für das folgende Zahlenbeispiel eingetragen: $\mathfrak{R}_1 = 32{,}4 + j\,14{,}4\ \Omega$; $Z = 60\ \Omega$; $\mathfrak{r}_1 = 0{,}54 + j\,0{,}24$. Es ist also $m = 0{,}5$ und $l_1/\lambda^* = 0{,}05$; gegeben ist ferner die Leitungslänge $l = 12{,}5$ cm und $\lambda^* = 50$ cm, also $l/\lambda^* = 0{,}25$. $\mathfrak{r}_2$ liegt dann auf dem m-Kreis mit $m = 0{,}5$ beim Parameter $l_1/\lambda^* + l/\lambda^* = 0{,}30$: $\mathfrak{r}_2 = 1{,}56 - j\,0{,}68$. Aus $Z = 60\ \Omega$ folgt $\mathfrak{R}_2 = 93{,}5 - j\,40{,}8\ \Omega$. Wenn die Summe $(l_1/\lambda^* + l/\lambda^*)$ größer als 0,5 sein sollte, zieht man so oft 0,5 ab, bis der Parameter kleiner als 0,5 ist, weil ein Parameterzuwachs um 0,5 jeweils einen vollen Umlauf auf dem m-Kreis darstellt. Dieses wichtige Diagramm wurde erstmalig von O. Schmidt [23] angegeben.

In gleicher Weise geht man vor, wenn man das Diagramm auf Leitwerte anwenden will. Dies beruht auf der formalen Gleichheit von (27.4) und (27.7). Es wird also in Zukunft das Leitungsdiagramm der relativen Widerstandsebene und das Leitungsdiagramm der relativen Leitwertsebene unterschieden. Zum gegebenen Abschlußleitwert $\mathfrak{G}_1$ berechnet man nach (27.5) den relativen Leitwert $\mathfrak{g}_1 = \mathfrak{G}_1 \cdot Z = g_1 + j\,y_1$. Mit Hilfe der Koordinaten g_1 und y_1 des Grundnetzes trägt man den Punkt $\mathfrak{g}_1$ in das Diagramm ein und liest in $\mathfrak{g}_1$ den Parameter l_1/λ^* ab. Die vorgeschaltete Leitung der Länge l verschiebt $\mathfrak{g}_1$ im Uhrzeigersinn auf dem m-Kreis, wobei sich der Parameter des l-Kreises von l_1/λ^* um l/λ^* auf $(l_1/\lambda^* + l/\lambda^*)$ erhöht. Der so gewonnene Punkt $\mathfrak{g}_2$ hat die Koordinaten g_2 und y_2 im Grundnetz, aus denen man den wirklichen Eingangsleitwert $\mathfrak{G}_2$ nach (27.6) berechnet: $\mathfrak{G}_2 = g_2/Z + j\,y_2/Z$. Der Übergang von einem gegebenen relativen Widerstand $\mathfrak{r}$ auf seinen relativen Leitwert $\mathfrak{g} = 1/\mathfrak{r}$ nach (27.8) ist im Diagramm sehr einfach: Schaltet man vor das $\mathfrak{r}_1$ nach (27.4) eine Leitung der Länge $l = \lambda^*/4$, so wird $2\pi l/\lambda^* = \pi/2$ und $\operatorname{tg}(2\pi l/\lambda^*) = \infty$. Um die Gleichung auch dann noch benutzen zu können, formt man sie vorher dadurch um, daß man Zähler und Nenner mit $-j\operatorname{ctg}(2\pi l/\lambda^*)$ multipliziert. Man erhält dann

$$\mathfrak{r}_2 = \frac{-j\,\mathfrak{r}_1 \cdot \operatorname{ctg}(2\pi l/\lambda^*) + 1}{-j\operatorname{ctg}(2\pi l/\lambda^*) + \mathfrak{r}_1}.$$

Für $l = \lambda^*/4$ wird $\operatorname{ctg}(2\pi l/\lambda^*) = 0$ und $\mathfrak{r}_2 = 1/\mathfrak{r}_1$. Wenn man also in Abb. 180 von einem gegebenen $\mathfrak{r}_1$ ausgehend den Parameter des l-Kreises um 0,25 erhöht, also auf den zweiten Schnittpunkt des l-Kreises mit dem m-Kreis übergeht, so hat dieser Punkt $\mathfrak{r}_2$ den Wert $1/\mathfrak{r}_1 = \mathfrak{g}_1$, ist also gleich dem relativen Leitwert des $\mathfrak{R}_1$. Wenn man bei Leitungsrechnungen vom Widerstand zum Leitwert übergehen muß, so wandert man einfach zum zweiten Schnittpunkt der beiden Diagrammkreise.

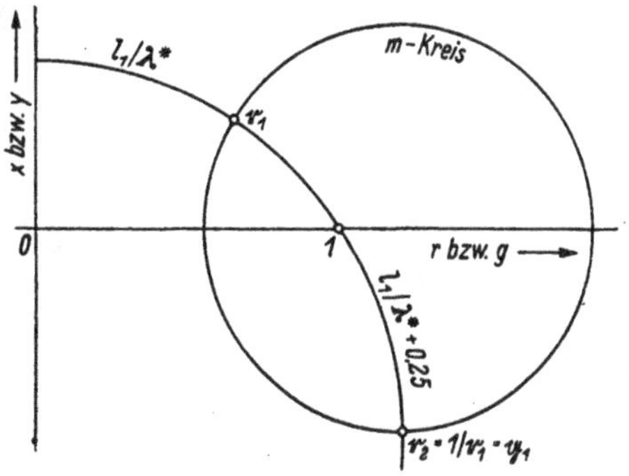

Abb. 180. Übergang vom Widerstand zum Leitwert

Das genannte Diagramm kann auch zur Berechnung von Strom und Spannung benutzt werden. Zunächst muß man dann nach Abb. 181 die Transformation des relativen Widerstandes von $\mathfrak{r}_1$ nach $\mathfrak{r}_2$ und des relativen Leitwerts von $\mathfrak{g}_1$ nach $\mathfrak{g}_2$ auf dem m-Kreis kennen. Da die Leitung verlustfrei ist, gilt nach (15.16) für die reellen Amplituden

$$U_2/U_1 = \sqrt{G_1/G_2} = \sqrt{g_1/g_2}; \quad (27.14)$$

$$J_2/J_1 = \sqrt{R_1/R_2} = \sqrt{r_1/r_2}. \quad (27.15)$$

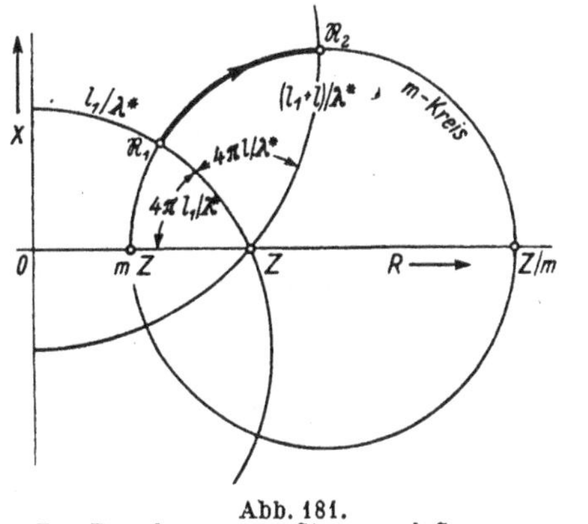

Abb. 181.
Zur Berechnung von Strom und Spannung

Die Änderung des Stromes und der Spannung ist also stets umgekehrt proportional zu der Wurzel aus den relativen Wirkkomponenten (Abb. 181). Auch die Phasenänderungen δ_J des Stromes und δ_U der Spannung bei der Transformation gibt das Diagramm nach einer einfachen Regel. M ist in Abb. 182 der Mittelpunkt des m-Kreises, der nach (27.9) bei $^1/_2\,(1/m + m)$ liegt. Zunächst soll eine mit einem reellen Widerstand $m \cdot Z$ abgeschlossene Leitung betrachtet werden. Den Transformationsweg in der relativen Widerstandsebene von m nach $\mathfrak{r}$ gibt Abb. 182. Es soll nun bewiesen werden, daß der Winkel $2\delta_J$ zwischen der reellen Achse und der Verbindungsgeraden $\overline{M\mathfrak{r}}$ liegt. Nach (26.17) ist $\operatorname{tg}\delta_J = m \cdot \operatorname{tg}(2\pi z/\lambda^*)$, also

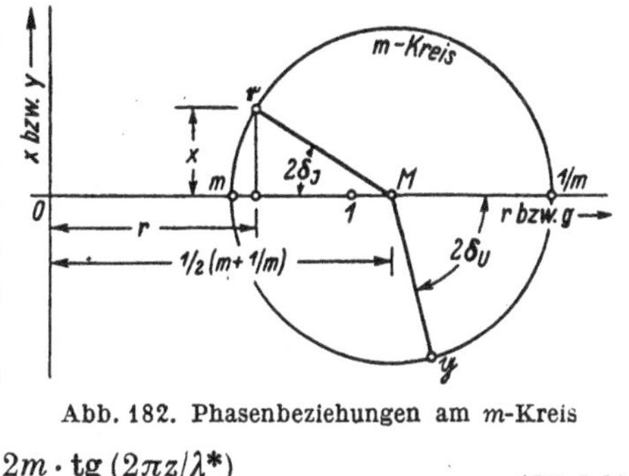

Abb. 182. Phasenbeziehungen am m-Kreis

$$\operatorname{tg}(2\delta_J) = \frac{2m \cdot \operatorname{tg}(2\pi z/\lambda^*)}{1 - m^2 \cdot \operatorname{tg}^2(2\pi z/\lambda^*)}. \quad (27.16)$$

Wenn $2\delta_J$ wirklich der in Abb. 182 gezeichnete Winkel ist, muß auch

$$\operatorname{tg}(2\delta_J) = \frac{x}{^1/_2(1/m + m) - r} \quad (27.17)$$

sein. Daß diese beiden Gleichungen identisch sind, zeigt man, indem man x aus (27.13) und r aus (27.12) in (27.17) einsetzt und dann (27.16) und (27.17) gleichsetzt. Wenn man dies auf eine Leitung mit beliebig komplexem Abschlußwiderstand $\mathfrak{R}_1$ anwendet, erhält man den Transformationsweg der Abb. 183 von $\mathfrak{r}_1$ nach $\mathfrak{r}_2$. Wenn man sich dann $\mathfrak{R}_1$ aus einem reellen Abschlußwiderstand $m \cdot Z$ entstanden denkt, ist die Phasendrehung des Stromes bei der Transformation von $\mathfrak{r}_1$ nach $\mathfrak{r}_2$ gleich der Differenz der nach Abb. 182 gewonnenen Phasendrehungen von m nach $\mathfrak{r}_2$ und von m nach $\mathfrak{r}_1$. Der Winkel $2\delta_J$ hat dann die in Abb. 183 gezeichnete Lage und ist sehr leicht aus dem Diagramm zu entnehmen. Die Phasendrehung der Spannung findet man bei reellem Abschluß $\mathfrak{r}_1 = m$ mit Hilfe des zu $\mathfrak{r}$ gehörenden relativen Leitwerts $\mathfrak{g} = 1/\mathfrak{r}$, der nach Abb. 180 aus dem $\mathfrak{r}$ gewonnen wird. Der Winkel $2\delta_U$ liegt dann nach Abb. 182 zwischen der reellen Achse und der Strecke $\overline{M\mathfrak{g}}$. Der Beweis ist ähnlich wie zu δ_J. Bei allgemeinem, komplexem Abschluß findet man den Winkel $2\delta_U$ nach Abb. 183 zwischen den entsprechenden Leitwertspunkten $\mathfrak{g}_1$ und $\mathfrak{g}_2$.

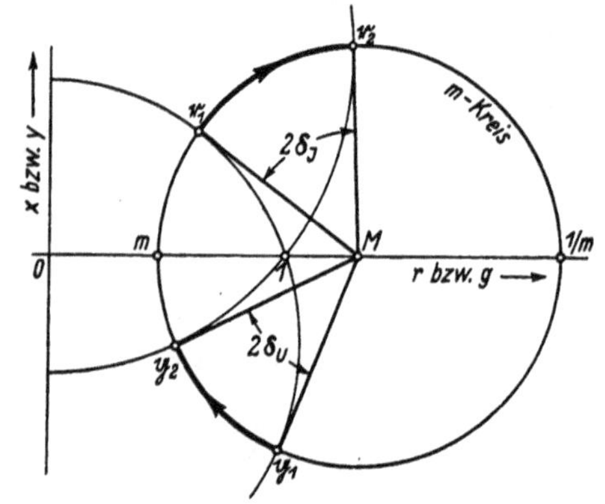

Abb. 183. Phasenbeziehungen bei komplexem Abschluß

Ein Nachteil des bisher entwickelten Diagramms ist, daß man stets nur einen Teil der Widerstandsebene zeichnen kann, weil sie unendlich groß ist. Es gibt zahlreiche Möglichkeiten, durch geeignete Abbildungsverfahren vollständige Diagramme e n d l i c h e r Ausdehnung aus dem Diagramm der Abb. 179 zu entwickeln. So wie man die komplexe Zahl $\mathfrak{r}$ durch ihre rechtwinkligen Koordinaten r und x beschreibt, kann man sie auch vollständig durch die Angabe der beiden Größen m und l/λ^*, also durch die Parameter der beiden durch den Punkt $\mathfrak{r}$ gehenden Diagrammkreise festlegen. m und l/λ^* nennt man dann die Leitungskoordinaten des $\mathfrak{r}$. Da m zwischen 0 und 1, l/λ^* zwischen 0 und 0,5 liegt, hat man eine neue Koordinatendarstellung, deren Koordinaten endlich bleiben, wenn auch die Widerstandskoordinaten r und x unendlich groß werden. $\mathfrak{R} = \infty$ hat die Leitungskoordinaten $m = 0$ und $l/\lambda^* = 0{,}25$. Wenn man darauf verzichtet, die Widerstandsebene im Diagramm darzustellen, sondern das Ziel verfolgt, eine möglichst brauchbare Rechenhilfe in Diagrammform zu erreichen, kann man Abb. 184 benutzen. Das neue Diagramm enthält ein rechtwinkliges Grundnetz für die Leitungskoordinaten. Dieses Grundnetz ist der Ersatz für die Kreise der Abb. 179. An die Stelle der m-Kreise treten die waagerechten Geraden $m = \text{const}$, an die Stelle der l-Kreise die senkrechten Geraden $l = \text{const}$. Ein gegebenes $\mathfrak{r}_1$ wandert beim Vorschalten einer Leitung der Länge l nach Abb. 185 einfach auf der waagerechten m-Geraden um das Stück l/λ^* nach $\mathfrak{r}_2$. Um die Lage eines durch seine Widerstandskoordinaten r_1

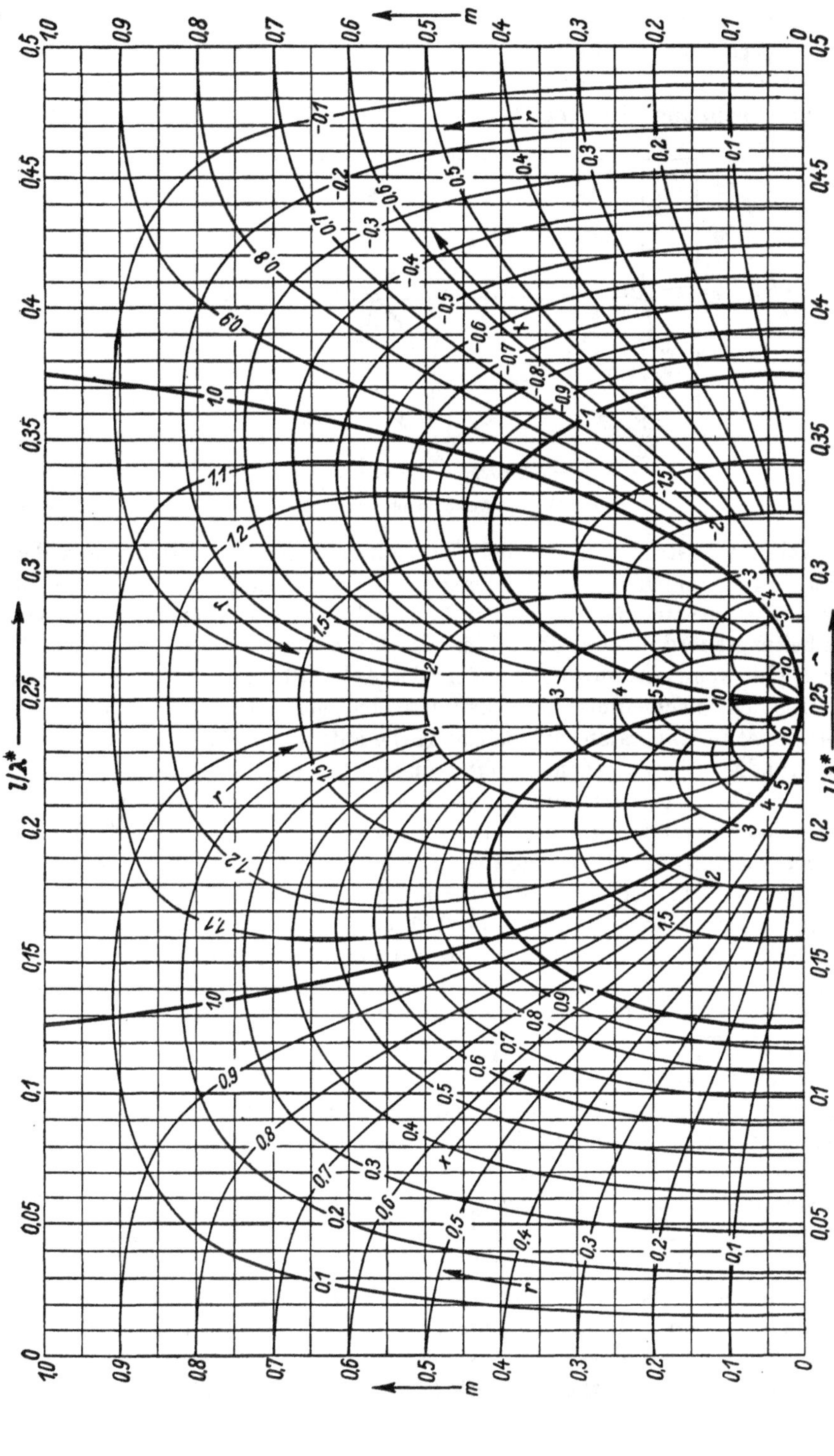

Abb. 184. Diagramm mit Leitungskoordinaten

und x_1 gegebenen Punktes $\mathfrak{r}_1$ in dem Diagramm finden oder zu einem im Diagramm gegebenen Punkt $\mathfrak{r}_2$ die Widerstandskoordinaten r_2 und x_2 leicht ablesen zu können, zeichnet man in Abb. 184 Kurven $r =$ const und $x =$ const, die im Diagramm der Abb. 179 den Geraden $r =$ const und $x =$ const

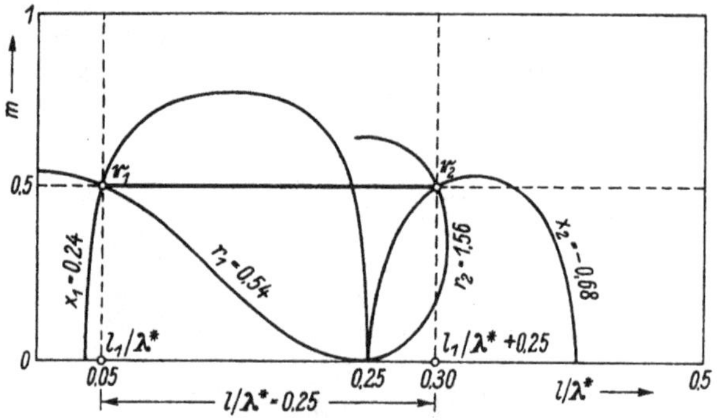

Abb. 185. Zur Anwendung der Abb. 184.

(in Abb. 179 gestrichelt), also den Koordinatenlinien des Grundnetzes der Beilage II entsprechen. Die Gleichung der Linie $r =$ const ist (27.12), wo man dem r einen bestimmten konstanten Wert gibt und eine Gleichung zwischen den Leitungskoordinaten m und l/λ^* erhält. Diese Kurve findet man graphisch sehr leicht, wenn man das Kreissystem der Abb. 179 besitzt. Zu dem jeweils gewünschten r zeichnet man dort die senkrechte, gestrichelte Gerade $r =$ const oder nimmt im Diagramm der Beilage II die entsprechende Gerade $r =$ const des Grundnetzes. Zu jedem Punkt $\mathfrak{r}$ dieser Geraden kann man dann das m und l/λ^* ablesen und mit Hilfe dieser beiden Zahlen den Ort dieses Punktes in das Koordinatennetz der Abb. 184 eintragen. Ebenso findet man die Linien $x =$ const aus (27.13), wenn man dem x einen konstanten Wert gibt, oder aus dem Kreissystem der Abb. 179, durch das man eine waagerechte Gerade $x =$ const legt. Man verfolge in Abb. 179 die dort gestrichelt eingezeichneten Geraden $r = 0{,}7$ und $x = 0{,}3$ und die entsprechenden Kurven in Abb. 184. Abb. 185 zeigt die Anwendung dieses neuen Diagramms auf die Transformation von $\mathfrak{r}_1$ nach $\mathfrak{r}_2$ für das gleiche Zahlenbeispiel wie in Abb. 179. Man berechnet aus $\mathfrak{R}_1$ und Z das $\mathfrak{r}_1 = r_1 + j\,x_1$ nach (27.1). Das $\mathfrak{r}_1$ ist in Abb. 185 der Schnittpunkt der Kurven $r_1 = 0{,}54$ und $x_1 = 0{,}24$. Das $\mathfrak{r}_1$ verschiebt sich dann auf der waagerechten Geraden $m = 0{,}5$ um das Stück $l/\lambda^* = 0{,}25$ nach $\mathfrak{r}_2$. $\mathfrak{r}_2$ ist der Schnittpunkt der Kurven $r_2 = 1{,}56$ und $x_2 = -0{,}68$: $\mathfrak{r}_2 = 1{,}56 - j\,0{,}68$. Die lineare Bewegung von $\mathfrak{r}_1$ nach $\mathfrak{r}_2$ gestattet bei verschiedenen Aufgaben (§ 30) neue graphische Lösungsmöglichkeiten, die das Diagramm der Abb. 179 mit der komplizierteren Kreisbewegung nicht gestattet. Andererseits gestattet auch das Diagramm der Abb. 179 bei anderen Aufgaben wieder Lösungsmethoden, die mit dem Diagramm der Abb. 184 nicht möglich sind. Beide Diagramme sind daher je nach Aufgabenstellung verwendbar. Es sei darauf hingewiesen, daß man die m-Teilung des neuen Diagramms auch logarithmisch verteilen kann. Dann erhält man das Dia-

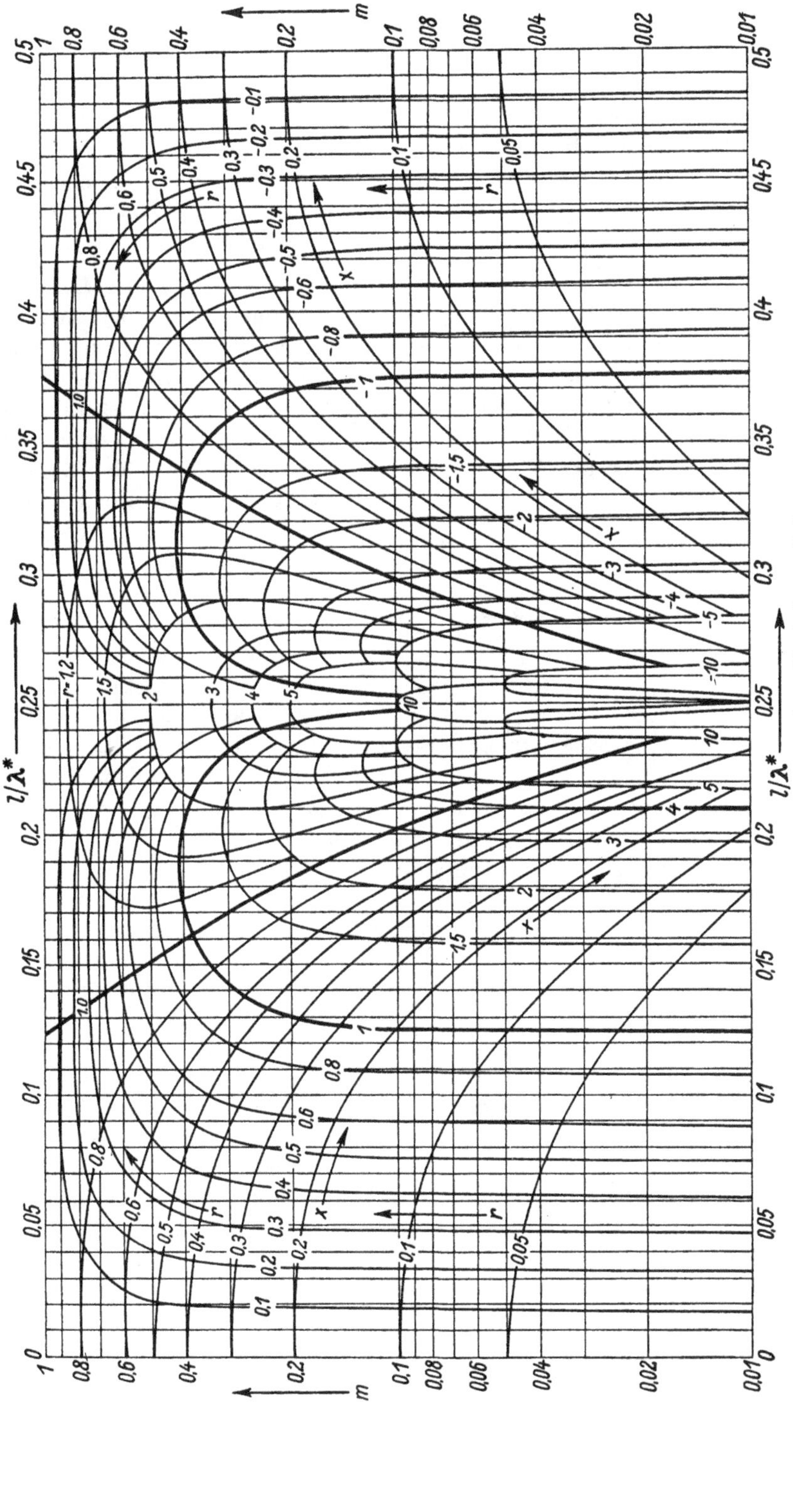

Abb. 186. Diagramm mit logarithmischer m-Teilung

gramm der Abb. 186, das auch eine befriedigende Anwendung auf sehr kleine m-Werte gestattet. Im Buchdruck erscheinen solche Diagramme oft unübersichtlich, da sie bei der praktischen Verwendung zweifarbig sein sollen wie die beiden Beilagen dieses Buches. Auch dieses Diagramm läßt sich ohne Abänderung für relative Leitwerte verwenden. Es werden dann die Kurven $r = \text{const}$ Kurven konstanten relativen Wirkleitwerts, also $g = \text{const}$, und die Kurven $x = \text{const}$ Kurven konstanten relativen Blindleitwerts, also $y = \text{const}$. Beispiele der Anwendung in Abb. 211b und 215.

Ebenso wie man einen Widerstand $\mathfrak{R}_1$ durch Vorschalten einer Leitung in einen anderen Wert $\mathfrak{R}_2$ nach (26.4) verwandeln kann, so kann man auch eine durch $\mathfrak{R}_i$ und $\mathfrak{U}_l$ gegebene Spannungsquelle durch Vorschalten einer Leitung verändern. Die Spannungsquelle mit der vorgeschalteten Leitung der Länge l (Abb. 187a) wirkt wie eine neue Spannungsquelle mit dem Innenwiderstand $\mathfrak{R}_i'$ und der Leerlaufspannung $\mathfrak{U}_l'$ (Abb. 187b). Der Innenwiderstand einer Spannungsquelle ist der Widerstand, den man zwischen den beiden Klemmen der Quelle mißt, wenn man die Klemmen des $\mathfrak{U}_l$ kurzschließt. Z. B. mißt man $\mathfrak{R}_i$ in Abb. 187a zwischen den Klemmen 3 und 4, wenn man die Klemmen 5 und 6 kurzschließt. Ebenso mißt man das neue $\mathfrak{R}_i'$ zwischen den Klemmen 1 und 2, wenn man die Klemmen 5 und 6 kurzschließt. $\mathfrak{R}_i'$ ist also der Eingangswiderstand der Leitung der Länge l, die mit dem Widerstand $\mathfrak{R}_i$ abgeschlossen ist. Das $\mathfrak{R}_i$ wird also durch eine Leitung nach den gleichen Gesetzen transformiert wie ein gewöhnlicher Abschlußwiderstand:

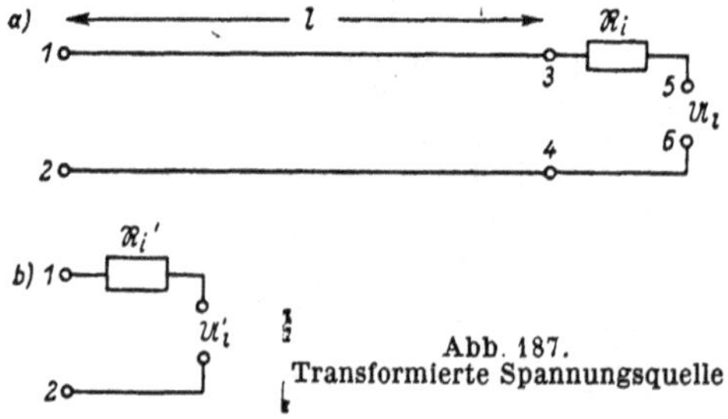

Abb. 187. Transformierte Spannungsquelle

$$\mathfrak{R}_i' = \frac{\mathfrak{R}_i + j\,Z \cdot \operatorname{tg}(2\pi l/\lambda^*)}{1 + j\,(\mathfrak{R}_i/Z)\operatorname{tg}(2\pi l/\lambda^*)}\,. \tag{27.18}$$

Auch diese Transformation kann mit den beschriebenen Diagrammen durchgeführt werden. Die reelle Amplitude U_l' der neuen Leerlaufspannung kann wegen der Verlustfreiheit der vorgeschalteten Leitung wieder nach dem Prinzip der durchgehenden Wirkleistung berechnet werden. Die ursprüngliche Spannungsquelle (Abb. 187a) mit $\mathfrak{R}_i = R_i + jX_i$ und der reellen Amplitude U_l gibt, wie in (17.5) bei reellem Innenwiderstand, auch bei komplexem Innenwiderstand $\mathfrak{R}_i = R_i + jX_i$ die maximale Wirkleistung $N_{\max} = {}^1/_8\, U_l^2/R_i$ ab. Da die Leitung verlustfrei ist, muß auch die Ersatzspannungsquelle der Abb. 187b die **gleiche** maximale Wirkleistung $N_{\max} = {}^1/_8\, U_l'^2/R_i'$ abgeben. Es ist daher ähnlich wie in (27.14) einfach

$$U_l'/U_l = \sqrt{R_i'/R_i} = \sqrt{r_i'/r_i}, \tag{27.19}$$

wobei $r_i' = R_i'/Z$ und $r_i = R_i/Z$ die relativen Wirkkomponenten der Innenwiderstände sind. Man vergleiche die Erläuterungen zur Abb. 181.

Von besonderem Interesse ist der Fall $\mathfrak{R}_i = Z$, wo stets $\mathfrak{R}_i' = Z$ und $U_l' = U_l$ ist. Eine Spannungsquelle, deren Innenwiderstand gleich dem Wellenwiderstand Z der Leitung ist, wird durch Leitungen beliebiger Länge unverändert übertragen. Für $\mathfrak{R}_i \neq Z$ schwankt U_l' in Abhängigkeit von der Leitungslänge wie die Spannung U längs einer fehlangepaßten Leitung konstanter Länge. Will man die von einem Abschlußwiderstand $\mathfrak{R}_1$ aus einer gegebenen Spannungsquelle mit $\mathfrak{R}_i = Z$ entnommene Wirkleistung N berechnen, so transformiert man $\mathfrak{R}_1$ in den reellen Widerstand $\mathfrak{R} = m \cdot Z$. Die an den gleichen Ort transformierte Spannungsquelle erscheint dort wegen $\mathfrak{R}_i = Z$ unverändert: $\mathfrak{R}_i' = \mathfrak{R}_i = Z$, $U_l' = U_l$. Infolge der Verlustfreiheit der Leitung ist dann die vom reellen Widerstand $\mathfrak{R} = m \cdot Z$ aufgenommene Wirkleistung gleich der gesuchten, vom Abschlußwiderstand $\mathfrak{R}_1$ verbrauchten Wirkleistung N:

$$N = \frac{1}{2} \frac{U_l^2}{Z} \frac{m}{(1+m)^2} = N_{\text{max}} \frac{4\,m}{(1+m)^2}, \tag{27.20}$$

wobei $N_{\text{max}} = {}^1/_8\, U_l^2/Z$ die verbrauchte Wirkleistung bei Anpassung $\mathfrak{R} = Z$ ($m = 1$) ist. Der Faktor $4m/(1+m)^2$, um den sich die Leistung gegenüber N_{max} verkleinert, ist für $m > 0{,}5$ nur von geringem Einfluß. Man darf also noch ganz erhebliche Fehlanpassungen zulassen, ehe der Verbrauch an Wirkleistung stärker abnimmt. Da die von dem komplexen Abschlußwiderstand $\mathfrak{R}_1$ bei $\mathfrak{R}_i = Z$ aufgenommene Wirkleistung nach (27.20) nur eine Funktion von m ist, so sind also für $\mathfrak{R}_i = Z$ die m-Kreise des Leitungsdiagramms auch Kreise konstanter Wirkleistung N.

Ergänzendes Schrifttum: [24, 25].

§ 28. Die Leitung als Meßgerät

Die wichtigste Gruppe der auf der homogenen Leitung aufbauenden Meßverfahren beruht auf der Messung des Verlaufs der reellen Amplitude des Stromes oder der Spannung längs der Leitung nach Abb. 171 oder im Sonderfall $m = 0$ nach Abb. 141a oder Abb. 143. Man kann sich darauf beschränken, das Verhältnis $m = U_{\text{min}}/U_{\text{max}}$ oder $m = J_{\text{min}}/J_{\text{max}}$ und den Abstand l_{min} eines Strom- oder Spannungsminimums vom Leitungsende zu messen, weil durch diese beiden Größen der relative Kurvenverlauf U/U_{max} oder J/J_{max} bereits eindeutig festgelegt ist (vgl. Abb. 175). Wenn man die Spannungskurve mißt, hängt nach Abb. 171 für das erste Minimum vom Leitungsende die Ersatzlänge l_1 mit l_{min} durch $l_1 + l_{\text{min}} = \lambda^*/2$ zusammen. Es ist also $l_1/\lambda^* = 0{,}5 - l_{\text{min}}/\lambda^*$. Der relative Abschlußwiderstand $\mathfrak{r}_1$ der Leitung liegt also auf dem zu dem gemessenen m gehörenden m-Kreis des Leitungsdiagramms (Beilage II) dort, wo ihn der l-Kreis mit dem Parameter $l_1/\lambda^* = 0{,}5 - l_{\text{min}}/\lambda^*$ schneidet. Dies ist die bekannteste Methode zur Messung eines komplexen Widerstandes bei sehr hohen Frequenzen. Bei der Auswertung der Messung beachte man die Konfiguration der Abb. 187. Bei reinen Blindwiderständen genügt bereits die Messung des l_{min}. Dann ist nach (23.1) das gesuchte

$$jX_1 = -jZ \cdot \text{tg}\,(2\pi l_{\text{min}}/\lambda^*). \tag{28.1}$$

Wählt man nicht das erste, sondern ein anderes Spannungsminimum im Abstand $l_{\min} + n \cdot \lambda^*/2$ ($n = 1, 2, \ldots$) vom Leitungsende, so bleibt (28.1) unverändert, da der tg die Periode π hat. Für sehr kleine m ($m < 0{,}1$) und $|m \cdot \mathrm{tg}(2\pi l_{\min}/\lambda^*)| < 0{,}1$ kann man die einfache Näherung (26.21) verwenden und erhält mit $l/\lambda^* = 0{,}5 - l_{\min}/\lambda^*$ in Serie zu dem Blindwiderstand (28.1) den kleinen Wirkwiderstand

$$R_1 = mZ/\cos^2(2\pi l_{\min}/\lambda^*). \tag{28.2}$$

Wenn man statt der Spannungskurve die Stromkurve mißt und $l_{\min}$ der Abstand eines Stromminimums vom Leitungsende ist, erhält man nach dem gleichen Auswertungsverfahren der Abb. 188 den relativen Abschlußleitwert $\mathfrak{g}_1 = 1/\mathfrak{r}_1$. Man vergleiche dazu Abb. 180.

Die Periodizität der Strom- und Spannungskurven kann man zur Messung des λ^* benutzen. Am genauesten wird die Messung auf einer am Ende kurzgeschlossenen Leitung, bei der der Abstand benachbarter Nullpunkte gleich $\lambda^*/2$ ist. Dieser Abstand kann sehr genau gemessen werden. Da in einer Leitung ohne

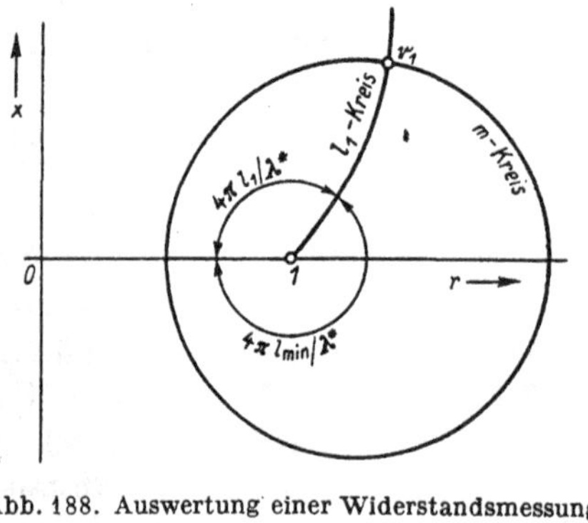

Abb. 188. Auswertung einer Widerstandsmessung

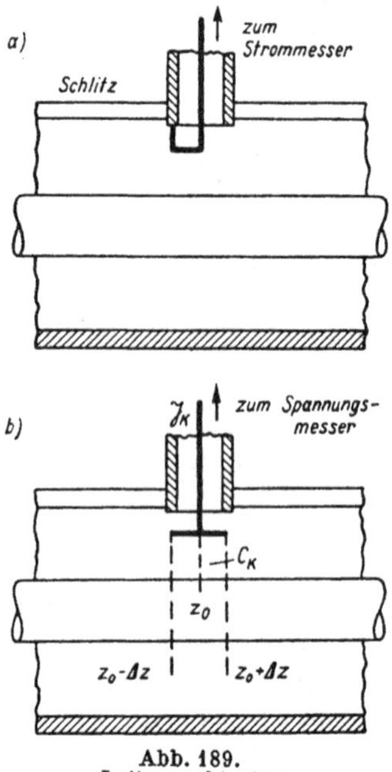

Abb. 189. Leitungsabtaster

Dielektrikum nach (25.8) $\lambda^* = \lambda$ ist, kann man aus dieser Messung nach (1.7) auch eine relativ genaue Frequenzmessung gewinnen.

Zu solchen Messungen benutze man eine nach außen abgeschirmte Leitung, damit das längs der Leitung zu verschiebende Abtastorgan das Feld der Leitung nicht in undefinierter Weise stört. Als Beispiel wird eine koaxiale Leitung betrachtet. Der Außenleiter erhält einen Längsschlitz, der das Verhalten der Leitung kaum verändert, da auf dem Außenleiter nur Längsströme fließen, aber keine Ströme quer zum Schlitz. Der Wellenwiderstand wird dadurch nach (25.12) etwas größer, weil das fehlende Stück der Wand den Kapazitätsbelag C^* verkleinert und die durch den Schlitz austretenden magnetischen Felder den Induktionsbelag L^* vergrößern, wobei (25.9) erhalten bleibt. Diese kleine Wellenwiderstandsänderung kann man nach Abb. 234

messen. Den Strom an einer bestimmten Stelle mißt man mit einer kleinen Drahtschleife, deren Ebene in der Längsrichtung der Leitung, also senkrecht zu den magnetischen Feldlinien liegt (Abb. 189a). Die Schleife führt dann zu einem geeichten Anzeigeorgan. Die Spannung mißt man nach Abb. 189b mit einer kleinen Platte durch kapazitive Ankopplung an das elektrische Feld der Leitung. Von dieser Platte führt eine Leitung zum Anzeigeorgan, wobei der Außenleiter dieser Leitung mit dem Außenleiter der zu messenden Leitung verbunden ist. Da bei einer größeren Schleife nach Abb. 189a und sehr hohen Frequenzen die Möglichkeit besteht, daß durch den Draht der Schleife auch noch eine kapazitive Kopplung mit dem elektrischen Feld der Leitung vorliegt, ergibt sich die Gefahr, daß in einer solchen Schleife gleichzeitig das elektrische und das magnetische Feld wirksam werden (Mischkopplung). Man erhält dann keine reine Strommessung, sondern eine frequenzabhängig gemischte Anzeige, die sich nicht zur Auswertung eignet. Aus diesem Grunde bevorzugt man die Spannungsmessung nach Abb. 189b.

Die Abtastplatte der Abb. 189b besitzt eine gewisse räumliche Ausdehnung und koppelt sich in die Leitung zwischen den Punkten $(z + \Delta z)$ und $(z - \Delta z)$. Da die Spannung sich längs der Leitung sowohl in der Amplitude wie in der Phase ändert, koppelt sich die Platte an die verschiedenen Spannungen des Bereichs der Breite $2\Delta z$, zeigt also einen Mittelwert der Spannungen dieses Bereichs an. Man könnte sich daher veranlaßt sehen, die Platte sehr klein zu machen, um wirklich nur in einem Punkt abzutasten. Eine ideale punktförmige Abtastung erreicht man jedoch nie und dies ist auch nicht erforderlich, wie aus folgenden Betrachtungen hervorgeht. Die Platte habe die endliche Breite $2\Delta z$ wie in Abb. 189b. Auf der Leitung besteht nach (26.10) eine Spannung der komplexen Amplitude

$$\mathfrak{U} = \mathfrak{U}_1 \left[\cos(2\pi z/\lambda^*) + j\,(1/m)\sin(2\pi z/\lambda^*)\right].$$

Die Platte wird unterteilt in infinitesimale Stücke der Breite dz. Über jedes Stück fließt ein Teilstrom $d\mathfrak{J}_K = K \cdot \mathfrak{U} \cdot dz$ zum Spannungsmesser, der proportional der Spannung $\mathfrak{U}$ an der betreffenden Stelle der Leitung ist, wobei K eine nicht näher interessierende Kopplungskonstante sei. Der ausgekoppelte Gesamtstrom der zwischen den Orten $(z_0 - \Delta z)$ und $(z_0 + \Delta z)$ liegenden Platte ist dann

$$\mathfrak{J}_K = \int\limits_{z_0 - \Delta z}^{z_0 + \Delta z} d\mathfrak{J}_K = \int\limits_{z_0 - \Delta z}^{z_0 + \Delta z} K \cdot \mathfrak{U} \cdot dz.$$

Setzt man hier obiges $\mathfrak{U}$ ein, wodurch man auch die Phasenlage der einzelnen Teilströme $d\mathfrak{J}_K$ gegeneinander berücksichtigt, so wird

$$\mathfrak{J}_K = K\,\mathfrak{U}_1 \frac{\lambda^*}{2\pi} \left\{\sin\frac{2\pi(z_0 + \Delta z)}{\lambda^*} - \sin\frac{2\pi(z_0 - \Delta z)}{\lambda^*} - \right.$$
$$\left. - j\frac{1}{m}\left[\cos\frac{2\pi(z_0 + \Delta z)}{\lambda^*} - \cos\frac{2\pi(z_0 - \Delta z)}{\lambda^*}\right]\right\}.$$

Wendet man die bekannten trigonometrischen Formeln für ($\sin\alpha - \sin\beta$) und ($\cos\alpha - \cos\beta$) an, so wird

$$\mathfrak{J}_K = 2K\,\frac{\lambda^*}{2\pi}\,\sin\frac{2\pi\cdot\Delta z}{\lambda^*}\,\mathfrak{U}_1\left[\cos\frac{2\pi z_0}{\lambda^*} + j\,\frac{1}{m}\,\sin\frac{2\pi z_0}{\lambda^*}\right]. \qquad (28.3)$$

$\mathfrak{J}_K$ ist also exakt proportional zur Spannung $\mathfrak{U}$ an der Stelle z_0, also der Mitte der Platte. Dieses $\mathfrak{J}_K$ fließt zum Spannungsmesser und erzeugt an dessen Widerstand $\mathfrak{R}$ die Spannung $\mathfrak{U}_K = \mathfrak{R}\cdot\mathfrak{J}_K$, deren Betrag vom Spannungsmesser angezeigt wird. Die Breite Δz zeigt sich lediglich in dem ortsunabhängigen Faktor $\sin(2\pi\cdot\Delta z/\lambda^*)$. Mit wachsendem Δz wächst $\mathfrak{J}_K$, solange $\Delta z < \lambda^*/4$ bleibt. Doch sollte man $\Delta z < \lambda^*/10$ lassen, damit die Induktivität der Koppelplatte nicht wirksam wird.

Die Ankopplung des Abtasters nach Abb. 189 stört die Vorgänge auf der Leitung etwas, so daß man nur eine lose Kopplung vornehmen sollte. Der Abtaster wirkt wie ein komplexer Widerstand $\mathfrak{R}_T$, der am Ort z_0 der Leitung parallelgeschaltet ist (Abb. 190a). $\mathfrak{R}_T$ besteht aus der Serienschaltung der Koppelkapazität C_K und dem Widerstand $\mathfrak{R}_A$ des Abtastorgans. Es muß also nicht nur C_K klein sein, sondern auch $\mathfrak{R}_A$ groß und insbesondere so beschaffen sein, daß keine Serienresonanz des C_K und $\mathfrak{R}_A$ besteht, die unter Umständen ein kleines $\mathfrak{R}_T$ ergeben würde. Dieses $\mathfrak{R}_T$ wird bei der Messung längs der Leitung verschoben und verändert die Spannung auf der Leitung je nach dem Ort des $\mathfrak{R}_T$ in ganz verschiedener Weise. Um die Spannung $\mathfrak{U}$ am Ort des Abtasters bei gegebener Spannungsquelle ($\mathfrak{U}_l$, $\mathfrak{R}_i$) zu berechnen, transformiert man den Abschlußwiderstand $\mathfrak{R}_1$ über die Leitung der Länge z_0 nach (26.4) und erhält parallel zu $\mathfrak{R}_T$ den Widerstand $\mathfrak{R}_2$, der die Wirkung des hinteren Leitungsendes ersetzt. Ferner transformiert man die Spannungsquelle nach (27.18) und (27.19) an den Ort des $\mathfrak{R}_T$ mit dem neuen Innenwiderstand $\mathfrak{R}_i'$ und der neuen Leerlaufspannung $\mathfrak{U}_l'$. Um die Spannung $\mathfrak{U}$ an diesem Ort zu berechnen, geht man zweckmäßig nach (12.2) auf das Stromquellenersatzbild der Abb. 57b und auf Leitwerte über. In Abb. 190c liegen dann $\mathfrak{G}_2 = 1/\mathfrak{R}_2$, $\mathfrak{G}_T = 1/\mathfrak{R}_T$, und $\mathfrak{G}_i' = 1/\mathfrak{R}_i'$ parallel und werden vom Strom $\mathfrak{J}_k' = \mathfrak{U}_l'/\mathfrak{R}_i'$ durchflossen. Es ist dann

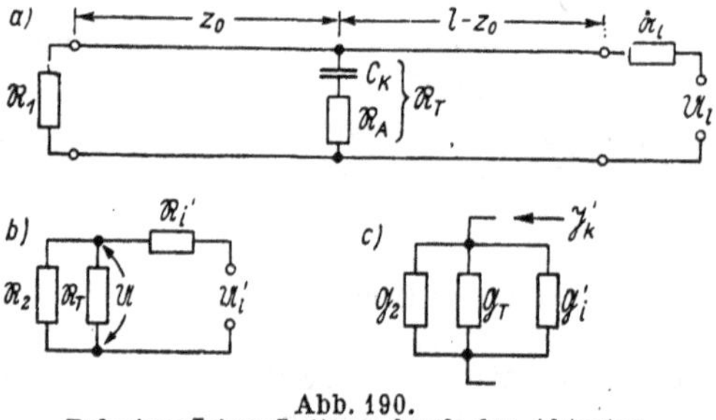

Abb. 190.
Belastung einer Leitung durch den Abtaster

$$\mathfrak{U} = \mathfrak{J}_k'/(\mathfrak{G}_2 + \mathfrak{G}_T + \mathfrak{G}_i'). \qquad (28.4)$$

Für $\mathfrak{G}_T = 0$ ergibt dies die gewöhnliche Leitungsspannung nach (26.10). $\mathfrak{G}_T$ ist dann einflußreich, wenn $\mathfrak{G}_2$ klein ist, also an den Orten eines Spannungsmaximums. Das Ausmaß des Einflusses von $\mathfrak{G}_T$ hängt aber auch von $\mathfrak{G}_i'$, also von dem Innenwiderstand $\mathfrak{R}_i$ der die Meßleitung speisenden Quelle ab. Wenn zufällig $\mathfrak{G}_2$ und $\mathfrak{G}_i'$ gleichzeitig klein werden, kann auch ein kleines $\mathfrak{G}_T$

(großes $\mathfrak{R}_T$) von meßbarem Einfluß sein. Daraus ergibt sich die Forderung, daß der Innenwiderstand $\mathfrak{R}_i$ der speisenden Quelle möglichst gleich Z sein soll. Dann ist nämlich überall $\mathfrak{R}_i' = Z$ und $\mathfrak{G}_i' = 1/\mathfrak{R}_i' = 1/Z$ wird nie gefährlich klein, so daß schon für $\mathfrak{R}_T > 20\,Z$ praktisch keine Einwirkung des $\mathfrak{R}_T$ mehr meßbar ist.

Auch den Innenwiderstand $\mathfrak{R}_i$ einer Spannungsquelle kann man mit Hilfe von Leitungen messen. Wenn man in der Anordnung der Abb. 187a die Klemmen 5 und 6 kurzschließen kann, hängt man an die Klemmen 1 und 2 einen neuen Generator und mißt $\mathfrak{R}_i$ als Abschlußwiderstand der Leitung wie vorher. Wenn man die Klemmen 5 und 6 nicht kurzschließen kann, weil sie nicht zugänglich sind oder durch das Kurzschließen auch das $\mathfrak{R}_i$ verändert würde, benutzt man die Meßschaltung der Abb. 191a. Der zu messende Generator speist eine Leitung mit verschiebbarem Abtaster.

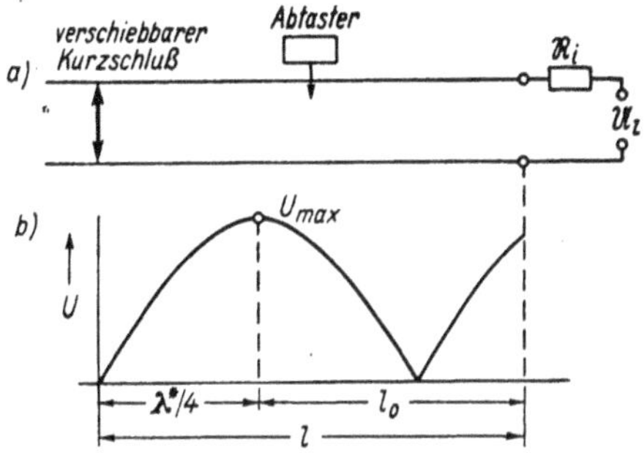

Abb. 191. Messung des Innenwiderstandes einer Spannungsquelle

Die Leitung wird in Abstand l vom Generator kurzgeschlossen. Es entsteht ein Spannungsbild (Abb. 191b) wie in Abb. 141a. Gemessen wird die maximale Spannung $U_{\max}$ auf der Leitung im Abstand $\lambda^*/4$ vom Kurzschlußpunkt. Verändert man die Leitungslänge l durch Verschieben des Kurzschlusses, so mißt man am Ort $(l - \lambda^*/4)$ jeweils ein anderes $U_{\max}$. Abb. 192 zeigt dieses an den Stellen $(l - \lambda^*/4)$ gemessene $U_{\max}$ in Abhängigkeit von l.

Das Leitungsstück der Länge $\lambda^*/4$ zwischen Kurzschluß und Spannungsmaximum kann man auch fortfallen lassen und nach Abb. 143b mit einer am Ende offenen Leitung der Länge $l_0 = l - \lambda^*/4$ (Abb. 191b) die gleichen Ergebnisse erhalten. $U_{\max}$ ist dann die Spannung am Ende der offenen Leitung und nach Abb. 187 gleich der Leerlaufspannung U_l' der Ersatzspannungsquelle am Leitungsende, wobei also die Spannungsquelle $\mathfrak{U}_l$ durch die Leitung der Länge l_0 zwischen Spannungsquelle und Ort des $U_{\max}$ transformiert wird. Dabei ist $U_{\max} = U_l$, wenn diese transformierende Leitungslänge $l_0 = l - \lambda^*/4 = n \cdot \lambda^*/2$ ($n = 0, 1, 2, \ldots$) ist, weil dann der Eingangswiderstand der am Ende offenen Leitung unendlich groß ist, also auch die wirkliche Spannungsquelle im Leerlauf arbeitet. Nach (27.19) ist allgemein

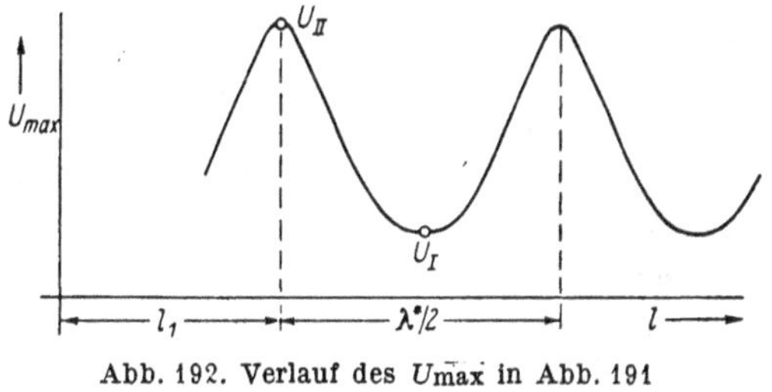

Abb. 192. Verlauf des $U_{\max}$ in Abb. 191

$$U_{\max} = U_l \sqrt{R_i'/R_i}, \tag{28.5}$$

wobei R_i die konstante Wirkkomponente des Innenwiderstandes $\mathfrak{R}_i$ und R_i'

die von der Leitungslänge l_0 abhängige Wirkkomponente des nach (27.18) an den Ort des U_{max} transformierten Innenwiderstandes $\mathfrak{R}_i'$ ist. $\mathfrak{R}_i'$ durchläuft in Abhängigkeit von l_0 den m-Kreis der Widerstandsebene (Abb. 193), der durch $\mathfrak{R}_i$ geht. Das Minimum U_I des U_{max} in Abb. 192 tritt nach (28.5) also ein, wenn $\mathfrak{R}_i'$ seinen kleinsten Wert $m \cdot Z$ erreicht. Das Maximum U_{II} des U_{max} tritt ein, wenn $\mathfrak{R}_i'$ seinen größten Wert Z/m erreicht. Es ist daher

$$U_I/U_{II} = m, \qquad (28.6)$$

gleich dem Parameter des m-Kreises, auf dem $\mathfrak{R}_i$ liegt. Wenn in Abb. 192 bei der am Ende kurzgeschlossenen Leitung die zur Erreichung des U_{II} erforderliche Leitungslänge $l = l_1$ ist, so ist bei der am Ende offenen Leitung $(l_1 - \lambda^*/4)$ die entsprechende Leitungslänge, die $\mathfrak{R}_i$ in den reellen Wert Z/m transformiert. Der Punkt Z/m hat im Diagramm den Parameter 0,25 und der Punkt $\mathfrak{R}_i$ daher den Parameter

$$0{,}25 - (l_1 - \lambda^*/4)/\lambda^* = 0{,}5 - l_1/\lambda^*.$$

Der Winkel $4\pi l_1/\lambda^*$, der den Ort des $\mathfrak{R}_i$ auf seinem durch (28.6) bestimmten m-Kreis festlegt, ist in Abb. 193 gezeichnet. Der wichtige Fall $\mathfrak{R}_i = Z$ würde wegen $m = 1$ bedeuten, daß U_{max} unabhängig von l ist.

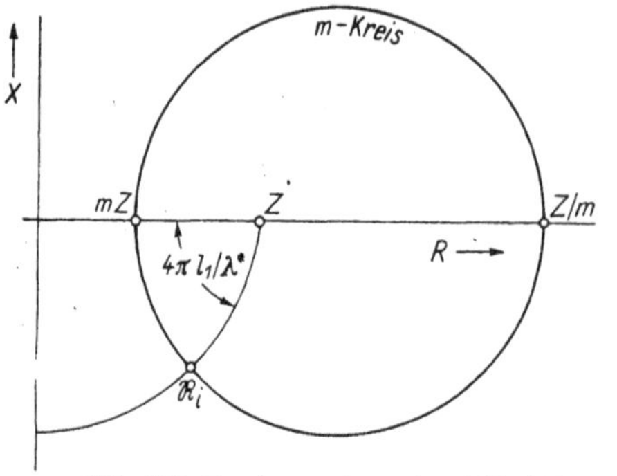

Abb. 193. Zur Auswertung der Abb. 192

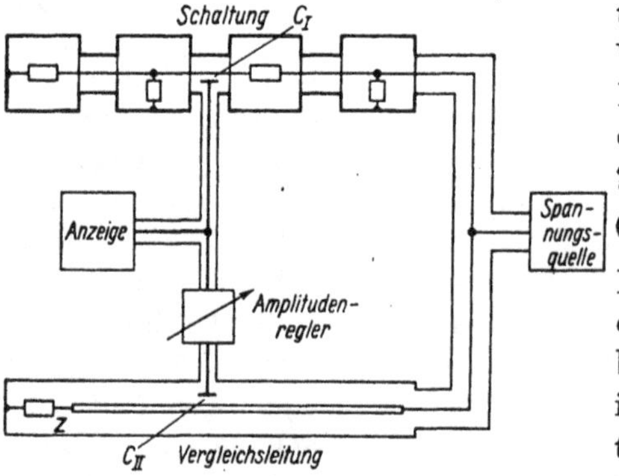

Abb. 194. Phasenmessung

Auch zur Phasenmessung kann man eine Leitung verwenden. Gegeben sei in Abb. 194 eine Schaltung aus zahlreichen Elementen wie etwa in Abb. 29, bei der man die Phasenlage der Spannungen $\mathfrak{U}_n$ gegeneinander messen will. Man besitzt ferner eine mit ihrem Wellenwiderstand abgeschlossene, vom gleichen Generator gespeiste Vergleichsleitung. Ein empfindliches Anzeigeorgan ist gleichzeitig über eine kleine Kapazität C_I an den zu untersuchenden Punkt der Schaltung und über eine kleine Kapazität C_{II} an die Vergleichsleitung angekoppelt. C_{II} ist ein längs der Leitung verschiebbarer Abtaster wie bei allen bisherigen Messungen. Durch Verschieben des C_{II} und eine Regelung der ausgekoppelten Spannungsamplitude kann man die Anzeige im Anzeigeorgan dann zum Verschwinden bringen, wenn dem Anzeigeorgan über seine beiden Zuleitungen zwei gleich große Spannungen entgegengesetzter Phase zugeführt werden. Setzt man nun C_I an einen zweiten Punkt der oberen Schaltung, so muß man C_{II} längs der Leitung um ein Stück Δz verschieben und unter Umständen auch den Amplitudenregler nachstellen, um die Anzeige wieder zum Verschwinden zu bringen. Die Phasendifferenz der Spannungen in den beiden Punkten der oberen Schaltung ist dann gleich der Phasendifferenz (24.1), die der Verschiebung Δz auf der mit Z abgeschlossenen Leitung proportional ist.

In vielen Fällen will man aus technischen Gründen kein längs der Leitung verschiebbares Anzeigeorgan. Es besteht dann die Möglichkeit, das Anzeigeorgan an einem festen Leitungsort zu lassen und die Leitungslängen posaunenartig zu verändern. In der Schaltung der Abb. 190a würde man dann entweder die Länge z_0 zwischen Verbraucher und Abtaster oder die Länge $(l - z_0)$ zwischen Abtaster und Generator ändern. Es interessiert der Verlauf der Spannung U am Ort des Abtasters beim Verändern der Leitungslängen. Man macht wieder die Umrechnung auf das Ersatzbild der Abb. 190b, wobei der Einfluß des $\mathfrak{R}_T$ zu vernachlässigen sei ($\mathfrak{R}_T = \infty$). Man erkennt, daß die U-Kurve wesentlich vom $\mathfrak{R}_i$ des Generators mitbestimmt wird. Ein einfaches Meßverfahren für $\mathfrak{R}_1$ wird man daher nur erhalten, wenn man dem $\mathfrak{R}_i$ bestimmte, besonders geeignete Werte gibt.

1. $\mathfrak{R}_i = Z$; verändert wird z_0. In Abb. 190b sind $\mathfrak{R}_i' = Z$ und $U_l' = U_l$ konstant, $\mathfrak{R}_T = \infty$ und $\mathfrak{R}_2$ verschiebt sich auf dem zu $\mathfrak{R}_1$ gehörenden m-Kreis. Für $\mathfrak{R}_i = Z$ ist dabei dieser m-Kreis nach (27.20) gleichzeitig ein Kreis konstanter Wirkleistung N. Alle entstehenden $\mathfrak{R}_2$ nehmen aus der Quelle das gleiche N auf, die Spannung U_1 an $\mathfrak{R}_1$ ist konstant und die Spannung U an $\mathfrak{R}_2$ ergibt sich mit $U_2 = U$ aus (27.14). U verläuft also beim Verändern von z_0 nach der gleichen Kurve wie bei konstanter Leitungslänge und verschiebbarem Abtaster, so daß die Auswertung zur Bestimmung von $\mathfrak{R}_1$ die gleiche bleibt wie bei der früheren Methode.

2. $\mathfrak{R}_i = 0$; verändert wird $(l - z_0)$. Man legt den Abtaster zweckmäßig an das Leitungsende, so daß $z_0 = 0$ und die gemessene Spannung U gleich der Abschlußspannung U_1 ist. Bei $\mathfrak{R}_i = 0$ liegt am Leitungseingang die **konstante** Spannung $\mathfrak{U}_l$. Den Zusammenhang zwischen U_l und U_1 gibt (26.12) für $z = l$ mit $U_l = U$. Bei gegebenem $\mathfrak{U}_l$ schwankt dann die gemessene Spannung U_1 nach der Funktion

$$U_1 = U_l / \sqrt{\cos^2(2\pi l/\lambda^*) + (1/m)^2 \sin^2(2\pi l/\lambda^*)}, \tag{28.7}$$

also nach dem **reziproken** Gesetz wie die bei konstanter Leitungslänge mit verschiebbarem Abtaster längs der Leitung gemessene Spannung U nach (26.12). Es ergibt sich nach (28.7) ein Verlauf des U_1 von gleicher Art wie der des $U_{\max}$ in Abb. 192. Die reziproke Funktion U_l/U_1 hat dann einen Kurvenverlauf wie in Abb. 171, den man bezüglich des unbekannten $\mathfrak{R}_1$ entsprechend auswertet.

Als Richtungskoppler bezeichnet man eine wichtige Anordnung, mit deren Hilfe man in dem Gemisch einer hinlaufenden und einer reflektierten Welle nach (24.19) den Anteil $\mathfrak{U}'$ der hinlaufenden oder $\mathfrak{U}''$ der reflektierten Welle jeden für sich allein messen kann. **Buschbeck** benutzt dazu folgendes Gesetz:

Man multipliziere in (24.19) $\mathfrak{J}$ mit Z und beachte $\mathfrak{U}' = \mathfrak{J}' \cdot Z$ und $\mathfrak{U}'' = -\mathfrak{J}'' \cdot Z$. Dann ist

$$\mathfrak{U} + \mathfrak{J} \cdot Z = 2\,\mathfrak{U}'; \quad \mathfrak{U} - \mathfrak{J} \cdot Z = 2\,\mathfrak{U}''. \tag{28.8}$$

Man benutzt die Anordnung der Abb. 195. Aus der Leitungsspannung $\mathfrak{U}$ gewinnt man durch kapazitive Spannungsteilung über C_1 und C_2 nach Abb. 196 an C_2 die Teilspannung $K_1 \cdot \mathfrak{U}$. Wenn parallel zu C_2 kein Belastungswiderstand liegt, fließt durch die Kapazitäten der Strom

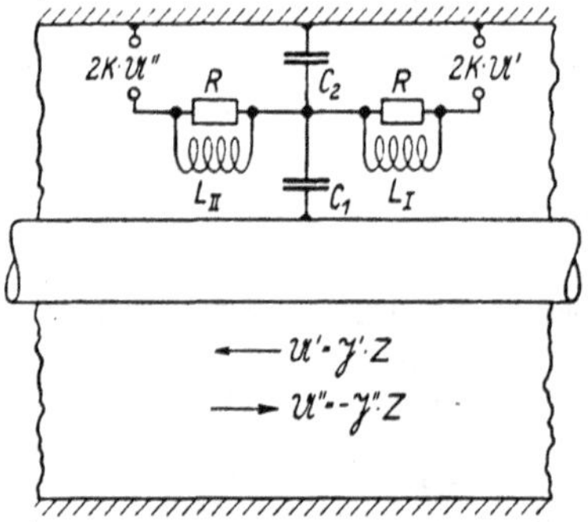

Abb. 195. Richtungskoppler nach Buschbeck

$$\mathfrak{J}_C = \frac{j\,\mathfrak{U}}{1/(\omega C_1) + 1/(\omega C_2)}$$

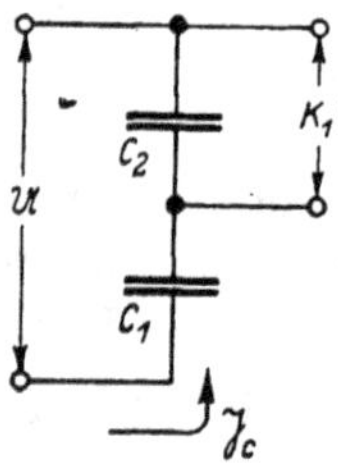

Abb. 196. Kapazitive Spannungsteilung

und an C_2 entsteht die Spannung

$$\mathfrak{U}_U = \mathfrak{J}_C\,[-j/(\omega C_2)] = \mathfrak{U}(1 + C_2/C_1) = K_1 \cdot \mathfrak{U}. \tag{28.9}$$

Der Proportionalitätsfaktor ist reell und frequenzunabhängig. Die Spule L_{I} der Abb. 195 besitzt eine Gegeninduktivität zur Leitung und der Leitungsstrom $\mathfrak{J}$ induziert in ihr eine Leerlaufspannung $\mathfrak{U}_{\mathrm{I}} = j\omega M \cdot \mathfrak{J}$ nach (4.1). Belastet man L_{I} mit einem reellen Widerstand R, der sehr klein gegen den Blindwiderstand $j\omega L_{\mathrm{I}}$ der Spule ist, so fließt durch L_{I} und R ein Strom $\mathfrak{J}_{\mathrm{I}}$, der praktisch nur von $j\omega L_{\mathrm{I}}$ abhängt: $\mathfrak{J}_{\mathrm{I}} = \mathfrak{U}_{\mathrm{I}}/(j\omega L_{\mathrm{I}}) = \mathfrak{J} \cdot M/L_{\mathrm{I}}$. An R entsteht dann die Spannung

$$\mathfrak{U}_J = R \cdot \mathfrak{J}_{\mathrm{I}} = \mathfrak{J} \cdot R \cdot M/L_{\mathrm{I}} = K_2 \cdot Z \cdot \mathfrak{J}. \tag{28.10}$$

Der Proportionalitätsfaktor $K_2 \cdot Z$ ist ebenfalls reell und frequenzunabhängig. Durch Einstellen des C_2 kann man K_1 und K_2 gleich groß machen: $K_1 = K_2 = K$. Schaltet man dann wie in Abb. 195 $\mathfrak{U}_U$ und $\mathfrak{U}_J$ in Serie, so entsteht zwischen den rechten Klemmen im Leerlauf unabhängig von der Frequenz die Summe

$$\mathfrak{U}_U + \mathfrak{U}_J = K\,(\mathfrak{U} + \mathfrak{J} \cdot Z) = 2\,K \cdot \mathfrak{U}' \tag{28.11}$$

nach (28.8), wobei auf richtigen Wicklungssinn der Spule zu achten ist, damit $\mathfrak{U}_U$ und $\mathfrak{U}_J$ auch wirklich mit positivem Vorzeichen kombiniert werden. Legt man an diese Klemmen ein hochohmiges Voltmeter, so gibt dieses unabhängig von der Frequenz eine Anzeige proportional zur Amplitude U' der hinlaufenden Welle. Baut man in Abb. 195 eine zweite gleiche Anordnung ein, bei der das L_{II} ($L_{\mathrm{I}} = L_{\mathrm{II}}$) entgegengesetzten Wicklungssinn wie L_{I} hat, so wird an ihr $\mathfrak{U}_J = -K \cdot Z \cdot \mathfrak{J}$ und die Hintereinanderschaltung gibt eine Summe

$$\mathfrak{U}_U + \mathfrak{U}_J = K(\mathfrak{U} - \mathfrak{J} \cdot Z) = 2K \cdot \mathfrak{U}'' \qquad (28.11a)$$

nach (28.8), die frequenzunabhängig und proportional zur Amplitude $\mathfrak{U}''$ der reflektierten Welle ist. Aus den an diesem konstanten Ort gemessenen Größen U' und U'' kann man folgende wichtigen Werte der Leitungsvorgänge leicht berechnen: Nach Abb. 156 ist

$$U_{\max} = U' + U''; \qquad U_{\min} = U' - U'' \qquad (28.12)$$

und nach (26.14)

$$m = U_{\min}/U_{\max} = (U' - U'')/(U' + U''). \qquad (28.13)$$

Das Verschwinden der Anzeige des U'' bedeutet Anpassung des Abschlußwiderstandes. Man erhält so eine einfache direkte Anpassungsanzeige. Die hinlaufende Welle transportiert nach § 24 die Leistung $N' = {}^1/_2\, U'J' = {}^1/_2\, U'^2/Z$, die reflektierte Welle die Leistung $N'' = {}^1/_2\, U''J'' = {}^1/_2\, U''^2/Z$. Im Verbraucher bleibt die Leistung

$$N = N' - N'' = \frac{1}{2}\,\frac{U'^2 - U''^2}{Z}. \qquad (28.14)$$

Dieses sind die Größen, die für eine Leitung im Betriebszustand im wesentlichen interessieren und aus U' und U'' sofort berechnet werden können. Die beschriebene Anordnung im Zuge der Leitung stellt daher eine außerordentlich nützliche Meßvorrichtung dar, die sogar weitgehend frequenzunabhängig ist, weil das K_1 nach (28.9) und das K_2 nach (28.10) die Frequenz ω nicht enthalten. Ergänzendes Schrifttum: [27 bis 30, 58].

§ 29. Die gedämpfte Leitung

Bisher wurden die Verluste der Leitung als so klein angenommen, daß sie den Verlauf des Stromes und der Spannung nur soweit verändern, als die Amplituden der Welle längs der Leitung nach (24.12) langsam abnehmen, ohne daß sich die Kurvenformen der Abb. 141, 143 und 171 meßbar ändern. Mitunter sind jedoch die Verluste so groß, daß sie durch eine genauere Theorie erfaßt werden müssen. Der infinitesimale Leitungsabschnitt (Abb. 139) besteht dann nicht aus zwei Blindwiderständen, sondern allgemein aus zwei komplexen Widerständen. An die Stelle des induktiven Blindwiderstandes $j\omega \cdot dL = j\omega L^* \cdot dz$ tritt der komplexe Widerstand $d\mathfrak{R} = \mathfrak{R}^* \cdot dz$. Das $\mathfrak{R}^*$ kann man sinngemäß als den komplexen Widerstandsbelag der Leitung bezeichnen. Es ist der Längswiderstand pro cm Leitungslänge. An die Stelle des kapazitiven Leitwerts $j\omega \cdot dC = j\omega C^* \cdot dz$ tritt der komplexe Leitwert $d\mathfrak{G} = \mathfrak{G}^* \cdot dz$. Das $\mathfrak{G}^*$ ist der Querleitwert pro cm Leitungslänge und kann als komplexer Leitwertsbelag bezeichnet werden. Aus den Differentialgleichungen (22.10) und (22.11) des infinitesimalen Leitungsstücks wird dann sinngemäß allgemein

$$\frac{d\mathfrak{U}}{dz} = \mathfrak{R}^* \cdot \mathfrak{J}; \qquad (29.1)$$

$$\frac{d\mathfrak{J}}{dz} = \mathfrak{G}^* \cdot \mathfrak{U}. \qquad (29.2)$$

Auch auf dieser Leitung entstehen Wellen wie in (24.18), jedoch mit einem allgemeineren Exponenten der e-Funktion:

$$\begin{aligned} &\text{Hinlaufende Welle:} && \mathfrak{U}' = \mathfrak{U}_1' \cdot e^{\gamma z}; && \mathfrak{J}' = \mathfrak{J}_1' \cdot e^{\gamma z}; \\ &\text{Rücklaufende Welle:} && \mathfrak{U}'' = \mathfrak{U}_1'' \cdot e^{-\gamma z}; && \mathfrak{J}'' = \mathfrak{J}_1'' \cdot e^{-\gamma z}, \end{aligned} \qquad (29.3)$$

wobei $\mathfrak{U}_1'$, $\mathfrak{U}_1''$ und $\mathfrak{J}_1'$, $\mathfrak{J}_1''$ Spannung und Strom der beiden Wellen bei $z = 0$ sind. Setzt man (29.3) in die Differentialgleichungen ein, so erhält man für die hinlaufende Welle

$$\gamma \cdot \mathfrak{U}_1' \cdot e^{\gamma z} = \mathfrak{R}^* \cdot \mathfrak{J}_1' \cdot e^{\gamma z}; \qquad \gamma \cdot \mathfrak{J}_1' \cdot e^{\gamma z} = \mathfrak{G}^* \cdot \mathfrak{U}_1' \cdot e^{\gamma z}. \qquad (29.4)$$

Daraus folgt

$$\gamma = \beta + j\alpha = \sqrt{\mathfrak{R}^* \cdot \mathfrak{G}^*}. \qquad (29.5)$$

Das gleiche Ergebnis erhält man für die rücklaufende Welle. γ ist eine komplexe Zahl und $e^{\pm \gamma z} = e^{\pm \beta z} \cdot e^{\pm j\alpha z}$ zerfällt in zwei Faktoren, von denen der Faktor $e^{\pm \beta z}$ die Amplitudenänderung und der Faktor $e^{\pm j\alpha z}$ die Phasendrehung der Spannung und des Stromes wiedergibt. Das Dämpfungsmaß β und das Phasenmaß α sind dabei positive Zahlen. Ferner folgt aus (29.1) und (29.3):

$$\begin{aligned} &\text{Hinlaufende Welle:} && \frac{\mathfrak{U}_1'}{\mathfrak{J}_1'} = \frac{\mathfrak{R}^*}{\gamma} = \frac{\gamma}{\mathfrak{G}^*} = \mathfrak{Z}; \\ &\text{Rücklaufende Welle:} && \frac{\mathfrak{U}_1''}{\mathfrak{J}_1''} = -\frac{\mathfrak{R}^*}{\gamma} = -\frac{\gamma}{\mathfrak{G}^*} = -\mathfrak{Z}. \end{aligned} \qquad (29.6)$$

$\mathfrak{Z}$ ist dabei der (komplexe) Wellenwiderstand der Leitung. Nach den Regeln der komplexen Rechnung hat $\mathfrak{Z}$ nach (29.6) stets einen positiven Realteil, wie es für einen komplexen Widerstand sein muß. Mit γ nach (29.5) ergibt sich $\mathfrak{Z}$ aus (29.6) zu

$$\mathfrak{Z} = \pm \sqrt{\mathfrak{R}^*/\mathfrak{G}^*}, \qquad (29.6a)$$

wobei als gültiges Vorzeichen der Wurzel jenes zu wählen ist, das einen positiven Realteil des $\mathfrak{Z}$ ergibt.

Bei der gedämpften Leitung tritt an die Stelle des $j\alpha$ der ungedämpften Leitung die komplexe Fortpflanzungskonstante γ nach (29.5) und an die Stelle des reellen Z der komplexe Wellenwiderstand $\mathfrak{Z}$ nach (29.6a). Mit diesen Abänderungen kann man alle Gleichungen der verlustfreien Leitungen auch auf beliebig gedämpfte Leitungen anwenden. Beispielsweise wird aus (24.19) für den allgemeinsten Wellenzustand

$$\begin{aligned} \mathfrak{U} &= \mathfrak{U}' + \mathfrak{U}'' = \mathfrak{U}_1' \cdot e^{\beta z} \cdot e^{j\alpha z} + \mathfrak{U}_1'' \cdot e^{-\beta z} \cdot e^{-j\alpha z}; \\ \mathfrak{J} &= \mathfrak{J}' + \mathfrak{J}'' = \mathfrak{J}_1' \cdot e^{\beta z} \cdot e^{j\alpha z} + \mathfrak{J}_1'' \cdot e^{-\beta z} \cdot e^{-j\alpha z}, \end{aligned} \qquad (29.7)$$

mit $\mathfrak{U}' = \mathfrak{J}' \cdot \mathfrak{Z}$ und $\mathfrak{U}'' = -\mathfrak{J}'' \cdot \mathfrak{Z}$. Abb. 197 zeigt das Absinken der Amplitude $U_1' \cdot e^{\beta z}$ der zum Leitungsende laufenden Welle mit abnehmendem z und der Amplitude $U_1'' \cdot e^{-\beta z}$ der reflektierten Welle mit wachsendem z. Die Schwankungen der reellen Amplituden der Spannung und des Stromes längs der Leitung, die in Abb. 156 aus der Überlagerung der beiden Wellen erläutert wurden, werden dann mit wachsendem z wegen der Abnahme der Amplitude der reflektierten Welle immer kleiner. Außerdem steigt das Gesamtniveau von Strom und Spannung mit wachsendem z wegen der wachsenden Amplitude der hinlaufenden Welle, so daß der Verlauf der Abb. 198 entsteht. Die gestrichelte Linie in Abb. 198 ist die obere Kurve der Abb. 197, also die Amplitude U' der hinlaufenden Welle. Die Maxima und Minima der Spannung U liegen um so viel über oder unter der gestrichelten Kurve, wie die Amplitude

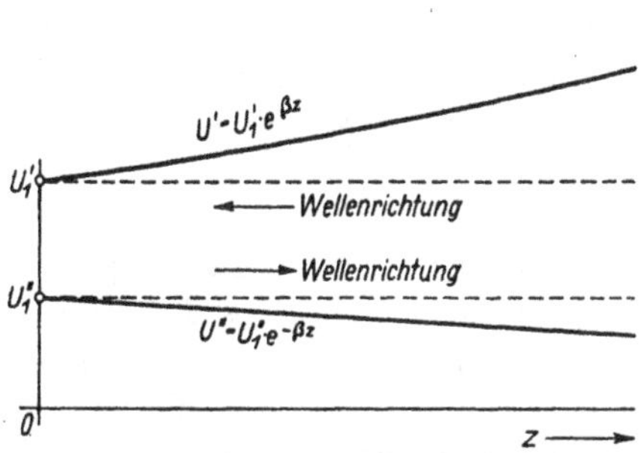

Abb. 197.
Wellenamplituden der gedämpften Leitung

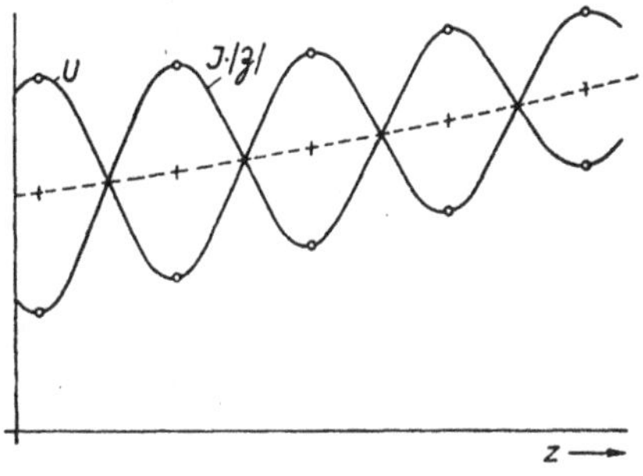

Abb. 198. Strom und Spannung auf der gedämpften Leitung

U'' der reflektierten Welle (untere Kurve der Abb. 197) an den jeweiligen Stellen beträgt. Die Stromkurven verlaufen entsprechend, dargestellt durch die Kurve $J \cdot |\mathfrak{Z}|$ in Abb. 198. Für größere z findet man auf der Leitung praktisch nur eine hinlaufende Welle, weil die reflektierte sehr klein geworden ist. Die Schwankungen wurden in (26.14) durch die Konstante $m = U_{\min}/U_{\max} = (U' - U'')/(U' + U'')$ beschrieben. $U_{\min}$ und $U_{\max}$ sind auf der gedämpften Leitung nicht mehr konstant. Man definiert daher m bei der gedämpften Leitung nur noch durch

$$m = \frac{U' - U''}{U' + U''} = \frac{U_1' \cdot e^{\beta z} - U_1'' \cdot e^{-\beta z}}{U_1' \cdot e^{\beta z} + U_1'' \cdot e^{-\beta z}}. \tag{29.8}$$

Das Wellenverhältnis $\mathfrak{r}^* = \mathfrak{U}''/\mathfrak{U}'$ [vgl. (24.23)] hat längs der Leitung keinen konstanten Absolutwert mehr, weil der Quotient der beiden Wellen nach Abb. 197 mit wachsendem z immer kleiner wird.

$$\mathfrak{r}^* = (\mathfrak{U}_1'' \cdot e^{-\gamma z}) / (\mathfrak{U}_1' \cdot e^{\gamma z}) = \mathfrak{r}_1^* \cdot e^{-2\beta z} \cdot e^{-j2\alpha z}, \tag{29.9}$$

wobei $\mathfrak{r}_1^* = \mathfrak{U}_1''/\mathfrak{U}_1'$ wie in (24.22) das Wellenverhältnis am Leitungsende ist. $\mathfrak{r}_1^*$ ergibt sich aus (24.22), wobei jedoch das komplexe $\mathfrak{Z}$ einzusetzen ist. Allgemein lautet die Gleichung für das Wellenverhältnis

$$\mathfrak{r}^* = \frac{\mathfrak{U}''}{\mathfrak{U}'} = \frac{\mathfrak{R}/\mathfrak{Z} - 1}{\mathfrak{R}/\mathfrak{Z} + 1} = \frac{\mathfrak{r} - 1}{\mathfrak{r} + 1}. \tag{29.10}$$

Die relativen Widerstände $\mathfrak{r}$ auf der gedämpften Leitung sind sinngemäß in Erweiterung von (27.3) die Quotienten

$$\mathfrak{r} = \mathfrak{R}/\mathfrak{Z}. \tag{29.11}$$

Die Berechnung dieser Zahlen $\mathfrak{r}$ ist nicht mehr so angenehm wie in (27.3), weil der Nenner $\mathfrak{Z}$ eine komplexe Zahl geworden ist. Die Berechnung des Eingangswiderstandes einer solchen Leitung kann auf dem Umweg über das

Wellenverhältnis geschehen. Man berechnet $\mathfrak{r}_1^*$ aus $\mathfrak{R}_1$ nach (29.10), dann das $\mathfrak{r}_2^*$ am Leitungseingang aus (29.9) für $z = l$ und schließlich aus $\mathfrak{r}_2^*$ das $\mathfrak{r}_2$ bzw. $\mathfrak{R}_2$ durch Umkehrung von (29.10):

$$\mathfrak{r}_2 = \mathfrak{R}_2/\mathfrak{Z} = (1 + \mathfrak{r}_2^*)/(1 - \mathfrak{r}_2^*). \tag{29.12}$$

Für diese Rechnung sollte man ebenfalls graphische Hilfsmittel verwenden [31]. Der Punkt $\mathfrak{R}_2$ wandert nicht mehr auf m-Kreisen um den Punkt $\mathfrak{Z}$ herum, sondern auf Spiralen, die sich mit wachsendem z wegen des wachsenden m nach (29.8) dem Punkt $\mathfrak{Z}$ nähern, so daß der Eingangswiderstand einer hinreichend langen Leitung stets gleich $\mathfrak{Z}$ ist.

Von besonderem technischen Interesse ist die koaxiale Leitung, deren Innenleiter aus einem Widerstandswerkstoff besteht. Der Innenleiter habe pro cm den Widerstand R^*. Der Induktionsbelag L^* sei der normale Induktionsbelag der koaxialen Leitung. Zwischen den Leitern befinde sich Luft, die Leitungskapazität sei also verlustfrei und der Kapazitätsbelag C^* der normale Kapazitätsbelag der koaxialen Leitung. Der komplexe Widerstandsbelag ist dann $\mathfrak{R}^* = R^* + j\omega L^*$ und der komplexe Leitwertsbelag $\mathfrak{G}^* = j\omega C^*$. Die komplexe Fortpflanzungskonstante

$$\gamma = \sqrt{(R^* + j\omega L^*)\, j\omega C^*} = j\omega\sqrt{L^* C^*}\,\sqrt{1 - jR^*/(\omega L^*)} \tag{29.13}$$

nach (29.5) entsteht aus der Phasenkonstante $j\omega\sqrt{L^* C^*}$ der verlustfreien Leitung nach (22.13) durch den komplexen Faktor $\sqrt{1 - jR^*/(\omega L^*)}$. Der komplexe Wellenwiderstand

$$\mathfrak{Z} = \sqrt{(R^* + j\omega L^*)/(j\omega C^*)} = Z\,\sqrt{1 - jR^*/(\omega L^*)} \tag{29.14}$$

nach (29.6a) entsteht aus dem Wellenwiderstand $Z = \sqrt{L^*/C^*}$ der verlustfreien Leitung durch den gleichen komplexen Faktor. Die Größe $R^*/(\omega L^*) = d_L$ ist der Verlustfaktor des Längswiderstandes der Leitung. Solange dieser Verlustfaktor klein bleibt, kann man die Näherungsformel (1.9) anwenden und erhält aus (29.13) für $R^*/(\omega L^*) < 0{,}1$

$$\gamma = j\omega\sqrt{L^* C^*}\left(1 - j\,\frac{R^*}{2\,\omega L^*}\right) = \frac{R^*}{2}\sqrt{\frac{C^*}{L^*}} + j\omega\sqrt{L^* C^*}. \tag{29.15}$$

Der Realteil β des γ stimmt dann mit (24.9) und der Imaginärteil α mit dem α der verlustfreien Leitung nach (22.13) überein. In gleicher Weise wird aus (29.14)

$$\mathfrak{Z} = Z\,[1 - jR^*/(2\omega L^*)]. \tag{29.16}$$

Unter der gegebenen Bedingung $R^*/(\omega L^*) < 0{,}1$ ist der Absolutwert der Klammern angenähert gleich 1, also der Absolutwert des Wellenwiderstandes $\mathfrak{Z}$ gleich dem Wellenwiderstand der verlustfreien Leitung. $\mathfrak{Z}$ hat eine kapazitive Phase mit dem Phasenfaktor

$$k_Z = -R^*/(2\omega L^*). \tag{29.17}$$

Da die verlustbehaftete Leitung formelmäßig immer sehr kompliziert ist, dürfte es zweckmäßig sein, sich die Widerstandstransformation auch anschaulich wie bei der verlustfreien Leitung in Abb. 167 zu erläutern. Man teilt also die Leitung in hinreichend kleine Stücke Δz, wobei in Serie zu jedem $\Delta L = L^* \cdot \Delta z$ ein kleiner Wirkwiderstand $\Delta R = R^* \cdot \Delta z$ zu schalten ist. Abb. 199 zeigt oben die Transformation durch ein solches Leitungselement, das mit dem Widerstand $\mathfrak{R}$ abgeschlossen ist. Das ΔR ist nach (2.20) zur Wirkkomponente des $\mathfrak{R}$ zu addieren, verschiebt also das $\mathfrak{R}$ waagerecht nach $\mathfrak{R}'$. Das ΔL verschiebt das $\mathfrak{R}'$ senkrecht nach oben nach $\mathfrak{R}''$ und das parallele ΔC läßt das $\mathfrak{R}''$ auf seinem G-Kreis nach $\mathfrak{R}'''$ wandern. Die Transformationswege der Abb. 167 sind also in jedem Element durch kleine waagerechte Stücke ΔR zu ergänzen. Der Wellenwiderstand $\mathfrak{Z}$ ist derjenige Abschlußwiderstand, der durch die vorgeschaltete Leitung nicht transformiert wird. Nach (29.14) liegt hier der Punkt $\mathfrak{Z}$ unterhalb der reellen Achse. Er wird in Abb. 199 unten durch ΔR waagerecht nach $\mathfrak{R}'$ dann durch das ΔL senkrecht nach $\mathfrak{R}''$ und durch das ΔC auf

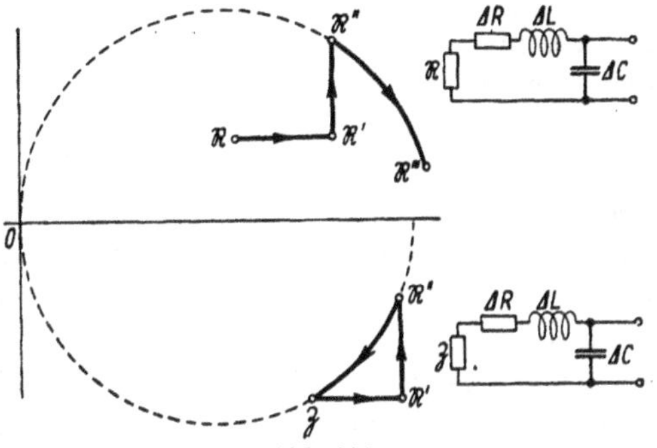

Abb. 199.
Transformation durch verlustbehaftete Leitungselemente

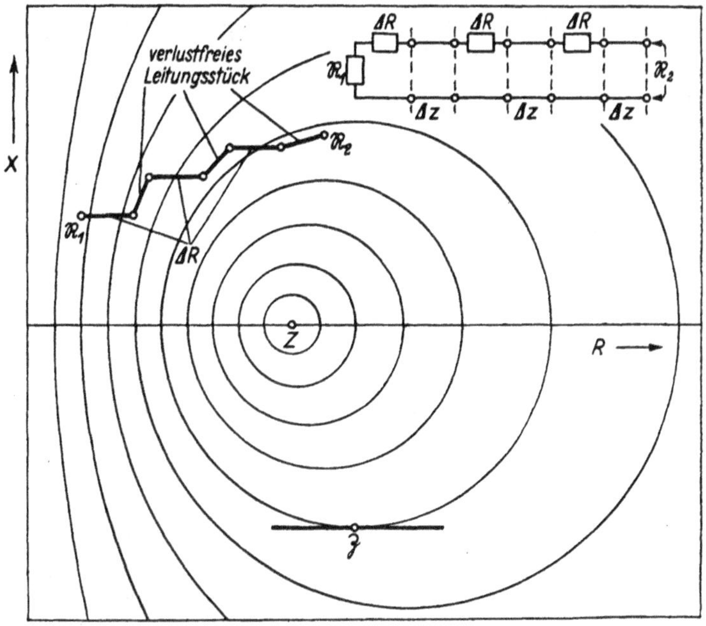

Abb. 200. Transformation durch verlustbehaftete Leitungselemente

einem G-Kreis wieder nach $\mathfrak{Z}$ zurück verschoben. Man kann die verlustbehaftete Leitung auch als eine Folge hinreichend kleiner verlustfreier Leitungsstücke Δz vom Wellenwiderstand Z auffassen, die man durch die Wirkwiderstände ΔR ergänzt. Abb. 200 zeigt einen entsprechenden Transformationsweg eines gegebenen $\mathfrak{R}_1$, der aus waagerechten Stücken (dem ΔR entsprechend) und Stücken der m-Kreise (dem Δz entsprechend) besteht. Der Punkt $\mathfrak{R}_1 = \mathfrak{Z}$ liegt stets dort, wo der durch das $\mathfrak{Z}$ gehende m-Kreis der verlustfreien Leitung eine waagerechte Tangente hat. Dort wird $\mathfrak{R}_1$ durch die verlustbehaftete Leitung nicht transformiert, weil das ΔR das $\mathfrak{R}_1$ waagerecht nach rechts und die verlustfreie Leitung Δz das $\mathfrak{R}_1$ waagerecht nach links verschiebt, so daß sich diese beiden Verschiebungen aufheben. So gewinnt man Möglichkeiten, sich das Verhalten einer verlustbehafteten Leitung unabhängig von den komplizierten Formeln verständlich zu machen und unter Umständen sogar einige einfache Aufgaben nach diesem schrittweisen Verfahren hinreichend genau und viel einfacher zu lösen als mit den exakten Formeln.

Wichtig ist die am Ende kurzgeschlossene, koaxiale Leitung, deren Innenleiter ein Widerstand R der Länge l mit dem Durchmesser d ist: $R^* = R/l$. Das Verhalten eines solchen Gebildes soll zunächst anschaulich erläutert werden, indem man es durch eine Aufeinanderfolge hinreichend kleiner Leitungsstücke nach Abb. 201 beschreibt. Die Länge l soll wesentlich kleiner als die Wellenlänge

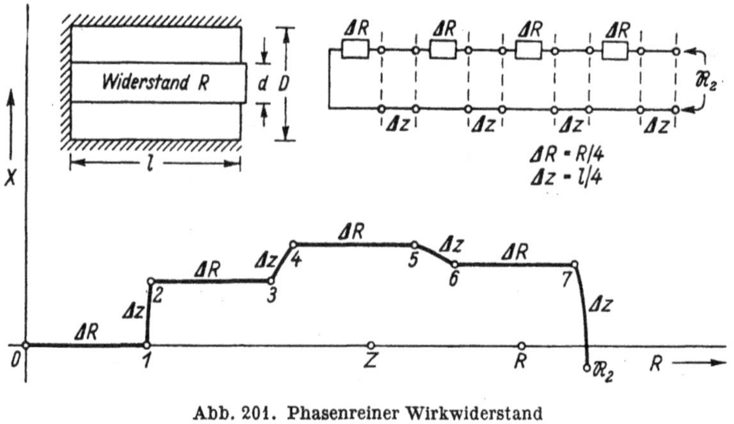

Abb. 201. Phasenreiner Wirkwiderstand

sein, so daß die Aufteilung des Gebildes in vier Abschnitte Δz ausreicht und die Stücke der m-Kreise stets klein bleiben. Vom Kurzschluß 0 ausgehend setzt sich die Transformation aus Stücken $\Delta R = R^* \cdot \Delta z = R \cdot \Delta z / l$ und Leitungsstücken Δz zusammen wie in Abb. 200. Bei niedrigen Frequenzen, für die die Drehung auf den m-Kreisen klein bleibt, ist der Eingangswiderstand $\mathfrak{R}_2$ annähernd reell und gleich der Summe der ΔR, also einfach gleich dem Widerstand R des Innenleiters. Die Abweichung des $\mathfrak{R}_2$ vom R ist also durch die Stücke der m-Kreise bedingt. Man erkennt jedoch, daß sich die Wirkung dieser m-Kreise gegenseitig zum großen Teil aufhebt, wenn Z kleiner als R ist wie in Abb. 201, weil dann die links von Z liegenden m-Kreise vorzugsweise nach oben, die rechts von Z liegenden m-Kreise vorzugsweise nach unten verschieben. Diese einfache Konstruktion gibt ausgezeichnete Resultate, solange $\Delta z < 0{,}05\,\lambda^*$ ist.

Wenn man die in § 14 bereits betrachtete Aufgabe der Herstellung eines möglichst frequenzunabhängigen und phasenreinen Wirkwiderstandes R mit einem solchen Gebilde lösen will, so muß man ein skineffektfreies R in einen Außenleiter von solchem Durchmesser D legen, daß der Wellenwiderstand Z der verlustfreien Leitung nach (25.16) bei der Konstruktion nach Abb. 201 so liegt, daß $\mathfrak{R}_2$ möglichst nahe bei R bleibt. Schon bei der Unterteilung in vier Teile Δz ergibt sich graphisch, daß dieses günstige Z nur wenig größer als $R/2$ sein muß. Bereits in Abb. 201 zeigt sich, daß dann zu jedem nach oben führenden Weg auch ein entsprechender, annähernd gleich großer Weg vorhanden ist, der wieder nach unten führt. Auch die exakte Berechnung des Gebildes, die ziemlich umständlich ist, zeigt, daß die Forderung $Z \approx R/2$ ziemlich genau den Widerstand $\mathfrak{R}_2 \approx R$ mit kleinster Frequenzabhängigkeit ergibt. Der günstigste Wert liegt bei $Z = 0{,}55R$. Den Verlauf des $\mathfrak{R}_2$ zu gegebenem R für verschiedene Z in Abhängigkeit von der Frequenz gibt Abb. 202 nach der exakten Theorie.

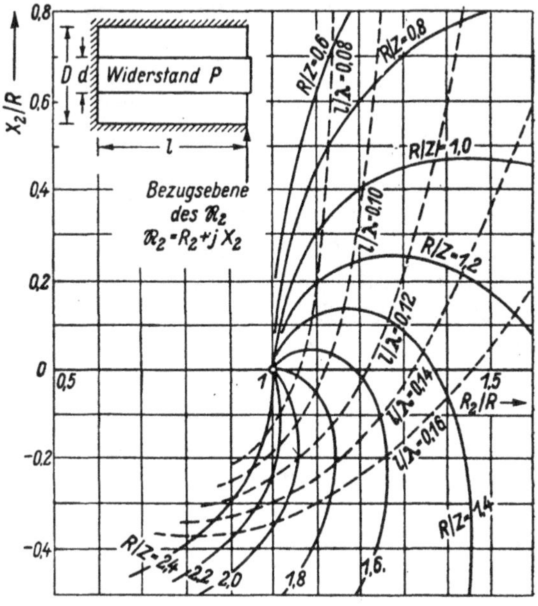

Abb. 202. Frequenzabhängiger Wirkwiderstand

Man kann sich jedoch den Verlauf dieser Kurven auch mit den einfachen Hilfsmitteln der Abb. 201 mit beachtlicher Genauigkeit ableiten. Große Z geben induktive Komponenten des $\mathfrak{R}_2$, kleine Z kapazitive Komponenten. Für $Z = 0{,}55\,R$ bleibt $\mathfrak{R}_2$ recht gut in der Nähe von R, solange $l/\lambda < 0{,}08$ ist. λ ist dabei die Wellenlänge im freien Raum nach (1.7), die bei der verlustfreien Leitung nach (25.8) auch gleich der Wellenlänge λ^* auf der Leitung ist. Wenn man das Gebilde für noch höhere Frequenzen brauchbar machen will, kann man Kompensationsschaltungen nach § 16 oder § 31 vorschalten. Die einfachste Kompensation erreicht man für $R/Z = 2{,}2$, wo die Wirkkomponente R_2 des $\mathfrak{R}_2$ nahezu gleich R bleibt und lediglich die Blindkomponente jX_2 im kapazitiven Bereich der Widerstandsebene annähernd proportional zur Frequenz wächst. Nach Abb. 84 kann man einen solchen Frequenzgang des $\mathfrak{R}_2$ durch eine Serieninduktivität bestimmter Größe kompensieren, solange die $\mathfrak{R}_2$-Kurve linear ist. Dies gelingt für $R/Z = 2{,}2$ etwa bis $l/\lambda = 0{,}12$.

Eine vereinfachte graphische Konstruktion wie in Abb. 201 ist unter Umständen für die praktische Anwendung wesentlich günstiger als eine exakte, aber komplizierte Theorie. Man erkennt nämlich an der graphischen Darstellung sehr leicht, welche Maßnahmen erforderlich sind, um die Resultate noch günstiger zu gestalten. Nach dem ersten ΔR geht es von Punkt 1 nach Punkt 2 nur deshalb auf dem m-Kreis nach oben, weil $Z > \Delta R$ ist. Wäre $Z = \Delta R = R/4$, so würde Punkt 1 und 2 zusammenfallen und Punkt 3 auf der reellen Achse bei $2\,\Delta R$ liegen. Um dann auch noch den Kreisbogen von 3 nach 4 zu vermeiden, müßte man mit einem abgestuften Außenleiter (in Abb. 203 gestrichelt) arbeiten, damit für das zweite Stück Δz der Wellenwiderstand $Z = 2\,\Delta R = R/2$ wird. Dann fallen die Punkte 3 und 4 zusammen und 5 läge auf der reellen Achse bei $3\Delta R$. Für dieses dritte Leitungsstück müßte $Z = 3\,\Delta R = {}^3/_4\,R$ sein und für das vierte Stück $Z = 4\,\Delta R = R$. Im Idealfall würde man einen Außenleiter mit stetig wachsendem Durchmesser (in Abb. 203 ausgezogen) benutzen, also eine infinitesimale Abstufung mit unendlich vielen, unendlich kleinen Δz, wobei der Wellenwiderstand Z an jedem Ort z gleich dem Widerstand $R \cdot z/l$ des Widerstandsstücks zwischen dem Widerstandsende ($z = 0$) und dem Ort z sein muß. Der Wellenwiderstand steigt also stetig vom Wert 0 auf den Wert R am Eingang. Am Ort z ist nach (25.16) $Z = R \cdot z/l = 138 \cdot \lg_{10}(D/d)\ [\Omega]$, am Ort $z = l$ aber $Z = R = 138 \cdot \lg_{10}(D_0/d)\ [\Omega]$; also muß überall

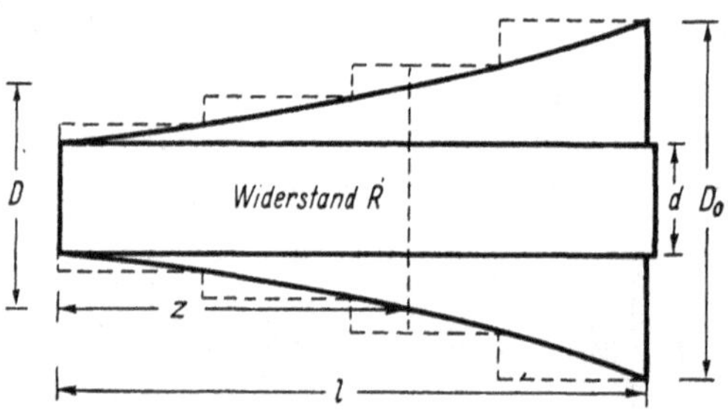

Abb. 203. Widerstand mit kegelförmigem Außenleiter

$$\log_{10}(D/d) = (z/l)\lg_{10}(D_0/d)$$

der

$$D/d = (D_0/d)^{z/l} \tag{29.18}$$

sein. Exakt gilt dies nur für sehr langsames Ansteigen des D, da sonst eine Feldverzerrung eintritt (§ 37).

Eine Leitung, deren Verluste nur im Dielektrikum liegen, besitzt eine verlustfreie Induktivität, so daß $\mathfrak{R}^* = j\omega L^*$ ist. Dagegen liegt parallel zum kapazitiven Querleitwert $j\omega C^*$ ein Wirkleitwert $G^* = d_\varepsilon \cdot \omega C^*$ durch die dielektrischen Verluste, so daß $\mathfrak{G}^* = G^* + j\omega C^*$ wird. Man erhält eine komplexe Fortpflanzungskonstante nach (29.5)

$$\gamma = \sqrt{j\omega L^*(G^* + j\omega C^*)} = j\omega\sqrt{L^* C^*}\sqrt{1 - jG^*/(\omega C^*)}. \tag{29.19}$$

Man vergleiche (29.13). $G^*/(\omega C^*) = d_\varepsilon$ ist der Verlustfaktor des Querleitwerts und für $d_\varepsilon < 0{,}1$ wird nach (1.9) näherungsweise

$$\gamma = j\omega\sqrt{L^* C^*}\,(1 - j d_\varepsilon/2) = \pi d_\varepsilon/\lambda^* + j\,2\pi/\lambda^*, \tag{29.20}$$

wobei man $\omega\sqrt{L^* C^*} = 2\pi/\lambda^*$ einsetzte und λ^* die Wellenlänge auf der verlustfreien Leitung ist. Der Realteil β stimmt mit der Näherung (24.16) überein. Für den komplexen Wellenwiderstand erhält man nach (29.6a)

$$\mathfrak{Z} = \sqrt{j\omega L^*/(G^* + j\omega C^*)} = Z/\sqrt{1 - j\,G^*/(\omega C^*)}, \tag{29.21}$$

wobei $Z = \sqrt{L^*/C^*}$ der Wellenwiderstand der verlustfreien Leitung ist. Für $G^*/(\omega C^*) < 0{,}1$ kann man die Reihenentwicklung (1.10) benützen und erhält

$$\mathfrak{Z} \doteq Z\,[1 + jG^*/(2\,\omega C^*)] = Z\,(1 + j d_\varepsilon/2). \tag{29.22}$$

Der Wellenwiderstand einer Leitung mit Querverlusten besitzt also eine induktive Komponente mit dem Phasenfaktor

$$k_Z = d_\varepsilon/2 = G^*/(2\omega C^*). \tag{29.23}$$

Eine Leitung, die Längs- und Querverluste gleichzeitig hat, kann einen phasenreinen Wellenwiderstand Z besitzen, wenn nämlich die Verlustfaktoren des $\mathfrak{R}^*$ und des $\mathfrak{G}^*$ gleich groß sind.

VI. Leitungsschaltungen

§ 30. Leitungstransformationen

Die Möglichkeiten der Transformation eines gegebenen Widerstandes $\mathfrak{R}_1$ in einen anderen Wert $\mathfrak{R}_2$ mit Hilfe einer Leitung sind durch die Diagramme des § 27 und durch Abb. 176 vollständig beschrieben. Von besonderem Interesse ist die Transformation eines gegebenen reinen Wirkwiderstandes R_1 in einen anderen Wirkwiderstand R_2. Hierzu benötigt man nach Abb. 204 eine Leitung der Länge $\lambda^*/4$ mit solchem Wellenwiderstand Z, daß z. B. für $R_1 < R_2$ das $R_1 = m \cdot Z$ der eine und das $R_2 = Z/m$ der andere Schnittpunkt des durchlaufenen m-Kreises mit der reellen Achse ist. Daraus folgt für Z die Bedingung

$$Z = \sqrt{R_1 \cdot R_2}. \tag{30.1}$$

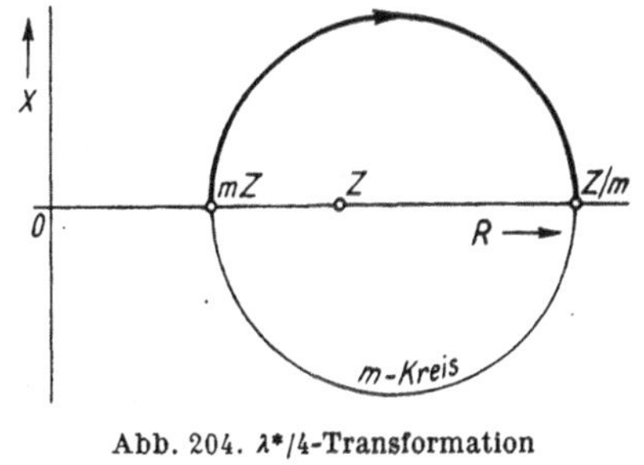

Abb. 204. $\lambda^*/4$-Transformation

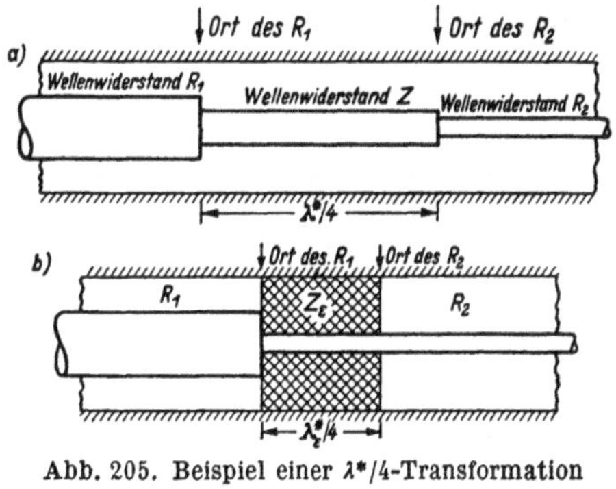

Abb. 205. Beispiel einer $\lambda^*/4$-Transformation

Z ist also das geometrische Mittel der beiden Widerstände. Oft benutzt man eine solche Anordnung nach Abb. 205 als Übergang zwischen zwei Leitungen verschiedenen Wellenwiderstandes. Wenn die linke Leitung (Wellenwiderstand R_1) mit dem Widerstand R_1 abgeschlossen ist, ist dieses R_1 auch der Abschlußwiderstand der $\lambda^*/4$-Leitung. Diese transformiert R_1 in den Wert R_2, der nun wieder einen reflexionsfreien Abschluß der rechten Leitung (Wellenwiderstand R_2) darstellt. Wenn alle drei Leitungen wie in Abb. 205a Luft als Dielektrikum besitzen, ist $\lambda^*/4 = \lambda/4$ und bei koaxialen Leitungen mit gleichbleibendem Außenleiter liegt der Innenleiterdurchmesser der Transformationsleitung zwischen den Innenleiterdurchmessern der Anschlußleitungen. Oft erreicht man die Transformation auch durch ein eingeschobenes Stück Dielektrikum nach Abb. 205b. Das Dielektrikum hat die Länge $\lambda_\varepsilon^*/4$, wobei zu beachten ist, daß nach (25.14) die Wellenlänge λ_ε^* im Dielektrikum um den Faktor $1/\sqrt{\varepsilon}$ kleiner ist als in Luft. Da das Dielektrikum nach (25.14) den Wellenwiderstand um den Faktor $1/\sqrt{\varepsilon}$ erniedrigt, ist (bei gleichbleibendem Innenleiter) $Z_\varepsilon = R_2/\sqrt{\varepsilon}$ und daher nach (30.1) das notwendige

$$\varepsilon = R_2/R_1. \tag{30.2}$$

Die Transformation der $\lambda^*/4$-Leitung ist frequenzabhängig; denn bei einer gegebenen Länge l der Leitung erfolgt die gewünschte Transformation nur für die Frequenz f_0 für die $l/\lambda_0^* = 0{,}25$ ist. Für eine niedrigere Frequenz ist dann $\lambda^* > \lambda_0^*$ und $l/\lambda^* < 0{,}25$. Das R_1 wird für $R_1 < R_2$ gemäß Abb. 206 für die niedrigere Frequenz nur bis zum Punkt $\Re_2$ oberhalb der reellen Achse transformiert. Für eine höhere Frequenz wird $\lambda^* < \lambda_0^*$ und $l/\lambda^* > 0{,}25$, so daß R_1 in einen Punkt $\Re_2$ unterhalb der reellen Achse transformiert wird. Die Abweichung $\Delta\Re_2$ des $\Re_2$ von R_2 beschreibt man formelmäßig für kleine Frequenzabweichungen durch folgende Größe F, die auch für zahlreiche spätere Rechnungen wichtig ist:

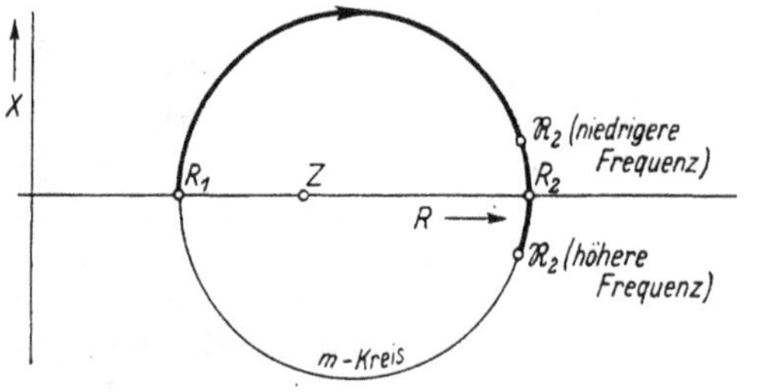

Abb. 206. Frequenzabhängigkeit der $\lambda^*/4$-Transformation

$$F = \frac{|\Delta\Re_2|/R_2}{|\Delta f|/f_0}. \tag{30.3}$$

Da bei Leitungsschaltungen in den Formeln für $\Re_2$ nicht f, sondern λ^* als Frequenzvariable vorkommt, muß man (1.11) bis (1.13) benutzen. Für $|\Delta f|/f_0 < 0{,}1$ gilt also

$$\Delta f/f_0 \approx -\Delta\lambda/\lambda_0 = -\Delta\lambda^*/\lambda_0^*, \tag{30.4}$$

weil das λ im freien Raum und das λ^* auf der Leitung einander direkt proportional sind. Der Eingangswiderstand $\Re_2$ der mit R_1 abgeschlossenen Leitung ist durch (26.4) gegeben, jedoch eignet sich diese Formel für den vorliegenden Fall nicht, weil bei $l = \lambda_0^*/4$ das $\operatorname{tg}(2\pi l/\lambda_0^*) = \infty$ wird. Man formt deshalb (26.4) um, wobei man die Formeln $\operatorname{ctg} x = 1/\operatorname{tg} x$ und $Z^2/R_1 = R_2$ nach (30.1) benutzt:

$$\begin{aligned}\Re_2 &= \frac{jZ\cdot\operatorname{tg}(2\pi l/\lambda^*)\,[1 - j(R_1/Z)\operatorname{ctg}(2\pi l/\lambda^*)]}{j(R_1/Z)\operatorname{tg}(2\pi l/\lambda^*)\,[1 - j(Z/R_1)\operatorname{ctg}(2\pi l/\lambda^*)]}\\ &= R_2\,\frac{1 - j(R_1/Z)\operatorname{ctg}(2\pi l/\lambda^*)}{1 - j(Z/R_1)\operatorname{ctg}(2\pi l/\lambda^*)}.\end{aligned} \tag{30.5}$$

Formeln dieser Art kommen im folgenden oft vor und interessieren vorzugsweise bei Kompensationsaufgaben in einem kleinen Frequenzbereich um ein mittleres λ_0^* herum: $\lambda^* = \lambda_0^* + \Delta\lambda^*$, wobei im vorliegenden Fall $\lambda_0^* = 4l$ ist. Unter gewissen einschränkenden Bedingungen, die aber in der Praxis meist erfüllt sind, kann man eine solche Formel durch Reihenentwicklung (§ 1) in eine sehr einfache Form bringen. Das Verfahren dieser Reihenentwicklung, das später noch oft in gleicher Weise verwendet wird, soll hier ausführlich behandelt werden. Der Leser möge durch Vergleich von (30.5) und (30.7) den Nutzen solcher Näherungen erkennen, die für die Praxis oft eine unvermeidliche Notwendigkeit sind. Für $|\Delta\lambda^*|/\lambda_0^* < 0{,}1$ wird nach (1.8)

$$\frac{2\pi l}{\lambda^*} = \frac{2\pi l}{\lambda_0^*(1 + \Delta\lambda^*/\lambda_0^*)} \approx \frac{\pi}{2}\left(1 - \frac{\Delta\lambda^*}{\lambda_0^*}\right)$$

wegen $\lambda_0^* = 4l$. Dann wird durch Einsetzen

$$\operatorname{ctg}(2\pi l/\lambda^*) \approx \operatorname{ctg}[\pi/2 - (\Delta\lambda^*/\lambda_0^*)\,\pi/2] = \operatorname{tg}[(\Delta\lambda^*/\lambda_0^*)\,\pi/2].$$

Wegen des kleinen $\Delta\lambda^*/\lambda_0^*$ kann man dann nach (1.17) die Reihenentwicklung der tg-Funktion benutzen und nach (30.4) auf Δf übergehen:

$$\operatorname{ctg}(2\pi l/\lambda^*) \approx \operatorname{tg}[(\Delta\lambda^*/\lambda_0^*)\,\pi/2] \approx (\Delta\lambda^*/\lambda_0^*)\,\pi/2 \approx -(\Delta f/f_0)\,\pi/2. \qquad (30.6)$$

Nachdem man so die komplizierte ctg-Funktion durch eine lineare Funktion unter der Voraussetzung

$$|\Delta f|/f_0 < 0{,}1 \qquad (30.6\text{a})$$

ersetzt hat, setzt man (30.6) in (30.5) ein, und kann dann die Näherung (1.14) anwenden, solange im Nenner von (30.5) die Größe $(Z/R_1)\ (|\Delta f|/f_0)\,\pi/2 < 0{,}1$ bleibt, also

$$|\Delta f|/f_0 < 0{,}06 \cdot R_1/Z \qquad (30.6\text{b})$$

ist. Durch diese beiden Bedingungen für Δf ist also der nutzbare Frequenzbereich der Näherung begrenzt. Dann wird aus (30.5) die sehr einfache Formel

$$\mathfrak{R}_2 = R_2\,[1 - j\,(Z/R_1 - R_1/Z)(\Delta f/f_0)\,\pi/2]. \qquad (30.7)$$

Die Abweichung des $\mathfrak{R}_2$ vom R_2 ist also für genügend kleine Δf durch eine reine Blindkomponente gegeben, wie dies auch aus Abb. 206 hervorgeht. Je mehr R_1 und Z verschieden sind, desto größer wird dieser Fehler. Der Faktor F nach (30.3) lautet hier für hinreichend kleine Frequenzabweichungen

$$F = |\,Z/R_1 - R_1/Z\,| \cdot \pi/2. \qquad (30.8)$$

Wenn $\ddot{u} = R_2/R_1$ das Transformationsverhältnis ist, wird daraus mit (30.1)

$$F = |\sqrt{\ddot{u}} - 1/\sqrt{\ddot{u}}\,| \cdot \pi/2. \qquad (30.9)$$

Wenn für eine bestimmte Aufgabe eine gewisse Abweichung $|\,\Delta\mathfrak{R}_2|/R_2$ zulässig ist, so kann man nach (30.3) bei gegebenem F Frequenzabweichungen

$$|\Delta f| = (|\Delta\mathfrak{R}_2|/R_2)\,(f_0/F) \qquad (30.10)$$

von der mittleren Frequenz f_0 gestatten.

Von besonderem Interesse sind die sogenannten Anpassungstransformationen. Bei diesen ist eine homogene Leitung vom Wellenwiderstand Z mit einem komplexen Widerstand $\mathfrak{R}_1$ abgeschlossen. Längs der Leitung sollen dann geeignete Maßnahmen getroffen werden, um auf der Leitung Anpassung zu erreichen. Die einfachste Maßnahme ist die Parallelschaltung eines Blindwiderstandes jX in einem geeigneten Punkt der Leitung nach Abb. 207a. Größe und Lage des

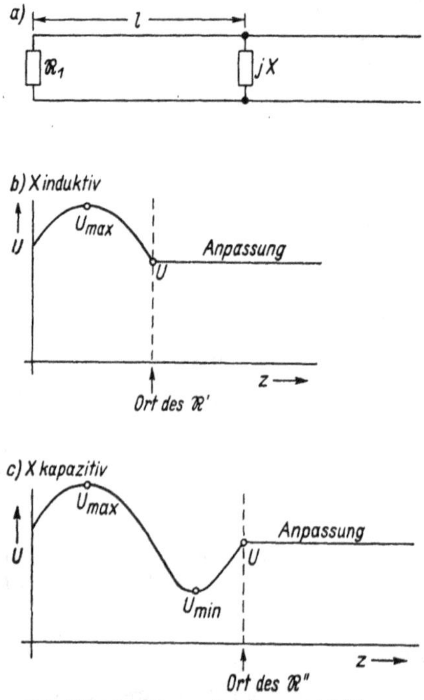

Abb. 207. Anpassung durch verschiebbaren Blindwiderstand

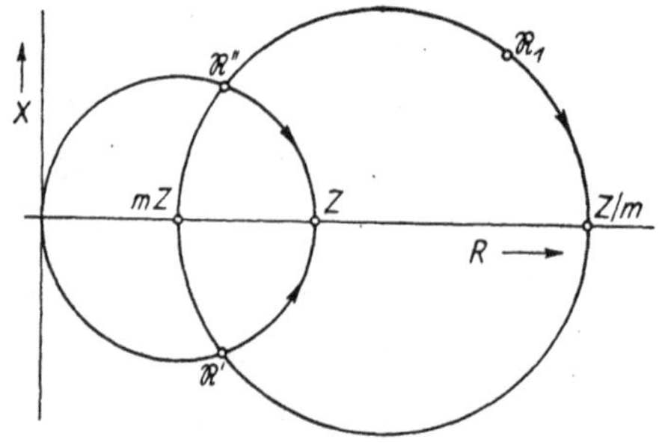

Abb. 208. Widerstandsdiagramm zur Abb. 207

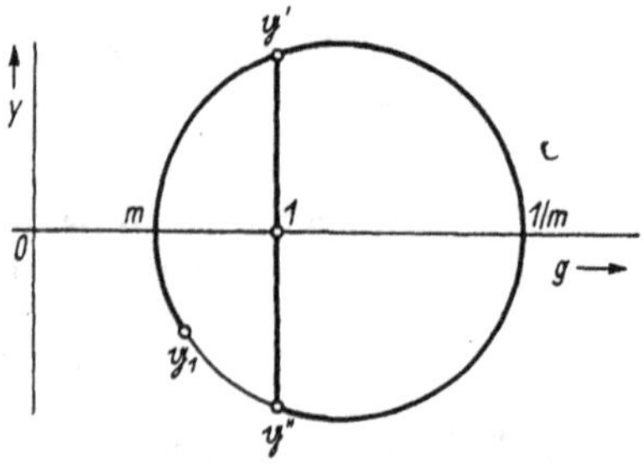

Abb. 209. Leitwertsdiagramm zur Abb. 207

Blindwiderstandes gewinnt man mit Hilfe des Leitungsdiagramms nach Abb. 208. Der Punkt $\mathfrak{R}_1$ wandert durch die vorgeschaltete Leitung auf seinem m-Kreis. Anpassung kann man dadurch erreichen, daß $\mathfrak{R}_1$ bis zu einem Schnittpunkt des m-Kreises mit dem durch Z gehenden G-Kreis wandert. Besitzt man ein induktives jX, so legt man dieses X an den Ort der Leitung, wo $\mathfrak{R}_1$ in den unteren Schnittpunkt $\mathfrak{R}'$ der beiden Kreise transformiert wird. Die dazu erforderliche Leitungslänge l ist aus der Parameterdifferenz der l-Kreise der Punkte $\mathfrak{R}_1$ und $\mathfrak{R}'$ zu entnehmen. Der Leitwert $jY = -j\,1/X$ muß dann gerade so groß sein, daß dieses $\mathfrak{R}'$ auf dem G-Kreis nach Z verschoben wird. Y ist also gleich dem negativen Blindleitwert des $\mathfrak{R}'$, den man mit Hilfe des Transformationsdiagramms (§ 15) leicht findet. Wenn man einen kapazitiven Blindwiderstand jX parallelschalten will, muß man den oberen Schnittpunkt $\mathfrak{R}''$ der beiden Kreise benutzen. Wesentlich günstiger ist in diesem Fall die Verwendung des Leitungsdiagramms für Leitwerte. Abb. 209 bezieht sich auf relative Leitwerte nach (27.5), zu deren Ermittlung man Abb.

180 benutzen wird, wenn man von relativen Widerständen ausgeht. Das relative $\mathfrak{g}_1$ wird auf seinem m-Kreis nach $\mathfrak{g}' = Z/\mathfrak{R}'$ senkrecht über 1 oder nach $\mathfrak{g}'' = Z/\mathfrak{R}''$ senkrecht unter 1 verschoben und wandert dann senkrecht nach unten oder oben nach 1. Das relative y des parallelzuschaltenden Blindwiderstandes ist dann gleich der Strecke von $\mathfrak{g}'$ oder $\mathfrak{g}''$ nach 1. Für relative Leitwerte $\mathfrak{g} = g + jy$ lautet die Kreisgleichung entsprechend (27.9)

$$\left[g - \frac{1}{2}\left(\frac{1}{m} + m\right)\right]^2 + y^2 = \left[\frac{1}{2}\left(\frac{1}{m} - m\right)\right]^2. \qquad (30.11)$$

Das y der Punkte $\mathfrak{g}'$ und $\mathfrak{g}''$ findet man aus dieser Gleichung, wenn man $g = 1$ setzt. Es ergibt sich dann der wirkliche Leitwert nach (27.6) zu

$$Y = \pm (\sqrt{m} - 1/\sqrt{m})/Z. \qquad (30.12)$$

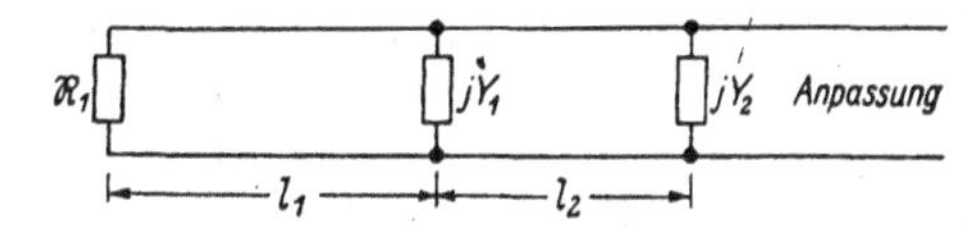

Abb. 210. Anpassung mit zwei ortsfesten Blindwiderständen

Das positive Vorzeichen gilt für den Punkt $\mathfrak{g}'$, das negative Vorzeichen für den Punkt $\mathfrak{g}''$. Wenn man die Spannungskurve längs der Leitung kennt, findet man leicht den Ort, an dem man dieses Y parallelschalten muß. Bei induktivem Leitwert $jY = -j\,1/X$ liegt der Ort $\mathfrak{R}'$ nach Abb. 207b auf dem abfallenden Teil der Spannungskurve, bei kapazitivem Leitwert der Ort $\mathfrak{R}''$ nach Abb. 207c auf dem ansteigenden Teil. Den genauen Ort findet man mit Hilfe von (27.14). Die Spannungskurve besitzt eine Maximalspannung $U_{\max}$, zu der der relative Leitwert $\mathfrak{g}_{\min} = m$, und eine Minimalspannung $U_{\min}$, zu der der relative Leitwert $\mathfrak{g}_{\max} = 1/m$ gehört. Am Ort des Blindwiderstandes jX besteht ferner eine Spannung U, zu der der relative Wirkleitwert $g = 1$ des $\mathfrak{g}'$ oder $\mathfrak{g}''$ gehört. Daher ist nach (27.14)

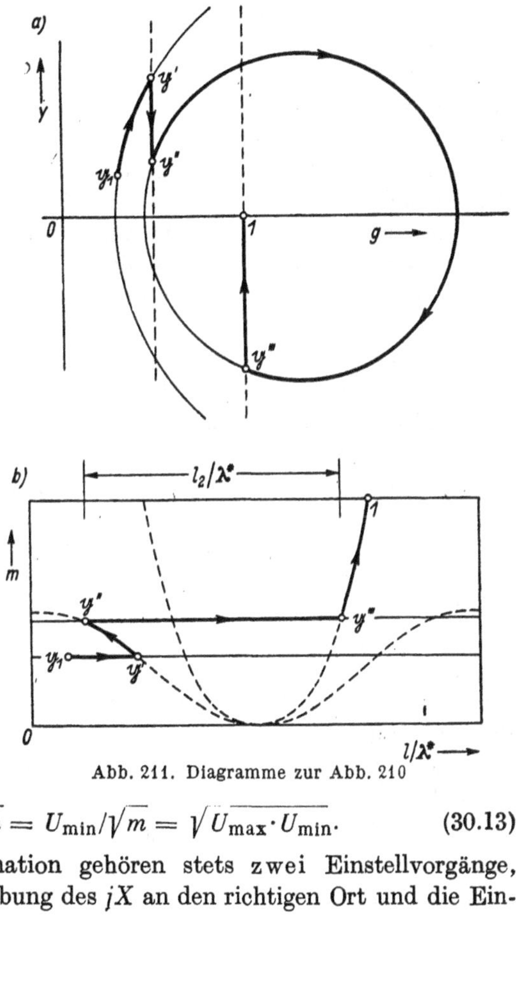

Abb. 211. Diagramme zur Abb. 210

$$U = U_{\max}\sqrt{m} = U_{\min}/\sqrt{m} = \sqrt{U_{\max} \cdot U_{\min}}. \qquad (30.13)$$

Zu einer Anpassungstransformation gehören stets zwei Einstellvorgänge, im obigen Beispiel die Verschiebung des jX an den richtigen Ort und die Einstellung der richtigen Größe des X. Ein verschiebbarer Blindwiderstand kann in vielen Fällen nicht als eine technisch befriedigende Lösung angesehen werden. Man verwendet dann auch Schaltungen, die zwei Blindwiderstände einstellbarer Größe an zwei verschiedenen, nicht veränderlichen Orten der Leitung nach Abb. 210 enthalten. Man benutzt wie in Abb. 209 das Leitungsdiagramm (§ 27) für relative Leitwerte. In Abb. 211a wird der relative Leitwert $\mathfrak{g}_1 = Z/\mathfrak{R}_1$ des Leitungsabschlusses zunächst auf seinem m-Kreis über die vorgeschaltete Leitung mit der unveränderlichen Länge l_1 nach $\mathfrak{g}'$ verschoben. Der Leitwert jY_1 verschiebt dann $\mathfrak{g}'$ senkrecht nach oben oder unten um das Stück $y_1 = Y_1 \cdot Z$. Da Y_1 einstellbar ist, liegt der neue Punkt $\mathfrak{g}''$ irgendwo auf der senkrechten gestrichelten Geraden durch $\mathfrak{g}'$. Dieses $\mathfrak{g}''$ wandert dann auf seinem m-Kreis zu einem Punkt $\mathfrak{g}'''$, der auf der gestrichelten Geraden durch 1 liegen muß, damit $\mathfrak{g}'''$ durch das einstellbare jY_2 nach 1 verschoben werden kann. Die Orte $\mathfrak{g}''$ und $\mathfrak{g}'''$ liegen also auf den gestrichelten Geraden nicht von vornherein fest. Sie liegen aber auf einem gemeinsamen m-Kreis und der Parameterabstand der l-Kreise der beiden Punkte ist durch die unveränderliche Leitungslänge l_2 gegeben. Zu suchen sind also diejenigen Punkte $\mathfrak{g}''$ und $\mathfrak{g}'''$ der beiden gestrichelten Geraden, die gerade den Parameterabstand l_2/λ^* haben. Diese Aufgabe ist mit dem Kreisdiagramm der Abb. 179 nicht ohne weiteres zu lösen, wohl aber mit dem Diagramm der Abb. 184 in Anwendung auf relative Leitwerte, wo an die Stelle von r und x einfach g und y treten. Abb. 211b zeigt den Transformationsvorgang in diesem zweiten Diagramm. An die Stelle der beiden gestrichelten Geraden $g = \text{const}$ (Abb. 211a) treten hier die beiden gestrichelten Kurven $g = \text{const}$ des neuen Diagramms. Der Punkt $\mathfrak{g}_1$ ist gegeben. Er verschiebt sich auf einer waagerechten Geraden $m = \text{const}$ nach $\mathfrak{g}'$ wie in Abb. 185, $\mathfrak{g}'$ wandert durch die Parallelschaltung des jY_1 auf der zugehörigen Kurve $g = \text{const}$ nach $\mathfrak{g}''$, $\mathfrak{g}''$ über die Leitung l_2 auf einer waagerechten Geraden $m = \text{const}$ nach $\mathfrak{g}'''$ und $\mathfrak{g}'''$ durch die Parallelschaltung des jY_2 abschließend auf der zugehörigen Kurve $g = \text{const}$ nach oben auf die Anpassungslinie $m = 1$, die in diesem Diagramm den Punkt 1 des Diagramms der Abb. 179 darstellt. Gesucht sind die beiden Punkte $\mathfrak{g}''$ und $\mathfrak{g}'''$. Man weiß nur, daß sie auf den gestrichelten Kurven liegen, und zwar auf der gleichen waagerechten Geraden $m = \text{const}$, die die gegebene Länge l_2/λ^* hat. Mit Hilfe eines Lineals kann man nun aber sehr schnell finden, wo eine Strecke solcher Länge liegt. Dann liegen alle Punkte fest und die Differenz der im Diagramm an den Kurven $y = \text{const}$ abzulesenden relativen Blindleitwerte y', y'' und y''' gibt die erforderlichen Blindleitwerte jY_1 und jY_2 der Schaltung: $Y_1 = (y'' - y')/Z$; $Y_2 = -y'''/Z$. Dies ein erstes Beispiel für eine erfolgreiche Anwendung des Diagramms der Abb. 184 für eine Aufgabe, die mit dem Diagramm der Abb. 179 nicht in einfacher Form lösbar ist. Die Kunst der quantitativen Rechnung liegt stets in der richtigen Auswahl der Hilfsmittel.

Diese einstellbaren Blindwiderstände stellt man meist durch am Ende kurzgeschlossene Leitungen dar, mit denen man durch Verändern der Leitungslänge nach Abb. 141b jeden Blindwiderstand zwischen $-\infty$ und ∞ erzeugen kann.

Bei der nicht abgeschirmten Doppelleitung ist dieser Blindwiderstand nach Abb. 212a eine einfache Drahtschleife, bei der koaxialen Leitung ein seitlicher Ansatz (Abb. 212b). Während die Verschiebung des Blindwiderstandes längs der Leitung in Abb. 212a ein leicht lösbares Problem ist, sind entsprechende Konstruktionen bei abgeschirmten Leitungen wesentlich schwieriger, so daß man dann lieber mit ortsfesten Elementen nach Abb. 210 arbeitet. An sich könnte man auch die Transformationsschaltungen des § 15 zur Anpassungstransformation benutzen und würde dann an irgendeiner Stelle der Leitung einen Serienblindwiderstand und einen Parallelblindwiderstand einbauen. Wenn man für die koaxiale Leitung ein Gebilde sucht, das tatsächlich wie ein definierter Serienblindwiderstand wirkt, muß man einen Blindwiderstand nach Abb. 213a in das Innere des Innenleiters oder nach Abb. 213b außerhalb des Außenleiters legen. Die Einstellung des Serienblindwiderstandes im Innenleiter ist dann aber sehr schwierig. Brauchbar ist die Konstruktion der Abb. 214, bei der der Serienblindwiderstand im Innenleiter des Parallelblindwiderstandes liegt und die verschiebbaren Kurzschlüsse ohne Mühe von außen erreichbar sind. Ein einfaches Kriterium dafür, ob eine Anordnung als Serienblindwiderstand oder als Parallelblindwiderstand wirkt, ist folgendes: Ein Serienblindwiderstand wird vom gesamten Leitungsstrom $\mathfrak{J}$ durchflossen und alle Ströme und Spannungen in ihm sind proportional zu $\mathfrak{J}$. Ein Parallelblindwiderstand dagegen führt an seinem Eingang die volle Leitungsspannung $\mathfrak{U}$ und alle Ströme und Spannungen in ihm sind proportional zu $\mathfrak{U}$. Bei komplizierteren Gebilden ist diese Entscheidung nicht immer einfach, obwohl obige Bemerkungen zunächst äußerst primitiv zu sein scheinen.

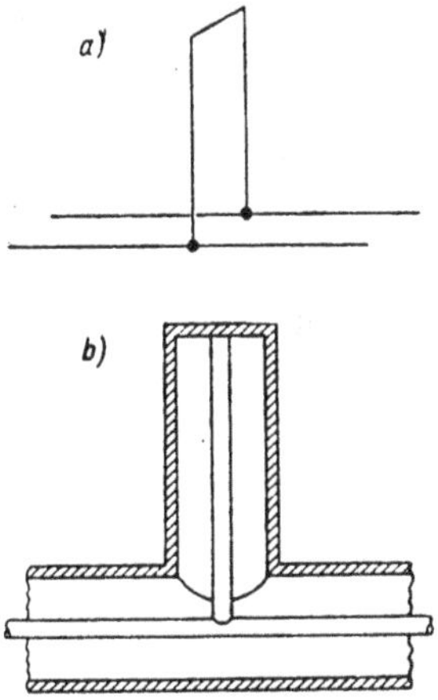

Abb. 212. Parallelblindwiderstände

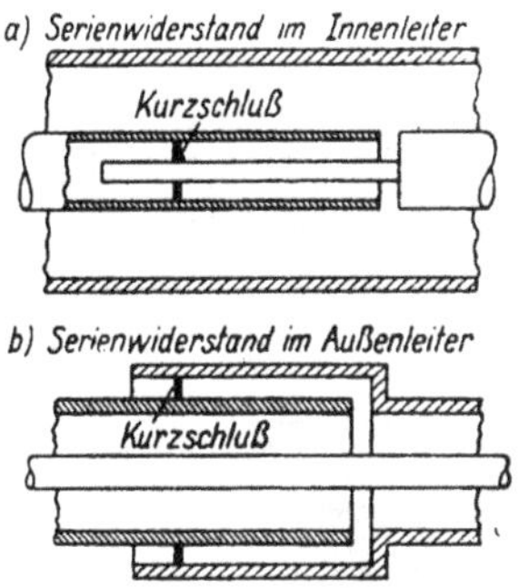

Abb. 213. Serienblindwiderstände

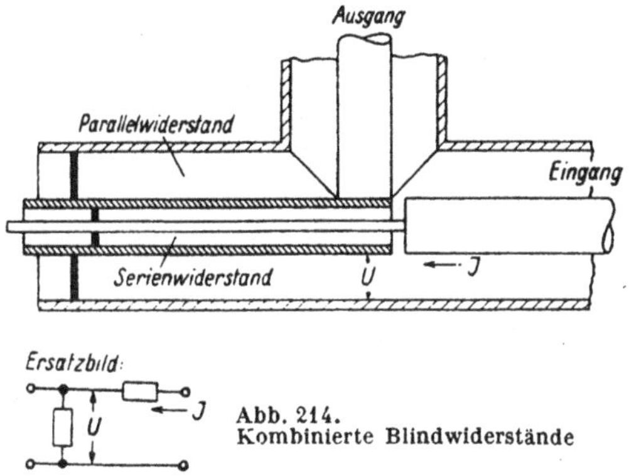

Abb. 214. Kombinierte Blindwiderstände

Die genannten Schaltungen brauchen durchaus nicht nur zur Erzielung einer Anpassung benutzt zu werden, sondern sie können ganz allgemein zur Transformation eines gegebenen $\mathfrak{R}_1$ in einen anderen komplexen Wert $\mathfrak{R}_2$ dienen. Für die Schaltung der Abb. 210 ändert sich dann an der Konstruktion der Abb. 211b nichts außer der Forderung, daß das Endziel nicht ein Punkt $m = 1$, sondern ein anderer vorgegebener Wert $\mathfrak{g}_2 = Z/\mathfrak{R}_2$ ist. Durch dieses $\mathfrak{g}_2$ läuft eine Kurve $g = \text{const}$, auf der das $\mathfrak{g}'''$ liegen muß. Es gilt dann die Regel, daß man Längen l_2 zwischen jY_1 und jY_2 vermeiden muß, die in der Nähe von $\lambda^*/2$ liegen oder sehr klein sind. Am besten arbeitet man mit Zwischenleitungen $l_2 = \lambda^*/4$. Auch die Schaltung der Abb. 207 kann man für solche allgemeinen Transformationen benutzen. Jedoch wird dann die Berechnung komplizierter und zweckmäßig auf graphischem Wege mit Hilfe des Diagramms der Abb. 184 durchgeführt. Abb. 215 zeigt die Schaltung und den Trans-

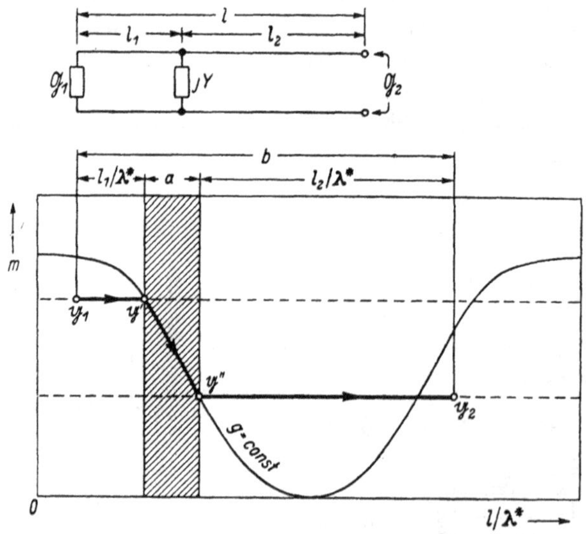

Abb. 215. Transformation mit verschiebbarem Blindwiderstand

formationsweg im Diagramm. Gegeben sind der relative Endleitwert $\mathfrak{g}_1 = Z/\mathfrak{R}_1$, der gewünschte relative Eingangsleitwert $\mathfrak{g}_2 = Z/\mathfrak{R}_2$ und die Leitungslänge l, während l_1 und l_2 noch frei verfügbar sind, wobei jedoch ihre Summe stets gleich l sein muß. Die Leitung l_1 verschiebt $\mathfrak{g}_1$ auf einer waagerechten Geraden $m = \text{const}$ nach $\mathfrak{g}'$, wobei aber $\mathfrak{g}'$ zunächst noch keine genau fixierte Lage auf der gestrichelten Geraden durch $\mathfrak{g}_1$ hat. $\mathfrak{g}'$ wandert dann wegen des parallelgeschalteten Blindleitwerts jY auf der Kurve $g = \text{const}$ nach $\mathfrak{g}''$, das auf der waagerechten Geraden durch $\mathfrak{g}_2$ liegen muß, damit das Leitungsstück l_2 nach dem gewünschten $\mathfrak{g}_2$ transformieren kann. Der waagerechte Abstand von $\mathfrak{g}_1$ und $\mathfrak{g}_2$ im Diagramm ist gleich b, der Abstand von $\mathfrak{g}_1$ und $\mathfrak{g}'$ gleich l_1/λ^* und von $\mathfrak{g}''$ und $\mathfrak{g}_2$ gleich l_2/λ^*. Der waagerechte Abstand a von $\mathfrak{g}'$ und $\mathfrak{g}''$ ist also

$$a = b - (l_1/\lambda^* + l_2/\lambda^*) = b - l/\lambda^* \tag{30.14}$$

und bei gegebener Gesamtlänge l berechenbar. Um l_1 und l_2 zu bestimmen, legt man auf das Diagramm beispielsweise einen Papierstreifen der Breite a, den man parallel zur m-Achse seitlich hin und her schiebt. Man findet schließlich eine Lage (in Abb. 215 schraffiert), bei der die Ränder des Streifens die beiden waagerechten Geraden in zwei Punkten $\mathfrak{g}'$ und $\mathfrak{g}''$ schneiden, die auf der gleichen Kurve $g =$ const liegen. Damit kennt man aber l_1/λ^* und l_2/λ^*, also die Lage des Blindwiderstandes jY. Die Differenz der relativen Blindleitwerte y'' und y' des $\mathfrak{g}''$ und $\mathfrak{g}'$, die man an den durch $\mathfrak{g}''$ und $\mathfrak{g}'$ laufenden Kurven $y =$ const ablesen kann, ist der relative Blindleitwert y des parallelzuschaltenden Blindwiderstandes:

$$Y = y/Z = (y'' - y')/Z. \tag{30.15}$$

Zwischen Leitungsschaltungen und Schaltungen aus konzentrierten Elementen gibt es gewisse Analogien, die oft wertvolle Dienste beim Auffinden neuer Schaltungsmöglichkeiten leisten. Es besteht stets eine gewisse Ähnlichkeit zwischen dem Verhalten eines nicht zu langen Leitungsstücks und einer (LC)-Schaltung, insbesondere auch bezüglich der Frequenzabhängigkeit und der Phasendrehung. Man vgl. Abb. 167. Die Schaltung der Abb. 216a ist z. B. einem Leitungsstück vergleichbar, wenn $|\mathfrak{R}| < Z$ ist, die Schaltung der Abb. 216b, wenn $|\mathfrak{R}| > Z$ ist. Dagegen besteht keine Analogie zu den

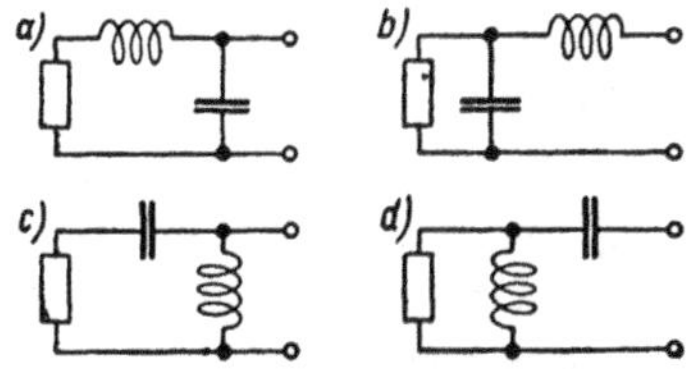

Abb. 216.
Vergleichsschaltungen der kurzen Leitung

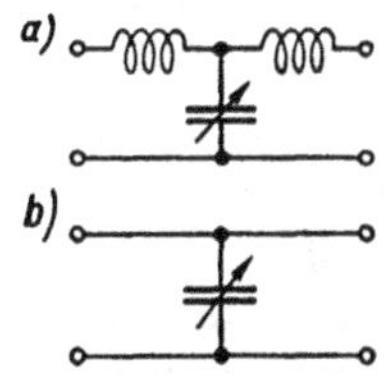

Abb. 217.
Gleichartige Schaltungen

Schaltungen der Abb. 216c und d, die formal etwa wie eine Leitung mit negativer Länge wirken. Beispielsweise kann man auch die Schaltung der Abb. 80 nicht in eine Leitungsschaltung umsetzen. Wenn man die dort gestellte Aufgabe jedoch mit der ganz ähnlich funktionierenden Schaltung der Abb. 217a löst, kann man leicht als analoge Leitungsschaltung die Abb. 217b finden. Diese besteht dann aus einem Leitungsstück, dem an einer geeigneten Stelle ein veränderlicher Kondensator parallelgeschaltet ist. Bei der Anwendung graphischer Darstellungsmethoden benutzt man dann oft die Ähnlichkeit der m-Kreise des Leitungsdiagramms mit den Kreisen konstanten Wirkleitwerts (G-Kreisen) im Transformationsdiagramm des § 15, sowie der l-Kreise des Leitungsdiagramms mit den Y-Kreisen des Transformationsdiagramms. Diese Ähnlichkeit kann man etwa so erläutern, daß die Kreise der Abb. 71 in der Widerstandsebene als die Kreise eines Leitungsdiagramms mit $Z = 0$ betrachtet werden, die gleichen Kreise in der Leitwertsebene als die Kreise eines Leitungsdiagramms mit $1/Z = 0$ $(Z = \infty)$. Ein Serien-L läßt sich also sofort durch eine kurze Leitung mit großem Z und ein Parallel-C durch eine kurze Leitung mit kleinem Z ersetzen. Man vergleiche auch Abb. 223.
Ergänzendes Schrifttum: [32, 33, 54, 59].

§ 31. Kompensations- und Breitbandschaltungen aus Leitungen

Die Prinzipien dieser Schaltungen sind die gleichen wie in § 16 und § 18. Man kann jedes Serien-L und jedes Parallel-C durch Leitungsstücke ersetzen, insbesondere auch die (LC)-Kombination der Abb. 216a und b. Nicht dagegen eignen sich die Leitungen für Filterschaltungen nach § 17, weil ihr Eingangswiderstand mit wachsender Frequenz die m-Kreise periodisch durchläuft, so daß im Sperrbereich der Tiefpaßfilter bei Anwendung von Leitungen periodisch immer wieder kleine Durchlaßbereiche auftreten würden. Zur Frequenzabhängigkeit von Leitungsschaltungen ist grundsätzlich zu bemerken, daß mit wachsender Leitungslänge die Frequenzabhängigkeit des Eingangswiderstandes wächst. Man vergleiche auch die Ableitung zur Gl. (30.6). Es sei wieder $\lambda^* = \lambda_0^* + \Delta\lambda^*$ und $|\Delta\lambda^*|/\lambda_0^* < 0{,}1$. Das Wandern des komplexen Widerstandes auf dem m-Kreis wird mit (1.8) durch die Größe

$$\frac{l}{\lambda^*} = \frac{l}{\lambda_0^*(1 + \Delta\lambda^*/\lambda_0^*)} \approx \frac{l}{\lambda_0^*}\left(1 - \frac{\Delta\lambda^*}{\lambda_0^*}\right) \tag{31.1}$$

bestimmt. Wenn der Abschlußwiderstand $\mathfrak{R}_1$ bei der Frequenz f_0 (Wellenlänge λ_0^*) in einen Wert $\mathfrak{R}_2$ transformiert wird und man dann die Frequenz um Δf ändert (Wellenlänge λ^*), so wandert das $\mathfrak{R}_2$ auf dem m-Kreis gemäß der Änderung des Parameters von l/λ_0^* in l/λ^*, also nach (31.1) und (30.4) um $-(l/\lambda_0^*)(\Delta\lambda^*/\lambda_0^*) \approx (l/\lambda_0^*)(\Delta f/f_0)$. Die zu einer bestimmten Änderung $\Delta f/f_0$ gehörende Verschiebung des $\mathfrak{R}_2$ auf dem m-Kreis ist daher um so größer, je größer der Quotient l/λ_0^* ist. Da die m-Kreise mit abnehmendem m immer größer werden, wächst die Verschiebung auch mit abnehmendem m. Lange Leitungen und große Fehlanpassung (kleines m) geben also große Frequenzabhängigkeit des Eingangswiderstandes, die so groß werden kann, daß sie sich schaltungsmäßig nicht mehr beherrschen läßt. Es ergibt sich daraus die wichtige Regel: Je länger die Leitung, desto besser muß die Anpassung sein. Bei Leitungen, die länger als $10\,\lambda^*$ sind, wird man stets sehr gute Anpassung verlangen ($m > 0{,}9$). Die mit dem Wellenwiderstand Z abgeschlossene Leitung ist eine ideale Kompensationsschaltung, da jedes Serien-ΔL durch ein am gleichen Ort befindliches Parallel-ΔC unschädlich gemacht wird (Abb. 151).

Abb. 206 zeigt den frequenzabhängigen Eingangswiderstand einer $\lambda^*/4$-Transformationsleitung. Es ist nicht schwierig, diesen Frequenzgang für einen kleinen Frequenzbereich zu kompensieren. Man benötigt dazu einen in Serie geschalteten Serienresonanzkreis wie in Abb. 85. Dieser hat bei der Resonanzfrequenz f_0 den Blindwiderstand Null, bei höheren Frequenzen einen induktiven und bei niedrigeren Frequenzen einen kapazitiven Blindwiderstand nach (6.10). Zur Kompensation der bei kleinen Frequenzänderungen ($|\Delta f|/f_0 < 0{,}1$) auftretenden Blindkomponenten des $\mathfrak{R}_2$ muß man dann dem Serienkreis ein solches X_R geben, daß sein Blindwiderstand $j\,2\,X_R(\Delta f/f_0)$ nach (9.14) und (9.26) gleich dem negativen Blindwiderstand des $\mathfrak{R}_2$ in (30.7) wird, also

$$X_R = R_2\,(Z/R_1 - R_1/Z)\,\pi/4 = Z\,[(Z/R_1)^2 - 1]\,\pi/4 \tag{31.2}$$

nach (30.1). Diesen Serienresonanzkreis kann man nach (23.28) auch durch eine am Ende offene Leitung der Länge $\lambda_0^*/4$ ersetzen. Anstelle der Größe X_R tritt dann nach (23.9) und (30.6) die Größe $\pi \cdot Z_K/4$, wenn Z_K der Wellenwiderstand der Kompensationsleitung ist. Es ist also nach (31.2)

$$Z_K = Z\,[(Z/R_1)^2 - 1]. \tag{31.3}$$

Die Kompensationsleitung legt man wie in Abb. 213a in das Innere des Innenleiters und erhält aus Abb. 205a die Abb. 218. Ebenso wie bei den Schaltungen des § 16 und § 18 funktionieren diese Kompensationen stets nur für kleine Frequenzabweichungen Δf, für die die benutzten Näherungen gültig sind. Für größere Frequenzänderungen durchlaufen die Eingangswiderstände auch hier die bekannte Schleifenkurve in der Widerstandsebene (Breitbandtransformator). Man verfolge die Transformation punktweise in den Diagrammen für einen größeren Frequenzbereich.

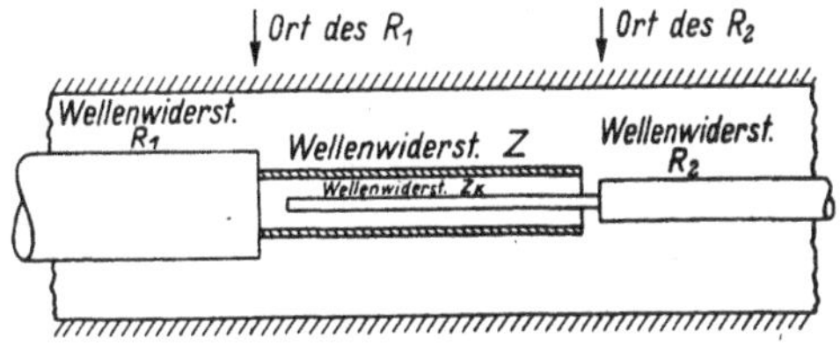

Abb. 218. Kompensierender Serienresonanzkreis

X_R in (31.2) bleibt jedoch nur dann positiv, wenn $Z > R_1$ ist, wenn also wie in Abb. 206 ein kleineres R_1 in ein größeres R_2 transformiert wird. Wenn jedoch ein größeres R_1 mit $Z < R_1$ in ein kleineres R_2 transformiert wird, dann wird im Punkt R_2 als dem linken Punkt $m \cdot Z$ des m-Kreises der m-Kreis mit wachsender Frequenz von unten nach oben durchlaufen. In diesem Fall benötigt man zur Kompensation am Eingang einen parallelgeschalteten Parallelresonanzkreis. Wenn man das Verhalten dieser Anordnung betrachtet, benutzt man Leitwerte. Man transformiert also in der Leitwertsebene den kleineren Leitwert $G_1 = 1/R_1 = m/Z$ über den halben m-Kreis in den größeren Leitwert $G_2 = 1/R_2 = 1/(mZ)$ und erhält das gleiche Bild der Abb. 206, hier lediglich in der Leitwertsebene. Entsprechend den Erläuterungen zu (30.7) gilt dann bei nicht zu großem R_1/Z für den Eingangsleitwert

$$\mathfrak{G}_2 = G_2\,[1 - j\,(R_1/Z - Z/R_1)\,(\Delta f/f_0)\,\pi/2] \tag{31.4}$$

und der dazu parallelgeschaltete Parallelresonanzkreis mit dem Blindleitwert $j\,2\,Y_R(\Delta f/f_0)$ nach (9.20) und (9.29) benötigt in Analogie zu (31.2) mit $Z = \sqrt{R_1 R_2}$ wie in (30.1) den Resonanzblindleitwert

$$Y_R = G_2\,(R_1/Z - Z/R_1)\,\pi/4 = (1/Z)\,[(R_1/Z)^2 - 1]\,\pi/4. \tag{31.5}$$

Es liegen also in (30.7) und (31.4) zwei inverse Schaltungen vor. An dem letzten Beispiel sieht man wieder deutlich, daß die Kenntnis allgemeiner Zusammenhänge zwischen inversen Schaltungen viel Rechenarbeit sparen kann, weil jedes Ergebnis gleichzeitig genaue Aussagen über das Verhalten der inversen Schaltung enthält. Auch hier kann man den parallelzuschaltenden Parallelresonanzkreis nach (9.20) durch eine am Ende kurzgeschlossene Leitung der Länge $\lambda_0^*/4$ ersetzen. Anstelle der Größe Y_R tritt dann nach (22.16) und (30.6) die Größe $\pi/(4 Z_K)$, wenn Z_K der Wellenwiderstand der Kompensationsleitung ist. Es ist also nach (31.5)

$$Z_K = \frac{Z}{(R_1/Z)^2 - 1}. \tag{31.5a}$$

Man kann den Serienresonanzkreis der Abb. 218 auch durch eine vorgeschaltete Kompensationsleitung der Länge $\lambda_0^*/2$ nach Abb. 219a ersetzen. Bei der

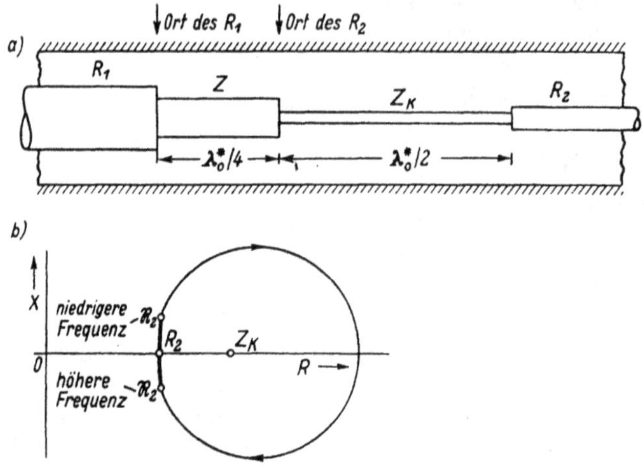

Abb. 219. Kompensierende $\lambda^*/2$-Leitung

Frequenz f_0 (Wellenlänge λ_0^*) transformiert diese Leitung den zugehörigen Punkt R_2 nicht, weil der volle m-Kreis durchlaufen wird. Bei einer kleineren Frequenz ist $\lambda^* > \lambda_0^*$, also $l/\lambda^* < 0{,}5$, und die Kompensationsleitung dreht den Abschlußwiderstand nicht mehr um den vollen Kreis. Bei einer größeren Frequenz ist $\lambda^* < \lambda_0^*$ und $l/\lambda^* > 0{,}5$. Die Kompensationsleitung dreht dann also um mehr als einen vollen Kreis. Wenn in Abb. 219a der Wellenwiderstand Z_K der $\lambda^*/2$-Leitung größer als R_2 ist, ist diese Leitung imstande, das frequenzabhängige $\mathfrak{R}_2$ der Abb. 206 für kleinere Frequenzänderungen weitgehend zu kompensieren. Nach Abb. 219b dreht sich dann bei der mittleren Frequenz f_0 das R_2 wieder nach R_2 zurück. Das $\mathfrak{R}_2$ der niedrigeren Frequenz, das oberhalb der reellen Achse liegt, wird nicht über den vollen Kreis gedreht und kann bei passender Wahl des Z_K fast in das reelle R_2 transformiert werden. Ebenso wird das $\mathfrak{R}_2$ der höheren Frequenz, das unterhalb der reellen Achse liegt, über mehr als den vollen Kreis gedreht und fällt dadurch ebenfalls nahezu in das reelle R_2. Dieses Zusammenfallen gelingt für hinreichend kleine Δf, wo die m-Kreise der Abb. 206 und 219b sich berühren, praktisch vollkommen. Für etwas größere Δf überschneiden sich diese beiden Kreise. Das kompensierte $\mathfrak{R}_2$ kommt aber auch hier in die unmittelbare Nähe des gewünschten R_2 zu liegen. Um das notwendige Z_K zu berechnen, muß die Transformationsgleichung (26.4) für diese $\lambda_0^*/2$-Leitung betrachtet werden. Es ist $\lambda^* = \lambda_0^* + \Delta\lambda^*$ und $l = \lambda_0^*/2$. Wie bei der Ableitung von (30.6) wird mit (1.8)

$$\frac{2\pi l}{\lambda^*} = \frac{\lambda_0^* \pi}{\lambda_0^* (1 + \Delta\lambda^*/\lambda_0^*)} \approx \pi \left(1 - \frac{\Delta\lambda^*}{\lambda_0^*}\right);$$

$$\operatorname{tg}(2\pi l/\lambda^*) = \operatorname{tg}(\pi - \pi \cdot \Delta\lambda^*/\lambda_0^*) = -\operatorname{tg}(\pi \cdot \Delta\lambda^*/\lambda_0^*).$$

Nach (1.17) und (30,4) ist dann für $|\Delta f|/f_0 < 0{,}1$:

$$\operatorname{tg}(2\pi l/\lambda^*) \approx -\pi \cdot \Delta\lambda^*/\lambda_0^* \approx \pi (\Delta f/f_0). \tag{31.6}$$

Wenn diese Leitung mit dem frequenzabhängigen $\mathfrak{R}_2$ nach (30.7) abgeschlossen ist, lautet ihr Eingangswiderstand nach (26.4) und (31.6)

$$\mathfrak{R}_3 \approx \frac{\mathfrak{R}_2 + j\pi (\Delta f/f_0) Z_K}{1 + j(\mathfrak{R}_2/Z_K)\pi (\Delta f/f_0)} = \mathfrak{R}_2 \frac{1 + j\pi (Z_K/\mathfrak{R}_2)(\Delta f/f_0)}{1 + j\pi (\mathfrak{R}_2/Z_K)(\Delta f/f_0)} \,.$$

Ähnlich wie bei den Erläuterungen zu (30.7) wird hier für nicht zu großes $Z_K/|\mathfrak{R}_2|$

$$\begin{aligned} \mathfrak{R}_3 &\approx \mathfrak{R}_2 [1 + j\pi(\Delta f/f_0)(Z_K/\mathfrak{R}_2 - \mathfrak{R}_2/Z_K)] \\ &= \mathfrak{R}_2 + j\pi(\Delta f/f_0)(Z_K/\mathfrak{R}_2 - \mathfrak{R}_2/Z_K)\mathfrak{R}_2. \end{aligned} \tag{31.7}$$

Das $\mathfrak{R}_2$ hat nach (30.7) ebenfalls eine Blindkomponente. Wenn diese entgegengesetzt gleich der in (31.7) zusätzlich auftretenden Blindkomponente ist, tritt Kompensation ein, wobei man für hinreichend kleine Δf in der Blindkomponente von (31.7) ohne Fehler das $\mathfrak{R}_2$ durch R_2 ersetzen kann. Es muß also

$$\frac{Z_K}{R_2} - \frac{R_2}{Z_K} = \frac{1}{2}\left(\frac{Z}{R_1} - \frac{R_1}{Z}\right) = K \tag{31.8}$$

sein. Aus dieser Formel kann man Z_K zu gegebenem R_1 und R_2 unter Benutzung von (30.1) berechnen:

$$Z_K = R_2 [K/2 + \sqrt{1 + (K/2)^2}]. \tag{31.8a}$$

Man kann die Frequenzabhängigkeit der Transformation der Abb. 206 auch dadurch beseitigen, daß man zwischen das gegebene R_1 und die $\lambda^*/4$-Leitung eine geeignete Kompensationsschaltung legt. Betrachtet werde wieder der Fall $R_1 < Z$. Die $\lambda^*/4$-Leitung dreht nur für die mittlere Frequenz f_0 (Wellenlänge λ_0^*) das reelle R_1 in das reelle R_2. Für eine kleinere Frequenz dreht sie nicht mehr über den vollen Halbkreis. Wenn auch für die kleinere Frequenz das reelle R_2 entstehen soll, muß man nach Abb. 220 von einem komplexen Punkt $\mathfrak{R}_1$ des m-Kreises ausgehen, der oberhalb der reellen Achse liegt. Für eine größere Frequenz dreht die Leitung um mehr als einen Halbkreis. Wenn auch für diese höhere Frequenz das reelle R_2 entstehen soll, muß man von

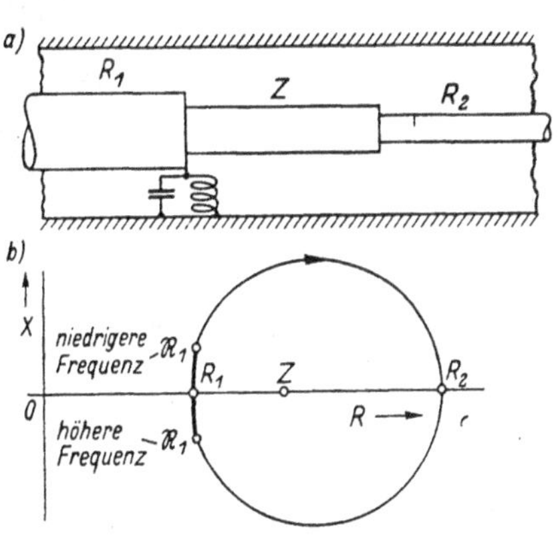

Abb. 220. Kompensierender Parallelresonanzkreis

einem komplexen Punkt $\mathfrak{R}_1$ ausgehen, der unterhalb der reellen Achse liegt. Die einzubauende Kompensationsschaltung muß also erreichen, daß das gegebene reelle R_1 in ein komplexes, frequenzabhängiges $\mathfrak{R}_1$ transformiert wird, das obigen Anforderungen genügt. Dies erreicht man dadurch, daß parallel zu R_1 ein Parallelresonanzkreis mit passendem Y_R geschaltet wird. Bei der Ableitung von (31.5) wurde ein reelles $R_1 > Z$ in ein kleineres R_2 transformiert und der Eingang der Schaltung mit einem parallelgeschalteten Parallelresonanzkreis kompensiert. Man kann nun aber jede Schaltung, die ein größeres R_1 in ein kleineres R_2 transformiert, auch in umgekehrter Richtung verwenden, um ein gegebenes kleineres R_2 in ein größeres R_1 zu transformieren, wobei die Breitbandigkeit erhalten bleibt. Die Umkehrung der zu (31.5) gehörenden Schaltung ist aber die Schaltung der Abb. 220. Es gilt also auch hier für Y_R die Gl. (31.5), wobei lediglich R_1 durch R_2 und G_2 durch $G_1 = 1/R_1$ zu ersetzen ist. Auch hier kann man wie bei dem in Serie liegenden Serienresonanzkreis den parallelgeschalteten Parallelresonanzkreis durch eine $\lambda^*/2$-Leitung im Leitungszug ersetzen. Diese Kompensationsleitung liegt dann in Abb. 220a zwischen der Leitung mit dem Wellenwiderstand R_1 und der Leitung mit dem Wellenwiderstand Z. Im Gegensatz zum Z_K in Abb. 219a ist hier das $Z_K < Z$.

So gewinnt man die Leitungsanalogien zu den Breitbandtransformatoren des § 18, wobei jeder (LC)-Elementartransformator der Abb. 216a und b durch eine $\lambda^*/4$-Leitung ersetzt wird und Kompensationsglieder aus Resonanzkreisen durch eine $\lambda^*/2$-Leitung. Wenn die $\lambda^*/2$-Leitung einen in Serie ge-

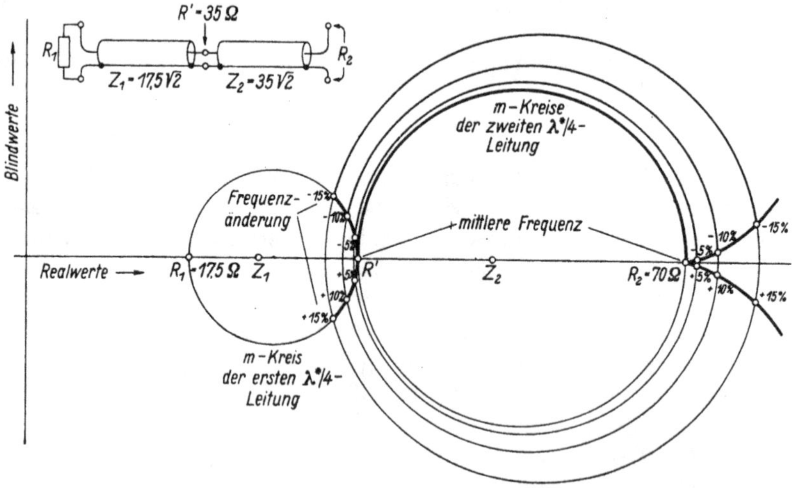

Abb. 221. 2 × $\lambda^*/4$-Transformator

schalteten Serienresonanzkreis ersetzt, ist nach Abb. 219 $Z_K > Z$, wenn sie einen parallelgeschalteten Parallelresonanzkreis ersetzt, ist $Z_K < Z$. Der Serienresonanzkreis liegt stets am hochohmigen Ende der $\lambda^*/4$-Leitung, der Parallelresonanzkreis am niederohmigen Ende. Die Anwendung eines solchen Leitungsersatzes nach den Gedankengängen des § 18 ist sehr einfach, da die

Kurven des Vorwärts- und Rückwärtsdiagramms die m-Kreise des Leitungsdiagramms sind. Die Breitbandschaltung der Abb. 112c wird man dann durch zwei hintereinandergeschaltete $\lambda^*/4$-Leitungen ersetzen. Die Schaltung und ihre Transformation zeigt Abb. 221. Entsprechende Näherungsrechnungen ergeben folgende Dimensionierung:

$$Z_1 = \sqrt[4]{R_1^3 \cdot R_2}; \qquad Z_2 = \sqrt[4]{R_1 \cdot R_2^3}. \tag{31.9}$$

Die erste $\lambda^*/4$-Leitung transformiert für die mittlere Frequenz f_0 das R_1 nach (30.1) in den reellen Wert $R' = \sqrt{R_1 R_2}$, die zweite Leitung dieses R' nach R_2. Für niedrigere Frequenzen drehen beide Leitungen nicht mehr über den vollen Halbkreis, wobei jedoch bei der speziellen Wellenwiderstandskombination nach (31.9) trotzdem wieder ein Eingangswiderstand in der Nähe von R_2 erreicht wird. Für höhere Frequenzen drehen beide Leitungen über mehr als einen Halbkreis, so daß der komplexe Zwischenpunkt $\mathfrak{R}'$ unterhalb der reellen Achse liegt. Bei der Dimensionierung nach (31.9) ergibt sich aber ebenfalls ein Eingangswiderstand in der Nähe von R_2. Das Zahlenbeispiel der Abb. 221 zeigt ferner, welche Transformationsfehler für größere Frequenzabweichungen entstehen.

Das einfachste Bandfilter mit Leitungscharakter stellt eine $\lambda^*/2$-Leitung dar, die nicht mit ihrem Wellenwiderstand abgeschlossen ist. Wenn eine $\lambda^*/4$-Leitung den Schaltungen der Abb. 216a und b ähnlich ist, so ist die $\lambda^*/2$-Leitung einer Doppelschaltung ähnlich, und zwar eine mit $R < Z$ abgeschlossene Leitung dem Ersatzbild der Abb. 222a, eine mit $R > Z$ abgeschlossene Leitung dem Ersatzbild der Abb. 222b. Der Durchlaß für $l = \lambda^*/2$ entspricht dem Durchlaß der Schaltungen nach Abb. 105 und 106. Er besteht exakt nur für eine Frequenz und ausreichend genau in einer kleinen Umgebung dieser Frequenz, die umso kleiner ist, je mehr R und Z verschieden sind. Man kann auch auf einer reflexionsfrei abgeschlossenen Leitung eine solche Filterwirkung erzeugen, wenn man auf ihr zwei gleiche Blindwiderstände (Leitwert jY) im Abstand l anbringt. Diese in Abb. 223b dargestellte Schaltung entspricht sehr genau der aus konzentrierten Elementen bestehenden Schaltung der Abb. 223a. Das Transformationsverhalten betrachtet man am besten in der relativen Leitwertsebene. Beide Schaltungen geben für eine bestimmte

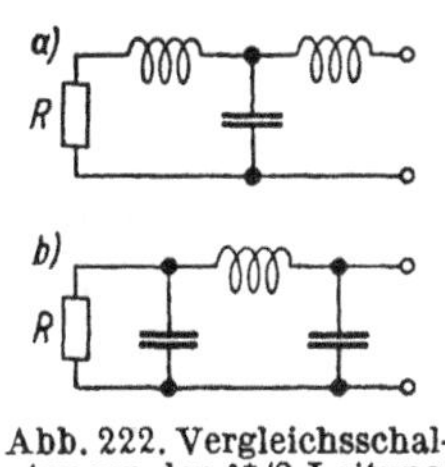

Abb. 222. Vergleichsschaltungen der $\lambda^*/2$-Leitung

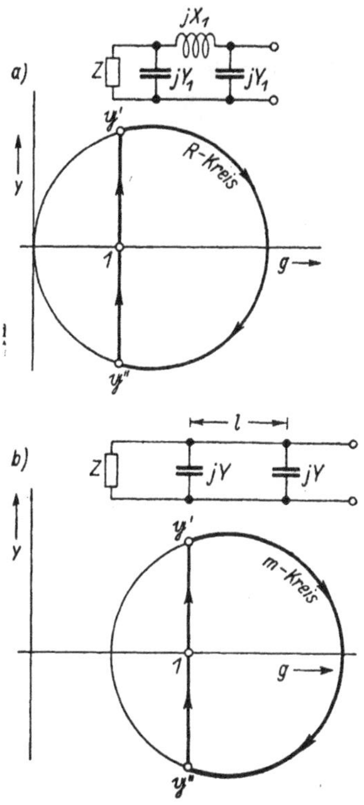

Abb. 223. Vergleich zweier Filter

Frequenz ungestörten Durchgang, wo also der Abschlußwiderstand Z wieder als Eingangswiderstand erscheint bzw. der relative Leitwert 1 über die relativen Leitwerte $\mathfrak{g}'$ und $\mathfrak{g}''$ als Zwischenpunkte wieder nach 1 transformiert wird. Den Transformationsverlauf für diese Frequenz gibt Abb. 223 für beide Beispiele, wobei man die Ähnlichkeit der Transformationswege deutlich erkennt. Der Durchlaß in Abb. 223a ist durch (17.28) bestimmt. In Abb. 223b wird der Punkt 1 durch das relative $jy = jY \cdot Z$ nach $\mathfrak{g}'$ senkrecht über 1, dann das $\mathfrak{g}'$ auf seinem m-Kreis durch die Leitung nach $\mathfrak{g}''$ senkrecht unter 1 und abschließend $\mathfrak{g}''$ durch das vordere jy wieder nach 1 transformiert. Die Parameterdifferenz der l-Kreise der Punkte $\mathfrak{g}'$ und $\mathfrak{g}''$ muß also gleich l/λ^* sein, während $\mathfrak{g}' = 1 + jy$ und $\mathfrak{g}'' = 1 - jy$ ist. Aus dem Leitungsdiagramm geht hervor, daß $l/\lambda^* < 0{,}25$ ist und sich dem Wert 0,25 immer mehr nähert, je kleiner y ist. Diese Schaltung ist von allgemeinem Interesse, weil sie zeigt, daß man eine durch einen Blindwiderstand auf einer Leitung hervorgerufene Störung für eine gegebene Frequenz durch eine zweite gleiche Störung in einem bestimmten Abstand l kompensieren kann.

Ein eigentliches Bandfilter mit größerer Bandbreite, das den ungestörten Durchgang in einem größeren Bereich $\pm \Delta f$ um eine mittlere Frequenz f_0 gestattet, erreicht man, wenn man die $\lambda^*/2$-Leitung mit einem Kompensationsglied kombiniert. In Abb. 224 wird der Fall $Z < R$ betrachtet. Bei der Frequenz f_0, für die $l = \lambda_0^*/2$ ist, dreht die Leitung das R um den ganzen m-Kreis nach R zurück, bei einer kleineren Frequenz jedoch nur noch bis zu einem komplexen $\mathfrak{R}$ oberhalb der reellen Achse, bei einer größeren Frequenz über den vollen m-Kreis hinaus zu einem komplexen $\mathfrak{R}$ unterhalb der reellen Achse. Dieses komplexe $\mathfrak{R}$ erhält man für $|\Delta f|/f_0 < 0{,}1$ und nicht zu großes R/Z entsprechend den Erläuterungen zu (30.7) aus (31.7), wenn man statt $\mathfrak{R}_3$ das $\mathfrak{R}$, statt $\mathfrak{R}_2$ das R und statt Z_K das Z einsetzt. Es entsteht also der komplexe Widerstand

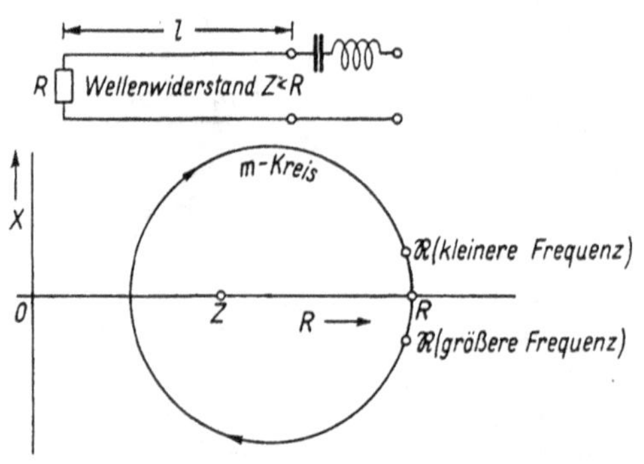

Abb. 224. Kompensierte $\lambda^*/2$-Leitung

$$\mathfrak{R} = R + j\pi(\Delta f/f_0)(Z/R - R/Z)R \tag{31.10}$$

mit einer Blindkomponente, die man wegen $Z < R$ durch einen in Serie geschalteten Serienresonanzkreis mit geeignetem X_R kompensieren kann. Es ist nach (9.14) und (9.26) das erforderliche

$$X_R = (\pi/2)\, Z\, [1 - (R/Z)^2]. \tag{31.11}$$

Diesen Serienresonanzkreis kann man wieder durch eine vorgeschaltete $\lambda^*/2$-Leitung mit einem Wellenwiderstand $Z_K \neq Z$ wie in Abb. 219 ersetzen, so daß das Breitbandfilter dann aus zwei $\lambda^*/2$-Leitungen besteht, wobei der Wellenwiderstand Z kleiner als R und der Wellenwiderstand Z_K größer als

R ist. Diese zweite $\lambda^*/2$-Leitung ist also abgeschlossen durch den Widerstand $\mathfrak{R}$ nach (31.10). Sie erzeugt für $|\Delta f|/f_0 < 0{,}1$ und nicht zu großes $Z_K/|\mathfrak{R}|$ entsprechend den Erläuterungen zu (30.7) eine Blindkomponente nach (31.7) (wobei an Stelle von $\mathfrak{R}_2$ das $\mathfrak{R}$ tritt), die für $Z_K > R$ diejenige des $\mathfrak{R}$ aufheben kann. Diese Kompensation tritt ein, wenn

$$\pi(\Delta f/f_0)\,(Z/R - R/Z)R + \pi(\Delta f/f_0)\,(Z_K/R - R/Z_K)R = 0$$

ist, wobei man wieder bei der Blindkomponente in (31.7) statt des $\mathfrak{R}$ für hinreichend kleine Δf mit ausreichender Genauigkeit das reelle R einsetzen durfte. Aus obigem $-(Z/R - R/Z) = Z_K/R - R/Z_K$ folgt dann $R/Z = Z_K/R$ oder

$$Z \cdot Z_K = R^2. \qquad (31.12)$$

Je mehr R und Z verschieden sind, desto kleiner das durchgelassene Frequenzband.

Ergänzendes Schrifttum: [54]

§ 32. Verlustfreie Vierpole im Leitungszug

Alle Bereiche einer Leitung, in denen die Homogenität gestört ist, werden als Vierpole im Zuge der Leitung angesehen. Von besonderer Wichtigkeit sind dabei die verlustfreien Vierpole, die im folgenden betrachtet werden. Ihr Verhalten wird durch drei reelle Konstanten nach (20.15) bis (20.19) beschrieben. Hier interessiert vor allem die Widerstandstransformation (20.20). In § 20 wurde bewiesen, daß jeder verlustfreie Vierpol durch drei Blindwiderstände nach Abb. 123 vollständig ersetzt werden kann. Für einen Vierpol im Zuge einer homogenen Leitung nach Abb. 225a gibt es noch günstigere Ersatzbilder. Z. B. ist es durchaus naheliegend, die beiden an die Vierpolklemmen angrenzenden Blindwiderstände der Abb. 123 durch Leitungsstücke vom Wellenwiderstand Z zu ersetzen. Aus der Schaltung der Abb. 123a würde dann die Ersatzschaltung der Abb. 225b mit bestimmten Leitungslängen l_1' und l_2', aus der Schaltung der Abb. 123b die Ersatzschaltung der Abb. 225c; Beweise später. Den Vorteil dieser neuen Ersatzbilder erläutert Abb. 226.

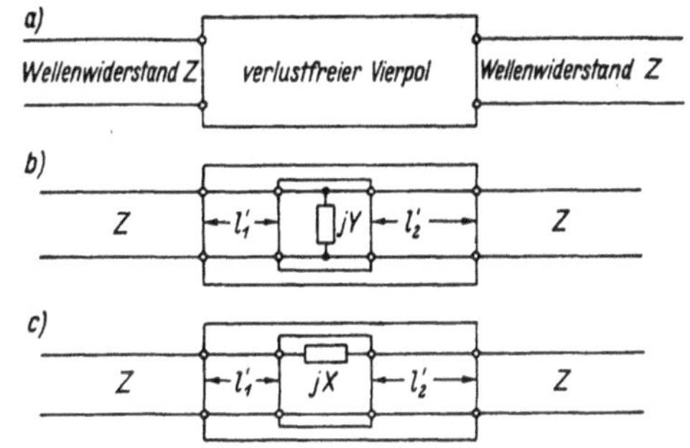

Abb. 225. Ersatzbilder verlustfreier Vierpole

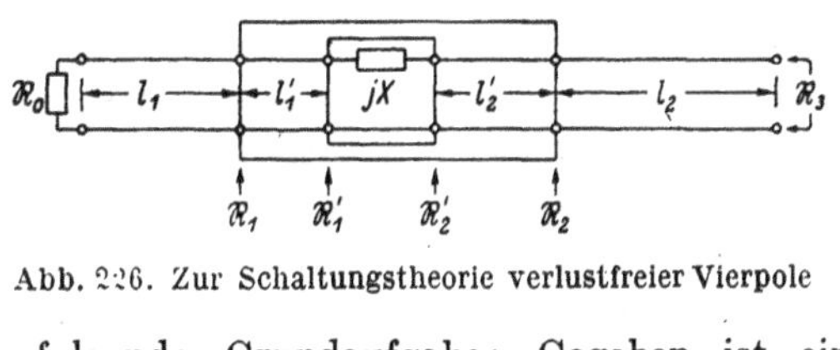

Abb. 226. Zur Schaltungstheorie verlustfreier Vierpole

Die Schaltungstheorie enthält folgende Grundaufgabe: Gegeben ist ein Widerstand $\mathfrak{R}_0$, der über eine Leitung der Länge l_1, einen anschließenden verlustfreien Vierpol und dann nochmals durch eine Leitung der Länge l_2 in einen komplexen Widerstand $\mathfrak{R}_3$ transformiert wird. Das $\mathfrak{R}_3$ ist zu berechnen. Dies geschieht so, daß $\mathfrak{R}_0$ mit Hilfe des Leitunsgdiagramms über die Leitung l_1 in den Wert $\mathfrak{R}_1$ transformiert wird, der der Abschlußwiderstand des Vierpols ist. Der Vierpol transformiert $\mathfrak{R}_1$ nach (20.20) in den Widerstand $\mathfrak{R}_2$, der der Abschlußwiderstand der vorderen Leitung ist. $\mathfrak{R}_2$ transformiert man weiter mit dem Leitungsdiagramm nach $\mathfrak{R}_3$. Schwierig ist an diesem Vorgang die Transformation von $\mathfrak{R}_1$ nach $\mathfrak{R}_2$, die stets aus drei Schritten besteht. Man kann die Transformation wesentlich vereinfachen, wenn man das Ersatzbild der Abb. 225c benutzt. Dann transformiert man das $\mathfrak{R}_0$ über eine Leitung der Länge $(l_1 + l_1')$ an den Ort des gedachten jX in den Wert $\mathfrak{R}_1'$ mit Hilfe des Leitungsdiagramms. Zu $\mathfrak{R}_1'$ schaltet man das jX in Serie und erhält den Wert $\mathfrak{R}_2'$, der der Abschlußwiderstand der vorderen Leitung der Länge $(l_2 + l_2')$ ist und nach $\mathfrak{R}_3$ transformiert wird. Da es vom Standpunkt des Arbeitsaufwandes gleichgültig ist, ob man $\mathfrak{R}_0$ nach $\mathfrak{R}_1$ oder nach $\mathfrak{R}_1'$ transformiert, hat man durch das neue Ersatzbild die Vierpoltransformation auf einen einzigen zusätzlichen Schritt zurückgeführt. Genau so könnte man das Ersatzbild der Abb. 225b benutzen, bei dem lediglich andere Längen l_1' und l_2' auftreten.

Es soll nun bewiesen werden, daß sich jeder verlustfreie Vierpol auf das Ersatzbild der Abb. 225c zurückführen läßt, wobei sich dann gleichzeitig die Vorschriften zur Berechnung der drei neuen Kenngrößen l_1', l_2' und X ergeben. Man benutzt die Widerstandstransformation (20.20) mit den drei unabhängigen Konstanten $B' = B/A$, $C' = C/A$ und $D' = D/A$:

$$\mathfrak{R}_2 = (\mathfrak{R}_1 + jB')/(j\mathfrak{R}_1 C' + D'). \tag{32.1}$$

Alle drei Konstanten können beliebige Werte annehmen. Es ist zu beweisen, daß es zu jeder beliebigen Kombination dreier reeller Zahlen B', C' und D' ein Ersatzbild mit reellen Größen l_1', l_2' und X gibt. Die Transformationswirkung eines solchen Vierpols ist bereits bekannt, wenn man weiß, daß ein reeller Abschlußwiderstand $\mathfrak{R}_1 = Z$ einen bekannten komplexen Wert $\mathfrak{R}_2$ und der Abschlußwiderstand $\mathfrak{R}_1 = 0$ einen bekannten Blindwiderstand jX_{2k} am Eingang des Vierpols erzeugt. Setzt man in (32.1) $\mathfrak{R}_1 = Z$ ein, so wird

$$\mathfrak{R}_2 = R_2 + jX_2 = (Z + jB')/(jZC' + D') \tag{32.2}$$

und für $\mathfrak{R}_1 = 0$ erhält man

$$jX_{2k} = jB'/D'. \tag{32.3}$$

Wenn R_2, X_2 und X_{2k} gegeben sind, sind dies drei Gleichungen für B', C' und D', so daß damit also die Vierpolkenngrößen nach (20.15) bis (20.19) festliegen und dadurch auch die Transformation nach (20.20) für beliebiges $\mathfrak{R}_1$. Man braucht also nur zu beweisen, daß zu jeder Kombination von reellen Zahlen R_2, X_2 und X_{2k} das Ersatzbild der Abb. 225c drei reelle Zahlen l_1', l_2' und X gibt, daß also dieses Ersatzbild in jedem Fall nach definierten Vorschriften realisierbar ist. Bei Benützung des Ersatzbildes der Abb. 225c wird der Abschlußwiderstand Z durch die Leitung l_1' nicht transformiert. Das in Serie geschaltete jX bewirkt eine Verschiebung in den Wert $\mathfrak{R}_2' = Z + jX$ (bei positivem X in Abb. 227 also senkrecht nach oben), der dann auf dem

m-Kreis durch die Leitung l_2' nach $\mathfrak{R}_2$ transformiert wird. Wenn also B', C' und D' bekannt sind, berechnet man $\mathfrak{R}_2$ nach (32.2), zeichnet den m-Kreis durch $\mathfrak{R}_2$ und findet $\mathfrak{R}_2'$ senkrecht über Z. Das zu den gegebenen Konstanten gehörende X des Ersatzbildes der Abb. 225c ist die Strecke $\overline{Z\mathfrak{R}_2'}$ und das l_2' aus der Parameterdifferenz l_2'/λ^* der l-Kreise durch die Punkte $\mathfrak{R}_2$ und $\mathfrak{R}_2'$ zu entnehmen. Da es durch jeden Punkt der Widerstandsebene einen m-Kreis gibt, gibt es also zu jeder Kombination (B', C', D') bestimmte reelle Werte X und l_2'. Ferner war der zum Abschlußwiderstand $\mathfrak{R}_1 = 0$ gehörende Eingangswiderstand jX_{2k} nach (32.3) gegeben. Bei Benutzung des Ersatzbildes der Abb. 225c wäre mit $\mathfrak{R}_1 = 0$

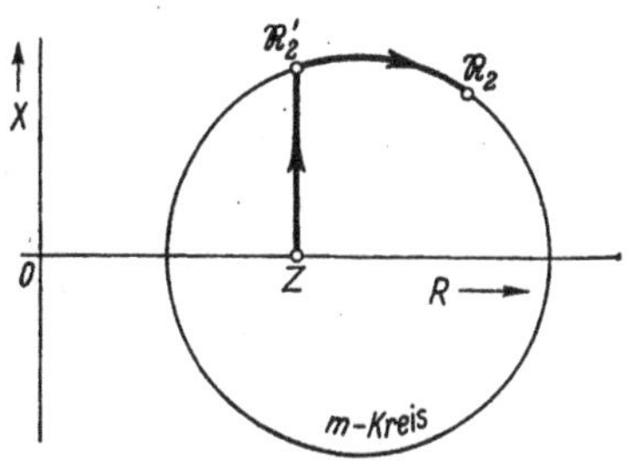

Abb. 227. Zur Bestimmung der Vierpolkonstanten

$$jX_{2k} = j\,\frac{X + Z\cdot \mathrm{tg}\,(2\pi l_1'/\lambda^*) + Z\cdot \mathrm{tg}\,(2\pi l_2'/\lambda^*)}{1 - [X/Z + \mathrm{tg}\,(2\pi l_1'/\lambda^*)]\,\mathrm{tg}\,(2\pi l_2'/\lambda^*)}\,. \tag{32.4}$$

Denn $jZ \cdot \mathrm{tg}\,(2\pi l_1'/\lambda^*)$ ist der Widerstand $\mathfrak{R}_1'$ der am Ende kurzgeschlossenen Leitung der Länge l_1' nach (22.15), zu dem jX zu addieren ist, worauf man (26.4) für die Leitung l_2' anwendet. (32.4) ist bei gegebenem X_{2k}, X und l_2'/λ^* eine lineare Gleichung für $\mathrm{tg}\,(2\pi l_1'/\lambda^*)$. Da die tg-Funktion jeden Wert zwischen $-\infty$ und ∞ annehmen kann, gibt es stets ein reelles l_1'. Der Wert X ist dabei eindeutig bestimmt, wenn man z. B. vorschreibt, daß er positiv sein soll. Die Werte l_1' und l_2' sind nur bis auf ganzzahlige Vielfache von $\lambda^*/2$ festgelegt. Man beachte, daß man die Konstruktion der Abb. 227 auch bei negativem X stets anwenden kann. Wenn man mit Leitwerten in der Leitwertsebene arbeitet, ergibt sich die gleiche Konstruktion zum Ersatzbild der Abb. 225b.

Man kann also durch Herausziehen von zwei Leitungsstücken l_1' und l_2' das gesamte Verhalten eines verlustfreien Vierpols auf die einfache Serienschaltung

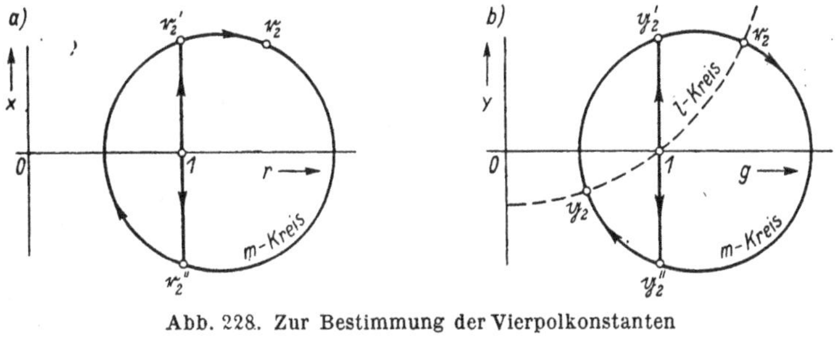

Abb. 228. Zur Bestimmung der Vierpolkonstanten

oder Parallelschaltung eines Blindwiderstandes zurückführen. Wichtig ist, daß für jeden solchen Vierpol gleichzeitig vier Möglichkeiten eines Ersatzbildes bestehen, die Serienschaltung eines positiven Blindwiderstandes nach Abb. 225c, die Serienschaltung eines negativen Blindwiderstandes nach

Abb. 225c, die Parallelschaltung eines positiven Blindleitwerts nach Abb. 225b und die Parallelschaltung eines negativen Blindleitwerts nach Abb. 225b. Man kann jeweils das geeignetste Ersatzbild auswählen und findet darunter in vielen Fällen eines, das direkt den elektrischen Vorgängen im Vierpol entspricht, also den Vorzug der Anschaulichkeit hat. Zu diesen vier Ersatzbildern gehören vier verschiedene Längenkombinationen (l_1', l_2'). Zwischen den X- und Y-Werten der vier Ersatzbilder bestehen einfache Beziehungen. Abb. 228a zeigt den Vorgang der Abb. 227 für relative Widerstände $\mathfrak{r} = \mathfrak{R}/Z$. Der relative positive Blindwiderstand $jx = j\,X/Z$ ist die Strecke von 1 nach $\mathfrak{r}_2'$. Wenn man ein negatives X verwendet, muß man über den Zwischenpunkt $\mathfrak{r}_2''$ nach $\mathfrak{r}_2$ wandern. Das relative negative $x = X/Z$ ist dann die Strecke von 1 nach $\mathfrak{r}_2''$, so daß also dieses negative x absolut genommen genau so groß ist wie das positive x des anderen Ersatzbildes. Abb. 228b zeigt die zugehörige relative Leitwertsebene. Den zum $\mathfrak{r}_2$ gehörenden relativen Leitwert $\mathfrak{g}_2 = 1/\mathfrak{r}_2 = Z/\mathfrak{R}_2$ findet man nach Abb. 180 auf dem gleichen m-Kreis im zweiten Schnittpunkt des zu $\mathfrak{r}_2$ gehörenden l-Kreises. Der positive relative Blindleitwert $jy = jY \cdot Z$ transformiert vom Punkt 1 nach $\mathfrak{g}_2'$ senkrecht über 1 und auf dem m-Kreis weiter nach $\mathfrak{g}_2$. Bei negativem Blindleitwert geht die Transformation über $\mathfrak{g}_2''$ nach $\mathfrak{g}_2$. Der relative positive und der relative negative Leitwert y sind also absolut genommen gleich. Da in Abb. 228a und b der gleiche m-Kreis benutzt wird, sind auch das relative $x = X/Z$ und das relative $y = Y \cdot Z$ der vier Ersatzbilder absolut genommen gleich groß. Es ist also stets $|X/Y| = Z^2$. Die Zeichnungen lassen auch unmittelbare Beziehungen zwischen den Längen l_2' der verschiedenen Ersatzbilder erkennen.

Es bleibt nun die wichtige Frage, wie man zu einem gegebenen Vierpolgebilde das Ersatzbild findet. Rechnerisch kann man vorgehen, wenn der Vierpol als Stufenschaltung aus bekannten Blindwiderständen nach Abb. 29 oder als stetige Folge bekannter infinitesimaler Vierpole nach § 26 gegeben ist. In diesen Fällen berechnet man die Widerstandstransformation für einen Abschlußwiderstand Z, also den zugehörigen Eingangswiderstand $\mathfrak{R}_2$ und findet das X (bzw. Y) und die Länge l_2' nach den Konstruktionen in Abb. 227 und 228. Dann kehrt man den Vierpol um, d. h. man legt den Abschlußwiderstand Z an den bisherigen Eingang und berechnet den Eingangswiderstand $\mathfrak{R}_2$ für die bisherigen Ausgangsklemmen. Macht man für dieses $\mathfrak{R}_2$ die Kreiskonstruktion, so ergibt sich bei gleichem X (bzw. Y) jetzt l_1' aus der Parameterdifferenz l_1'/λ^* der l-Kreise durch $\mathfrak{R}_2$ und $\mathfrak{R}_2'$. Bei der Umkehrung tritt also der gleiche m-Kreis wie vorher auf. Statt der Umkehrung des Vierpols kann man zur l_1'-Bestimmung auch das jX_{2k} berechnen und von jX_{2k} ausgehend rücklaufend das l_1'/λ^* ermitteln. Wenn von vornherein bekannt ist, daß der Vierpol symmetrisch ist, wird $l_1' = l_2'$ und die Umkehrung des Vierpols ist nicht erforderlich.

Wenn der Vierpol der Berechnung nicht zugänglich ist, muß man sich ihm meßtechnisch nähern. Dies geschieht zweckmäßig nach der sogenannten Knotenverschiebungsmethode. In Abb. 229 befindet sich auf der Leitung ein verschiebbarer Kurzschlußschieber im Abstand l_1 vom Vierpolausgang. Der Vierpol ist also nach (22.15) mit dem Blindwiderstand $\mathfrak{R}_1 = jX_1 =$

$jZ \cdot \mathrm{tg}\,(2\pi l_1/\lambda^*)$ abgeschlossen. Durch Verändern des l_1 kann man X_1 zwischen $-\infty$ und ∞ variieren. Der Vierpol transformiert das $\Re_1$ in einen Widerstand $\Re_2 = jX_2$, der ebenfalls ein reiner Blindwiderstand ist. Hinter dem Vierpol findet man eine Spannungsverteilung nach Abb. 141a, vor dem Vierpol eine Verteilung nach Abb. 143 entsprechend dem jeweiligen X_2. Die Leitung vor dem Vierpol besitzt einen verschiebbaren Abtaster wie in § 28, mit dem man im

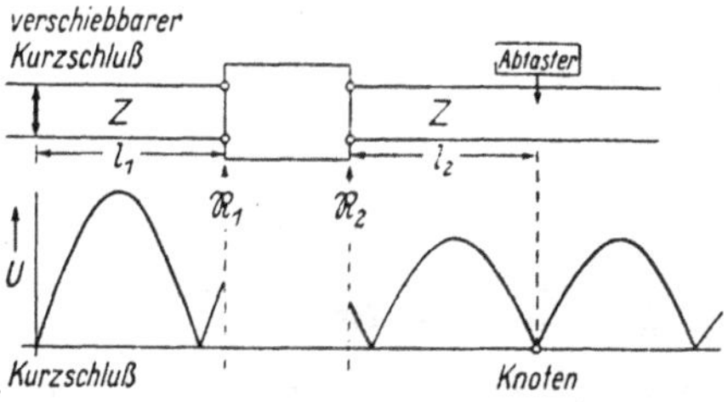

Abb. 229. Messung der Knotenverschiebung

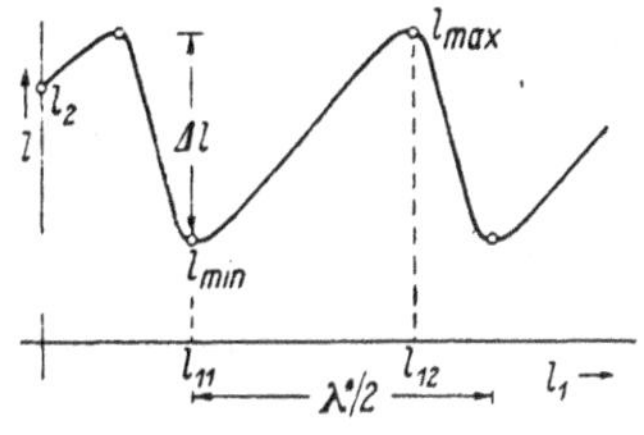

Abb. 230. Knotenverschiebungskurve

Abstand l_2 vom Vierpoleingang den Ort eines Spannungsnullpunktes (Knoten) feststellt. Wenn man den Kurzschlußschieber stetig verschiebt, verschiebt sich auch der Ort dieses Knotens stetig mit. Zweckmäßig trägt man die Summe $l = l_1 + l_2$ als Funktion von l_1 auf und erhält dann charakteristische Kurven wie in Abb. 230 mit der Periode $\lambda^*/2$, weil alle beteiligten trigonometrischen Funktionen diese Periode haben. Zur späteren Auswertung muß man l_1 mindestens um $\lambda^*/2$ verschieben. Man muß daher vor dem Vierpol einen solchen Knoten wählen, daß bei der Verschiebung das l_2 stets im jeweils meßbaren Bereich bleibt. Die Summe l schwankt zwischen Werten $l_{\max}$ und $l_{\min}$, wobei in Richtung wachsender l_1 ein steiler Abfall und ein schwächerer Anstieg abwechseln.

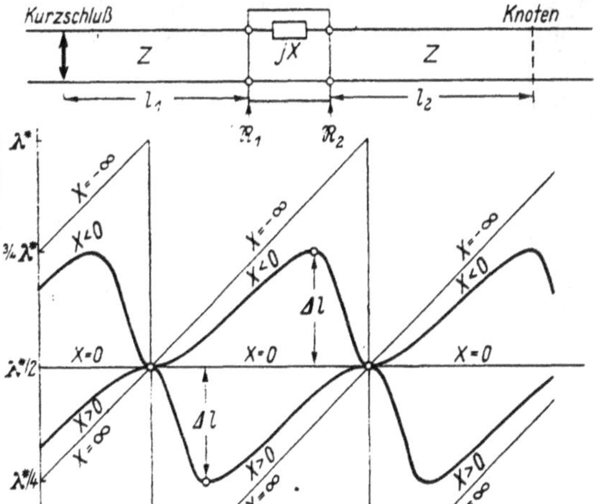

Abb. 231. Knotenverschiebung durch Serienblindwiderstände

Um das Zustandekommen dieser Kurve zu erläutern, wird in Abb. 231 ein Vierpol betrachtet, der nur einen Serienblindwiderstand enthält, also der Spezialfall der Abb. 225c mit $l_1' = 0$ und $l_2' = 0$. In diesem Fall ist $\Re_1 = jZ \cdot \mathrm{tg}\,(2\pi l_1/\lambda^*)$ nach (22.15) und durch die Serienschaltung des jX das $\Re_2 = j\,[X + Z \cdot \mathrm{tg}\,(2\pi l_1/\lambda^*)]$.

Das gemessene l_2 entspricht dem $l_{\min}$ in (28.1) für den gleichen Abschlußwiderstand $\mathfrak{R}_2 = jX_2$ der vorderen Leitung.

$$\mathfrak{R}_2 = j\,[X + Z \cdot \mathrm{tg}\,(2\pi l_1/\lambda^*)] = -\,j Z \cdot \mathrm{tg}\,(2\pi l_2/\lambda^*)$$

ist also die benötigte Beziehung zwischen l_1 und l_2, woraus sich

$$\mathrm{tg}\,(2\pi l_2/\lambda^*) = -[X/Z + \mathrm{tg}\,(2\pi l_1/\lambda^*)] \tag{32.5}$$

ergibt. Die Summe $l = l_1 + l_2$ erhält man dann mit der trigonometrischen Umformung

$$\mathrm{tg}(2\pi l/\lambda^*) = \frac{\mathrm{tg}\,(2\pi l_1/\lambda^*) + \mathrm{tg}\,(2\pi l_2/\lambda^*)}{1 - \mathrm{tg}\,(2\pi l_1/\lambda^*) \cdot \mathrm{tg}\,(2\pi l_2/\lambda^*)}$$

und (32.5) aus

$$\mathrm{tg}\,(2\pi l/\lambda^*) = -\frac{X/Z}{1 + [X/Z + \mathrm{tg}\,(2\pi l_1/\lambda^*)]\,\mathrm{tg}\,(2\pi l_1/\lambda^*)}\,. \tag{32.6}$$

Für $X = 0$, also bei nicht vorhandenem Vierpol, ist $\mathrm{tg}\,(2\pi l/\lambda^*) = 0$. Betrachtet man die Verschiebung des ersten Knotenpunktes, so ergibt sich daraus $l = l_1 + l_2 = \lambda^*/2$, also ein von l_1 unabhängiges l (Abb. 231). In Abb. 231 ist ferner für den ersten Knotenpunkt rechts vom Vierpol die l-Kurve nach (32.6) für ein mittleres positives X ($X = 2Z$) eingezeichnet. Die l-Kurve nach (32.6) für den zweiten Knotenpunkt rechts vom Vierpol hat für das gleiche, jedoch negative X (in Abb. 231 $X = -2Z$) die gleiche Form, lediglich nach oben und links verschoben. Für $X = \pm\infty$ erhält man entsprechende Kurven, die ebenfalls in Abb. 231 zu finden sind. Dabei ist wegen $X = \pm\infty$ das $\mathfrak{R}_2 = \pm\infty$, also unabhängig von l_1. Es ist daher für den ersten Knotenpunkt rechts vom Vierpol $l_2 = \lambda^*/4$, also $l = l_1 + l_2 = l_1 + \lambda^*/4$ und für den zweiten Knotenpunkt $l_2 = \lambda^*/4 + \lambda^*/2 = {}^3/_4\,\lambda^*$, also $l = l_1 + {}^3/_4\,\lambda^*$. In Abhängigkeit von l_1 stellt l dann jeweils eine Gerade dar. Alle diese Kurven gehen unabhängig von X für $l_1 = \lambda^*/4$ und $l_1 = \lambda^*/4 + n \cdot \lambda^*/2$ durch $l = \lambda^*/2$, weil für diese Werte die hintere Leitung den Eingangswiderstand $\mathfrak{R}_1 = \infty$ hat, so daß auch $\mathfrak{R}_2 = \infty$ ist und daher rechts vom Vierpol stets eine Spannungsverteilung nach Abb. 143b vorliegt. Benutzt man andere Knoten für die Messung, so ist l um entsprechende Vielfache von $\lambda^*/2$ größer bzw. kleiner. Allgemein gilt daher für alle Kurven, daß sie bei Benutzung eines anderen Knotens in gleicher Form, um ein entsprechendes $n \cdot \lambda^*/2$ nach oben oder unten verschoben, wieder auftreten. Diese Verschiebung ist für die nachfolgende Auswertung ohne Interesse, so daß keinerlei Wert auf eine Untersuchung der Frage gelegt zu werden braucht, welcher spezielle Knoten jeweils betrachtet wird. Im folgenden werden daher stets die l-Kurven der Abb. 231 vorausgesetzt. An diesen Kurvenformen ändert sich auch nichts, wenn man zum allgemeineren Vierpol nach Abb. 225c durch Hinzufügen der Leitungen l_1' und l_2' übergeht. Es tritt lediglich eine Verschiebung der Kurven nach links um l_1' und nach unten um $l_1' + l_2'$ ein, weil das l_1 der Abb. 231 im allgemeinen Fall durch $(l_1 + l_1')$ und das l der Abb. 231 durch $(l_1 + l_1' + l_2 + l_2')$ ersetzt wird. Um aus solchen Kurven das zugehörige X zu gewinnen, geht man am besten folgenden Weg: Man sucht die Extremwerte der l-Kurven der Abb. 231. Diese

Extremwerte findet man, wenn man (32.6) differenziert und den Differentialquotienten gleich Null setzt. Dieser Differentialquotient ist im einen Fall gleich Null, wenn sein Nenner unendlich groß ist. Dies tritt ein bei $\operatorname{tg}(2\pi l_1/\lambda^*) = \pm\infty$, also für $l_1 = \lambda^*/4$ und $\lambda^*/4 + n \cdot \lambda^*/2$. Nach (32.6) ist für dieses l_1

$$\operatorname{tg}(2\pi l/\lambda^*) = 0, \tag{32.7}$$

also $l = \lambda^*/2$. Dieses l ist das l_{min} für $X < 0$ bzw. das l_{max} für $X > 0$ (vgl. Abb. 231). Der Differentialquotient ist ferner gleich Null, wenn sein Zähler gleich Null ist. Dies tritt dort ein, wo $\operatorname{tg}(2\pi l_1/\lambda^*) = -{}^1/_2\, X/Z$ ist, also nach (32.6) für

$$\operatorname{tg}(2\pi l/\lambda^*) = -\frac{X/Z}{1-(X/Z)^2/4}. \tag{32.7a}$$

Dies gibt l_{max} für $X < 0$ und l_{min} für $X > 0$ (vgl. Abb. 231). Nach (32.5) gilt dabei für die Extremwerte $\operatorname{tg}(2\pi l_1/\lambda^*) = \operatorname{tg}(2\pi l_2/\lambda^*)$. Sieht man von den jeweiligen Vielfachen von $\lambda^*/2$ ab, so liegen also Extremwerte dann vor, wenn $l_1 = l_2$ ist, wenn also der Blindwiderstand jX symmetrisch zwischen Kurzschlußpunkt und Knotenort liegt. Die Differenz des l_{max} und l_{min} sei als

$$\Delta l = l_{max} - l_{min} \tag{32.8}$$

bezeichnet. Dann ist wegen $\operatorname{tg}(\alpha - \beta) = (\operatorname{tg}\alpha - \operatorname{tg}\beta)/(1 + \operatorname{tg}\alpha \cdot \operatorname{tg}\beta)$

$$\operatorname{tg}(2\pi \cdot \Delta l/\lambda^*) = \frac{\operatorname{tg}(2\pi l_{max}/\lambda^*) - \operatorname{tg}(2\pi l_{min}/\lambda^*)}{1 + \operatorname{tg}(2\pi l_{max}/\lambda^*) \cdot \operatorname{tg}(2\pi l_{min}/\lambda^*)}$$

und für $X > 0$ nach (32.7) und (32.7a)

$$\operatorname{tg}(2\pi \cdot \Delta l/\lambda^*) = \frac{X/Z}{1-(X/Z)^2/4}. \tag{32.9}$$

Unter Benutzung der Formel $\operatorname{tg}(2\alpha) = 2\operatorname{tg}\alpha/(1 - \operatorname{tg}^2\alpha)$ wird also einfach $\operatorname{tg}(\pi \cdot \Delta l/\lambda^*) = {}^1/_2\, X/Z$ oder

$$X = 2Z \cdot \operatorname{tg}(\pi \cdot \Delta l/\lambda^*). \tag{32.10}$$

Für $X < 0$ erhält man die gleiche Gleichung für $|X|$. Da für den allgemeinen Vierpol der Abb. 225c lediglich eine Verschiebung der Kurve auftritt, bleibt das Δl erhalten und (32.10) gilt auch für das X des allgemeinen Vierpols bei der Auswertung der Kurve nach Abb. 230.

Bei der Anwendung des Ersatzbildes der Abb. 225b vollzieht sich die gleiche Ableitung mit Leitwerten. In Abb. 232 wird zunächst ein Vierpol betrachtet, der nur aus einem Blindleitwert jY besteht, dem also die Längen l_1' und l_2' der Abb. 225b fehlen. Der Leitwert am Vierpolausgang ist nach (22.16) $\mathfrak{G}_1 = -j(1/Z)\operatorname{ctg}(2\pi l_1/\lambda^*)$ und nach Parallelschaltung des jY gleich $\mathfrak{G}_2 = j[Y - (1/Z)\operatorname{ctg}(2\pi l_1/\lambda^*)]$. Das gemessene l_2 ist das l_{min} in (28.1) für den Abschlußwiderstand $\mathfrak{R}_2 = 1/\mathfrak{G}_2$ der vorderen Leitung.

$$\mathfrak{G}_2 = j[Y - (1/Z)\operatorname{ctg}(2\pi l_1/\lambda^*)] = j(1/Z)\operatorname{ctg}(2\pi l_2/\lambda^*)$$

gibt hier die benötigte Beziehung zwischen l_1 und l_2, woraus

$$\operatorname{ctg}(2\pi l_2/\lambda^*) = Y \cdot Z - \operatorname{ctg}(2\pi l_1/\lambda^*) \tag{32.11}$$

folgt. Für die Summe $l_1 + l_2 = l$ erhält man daraus mit der trigonometrischen Umformung

$$\operatorname{tg}(2\pi l/\lambda^*) = \frac{\operatorname{ctg}(2\pi l_1/\lambda^*) + \operatorname{ctg}(2\pi l_2/\lambda^*)}{\operatorname{ctg}(2\pi l_1/\lambda^*) \cdot \operatorname{ctg}(2\pi l_2/\lambda^*) - 1}$$

die Beziehung

$$\operatorname{tg}(2\pi l/\lambda^*) = \frac{Y \cdot Z}{1 - [Y \cdot Z - \operatorname{ctg}(2\pi l_1/\lambda^*)] \operatorname{ctg}(2\pi l_1/\lambda^*)} \qquad (32.11a)$$

(32.6) und (32.11a) zeigen formal gleiche l-Abhängigkeit, wenn man X durch Y, $1/Z$ durch Z und $\operatorname{tg}(2\pi l_1/\lambda^*)$ durch $-\operatorname{ctg}(2\pi l_1/\lambda^*)$ ersetzt. Die entsprechenden Kurven des l in Abhängigkeit von l_1 zeigt Abb. 232. Bei nicht verhandenem Vierpol ($Y = 0$) ist l gemäß (32.11a) wiederum unabhängig von l_1 und für den ersten Knotenpunkt ergibt sich $l = \lambda^*/2$ (Kurve $Y = 0$). Für ein mittleres positives Y ($Y = 2/Z$) und ein mittleres negatives Y ($Y = -2/Z$) ist der Verlauf der l-Kurve für jeweils den ersten Knotenpunkt rechts vom Vierpol eingezeichnet. Ferner findet man wieder die zugehörigen Kurven für $Y = \pm\infty$. Die Kurven zeigen gleichen Verlauf wie in Abb. 231, jedoch um $\lambda^*/4$ nach links verschoben, weil in (32.11a) die Funktion $-$ctg an die Stelle der tg-Funktion getreten ist. Hinsichtlich der Benützung anderer Knotenpunkte gilt das bei Abb. 231 Gesagte, so daß für die folgende Auswertung stets die l-Kurven der Abb. 232 zu Grunde gelegt werden. Bestimmt man die Extremwerte der l-Kurven, so ergibt sich mit der Differenz Δl der Extremwerte nach (32.8) für Y eine ähnliche Formel wie (32.10) nämlich für positive Y

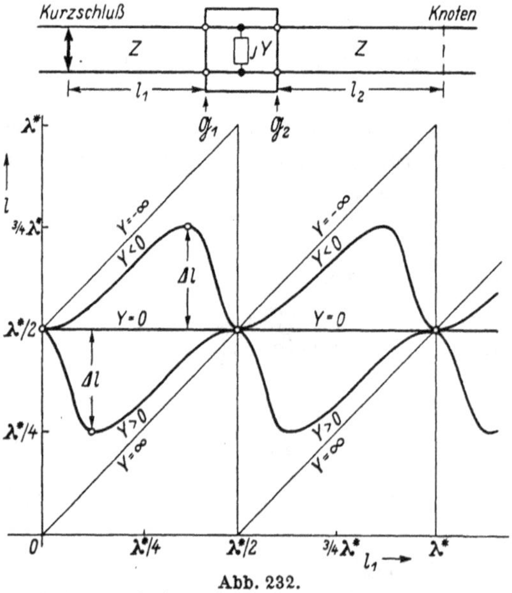

Abb. 232.
Knotenverschiebung durch Parallelblindwiderstände

$$Y = (2/Z)\operatorname{tg}(\pi \cdot \Delta l/\lambda^*). \qquad (32.12)$$

Für negative Y gilt diese Formel für den Absolutwert $|Y|$. Da beim allgemeinen Vierpol nach Abb. 225b durch Hinzufügen der Längen l_1' und l_2' lediglich die l-Kurve der Abb. 230 gegenüber Abb. 232 bei Erhaltung der Kurvenform nach links um l_1' und nach unten um $l_1' + l_2'$ verschoben ist, das Δl aber erhalten bleibt, gilt (32.12) auch für das Y des allgemeinen Vierpols der Abb. 225b.

Es muß nun noch gezeigt werden, wie man aus der gemessenen Kurve der Abb. 230 durch Vergleich mit Abb. 231 und 232 die Ersatzlängen l_1' und l_2'

der Vierpole gewinnt. Zunächst das Ersatzbild der Abb. 225c mit *positivem* X: Mit $l_1' = 0$ liegt l_{max} nach Abb. 231 stets bei $l_1 = \lambda^*/4$ oder $^3/_4\,\lambda^*$. In Abb. 230 liegt dagegen l_{max} bei $l_1 = l_{12}$, und zwar wegen des zusätzlichen l_1' gegenüber Abb. 231 um l_1' nach links verschoben. Es ist also $l_{12} = {}^3/_4\,\lambda^* - l_1'$ oder mit dem gemessenen l_{12} das l_1' aus

$$l_1' = {}^3/_4\,\lambda^* - l_{12} \tag{32.13}$$

zu berechnen. Falls dabei $l_1' > \lambda^*/2$ wird, kann man noch $\lambda^*/2$ von dem errechneten Wert subtrahieren; denn eine $\lambda^*/2$-Leitung transformiert nicht. In Abb. 231 ist ferner stets $l_{max} = \lambda^*/2$. In Abb. 230 dagegen ist l_{max} kleiner, weil ein Teil des früheren l_1 jetzt als l_1' innerhalb des Vierpols liegt, ebenso ein Teil des früheren l_2 als l_2' innerhalb des Vierpols. Bei der Messung nach Abb. 229 werden als l_1 und l_2 aber nur die Längen außerhalb des Vierpols gerechnet. Es ist daher in Abb. 230 $l_{max} = \lambda^*/2 - (l_1' + l_2')$. Hieraus gewinnt man bei gemessenem l_{max} die Summe $(l_1' + l_2')$ und schließlich mit Hilfe von (32.13)

$$l_2' = l_{12} - l_{max} - \lambda^*/4. \tag{32.14}$$

Es können sich dabei unter Umständen negative Längen ergeben. Um positive Werte l_2' zu erhalten, addiert man $\lambda^*/2$, was man ohne weiteres darf, weil eine $\lambda^*/2$-Leitung nicht transformiert. Wenn man das Ersatzbild der Abb. 225c für *negative* X aus der gemessenen Kurve der Abb. 230 gewinnen will, benutzt man die Tatsache, daß gemäß Abb. 231 stets $l_{min} = \lambda^*/2$ ist. In (32.13) und (32.14) tritt dann an die Stelle des l_{12} der Ort l_{11} des Kurvenminimums und an die Stelle des l_{max} das l_{min}. Wenn man das Ersatzbild der Abb. 225b mit *positivem* Y aus der Kurve der Abb. 230 gewinnen will, beachte man, daß gemäß Abb. 232 stets $l_{max} = \lambda^*/2$ bei $l_1 = n \cdot \lambda^*/2$ liegt. In (32.13) ist dann $^3/_4\,\lambda^*$ durch $\lambda^*/2$ zu ersetzen und in (32.14) fällt das $\lambda^*/4$ fort. Das Ersatzbild der Abb. 225b mit *negativem* Y gibt gemäß Abb. 232 das $l_{min} = \lambda^*/2$ bei $l_1 = n \cdot \lambda^*/2$. Man erhält dann

$$l_1' = \lambda^*/2 - l_{11}; \qquad l_2' = l_{11} - l_{min}. \tag{32.15}$$

Einen Sonderfall stellen die Vierpole mit $X = 0$ und $Y = 0$ dar. Ihr Ersatzbild ist dann einfach ein Stück Leitung der Länge $l' = l_1' + l_2'$ vom Wellenwiderstand Z, und bei der Berechnung nach Abb. 226 kann man direkt von $\mathfrak{R}_0$ nach $\mathfrak{R}_3$ über eine Leitung der Länge $(l_1 + l' + l_2)$ im Leitungsdiagramm transformieren. Solche Vierpole geben bei der Messung nach Abb. 230 konstantes l wie in Abb. 231 und 232. Man benutzt derartige Vierpole sehr gerne, weil sie die Anpassung auf der Leitung nicht stören. Beispiele solcher Vierpole geben die Filter des § 17 im Durchlaßbereich. Falls diese Vierpole nicht exakt abgeglichen sind, geben sie ein sehr kleines X oder Y und geringe Schwankungen des l in Abb. 230 mit kleinem Δl. Das gemessene Δl läßt dann oft erkennen, durch welche zusätzlichen Schaltmaßnahmen man das Δl zum Verschwinden bringen kann. Für kleine Δl erhält man nach (1.17) aus (32.10) und (32.12) die Näherungen

$$X = 2\pi \cdot \Delta l \cdot Z/\lambda^*; \qquad Y = 2\pi \cdot \Delta l/(Z \cdot \lambda^*). \tag{32.16}$$

Wegen $l_{\min} = l_{\max} = l$ ist dann die Länge der inneren Vierpolleitung

$$l' = l_1' + l_2' = \lambda^*/2 - l, \tag{32.17}$$

weil $(l + l')$ stets gleich $\lambda^*/2$ sein muß.
Ergänzendes Schrifttum: [31, 34, 36].

§ 33. Verlustfreie Vierpole zwischen verschiedenartigen Leitungen

Die Ergebnisse des § 32 sollen jetzt auf den Fall erweitert werden, wo die beiden anschließenden Leitungen in Abb. 225a verschiedenen Wellenwiderstand und verschiedene Wellenlänge λ^* besitzen. Zunächst wird im einfachsten Fall das Verhalten zweier verschiedener aneinanderstoßender Leitungen nach Abb. 233 behandelt. Es soll der Eingangswiderstand $\mathfrak{R}_3$ bei gegebenem Abschlußwiderstand $\mathfrak{R}_0$ berechnet werden. Zur Anwendung des Leitungsdiagramms arbeitet man mit relativen Widerständen. Man bildet $\mathfrak{r}_0 = \mathfrak{R}_0/Z_1$, wobei Z_1 der Wellenwiderstand der an $\mathfrak{R}_0$ anschließenden Leitung ist. Hat diese die Länge l_1 und die Wellenlänge λ_1^*, so berechnet man l_1/λ_1^* und dreht $\mathfrak{r}_0$ auf seinem m-Kreis nach $\mathfrak{r}_1$, wobei der Parameter der l-Kreise um l_1/λ_1^* zunimmt. $\mathfrak{R}_1 = \mathfrak{r}_1 \cdot Z_1$ ist der Eingangswiderstand der hinteren Leitung und gleichzeitig der Abschlußwiderstand der vorderen Leitung mit dem Wellenwiderstand Z_2. Um das Leitungsdiagramm auf die vordere Leitung anwenden zu können, benötigt man den relativen Abschlußwiderstand $\mathfrak{r}_2 = \mathfrak{R}_1/Z_2$. Das $\mathfrak{R}_1$ braucht man an sich nicht auszurechnen, sondern kann direkt von $\mathfrak{r}_1$ auf $\mathfrak{r}_2$ umrechnen:

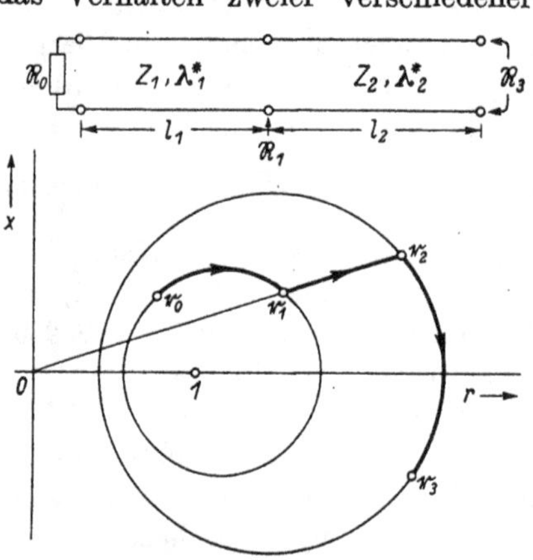

Abb. 233. Wellenwiderstandssprung

$$\mathfrak{r}_2 = \mathfrak{r}_1 \cdot Z_1/Z_2. \tag{33.1}$$

Der Übergang auf den anderen Wellenwiderstand zeigt sich also in der Multiplikation mit dem reellen Faktor Z_1/Z_2. Dabei bleibt der Phasenwinkel des $\mathfrak{r}_1$ erhalten, und es multipliziert sich nur sein Absolutwert mit dem Faktor Z_1/Z_2. Abb. 233 zeigt die entsprechenden Vorgänge in der relativen Widerstandsebene. Der Übergang von $\mathfrak{r}_1$ nach $\mathfrak{r}_2$ ist eine Verschiebung auf einer Geraden durch den Nullpunkt, wobei sich der Abstand vom Nullpunkt um den Faktor Z_1/Z_2 ändert. Für $Z_1 > Z_2$ (Abb. 233) entfernt sich $\mathfrak{r}_2$ vom Nullpunkt, für $Z_1 < Z_2$ nähert sich $\mathfrak{r}_2$ dem Nullpunkt. Dieses $\mathfrak{r}_2$ wandert dann wieder auf seinem m-Kreis nach $\mathfrak{r}_3$ entsprechend der Länge l_2 und der Wellenlänge λ_2^* der vorderen Leitung: $\mathfrak{R}_3 = \mathfrak{r}_3 \cdot Z_2$.

Macht man für die Anordnung der Abb. 233 einen Kurzschlußversuch wie in Abb. 229, so kann man wieder eine Kurve ähnlich Abb. 230 erhalten. Man muß dann jedoch berücksichtigen, daß das λ^* auf beiden Leitungen verschieden sein kann und daß im Prinzip nur der Quotient l/λ^* wirksam ist. Man kann also nur die Quotienten l_1/λ_1^* und l_2/λ_2^* für solche Kurven benutzen. Man trägt also die Summe

$$a = l_1/\lambda_1^* + l_2/\lambda_2^* \tag{33.2}$$

als Funktion von l_1/λ_1^* auf (Abb. 234) und erhält eine Kurve gleicher Form wie in Abb. 230 bis 232. Diese Kurve kann man in folgender Weise berechnen. Die hintere Leitung der Länge l_1 hat nach (22.15) den Eingangswiderstand $\Re_1 = jZ_1 \cdot \mathrm{tg}\,(2\pi l_1/\lambda_1^*)$. Ein im Abstand l_2 vom Übergangspunkt gemessener Knoten auf der vorderen Leitung ergibt nach (28.1) ein $\Re_1 = -jZ_2 \cdot \mathrm{tg}\,(2\pi l_2/\lambda_2^*)$, das dem obigen $\Re_1$ gleich ist. Daher wird

$$\mathrm{tg}\,(2\pi l_2/\lambda_2^*) = -(Z_1/Z_2)\,\mathrm{tg}\,(2\pi l_1/\lambda_1^*). \tag{33.3}$$

Dann ist nach (33.2) der Zusammenhang zwischen a und l_1/λ_1^*

$$\begin{aligned} \mathrm{tg}(2\pi a) &= \mathrm{tg}(2\pi l_1/\lambda_1^* + 2\pi l_2/\lambda_2^*) \\ &= \mathrm{tg}(2\pi l_1/\lambda_1^*)\,\frac{1 - Z_1/Z_2}{1 + (Z_1/Z_2)\,\mathrm{tg}^2(2\pi l_1/\lambda_1^*)}\,. \end{aligned} \tag{33.4}$$

Für $Z_1 = Z_2$ wird $\mathrm{tg}\,(2\pi a) = 0$. Betrachtet man dann die Verschiebung des ersten Knotenpunktes rechts vom Übergangspunkt, so ergibt sich daraus $a = 0{,}5$, also ein von l_1/λ_1^* unabhängiges a. Abb. 234 zeigt diese Gerade. In Abb. 234 ist ferner für den jeweils ersten Knoten rechts vom Übergangspunkt für $Z_1 > Z_2$, $Z_1 < Z_2$, $Z_1 = 0$ und $Z_1 = \infty$ die zugehörige a-Kurve nach (33.4) eingezeichnet. Für $Z_1 \neq Z_2$ schwankt dabei a mit der Periode 0,5 um die mittlere Gerade für $Z_1 = Z_2$. Für alle Werte $l_1/\lambda_1^* = n \cdot 0{,}25$

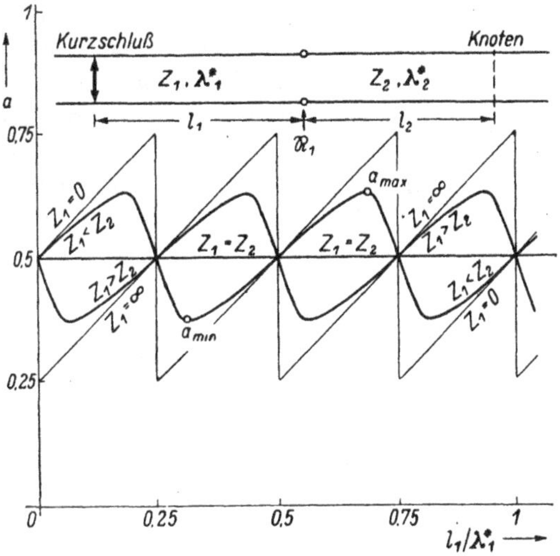

Abb. 234. Messung eines Wellenwiderstandssprungs

[$\mathrm{tg}\,(2\pi l_1/\lambda_1^*) = 0$ oder $\pm\infty$] wird $\mathrm{tg}\,(2\pi a) = 0$ oder $a = 0{,}5$. Wie in § 32, so gilt auch hier allgemein für alle Kurven, daß sie bei Benützung eines anderen Knotens in gleicher Form, lediglich um ein entsprechendes $n \cdot 0{,}5$ verschoben, wieder erscheinen. Es interessiert dabei für die Auswertung wiederum nicht, welcher Knoten jeweils gewählt wurde, weshalb im folgenden stets ein Kurvenverlauf nach Abb. 234 vorausgesetzt wird.

Aus einer gemessenen a-Kurve nach Abb. 234 kann man den Faktor Z_1/Z_2 bestimmen, wenn man wieder die Differenz

$$\Delta a = a_{\max} - a_{\min} \tag{33.5}$$

der Extremwerte der Kurve betrachtet. Um diese Extremwerte zu erhalten, differenziert man (33.4) nach l_1/λ_1^* und setzt den Differentialquotienten gleich Null. Daraus ergibt sich für den Ort l_1 der Extremwerte

$$\operatorname{tg}(2\pi l_1/\lambda_1^*) = \pm \sqrt{Z_2/Z_1}. \tag{33.6}$$

Setzt man dies in (33.4) ein, so erhält man die Extremwerte $a_{\max}$ und $a_{\min}$ aus

$$\operatorname{tg}(2\pi a) = \pm \frac{1}{2}(\sqrt{Z_2/Z_1} - \sqrt{Z_1/Z_2}). \tag{33.7}$$

Für $Z_2 > Z_1$ gibt das positive Vorzeichen das $a_{\max}$ und das negative Vorzeichen das $a_{\min}$. Dann ist in Abb. 234 $\Delta a/2 = a_{\max} - 0{,}5 = 0{,}5 - a_{\min}$ und mit $\operatorname{tg}(\pi \cdot \Delta a) = \operatorname{tg}(2\pi a_{\max} - \pi) = \operatorname{tg}(2\pi a_{\max})$ ist nach (33.7)

$$\operatorname{tg}(\pi \cdot \Delta a) = \frac{1}{2}(\sqrt{Z_2/Z_1} - \sqrt{Z_1/Z_2}). \tag{33.8}$$

Wenn $Z_2 < Z_1$ ist, gibt das negative Vorzeichen das $a_{\max}$ und es wird

$$\operatorname{tg}(\pi \cdot \Delta a) = \frac{1}{2}(\sqrt{Z_1/Z_2} - \sqrt{Z_2/Z_1}). \tag{33.9}$$

Aus der Lage der Extremwerte gewinnt man die Entscheidung, ob Z_1 kleiner oder größer als Z_2 ist, und kann dann aus dem Δa der gemessenen a-Kurve den Quotienten Z_1/Z_2 nach (33.8) oder (33.9) bestimmen. Dies ist eine sehr brauchbare Methode zur Messung von Wellenwiderständen. Wenn entweder Z_1 oder Z_2 bekannt ist, gewinnt man daraus das unbekannte Z der anderen Leitung. Die Messung ist sehr genau, weil sie nur Längenmessungen enthält und Knotenorte sehr genau bestimmt werden können.
Wenn Z_1 und Z_2 nur wenig verschieden sind

$$Z_2 = Z_1 + \Delta Z_2 = Z_1(1 + \Delta Z_2/Z_1), \tag{33.10}$$

also $\Delta Z_2/Z_1$ sehr klein ist, wird auch das Δa klein und man kann (33.8) ($\Delta Z_2 > 0$) nach (1.17), (1.9) und (1.10) in eine Näherungsformel bringen:

$$\pi \cdot \Delta a = \frac{1}{2}\left(\sqrt{1 + \Delta Z_2/Z_1} - \sqrt{1/(1 + \Delta Z_2/Z_1)}\right);$$

$$\Delta a = \frac{1}{2\pi}\,\frac{\Delta Z_2}{Z_1}. \tag{33.11}$$

Für kleines ΔZ_2 liegen die Extremwerte des a nach (33.6) bei $l_1/\lambda_1^* = 1/8 + n/4$, also in der Mitte zwischen den Orten $l_1/\lambda_1^* = n/4$, wo stets $a = 0{,}5$ ist. Auch (33.4) kann man dann wesentlich vereinfachen. Nach (33.10) und (1.8) wird $1 - Z_1/Z_2 = \Delta Z_2/Z_1$. Im Nenner von (33.4) kann man $Z_1 = Z_2$ setzen, da die Berücksichtigung des ΔZ_2 nach (33.10) keine interessierende Verbesserung des Resultats mehr gibt, weil $\operatorname{tg}(2\pi a)$ wegen des kleinen Zählers sowieso schon sehr klein ist. Mit $\operatorname{tg}\alpha/(1 + \operatorname{tg}^2\alpha) = {}^1/_2 \sin(2\alpha)$ wird $\operatorname{tg}(2\pi a) = {}^1/_2 (\Delta Z_2/Z_1) \sin(4\pi l_1/\lambda_1^*)$. Das a liegt nach Abb. 234 in der Nähe von 0,5, so daß statt (1.17) die Näherung $\operatorname{tg}(2\pi a) = 2\pi(a - 0{,}5)$ benutzt wird. Dann ist

$$a = 0{,}5 + \frac{1}{4\pi}\,\frac{\Delta Z_2}{Z_1}\sin(4\pi l_1/\lambda_1^*) \tag{33.12}$$

eine reine sin-Schwankung um den Mittelwert 0,5 (Abb. 235a). Mit Hilfe dieser Methode kann man schon kleinste Wellenwiderstandsunterschiede zwischen aneinanderstoßenden Leitungen messen. Man darf dann jedoch nicht übersehen, daß im Übergangspunkt zwischen zwei verschiedenen Leitungsquerschnitten das homogene Feld beider Leitungen etwas gestört ist. Die Übergangsstelle wirkt dann wie ein Vierpol, dessen Wirkung man im allgemeinen durch einen kleinen induktiven Serienblindwiderstand jX (Abb. 231) oder durch einen kleinen kapazitiven Parallelblindwiderstand jY (Abb. 232) beschreiben kann. Die Knotenverschiebung durch diesen Vierpol überlagert sich dann der Kurve (33.12). Solange X klein ist, kann man dabei (32.6) in eine Näherung entwickeln, indem man das X/Z im Nenner vernachlässigt und $1/(1 + \mathrm{tg}^2 \alpha) = \cos^2 \alpha$ setzt. Setzt man ferner für X/Z den Wert X/Z_1 und an Stelle von l/λ^* die Größe l/λ_1^*, so erhält man mit $l/\lambda_1^* = a$ für kleine X/Z_1 näherungsweise

$$\mathrm{tg}\,(2\pi a) = -(X/Z_1)\cos^2(2\pi l_1/\lambda_1^*)$$

oder ähnlich (33.12)

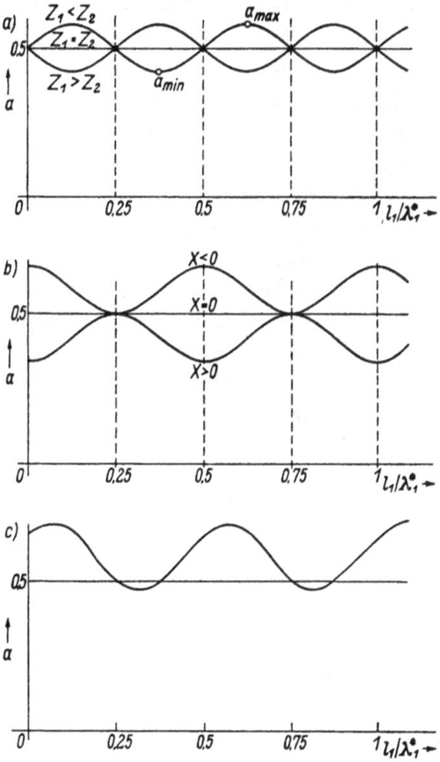

Abb. 235. Überlagerung kleiner Fehler

$$a = 0,5 - \frac{1}{2\pi}\frac{X}{Z_1}\cos^2(2\pi l_1/\lambda_1^*). \tag{33.13}$$

Solche Kurven zeigt Abb. 235b als Sonderfall der Abb. 231. Solange die Schwankungen in (33.12) und (33.13) klein sind, addieren sie sich näherungsweise, und es ergibt sich eine resultierende Schwankung um den Wert 0,5:

$$a = 0,5 + \frac{1}{4\pi}\frac{\Delta Z_2}{Z_1}\sin(4\pi l_1/\lambda_1^*) - \frac{1}{2\pi}\frac{X}{Z_1}\cos^2(2\pi l_1/\lambda_1^*), \tag{33.14}$$

wie sie in Abb. 235c für $Z_1 < Z_2$ und $X < 0$ dargestellt ist. Aus einer solchen Kurve kann man $\Delta Z_2/Z_1$ und X/Z_1 entnehmen, wenn man die Werte a für $l_1/\lambda_1^* = 1/8$, $1/4$, $3/8$ und $1/2$ benutzt. Dann wird nach (33.14)

$$a_{1/8} - a_{3/8} = \frac{1}{2\pi}\frac{\Delta Z_2}{Z_1}; \tag{33.15}$$

$$a_{1/2} - a_{1/4} = -\frac{1}{2\pi}\frac{X}{Z_1} \tag{33.16}$$

und man kann nun das Verhalten der Übergangsstelle sehr genau beschreiben, insbesondere auch die sehr wichtigen reflexionsfreien Übergangsstellen zwischen zwei Leitungen verschiedenen Querschnitts, aber gleichen Wellenwiderstandes prüfen und eventuelle kleine Fehler erkennen und beseitigen.

Der allgemeinste Fall tritt ein, wenn ein beliebiger verlustfreier Vierpol nach Abb. 225a zwischen zwei Leitungen verschiedenen Wellenwiderstandes und verschiedener Wellenlänge liegt. Auch dann sind Ersatzbilder nach Abb. 225b und c möglich, wobei man natürlich der Ersatzleitung l_1' den Wellenwiderstand Z_1 und der Ersatzleitung l_2' den Wellenwiderstand Z_2 geben wird, um die Rechenvorteile wie bei Abb. 226 ausnützen zu können. Dann würde man wieder das $\mathfrak{R}_0$ über die Leitung der Länge $(l_1 + l_1')$ nach $\mathfrak{R}_1'$ transformieren, durch Serienschaltung von jX das $\mathfrak{R}_2'$ erhalten und über die Leitung der Länge $(l_2 + l_2')$ nach $\mathfrak{R}_3$ transformieren. Bei Benutzung des Leitungsdiagramms erhält man das relative $\mathfrak{r}_1' = \mathfrak{R}_1'/Z_1$, schaltet das relative $jx = jX/Z_1$ in Serie und muß dann durch Multiplikation mit Z_1/Z_2 nach (33.1) auf die relativen Widerstände der vorderen Leitung übergehen. Innerhalb des Vierpols finden jetzt zwei Rechenvorgänge statt, während früher in Abb. 226 nur ein Rechenvorgang blieb. Man muß sich daher bemühen, für diesen allgemeinen Fall ein Ersatzbild zu finden, das ebenfalls

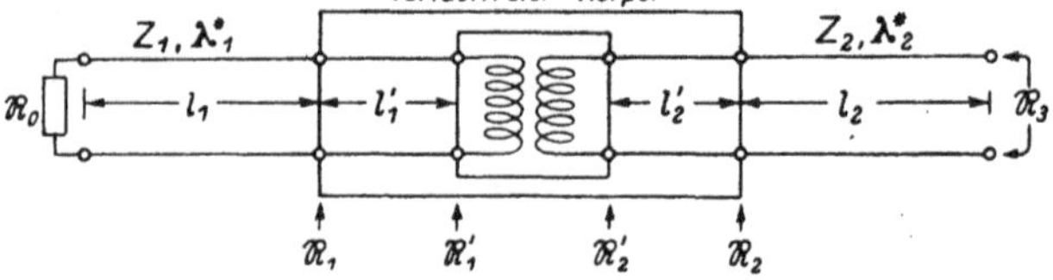

Abb. 236. Transformatorersatzbild

nur einen Rechenvorgang benötigt. In Abb. 236 ist der Vierpol durch zwei Leitungen l_1' und l_2' und einen Transformator ersetzt. Diesem inneren Transformator legt man die einfache Eigenschaft auf, daß er jeden an seinen Ausgangsklemmen erscheinenden Widerstand $\mathfrak{R}_1'$ nur mit einem reellen Faktor K multipliziert: $\mathfrak{R}_2' = K \cdot \mathfrak{R}_1'$. Der Beweis für die Existenz des Ersatzbildes folgt später. Die Rechnung mit relativen Widerständen nimmt dann nach Abb. 236 folgenden Verlauf: Das relative $\mathfrak{r}_0 = \mathfrak{R}_0/Z_1$ transformiert man nach $\mathfrak{r}_1' = \mathfrak{R}_1'/Z_1$, multipliziert mit K und gleichzeitig mit Z_1/Z_2, um den relativen Widerstand

$$\mathfrak{r}_2' = \mathfrak{R}_2'/Z_2 = \mathfrak{r}_1' \cdot K \cdot Z_1/Z_2 = \mathfrak{r}_1' \cdot K' \tag{33.17}$$

zu erhalten. Man multipliziert also nur noch mit dem einen reellen Faktor

$$K' = K \cdot Z_1/Z_2 \tag{33.18}$$

und erhält den gleichen Rechenvorgang wie in Abb. 233 mit einer Verschiebung von $\mathfrak{r}_1'$ nach $\mathfrak{r}_2'$ auf einer Geraden durch den Nullpunkt. Dies bedeutet dann eine außerordentliche Vereinfachung des Umgangs mit verlustfreien Vierpolen.

Der Beweis für die Allgemeingültigkeit dieses Ersatzbildes entspricht dem des § 32 für den einfacheren Fall. Der Vierpol ist nach (20.15) bis (20.19) gegeben durch seine drei Konstanten $B' = B/A$, $C' = C/A$ und $D' = D/A$. Nach (20.20) kann man damit den Eingangswiderstand $\mathfrak{R}_2$ für einen Abschlußwiderstand $\mathfrak{R}_1 = Z_1$ berechnen. Dieses $\mathfrak{R}_2$ kann jede Lage in der Widerstandsebene außerhalb der imaginären Achse haben, ebenso auch sein relativer Wert $\mathfrak{r}_2 = \mathfrak{R}_2/Z_2$. Berechnet man das gleiche $\mathfrak{r}_2$ mit Hilfe des Ersatzbildes der Abb. 236, so geht man vom relativen $\mathfrak{r}_1 = \mathfrak{R}_1/Z_1 = 1$ aus. Das relative $\mathfrak{r}_1' = \mathfrak{R}_1'/Z_1$ ist ebenfalls gleich 1, da die Leitung der Länge l_1' mit dem Wellenwiderstand Z_1 nicht transformiert. Der Transformator multipliziert die relativen Widerstände mit K' nach (33.17) und (33.18), verschiebt also den Punkt $\mathfrak{r}_1' = 1$ nach dem Punkt $\mathfrak{r}_2' = \mathfrak{R}_2'/Z_2 = K'$ der reellen Achse (in Abb. 237 ist $K' > 1$) und das anschließende Leitungsstück l_2' mit dem Wellenwiderstand Z_2 transformiert $\mathfrak{r}_2' = K'$ auf dem durch K' gehenden m-Kreis ($m = 1/K'$) nach $\mathfrak{r}_2$. Wenn also $\mathfrak{r}_2$ als irgendein Punkt der relativen Widerstandsebene gegeben ist, legt man durch $\mathfrak{r}_2$ den m-Kreis und findet so den Punkt K'. Es gibt also stets ein reelles $K' > 1$, das man auf diese Weise am einfachsten graphisch bestimmt, und das erforderliche l_2'/λ_2^* des Ersatzbildes ist die Parameterdifferenz der l-Kreise der Punkte $\mathfrak{r}_2$ und K'. Man erhält stets ein reelles l_2'. Ferner kann man den Eingangsblindwiderstand jX_{2k} für den Abschlußwiderstand $\mathfrak{R}_1 = 0$ nach (20.20) wie in (32.3) zu $jX_{2k} = j\,B'/D'$ berechnen, der ebenfalls jeden beliebigen positiven und negativen Wert haben kann. Nach dem Ersatzbild der Abb. 236 wäre das gleiche jX_{2k} nach (26.4) wie in (32.4) durch

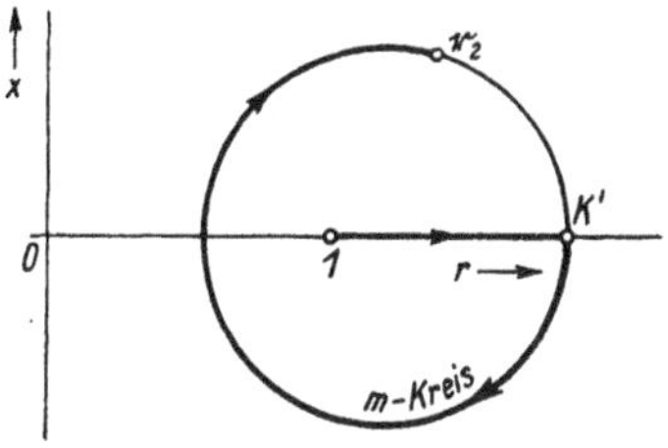

Abb. 237. Zur Auswertung des Transformatorersatzbildes

$$jX_{2k} = j\,\frac{K\cdot Z_1\cdot \mathrm{tg}(2\pi l_1'/\lambda_1^*) + Z_2\cdot \mathrm{tg}(2\pi l_2'/\lambda_2^*)}{1 - K\,(Z_1/Z_2)\,\mathrm{tg}(2\pi l_1'/\lambda_1^*)\cdot \mathrm{tg}(2\pi l_2'/\lambda_2^*)} \tag{33.19}$$

gegeben. Dies ist bei bekanntem X_{2k} eine lineare Gleichung für $\mathrm{tg}(2\pi l_1'/\lambda_1^*)$, die stets eine reelle Lösung für l_1' hat. Man hat also einen Vierpol mit bestimmten Konstanten B', C' und D' und ein Ersatzbild mit bestimmten Konstanten l_1', l_2' und K', die für $\mathfrak{R}_1 = Z$ und $\mathfrak{R}_1 = 0$ die gleichen Eingangswiderstände $\mathfrak{R}_2$ und jX_{2k} besitzen. Dann sind aber Vierpol und Ersatzbild auch in ihrem Verhalten für beliebige Abschlußwiderstände $\mathfrak{R}_1$ identisch, weil durch $\mathfrak{R}_2$ und jX_{2k} das Verhalten des Vierpols bereits eindeutig festgelegt ist.

Man beachte, daß man das Ersatzbild auch mit einem $K' < 1$ ausrüsten könnte. Dann würde in Abb. 237 der zweite Schnittpunkt ($m = K'$) des m-Kreises durch $\mathfrak{r}_2$ mit der reellen Achse benutzt werden und der Transformator den Punkt $\mathfrak{r}_1'$ auf seinem Wege nach $\mathfrak{r}_2' = \mathfrak{r}_1'\cdot K'$ der reellen Achse nähern. In diesem Fall würden sich dann allerdings andere Werte l_1' und l_2' ergeben. Das Transformatorersatzbild hat also stets zwei Möglichkeiten, wobei der K'-Wert des einen Ersatzbildes der Reziprokwert des K'-Wertes des anderen Ersatzbildes ist, weil der m-Kreis der Abb. 237 die reelle Achse in den Punkten m und $1/m$ schneidet. Zu beachten ist, daß ein symmetrischer Vierpol hier nicht die symmetrischen Längen $l_1' = l_2'$ gibt. Man kann das Transformatorersatzbild auch auf den Fall des § 32 anwenden, für den dann wegen $Z_1 = Z_2$ nach (33.18) das $K' = K$ wird. Im § 32 hätte man also sechs verschiedene Möglichkeiten eines einfachen Ersatzbildes ($X < 0$, $X > 0$, $Y < 0$, $Y > 0$, $K < 1$, $K > 1$).

Einen solchen Vierpol wird man wieder in der Anordnung der Abb. 234 messen, wo nun in die Trennstelle der beiden Leitungen nach Abb. 238 der Vierpol eingefügt wird. Man mißt l_1 und l_2 und berechnet a nach (33.2). Dieses a in Abhängigkeit von l_1/λ_1^* gibt wieder die charakteristischen Kurven wie in Abb. 234, jedoch wegen der Leitungen l_1' und l_2' nach links um l_1'/λ_1^* und unten um $l_1'/\lambda_1^* + l_2'/\lambda_2^*$ verschoben. Statt des Faktors Z_1/Z_2 in Abb. 234 werden hier die Schwankungen durch den Faktor K' nach (33.18) bedingt, so daß man aus dem Δa nach (33.5) hier statt des Z_1/Z_2 nach (33.8) und (33.9) den Faktor K' in gleicher Weise erhält. Für $K' < 1$ erhält man statt (33.8)

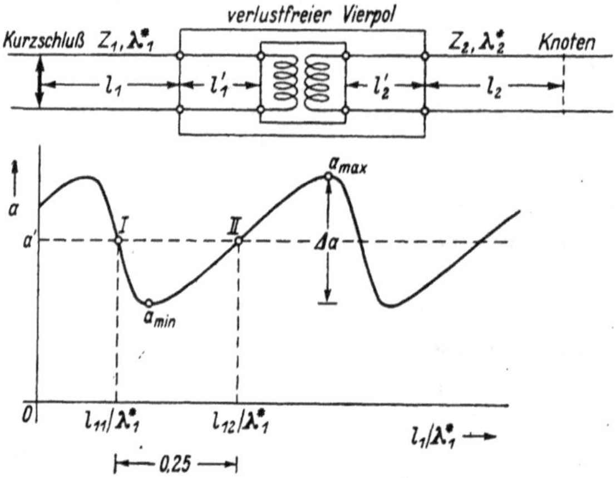

Abb. 238. Knotenverschiebungsmessung

$$\operatorname{tg}(\pi \cdot \Delta a) = \frac{1}{2}\left(\sqrt{1/K'} - \sqrt{K'}\right) \qquad (33.20)$$

und für $K' > 1$ statt (33.9)

$$\operatorname{tg}(\pi \cdot \Delta a) = \frac{1}{2}\left(\sqrt{K'} - \sqrt{1/K'}\right). \qquad (33.21)$$

Für K' in der Nähe von 1 ergibt sich dann

$$\Delta a = \frac{1}{2\pi}\,|1 - K'|. \qquad (33.22)$$

Im Fall $K' > 1$, der dem Fall $Z_1 > Z_2$ in Abb. 234 entspricht, würde für $l_1' = 0$ und $l_2' = 0$ der Mittelpunkt des steilen Kurvenstücks im Punkte $l_1/\lambda_1^* = n \cdot 0{,}5$ liegen. Da im allgemeinen Fall der Abb. 238 das l_1 um l_1' kleiner wird, ist die Kurve der Abb. 238 gegenüber Abb. 234 um l_1'/λ_1^* nach links verschoben. Liegt in Abb. 238 der Mittelpunkt I des steilen Kurvenstücks bei l_{11}/λ_1^*, so ist also

$$l_1'/\lambda_1^* = 0{,}5 - l_{11}/\lambda_1^*. \qquad (33.23)$$

Dieser Punkt I liegt in Abb. 234 bei $a = 0{,}5$, in Abb. 238 jedoch um $l_1'/\lambda_1^* + l_2'/\lambda_2^* = 0{,}5 - a'$ tiefer, weil l_1 und l_2 in Abb. 238 entsprechend kürzer sind. Also wird

$$l_2'/\lambda_2^* = l_{11}/\lambda_1^* - a'. \qquad (33.24)$$

Im Fall $K' < 1$, der dem Fall $Z_1 < Z_2$ in Abb. 234 entspricht, würde man die gleiche Auswertung auf den Mittelpunkt II des flachen Kurventeils beziehen, der gemäß Abb. 234 ebenfalls bei $l_1/\lambda_1^* = 0{,}5$ liegt. Man erhält dann analog

$$l_1'/\lambda_1^* = 0{,}5 - l_{12}/\lambda_1^* \tag{33.25}$$

und

$$l_2'/\lambda_2^* = l_{12}/\lambda_1^* - a'. \tag{33.26}$$

Sollten sich bei der Auswertung der Gl. (33.23) bis (33.26) negative Werte ergeben, so addiert man 0,5, um positive Ergebnisse zu erhalten (vgl. § 32). Ergänzendes Schrifttum: [25, 31, 34, 36].

VII. Die inhomogene Leitung

§ 34. Die Grundgesetze des elektromagnetischen Feldes

Bezeichnungen für die elektrische Feldstärke: $\mathfrak{E}$ = komplexe Amplitude einer räumlichen Komponente; $\mathfrak{e} = \mathfrak{E} \cdot e^{j\omega t}$ = komplexer Momentanwert; E = reelle Amplitude; e = reeller Momentanwert. Bezeichnungen für die magnetische Feldstärke: $\mathfrak{H}$ = komplexe Amplitude einer räumlichen Komponente; $\mathfrak{h} = \mathfrak{H} \cdot e^{j\omega t}$ = komplexer Momentanwert; H = reelle Amplitude; h = reeller Momentanwert. Vgl. § 2.

Man nennt ein Feld homogen, wenn alle Feldlinien parallel verlaufen und die Feldstärke in allen Punkten des Raumes gleich groß ist. Das Bild des homogenen elektrischen Feldes zeigt der Plattenkondensator mit unendlich großen Flächen (Abb. 239). Das homogene magnetische Feld findet man zwischen zwei parallelen, unendlich großen Platten (Abb. 240), die senkrecht zur Zeichenebene von gleichmäßig verteilten Strömen durchflossen werden.

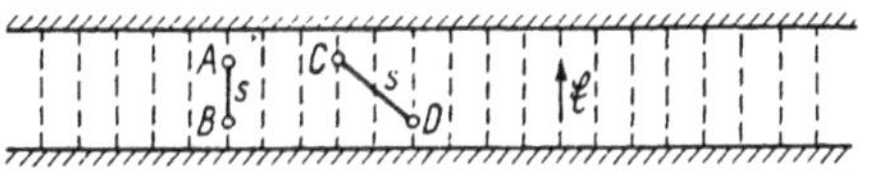

Abb. 239. Homogenes elektrisches Feld

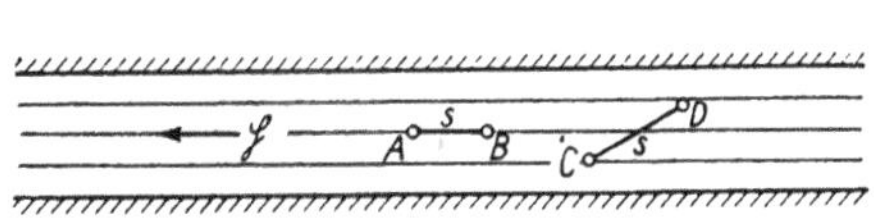

Abb. 240. Homogenes magnetisches Feld

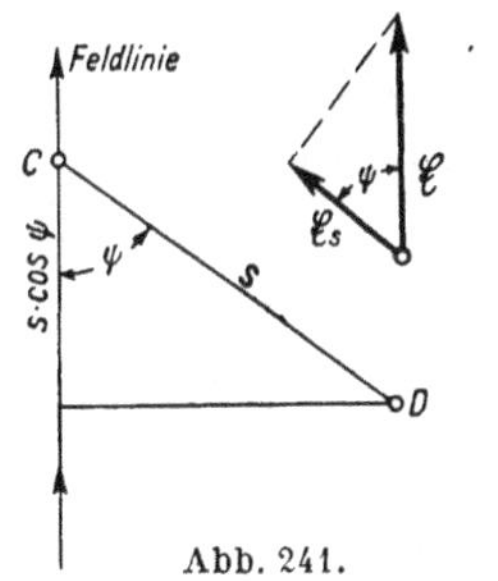

Abb. 241. Feldlinien schräg zum Weg s

Als elektrische Spannung $\mathfrak{U}$ zwischen zwei Punkten A und B einer Feldlinie bezeichnet man das Produkt $\mathfrak{E} \cdot s$ der elektrischen Feldstärke und des Abstandes s dieser Punkte, als magnetische Spannung dementsprechend das Produkt der magnetischen Feldstärke und des Abstandes. Die elektrische Spannung zwischen zwei beliebigen Punkten C und D ist das Produkt $\mathfrak{E} \cdot s \cdot \cos\psi$ der Feldstärke $\mathfrak{E}$ und der Projektion $s \cdot \cos\psi$ des Abstandes s auf die Feldlinie

(Abb. 241) oder das Produkt der Feldstärkekomponente $\mathfrak{E}_s = \mathfrak{E} \cdot \cos \psi$ in Richtung des Weges und des Weges s. Diese beiden letzteren Definitionen sind gleichwertig. Entsprechendes gilt für die magnetische Spannung. Als Grenzbedingung des elektrischen Feldes bezeichnet man die Forderung, daß die elektrischen Feldlinien stets senkrecht auf den begrenzenden Leitern auftreffen, d. h. daß die elektrische Feldstärke dort keine Komponente tangential zur Leiteroberfläche hat. Als Grenzbedingung des magnetischen Feldes bei hohen Frequenzen (extremer Skineffekt) bezeichnet man die Forderung, daß die magnetischen Feldlinien in der Nähe der Leiteroberflächen parallel zu den Leiteroberflächen laufen, d. h. daß die magnetische Feldstärke dort keine Komponente senkrecht zur Oberfläche haben darf. Auf den Leiteroberflächen der Abb. 239 befindet sich eine gleichmäßig verteilte Ladung mit der Ladungsdichte (Ladung pro cm² Fläche) $\varepsilon_0 \cdot \mathfrak{E}$ mit ε_0 aus (1.5), wenn das Dielektrikum aus Luft besteht. Die Vorzeichen der Ladungen und die Richtung der elektrischen Feldlinien sind so festgelegt, daß die Feldlinien stets von den positiven zu den negativen Ladungen laufen. Die Ströme auf den Leitern der Abb. 240 haben überall die gleiche Oberflächenstromdichte (§ 7), und diese hängt mit der magnetischen Feldstärke nach (7.6) zusammen. Den Zusammenhang zwischen Stromrichtung und Feldlinienrichtung entnehme man aus Abb. 34.

Alle folgenden Betrachtungen gelten zunächst für den freien Raum mit $\varepsilon = 1$. Die Wirkung eines Dielektrikums wird in § 38 näher erörtert. Die Größe $\varepsilon_0 \cdot \mathfrak{E}$ bezeichnet man als die Verschiebungsdichte. Dieses Wort gehört ebenfalls zu der Gruppe von Wörtern, die aus der historischen Entwicklung entstanden sind und deren eigentlicher Inhalt sich nicht mehr mit dem Wort deckt. Diese Größe wird daher hier mit „Felddichte" bezeichnet. Anschaulich dargestellt wird die Felddichte durch die Zahl der Feldlinien, die durch eine Fläche von 1 cm² treten, die senkrecht zu den Feldlinien steht. An einer Leiteroberfläche ist sie gleich der Ladungsdichte (Ladung pro cm² Oberfläche). Je zwei Ladungseinheiten der beiden Oberflächen sind durch eine Feldlinie verbunden. Durch eine Fläche F senkrecht zu den Feldlinien (Abb. 242) tritt also in jedem Moment die Feldlinienmenge $\varepsilon_0 \cdot e \cdot F$. Auf den zugehörigen Leiteroberflächen sitzt dann die momentane Ladung $q = \pm\, \varepsilon_0 \cdot e \cdot F$. Alle betrachteten Felder sind hochfrequente Wechselfelder und $\mathfrak{q} = \mathfrak{Q} \cdot e^{j\omega t}$ ist demnach der komplexe Momentanwert einer Wechselladung mit der komplexen Amplitude $\mathfrak{Q} = \varepsilon_0 \cdot \mathfrak{E} \cdot F$, die das Fließen eines Wechselstroms $\mathfrak{i} = \mathfrak{J} \cdot e^{j\omega t}$ in einem die beiden Platten verbindenden Draht erforderlich macht. Wenn die in Abb. 242 gezeichnete Stromrichtung die positive ist, so wird $\mathfrak{i} = d\mathfrak{q}/dt$; denn das Fließen eines positiven Stromes bedeutet Erhöhung der positiven Ladung der unteren Platte. Unter Benutzung von (2.9) wird dann für komplexe Momentanwerte

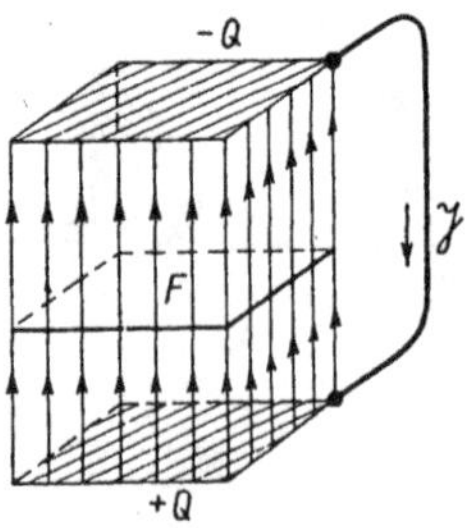

Abb. 242.
Feldstrom im homogenen Feld

$$\mathfrak{i} = \frac{d}{dt}(\mathfrak{Q} \cdot e^{j\omega t}) = \varepsilon_0 \cdot F \frac{d}{dt}(\mathfrak{E} \cdot e^{j\omega t}) = j\omega\varepsilon_0 \cdot F \cdot \mathfrak{E} \cdot e^{j\omega t} \qquad (34.1)$$

oder für komplexe Amplituden

$$\mathfrak{J} = j\omega\varepsilon_0 \cdot \mathfrak{E} \cdot F. \tag{34.1a}$$

Den Begriff des Stromes in einem Leiter verbindet man anschaulich mit der Bewegung geladener Teilchen, so daß in Abb. 242 kein geschlossener Stromkreis entsteht. Die Experimente zeigen jedoch, daß dieser Strombegriff zu eng gefaßt ist. Es gibt nur geschlossene Stromkreise, und der „Leitungsstrom" $\mathfrak{J}$ im Draht setzt sich im freien Raum zwischen den Platten in gleicher Größe als „Verschiebungsstrom" fort. Das historisch begründete Wort Verschiebungsstrom soll im folgenden durch das kürzere Wort „Feldstrom" ersetzt werden. Der Feldstrom fließt gleichmäßig verteilt entlang der Feldlinien durch den in Abb. 242 gezeichneten Raumteil. Bei gegebener Feldstärke $\mathfrak{E}$ ist der Feldstrom durch die Fläche F senkrecht zu den Feldlinien durch (34.1a) gegeben. Der Feldstrom durch eine Fläche von 1 cm² senkrecht zu den Feldlinien wird als Feldstromdichte bezeichnet und seine komplexe Amplitude ist gleich $j\omega\varepsilon_0 \cdot \mathfrak{E}$. Die Notwendigkeit, diesen Feldstrom als einen wirklichen Strom zu betrachten, liegt darin begründet, daß der Feldstrom ein magnetisches Feld erzeugt, das den gleichen Gesetzen wie das Feld des Leitungsstromes folgt. Der Feldstrom enthält den Faktor ω und wächst proportional zur Frequenz, wird also in der Hochfrequenztechnik von entscheidender Bedeutung. Feldströme fließen nach (34.1) überall dort, wo sich die elektrische Feldstärke zeitlich ändert. Die Ströme der Hochfrequenztechnik sind also teils Leitungsströme, teils Feldströme, und der Hochfrequenztechniker muß sich von dem Gedanken frei machen, daß ein Strom mit einem Ladungstransport verknüpft sein muß. Sobald man sich daran gewöhnt hat, daß entlang jeder elektrischen Feldlinie im Wechselfeld Feldströme fließen, hat man einen wesentlichen Schritt zum Verständnis der Vorgänge bei höheren Frequenzen getan. Wenn die Fläche F wie in Abb. 243 schräge zu den elektrischen Feldlinien liegt, also die Flächennormale den Winkel ψ gegen die Feldlinien bildet, fließt durch F entsprechend der Projektion $F \cdot \cos\psi$ nur der kleinere Strom

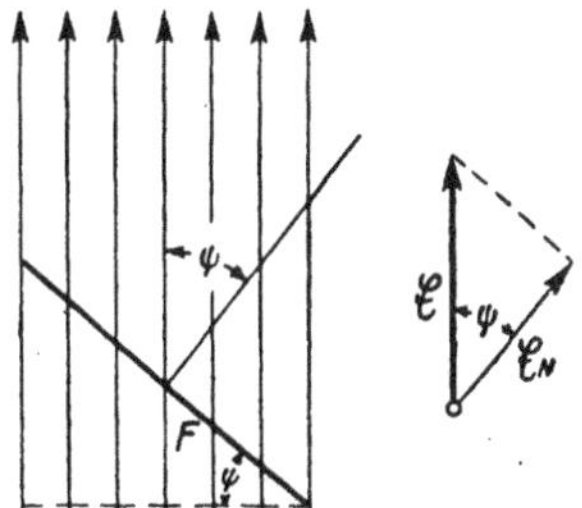

Abb. 243.
Feldlinien schräg zur Fläche F

$$\mathfrak{J} = j\omega\varepsilon_0 \cdot \mathfrak{E} \cdot F \cdot \cos\psi = j\omega\varepsilon_0 \cdot \mathfrak{E}_N \cdot F. \tag{34.2}$$

$\mathfrak{J}$ ist dann auch proportional zum Produkt der Fläche F und der Projektion $\mathfrak{E}_N = \mathfrak{E} \cdot \cos\psi$ des elektrischen Feldstärkevektors auf die Flächennormale, d. h. der Feldstärkekomponente senkrecht zur Fläche.

Wenn man sich nicht im homogenen Feld, sondern zwischen Platten beliebiger Form befindet, so ändern sich die Feldstärken von Ort zu Ort und die bisherigen Feldformeln sind nicht mehr brauchbar. Man vergleiche Abb. 136. Dann kann man obige Definitionen jeweils nur für infinitesimale Abstände und Flächen anwenden. Besteht z. B. in einem Punkt des Feldes die Feldstärke $\mathfrak{E}$, so ist die Spannung zwischen den Enden einer infinitesimalen Strecke ds

$$d\mathfrak{U} = \mathfrak{E}_s \cdot ds, \tag{34.3}$$

wobei $\mathfrak{E}_s$ die Komponente in Richtung der Strecke s ist. Interessiert man sich für die Spannung zwischen zwei weiter entfernten Punkten A und B in Abb. 244, so muß man zunächst einen Weg angeben, längs dem die Spannung gemessen werden soll. Diesen Weg zerlegt man in infinitesimale Stücke ds und berechnet für jedes ds das $d\mathfrak{U}$ nach (34.3), wobei $\mathfrak{E}_s$ jeweils die Feldstärkekomponente am Ort des ds ist. Die Spannung $\mathfrak{U}$ zwischen A und B ist dann die Summe aller $d\mathfrak{U}$. Wichtig für das Vorzeichen der Spannung ist die Richtung, in der die Kurve durchlaufen wird, die also stets angegeben werden muß. Die beiden Punkte A und B können auch zusammenfallen, so daß dann die Kurve, längs der man die Spannung bestimmt, in sich geschlossen ist. In statischen Feldern gibt eine geschlossene Kurve die Spannung Null, was bei Wechselfeldern im allgemeinen nicht der Fall ist. In genau gleicher Weise definiert man eine magnetische Spannung längs eines Weges mit Hilfe der magnetischen Feldstärke. Wenn man den Feldstrom angeben will, kann man (34.2) ebenfalls nur noch auf eine infinitesimale Fläche dF anwenden und erhält durch dF den Feldstrom

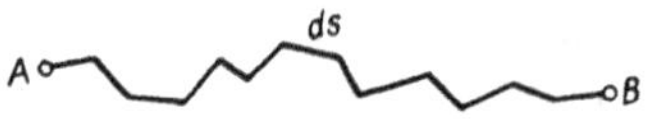

Abb. 244. Integrationsweg

$$d\mathfrak{J} = j\omega\varepsilon_0 \cdot \mathfrak{E}_N \cdot dF, \tag{34.4}$$

wobei $\mathfrak{E}_N$ die zur Fläche dF senkrechte Komponente des $\mathfrak{E}$ am Ort des dF ist. Die Feldströme fließen dabei längs der krummen Feldlinien, wobei ihre Stromdichte $j\omega\varepsilon_0 \cdot \mathfrak{E}$, bezogen auf eine Fläche von 1 cm² senkrecht zu den Feldlinien, der Felddichte proportional ist. Wenn man eine quadratische Feldteilung eines Feldes nach Abb. 136 hat, wo die elektrischen Feldlinien den Raum in n Teile teilen, fließen durch jeden Teil zwischen benachbarten Feldlinien gleiche Teile $\Delta\mathfrak{J} = \mathfrak{J}/n$ des gesamten Feldstromes $\mathfrak{J}$ zwischen Innen- und Außenleiter. Denn die Feldstärke $\mathfrak{E}$ ist überall umgekehrt proportional zum Abstand der Feldlinien, also auch die Feldstromdichte $j\omega\varepsilon_0 \cdot \mathfrak{E}$. Da die durchströmte Fläche zwischen benachbarten Feldlinien aber proportional zum Abstand der Feldlinien ist, ist das Produkt der Stromdichte und der Fläche, also der Strom zwischen benachbarten Feldlinien überall der gleiche. Wenn man den Feldstrom durch eine größere Fläche F berechnen will, teilt man die Fläche in infinitesimale Teile dF, berechnet für jedes dF das $d\mathfrak{J}$ nach (34.4) und addiert alle $d\mathfrak{J}$ dieser Fläche.

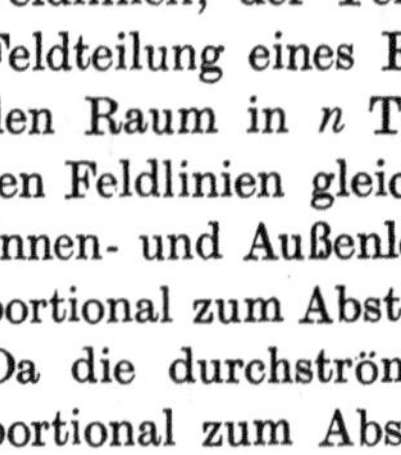

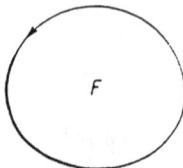

Abb. 245. Umlaufsinn der magnetischen Spannung

Das erste Grundgesetz des Feldes ist das **Durchflutungsgesetz**: Der durch eine Fläche F tretende Strom ist gleich der magnetischen Spannung längs des Flächenrandes, und zwar ist die Spannung positiv, wenn der Strom in Abb. 245 von unten nach oben durch die Zeichenebene stößt und der Rand der Fläche F bei der Berechnung der Spannungssumme in der angegebenen

Richtung durchlaufen wird. Dieses Gesetz ist auch gültig für Leitungsströme und Feldströme durch die Fläche F in beliebiger Kombination. Dabei hat der Feldstrom stets die Richtung der elektrischen Feldstärke und seine komplexe Amplitude nach (34.4) und (2.6) eine Phasenverschiebung von $\pi/2$ gegen die komplexe Amplitude $\mathfrak{E}_N$ der Feldstärkenkomponente. Die mathematische Form dieses Gesetzes kann bei allgemeinerer Feldverteilung und Randkurven allgemeinerer Form sehr kompliziert sein. Ein wichtiges Hilfsmittel zur Untersuchung komplizierterer Felder ist die sogenannte Differentialform des Durchflutungsgesetzes, die hier für reine Feldströme und ein rechtwinkliges Koordinatensystem entwickelt werden soll. Die Zeichenebene der Abb. 246 enthält die x-Achse und die y-Achse. Die zugehörige z-Achse steht senkrecht nach oben. Gezeichnet ist eine rechteckige infinitesimale Fläche dF mit den Kanten dx und dy, deren einer Eckpunkt im Punkt (x,y) liegt. Senkrecht zur Fläche nach oben steht die elektrische Feldstärkekomponente $\mathfrak{E}_z$ gleichlaufend mit der z-Achse. Durch die Fläche fließt dann der Feldstrom $j\omega\varepsilon_0 \cdot \mathfrak{E}_z \cdot dF = j\omega\varepsilon_0 \cdot \mathfrak{E}_z \cdot dx\,dy$ von unten nach oben. Nach Abb. 245 muß man dann die (positive) magnetische Spannung längs des Flächenrandes im gezeichneten Umlaufsinn berechnen. Bei der Spannungsberechnung beginnt man mit der unteren Kante dx, längs der eine Komponente $\mathfrak{H}_x(x,y)$ parallel zur x-Achse besteht. Diese Komponente ist an und für sich längs dx nicht vollkommen konstant, sondern zeigt eine gewisse, wenn auch geringe Abhängigkeit von x, deren genaue mathematische Formulierung schwierig ist. Ohne einen merklichen Fehler zu machen, kann man dies aber dadurch umgehen, daß man längs der infinitesimalen Änderung dx die Komponente $\mathfrak{H}_x(x,y)$ als konstant betrachtet. Analoge Überlegungen gelten auch für die anderen Komponenten der Abb. 246. Die Kante dx gibt also den Spannungsbeitrag $\mathfrak{H}_x(x,y) \cdot dx$. Die rechte Kante dy besitzt eine Komponente $\mathfrak{H}_y(x+dx,y)$ parallel zur y-Achse, gibt also den Beitrag $\mathfrak{H}_y(x+dx,y) \cdot dy$. Die obere Kante dx besitzt die Komponente $\mathfrak{H}_x(x,y+dy)$, die eine etwas andere Größe als die Komponente $\mathfrak{H}_x(x,y)$ der unteren Kante dx hat, weil das Feld nicht homogen ist. Feldkomponente und Umlaufsrichtung des Randes sind dabei gegenläufig, so daß sich ein Beitrag $-\mathfrak{H}_x(x,y+dy) \cdot dx$ mit negativem Vorzeichen ergibt. Die linke Kante dy besitzt die Komponente $\mathfrak{H}_y(x,y)$, die eine etwas andere Größe als die Feldstärke $\mathfrak{H}_y(x+dx,y)$ der rechten Kante hat. Ihr Beitrag lautet $-\mathfrak{H}_y(x,y) \cdot dy$. Insgesamt lautet also das Durchflutungsgesetz des Feldstromes durch dF

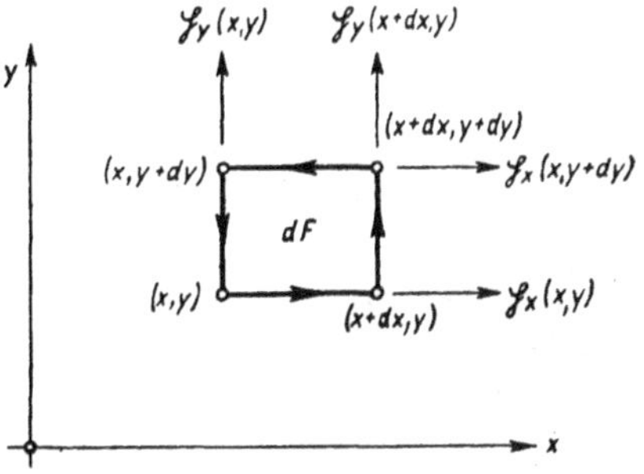

Abb. 246.
Zur Differentialform des Durchflutungsgesetzes

$$j\omega\varepsilon_0 \cdot \mathfrak{E}_z\,dx\,dy = \mathfrak{H}_y(x+dx,y) \cdot dy - \mathfrak{H}_y(x,y) \cdot dy - \mathfrak{H}_x(x,y+dy) \cdot dx + \mathfrak{H}_x(x,y) \cdot dx \quad (34.5)$$

oder

$$j\omega\varepsilon_0 \cdot \mathfrak{E}_z = \frac{\mathfrak{H}_y(x+dx,y) - \mathfrak{H}_y(x,y)}{dx} - \frac{\mathfrak{H}_x(x,y+dy) - \mathfrak{H}_x(x,y)}{dy} \cdot \quad (34.6)$$

Die beiden Größen rechts sind partielle Differentialquotienten und man erhält schließlich als Differentialform des Durchflutungsgesetzes:

$$j\omega\varepsilon_0 \cdot \mathfrak{E}_z = \frac{\partial \mathfrak{H}_y}{\partial x} - \frac{\partial \mathfrak{H}_x}{\partial y} \cdot \quad (34.7)$$

Das zweite Grundgesetz des elektromagnetischen Feldes ist das Induktionsgesetz. Es lautet für ein homogenes Feld, das wie in Abb. 243 durch eine Fläche F tritt: Die elektrische Spannung längs des Randes der Fläche ist gleich der zeitlichen Änderung des magnetischen Kraftflusses durch die Fläche. Die komplexe Amplitude des magnetischen Kraftflusses Φ ist das Produkt

$$\Phi = \mu_0 \cdot \mathfrak{H} \cdot F \cdot \cos\psi = \mu_0 \cdot \mathfrak{H}_N \cdot F, \quad (34.8)$$

wobei μ_0 aus (1.2) zu entnehmen ist. $F \cdot \cos\psi$ ist der durch die schräge Fläche F herausgeschnittene Querschnitt des Feldes, $\mathfrak{H}_N$ die Projektion der magnetischen Feldstärke $\mathfrak{H}$ auf die Flächennormale. Die zeitliche Änderungsgeschwindigkeit des Kraftflusses $\varphi = \Phi \cdot e^{j\omega t}$ ist $d\varphi/dt = j\omega\Phi \cdot e^{j\omega t}$ nach (2.9). Das Induktionsgesetz lautet für homogene Felder

$$j\omega\Phi = j\omega\mu_0 \cdot \mathfrak{H}_N \cdot F = \mathfrak{U}. \quad (34.9)$$

Abb. 247 gibt an, in welcher Richtung die Randkurve von F durchlaufen werden muß, damit $\mathfrak{U}$ positiv wird. Dabei soll die magnetische Feldstärke von unten nach oben durch die Zeichenebene treten. Man erhält also den umgekehrten Umlaufsinn wie in Abb. 245. Die Vorschrift zur Berechnung des Kraftflusses für inhomogene Felder gleicht derjenigen zur Berechnung des Feldstroms. Man teilt F in infinitesimale Flächen dF, berechnet für jedes dF den Kraftfluß $d\Phi$ nach (34.8) und summiert alle $d\Phi$ der Fläche F, um dann wie in (34.9) $\mathfrak{U} = j\omega\Phi$ zu erhalten. Sucht man die Differentialform des Induktionsgesetzes für ein rechtwinkliges Koordinatensystem, so betrachtet man wieder die Fläche dF der Abb. 246, für die jedoch hier der umgekehrte Umlaufsinn gilt. Man erhält nach den gleichen Überlegungen unter Vertauschung von $\mathfrak{E}$ und $\mathfrak{H}$ und der Vorzeichen die analogen Gleichungen zu (34.5) bis (34.7)

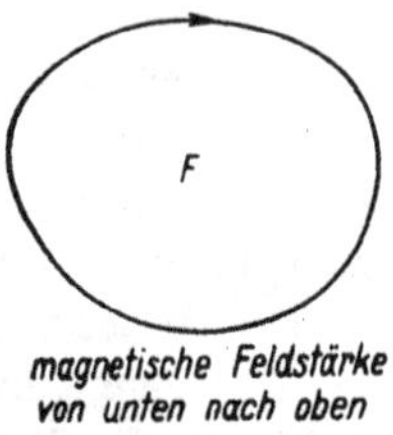

Abb. 247. Umlaufsinn der elektrischen Spannung

$$j\omega\mu_0 \cdot \mathfrak{H}_z\,dx\,dy = -\mathfrak{E}_y(x+dx,y)\cdot dy + \mathfrak{E}_y(x,y)\cdot dy + \mathfrak{E}_x(x,y+dy)\cdot dx - \mathfrak{E}_x(x,y)\cdot dx \quad (34.10)$$

und

$$j\omega\mu_0 \cdot \mathfrak{H}_z = \frac{\partial \mathfrak{E}_x}{\partial y} - \frac{\partial \mathfrak{E}_y}{\partial x} \cdot \quad (34.11)$$

Elektrische und magnetische Felder sind also wechselseitig durch formal völlig ähnliche Gleichungen verbunden.

Ergänzendes Schrifttum: [37, 38].

§ 35. Die Begriffe Strom, Spannung, Widerstand

Es ist eine für die Hochfrequenztechnik fundamentale Erkenntnis, daß alle Blindwiderstände nach (1.3) und (3.1), bzw. (1.6) und (5.1) durch den Energieinhalt ihrer Felder definiert sind. Ein Widerstandswert ist also nicht mehr nur eine Angabe über die Eigenschaften beispielsweise eines Drahtes, der die beiden Klemmen verbindet, sondern auch der Eigenschaften des die beteiligten Leiter umgebenden Raumes. So ist es möglich, daß man den Widerstandswert (z. B. $j\omega L$) durch Maßnahmen in dem umgebenden Raum ändert, ohne daß die Leiter selbst verändert werden. Diese und die folgenden Überlegungen mögen zunächst primitiv erscheinen. Sie haben jedoch ganz grundlegende Folgen für die Schaltungstheorie bei sehr hohen Frequenzen. Während in der Niederfrequenztechnik eine Spule mit geschlossenem Eisenkern keine nennenswerten magnetischen Felder außerhalb des Eisenkerns hat und daher der bei der Berechnung ihrer Induktivität nach (1.3) interessierende Teil des Raumes eindeutig bestimmt ist, haben die eisenlosen Spulen des § 3 bereits meßbare Streufelder, die im Prinzip den ganzen Raum erfüllen, und deren Beeinflussung durch äußere Vorgänge die Induktivität schon in gewissem Umfang ändern kann. Mit wachsender Frequenz wird der Anteil der Streufelder immer größer und die Induktivität undefinierter. Um auch dann einen eindeutigen Widerstandswert zu erhalten, muß man den zu der Induktivität gehörenden Raum exakt festlegen und zwar in solcher Weise, daß der zu dieser Definition gehörende Widerstandswert eine technisch sinnvolle Größe wird, die man in einer quantitativ exakten Schaltungstheorie nach den bisher abgeleiteten Rechenregeln verwenden kann. Das Gleiche gilt auch für die elektrischen Felder einer Kapazität.

Zu einem solchen eindeutig bestimmten Raum kommt man zunächst durch Verwendung einer leitenden Abschirmung, die das Feld nach außen begrenzt und gegen äußere Einwirkungen unempfindlich macht. Der Einfachheit halber beschränken wir uns hier auf Gebilde vom Typ der koaxialen Leitung, bei der die äußere Abschirmung der eine Pol des zu definierenden Widerstandes und ein „Innenleiter" der zweite Pol ist. Betrachtet werde ein nicht homogenes Gebilde wie in Abb. 248. Man kommt zu der Erkenntnis, daß der Raum trotz der Abschirmung noch nicht vollständig definiert ist, weil er sich ja stets nach der Eingangsseite hin offen zeigen muß. Durch diesen offenen Eingang muß nun noch eine „Eingangsfläche" gelegt werden, die zusammen mit der Abschirmung einen geschlossenen Raumteil festlegt. Die in diesem Raum befindlichen Felder bestimmen dann den Widerstandswert. Man muß nun nach einer technisch sinnvollen Festlegung dieser Eingangsfläche suchen, für die man den Widerstandswert definieren will. Ein komplexer Widerstand ist nach (2.14) bestimmt als Quotient der komplexen

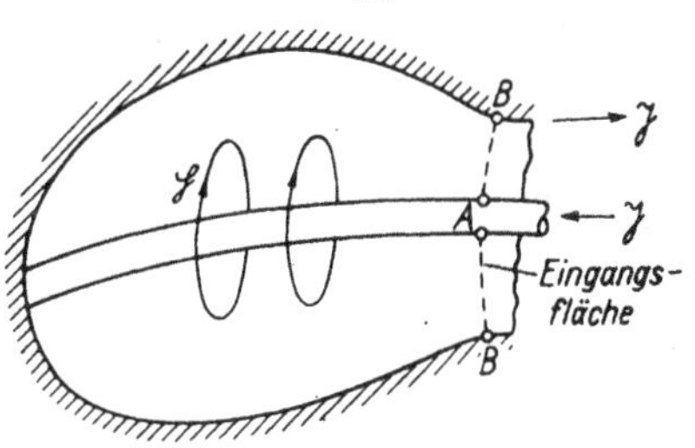

Abb. 248. Zur Definition des Widerstandes

Amplitude der Spannung $\mathfrak{U}$ zwischen den Eingangsklemmen und der komplexen Amplitude des Leitungsstromes $\mathfrak{J}$, der in die eine Klemme hinein- und aus der anderen Klemme wieder herausfließt. Bevor man also einen Widerstand definieren kann, muß man eine geeignete Definition für $\mathfrak{U}$ und $\mathfrak{J}$ haben. Die Eingangsfläche schneidet die begrenzenden Leiteroberflächen der Abb. 248 in zwei Kurven, und zwar den Innenleiter in einer Kurve A und den Außenleiter in einer Kurve B (vgl. auch Abb. 249). Diese beiden Kurven werden dann sinnvoll als die Eingangsklemmen des von der Eingangsfläche begrenzten Widerstandes angesehen.

Als Eingangsspannung $\mathfrak{U}$ wird die Spannung zwischen zwei Punkten dieser Kurven A und B bezeichnet. Die Spannung ist nach Abb. 244 die Liniensumme der elektrischen Feldstärke längs eines Weges quer durch das Feld zwischen diesen beiden Punkten. Wenn man aber anschließend einen Widerstandswert definieren will, muß diese Spannung $\mathfrak{U}$ einen eindeutigen Wert haben, d. h. die zwischen beliebigen Punkten der Kurven A und B gemessenen Werte $\mathfrak{U}$ müssen alle gleich sein. Diese Forderung läßt sich nur unter besonderen Voraussetzungen erfüllen. Abb. 249 zeigt zwei verschiedene Wege zwischen A und B. Längs des einen Weges mißt man die Spannung $\mathfrak{U}_1$, längs des anderen Weges die Spannung $\mathfrak{U}_2$. Den Unterschied zwischen $\mathfrak{U}_1$ und $\mathfrak{U}_2$ kann man mit Hilfe des Induktionsgesetzes gewinnen (§ 34): Die beiden Wege umrahmen zusammen mit den zwischen ihnen liegenden Stücken der Kurven A und B die in Abb. 249 schraffierte Fläche. Durch diese Fläche treten im allgemeinen magnetische Feldlinien, die von den Strömen innerhalb des Widerstandes erzeugt werden und den Innenleiter ringförmig umgeben (Abb. 248). Da es sich hier stets um Wechselfelder handelt, induziert der durch die schraffierte Fläche tretende magnetische Fluß Φ auf dem Rand der Fläche eine Spannung. Bildet man die Gesamtspannung längs des Randes der Fläche in dem durch Pfeile gekennzeichneten Umlaufsinn, so ist diese gleich der Differenz $(\mathfrak{U}_1 - \mathfrak{U}_2)$, weil $\mathfrak{U}_1$ die Spannung längs des einen Weges in der Pfeilrichtung und $\mathfrak{U}_2$ die Spannung längs des anderen Weges gegen die Pfeilrichtung ist, während die Stücke der Kurven A und B keinen Spannungsbeitrag liefern. Der Unterschied zwischen zwei auf verschiedenen Wegen gemessenen Spannungen ist also gleich der Spannung, die von den durch die zwischen den Wegen liegende Fläche tretenden magnetischen Feldlinien induziert wird.

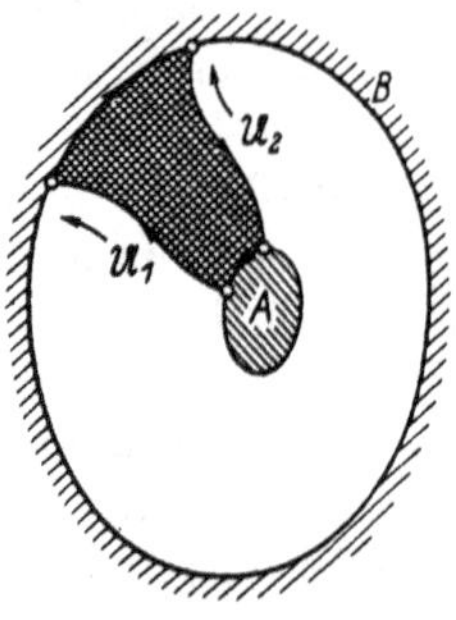

Abb. 249. Spannungsmeßwege

Man erkennt, daß man zur Festlegung der für die eindeutige Widerstandsdefinition notwendigen eindeutigen Spannung $\mathfrak{U}$ zwischen A und B bestimmte Vorschriften über die Wege machen muß, längs deren man die Spannung gewinnt. Zunächst ist es sinnvoll, den Spannungsweg nur in der Eingangsfläche laufen zu lassen, weil diese die Trennstelle ist zwischen den Feldern, die zum Widerstand gehören, und denen, die nicht mehr zum

Widerstand gehören. Wenn nun sämtliche Wege der Eingangsfläche den gleichen Wert $\mathfrak{U}$ geben sollen, dann darf die Fläche von keiner magnetischen Feldlinie durchstoßen werden. Wenn nämlich die Feldlinien alle tangential zur Fläche verlaufen, dann treten durch die schraffierte Fläche der Abb. 249 keine magnetischen Feldlinien und es wird $\mathfrak{U}_1 = \mathfrak{U}_2$. Eine solche Fläche sei im folgenden als induktionsfreie Fläche bezeichnet. Man findet sie auf folgende Weise: Die Kurve A auf dem Innenleiter muß eine magnetische Feldlinie sein. Aus dieser Kurve wächst die Fläche heraus, wobei ihre Erzeugenden magnetische Feldlinien sind. Sie endet auf dem Außenleiter in einer Kurve B, die ebenfalls eine magnetische Feldlinie ist. Eine solche Fläche besteht also nach Abb. 250 aus einer stetigen Folge von magnetischen Feldlinien. Sehr wesentlich ist dabei, daß diese Feldlinien alle eine zeitlich konstante Lage haben, also nicht etwa im Raum im Rhythmus der Wechselfelder pendeln, wodurch auch die Fläche pendeln würde. Eine zeitunabhängige Feldlinie erhält man dann, wenn die magnetischen Feldstärkekomponenten in allen ihren Punkten gleichphasig schwingen. Man sieht also, daß die Bedingungen für die Festlegung einer eindeutigen Spannung sehr schwierig sind und daß es eine eindeutige Spannung nur noch in wenigen sehr genau zu definierenden Fällen geben wird.

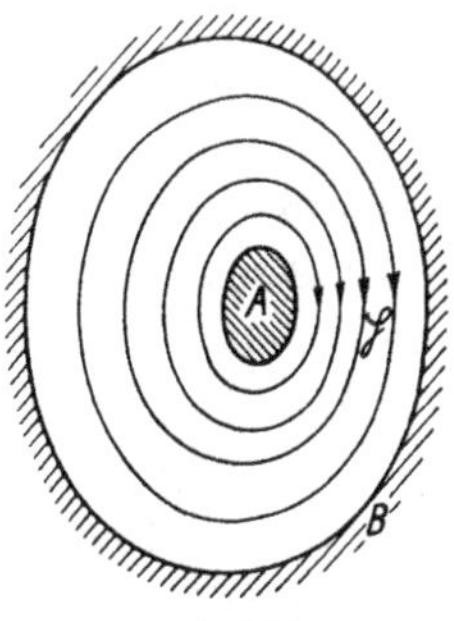

Abb. 250. Induktionsfreie Fläche

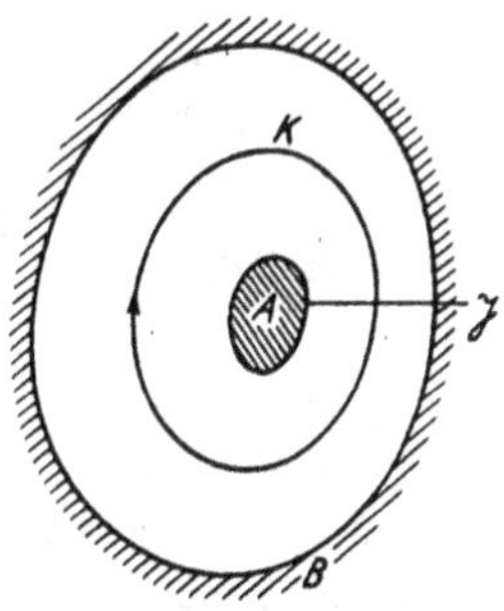

Abb. 251. Strommeßweg

Auch die Festlegung eines eindeutigen Stromes $\mathfrak{J}$ zur Gewinnung eines eindeutigen Quotienten $\mathfrak{R} = \mathfrak{U}/\mathfrak{J}$ ist ähnlich kompliziert. Aus gegebenen Feldern gewinnt man den Strom mit Hilfe des Durchflutungsgesetzes, indem man den zu messenden Strom durch eine geschlossene Kurve K (Abb. 251) umschlingt und die magnetische Spannung längs dieser Kurve bestimmt, die gleich dem Strom durch die von dieser Kurve umschlossene Fläche ist. Es ist natürlich sinnvoll, diese Kurven wieder in die Eingangsfläche des Widerstandes zu legen, damit sie an der Stelle liegen, wo das äußere Feld vom inneren Feld des Widerstandes getrennt wird. Durch eine solche Fläche treten in Wechselfeldern jedoch im allgemeinen auch Feldströme. So ergeben verschiedene Kurven K verschiedene Stromwerte je nach der Menge der Feldströme, die neben dem Leitungsstrom durch die umrandete Fläche treten. Im allgemeinen wird dann auch der Leitungsstrom des Innenleiters, der durch die Kurve A fließt, und der Leitungsstrom des Außenleiters, der durch die Kurve B fließt, verschieden groß sein, während man von einem Widerstand erwarten muß, daß die Ströme in beiden Klemmen gleich groß sind. Hier muß man daher die Forderung erheben, daß die Eingangsfläche eine feldstromfreie Fläche ist, durch die an keiner Stelle Feldströme treten, durch die also nirgends elektrische Feldlinien treten. Alle elektrischen Feldlinien laufen dann tangential zur Fläche. Ebenso wie die induktionsfreie Fläche aus einer stetigen Folge von magnetischen Feldlinien nach Abb. 250 aufgebaut war, ist die feldstromfreie Fläche aus einer stetigen Folge elektrischer Feldlinien nach Abb. 252 aufgebaut. Alle Randkurven K, die nach Abb. 251 zum Zwecke der Strommessung in diese Fläche gelegt werden, ergeben dann den gleichen Strom, der gleich dem Leitungsstrom durch A ist, der dann auch stets gleich dem Leitungsstrom durch B ist. Eine solche Fläche eignet sich aber nur dann zur Definition einer eindeutigen komplexen Amplitude $\mathfrak{J}$, wenn sie in jedem Zeitpunkt der Periode feldstromfrei ist, was als „zeitunabhängig" bezeichnet sei. Dies tritt dann ein, wenn jede Feldlinie der Fläche zeitunabhängig ist, also nicht pendelt oder atmet. Die Voraussetzung dafür ist, daß die Feldstärkekomponenten in allen Punkten einer Feldlinie phasengleich sind.

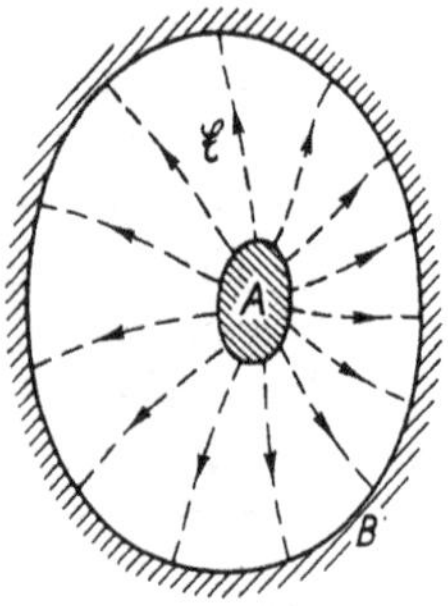

Abb. 252. Feldstromfreie Fläche

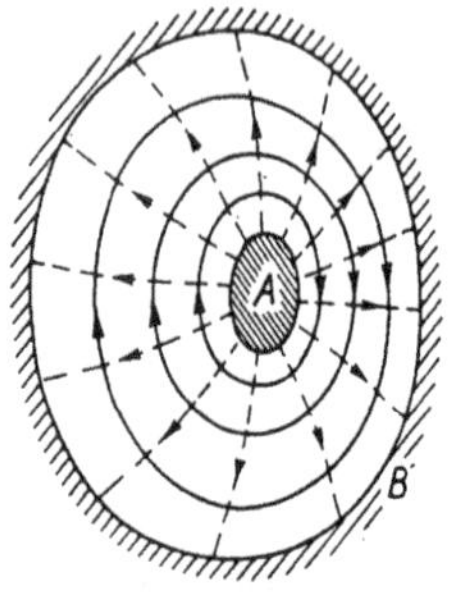

Abb. 253. Induktions- und feldstromfreie Fläche

Für eine Widerstandsdefinition benötigt man also eine zeitunabhägige, induktions- und feldstromfreie Fläche, die nach Abb. 250 und Abb. 252 aus einem Netz elektrischer und magnetischer Feldlinien besteht (Abb. 253). Nur dann, wenn es überhaupt eine solche Fläche gibt, ist eine exakte Widerstandsdefinition $\mathfrak{U}/\mathfrak{J}$ möglich. Es muß dabei hervorgehoben werden, daß es bei vielen Schaltungsgebilden, die man bei sehr hohen Frequenzen verwendet, eine solche Widerstandsdefinition auch tatsächlich nicht gibt. Dann wird jede quantitative Schaltungstheorie unmöglich. Beispielsweise stellen sich der exakten Verwirklichung der in den §§ 30 bis 33 beschriebenen Schaltungen große Schwierigkeiten entgegen, die man nur bei Verwendung geeigneter Bauformen und genauer Beachtung der im folgenden erläuterten Grundsätze überwindet. Wenn man z. B. aus Gebilden, deren Widerstandswert für eine bestimmte Eingangsfläche definiert ist, eine Schaltung aufbauen will, so kann man nur solche aneinandersetzen, deren Eingangsflächen bezüglich Form und Feldliniennetz genau zueinander passen, damit durch das Zusammenschalten die Felder und die zugehörigen Widerstandswerte nicht geändert werden. Je mehr sich die Felder durch das Zusammensetzen ändern, desto mehr verliert das Gebilde die vorausgesetzte quantitative Beschaffenheit und die Schaltung verhält sich ganz anders, als man es beabsichtigte. Solche Bedingungen sind sicher sehr schwierig zu erfüllen, aber trotzdem unvermeidlich. Man kann sie im allgemeinen nur dadurch befriedigen, daß man sich auf das Zusammenschalten sehr einfacher Flächen beschränkt, also mit normalisierten Eingangsflächen arbeitet. Ein Vierpol ist unter diesen Gesichtspunkten ein Gebilde, das am Eingang und Ausgang je eine induktions- und feldstromfreie Fläche besitzt, für die der Abschlußwiderstand $\mathfrak{R}_1$ und der Eingangswiderstand $\mathfrak{R}_2$ definiert ist. Auch einen Vierpol kann man nur mit solchen Widerständen oder Vierpolen zusammenschalten, deren Anschlußflächen bezüglich Form und Feldliniennetz genau zueinander passen.

Besonders einfache Eingangsflächen, die alle Bedingungen erfüllen, sind die Querschnittsebenen homogener Leitungen, die ein solches Netz von Feldlinien besitzen (Abb. 136). Das Zusammenschalten von Leitungen gleichen Querschnitts ist also ohne weiteres möglich und in einer solchen Ebene kann man $\mathfrak{U}$, $\mathfrak{J}$ und $\mathfrak{R}$ eindeutig definieren. Alle inhomogenen Schaltelemente erhalten dann einen sogenannten Leitungsanschluß, d. h. man schaltet vor sie ein Stück einer homogenen Leitung. Die Inhomogenität wird allerdings das anschließende homogene Leitungsfeld stören, doch nehmen diese Störfelder innerhalb der Leitung sehr schnell ab (§ 42), so daß in einem gewissen Abstand von der Störstelle das homogene Leitungsfeld wieder hergestellt ist. Ein Beispiel einer solchen Schaltung zeigt Abb. 254. Die Ebenen, für die man die verschiedenen Widerstände $\mathfrak{R}$ definiert, liegen auf der homogenen Leitung in einem gewissen Abstand von den Inhomogenitäten. Das gestörte Leitungsende ist dabei ein Bestandteil des inhomogenen Schaltungsteils. Auch bei der Messung eines Widerstandes am Leitungsende mit Hilfe der Spannungskurve der Leitung nach § 28 darf man den gemessenen Widerstandswert $\mathfrak{R}_1$ nur auf eine Querschnittsebene der Leitung beziehen, die noch ein homogenes Feld besitzt (Abb. 255). Alle anderen Widerstandsangaben wären technisch sinnlos, weil bei der Anwendung des Leitungsdiagramms angenommen wird, daß sich die homogene Leitung bis an die Anschlußklemmen des zu messenden Widerstandes erstreckt. Gleiches gilt natürlich auch für die Messungen an Vierpolen nach § 32 und § 33, wo die Längen l_1 und l_2 auf homogene Leitungsquerschnitte zu beziehen sind (Abb. 254), während die durch die anschließende Inhomogenität gestörten Leitungsenden ein Bestandteil des Vierpols sind. Wirklich brauchbare Regeln über die Reichweite von Störfeldern, also über die notwendige Länge der Anschlußleitung gibt es nicht, jedoch ist die Reichweite im allgemeinen außerordentlich gering. Man betrachte die Abb. 265, 269 und 274. Z.B. ist bei Inhomogenitäten zwischen koaxialen Leitungen stets eine Länge praktisch ausreichend, die gleich dem Abstand zwischen dem jeweiligen Innenleiter und Außenleiter ist.

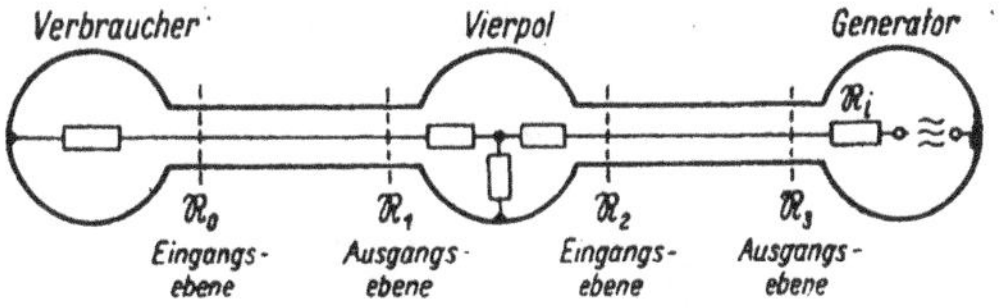

Abb. 254. Leitungsschaltung

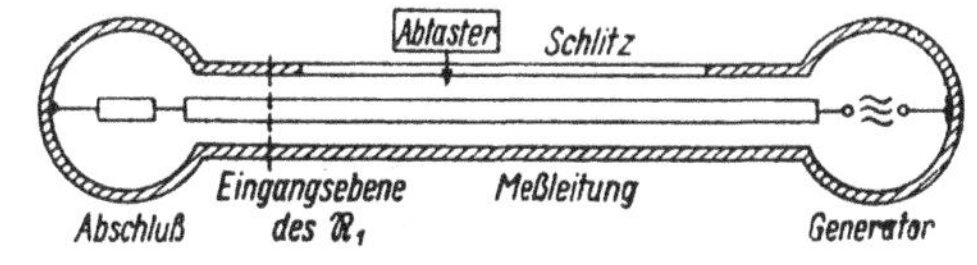

Abb. 255. Widerstandsmessung

An einem einfachen Beispiel eines Abschlußwiderstandes sollen diese Gedankengänge erläutert werden. Abb. 256 zeigt eine kapazitive Abschlußplatte einer koaxialen Leitung. Der Eingangsblindwiderstand jX_1 wird definiert für eine einigermaßen homogene Querschnittsebene auf der Leitung. Das Verhalten des Gebildes ist vollständig bestimmt durch die Angabe dieses X_1 in Abhängigkeit von der Frequenz. In der Praxis kann man sich damit jedoch nicht zufriedengeben und man schafft sich ein sogenanntes „Ersatzbild“, das hier aus einer Kapazität C und einer vorgeschalteten Leitung der Länge l bestehen würde. C und l wählt man so, daß das aus dem Ersatzbild berechnete X_1 möglichst genau mit dem wirklichen X_1 übereinstimmt. Bei nicht extrem hohen Frequenzen ist dann dieses C und l sogar unabhängig von der Frequenz und das Verhalten des Gebildes dadurch sehr anschaulich beschrieben. Dennoch sind die Kapazität und das Leitungsstück als isolierte Elemente stets fiktiv; denn man kann sie niemals wirklich trennen, weil ihre Felder sich gegenseitig durchdringen. Das Ersatzbild hilft bei der angenäherten Dimensionierung eines Gebildes mit geplanten Eigenschaften, reicht jedoch niemals zur exakten Dimensionierung aus. Abb. 257 gibt ein entsprechendes Beispiel für einen einfachen verlustfreien Vierpol, der sich so verhält, als ob eine angenähert frequenzabhängige Kapazität in der Mitte eines Leitungsstücks mit annähernd frequenzabhängiger Länge l' sitzt. In diesem Fall hätte also das Ersatzbild der Abb. 225b mit positivem Y sogar einen physikalischen Inhalt. Die Größen C und l' gewinnt man im allgemeinen durch Messung nach § 32. Möglichkeiten zur Berechnung zeigt § 37.

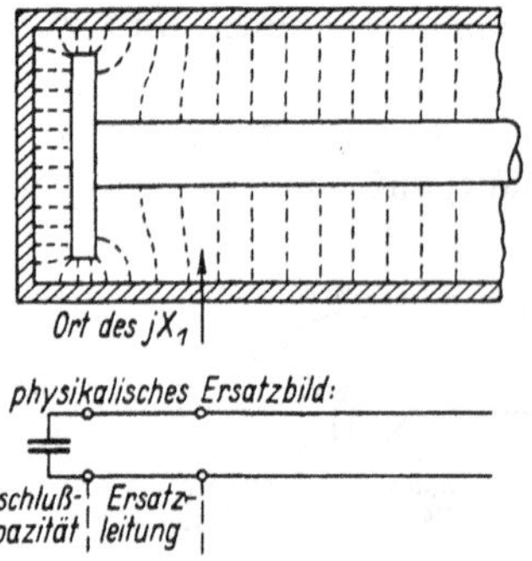

Abb. 256. Abschlußplatte

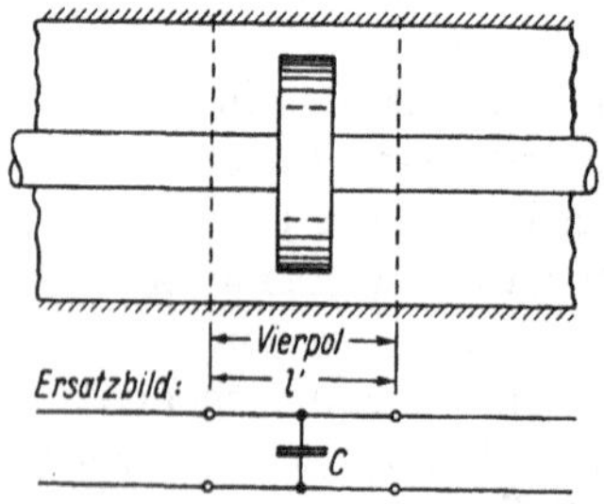

Abb. 257. Querkapazität

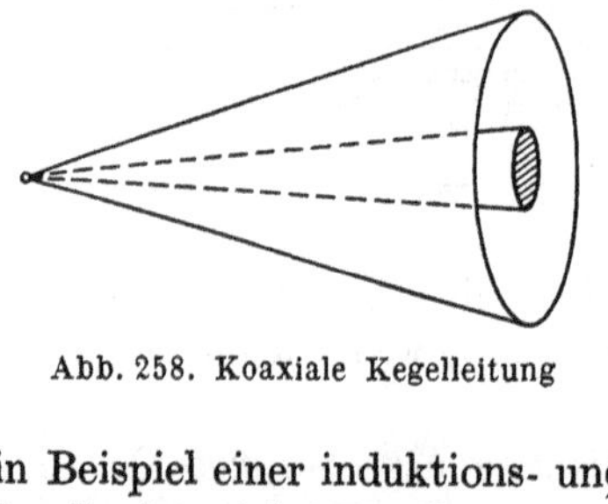

Abb. 258. Koaxiale Kegelleitung

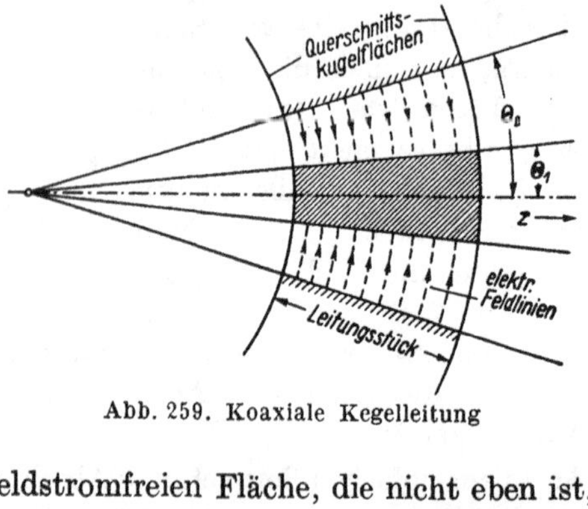

Abb. 259. Koaxiale Kegelleitung

Ein Beispiel einer induktions- und feldstromfreien Fläche, die nicht eben ist, gibt die koaxiale Kegelleitung, die nach Abb. 258 aus zwei gleichachsigen Kegeln mit gemeinsamer Spitze besteht. Die elektrischen Feldlinien sind dann Kreise um die Kegelspitze nach Abb. 259, die magnetischen Feldlinien

Kreise um die Kegelachse wie bei der gewöhnlichen koaxialen Leitung (Abb.40). Läßt man die elektrischen Feldlinien um die Kegelachse rotieren, so entstehen Kugelflächen, die induktions- und feldstromfrei sind, weil sie das Feldliniennetz enthalten. Die Leitung wird durch diese Kugelflächen in Stücke geteilt, die man als Vierpole betrachtet. Ebenso kann man sie in infinitesimale Stücke dz teilen und deren Induktivität dL und Kapazität dC berechnen. Dann ergibt sich, daß die Leitung einen konstanten Induktionsbelag L^* und einen konstanten Kapazitätsbelag C^* hat. Wenn man als Leitungskoordinate z den Radius der Kugelflächen nimmt, hat man bei fehlendem Dielektrikum eine homogene Leitung mit dem konstanten Wellenwiderstand

$$Z = 60 \cdot \ln \frac{\operatorname{tg}(\Theta_2/2)}{\operatorname{tg}(\Theta_1/2)} \,[\Omega] \tag{35.1}$$

und der Leitungswellenlänge $\lambda^* = \lambda$ wie bei der gewöhnlichen Leitung nach (25.8). Über weitere relativ einfache induktions- und feldstromfreie Flächen vgl. § 36 und § 37.

§ 36. Das Wellenfeld der Bandleitung

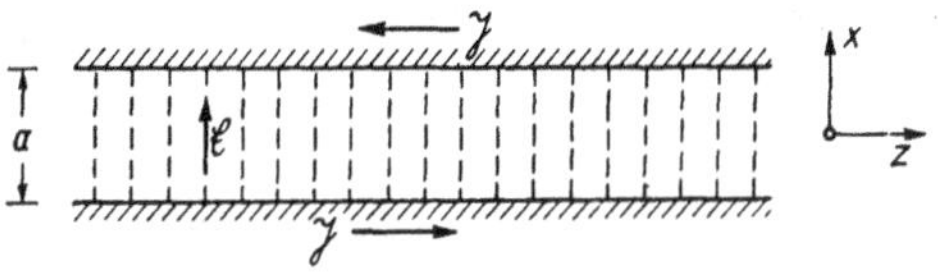

Abb. 260. Homogene Bandleitung

Als homogene Bandleitung sei eine Leitung aus zwei parallelen, sehr breiten leitenden Bändern bezeichnet. Sie soll in Abb. 260 so liegen, daß die Längskoordinate z in Richtung der Zeichenebene läuft; es fließen also auch die Leitungsströme $\mathfrak{J}$ in Richtung der Zeichenebene. Die elektrischen Feldlinien verlaufen senkrecht zu den begrenzenden Platten parallel zur x-Achse des Koordinatensystems. Die magnetischen Feldlinien sind nach Abb. 240 Geraden parallel zur y-Achse, die senkrecht nach oben auf der Zeichenebene steht. Abb. 240 zeigt also den Leitungsquerschnitt zur Abb. 260. Während in Abb. 240 die Ströme senkrecht zur Zeichenebene fließen und die Feldlinien in der Zeichenebene liegen, ist es in Abb. 260 umgekehrt. Die Platten sollen senkrecht zur Zeichenebene sehr breit sein. Sie besitzen zwar eine Randstreuung nach Abb. 19, deren Anteil am Gesamtfeld aber so klein sein soll, daß er nicht in Erscheinung tritt. Da die Feldlinien überall parallel sind, ist längs jeder Feldlinie die Feldstärke konstant. Die elektrische Feldstärke ist also unabhängig von x, die magnetische Feldstärke $\mathfrak{H}$ (senkrecht zur Zeichenebene) unabhängig von y. Nach (7.6) ist dann die Oberflächenstromdichte auf den Platten ebenfalls unabhängig von y. $\mathfrak{E}$ soll positiv sein, wenn es in Richtung der x-Achse zeigt und $\mathfrak{H}$ positiv, wenn es in Richtung der y-Achse zeigt (senkrecht zur Zeichenebene nach oben). Nach Abb. 34 haben die Ströme $\mathfrak{J}$ bei positivem $\mathfrak{H}$ die in Abb. 260 gezeichnete Richtung. Wenn a der Plattenabstand ist, hängt $\mathfrak{E}$ mit der Spannung $\mathfrak{U}$ zwischen den Platten nach (8.1) durch

$$\mathfrak{E} = \mathfrak{U}/a \tag{36.1}$$

zusammen. $\mathfrak{H}$ ist nach (7.6) gleich der Oberflächenstromdichte $\mathfrak{J}^*$. Wenn b die Plattenbreite und $\mathfrak{J}$ der Gesamtstrom der Platte ist, wird

$$\mathfrak{H} = \mathfrak{J}^* = \mathfrak{J}/b. \tag{36.2}$$

Die Leitung hat den Wellenwiderstand Z nach (25.3). Daraus ergibt sich das Verhalten von $\mathfrak{U}$ und $\mathfrak{J}$ nach der Leitungstheorie. Da $\mathfrak{E}$ und $\mathfrak{H}$ dem $\mathfrak{U}$ bzw. $\mathfrak{J}$ proportional sind, zeigen die Größen $\mathfrak{E}$ und $\mathfrak{H}$ ein entsprechendes Verhalten. Es ist daher möglich, das Verhalten einer Leitung auch vom Feld her zu entwickeln, wodurch man Resultate gewinnt, die einen wesentlich tieferen Einblick in die Vorgänge geben.

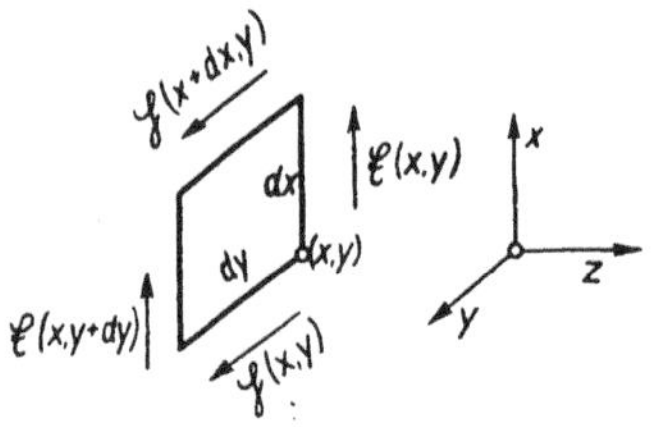

Abb. 261.
Zur Anwendung der Feldgesetze

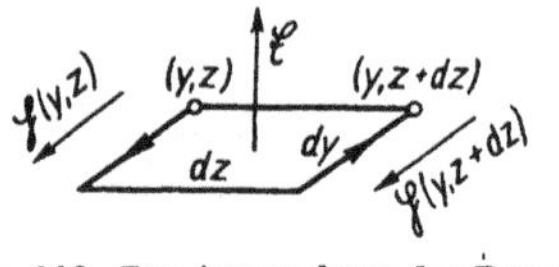

Abb. 262. Zur Anwendung des Durchflutungsgesetzes

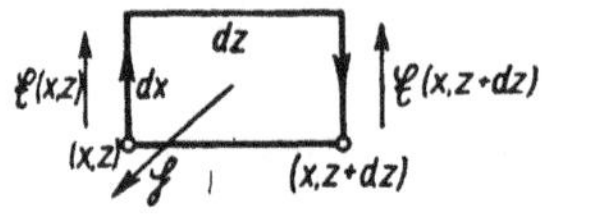

Abb. 263. Zur Anwendung des Induktionsgesetzes

Die homogene Bandleitung mit Luft als Dielektrikum gibt das Feldverhalten in besonders einfacher Weise wieder und soll daher als erstes Beispiel unter diesen neuen Gesichtspunkten behandelt werden. Man wende das Induktionsgesetz (34.10) und (34.11) auf das in Abb. 261 gezeichnete Rechteck mit den Kanten dx und dy senkrecht zur z-Achse an. Da $\mathfrak{H}$ in der y-Richtung liegt, ist $\mathfrak{H}_z = 0$. Da $\mathfrak{E}$ in der x-Richtung liegt, ist $\mathfrak{E}_y = 0$ und $\mathfrak{E}_x = \mathfrak{E}$. Es bleibt dann $\partial\mathfrak{E}/\partial y = 0$. $\mathfrak{E}$ ist also nicht nur unabhängig von x, sondern auch von y. Ferner wende man das Durchflutungsgesetz (34.5) bis (34.7) auf das gleiche Rechteck an. Es ist $\mathfrak{E}_z = 0$, $\mathfrak{H}_x = 0$ und $\mathfrak{H}_y = \mathfrak{H}$. Es folgt $\partial\mathfrak{H}/\partial x = 0$. $\mathfrak{H}$ ist also ebenfalls unabhängig von x und y. Eine Feldkonfiguration, wie sie in Abb. 260 vorausgesetzt war mit nur je einer Feldkomponente des elektrischen und magnetischen Feldes und parallelen Feldlinien besteht also nur dann, wenn beide Komponenten unabhängig von x und y sind, d. h. in einer Ebene $z = \text{const}$ senkrecht zur Zeichenebene überall den gleichen Wert haben. Die Komponenten sind nur abhängig von z. Wenn man die z-Abhängigkeit berechnen will, wendet man das Durchflutungsgesetz (34.5) auf das in Abb. 262 dargestellte Rechteck $dy \cdot dz$ senkrecht zum $\mathfrak{E}$-Vektor an. Durch die Fläche tritt nach (34.4) der Feldstrom $j\omega\varepsilon_0 \cdot \mathfrak{E}\, dy\, dz$. Die magnetische Spannung besitzt nur Beiträge längs der Kanten dy, die parallel zu $\mathfrak{H}$ sind. $\mathfrak{H}$ hat an den Orten z und $(z + dz)$ verschiedene Größe. Es wird

$$j\omega\varepsilon_0 \cdot \mathfrak{E}\, dy\, dz = \mathfrak{H}(y,z) \cdot dy - \mathfrak{H}(y, z + dz) \cdot dy$$

oder daraus ähnlich wie in (34.7)

$$j\omega\varepsilon_0 \cdot \mathfrak{E} = -\frac{\partial\mathfrak{H}}{\partial z}. \tag{36.3}$$

Das Induktionsgesetz (34.10) wendet man auf das Rechteck $dx \cdot dz$ der Abb. 263 senkrecht zum Vektor $\mathfrak{H}$ an. Die zeitliche Änderung des magnetischen Flusses ist nach (34.9) $j\omega\mu_0 \cdot \mathfrak{H}\,dx\,dz$. Die elektrische Spannung gibt nur Beiträge längs der Kanten dx, die parallel zu $\mathfrak{E}$ sind. $\mathfrak{E}$ hat an den Orten z und $(z + dz)$ verschiedene Größe. Es wird dann

$$j\omega\mu_0 \cdot \mathfrak{H}\,dx\,dz = \mathfrak{E}(x,z) \cdot dx - \mathfrak{E}(x,z + dz) \cdot dx$$

oder daraus ähnlich wie in (34.11)

$$j\omega\mu_0 \cdot \mathfrak{H} = -\frac{\partial \mathfrak{E}}{\partial z}. \tag{36.4}$$

Beachtet man nach (36.1) und (36.2) die Zusammenhänge zwischen $\mathfrak{E}$ und $\mathfrak{U}$ sowie $\mathfrak{H}$ und $\mathfrak{J}$, so hat man eine feldmäßige Ableitung der Leitungsgleichungen (22.10) und (22.11), deren Lösung aus der Leitungstheorie bekannt ist. Hier sieht man, daß auf Grund tiefgreifender Analogie ein wichtiger Zusammenhang zwischen Leitungen und Wellenfeldern besteht, so daß man die Vorgänge in Wellenfeldern nach den gleichen Prinzipien und Diagrammen behandeln kann wie die Vorgänge auf einer Leitung.

Die komplexen Amplituden der Feldstärken lauten nach (24.18) und (36.1) bzw. (36.2)

$$\mathfrak{E} = \mathfrak{E}_1 \cdot e^{\pm j2\pi z/\lambda^*}; \qquad \mathfrak{H} = \mathfrak{H}_1 \cdot e^{\pm j2\pi z/\lambda^*}, \tag{36.5}$$

wobei $\mathfrak{E}_1$ und $\mathfrak{H}_1$ die Werte der Komponenten am Ort $z = 0$ sind. Das positive Vorzeichen gilt jeweils für die in Richtung abnehmender z laufende (hinlaufende) Welle, das negative Vorzeichen für die in Richtung wachsender z laufende (rücklaufende) Welle (Abb. 260). Dabei ist nach (25.8)

$$2\pi/\lambda^* = \omega\sqrt{\mu_0\,\varepsilon_0}. \tag{36.6}$$

Setzt man (36.5) in (36.4) ein, so ergibt sich zwischen $\mathfrak{E}$ und $\mathfrak{H}$ die Gleichung

$$j\omega\mu_0 \cdot \mathfrak{H} = \mp\, j\omega\sqrt{\mu_0\,\varepsilon_0}\;\mathfrak{E}$$

und daraus der Quotient

$$\mathfrak{E}/\mathfrak{H} = \mathfrak{E}_1/\mathfrak{H}_1 = \mp\sqrt{\mu_0/\varepsilon_0} = \mp\, 120\pi\ [\Omega]. \tag{36.7}$$

Der Quotient $\mathfrak{E}/\mathfrak{H}$ ist also längs der Leitung konstant und reell und hat die Dimension eines Widerstandes. Den Wert $120\pi\ \Omega$ bezeichnet man als Feldwellenwiderstand Z_F. Der Zusammenhang zwischen Z_F und dem Wellenwiderstand Z nach (25.6), der auch Leitungswellenwiderstand genannt wird, lautet

$$Z = Z_F \cdot m/n. \tag{36.8}$$

Es sei zunächst reflexionsfreier Abschluß angenommen, so daß nur eine hinlaufende Welle auf der Leitung vorhanden ist. In (36.5) gilt also das positive und in (36.7) das negative Vorzeichen. Die von der Welle transportierte Wirkleistung ist $N = {}^1/_2\, U \cdot J$, die dem angepaßten Verbraucher Z zugeführt wird, und die also in Richtung abnehmender z wandert. Da der Querschnitt der Leitung die Fläche $a \cdot b$ hat, ist nach (36.1) und (36.2) die pro cm^2 des

Querschnitts transportierte Leistung

$$S = \frac{N}{ab} = \frac{1}{2}\frac{U}{a}\frac{J}{b} = \frac{1}{2}EH. \tag{36.9}$$

Um eine Angabe über den Energietransport einer Welle zu haben, zeichnet man nach Abb. 264 senkrecht zu der durch $\mathfrak{E}$ und $\mathfrak{H}$ gebildeten Ebene einen räumlichen Vektor dem man die Länge S nach (36.9) gibt. Um die Richtung des Vektors eindeutig festzulegen, merke man sich die in Abb. 264 gezeichnete Konfiguration. Wenn beispielsweise $\mathfrak{E}$ nach oben und $\mathfrak{H}$ nach vorne zeigt, zeigt der Vektor nach rechts. Für eine beliebige Lage der Vektoren im Raum gilt also: Eine Schraube mit Rechtsgewinde bewegt sich in Richtung des Vektors, wenn man sie auf kürzestem Wege von $\mathfrak{E}$ nach $\mathfrak{H}$ dreht (Abb. 264). Dieser Vektor heißt der Poyntingsche Vektor und gibt durch seine Richtung die Richtung des Energietransports und durch seine Größe S die transportierte Leistung pro Flächeneinheit (Leistungsdichte). Wenn elektrisches und magnetisches Feld gleichphasig sind, also gleichzeitig ihre Extremwerte durchlaufen (fortschreitende Welle wie oben), läuft durch den Leitungsquerschnitt eine reine Wirkleistung $N = {}^1/_2\, U \cdot J$. Wenn die beiden Felder und damit $\mathfrak{U}$ und $\mathfrak{J}$ nicht gleichphasig sind (Phasendifferenz Φ), läuft durch den Querschnitt eine Scheinleistung $\mathfrak{N}$ nach (2.23) und man definiert einen komplexen Poyntingschen Vektor (Scheinleistungsdichte)

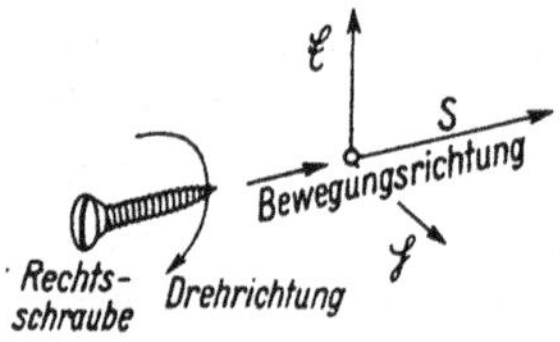

Abb. 264. Poyntingscher Vektor

$$\mathfrak{S} = \frac{\mathfrak{N}}{ab} = S_W + jS_B = \frac{N}{ab} + j\frac{B}{ab}; \tag{36.10}$$

S_W = Wirkleistungsdichte; S_B = Blindleistungsdichte. Dabei ist

$$S_W = \frac{1}{2}EH\cos\Phi; \qquad S_B = \frac{1}{2}EH\sin\Phi. \tag{36.10a}$$

Als inhomogene Bandleitung sei eine Leitung aus parallelen Bändern bezeichnet, deren Abstand a sich in der z-Richtung ändert (Abb. 265a). a ist jedoch nicht abhängig von y, d. h. der Längsschnitt der Leitung ist für alle Werte von y der gleiche. Die quantitative Behandlung solcher inhomogener Leitungen ist äußerst schwierig. Man muß jedoch einen Weg suchen, der eine befriedigende Näherung darstellt und einfach ist. Auf diese Weise gewinnt man eine gute Orientierung und anschauliche Vorstellung über die Vorgänge in solchen Gebilden, die das praktische Arbeiten wesentlich erleichtert und unter Umständen sogar quantitativ völlig befriedigt. Letzte Feinheiten kann man dann durch Kontrollmessungen nach § 32 und § 33 erreichen. Dagegen bleibt ein rein meßtechnisches Arbeiten ohne diese theoretischen Näherungsbetrachtungen stets wenig erfolgreich. Darin liegt also der wesentliche Sinn der folgenden Betrachtungen. Die elektrischen Feldlinien, die senkrecht auf den Leitern enden müssen, sind dabei nicht mehr geradlinig. Bei sehr niedrigen Frequenzen werden die Feldlinien gleich den Feldlinien des statischen Feldes sein, das entsteht, wenn zwischen den Platten eine Gleichspannung liegt. Im § 46 wird erörtert werden, wie weit solche statischen Feldlinien in Wechselfeldern hoher Frequenz bestehen können. Dabei ergibt sich, daß für die in der Praxis interessierenden Frequenzen meist keine meßbaren Abweichungen

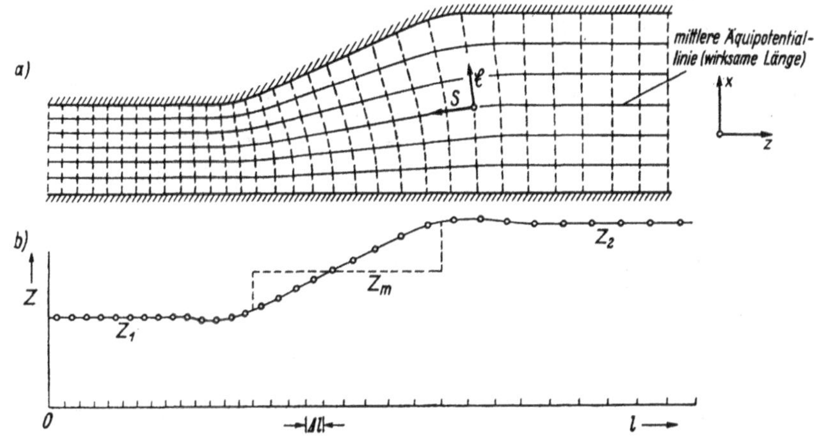

Abb. 265. Inhomogene Bandleitung

von den statischen Feldlinien auftreten werden. Zu den gegebenen Leiteroberflächen zeichnet man dann also die statischen elektrischen Feldlinien, die man in einigen einfachen Fällen durch Rechnung gewinnt, im allgemeineren Fall mit großer Genauigkeit durch Messungen im „elektrolytischen Trog" [39, 40] oder am einfachsten nach der in § 8 beschriebenen graphischen Methode der Quadratbildung, die ohne Zeitaufwand eine hier völlig befriedigende Genauigkeit liefert. Im folgenden wird stets angenommen, daß die Frequenzen nicht extrem hoch sind, und daß daher die Form der statischen Feldlinien auch im Wechselfeld erhalten bleibt. Dies tritt immer dann ein, wenn der Abstand a der begrenzenden Leiter kleiner als $\lambda/5$ ist und keine extremen Sprünge macht. Besitzt man so einen in kleine Quadrate geteilten Längsschnitt wie in Abb. 265a, so hat man die Leitung durch die Feldlinien in kleine „senkrechte Streifen" geteilt. Ist b die Plattenbreite der Anordnung senkrecht zur Zeichenebene, so entspricht nach (8.5) jedem dieser Leitungsstreifen eine Kapazität,

$$\Delta C = \varepsilon_0 \cdot b/m, \tag{36.11}$$

wobei m die Zahl der waagerechten Streifen ist, in die der Raum durch die Äquipotentiallinien geteilt wurde (in Abb. 265a ist $m = 6$). Alle senkrechten Streifen haben also die gleiche Kapazität ΔC. Da die Feldlinien gekrümmt sind, gibt es Feldkomponenten $\mathfrak{E}_x$ nach oben und $\mathfrak{E}_z$ in Richtung der Leitung. Ihre Größe ist jedoch unabhängig von der Koordinate y und es gibt keine elektrische Komponente $\mathfrak{E}_y$ parallel zur y-Achse.

Es muß nun das zu diesem elektrischen Feld gehörende magnetische Feld gefunden werden. Es gibt keine Komponente $\mathfrak{H}_z$ parallel zur z-Achse. Um dies zu erkennen, betrachte man ein kleines Rechteck $dx \cdot dy$ nach Abb. 266. Die elektrische Randspannung dieses Rechtecks ist gleich Null, weil wegen $\mathfrak{E}_y = 0$ längs der Kanten dy kein Beitrag entsteht, und längs der Kanten dx zwei entgegengesetzt gleiche Beiträge auftreten, weil $\mathfrak{E}_x$ unabhängig von y ist. Nach dem Induktionsgesetz darf das Rechteck dann keinen magnetischen Fluß besitzen, also ist $\mathfrak{H}_z = 0$. Ähnlich beweist man $\mathfrak{H}_x = 0$. Es gibt nur eine Komponente $\mathfrak{H}_y$ parallel zur y-Achse wie bei der homogenen Band-

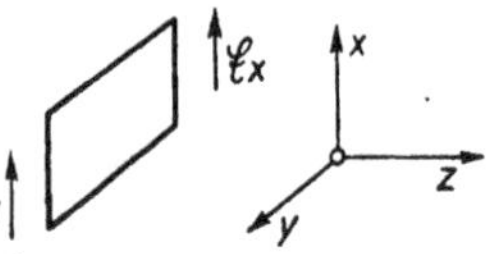

Abb. 266. Zur Anwendung des Induktionsgesetzes

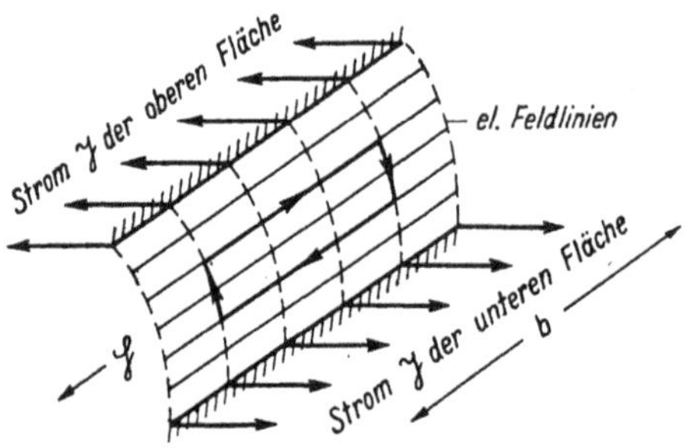

Abb. 267. Induktions- und feldstromfreie Fläche

leitung und die magnetischen Feldlinien sind Geraden parallel zu den Leiteroberflächen, die in Abb. 265a senkrecht zur Zeichenebene stehen. Der Poyntingsche Vektor des Leistungstransportes, der nach Abb. 264 senkrecht zu den elektrischen und magnetischen Feldlinien steht, liegt in Abb. 265a in der Zeichenebene und hat überall die Richtung der Äquipotentiallinien des statischen Feldes. Diese Linien sind also sozusagen die Strömungslinien der Energie. Wenn in Abb. 265 die elektrische Feldstärke die Richtung der positiven x-Achse hat und die magnetische Feldstärke die Richtung der negativen y-Achse [hinlaufende Welle nach (36.7)], so zeigt der Pfeil des Poyntingschen Vektors nach Abb. 264 in Richtung abnehmender z. Jede elektrische Feldlinie bildet zusammen mit den durch sie laufenden geradlinigen magnetischen Feldlinien eine induktions- und feldstromfreie Fläche, die also hier den elektrischen Feldlinien entsprechend gekrümmt ist. Abb. 267 zeigt eine perspektivische Ansicht einer solchen Fläche mit den geradlinigen magnetischen Feldlinien. Die Feldstärke $\mathfrak{H}$ ist längs einer Geraden konstant, also unabhängig von y. Das Durchflutungsgesetz wird nun auf eine in dieser Fläche liegende Teilfläche angewandt, deren Ränder von Feldlinien gebildet werden (Abb. 267). Da es sich um eine feldstromfreie Fläche handelt, tritt kein Strom durch diese Fläche und die magnetische Randspannung muß daher gleich Null sein. Es gibt nun magnetische Spannungen nur längs der beiden waagerechten Flächenkanten, so daß deren Beiträge entgegengesetzt gleich sein müssen. Da beide Kanten gleich lang sind, muß also die magnetische Feldstärke $\mathfrak{H}_y$ auf beiden Kanten gleich groß sein. Daraus folgt der wichtige Satz, daß die komplexe Amplitude $\mathfrak{H}_y$ der magnetischen Feldstärke auf einer induktions- und feldstromfreien Fläche überall gleich groß ist (gleiche reelle Amplitude und gleiche Phase). Die Feldstärke $\mathfrak{H}_y$ an der Leiteroberfläche ist nach (7.6) gleich der Oberflächenstromdichte $\mathfrak{J}^* = \mathfrak{J}/b$. Also ist das $\mathfrak{H}_y$ überall auf der Fläche gleich $\mathfrak{J}/b$, wobei $\mathfrak{J}$ der Strom auf den Leitern an der Stelle ist, wo die Fläche auf die Leiter trifft (Abb. 267).

Man kann nun diese Leitung durch eine dichte Folge von elektrischen Feldlinien im Längsschnitt (Abb. 265a) in einzelne kleine Vierpole teilen, die beidseitig von induktions- und feldstromfreien Flächen begrenzt, also nach den Forderungen des § 35 einwandfrei definiert sind. Jeder dieser Vierpole hat eine Kapazität ΔC nach (36.11), und eine Induktivität ΔL, also ein Ersatzbild nach Abb. 133. Wenn noch das ΔL der einzelnen Vierpole bekannt ist, kann man das Verhalten dieser inhomogenen Leitung als Aufeinanderfolge bekannter Vierpole berechnen. Strom und Spannung werden sich längs dieser Leitung ähnlich ändern wie auf einer homogenen Leitung. Wenn daher die mittlere Streifenbreite kleiner als $\lambda/50$ ist, kann man die Voraussetzung machen, daß innerhalb des Streifens das $\mathfrak{J}$ und $\mathfrak{U}$ noch hinreichend konstant sind. Man beachte die Erläuterungen zur Abb. 133. In einem Streifen zwischen benachbarten elektrischen Feldlinien nach Abb. 268 ist dann die magnetische Feldstärke $\mathfrak{H}_v$ überall gleich $\mathfrak{J}/b$, wobei $\mathfrak{J}$ der Leiterstrom an der zu diesem Streifen gehörenden Stelle ist. Die magnetische Feldenergie

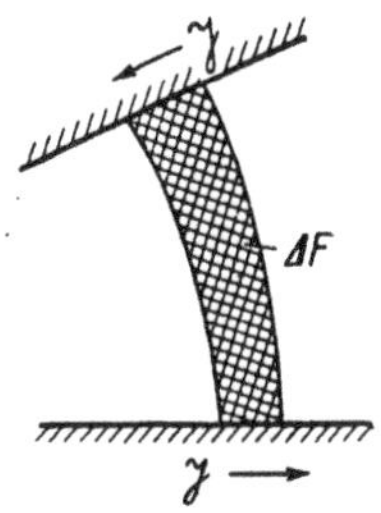

Abb. 268. Flächenstreifen

$$W_m = \frac{1}{2}\mu_0 |\mathfrak{H}_v|^2 \cdot \Delta V = \frac{1}{2}\mu_0 \left(\frac{|\mathfrak{J}|}{b}\right)^2 \Delta V \tag{36.12}$$

ist wegen des konstanten $\mathfrak{H}_v$ proportional zum Volumen ΔV des zu dem Streifen gehörenden Raumes mit der Tiefe b senkrecht zur Zeichenebene: $\Delta V = b \cdot \Delta F$, wobei ΔF die Fläche des in Abb. 268 gezeichneten Streifens ist. Setzt man dieses ΔV in (36.12) ein, so kann man das zugehörige ΔL nach (1.3) berechnen:

$$\Delta L = \mu_0 \cdot \Delta F/b. \tag{36.13}$$

Solange ΔL und ΔC klein sind, solange also die Unterteilung des Längsschnitts durch die elektrischen Feldlinien so fein ist, daß (21.5) erfüllt ist, wirken die Elementarvierpole nach den Erörterungen zur Abb. 134 wie symmetrische Vierpole oder kurze homogene Leitungen mit dem Wellenwiderstand nach (21.7) oder (22.4)

$$Z = \sqrt{\Delta L/\Delta C} = (120\pi/b)\sqrt{\Delta F \cdot m}\ [\Omega] \tag{36.14}$$

und dem Phasenmaß nach (21.8) oder (22.5)

$$\operatorname{tg}(\Delta a) = \omega\sqrt{\Delta L \cdot \Delta C} = \alpha\sqrt{\Delta F/m}; \tag{36.15}$$

denn es ist nach (36.11) $\Delta C = \varepsilon_0 \cdot b/m$, $\sqrt{\mu_0/\varepsilon_0} = 120\pi\ [\Omega]$ und $\omega\sqrt{\mu_0\varepsilon_0} = \alpha$ nach (25.7). Für die kleinen Δa ist $\operatorname{tg}(\Delta a) = \Delta a$ nach (1.17). Wenn man den Streifenvierpol als kurze Leitung mit dem Wellenwiderstand Z und der Länge Δl in Luft auffaßt, ist nach (22.5) $\Delta a = \alpha \cdot \Delta l$ und die wirksame Länge

$$\Delta l = \sqrt{\Delta F/m}. \tag{36.16}$$

Durch eine einfache graphische Bestimmung der Flächen ΔF zwischen den elektrischen Feldlinien kommt man also zu den Kenngrößen der Elementarvierpole. Jede solche Fläche ΔF besteht nach Abb. 265a aus m quadratähnlichen Flächenteilen. $\Delta F/m$ ist der Mittelwert der Flächen der Quadrate des betrachteten Streifens und Δl daher nach (36.16) ein Mittelwert der Quadratseiten, also etwa gleich dem mittleren senkrechten Abstand der den Streifen begrenzenden elektrischen Feldlinien. Die Summe aller Δl ist die wirksame Gesamtlänge der Leitung und fast genau gleich der Länge der mittleren Äquipotentiallinie des statischen Feldes (Abb. 265a). Auch der Faktor $\sqrt{\Delta F \cdot m}$ in (36.14) hat eine anschauliche Bedeutung. Es ist $\sqrt{\Delta F \cdot m} = m\sqrt{\Delta F/m}$ gleich der m-fachen mittleren Quadratseite des Streifens, also fast genau gleich der mittleren Länge a der elektrischen Feldlinie zwischen den Platten innerhalb des betrachteten Streifens. Dann stimmt (36.14) mit der Formel (25.3) überein. Man gewinnt also die einfache Vorstellung, daß in der inhomogenen Leitung die Feldlinienlänge an die Stelle des Plattenabstandes tritt und die wirksame Länge durch die mittlere Äquipotentiallinie gegeben ist.

Die Auswertung des Feldlinienbildes der Abb. 265a stellt man am besten in der Form der Abb. 265b dar. Unten legt man waagerecht alle Δl nach (36.16) nebeneinander und gewinnt dadurch eine brauchbare Leitungskoordinate l. Die Δl in Abb. 265b sind maßstäblich zur Abb. 265a gezeichnet. Man erkennt, daß die wirksame Länge l größer als die geometrische Länge der Leitung ist. Über jedem Abschnitt Δl zeichnet man einen Punkt in der Höhe Z nach (36.14). Die Verbindungskurve dieser Punkte gibt sehr genau den Z-Verlauf längs der Leitung wieder. Man erkennt das Ansteigen des Z mit wachsendem Plattenabstand. Kleine Auswertungsfehler machen sich sofort an den Abweichungen einzelner Punkte von der glatten Kurve bemerkbar. Es ist dabei erstaunlich, welche Genauigkeit man durch diese recht einfachen graphischen Konstruktionen erhalten kann. Aus (36.13) und (36.16) definiert man einen Induktionsbelag L^* durch

$$\Delta L/\Delta l = L^* = (\mu_0/b)\sqrt{\Delta F \cdot m}, \tag{36.17}$$

ebenso aus ΔC nach (36.11) und Δl einen Kapazitätsbelag

$$\Delta C/\Delta l = C^* = \varepsilon_0 \cdot b/\sqrt{\Delta F \cdot m}. \tag{36.18}$$

Stellt man die Gleichungen der Streifenvierpole wie in (22.8) und (22.9) auf, so erhält man wieder die Differentialgleichungen (22.10) und (22.11), jedoch als Differentialgleichungen der inhomogenen Leitung mit einem L^* und C^*, das von z abhängt. Diese Gleichungen sind nur in Ausnahmefällen lösbar. Die praktischen Näherungsverfahren zur Behandlung inhomogener Leitungen werden im § 39 behandelt.

Von besonderem Interesse sind Inhomogenitäten im Zuge einer homogenen Leitung, die wie das Winkelstück der Abb. 269a beiderseits an eine homogene Leitung mit gleichem Wellenwiderstand Z_0 stoßen. Abb. 269b zeigt die Auswertung des Feldbildes bezüglich des veränderlichen Wellenwiderstandes Z, der in der Nähe des Knicks infolge der größeren ΔF einen deutlichen Anstieg zeigt. Die praktische Auswertung solcher Kurven wird in § 39 erörtert. In vielen Fällen wird man Wert auf einen angenähert reflexionsfreien Durchgang legen, wozu die Inhomogenität so abgeändert wird, daß ihr Wellenwiderstand im Mittel gleich Z_0 wird. Dann wirkt das Winkelstück fast genau wie eine durchgehende Leitung vom Wellenwiderstand Z_0 und zerstört eine vorhandene Anpassung nicht. Dies erreicht man z.B. nach Abb. 270 durch eine geeignete Abschrägung der Ecke, wodurch die Vergrößerung der ΔF in der Ecke der Abb. 269a, die das Ansteigen des Z in der Ecke verursachten, im richtigen Umfang reduziert wird. Man sieht also, daß man bereits an dem Feldbild die geeigneten Maßnahmen erkennen kann, mit deren Hilfe das Verhalten des Gebildes in bestimmter, beabsichtigter Weise geändert wird. Bezüglich der Betrachtungen des § 35 ist bemerkenswert, wie schnell außerhalb der Inhomogenität das gestörte Feld wieder in das homogene Feld der Bandleitung übergeht.

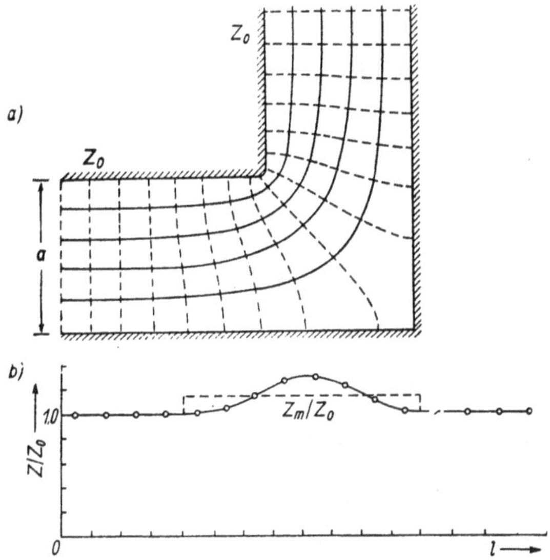

Abb. 269. Winkelstück

Ein leicht berechenbares Beispiel gibt eine gekrümmte Bandleitung nach Abb. 271. r_1 und r_2 sind die Krümmungsradien der beiden Bänder der Breite b senkrecht zur Zeichenebene. Die elektrischen Feldlinien sind Geraden durch

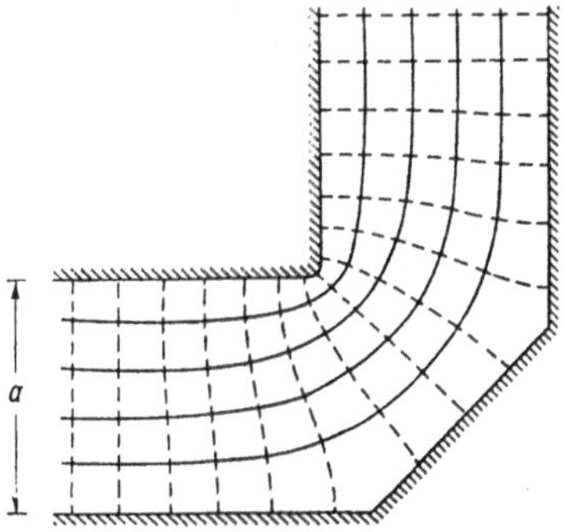

Abb. 270. Reflexionsfreies Winkelstück

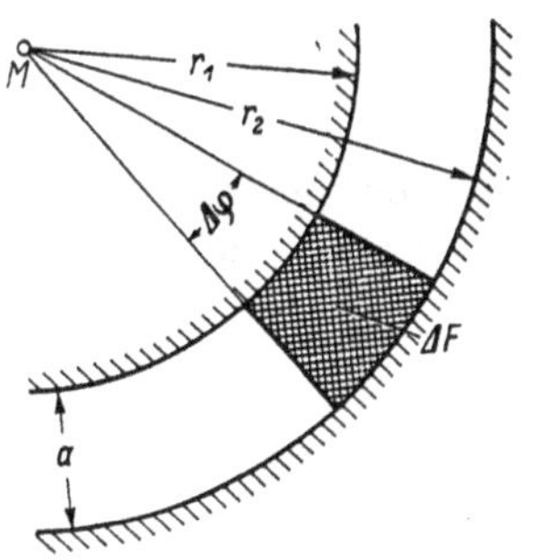

Abb. 271. Gekrümmte Bandleitung

den Mittelpunkt M der Krümmung. Ein Leitungsstück, dem der Zentrumswinkel $\Delta\varphi$ entspricht, besitzt eine Kapazität ΔC, die man aus der Kapazität C des Zylinderkondensators der Länge b nach (5.8a) berechnen kann ($d = 2r_1$; $D = 2r_2$). Das ΔC ist gleich $C \cdot \Delta\varphi/(2\pi)$ entsprechend dem zu ΔC gehörenden Anteil des Kreisumfangs:

$$\Delta C = \varepsilon_0 \cdot b \cdot \Delta\varphi / \ln(r_2/r_1). \tag{36.19}$$

Die schraffierte Fläche ΔF zum $\Delta\varphi$ lautet

$$\Delta F = \frac{1}{2}\,(r_2^2 - r_1^2)\,\Delta\varphi, \tag{36.20}$$

also nach (36.13)

$$\Delta L = \frac{1}{2}\,\mu_0\,(r_2^2 - r_1^2)\,\Delta\varphi/b \tag{36.21}$$

oder nach (36.14)

$$Z = \frac{120\pi}{b}\sqrt{\frac{r_2^2 - r_1^2}{2}\ln\frac{r_2}{r_1}}\ [\Omega]. \tag{36.22}$$

Mit dem mittleren Krümmungsradius $r^* = (r_1 + r_2)/2$, wobei also $r_1 = r^* - a/2$, $r_2 = r^* + a/2$ und $(r_2^2 - r_1^2)/2 = a r^*$ ist, erhält man aus (36.22)

$$Z = \frac{120\pi}{b}\sqrt{a r^*\left[\ln\left(1 + \frac{a}{2r^*}\right) - \ln\left(1 - \frac{a}{2r^*}\right)\right]}\ [\Omega]. \tag{36.22a}$$

Der Wellenwiderstand ist also konstant und die Leitung wirkt wie eine homogene Leitung, solange die bereits genannte Frequenzbeschränkung (21.5) erfüllt ist und die statischen Feldlinien hinreichend genau bestehen, d. h. solange der Abstand a kleiner als etwa $\lambda/5$ ist. Mit $a = r_2 - r_1$ als Plattenabstand wäre für eine nicht gekrümmte Leitung nach (25.3) $Z_0 = 120\pi \cdot a/b\ [\Omega]$, und das Verhältnis der Wellenwiderstände der gekrümmten und der geraden Leitung ist demnach

$$\frac{Z}{Z_0} = \sqrt{\frac{r^*}{a}\left[\ln\left(1 + \frac{a}{2r^*}\right) - \ln\left(1 - \frac{a}{2r^*}\right)\right]}. \tag{36.23}$$

Bei nicht zu starker Krümmung, also kleinem a/r^*, kann man die Näherungen (1.18) und (1.9) anwenden und erhält

$$\frac{Z}{Z_0} \approx 1 + \frac{1}{24}\left(\frac{a}{r^*}\right)^2. \tag{36.24}$$

Der Wellenwiderstand der gekrümmten Bandleitung ist also prinzipiell größer. Das Phasenmaß Δa des zum Winkel $\Delta\varphi$ gehörenden Leitungsstücks lautet

$$\Delta a = \alpha \cdot \Delta l = \omega\sqrt{\Delta L \cdot \Delta C} = \omega\sqrt{\mu_0\varepsilon_0}\,\Delta\varphi\sqrt{\frac{r_2^2 - r_1^2}{2\ln(r_2/r_1)}} \tag{36.25}$$

oder mit α nach (25.7) die wirksame Länge

$$\Delta l = \Delta\varphi\sqrt{\frac{r_2^2 - r_1^2}{2\ln(r_2/r_1)}} \tag{36.26}$$

bzw. mit dem mittleren Krümmungsradius r^*

$$\Delta l = \Delta\varphi\sqrt{\frac{a r^*}{\ln\left(1 + \frac{a}{2r^*}\right) - \ln\left(1 - \frac{a}{2r^*}\right)}}. \tag{36.26a}$$

Mit den Näherungen (1.18) und (1.9) für kleine a/r^* wird

$$\Delta l \approx r^* \cdot \Delta\varphi \left[1 - \frac{1}{24}\left(\frac{a}{r^*}\right)^2\right]. \tag{36.27}$$

$r^* \cdot \Delta\varphi$ ist die zu dem Streifen gehörende mittlere Weglänge. Das wirksame Δl ist also stets kleiner.
Schrifttum: [45].

§ 37. Die inhomogene koaxiale Leitung

Als inhomogene koaxiale Leitung sei eine koaxiale Leitung bezeichnet, bei der sich die Leiterdurchmesser d und D in Abhängigkeit von z ändern, wobei jedoch die Zylindersymmetrie bezüglich der Leitungsachse überall gewahrt bleibt. Die Leiterquerschnitte sind also für jedes z Kreise, und die Leitung entsteht durch Rotation ihres Längsschnitts um die Achse. Aus jedem Längsschnitt einer inhomogenen Bandleitung nach Abb. 265a kann man durch eine solche Rotation eine inhomogene koaxiale Leitung entstehen lassen, die ein ganz ähnliches Verhalten wie die betreffende Bandleitung zeigt. An die Stelle der Bandbreite b tritt dann ein mittlerer Umfang der koaxialen Leitung. Je größer der Krümmungsradius der Rotationsflächen ist, desto genauer wird die Annäherung an die Bandleitung. Es ist daher vielfach üblich, alle Rechnungen für eine inhomogene Bandleitung durchzuführen, weil dies einfacher ist, und daraus näherungsweise auf das Verhalten der koaxialen Leitung zu schließen.

Mit einem gewissen Mehraufwand kann man jedoch auch nach den Methoden des § 36 exaktere Angaben für die koaxiale Leitung gewinnen, wenn man das statische elektrische Feld des Längsschnitts für die koaxiale Leitung zeichnet. Den wesentlichen Unterschied zwischen diesen Feldern zeigt ein Vergleich der Abb. 39 und 40. Im homogenen Querschnitt der Bandleitung sind die Feldlinien parallele und äquidistante Geraden, ebenso auch die Äquipotentiallinien. Im Querschnitt der koaxialen Leitung sind die Feldlinien gleichmäßig über den Umfang verteilte Radien und die Äquipotentiallinien konzentrische Kreise, die sich jedoch zum Innenleiter hin zusammendrängen. Da die Feldstärke nach (8.2) proportional zu $1/r$ und der Abstand der Äquipotentiallinien überall umgekehrt proportional zur Feldstärke ist, ist also der Abstand der Äquipotentiallinien proportional zu r. Während die Bandleitung im Längsschnitt durch Feldlinien und Äquipotentiallinien in „Quadrate" eingeteilt wurde, tritt dies schon bei der homogenen koaxialen Leitung im Längsschnitt nicht mehr auf. In Abb. 272 sind die elektrischen Feldlinien äquidistante parallele Geraden. Wegen des wechselnden Abstandes der Äquipotentiallinien ergeben sich in der Nähe des Innenleiters niedrige Rechtecke, in einem gewissen Abstand r_0 Quadrate und in der Nähe des Außenleiters hohe Rechtecke. Auf die genaue Theorie des allgemeinen zylindersymmetrischen Feldes kann hier nicht eingegangen werden. Es bestehen folgende Gesetze [9]: Auch zwischen gekrümmten elektrischen Feldlinien in Abb. 273 gilt die Regel der Abb. 272, daß in der Achsennähe niedrige Rechtecke, in gewisser Entfernung r_0 Quadrate und außen hohe Rechtecke durch die Äquipotentiallinien herausgeschnitten werden. Sind Δ_1 und Δ_2 die Seiten dieser Rechtecke und r ihr mittlerer Achsenabstand, so ist stets

$$\Delta_1/\Delta_2 = r_0/r. \tag{37.1}$$

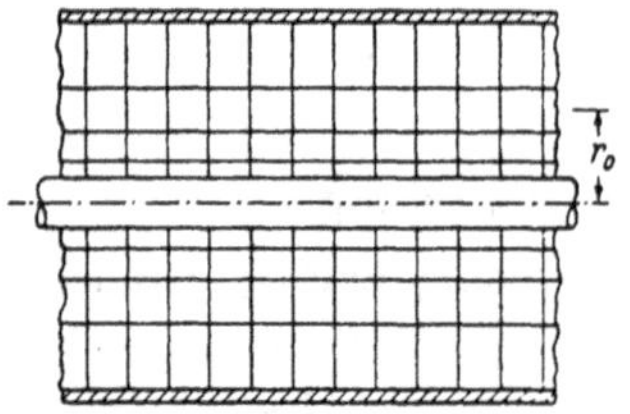

Abb. 272.
Längsschnitt der koaxialen Leitung

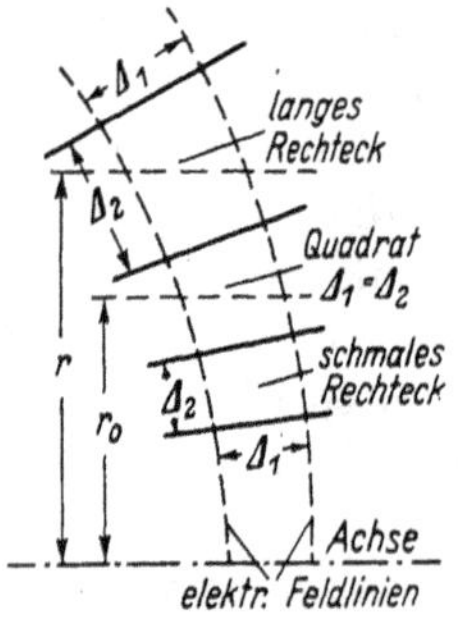

Abb. 273.
Rechtecke im zylindersymmetrischen Feld

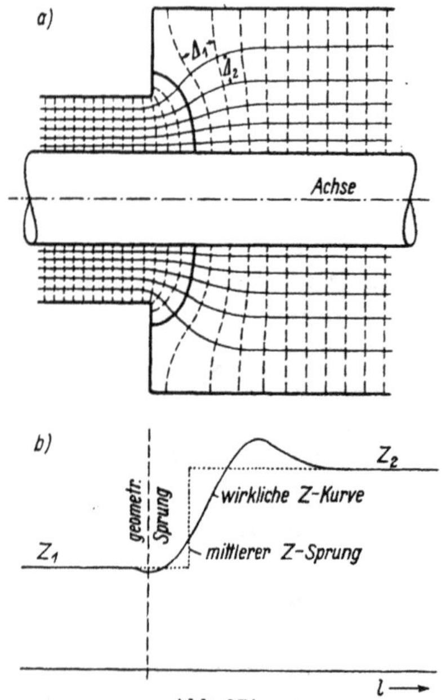

Abb. 274.
Durchmessersprung der koaxialen Leitung

Für $r < r_0$ wird also $\Delta_2 < \Delta_1$ und für $r > r_0$ stets $\Delta_2 > \Delta_1$. Je mehr sich r von r_0 entfernt, desto mehr entfernt sich die Form der Rechtecke vom Quadrat. Nach diesen Gesetzen kann man das Feld wieder wie bei der inhomogenen Bandleitung konstruieren. Die Größe r_0 darf man dabei nach freiem Ermessen wählen und zwar zweckmäßig so, daß r_0 ein mittlerer Abstand innerhalb des Feldes ist. Teilen die Äquipotentiallinien das Feld in m waagerechte Streifen und hat man die Größe r_0 gewählt, so gehört zu einem senkrechten Streifen zwischen zwei benachbarten elektrischen Feldlinien die Kapazität

$$\Delta C = 2\pi r_0 \cdot \varepsilon_0/m. \tag{37.2}$$

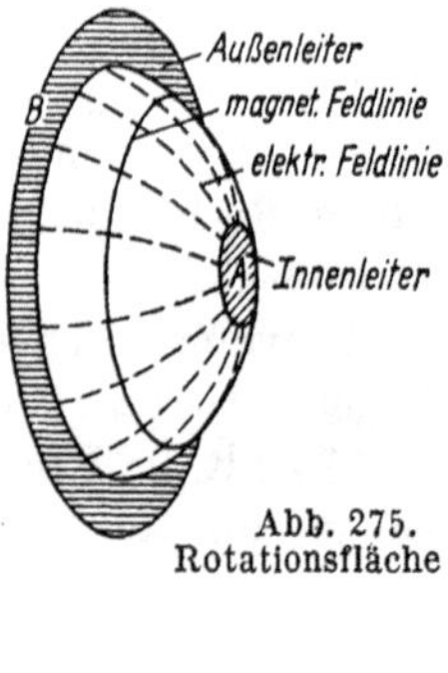

Abb. 275.
Rotationsfläche

Als Beispiel soll in Abb. 274 eine Leitung mit sprunghafter Erweiterung des Außenleiters betrachtet werden. Läßt man eine elektrische Feldlinie um die Achse rotieren (in Abb. 274 dick ausgezogen), so entsteht eine Rotationsfläche,

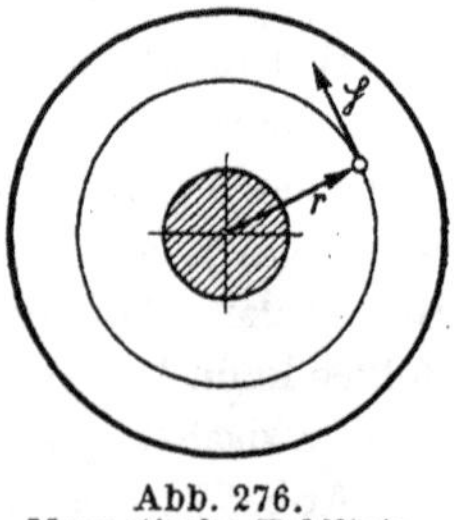

Abb. 276.
Magnetische Feldlinie

wie sie in Abb. 275 perspektivisch gezeichnet ist. Da wegen der Zylindersymmetrie die magnetischen Feldlinien Kreise in Querschnittsebenen sind, deren Mittelpunkte auf der Achse liegen (Abb. 276), liegen die magnetischen Feldlinien in dieser Rotationsfläche, die dadurch zu induktions- und feldstromfreien Flächen werden und die Leitung wieder in Vierpole teilen wie in Abb. 265a. Bei der weiteren Behandlung verfolgt man die gleichen Gedankengänge wie in § 36. Die magnetische Feldstärke $\mathfrak{H}$ ist längs einer Feldlinie (Abb. 276) konstant. Wendet man das Durchflutungsgesetz auf einen solchen Feldlinienkreis an, so wird $2\pi r \cdot \mathfrak{H} = \mathfrak{J}$, wobei $\mathfrak{J}$ nach der Definition der feldstromfreien Fläche gleich dem Leitungsstrom durch den Innenleiter A oder den Außenleiter B (Abb. 275) an der Stelle ist, wo die zu der magnetischen Feldlinie gehörende Rotationsfläche die begrenzenden Leiter trifft. In dem schmalen Streifen zwischen zwei benachbarten Feldlinien in Abb. 277a gilt demnach für alle Orte

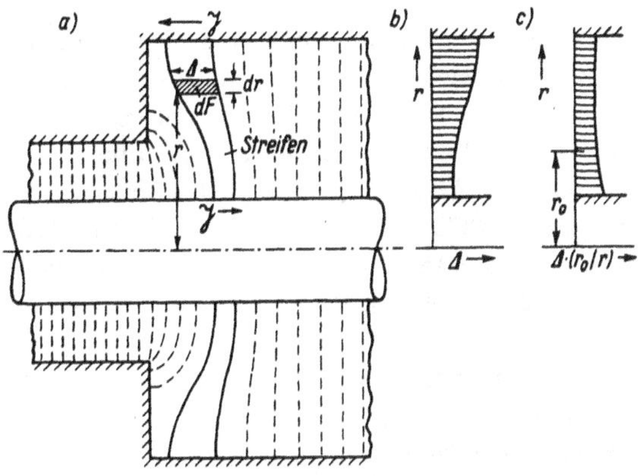

Abb. 277. Zylindersymmetrischer Streifenvierpol

$$\mathfrak{H} = \mathfrak{J}/(2\pi r), \tag{37.3}$$

wobei $\mathfrak{J}$ der Leitungsstrom auf den zu dem Streifen gehörenden Leiteroberflächen ist.

Es muß nun die magnetische Feldenergie des zu dem Streifen gehörenden Leitungsvolumens ΔV berechnet werden. Man teilt den Streifen in infinitesimale Abschnitte dF der Höhe dr und der Breite Δ zwischen den begrenzenden Feldlinien. In Abb. 277a ist ein solches dF schraffiert. Läßt man diesen Abschnitt dF um die Achse rotieren, so entspricht ihm ein Volumen $dV = 2\pi r \cdot dF = 2\pi r \cdot \Delta \cdot dr$, wobei r der Abstand des dF von der Achse und $2\pi r$ der Umfang des dV ist. dV enthält nach (37.3) die Feldenergie $dW_m = {}^1/_2 \mu_0 H^2 \cdot dV = \mu_0 J^2 \Delta \cdot dr / (4\pi r)$. Das gesamte Volumen ΔV enthält die Energie

$$W_m = \mu_0 \frac{J^2}{4\pi} \int\limits_A^B \frac{\Delta}{r}\, dr. \tag{37.4}$$

Das Integral ist zu erstrecken über alle Werte r des Streifens zwischen Innenleiter (A) und Außenleiter (B). Aus (1.3) folgt für die Induktivität ΔL des Volumens ΔV

$$\Delta L = \frac{\mu_0}{2\pi} \int\limits_A^B \frac{\Delta}{r}\, dr. \tag{37.4a}$$

Aus ΔC nach (37.2) und ΔL nach (37.4a) erhält man die Bestimmungsgrößen des Streifenvierpols wie in (36.14) und (36.16)

$$Z = \sqrt{\frac{\Delta L}{\Delta C}} = \frac{60}{r_0}\sqrt{m\int_A^B \Delta\,\frac{r_0}{r}\,dr}\ [\Omega]; \tag{37.5}$$

$$\Delta l = \sqrt{\frac{1}{m}\int_A^B \Delta\,\frac{r_0}{r}\,dr}. \tag{37.6}$$

Die Breite Δ des Streifens ist eine Funktion von r. Man entnimmt aus Abb. 277a den waagerechten Abstand Δ der den Streifen begrenzenden Feldlinien für verschiedene r und zeichnet eine Kurve des Δ als Funktion von r nach Abb. 277b. Dann multipliziert man alle Δ mit r_0/r und gewinnt die Kurve $\Delta\cdot(r_0/r)$ der Abb. 277c. Die gestrichelte Fläche unter dieser Kurve ist das Integral in (37.5) und (37.6). Wichtig ist, daß die Δ-Werte in der Nähe des Innenleiters wegen des kleinen r die wesentlichen Beiträge zum Integral liefern. Diese Stellen sind also besonders wirksam. An die Stelle des $120\pi/b$ von (36.14) tritt hier $60/r_0 = 120\pi/(2\pi r_0)$, an die Stelle von b also der mittlere Umfang $2\pi r_0$. An die Stelle des ΔF in (36.14) und (36.16) die Fläche $\int \Delta\cdot(r_0/r)\cdot dr$. In dieser Flächendefinition liegt der Unterschied zwischen der inhomogenen Bandleitung und der inhomogenen koaxialen Leitung. Auch hier sind Erörterungen erforderlich, wie weit die statischen elektrischen Feldlinien im Wellenfeld bestehen bleiben. Dazu soll lediglich allgemein mitgeteilt werden, daß dies wie bei der Bandleitung immer dann zutrifft, wenn der Abstand zwischen Innenleiter und Außenleiter kleiner als $\lambda/5$ ist und keine extremen Inhomogenitäten auftreten. Die exakte Theorie dieser Felder ist schwierig und erst seit kurzem bekannt [55]. Das Ergebnis kann man wieder als Z-Kurve wie in Abb. 265b darstellen. Für das Feld der Abb. 274a erhält man die ansteigende Kurve der Abb. 274b wie in Abb. 265b entsprechend dem wachsenden Δ. Die praktische Anwendung solcher Feldbilder und Kurven wird in § 39 erörtert. Ähnliche Verhältnisse findet man, wenn der Außenleiter der Leitung konstanten Durchmesser hat und der Innenleiterdurchmesser einen Sprung macht. Solche Effekte müssen dann bei Schaltungen wie in Abb. 205a berücksichtigt werden, bei denen also nicht der theoretisch angenommene Wellenwiderstandssprung, sondern ein weicher Übergang des Z auftritt.

Von besonderem Interesse ist der Übergang zwischen zwei homogenen koaxialen Leitungen verschiedenen Querschnitts, aber gleichen Wellenwiderstandes Z_0, der nach Möglichkeit reflexionsfrei sein soll, in dem also keine Z-Abweichungen vom Wert Z_0 auftreten sollen. Häufig benutzt man dazu eine zwischengeschaltete Kegelleitung nach Abb. 259, deren Winkel Θ_1 und Θ_2 so gewählt werden, daß ihr Wellenwiderstand nach (35.1) ebenfalls gleich Z_0 ist. Abb. 278 zeigt eine solche Anordnung. Die Durchmesserverhältnisse d_1/D_1 und d_2/D_2 der beiden anschließenden Leitungen sind gleich, damit Z_0 nach (25.16) gleich ist. Abb. 279 zeigt das Feld im Längsschnitt. An den Übergangsstellen zwischen den geraden Leitungen und der Kegelleitung entstehen inhomogene Bezirke, in denen Z größer als Z_0 wird, ähnlich wie in Abb. 269, jedoch in wesentlich geringerem Umfang. Je flacher die Kegel sind, desto weniger machen sich diese Feldstörungen bemerkbar.

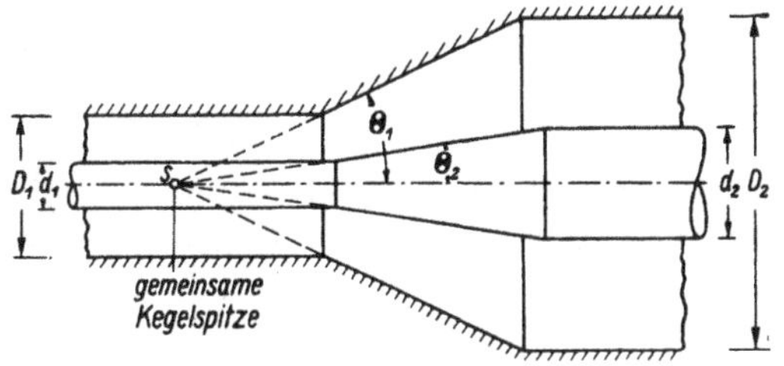

Abb. 278. Kegelleitung als Übergang

Da solche Kegel schwierig herzustellen sind, wenn man Präzision verlangt, ist auch der unmittelbare **sprungförmige** Übergang von technischem Interesse, bei dem nach Abb. 280a Innenleiter und Außenleiter gleichzeitig auf den neuen Wellenwiderstand übergehen. In dem entstehenden engen Durchgang werden die Δ sehr klein, während sie in den entstehenden Ecken groß werden. Abb. 280b zeigt die Schwankungen des Z, wobei das erhebliche Absinken des Z in der Feldenge die ausschlaggebende Erscheinung ist. In

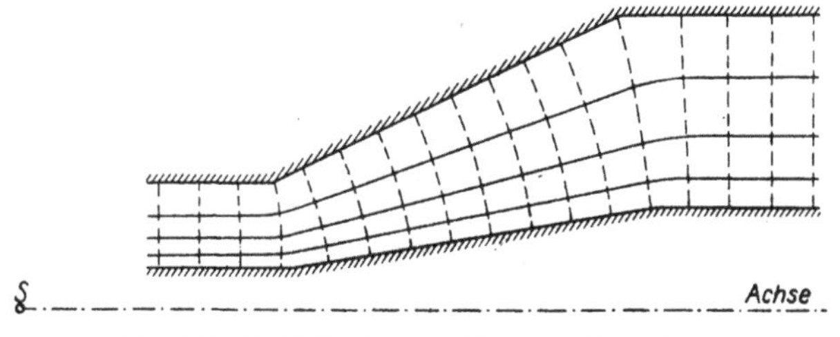

Abb. 279. Feldbild der kegelförmigen Erweiterung

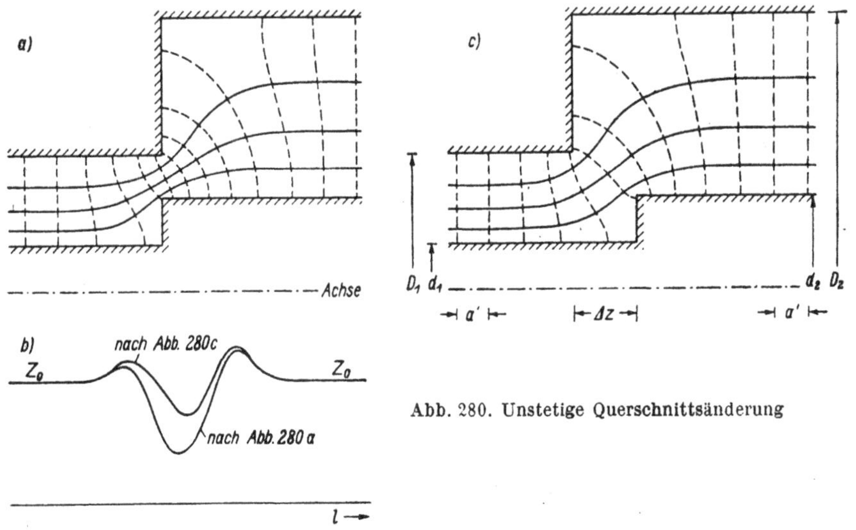

Abb. 280. Unstetige Querschnittsänderung

§ 39 wird bewiesen, daß für nicht extrem hohe Frequenzen der reflexionsfreie Durchgang durch eine Inhomogenität dann befriedigend eintritt, wenn in der Störungsstelle der Mittelwert des Z gleich dem Z_0 ist. Man korrigiert daher die Fehlerstelle der Abb. 280a am einfachsten dadurch, daß man nach Abb. 280c den Sprung des Innenleiters gegen den Sprung des Außenleiters um ein bestimmtes Stück Δz versetzt. Durch die Verminderung der Kapazitäten wird das Z-Niveau in der Störstelle insgesamt gehoben und die Z-Schwankungen auch etwas geringer (Abb. 280b). Aus dem bisher vorliegenden Material über die Größe des Δz ergibt sich die brauchbare Merkregel, daß im Bereich der gebräuchlichen Wellenwiderstände Z_0 (30 bis 100 Ω) und bei nicht zu großen Sprüngen (bis zu 1 : 3) etwa

$$\Delta z = 0{,}12\, D_2 \tag{37.7}$$

ist, wobei D_2 den Außendurchmesser der größeren Leitung darstellt. Auf diese Weise kann man eine ganze Reihe wichtiger zylindersymmetrischer Bauelemente der koaxialen Leitung richtig erfassen. Z. B. ist der Vierpol der Abb. 257 nach dieser Betrachtungsweise eine Inhomogenität mit bestimmtem Z-Verlauf, der dem der Abb. 280a sehr ähnlich ist. Näheres über die Berechnung der wirksamen Kapazität C seines Ersatzbildes in § 39. Einer besonderen Untersuchung bedürfen noch zylindersymmetrische Abschlußblindwiderstände wie in Abb. 256. Abb. 281a zeigt das Feld dieses Kondensators und der anschließenden Leitung, das bis zur Achse hin nach den zur Gl. (37.1) gegebenen Grundsätzen gezeichnet ist. Neuartig ist dabei das zylindersymmetrische Feld zwischen den beiden parallelen Platten am Leitungsende, das in Abb. 282 perspektivisch gezeichnet ist. Die elektrischen Feldlinien laufen senkrecht zu den Platten und parallel zueinander. Die Feldströme laufen entlang dieser Feldlinien, also parallel zur Leitungsachse. Die magnetischen Feldlinien umschlingen diese Feldströme wegen der Zylindersymmetrie in Kreisen, deren Mittelpunkte auf der Achse liegen. Betrachtet man den in Abb. 282 gezeichneten Zylinder, so enthält seine Oberfläche ein Netz von magnetischen und elektrischen Feldlinien, ist also eine induktions- und feldstromfreie Fläche. Die magnetische Feldstärke auf diesen Kreisen gewinnt man aus dem Durchflutungsgesetz $2\pi r \cdot \mathfrak{H} = \mathfrak{J}$, wobei r der Radius des Zylinders und $\mathfrak{J}$ der gesamte Feldstrom durch das Innere des Zylinders ist. Die Feldströme gehen auf den Leitern in Leitungsströme über, wie es Abb. 283 im Schnitt zeigt. Die Leitungsströme verlaufen radial auf die Achse zu (rechte Fläche) oder von der Achse weg (linke Fläche der Abb. 282). Der gesamte Leitungsstrom durch die Zylinderkanten der Abb. 282 ist gleich dem Feldstrom $\mathfrak{J}$ durch das Innere des Zylinders. Ist a der Abstand der Leiter und $\mathfrak{E}$ die Feldstärke längs der Zylinderwand, so ist $\mathfrak{U} = \mathfrak{E} \cdot a$ die Spannung längs der Zylinderwand zwischen den Leitern. Für diese Zylinderwände kann man also einen Widerstand $\mathfrak{R} = \mathfrak{U}/\mathfrak{J}$ definieren. Die exakte Theorie des Wellenwiderstandsverlaufs in solchen zylindrischen Gebilden findet man in § 41. Das vorliegende Problem wird aber schon durch folgende einfache Betrachtungen befriedigend gelöst. In Achsnähe hat das Gebilde der Abb. 281

zwischen den Platten das Feld eines homogenen Plattenkondensators. Es sei angenommen, daß der Durchmesser d_C dieses homogenen Teils kleiner als $\lambda/10$ ist. Dann ist $\mathfrak{U}$ und damit auch $\mathfrak{E}$ in allen Bezirken dieses homogenen Teils gleich groß und das Gebilde mit der Fläche $(\pi/4)\, d_C{}^2$ und dem Abstand a wirkt nach (5.4) als Kapazität

$$C = \pi \varepsilon_0\, d_C{}^2/(4a). \tag{37.8}$$

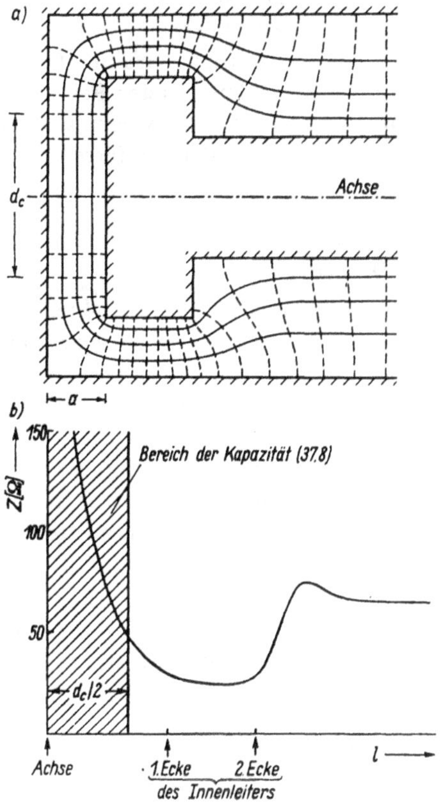

Abb. 281. Abschlußplatte

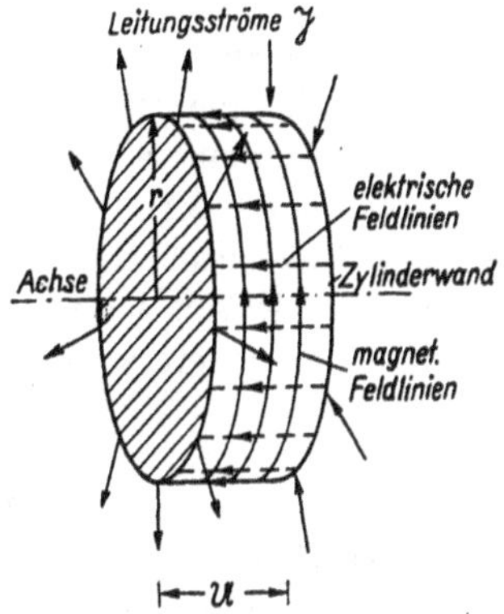

Abb. 282. Zylindrische Grenzfläche

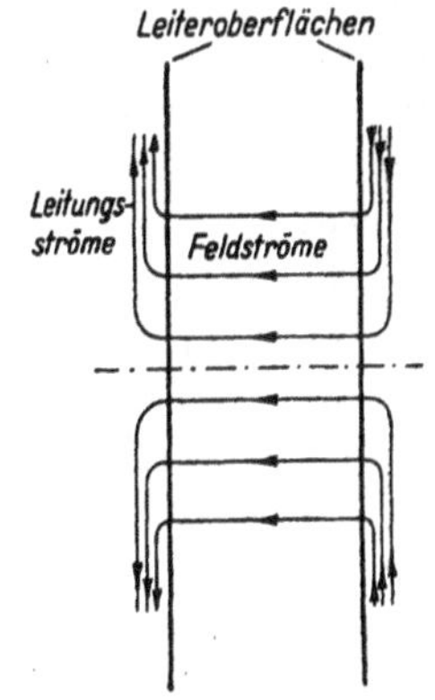

Abb. 283. Ströme im zylindersymmetrischen Plattenkondensator

Der für die Zylinderwand der Abb. 282 mit dem Durchmesser d_C definierte Widerstand ist $\mathfrak{R}_C = -j\, 1/(\omega C)$. An diesen Zylinder schließen sich ringförmige Vierpole an, für die man Z und Δl nach (37.5) und (37.6) berechnen kann. Den Verlauf des Wellenwiderstandes Z findet man in Abb. 281 b, wo auch schon der Verlauf des Z für den zylindrischen Teil nach (41.3) eingezeichnet ist. Den Abschlußteil, dessen Z bei Annäherung an die Achse unendlich groß wird, ersetzt man hier näherungsweise durch die Kapazität (37.8). Dieser Teil mit dem Radius $d_C/2$ ist in Abb. 281 b schraffiert. Dieses Gebilde wirkt also wie eine mit einer Kapazität C abgeschlossene inhomogene Leitung, deren Verhalten nunmehr exakt definiert ist. Mit solchen Hilfsvorstellungen kann man auch die am Ende offene Leitung behandeln, die ja nie ein exakt offenes Ende mit $\mathfrak{J} = 0$ besitzt, sondern stets durch die Streufelder des Leitungsendes mit einer kleinen Kapazität und anschließender Inhomogenität des Wellenwiderstandes abschließt.

Der entscheidende Punkt bei der quantitativen Behandlung von Leitungsschaltungen ist stets die exakte Berücksichtigung aller Streufelder. Die in § 30 und § 31 behandelten Schaltungen sind idealisierte Formen, die nach den hier gegebenen Richtlinien auf inhomogene Leitungen zurückgeführt werden müssen. Die quantitative Behandlung der inhomogenen Gebilde ist noch im Ausbau begriffen. Sie läuft stets auf graphische Auswertungsverfahren hinaus und die komplizierteren Gebilde wird man zur Ermittlung letzter Feinheiten noch meßtechnisch nach § 32 und § 33 untersuchen. Aber auch dann können schon gewisse Anschauungen über das innere Verhalten der Bauformen, wie sie hier entwickelt wurden, nützlich sein.

§ 38. Inhomogenes Dielektrikum

Die bisherigen Untersuchungen bezogen sich auf Luft als Dielektrikum. Ist der Raum zwischen den Leitern vollständig mit einem Dielektrikum gefüllt, so bleibt der Verlauf der Feldlinien erhalten. Wenn dann die Spannung $\mathfrak{U}$ (bzw. der Strom $\mathfrak{J}$) einer induktions- und feldstromfreien Fläche die gleiche ist wie in Luft, ist auch die elektrische (bzw. magnetische) Feldstärke die gleiche wie in Luft. Das Dielektrikum ändert lediglich die Ladungsdichte auf den Leiteroberflächen bei gegebenem $\mathfrak{E}$ um den Faktor ε, so daß sich auch der Feldstrom (34.4) um den Faktor ε erhöht. Die Größe ΔL eines Streifenvierpols bleibt unverändert, während sich ΔC um den Faktor ε erhöht. Die Kenngröße Z geht daher nach (36.14) in $Z_\varepsilon = Z/\sqrt{\varepsilon}$ über wie in (25.14), die Kenngröße Δl bleibt erhalten. Man muß jedoch beachten, daß die Größe $\Delta a = \alpha \cdot \Delta l = 2\pi \cdot \Delta l/\lambda^*$, die das Verhalten des Vierpols beschreibt, um den Faktor $\sqrt{\varepsilon}$ größer ist als bei Luft, weil für λ^* jetzt das kleinere λ_ε^* aus (25.14) einzusetzen ist.

Von großem Interesse sind Anordnungen, die teilweise Luft und teilweise Dielektrikum enthalten. Während das magnetische Feld durch eine Grenzfläche zwischen Luft und Dielektrikum ungestört hindurchtreten kann, werden die elektrischen Feldlinien im allgemeinen verändert. Abb. 284 zeigt eine solche Grenzfläche. Die elektrische Feldstärke im Luftraum hat eine Komponente $\mathfrak{E}_N$ senkrecht zur Grenzfläche und eine Komponente $\mathfrak{E}_T$ parallel zur Grenzfläche. Ebenso hat sie im Dielektrikum eine Komponente $\mathfrak{E}_{\varepsilon N}$ senkrecht zur Grenzfläche und eine Komponente $\mathfrak{E}_{\varepsilon T}$ parallel zur Grenzfläche. Die Beziehungen zwischen den Parallelkomponenten gibt das Induktionsgesetz für das in Abb. 285 gezeichnete Rechteck. Das Rechteck hat zwei Kanten Δ parallel zu den Komponenten $\mathfrak{E}_T$, von denen die eine unmittelbar an der Grenzfläche in Luft, die andere unmittelbar an der Grenzfläche im Dielektrikum verläuft. Die Rechteckkante senkrecht zur Grenzfläche ist also gleich Null, wenn sie auch in Abb. 285 der Anschaulichkeit halber nicht gleich Null gezeichnet ist. Es ist daher die Fläche gleich Null und der magnetische Fluß durch die Fläche ebenfalls gleich Null. Dann muß die elektrische Spannung längs der Rechteckkanten gleich Null sein: $\mathfrak{E}_T \cdot \Delta - \mathfrak{E}_{\varepsilon T} \cdot \Delta = 0$. Daraus folgt

$$\mathfrak{E}_T = \mathfrak{E}_{\varepsilon T}, \tag{38.1}$$

also Gleichheit der Tangentialkomponenten. Die Beziehungen zwischen den Normalkomponenten gibt die Tatsache, daß der Feldstrom $d\mathfrak{J} = j\omega\varepsilon_0 \cdot \mathfrak{E}_N \cdot dF$

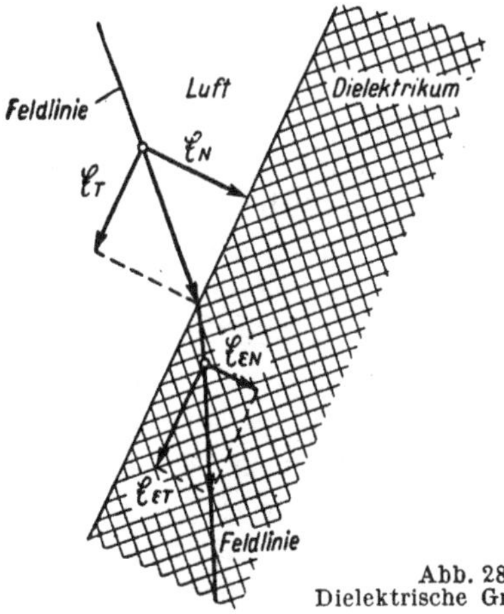

Abb. 284.
Dielektrische Grenzfläche

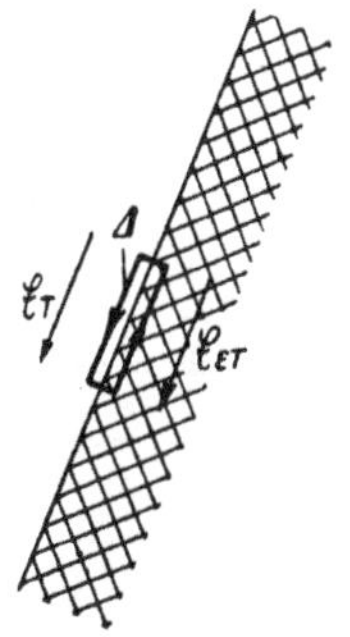

Abb. 285. Feldkomponenten parallel zur Grenzfläche

nach (34.4), der in eine in der Grenzfläche liegende Fläche dF aus der Luft kommend einströmt, gleich dem Feldstrom $d\mathfrak{J} = j\omega\varepsilon\varepsilon_0 \cdot \mathfrak{E}_{\varepsilon N} \cdot dF$ ist, der aus der gleichen Fläche ins Dielektrikum hineinfließt. Daraus folgt

$$\mathfrak{E}_N = \varepsilon \cdot \mathfrak{E}_{\varepsilon N}. \tag{38.2}$$

Die Normalkomponente im Dielektrikum ist also kleiner. Eine Feldlinie, die wie in Abb. 284 schräg auf die Grenzfläche auftrifft, wird gebrochen. Wenn man also in ein für Luft gezeichnetes elektrisches Feld ein Dielektrikum legt, dessen Grenzfläche schräg zu den Feldlinien liegt, wird der Verlauf der Feldlinien geändert. Nur dann, wenn diese Grenzfläche längs elektrischer Feldlinien oder längs der Äquipotentialflächen verläuft, bleibt der Verlauf der für homogenes Dielektrikum gezeichneten Feldlinien erhalten. Im ersten Fall ist dann $\mathfrak{E}_N = 0$, im zweiten Fall $\mathfrak{E}_T = 0$. Man vergleiche Abb. 42 und 43.

Für die folgenden Anwendungen ist es von besonderem Interesse, daß der Feldlinienverlauf nicht geändert wird, wenn man längs einer induktions- und feldstromfreien Fläche eine dielektrische Grenzfläche beginnen läßt. Zunächst wird eine senkrechte Grenzfläche in einer homogenen Bandleitung nach Abb. 286 betrachtet. Man hat dann zwei aneinanderstoßende homogene Leitungen mit den Wellenwiderständen Z_1 und $Z_2 = Z_1/\sqrt{\varepsilon}$ ohne jede Störung in der Übergangszone, also den Idealfall der Abb. 233 mit Wellenlängen $\lambda_1^* = \lambda$ in Luft und $\lambda_2^* = \lambda/\sqrt{\varepsilon}$ im Dielektrikum. Eine häufig benutzte Anordnung ist eine dielektrische Scheibe in der Leitung nach Abb. 287a. Auch diese stört das Feldlinienbild nicht, sondern gibt nur innerhalb der Scheibe einen Sprung im Wellenwiderstand (Abb. 287b). Die wirksame Länge Δl ist stets gleich der Scheibendicke h, wobei jedoch der Drehwinkel $h/\lambda_\varepsilon{}^*$ im Leitungsdiagramm innerhalb der Scheibe durch das kleinere $\lambda_\varepsilon{}^* = \lambda/\sqrt{\varepsilon}$ bedingt ist. In Erweiterung von Abb. 233 läßt sich die Vierpoltransformation durch die Scheibe nach Abb. 287c in eine Multiplikation nach (33.1) mit $Z/Z_\varepsilon = \sqrt{\varepsilon}$ (von $\mathfrak{r}_1$ nach $\mathfrak{r}_1'$), in eine Drehung des $\mathfrak{r}_1'$ auf seinem m-Kreis nach $\mathfrak{r}_2'$ innerhalb der Scheibe und an der zweiten Sprungstelle in eine nochmalige Multiplikation mit $Z_\varepsilon/Z = 1/\sqrt{\varepsilon}$ (von $\mathfrak{r}_2'$ nach $\mathfrak{r}_2$) zerlegen. Weiteres in § 39. Solche Übergänge nach Abb. 286 und Scheiben nach Abb. 287 wirken auch in jeder anderen homogenen Leitung in gleicher Weise.

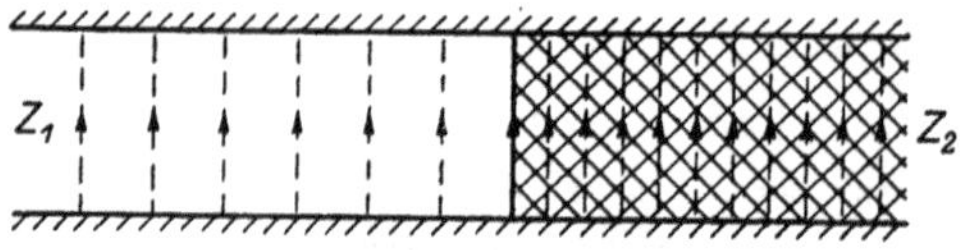

Abb. 286.
Homogene Bandleitung mit dielektrischem Sprung

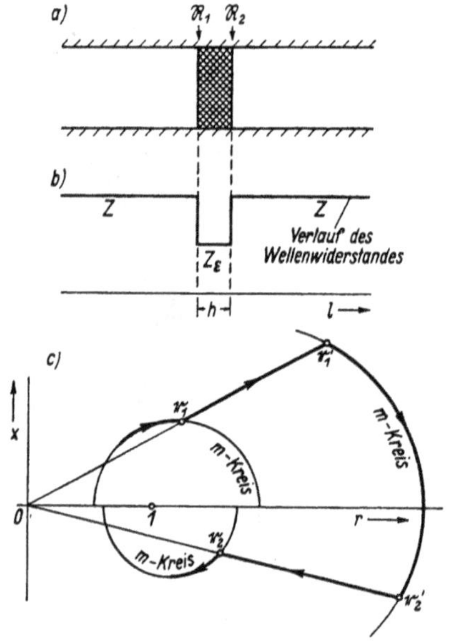

Abb. 287. Dielektrische Stütze in der Bandleitung

Man benutzt solche Scheiben bei sehr hohen Frequenzen als Transformationsvierpole, deren Transformationswirkung man durch die Scheibendicke einstellen kann. Sonst sind sie als Abstandshalter weitgehend in Gebrauch, wobei sie jedoch keinen reflexionsfreien Durchgang ergeben. Wichtig ist eine Näherungsformel für den durch die Scheibe hervorgerufenen Anpassungsfehler für den Fall, daß das Phasenmaß $2\pi h/\lambda_\varepsilon{}^*$ der Scheibe noch klein ist, also bei relativ dünnen Scheiben. Die Leitung hinter der Scheibe soll dabei angepaßt sein, in ihrer Ausgangsebene also der Widerstand $\mathfrak{R}_1 = Z$ liegen. Nach (26.4) gilt dann für den Widerstand $\mathfrak{R}_2$ in der Eingangsebene der Scheibe

$$\mathfrak{R}_2 = Z \frac{1 + j\,(Z_\varepsilon/Z)\,\mathrm{tg}(2\pi h/\lambda_\varepsilon{}^*)}{1 + j\,(Z/Z_\varepsilon)\,\mathrm{tg}(2\pi h/\lambda_\varepsilon{}^*)}. \tag{38.3}$$

Für kleine $2\pi h/\lambda_\varepsilon{}^*$ ist nach (1.17) $\mathrm{tg}\,(2\pi h/\lambda_\varepsilon{}^*) = 2\pi h/\lambda_\varepsilon{}^*$. Solange dann $(Z/Z_\varepsilon)\,\mathrm{tg}(2\pi h/\lambda_\varepsilon{}^*)$ kleiner als 0,1 ist, erhält man eine besonders einfache Näherung mit Hilfe von (1.14) mit $Z_\varepsilon = Z/\sqrt{\varepsilon}$ und $\lambda_\varepsilon{}^* = \lambda/\sqrt{\varepsilon}$ nach (25.14)

$$\mathfrak{R}_2 = Z\,[1 - j(\varepsilon - 1)\,2\pi h/\lambda] = Z + j\,\Delta\mathfrak{R}_2. \tag{38.4}$$

Die Scheibe ruft also den relativen Anpassungsfehler

$$|\Delta\mathfrak{R}_2|/Z = (\varepsilon - 1)\,2\pi h/\lambda \tag{38.5}$$

hervor, der proportional zur Frequenz (also zu $1/\lambda$) wächst und mit wachsendem ε größer wird. λ ist dabei die Wellenlänge im freien Raum, die gleich der Wellenlänge λ^* der Leitung ohne Dielektrikum ist. Mit Hilfe von (38.5) kann man erkennen, ob eine gegebene Isolierstütze bei einer bestimmten Frequenz bezüglich des Anpassungsfehlers noch erträglich ist. Viele technische Leitungen besitzen eine systematische Folge gleicher Stützen in gleichem Abstand wie in Abb. 288. Bei niedrigen Frequenzen, solange der Abstand der Stützen kleiner als $0{,}01\,\lambda$ ist, kann man nach Abb. 134 die spezielle Verteilung des L und C in der Leitung vernachlässigen. Die Leitung der Abb. 288 wirkt dann als homogene Leitung, deren Wellenwiderstand durch den m i t t l e r e n Kapazitätsbelag bestimmt wird. Die Leitung der Länge $(l+h)$ hat die Kapazität $C = C_0{}^*l + \varepsilon C_0{}^*h$, wobei $C_0{}^*$ der Kapazitätsbelag in Luft ist. Dann wird der mittlere Kapazitätsbelag

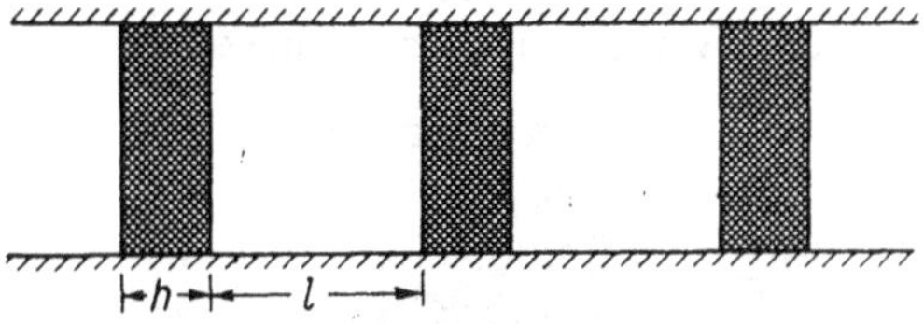

Abb. 288. Periodische Stützenfolge

$$C^* = C/(l+h) = C_0{}^*(l+\varepsilon h)/(l+h), \tag{38.6}$$

während der Induktivitätsbelag gleich dem $L_0{}^*$ der Luftleitung ist. Es ist also der mittlere Wellenwiderstand

$$Z = \sqrt{L_0{}^*/C^*} = Z_0\sqrt{(l+h)/(l+\varepsilon h)}, \tag{38.7}$$

wobei Z_0 der Wellenwiderstand der Leitung in Luft ist. Mit wachsender Frequenz macht sich jedoch die Transformationswirkung der einzelnen Isolierstützen bemerkbar, das Z wird frequenzabhängig, und die Leitung wirkt annähernd wie ein Tiefpaßfilter nach Abb. 97, wobei man die Stützen in erster Näherung als konzentrierte Kapazitäten betrachtet [48].

Auch in der inhomogenen Leitung kann man längs jeder induktions- und feldstromfreien Fläche ein Dielektrikum beginnen lassen, wobei dann der Wellenwiderstand Z der inhomogenen Leitung hinter der Grenzfläche auf den Wert $Z/\sqrt{\varepsilon}$ sinkt. Eine besonders wichtige Anwendung ist der reflexionsfreie Übergang von einer Luftleitung auf eine Leitung mit Dielektrikum g l e i c h e n Wellenwiderstandes Z_0. Dazu ist zunächst eine Vergrößerung der Leiterabstände erforderlich, also bei der koaxialen Leitung eine Vergrößerung des Außenleiterdurchmessers oder eine Verkleinerung des Innenleiterdurchmessers. Hierzu eignet sich z. B. ein Sprung des Außenleiterdurchmessers wie in Abb. 274a von D_1 auf D_2, wobei nach (25.16)

$$Z_0 = 138 \cdot \lg_{10}(D_1/d) = (138/\sqrt{\varepsilon})\,\lg_{10}(D_2/d)\ [\Omega] \tag{38.8}$$

sein muß. Abb. 289a zeigt einen Übergang für $\varepsilon = 4$ mit den Feldlinien der Abb. 274a. Beginnt nun das Dielektrikum längs einer induktions- und feldstromfreien Fläche, so sinkt dort der Wellenwiderstand um den Faktor $1/\sqrt{\varepsilon}$. In Abb. 289b findet man links von dieser Grenze das gleiche Z wie in Abb. 274b, rechts davon das $Z/\sqrt{\varepsilon}$. Vergleichsweise ist in Abb. 289b der Verlauf des Z

nach Abb. 274b gestrichelt eingezeichnet. Das Z macht also innerhalb der Inhomogenität gewisse Schwankungen um den Wert Z_0 herum. Wenn man die Grenze des Dielektrikums so legt, daß der Mittelwert des Z gleich Z_0 wird, bekommt man nach § 39 den wichtigen Zustand eines praktisch reflexionsfreien Durchgangs für nicht zu hohe Frequenzen. Es ist nicht unbedingt erforderlich, daß man dem Dielektrikum diese komplizierte krummlinige Begrenzung gibt. Man kann sie auch durch eine geradlinige Begrenzung nach Abb. 290 ersetzen, die etwa dem mittleren Verlauf der Grenzkurve entspricht. Im Verhalten der Leitung ändert sich dadurch nichts wesentliches, lediglich die Berechnung für die geradlinige Grenze wäre nicht ohne weiteres möglich. Ohne Mühe kann man dann in Erweiterung der Abb. 280c einen Übergang von einer mit Dielektrikum gefüllten Leitung auf eine Luftleitung gleichen Wellenwiderstandes mit größerem Durchmesser nach Abb. 291 berechnen, wie man es oft bei Kabelsteckern findet. Es gibt dann wieder einen Abstand Δz, der reflexionsfreien Durchgang bei niedrigeren Frequenzen sichert, und den man aus dem Feldbild bestimmen kann.

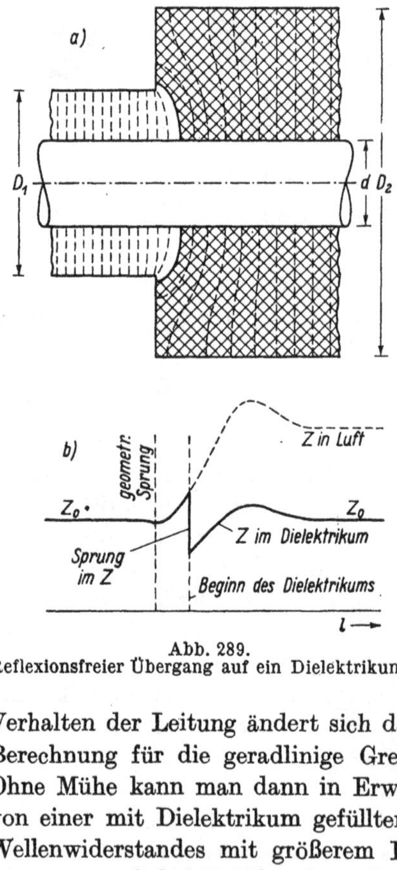

Abb. 289.
Reflexionsfreier Übergang auf ein Dielektrikum

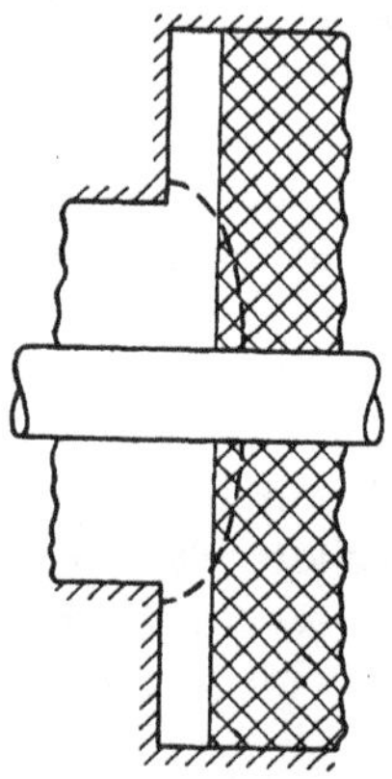

Abb. 290. Reflexionsfreier Übergang auf ein Dielektrikum

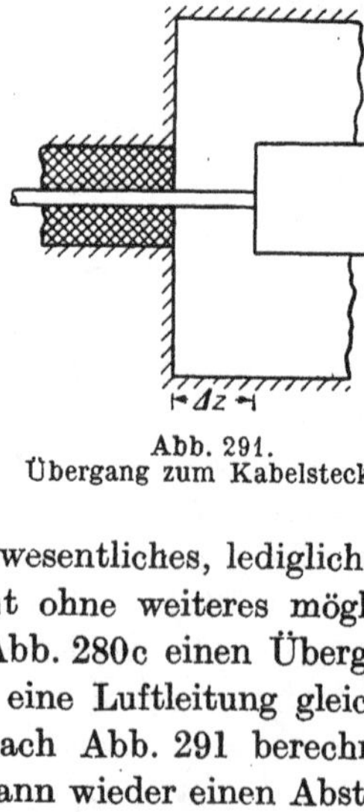

Abb. 291.
Übergang zum Kabelstecker

Der zweite wichtige Fall des Dielektrikums im inhomogenen Feld ist die reflexionsfreie Isolierstütze. Um die Wellenwiderstandserniedrigung durch den Abstandshalter nach Abb. 287 auszugleichen, vergrößert man am Ort der Stütze den Leiterabstand nach Abb. 292. Dadurch ergibt sich in Luft ein inhomogener, vergrößerter Wellenwiderstand Z. Füllt man die beiden mittleren Streifen mit Dielektrikum, so sinkt dort das Z um den Faktor $1/\sqrt{\varepsilon}$ und man kann ein ε angeben, das bei der gegebenen Leiter- und Feldlinienform bis zu einer gewissen Frequenzgrenze einen praktisch reflexionsfreien Durchgang gibt, bis zu der also der mittlere Wellenwiderstand der Inhomogenität gleich dem Wert Z_0 der anschließenden homogenen Leitungen ist. Eine solche Stütze würde in der Praxis die glatte Form der Abb. 293a haben und für größere ε benützt werden. Wenn man in Abb. 292 die mittleren vier Streifen ausfüllen würde, entspräche dies der glatten Stütze der Abb. 293b; jedoch müßte diese Stütze ein kleineres ε haben, um ein mittleres $Z = Z_0$ zu erhalten. So findet man zu jedem Einschnitt des oberen Leiters und zu jedem ε eine reflexionsfreie Stützenform ohne große Mühe. Man könnte auch zusätzlich einen Einschnitt in den unteren Leiter machen, wobei dann beide Einschnitte bei gleichem ε eine geringere Tiefe als in Abb. 292 aufweisen könnten. Die gleichen Überlegungen kann man auch für die koaxiale Leitung durchführen und erhält dann Stützenformen wie in Abb. 294. Bei der koaxialen Leitung ist

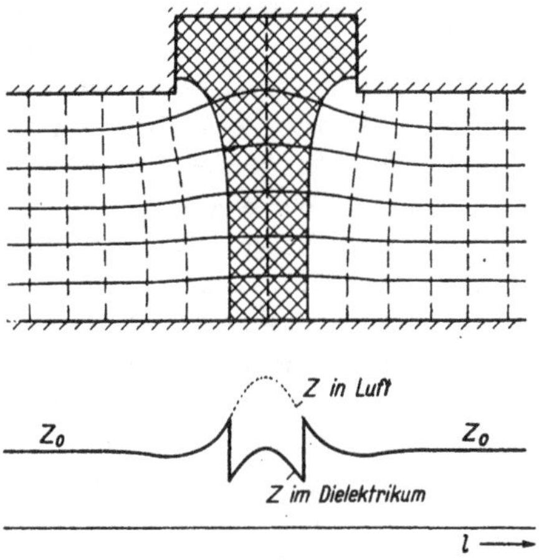

Abb. 292.
Reflexionsfreie Isolierstütze bei der Bandleitung

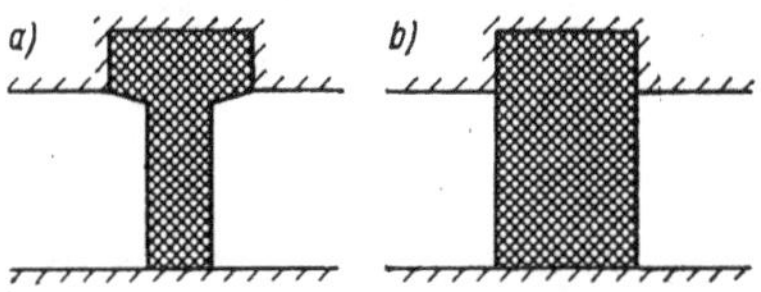

Abb. 293. Reflexionsfreie Isolierstützen bei der Bandleitung

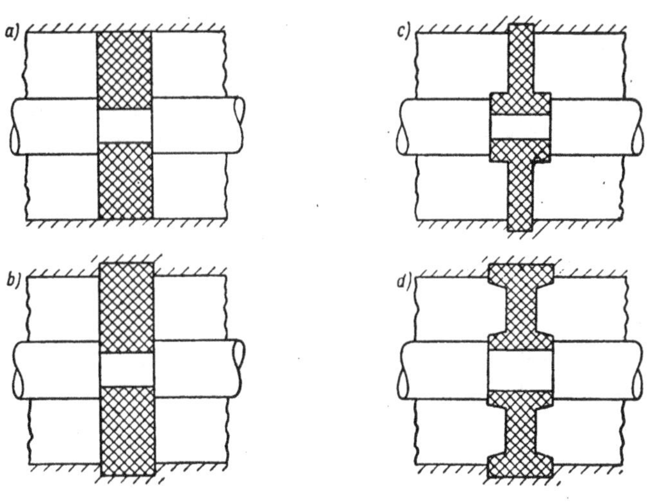

Abb. 294. Reflexionsfreie Isolierstützen bei der koaxialen Leitung

der Einschnitt in den Innenleiter wesentlich wirksamer als im Außenleiter, weil in (37.5) das $\Delta \cdot r_0/r$ für kleine r sehr groß wird. Abb. 295 zeigt die richtige Dimensionierung für glatte Stützen bei zwei gebräuchlichen Wellenwiderständen.

Unter die vorliegenden Probleme gehört auch der Grenzfall, wo man längs einer induktions- und feldstromfreien Fläche einen idealen Leiter beginnen läßt. Dies entspräche dann einem idealen Leitungskurzschluß. Bei der homogenen Leitung ist also eine leitende Querebene nach Abb. 296 der ideale Kurzschluß, der keine Feldverzerrung am Leitungsende hervorruft, bei dem auch der Kurzschlußpunkt exakt in dieser Ebene liegt und die Leitung bis zu dieser Ebene als homogene Leitung wirkt. Wenn man im inhomogenen Feld einen Kurzschluß anbringen will, der das Feld nicht verändern soll, um die Vierpolauswertung nach dem bisherigen Schema aufrecht zu erhalten,

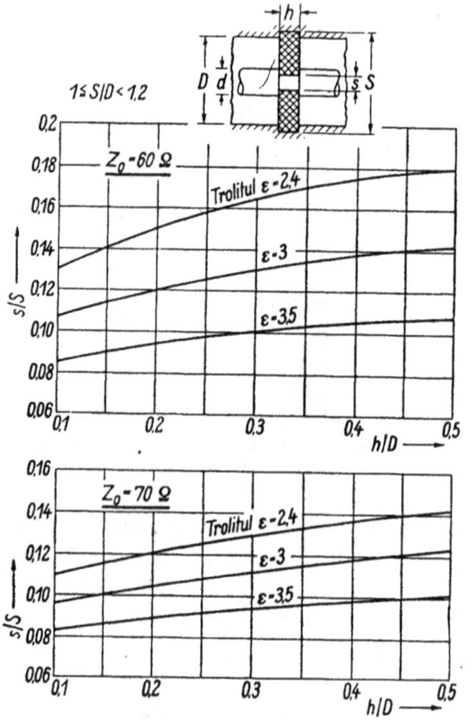

Abb. 295. Reflexionsfreie Isolierstützen

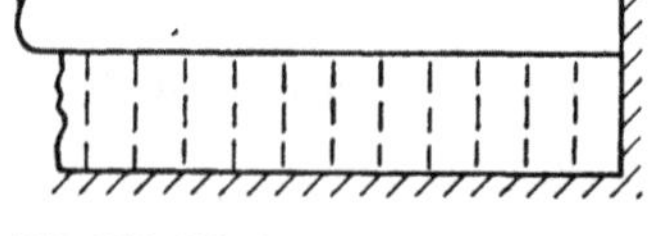

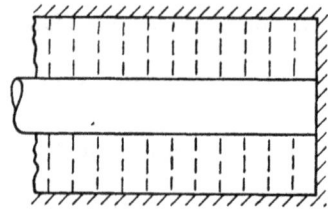

Abb. 296. Idealer Leitungskurzschluß

so muß man die leitende Querfläche längs einer induktions- und feldstromfreien Fläche der inhomogenen Leitung legen. In dieser Fläche ist dann überall $\mathfrak{E} = 0$ und es enden keine elektrischen Feldlinien auf ihr. Wohl aber fließen in dieser Fläche Ströme und an der Oberfläche bestehen die ungestörten magnetischen Feldlinien. Die Oberflächenstromdichte wird durch (7.6) und die Stromrichtung durch Abb. 34 bestimmt. Die Ströme fließen senkrecht zu den magnetischen Feldlinien, also bei der inhomogenen Bandleitung parallel von oben nach unten, bei der inhomogenen koaxialen Leitung radial zur Leitungsachse auf dieser Fläche. Ergänzt man die Anordnung der Abb. 281 auf der rechten Leitungsseite durch eine solche Kurzschlußfläche, so hat man ein berechenbares Resonanzgebilde, wie es in Abb. 147 schematisch als Leitungsstück mit Belastungskapazität dargestellt ist, hier aber einschließlich aller Inhomogenitäten recht genau und einfach berechnet werden kann.

§ 39. Inhomogenitäten zwischen homogenen Leitungen

Die Beispiele der §§ 37 und 38 zeigen, daß in der Praxis im wesentlichen solche Inhomogenitäten interessieren, die als begrenzte Bezirke zwischen zwei anschließenden homogenen Leitungen liegen. Man kann dann die gesamte Inhomogenität als Vierpol zwischen homogenen Leitungen ansehen und sie durch die Ersatzbilder der §§ 32 und 33 beschreiben. Wenn man für die Inhomogenität den Z-Verlauf kennt, kann man die Transformation durch die Inhomogenität berechnen, beispielsweise dadurch, daß man den Vierpol als eine Folge kleiner Leitungsstücke mit verschiedenem Z betrachtet. Wenn man die Transformation kennt, kann man die Kenngrößen des Vierpols nach den Vorschriften des § 32 (Wellenwiderstand auf beiden Seiten des Vierpols gleich) oder § 33 (Wellenwiderstände auf beiden Seiten des Vierpols verschieden) berechnen und dann sehr einfach mit dem Vierpol arbeiten. Im allgemeinen interessieren solche Störungsstellen dann, wenn ihre Gesamtlänge noch klein gegen die Wellenlänge ist. Dann sind wesentlich einfachere Berechnungsverfahren möglich, die im folgenden dargestellt werden sollen. Es ist auch gar nicht sinnvoll, diese Inhomogenitäten etwa nach dem genannten Verfahren bei beliebig hohen Frequenzen zu betrachten, weil dann die Feldlinien doch nicht mehr nach den statischen Linien verlaufen. Die vollständige Theorie der inhomogenen Felder bei sehr hohen Frequenzen ist schwierig und wenig lohnend. Man beschränkt sich daher auf die einfache Näherung und verschafft sich Anhaltspunkte für die Frequenzgrenze, bis zu der die Näherung verwendet werden kann (§ 46). Allgemein kann gesagt werden, daß die Frequenzabhängigkeit von den Stellen des statischen Feldes ausgeht, wo in tiefen Ecken Feldlinienquadrate entstehen, die wesentlich größer als die anderen sind. Zur Vermeidung frühzeitiger Frequenzeinflüsse bemüht man sich daher um Felder mit möglichst ausgeglichener Quadratteilung. Anordnungen wie in Abb. 297 mit einem tiefen Einschnitt zeigen schon bei relativ niedrigen Frequenzen Abweichungen des Feldes von den statischen Linien.

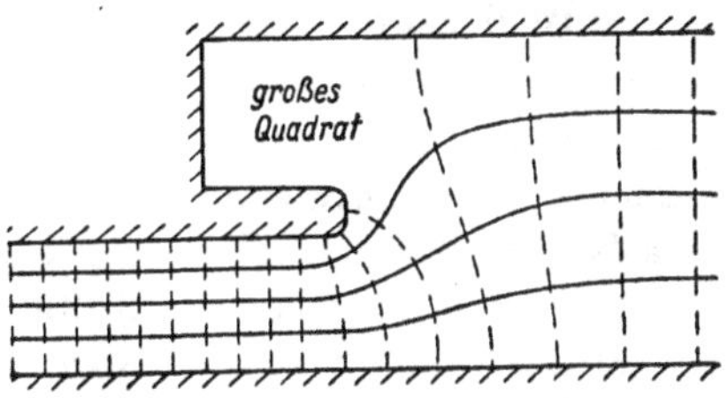

Abb. 297. Extreme Inhomogenität

Als erstes werden die Inhomogenitäten einer Bandleitung in Luft betrachtet, die beiderseits an Leitungen gleichen Wellenwiderstandes anstoßen (Abb. 269 und 270). Die Frequenz soll so niedrig sein, daß man wie in Abb. 134 alle Induktivitäten und Kapazitäten des inhomogenen Bereichs noch in einer einzigen Induktivität und einer einzigen Kapazität zusammenfassen kann. Dazu muß (21.5) erfüllt sein. L sei die Summe aller ΔL der Inhomogenität und C die Summe aller ΔC. Dann kann man die gesamte Inhomogenität als einen symmetrischen Vierpol mit einem mittleren Wellenwiderstand Z_m nach (21.7) und einem Phasenmaß a_m nach (21.8) auffassen oder als eine homogene Leitung vom Wellenwiderstand Z_m und der Länge $l_m = a_m \cdot \lambda^*/(2\pi)$. Das $\lambda^* = \lambda$ ist dabei die Wellenlänge auf den anschließenden homogenen Leitungen mit Luft als Dielektrikum. Bei der inhomogenen Bandleitung berechnet sich jedes ΔL aus dem Feld nach (36.13). Die Summe aller ΔL ist dann

$$L = \mu_0 \cdot F/b, \tag{39.1}$$

wobei F die Summe aller ΔF, also die gesamte von der Inhomogenität bedeckte Fläche ist. Da diese Fläche an das homogene Feld der anschließenden Leitungen stößt, sind ihre Feldgrenzen dort praktisch geradlinig und das F daher oft sehr leicht zu berechnen. Die Kapazität jedes Feldstreifens war nach (36.11) $\Delta C = \varepsilon_0 \cdot b/m$. Bedeckt die Inhomogenität n solche Streifen, so ist die Kapazitätssumme

$$C = \varepsilon_0 \cdot b \cdot n/m \tag{39.2}$$

und der Wellenwiderstand nach (21.7) einfach

$$Z_m = \sqrt{L/C} = (120\pi/b)\,\sqrt{F \cdot m/n}\,[\Omega] \tag{39.3}$$

mit $\sqrt{\mu_0/\varepsilon_0} = 120\pi\,[\Omega]$. Das Phasenmaß lautet nach (21.8)

$$a_m = \omega\sqrt{LC} = \omega\,\sqrt{\mu_0\,\varepsilon_0}\,\sqrt{F \cdot n/m}. \tag{39.4}$$

Mit $\omega\,\sqrt{\mu_0\,\varepsilon_0} = \alpha = 2\pi/\lambda^*$ wird die wirksame Länge

$$l_m = \sqrt{F \cdot n/m}. \tag{39.5}$$

Man ersetzt dann also die Leitung mit der Z-Kurve der Abb. 269b durch eine Leitung der Länge l_m und dem mittleren Wert Z_m (gestrichelt) und wendet die Transformation der Abb. 287c an.

Wenn man einen reflexionsfreien Durchgang will, muß Z_m gleich dem Wellenwiderstand $Z_0 = 120\pi \cdot a/b\,[\Omega]$ der anschließenden homogenen Leitungen sein. a ist dabei der Plattenabstand des homogenen Teils. Es ist also nach (39.3) $Z_m/Z_0 = \sqrt{(F/a^2)m/n}$. Man zeichnet zweckmäßig das Feldbild auf Millimeterpapier so, daß die Feldlinienquadrate der homogenen Leitungen gleich den cm-Quadraten des Millimeterpapiers sind und hat dann eine äußerst einfache Auswertung. Z. B. ergeben die $n = 8$ Streifen des inhomogenen Feldes der Abb. 269a ein $F \doteq 2{,}02\,a^2$ und es wird mit $m = 5$ das $Z_m/Z_0 = 1{,}12$. Aus (39.5) entnimmt man die wirksame Länge $l_m = 1{,}8\,a$ der Inhomogenität. Nach (39.18) ist dann die Anpassungsstörung durch die Inhomogenität für solche Frequenzen zu berechnen, für die l_m/λ^* die Bedingung (39.16) erfüllt. Diese wichtigen Größen gewinnt man also auf sehr einfachem Wege. Es muß im reflexionsfreien Zustand $Z_m = Z_0$ oder der Plattenabstand $a = \sqrt{F \cdot m/n}$ sein, also

$$F = a^2 \cdot n/m \tag{39.6}$$

und damit nach (39.5)

$$l_m = a \cdot n/m = n \cdot a'. \tag{39.7}$$

$a' = a/m$ ist die Kante eines Quadrats im homogenen Teil und l_m die n-fache Länge der Quadratseite des homogenen Teils. Z. B. muß in Abb. 270 für $n = 8$ mit $m = 5$ das $l_m = 1{,}6\,a$ und $F = 1{,}6\,a^2$ sein.

Bei der inhomogenen koaxialen Leitung wird die Rechnung etwas komplizierter, weil ΔL aus (37.4a) berechnet werden muß. Das Δ ist die Breite des

Streifens im Abstand r von der Achse in Abb. 277a oder Abb. 280. L als Summe aller ΔL ist dann das gleiche Integral, wobei statt Δ die Summe Δ_m aller Δ des betreffenden Abstandes r einzusetzen ist. In Abb. 298a ist als Beispiel die Inhomogenität der Abb. 280c mit den annähernd geradlinigen Grenzfeldlinien der homogenen Leitungen gezeichnet. Δ_m ist also die volle

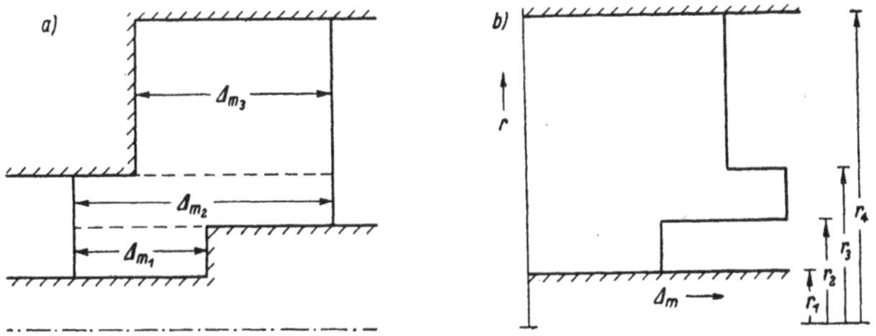

Abb. 298. Zur L-Bestimmung der Inhomogenität der Abb. 280

Breite der von der Inhomogenität erfüllten Fläche. Δ_m reicht unter Umständen nicht von einer Grenzfeldlinie zur anderen, sondern oft nur von einer Grenzfeldlinie zum begrenzenden Leiter. Abb. 298b zeigt den Verlauf des Δ_m in Abhängigkeit von r. Man berechnet Δ_m/r und erhält

$$L = \frac{\mu_0}{2\pi}\int_{r_1}^{r_4} \frac{\Delta_m}{r}\, dr, \tag{39.8}$$

wobei das Integral über alle Werte von r zu erstrecken ist, die in der Inhomogenität vorkommen. Wenn wie in Abb. 298 das Δ_m streckenweise konstant ist, kann man streckenweise integrieren und erhält für jede Teilstrecke eine ln-Funktion als Integral

$$L = \frac{\mu_0}{2\pi}\,[\Delta_{m1}\cdot \ln(r_2/r_1) + \Delta_{m2}\cdot \ln(r_3/r_2) + \Delta_{m3}\cdot \ln(r_4/r_3)]. \tag{39.9}$$

Für die Gesamtkapazität C folgt aus (37.2)

$$C = 2\pi r_0 \cdot \varepsilon_0 \cdot n/m, \tag{39.10}$$

wenn die Inhomogenität n Streifen erfüllt. Es ist also nach (21.7) der mittlere Wellenwiderstand

$$Z_m = \sqrt{L/C} = \frac{60}{r_0}\sqrt{\frac{m}{n}\int_{r_1}^{r_4} \Delta_m \frac{r_0}{r}\, dr}\ [\Omega] \tag{39.11}$$

und nach (21.8) aus $a_m = \omega\sqrt{LC} = \alpha \cdot l_m$ die wirksame Länge in Luft

$$l_m = \frac{\sqrt{LC}}{\sqrt{\mu_0\,\varepsilon_0}} = \sqrt{\frac{n}{m}\int_{r_1}^{r_4} \Delta_m \frac{r_0}{r}\, dr}. \tag{39.12}$$

Es ist an besonderen Rechnungen lediglich eine einmalige Integration zwischen relativ einfachen Grenzen erforderlich. Beim reflexionsfreien Durchgang durch eine Inhomogenität zwischen zwei homogenen Leitungen mit gleichem Wellenwiderstand Z_0 ist zu fordern, daß Z_m gleich dem Wellenwiderstand $Z_0 = 60 \ln(D/d)$ [Ω] nach (25.16) ist, wobei D und d die Durchmesser einer der anschließenden Leitungen sind. Die Bedingung lautet daher nach (39.11)

$$\int_{r_1}^{r_4} \Delta_m \frac{r_0}{r} dr = \frac{n}{m} \left(r_0 \cdot \ln \frac{D}{d} \right)^2 \tag{39.13}$$

und für die wirksame Länge gilt dann nach (39.12)

$$l_m = (n/m)\, r_0 \cdot \ln (D/d) = n \cdot a', \tag{39.14}$$

wobei $a' = (1/\mathrm{m})\, r_0 \cdot \ln(D/d)$ der konstante Abstand benachbarter Feldlinien auf dem homogenen Teil der Leitung (Abb. 280c) ist. Man vergleiche (39.7).

Wenn die Inhomogenität teilweise mit Dielektrikum gefüllt ist, bleibt L das gleiche wie in (39.1) bzw. (39.8). Lediglich das ΔC erhält in den mit Dielektrikum gefüllten Streifen den Faktor ε. Sind n_1 Streifen mit Luft und n_2 Streifen mit Dielektrikum gefüllt, so wird aus (39.2)

$$C = \varepsilon_0 b\, (n_1 + \varepsilon n_2)/m, \tag{39.15}$$

bzw. aus (39.10)

$$C = 2\pi r_0 \cdot \varepsilon_0\, (n_1 + \varepsilon n_2)/m \tag{39.15a}$$

und in (39.3) bis (39.7) bzw. in (39.11) bis (39.14) erscheint anstelle von n das $(n_1 + \varepsilon n_2)$. Aus (39.7) bzw. (39.14) ergibt sich dann die Ersatzlänge l_m der Luftleitung. Z. B. wird in Abb. 292 mit $n_1 = 2$ und $n_2 = 2$ mit $\varepsilon = 2$ und $m = 6$ das l_m nach (39.7) gleich a.

Die Zurückführung der Inhomogenität auf eine Leitung mit dem Wellenwiderstand Z_m ist solange möglich, als (21.5) erfüllt bleibt, also wenn $\omega\sqrt{LC} < 0{,}1$ ist. Es ist aber nach (21.8) $\omega\sqrt{LC} = a_m = \alpha\, l_m = 2\pi l_m/\lambda^*$, so daß $l_m/\lambda^* < 0{,}016$ oder

$$\lambda^* > 60\, l_m \tag{39.16}$$

sein muß. Für höhere Frequenzen (kleineres λ^*) muß man die Inhomogenität durch zwei Leitungsstücke beschreiben, wobei dann für das l_m jeder Teilleitung (39.16) erfüllt sein muß. Man teilt dann die Inhomogenität durch eine in ihrer Mitte gelegene Feldlinie in zwei annähernd gleiche Teile und berechnet Z_m und l_m für jeden dieser Teile nach den gegebenen Formeln. Dabei zeigt es sich, daß für eine Inhomogenität, die beiderseits an Leitungen gleichen Wellenwiderstandes Z_0 anstößt, die Z-Kurve im allgemeinen so symmetrisch ist, daß beide Teile ein nahezu gleiches Z_m ergeben, so daß dann immer noch der Vierpol durchgehend ein einziges Z_m besitzt, so daß $l_m/\lambda^* < 0{,}032$ oder in Erweiterung von (39.16) $\lambda^* > 30\, l_m$ ist. Bei noch höheren Frequenzen muß man den Vierpol in drei und mehr Teile teilen. Die reflexionsfreien Durchgangsvierpole zeigen jedoch innerhalb der Inhomogenität oft so geringe Abweichungen des Z vom Z_0 (Abb. 269b, 280b, 289b und 292), daß auch noch bei Unterteilung in vier Teile kaum nennenswerte Abweichungen der verschiedenen Z_m voneinander auftreten, so daß man dann noch für etwa $\lambda^* > 15\, l_m$ innerhalb des Vierpols mit einem mittleren Wellenwiderstand Z_m rechnen kann. Je weniger das Z innerhalb des Vierpols schwankt, desto höhere Frequenzen läßt er reflexionsfrei durch. Man wählt also stets solche Abgleichmaßnahmen, die zu möglichst gleichmäßigem Z innerhalb des Vierpols führen, d. h. man vermeidet jegliche Feldkonzentration wie z. B. in Abb. 280a zwischen den Ecken. Alle diese reflexionsfreien Vierpole haben Tiefpaßcharakter und sind reflexionsfrei von der Frequenz Null bis zu einer kritischen Frequenz wie in § 17. In Abb. 270 wäre $l_m = 1{,}6\, a$ nach (39.7) und das Winkelstück brauchbar für $\lambda^* > 24\, a$, weil das Z sehr gut ausgeglichen ist. Vierpole mit Dielektrikum haben etwas größere Z-Änderungen und der Vierpol der Abb. 292 ist mit $l_m = a$ nur brauchbar für etwa $\lambda^* > 30\, a$. Dem Leser sei dringend empfohlen, einige Beispiele genauer durchzurechnen, damit er praktische Erfahrungen mit diesen wichtigen Dingen sammelt und sich für ihn diese umfangreichen Erörterungen mit anschaulichem Inhalt füllen.

Abweichungen des Z_m vom Z_0 geben einen kleinen Transformationsfehler bei Anpassung, den man ähnlich wie (38.5) findet. Bei der Ableitung muß man das dortige Z_ε durch Z_m und das h/λ_ε^* durch l_m/λ^* ersetzen. Es wird dann für kleine $2\pi l_m/\lambda^*$ und nicht zu große Abweichungen des Z_m von Z_0 nach (1.17) und (1.14) der Eingangswiderstand $\mathfrak{R}_2$ bei Anpassung wie in (38.4)

$$\mathfrak{R}_2 = Z_0\,[1 + j(Z_m/Z_0 - Z_0/Z_m)\, 2\pi l_m/\lambda^*] = Z_0 + \Delta\mathfrak{R}_2 \tag{39.17}$$

oder wie in (38.5)

$$|\Delta\mathfrak{R}_2|/Z_0 = |\, Z_m/Z_0 - Z_0/Z_m \,| \cdot 2\pi l_m/\lambda^*. \tag{39.18}$$

Für kleine Abweichungen des Z_m

$$Z_m = Z_0 + \Delta Z \tag{39.19}$$

wird dann aus (39.18) mit Hilfe von (1.8) näherungsweise

$$|\Delta\mathfrak{R}_2| = 4\pi \cdot |\Delta Z| \cdot l_m/\lambda^*. \tag{39.20}$$

Wirksam wird also stets das Produkt $|\Delta Z| \cdot l_m$, also des Wellenwiderstandsfehlers und der wirksamen Länge. Wenn man den Vierpol durch ein solches Z_m beschreibt, wendet man eine Transformation nach Abb. 287c an, die aus einer ganzen Reihe von Schritten besteht. Wesentlich günstiger wäre die Benutzung der Ersatzbilder des § 32, bei denen der Vierpol aus einer homogenen Leitung vom Wellenwiderstand Z_0 besteht, die nach Abb. 225b oder c lediglich einen Störblindwiderstand besitzt und nach Abb 226 eine wesentlich einfachere Transformationsberechnung zuläßt. In dem Bereich, wo die Beschreibung des Vierpols durch ein einziges mittleres Z_m gestattet ist, kann man eine beliebige Umordnung der L und C des Vierpols wie in Abb. 134 vornehmen. Die Inhomogenität habe die Kapazität C und die Induktivität L. Man nimmt nun einen solchen Teil L_0 der Induktivität L, daß L_0 und C zusammen ein

Stück Leitung vom Wellenwiderstand $Z_0 = \sqrt{L_0/C}$ und der Länge $l_1' + l_2' = \sqrt{L_0 C}/\sqrt{\mu_0 \varepsilon_0}$ bilden. Die restliche Induktivität $(L - L_0)$ stellt dann den Störblindwiderstand jX der Abb. 225c dar, der positiv oder negativ sein kann. In dem betrachteten Gültigkeitsbereich der Näherung, also unterhalb einer kritischen Frequenz, ist dieses neue Ersatzbild sogar frequenzunabhängig. Dieses jX legt man zweckmäßig in Abb. 225c in die Mitte der Länge $(l_1' + l_2')$; denn nach den Erörterungen zur Abb. 134 kann man den Vierpol bei solchen Frequenzen noch als symmetrisch betrachten. Im Beispiel der Abb. 269a ist $Z_0 = 120\pi \cdot a/b\,[\Omega]$, C nach (39.2) mit $m = 5$ und $n = 8$ gleich $1{,}6\,\varepsilon_0 \cdot b$, L nach (39.1) mit $F = 2{,}02\,a^2$ gleich $\mu_0 \cdot 2{,}02\,a^2/b$. Das für das C wegen $Z_0 = \sqrt{L_0/C}$ benötigte

$$L_0 = Z_0^2 \cdot C \tag{39.21}$$

ist also gleich $\mu_0 \cdot 1{,}6\,a^2/b$ und die Länge $l_1' + l_2' = 1{,}6\,a$. Das restliche $L - L_0 = \mu_0 \cdot 0{,}42\,a^2/b$ gibt den in Serie liegenden Störblindwiderstand, der in der verbesserten Form der Abb. 270 gleich Null ist.

Wenn man eine Inhomogenität zwischen zwei Leitungen verschiedenen Wellenwiderstandes nach den Abb. 265 oder 274 hat, kann man diese unter den gleichen Bedingungen durch eine Leitung vom mittleren Wellenwiderstand Z_m nach den gleichen Formeln wie vorher ersetzen. Dieses Z_m liegt im allgemeinen in der Mitte zwischen den beiden homogenen Wellenwiderständen. Man vergleiche die gestrichelte Kurve in Abb. 265. Die Berechnung der Widerstandstransformation wird jedoch wesentlich einfacher, wenn man das Transformatorersatzbild des § 33 benutzt, wo die ganze Feldstörung in dem Faktor K' nach (33.18) enthalten ist und die Transformation auf Wegen wie in Abb. 233 erfolgt. Unterhalb einer kritischen Frequenz, bis zu der man nach Abb. 134 noch die L und C innerhalb des Vierpols beliebig anordnen kann, teilt man das L in zwei Teile L_1 und L_2 und das C in zwei Teile C_1 und C_2 und zwar so, daß L_1 und C_1 zusammen eine Leitung vom Wellenwiderstand $Z_1 = \sqrt{L_1/C_1}$ der auf der einen Seite anschließenden homogenen Leitung und L_2 und C_2 zusammen eine Leitung vom Wellenwiderstand $Z_2 = \sqrt{L_2/C_2}$ der auf der anderen Seite anschließenden homogenen Leitung bilden. Aus den vier Gleichungen

$$L_1 + L_2 = L; \qquad C_1 + C_2 = C;$$
$$Z_1^2 = L_1/C_1; \qquad Z_2^2 = L_2/C_2$$

kann man die vier Größen L_1, C_1, L_2 und C_2 berechnen. Man ersetzt dann den Vierpol durch zwei Leitungsstücke der Längen $l_1' = \sqrt{L_1 C_1}/\sqrt{\mu_0 \varepsilon_0}$ und $l_2' = \sqrt{L_2 C_2}/\sqrt{\mu_0 \varepsilon_0}$ mit jeweils gleichem Wellenwiderstand wie die an sie anschließende Leitung und erhält einen Z-Sprung, wie er in Abb. 274b dargestellt ist, an einer Stelle, die ein bestimmtes Stück l_1' hinter dem geometrischen Sprung liegt. Dies bedeutet, daß das Ersatzbild der Abb. 236 unterhalb einer kritischen Frequenz stets angenähert in ein Ersatzbild mit $K = 1$ umgerechnet werden kann, so daß in (33.18) $K' = Z_1/Z_2$ wird und nur ein einfacher Wellenwiderstandssprung nachbleibt. Manchem Leser wird diese

Betrachtungsweise oberflächlich und wenig korrekt erscheinen. Man darf jedoch nicht vergessen, daß die strenge Theorie dieser Inhomogenitäten äußerst schwierig ist und exakte Lösungen nur in den wenigsten Fällen zu erwarten sind. Andererseits ist zu betonen, daß die hier benutzten Näherungen bezüglich ihrer Anwendbarkeit mit völliger Strenge diskutiert werden können und daher einwandfrei sind. Es fehlt jedoch der Raum, um solche kritischen Untersuchungen in vollem Umfang durchzuführen. Dieses soll Einzelaufsätzen in Fachzeitschriften vorbehalten bleiben.

§ 40. Inhomogene Bauformen

Die inhomogenen Teile der Leitungsschaltungen sind diejenigen, die dem planenden Ingenieur die größten Schwierigkeiten machen. Wenn auch die Meßtechnik nach § 32 und § 33 Möglichkeiten zur exakten Feststellung der Eigenschaften eines gegebenen Vierpols bietet, so müssen doch Methoden gefunden werden, um die Feldvorgänge trotz aller Schwierigkeiten mit erträglichem Aufwand verstehen zu lernen, wobei unter Umständen schon rein qualitative Betrachtungen großen Nutzen bringen. Unsere Kenntnisse auf diesem Gebiet sind heute noch gering, und es wird erhebliche Arbeit in dieser Richtung erforderlich sein. Man bevorzugte daher bisher oft Bauelemente aus homogenen Leitungen, weil diese leicht berechenbar sind und lediglich Streufelder an ihren Enden aufweisen, deren Wirkung aber im allgemeinen zu erfassen ist. Diese Leitungsschaltungen nach § 30 und § 31 haben jedoch den Nachteil, daß sie Baulängen in der Größe der Wellenlänge erfordern, was oft aus technischen Gründen nicht tragbar ist. Dagegen benötigen Schaltungen aus konzentrierten Elementen wenig Raum, besitzen aber erhebliche Streufelder. Man muß sich dann bemühen, solche Schaltungen und solche Schaltelemente zu finden, deren Streufelder übersichtliche und quantitativ erfaßbare Form haben. Dies gilt besonders für den Wellenbereich $\lambda = 20$ cm bis $\lambda = 20$ m, während für noch kürzere Wellenlängen reine Leitungsschaltungen durchaus günstig sind.

Ein interessantes Beispiel ist die $\lambda^*/4$-Transformation nach Abb. 205. Man kann sie ersetzen durch eine einfache (LC)-Schaltung, die man etwa in der Form der Abb. 299a darstellt. Das L ersetzt man durch eine kurze Leitung mit großem Z und das C durch eine kurze Leitung mit kleinem Z. Dieses Gebilde kann man nach § 37 erfassen und erhält den Z-Verlauf der Abb. 299b, den

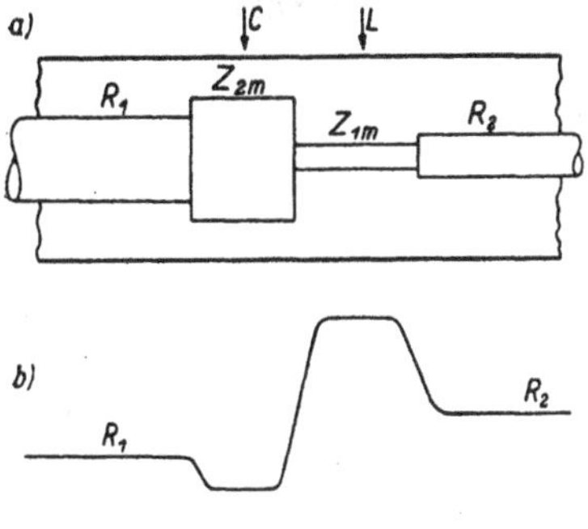

Abb. 299. (LC)-Transformator

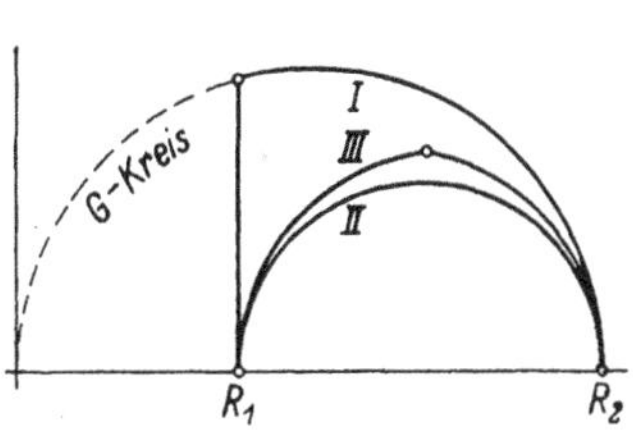

Abb. 300. (LC)- und Leitungstransformation

man durch zwei Leitungsstücke mit den mittleren Wellenwiderständen Z_{1m} und Z_{2m} nach § 39 ersetzt. Abb. 300 zeigt vergleichsweise den Transformationsweg I der (LC)-Schaltung nach § 15, den Transformationsweg II der $\lambda^*/4$-Leitung nach Abb. 204 und den Transformationsweg III der Abb. 299, der aus zwei Stücken von m-Kreisen besteht. So erreicht man eine Verkürzung der Bauform, die man durch weitere Konzentrierung des L und C immer mehr verkleinern kann. Eine reine (LC)-Wirkung wird man kaum erreichen. Eine Nachbildung von Schaltungen nach § 16 bis § 18, wo es auf sehr genaue Einhaltung der Blindwiderstandswerte und ihres Frequenzgangs ankommt, gelingt daher nur bei exakter Berücksichtigung aller Nebeneffekte und dauernder meßtechnischer Kontrolle. Dabei ist zu beachten, daß die Bauelemente so dicht nebeneinander liegen, daß Maßnahmen an einem Element stets auch Änderungen in den Feldern der Nachbarelemente hervorrufen.

Ein schwieriges Bauelement sind die Winkelstücke koaxialer Leitungen. Schon die gekrümmte koaxiale Leitung nach Abb. 301 erfordert eine kom-

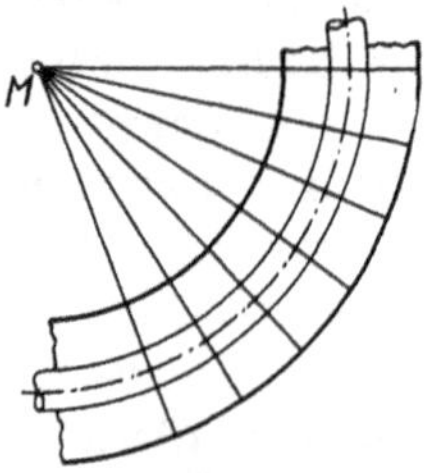

Abb. 301. Gekrümmte Leitung

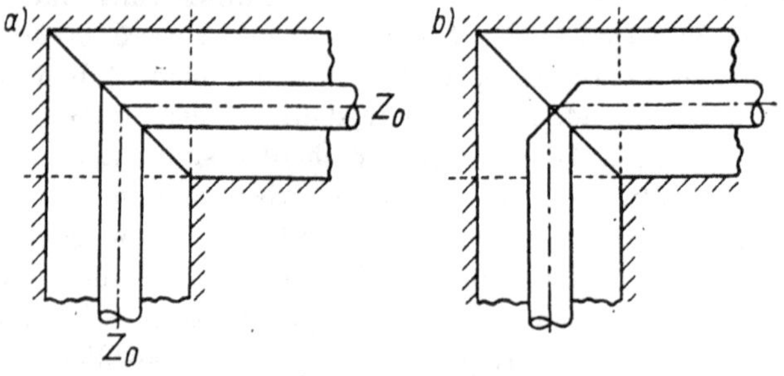

Abb. 302. Winkelstücke

plizierte Theorie, die in exakter Form noch nicht bekannt ist. Man weiß, daß der Wellenwiderstand einer gekrümmten koaxialen Leitung etwas größer ist als der einer geraden Leitung mit gleichem Querschnitt [man vgl. die Bandleitung nach (36.22)]. Die induktions- und feldstromfreien Flächen sind Ebenen durch das Drehzentrum M senkrecht zur Zeichenebene. Der Kapazitätsbelag C^* ist fast genau der gleiche wie bei einer geraden Leitung gleicher Achslänge. Die Querebenen und damit die magnetischen Feldlinien liegen auf der Innenseite der Krümmung dichter nebeneinander als auf der Außenseite, weshalb die Feldstärken $\mathfrak{H}$ dort etwas größer sind und sich der Induktionsbelag L^* etwas erhöht [60]. Dem $\mathfrak{H}$ entsprechend fließen auch die Oberflächenströme vorzugsweise auf der Innenseite der Krümmung. Da das C^* in erster Näherung nicht geändert wurde, wird daher das $Z = \sqrt{L^*/C^*}$ durch die Krümmung größer. Umgekehrt verhält es sich mit einem Winkelstück nach Abb. 302a, für das meßtechnisch ein mittlerer Wellenwiderstand Z_m der Inhomogenität bestimmt wurde, der kleiner als der Wellenwiderstand Z_0 der anschließenden homogenen Leitungen ist. Ein solcher Winkel wird daher durch Verkleinerung des Innenleiters innerhalb der Inhomogenität reflexionsfrei, am einfachsten durch eine Abschrägung nach Abb. 302b, wodurch im wesentlichen die Kapazität verkleinert wird und gleichzeitig noch die kritische Frequenz steigt, weil die Induktivität dabei nicht meßbar wächst. Man vermeide stets Maßnahmen, durch die die Feldenergie so wesentlich zunimmt, daß die kritische Frequenz in die Nähe der Betriebsfrequenz absinkt. Da Bandleitung und koaxiale Leitung die wesentlichen Bauelemente der Leitungsschaltungen sind, muß man auch den reflexionsfreien Übergang von einer koaxialen Leitung auf eine Bandleitung gleichen Wellenwiderstandes oft verwenden. Hier benutzt man am besten die Winkelform der Abb. 303, bei der man den mittleren Wellenwiderstand der Inhomogenität dadurch auf die richtige Größe bringt, daß man die Breite des Bandes keilförmig in bestimmter, durch Messung zu gewinnender Form auf den Durchmesser des Innenleiters der koaxialen Leitung zusammenschrumpfen läßt.

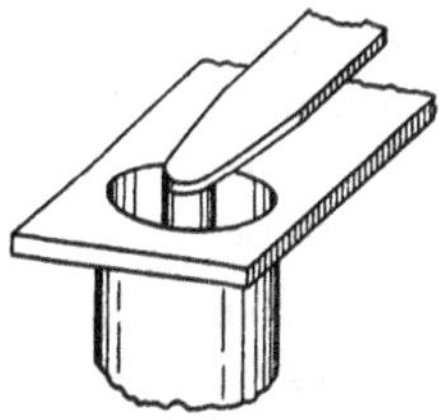

Abb. 303. Übergang von Koaxialleitung auf Bandleitung

Es folgt nun die Betrachtung der Bauelemente, die einen sogenannten „Sechspolcharakter" haben. Ihre Theorie ist noch komplizierter als die der bisherigen Elemente mit „Vierpolcharakter" und noch über einfachste Anfänge nicht hinausgekommen. Ein Sechspol ist ein Verzweigungspunkt, in dem sich eine ankommende Leitung in zwei abgehende Leitungen aufteilt. Zunächst sollen Serienverzweigungspunkte betrachtet werden, deren Name darauf beruht, daß die abgehenden Leitungen a und b in Serienschaltung an die

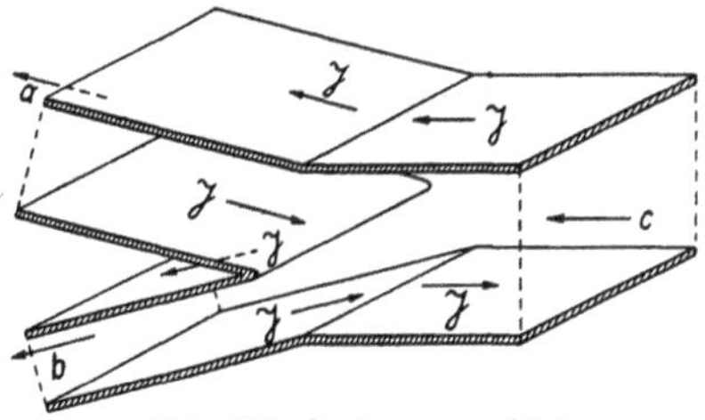

Abb. 304. Serienverzweigung

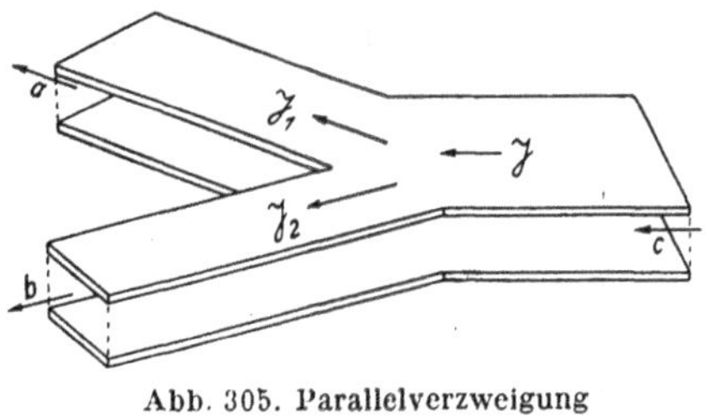

Abb. 305. Parallelverzweigung

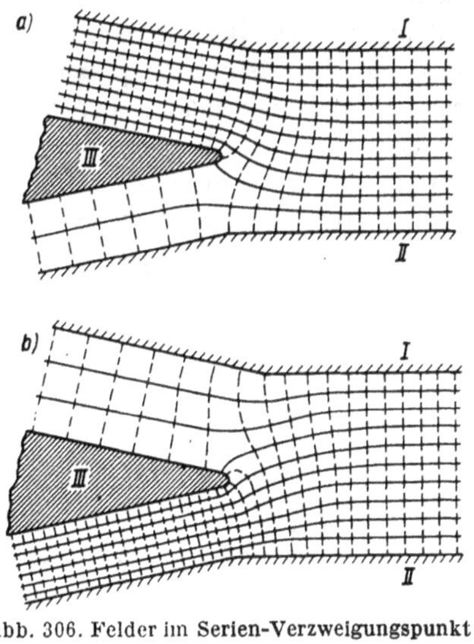

Abb. 306. Felder im Serien-Verzweigungspunkt

ankommende Leitung c geschaltet werden. Abb. 304 zeigt ein einfaches Beispiel für eine homogene Bandleitung, wobei insbesondere der Verlauf des Stromes $\mathfrak{J}$ von Interesse ist. Besitzt die Leitung c in der Nähe der Verzweigung den Strom $\mathfrak{J}$, so fließt dieser nach dem gezeichneten Schema stetig in die

Zweigleitungen hinein oder wieder heraus. Die ankommende Spannung $\mathfrak{U}$ teilt sich jedoch in die Teile $\mathfrak{U}_1$ und $\mathfrak{U}_2$ auf, weil die elektrischen Feldlinien im Verzweigungspunkt zerschnitten werden (Abb. 306). Diese Tatsache ist das charakteristische Kennzeichen für die Serienschaltung zweier Verbraucher, die ja dann stets vom gleichen Strom unter Aufteilung der Spannung durchflossen werden. Ein Parallelverzweigungspunkt einer Bandleitung würde dagegen das Aussehen der Abb. 305 haben, wo sich der Strom $\mathfrak{J}$ in zwei Teile teilt, aber die Eingangsspannung beider Leitungen gleich ist, die beiden Leitungen a und b also parallel am Ausgang der Leitung c hängen.

Die Serienverzweigung der Abb. 304 soll näher betrachtet werden. Auf den Leitungen selbst werden die Felder der homogenen Leitungen bestehen, die im Übergangsgebiet eine kleine Inhomogenität durchlaufen. Für nicht extrem hohe Frequenzen werden wieder die statischen elektrischen Feldlinien bestehen. Abb. 306 zeigt das statische Feld bei gegebener Spannung U zwischen den Platten I und II, das jedoch wesentlich davon abhängt, welche Spannung an der Platte III liegt. Abb. 306a zeigt einen Zustand, bei dem zwischen I und III der größere und zwischen III und II der kleinere Teil der Spannung liegt, Abb. 306b den Zustand, wo zwischen I und III der kleinere, zwischen III und II der größere Teil liegt. Wenn man statt der Gleichspannung Wechselspannung anlegt, und zwar zwischen I und III eine komplexe Amplitude $\mathfrak{U}_1 = U_1 \cdot e^{j\varphi_1}$ und zwischen III und II eine komplexe Amplitude $\mathfrak{U}_2 = U_2 \cdot e^{j\varphi_2}$, so wird sich in jedem Zeitpunkt dasjenige Feldbild einstellen, das den jeweiligen reellen Momentanwerten $u_1 = U_1 \cdot \cos(\omega t + \varphi_1)$ und $u_2 = U_2 \cdot \cos(\omega t + \varphi_2)$ entspricht. Da beide Spannungen im allgemeinen ungleiche Phase haben, wird das Verhältnis u_2/u_1 dauernd periodisch wechseln und demnach auch das Feldbild. Die elektrischen Feldlinien werden innerhalb der Inhomogenität im Rhythmus der Betriebsfrequenz pendeln und mit ihnen die induktions- und feldstromfreien Flächen. Es gibt dann also in einem solchen Gebilde keine zeitunabhängigen Flächen mehr, für die man $\mathfrak{J}$ und $\mathfrak{U}$ definieren kann, und die Methoden der §§ 36 bis 39 versagen. Lediglich in dem Sonderfall, wo $\mathfrak{U}_1$ und $\mathfrak{U}_2$ phasengleich sind, bleibt u_2/u_1 konstant, also auch das Feldbild, und man hat wieder zeitunabhängige Definitionsflächen. Dies kann nur dann eintreten, wenn beide Leitungen mit Blindwiderständen abgeschlossen sind, oder wenn beide Leitungen reflexionsfrei abgeschlossen sind, allgemein dann, wenn die Eingangswiderstände $\mathfrak{R}_1$ und $\mathfrak{R}_2$ der beiden Leitungen phasengleich sind: $\mathfrak{U}_1 = \mathfrak{J} \cdot \mathfrak{R}_1$; $\mathfrak{U}_2 = \mathfrak{J} \cdot \mathfrak{R}_2$. Dann gibt es nach Abb. 307 eine einzige Feldlinie, die alle drei Leiter trifft, während alle anderen nur zwischen je zwei Leitern verlaufen. Diese Feldlinie ist die Trennlinie der drei Leitungen. Für die zugehörige Fläche kann man den Eingangswiderstand $\mathfrak{R}_1$ der Leitung a und den Eingangswiderstand $\mathfrak{R}_2$ der Leitung b definieren. Die Summe

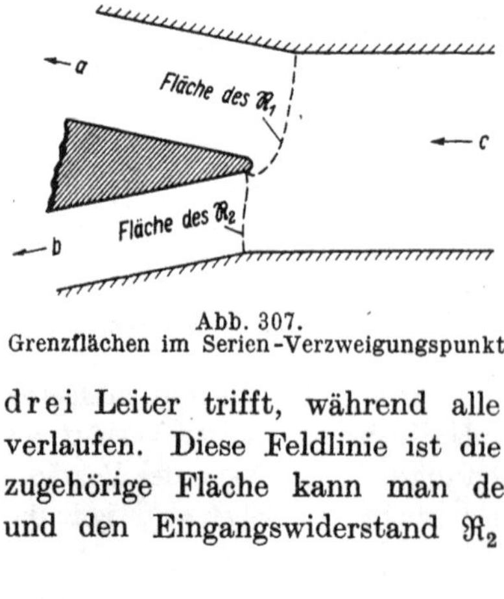

Abb. 307.
Grenzflächen im Serien-Verzweigungspunkt

$(\mathfrak{R}_1 + \mathfrak{R}_2)$ ist dann der exakt definierte Abschlußwiderstand der Leitung c. Wenn man sich die Äquipotentiallinien des Feldes (Abb. 306) wieder als Strömungslinien der Energie vorstellt (Abb. 265), kann man anschaulich erkennen, wie sich die aus der Leitung c ankommende Energie auf die beiden Leitungen verteilt.

Im allgemeinen Fall grenzt man den Sechspol auf den angrenzenden Leitungen in genügendem Abstand von der Inhomogenität durch homogene Querschnittsebenen ab wie den Vierpol in Abb. 254. Ein Sechspol ist ein relativ kompliziertes Gebilde, weil schon ein verlustfreier Sechspol durch sechs unabhängige Konstanten beschrieben werden muß. Ein empfehlenswertes Ersatzbild zeigt Abb. 308a für einen Serienverzweigungspunkt mit drei Leitungsstücken

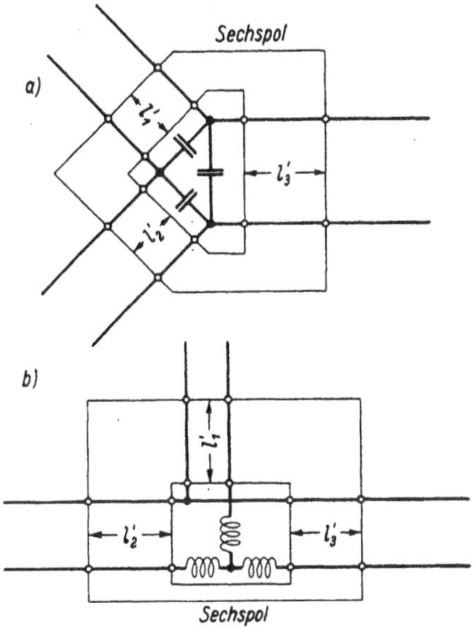

Abb. 308. Ersatzbilder für Verzweigungspunkte

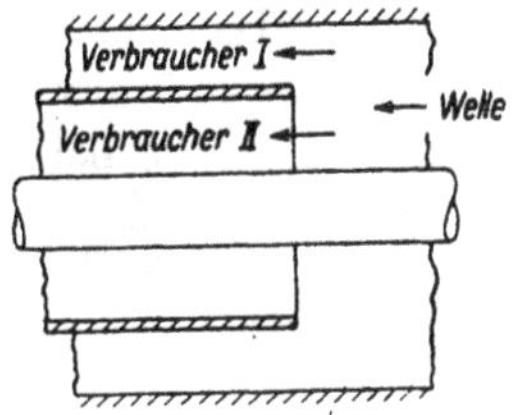

Abb. 309.
Serien-Verzweigungspunkt

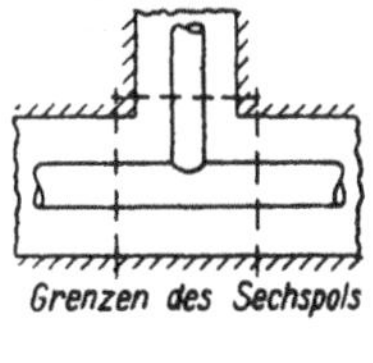

Abb. 310. Parallel-Verzweigungspunkt

und drei Kapazitäten und Abb. 308b für einen Parallelverzweigungspunkt mit drei Leitungsstücken und drei Induktivitäten. Dies ist dann die sinngemäße Erweiterung der Vierpolersatzbilder der Abb. 225. Die innere Kombination der drei Blindwiderstände ist dann der eigentliche Verzweigungspunkt. Unterhalb einer gewissen kritischen Frequenz enthalten diese Ersatzbilder sogar nur frequenzunabhängige Elemente, wobei die Kapazitäten und Induktivitäten auch negativ sein können. Je niedriger die Frequenz, desto mehr kann man die Ersatzbilder vereinfachen, wie dies in § 39 für Vierpole gezeigt wurde. Bei hinreichend niedrigen Frequenzen wird man die Störblindwiderstände überhaupt vernachlässigen. Eine Serienverzweigung für koaxiale Leitungen zeigt Abb. 309 [49]; die bekannte Parallelverzweigung findet man in Abb. 310. Auch die Anordnungen der Abb. 213 sind Blindwiderstände aus Nebenleitungen, die über einen Serienverzweigungspunkt an die Hauptleitung angekoppelt sind.

Ein ähnliches Gebilde ist der Symmetriertopf nach Abb. 311, der einen Übergang von einer koaxialen Leitung auf eine symmetrische Leitung nach Abb. 136b ermöglicht. Ein direkter Anschluß der einen Leitung an die andere ist nicht möglich, da man sinnvollerweise den Außenleiter der koaxialen Leitung an die äußere Abschirmung der symmetrischen Leitung anschließen muß. Dies gelingt mit der Schaltung der Abb. 311, deren Funktion deshalb etwas schwierig zu erklären ist, weil es ein wirklich zutreffendes Ersatzbild aus konzentrierten Elementen nicht gibt. Die Anordnung wird nur dann verständlich, wenn man nach Abb. 32b berücksichtigt, daß durch den extremen Skineffekt nur sehr dünne Oberflächenschichten leitend und die darunterliegenden Leiterteile feldabstoßend sind, also keine leitende Verbindung bedeuten. Nur die in Abb. 311 dick ausgezogenen Oberflächen stellen die an der Stromführung beteiligten Leiter dar. Daher ist zwar der Außenleiter der beiden Leitungen an sich direkt verbunden, bei Berücksichtigung der Oberflächenleitung jedoch nur auf einem großen Umweg. Dagegen sind die beiden Innenleiter der symmetrischen Leitung unmittelbar mit Innenleiter und Außenleiter der koaxialen Leitung verbunden, wobei in der Übergangsstelle eine gewisse Feldstörung auftritt, die man in erster Näherung durch eine Parallelkapazität C beschreiben kann (Abb. 312). Es muß nun untersucht werden, in welcher Weise die zusätzliche Verbindung der Außenleiter auf das Verhalten der Anordnung einwirkt. Die Umwege sind zwei koaxiale Leitungen mit dem Innendurchmesser d, dem Außendurchmesser D und der Länge l, die nach Abb. 312 in Serie zueinander liegen. Abb. 312 zeigt deutlich, daß dann der Außenleiter der symmetrischen Leitung wirklich eine Symmetrielinie der Schaltung ist und die Spannungen zwischen dem Außenleiter der symmetrischen Leitung und den beiden Innenleitern gleich groß sind und entgegengesetzte Phase haben, wie es sein soll. Die beiden Leitungen der Länge l stellen zwei gleiche Blindwiderstände jX nach (22.15) dar, die in Serie als Widerstand $2\,jX$ parallel zur Störkapazität C liegen. Man kann dann noch $l < \lambda^*/4$ so wählen, daß $2\,jX$ ein induktiver Blindwiderstand wird und den Blindwiderstand des C für eine bestimmte Frequenz in Parallelresonanz verschwinden läßt.

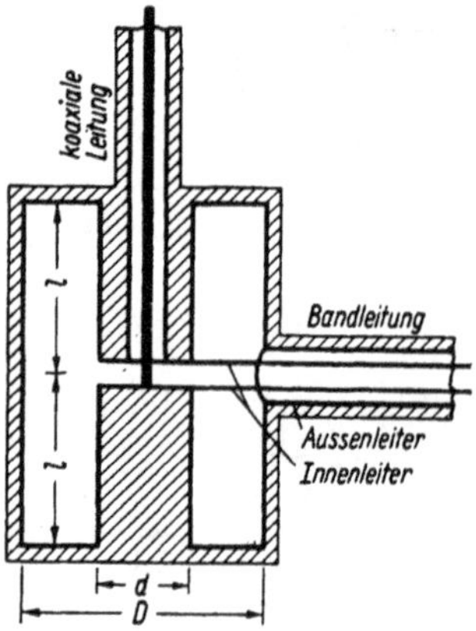

Abb. 311. Symmetriertopf

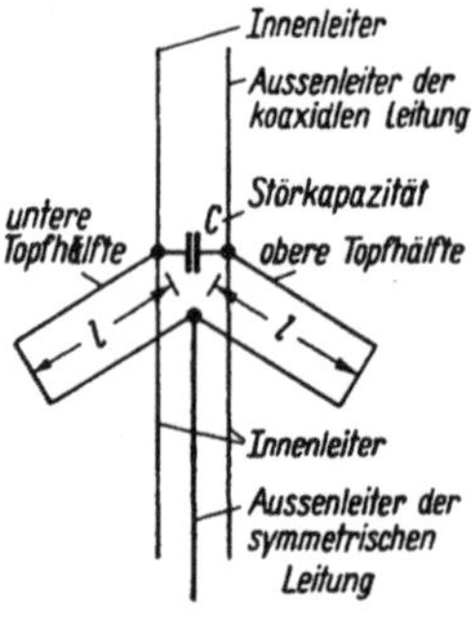

Abb. 312. Ersatzbild der Abb. 311

Ergänzendes Schrifttum: [2, 31, 34, 35, 54, 56, 57, 59].

VIII. Hohlleiter

§ 41. Hohlraumresonatoren

In Abb. 313a ist für eine homogene Bandleitung der Länge $\lambda^*/2$, die an beiden Enden kurzgeschlossen ist, die Verteilung der Feld- und Leitungsströme gezeichnet. Es handelt sich um zwei am Ende kurzgeschlossene $\lambda^*/4$-Leitungen nach Abb. 260, die an ihrem Eingang zusammengeschaltet sind. Da eine kurzgeschlossene $\lambda^*/4$-Leitung nach (22.15) den Eingangswiderstand ∞ hat, bedeutet dies, daß ein solches Leitungsstück bei Vernachlässigung der Verluste ohne Stromzufuhr von außen als ein in sich geschlossenes Resonanzgebilde schwingen kann. Ebenso ist dann auch die $\lambda^*/2$-Leitung der Abb. 313a ein solches Resonanzgebilde. Wir betrachten eine Leitung mit Luft als Dielektrikum, für die also $\lambda^* = \lambda$ ist. Um spätere Verwechslungen mit der Wellenlänge in Hohlleitern zu vermeiden, wird im folgenden überall dort λ statt λ^* benutzt, wo die Wellenlänge auf der Leitung gleich der Wellenlänge im freien Raum

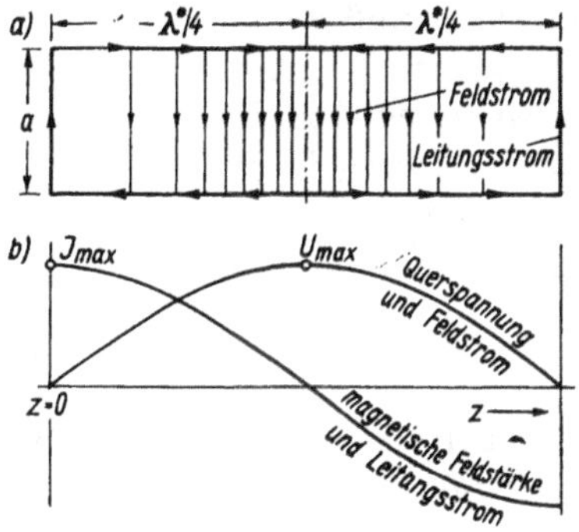

Abb. 313. Beidseitig kurzgeschlossene Bandleitung

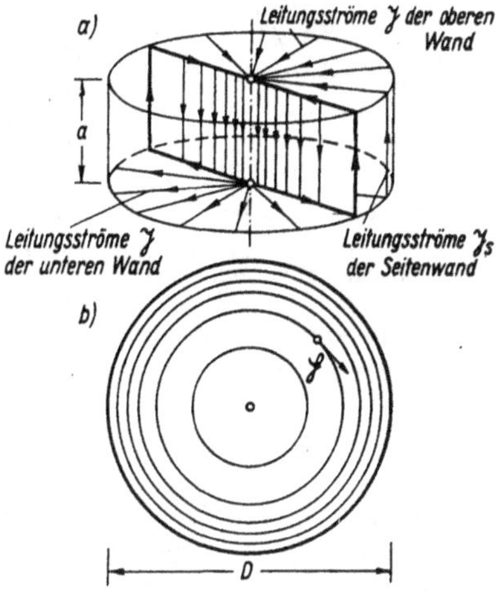

Abb. 314. Zylindrischer Hohlraum

ist. Die Spannung zwischen den Leitern verläuft nach (22.18) und Abb. 313b nach der Funktion $\mathfrak{U} = \mathfrak{U}_{max} \cdot \sin(2\pi z/\lambda)$, dementsprechend auch die elektrische Feldstärke $\mathfrak{E} = \mathfrak{U}/a$ und die Feldstromdichte $j\omega\varepsilon_0 \cdot \mathfrak{E}$, wie es in Abb. 313a durch die verschiedene Feldliniendichte angedeutet ist. Der Längsstrom auf den Leitern verläuft nach (22.19) und Abb. 313b nach der Funktion $\mathfrak{J} = \mathfrak{J}_{max} \cdot \cos(2\pi z/\lambda)$, ist also an den Kurzschlußorten am größten und nimmt zur Mitte hin ab. Der senkrechte Leitungsstrom in den Kurzschlußebenen ist ebenfalls gleich $\mathfrak{J}_{max}$. Beide Leitungshälften bilden in sich geschlossene Stromkreise mit einem Feldstrom, der über den ganzen Zwischenraum verteilt ist. Die magnetischen Feldlinien stehen senkrecht zur Zeichenebene. Die magnetische Feldstärke ist nach (7.6) überall gleich der Oberflächenstromdichte auf den Leitern an der betreffenden Stelle, also proportional zum Leitungsstrom nach Abb. 313b. Sie ist am größten in der Nähe des Kurzschlusses und nimmt zur Mitte hin ab.

Läßt man nun das Gebilde der Abb. 313a um die strichpunktierte Gerade als Achse rotieren, so erhält man einen zylindrischen Hohlraum nach Abb. 314. Die Verteilung der Spannung und des Feldstroms im Achsenschnitt hat den gleichen prinzipiellen Verlauf wie in Abb. 313. In der Umgebung der Achse häufen sich also die Feldströme. Die Leitungsströme fließen radial zur Achse hin oder von der Achse weg und werden zum Rand hin größer. In den senkrechten Wänden fließen senkrechte Leitungsströme. Die magnetischen Feldlinien sind Kreise in waagerechten Ebenen nach Abb. 314b, wobei die Feldstärke $\mathfrak{H}$ zum Rande hin zunimmt. Die Verteilung von Strömen und Feldern verläuft dabei nicht mehr genau nach einer sin-Funktion oder cos-Funktion, aber doch nach einer ganz ähnlichen Funktion, die nun berechnet werden soll. Den Raum innerhalb des Zylinders kann man durch induktions- und feldstromfreie Zylinder nach Abb. 282 mit dem Radius r aufteilen. Wie bei der inhomogenen Leitung kann man das in Abb. 315 gezeichnete Teilvolumen durch zwei Zylinder mit den Radien r und $(r + dr)$ abgrenzen und als Vierpol betrachten. Der Vierpol enthält das Volumen $\pi a\,[(r+dr)^2 - r^2] = 2\pi a \cdot r \cdot dr$ für infinitesimale dr und die magnetische Feldenergie $dW_m = \pi a \cdot r \cdot dr \cdot \mu_0 H^2$, wobei H gleich der Oberflächenstromdichte J^* auf den Kreisringen ist. Der gesamte in Richtung auf die Achse fließende Strom in den leitenden Kreisringen ist $J = 2\pi r \cdot J^*$, also $H = J/(2\pi r)$. Nach (1.3) hat dann der Kreisring die Induktivität

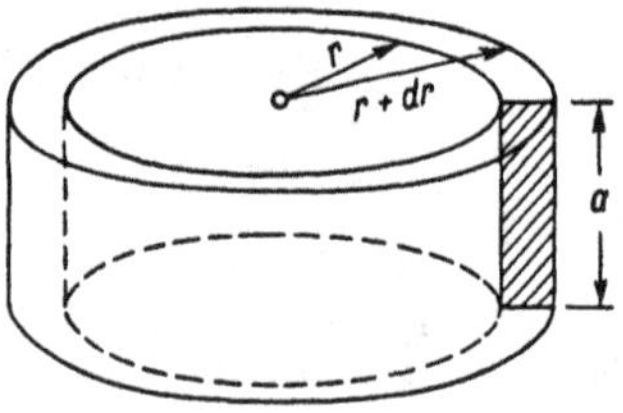

Abb. 315. Volumelement des zylindrischen Hohlraums

$$dL = \frac{\mu_0 \cdot a}{2\pi r}\,dr = L^* \cdot dr. \tag{41.1}$$

Liegt zwischen den Kreisringen die Spannung $\mathfrak{U}$, so besteht im Vierpol die elektrische Feldstärke $\mathfrak{E} = \mathfrak{U}/a$. Die elektrische Feldenergie ist nach (1.4) mit obigem dV gegeben durch $dW_e = \pi a \cdot r \cdot dr \cdot \varepsilon_0 E^2$, und der Raum besitzt daher nach (1.6) die Kapazität

$$dC = \frac{2\pi r \cdot \varepsilon_0}{a}\,dr = C^* \cdot dr. \tag{41.2}$$

Nach den Erörterungen des § 36 hat man also in Abb. 315 einen infinitesimalen Vierpol mit dem Wellenwiderstand

$$Z = \sqrt{dL/dC} = \sqrt{\mu_0/\varepsilon_0}\;a/(2\pi r) = 60\,a/r\;[\Omega] \tag{41.3}$$

und der wirksamen Länge

$$dl = \sqrt{dL \cdot dC}/\sqrt{\mu_0 \varepsilon_0} = dr. \tag{41.4}$$

Mit diesen Formeln könnte man auch das homogene Feld zwischen den beiden Endplatten in Abb. 281 und Abb. 283 als inhomogene Leitung berechnen und (37.8) durch eine Leitungsbetrachtung ersetzen, wobei an der Achse bei

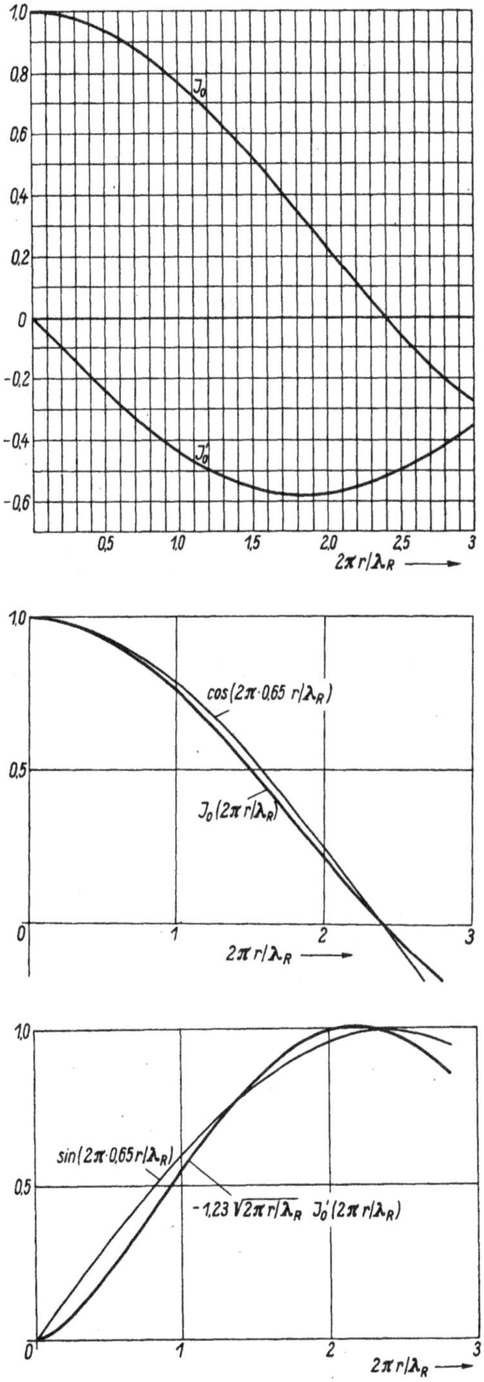

Abb. 316. Die Besselfunktion nullter Ordnung und ihre erste Ableitung

$r = 0$ die Leitung mit $Z = \infty$ nach (41.3) beginnt, dann wie $1/r$ abnimmt und schließlich in die Wellenwiderstände der inhomogenen Teile übergeht (Abb. 281b). Das Gebilde der Abb. 314 ist also eine inhomogene Leitung mit dem ortsabhängigen Wellenwiderstand (41.3), deren wirksame Längen dl gleich den wirklichen Längen dr sind. Die Leitung ist außen bei $r = D/2$ kurzgeschlossen und läuft vom äußeren Kurzschluß zur zentralen Achse hin.

Die Differentialgleichungen der Leitung (22.10) und (22.11) lauten mit obigem L^* und C^*

$$\frac{d\mathfrak{U}}{dr} = -j\omega\mu_0 \frac{a}{2\pi r}\mathfrak{J}; \qquad (41.5)$$

$$\frac{d\mathfrak{J}}{dr} = -j\omega\varepsilon_0 \frac{2\pi r}{a}\mathfrak{U}. \qquad (41.6)$$

Das Minuszeichen in (41.5) und (41.6) ist dadurch bedingt, daß die Koordinate r entgegengesetzte Richtung hat wie die Koordinate z (vgl. Abb. 137). Der Unterschied gegenüber der homogenen Leitung ist das r in diesen Gleichungen, so daß die Funktionen sin und cos nicht mehr die Lösungen sein können. Aus diesen zwei Gleichungen mit zwei Unbekannten $\mathfrak{U}$ und $\mathfrak{J}$ kann man wie in (22.12) eine Gleichung mit einer Unbekannten machen. Aus (41.5) wird durch Differenzieren nach r

$$\frac{d^2\mathfrak{U}}{dr^2} = j\omega\mu_0 \frac{a}{2\pi r^2}\mathfrak{J} - \\ - j\omega\mu_0 \frac{a}{2\pi r}\frac{d\mathfrak{J}}{dr}. \qquad (14.7)$$

Setzt man hier $\mathfrak{J}$ nach (41.5)

und $d\mathfrak{J}/dr$ nach (41.6) ein, so wird

$$\frac{d^2\mathfrak{U}}{dr^2} + \frac{1}{r}\frac{d\mathfrak{U}}{dr} + \omega^2 \varepsilon_0 \mu_0 \cdot \mathfrak{U} = 0. \qquad (41.8)$$

Gegenüber (22.12) ist die Größe $(1/r)\,d\mathfrak{U}/dr$ neu hinzugekommen. Die Lösungsfunktion der Gleichung kennt man. Es ist dies die sogenannte Besselsche Funktion nullter Ordnung, die als J_0 bezeichnet wird. Die Koordinate r beginnt beim Zylinder in der Mitte, wo die Spannung wie in Abb. 313 ihr Maximum hat. Bezogen auf diese Mitte hätte die Spannung in Abb. 313 die Funktion $\mathfrak{U} = \mathfrak{U}_{max} \cdot \cos(2\pi r/\lambda_R)$ und in Abb. 314 entsprechend

$$\mathfrak{U} = \mathfrak{U}_{max} \cdot J_0(2\pi r/\lambda_R). \qquad (41.9)$$

Die Funktion J_0 zeigt Abb. 316a. Die Ähnlichkeit mit der cos-Funktion ist sehr groß. Die Funktion J_0 hat lediglich eine mit wachsendem r abnehmende Amplitude und andere Nullpunktsabstände. Bei den technisch interessierenden Problemen benutzt man im allgemeinen nur den Bereich zwischen $2\pi r/\lambda_R = 0$ und der ersten Nullstelle bei $2\pi r/\lambda_R = 2{,}40$. Im folgenden werden sämtliche Formeln zunächst für die Bessel-Funktionen angegeben. Da diese jedoch erfahrungsgemäß nicht sehr bekannt sind, sei darauf hingewiesen, daß man sie ohne wesentliche Fehler durch die entsprechenden trigonometrischen Funktionen ersetzen und dann mit bekannten Methoden arbeiten kann, wenn man im Bereich $2\pi r/\lambda_R < 2{,}6$ bleibt. Man muß lediglich beachten, daß die Nullstelle der Funktion $\cos(2\pi r/\lambda_R)$ bei $\pi/2$ und die Nullstelle der Funktion $J_0(2\pi r/\lambda_R)$ bei 2,40 liegt. Man kann also nur folgende Näherung

$$J_0(2\pi r/\lambda_R) \approx \cos(2\pi \cdot 0{,}65\, r/\lambda_R) \qquad (41.10)$$

machen, wodurch beide Funktionen ihre Nullstelle für gleiches r/λ_R haben, wobei in der cos-Funktion also der Faktor 0,65 auftritt. Abb. 316b zeigt den Vergleich der beiden Funktionen. Im folgenden werden daher stets auch Näherungsformeln mit trigonometrischen Funktionen angegeben, die fast immer befriedigen. Während das Gebilde der Abb. 313 in Resonanz ist, wenn die senkrechten Kurzschlüsse den Abstand $0{,}5\,\lambda$ haben, muß beim zylindersymmetrischen Gebilde nach Abb. 314 die äußere Kurzschlußwand ($r = D/2$) dort liegen, wo $J_0(2\pi r/\lambda_R) = 0$ ist, also wo nach Abb. 316a $2\pi r/\lambda_R = 2{,}40$ ist. Die Resonanzbedingung für den zylindrischen Hohlraum der Abb. 314 lautet daher

$$D = 0{,}77\,\lambda_R. \qquad (41.11)$$

Die 0,77 entstehen anschaulich aus den 0,5 der homogenen Leitung durch den reziproken Faktor 1/0,65 in (41.10), der die Periodenänderung darstellt.

Zu gegebenem $\mathfrak{U}$ nach (41.9) kann man aus (41.5) den Strom $\mathfrak{J}$ auf den Leiteroberflächen berechnen:

$$\mathfrak{J} = -\frac{2\pi r}{a}\,\frac{1}{j\omega\mu_0}\,\frac{d\mathfrak{U}}{dr} = j\,\frac{\mathfrak{U}_{max}}{60}\,\frac{r}{a}\,J_0'\left(\frac{2\pi r}{\lambda_R}\right)[\mathrm{A}], \qquad (41.12)$$

wobei $2\pi/\lambda_R = \omega\sqrt{\mu_0\varepsilon_0}$ nach (25.8) und $\sqrt{\mu_0/\varepsilon_0} = 120\,\pi\,[\Omega]$ gesetzt wurde. Dabei ist $J_0' = dJ_0/d(2\pi r/\lambda_R)$ der Differentialquotient des J_0. Die Funktion $J_0'(2\pi r/\lambda_R)$ zeigt ebenfalls Abb. 316a. — J_0' entspricht etwa einer sin-Funktion, deren Amplitude mit wachsendem r abnimmt, deren Nullpunktsabstände aber andere sind. Diese Analogie ist durchaus sinnvoll, da ja die sin-Funktion auch der negative Differentialquotient der cos-Funktion ist. Eine sehr gute Näherung für $2\pi r/\lambda_R < 4$ lautet

$$J_0'(2\pi r/\lambda_R) \approx -0{,}58 \cdot \sin(2\pi \cdot 0{,}82\, r/\lambda_R). \tag{41.13}$$

Im genannten Bereich unterscheiden sich diese Funktionen praktisch nicht. Leider eignet sich diese Näherung oft wenig, wenn J_0 und J_0' zusammen auftreten, weil die beiden Ersatzfunktionen, cos in (41.10) und sin in (41.13), verschiedene Periode haben. Dann benutzt man für $2\pi r/\lambda_R < 2{,}5$ eine andere Näherung des J_0' mit gleicher Periode wie in (41.10)

$$-1{,}23\sqrt{2\pi r/\lambda_R}\, J_0'(2\pi r/\lambda_R) \approx \sin(2\pi \cdot 0{,}65\, r/\lambda_R). \tag{41.13a}$$

Abb. 316c zeigt den Vergleich dieser beiden Funktionen. Diese Näherung ermöglicht dann mit (41.10) eine weitere Näherung mit Hilfe der ctg-Funktion

$$-\frac{0{,}81\, J_0(2\pi r/\lambda_R)}{\sqrt{2\pi r/\lambda_R}\, J_0'(2\pi r/\lambda_R)} \approx \operatorname{ctg}(2\pi \cdot 0{,}65\, r/\lambda_R). \tag{41.14}$$

So könnte man hier jede Bessel-Funktion vermeiden und erreicht eine befriedigende Genauigkeit mit trigonometrischen Funktionen. Abb. 317 zeigt die Verteilung von Strom und Spannung über den Querschnitt des zylindrischen Hohlraums. Man vergleiche Abb. 313. In den senkrechten Wänden

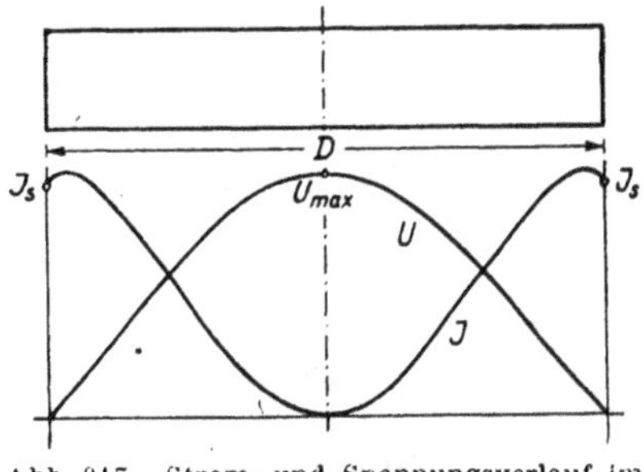

Abb. 317. Strom- und Spannungsverlauf im zylindrischen Hohlraum

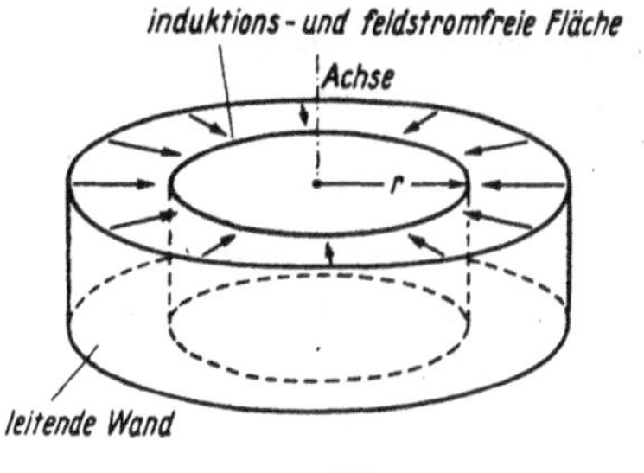

Abb. 318. Induktions- und feldstromfreie Fläche

(Abb. 314) fließt der Strom $\mathfrak{J}_S$, der gleich dem $\mathfrak{J}$ nach (41.12) für $r = D/2$ oder mit (41.11) für $2\pi r/\lambda_R = 2{,}40$ ist, also insgesamt auf dem Umfang die reelle Amplitude

$$J_S = \frac{U_{\max}}{60}\,\frac{D}{2a}\,|J_0'(2{,}40)| = 0{,}0043\, U_{\max}\frac{D}{a}\,[\mathrm{A}]. \tag{41.15}$$

Der Strom $\mathfrak{J}$ an der Stelle r ist der gesamte Oberflächenstrom durch den leitenden oberen oder unteren Kreisring der Abb. 315 im Abstand r von der Achse, also auf dem Umfang $2\pi r$. Die Oberflächenstromdichte $\mathfrak{J}^*$ auf den beiden waagerechten Kreisflächen (Abb. 314) hat also an der Stelle r nach (41.12) die reelle Amplitude

$$J^* = \frac{J}{2\pi r} = \frac{U_{\max}}{120\pi a}\left|J_0'\left(\frac{2\pi r}{\lambda_R}\right)\right|\left[\frac{\mathrm{A}}{\mathrm{cm}}\right]. \tag{41.16}$$

Diese Flächenstromdichte ist gleichzeitig nach (7.6) die magnetische Feldstärke H auf dem Feldlinienkreis mit dem Radius r (Abb. 314b). Die Oberflächenstromdichte auf den senkrechten Wänden mit dem Umfang πD beträgt nach (41.15)

$$J_S^* = \frac{J_S}{\pi D} = \frac{U_{\max}}{120\,\pi a}\,|\,\mathrm{J}_0'(2{,}40)\,| = 0{,}0014\,\frac{U_{\max}}{a}\left[\frac{\mathrm{A}}{\mathrm{cm}}\right]. \tag{41.17}$$

Es ist sehr zweckmäßig, die Analogie zwischen der am Ende kurzgeschlossenen homogenen Leitung nach § 22 und dem zylindrischen Gebilde herzustellen. Die äußeren senkrechten Wände in Abb. 318 betrachtet man als Kurzschluß. Die Leitung erstreckt sich von hier aus in Richtung zur Achse (Pfeile in Abb. 318), wobei ihre wirksame Länge nach (41.4) gleich der geometrischen Länge ist, aber der Wellenwiderstand umgekehrt proportional zu r nach (41.3) bei Annäherung an die Achse zunimmt. Für die in Abb. 318 gezeichnete zylindrische, induktions- und feldstromfreie Fläche mit dem Radius r ist der komplexe Widerstand ein induktiver Blindwiderstand

$$jX = \frac{\mathfrak{U}}{\mathfrak{J}} = -j\,60\,\frac{a}{r}\,\frac{\mathrm{J}_0(2\pi r/\lambda_R)}{\mathrm{J}_0'(2\pi r/\lambda_R)}\,[\Omega]. \tag{41.18}$$

Man vergleiche (41.14) und (22.15). Der Blindwiderstand hat einen ähnlichen Verlauf wie in Abb. 141b. Die Achse selbst ist die innerste induktions- und feldstromfreie Fläche mit $r = 0$, für die $X = \infty$ ist. Der Wert ∞ tritt jedoch nur bei Vernachlässigung aller Verluste auf.

Die Verluste kann man dadurch berücksichtigen, daß man sich in der Achse zwischen den beiden Platten einen sehr großen Wirkwiderstand R_K liegend denkt, an dem also die Spannung $U_{\max}$ liegt und der dann die Wirkleistung $N = {}^1/_2\,U_{\max}{}^2/R_K$ verbraucht. Wenn man den Leistungsverbrauch bei gegebenem $U_{\max}$ kennt, kann man diesen Ersatzwiderstand $R_K = {}^1/_2\,U_{\max}{}^2/N$ berechnen. Dies geschieht wie in § 22. Man nimmt dabei an, daß die Verluste so klein sind, daß der Verlauf der für den verlustfreien Zylinder berechneten Ströme und Spannungen durch die Verluste praktisch nicht geändert wird. Wenn ϱ^* der spezifische Oberflächenwiderstand nach (7.3) ist, hat jeder der beiden begrenzenden leitenden Kreisringe der Abb. 315 (Breite dr, Umfang $2\pi r$) den Widerstand $\varrho^* \cdot dr/(2\pi r)$. Fließt durch sie ein Strom mit der reellen Amplitude J nach (41.12), so verbrauchen b e i d e z u s a m m e n die Leistung $dN = J^2\,\varrho^* \cdot dr/(2\pi r)$, die ganzen Kreisflächen insgesamt also die Leistung

$$N_1 = \int dN = \int\limits_0^{D/2} \frac{J^2\,\varrho^*}{2\pi r}\,dr = \left(\frac{U_{\max}}{60\,a}\right)^2 \frac{\varrho^*}{2\pi} \int\limits_0^{D/2} r \cdot \mathrm{J}_0'^2\left(\frac{2\pi r}{\lambda_R}\right) \cdot dr. \tag{41.19}$$

Dieses Integral kann man mit Hilfe der Theorie der Bessel-Funktionen exakt lösen. Jedoch kann diese Theorie nicht als bekannt vorausgesetzt werden. Man erhält aber mit verblüffender Genauigkeit das gleiche Resultat, wenn man die Näherung (41.13a) anwendet. Dann wird aus (41.19)

$$N_1 = \left(\frac{U_{\max}}{60\,a}\right)^2 \frac{\varrho^*}{2\pi}\,\frac{1}{1{,}23^2}\,\frac{\lambda_R}{2\pi} \int\limits_0^{D/2} \sin^2\left(2\pi\,\frac{0{,}65\,r}{\lambda_R}\right) \cdot dr. \tag{41.20}$$

Dieses Integral ist sehr gut bekannt und gibt mit λ_R nach (41.11) fast genau den Wert $D/4$. Hinzu kommt der Leistungsverbrauch N_2 der senkrechten Flächen mit dem Strom J_S nach (41.15) und dem Widerstand $\varrho^* \cdot a/(\pi D)$:

$$N_2 = \left(\frac{U_{\max}}{60}\right)^2 \frac{D^2}{8a^2} \frac{\varrho^* \cdot a}{\pi D} 0{,}52^2. \tag{41.21}$$

Die gesamte Verlustleistung ist dann $N = N_1 + N_2$ und der Verlustwiderstand R_K definiert durch

$$R_K = \frac{U_{\max}{}^2}{2N} = \frac{1{,}67 \cdot 10^5}{\varrho^*} \frac{a}{D} \frac{1}{1 + D/(2a)} [\Omega], \tag{41.22}$$

wobei λ_R durch D nach (41.11) ersetzt wurde.

Auch bei Hohlraumresonanzen kennt man das Analogon zur kapazitiv belasteten Leitungsresonanz nach Abb. 147. Bei zylindrischer Belastung muß man dann längs der Achse eine Belastungskapazität anbringen. Dies bedeutet natürlich auch eine Störung der bisherigen Feldverteilung. In vielen Fällen hat diese kapazitive Last die Form der Abb. 319, wird also durch einen zylindrischen Stempel dargestellt. Durch Konstruktion der statischen Feldlinien in diesem zylindersymmetrischen Feld (Abb. 320a) kann man wieder eine quantitativ befriedigende Näherungsrechnung für das Verhalten dieses Gebildes gewinnen. Bei gegebenem D ist die Resonanzwellenlänge λ_R stets größer als in (41.11). Zwischen Stempel und unterer Wand

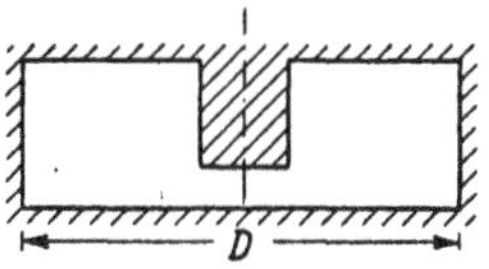

Abb. 319. Kapazitive Belastung im Hohlraum

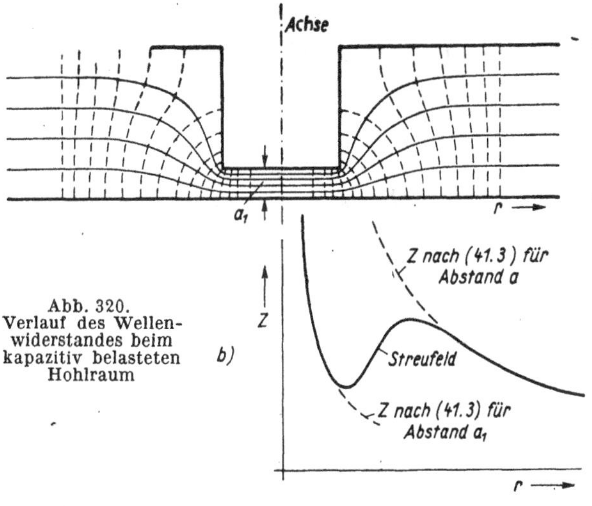

Abb. 320. Verlauf des Wellenwiderstandes beim kapazitiv belasteten Hohlraum

besteht in Achsnähe ein Wellenwiderstand nach (41.3), wobei statt a dort der kleinere Abstand a_1 zwischen Stempel und Wand einzusetzen ist. In größerem Abstand von der Achse besteht wieder der Wellenwiderstand nach (41.3), wobei das a dann der große Abstand der leitenden Ebenen ist. Im inhomogenen Streufeld des Stempels bilden die elektrischen Feldlinien bei Rotation um die Achse induktions- und feldstromfreie Flächen, die sich zur Vierpoldefinition eignen und eine Z-Bestimmung nach (37.5) zulassen, wie sie in Abb. 320b angegeben ist. Denn die magnetischen Feldlinien sind immer noch Kreise wie in Abb. 314b. Die statischen elektrischen Feldlinien bestehen im Wechselfeld mit hinreichender Genauigkeit, solange a wesentlich kleiner als λ ist. Die Resonanz des Gebildes findet man dann wie bei der Abb. 281, indem man den inhomogenen Z-Verlauf durch abschnittsweise konstantes Z ersetzt und, an der Achse beginnend, den Eingangsblindwiderstand der Streifenvierpole nacheinander berechnet. In derjenigen Fläche, wo $X = 0$ wird, kann man die senkrechte leitende Abschlußfläche anbringen und erhält so zu dem gegebenen Stempel und der gegebenen Betriebsfrequenz den Außendurchmesser D des Resonanzgebildes (Abb. 319) und die Verteilung von Strom und Spannung auf den Leitern.

Auch die Resonanztransformationen der Abb. 148 bis 150 kennt man hier. Zur Erläuterung des Prinzips wird angenommen, daß der Hohlraum verlustfrei ist und sein Feld durch die eingebrachten Bauelemente nicht merklich gestört wird. In Analogie zur Abb. 148 wird der kleine Wirkwiderstand R_1 in Abb. 321 im Abstand r von der Achse zwischen die Platten gelegt. Er

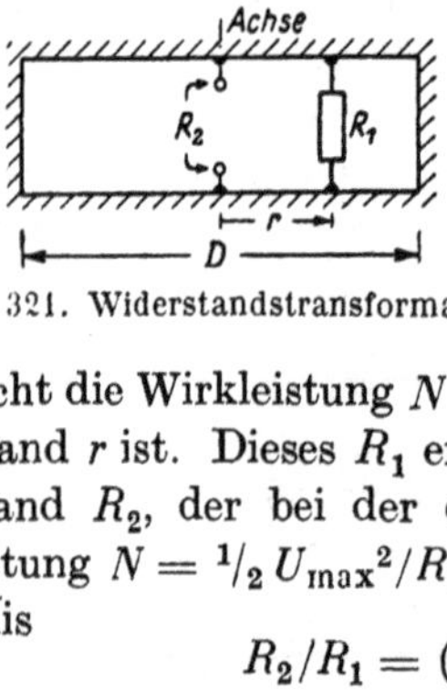

Abb. 321. Widerstandstransformation

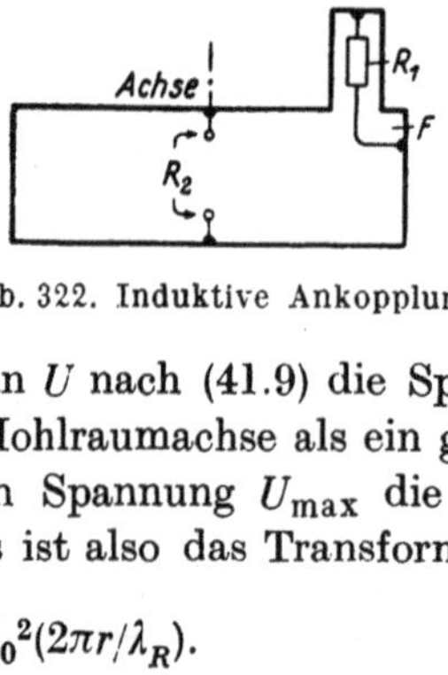

Abb. 322. Induktive Ankopplung

verbraucht die Wirkleistung $N = {}^1/_2\, U^2/R_1$, wenn U nach (41.9) die Spannung im Abstand r ist. Dieses R_1 erscheint in der Hohlraumachse als ein größerer Widerstand R_2, der bei der dort bestehenden Spannung U_{max} die gleiche Wirkleistung $N = {}^1/_2\, U_{max}{}^2/R_2$ verbraucht. Es ist also das Transformationsverhältnis

$$R_2/R_1 = (U_{max}/U)^2 = 1/J_0{}^2(2\pi r/\lambda_R). \qquad (41.23)$$

Wenn man die Analogie (41.10) beachtet, erhält man eine Gleichung die (23.31a) prinzipiell entspricht. Die Ankopplung einer Schleife nach Abb. 322 in Analogie zur Abb. 149 erfolgt stets in der Nähe der senkrechten Abschlußwände, weil dort die starken magnetischen Felder bestehen. Die Berechnung des R_2/R_1 erfolgt wie zur Gl. (23.32) über den magnetischen Fluß durch die Schleife. Die Feldstärke H am Außenrand des Hohlraums ist gleich $J_S{}^*$ nach (41.17), die Amplitude der induzierten Spannung in der Schleife $U_1 = \omega\mu_0 \cdot H \cdot F$ nach (34.9). Solange der Blindwiderstand der Schleife klein gegen R_1 ist, liegt U_1 voll an R_1. Dann ist wieder wie in (41.23)

$$\frac{R_2}{R_1} = \left(\frac{U_{max}}{U_1}\right)^2 = \left(\frac{120\,\pi a}{\omega\mu_0 \cdot 0{,}52\,F}\right)^2 \qquad (41.24)$$

in voller Analogie zu (23.32) für $\sin(\alpha l) = 1$. Die kapazitive Ankopplung der Abb. 150 zeigt Abb. 323 in sinngemäßer Anordnung. Ein kleiner Teil der oberen Ebene ist isoliert und an diesem hängt der zu transformierende Widerstand R_1. Die Kapazität zwischen der kleinen Platte und der gegenüberliegenden Wand ist die Koppelkapazität.

Während Maßnahmen in Achsnähe wie in Abb. 320 bei gleichbleibendem D die Resonanzwelle λ_R vergrößern, geben entsprechende Maßnahmen am Außenrand des Hohlraums eine Verkleinerung des λ_R [41], weil sie dort magnetische Felder verdrängen. Bekannt ist z. B. die Wirkung einer eingeschobenen Wand nach Abb. 324, wo die Verdrängung des Feldes angedeutet ist. Die hier betrachteten Feldformen finden sich in der grundsätzlichen Art auch bei nicht zylindersymmetrischen Formen des begrenzenden Außenleiters. Bekannt ist z. B. der Hohlraum als Quader mit den Kanten a, b und c nach Abb. 325, der wie in Abb. 314 ein Feldstrombündel in der Mitte besitzt, das von magnetischen Feldlinien umgeben ist. Seine Resonanzwellenlänge lautet

$$\lambda_R = 2ac/\sqrt{a^2 + c^2}. \tag{41.25}$$

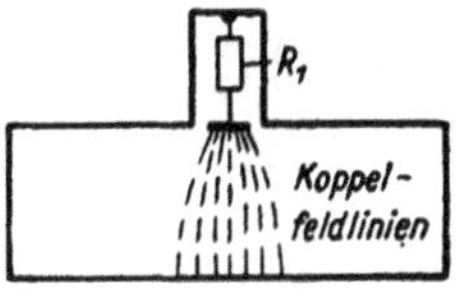

Abb. 323. Kapazitive Ankopplung

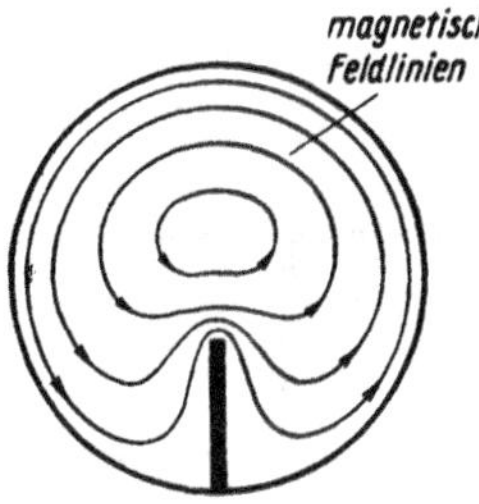

Abb. 324. Leitende Wand im Hohlraum

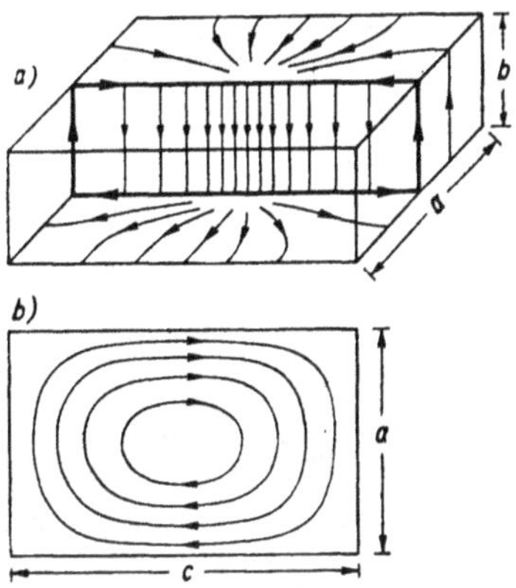

Abb. 325. Quader als Hohlraum

Beweis in (44.12). Auch eine Kugel besitzt eine solche Resonanz mit Feldern nach Abb. 326 und der Resonanzwellenlänge

$$\lambda_R = 1{,}14\,D. \tag{41.26}$$

Wenn man das R_1 der Abb. 321 bis 323 durch eine Spannungsquelle ersetzt, regt man im Hohlraum die entsprechenden Felder an. Wenn man die Frequenz der Quelle stetig verändert, ergibt der Verlauf des U_{max} in der Umgebung der Resonanzfrequenz eine Resonanzkurve, deren Bandbreite wegen der geringen Verluste des Kreises sehr klein ist. Bei der Resonanzfrequenz tritt dann der durch (41.9) und (41.12) festgelegte Zustand auf. Ein solcher Hohlraum besitzt noch weitere Resonanzmöglichkeiten, wobei Felder anderer, meist komplizierterer Form entstehen. Die berechnete Resonanz (41.11) ist jedoch diejenige mit

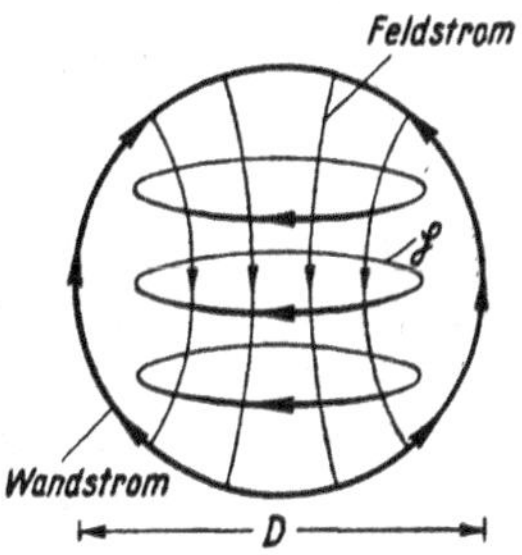

Abb. 326. Kugelförmiger Hohlraum

niedrigster Resonanzfrequenz, solange die Abmessungen des Hohlraums in Richtung der elektrischen Feldlinien nicht größer als die Abmessungen quer dazu sind. Wenn man eindeutige Resonanzen will, muß man die Abmessungen des Hohlraums in Richtung der elektrischen Feldlinien klein gegen die Wellenlänge machen.
Ergänzendes Schrifttum: [42, 43, 56, 57, 59].

§ 42. Magnetische Wechselfelder in Hohlleitern

Wenn ein langer gerader Draht von einem Wechselstrom durchflossen wird, ist er von kreisförmigen magnetischen Feldlinien umgeben, die in Ebenen senkrecht zum Draht liegen. Wenn parallel zum Draht eine leitende Ebene

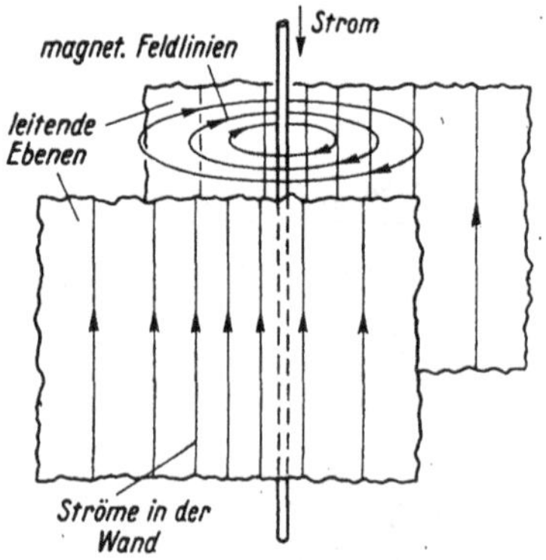

Abb. 327. Stromführender Draht zwischen zwei parallelen Ebenen

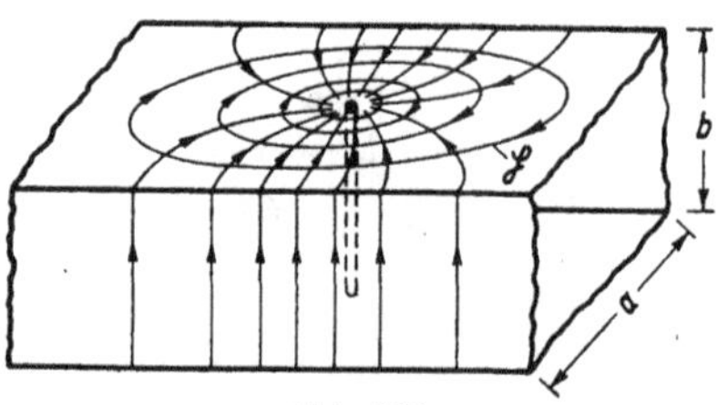

Abb. 329. Stromdurchflossener Draht im Rechteckrohr

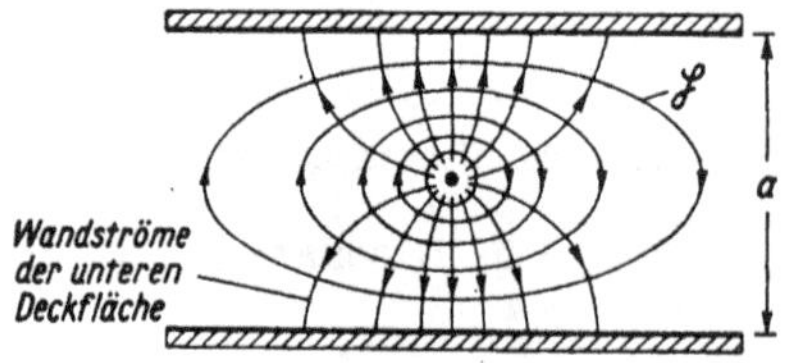

Abb. 328. Feldlinien bei der Anordnung der Abb. 327

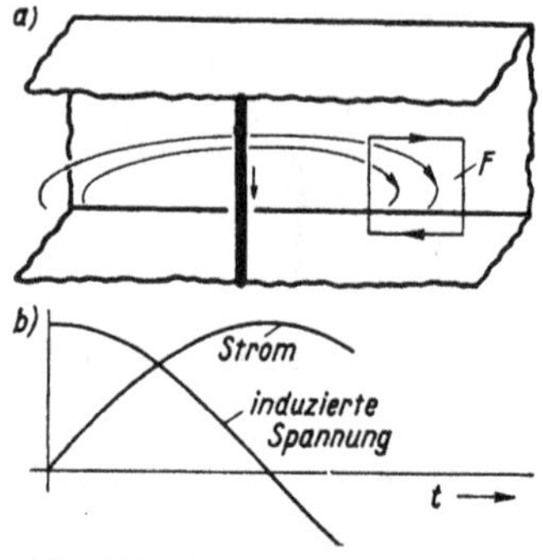

Abb. 330. Zum Induktionsgesetz

mit extremem Skineffekt nach Abb. 38 liegt, werden diese Feldlinien verbogen und in der Ebene fließen verteilte Oberflächenströme in entgegengesetzter Richtung zum Strom im Draht. In Abb. 327 liegen zwei solche Ebenen symmetrisch zum Draht und erzeugen dadurch magnetische Feldlinien länglicher Form (Abb. 328), die überall längs des Drahtes gleichen Verlauf haben, wenn die begrenzenden Flächen genügend groß sind. Die Flächenstromdichte $\mathfrak{J}^*$ in beiden Ebenen berechnet sich nach (7.6) aus den magnetischen Feldstärken an ihrer Oberfläche. Sie nimmt mit wachsendem Abstand vom Draht schnell ab. Wenn man nun noch zwei leitende Ebenen senkrecht zum Draht hinzufügt, so erhält man ein leitendes Rohr mit rechteckigem Querschnitt nach Abb. 329. Die leitenden Ebenen senkrecht zum Draht stören das magnetische Feld nicht, da die Feldlinien parallel zu diesen Oberflächen laufen. Es entstehen jedoch in diesen Ebenen Oberflächenströme nach (7.6), die senkrecht zu den Feldlinien und nach Abb. 328 und 329 alle vom Durchstoßpunkt des Drahtes weg oder zu ihm hin fließen. Der Strom im Draht ergänzt sich also nach Abb. 329 zu geschlossenen Stromkreisen über die Leiteroberflächen. Er fließt in der unteren waagerechten Fläche nach Abb. 328 auseinander, dann auf den senkrechten Wänden parallel nach oben und auf der oberen waagerechten Fläche nach Abb. 329 wieder zum Draht zurück. In dem Rechteckrohr bestehen dabei überall magnetische Feldlinien nach Abb. 328.

Es soll nun untersucht werden, wie sich diese Feldlinien mit wachsender Frequenz auf Grund der Gesetze des elektromagnetischen Feldes (§ 34) ändern. Die magnetische Wechselfeldstärke erzeugt nach dem Induktionsgesetz elektrische Felder, die als Wechselfelder von Feldströmen begleitet sind. Diese Feldströme haben ebenfalls magnetische Felder, die hier als sekundäre Felder bezeichnet werden und sich den (primären) Feldern des Drahtes überlagern. Fließt in Abb. 330a der Strom im Draht nach unten, so umkreisen ihn die primären magnetischen Feldlinien im gezeichneten Sinn. Die Feldlinien durchstoßen die gezeichnete Fläche F. Wenn der Strom im Draht nach der Funktion $\sin \omega t$ verläuft (Abb. 330b) und, bei $t = 0$ beginnend, zunächst wächst, wachsen die magnetischen Feldstärken ebenfalls nach dieser sin-Funktion und die Fläche F wird von wachsendem Kraftfluß durchstoßen. Auf dem Rand der Fläche F entsteht dann eine induzierte Spannung, die in der gezeichneten Pfeilrichtung positiv ist. Die induzierte Spannung ist der zeitlichen Änderungsgeschwindigkeit der magnetischen Feldstärke proportional. Der Stromanstieg nach der sin-Funktion gibt eine abnehmende Änderungsgeschwindigkeit, die im Maximalwert der sin-Kurve sogar gleich Null wird. Also nimmt die induzierte Spannung auf dem Rand von F ab (Abb. 330b) und dementsprechend die elektrischen Feldstärken. Da der Feldstrom bei wachsender elektrischer Feldstärke gleiche Richtung wie die Feldstärke und bei abnehmender Feldstärke die entgegengesetzte Richtung hat, fließt er also in Abb. 330a auf dem Rand von F gegen die gezeichnete Pfeilrichtung und erzeugt ein sekundäres magnetisches Feld, das innerhalb von F die gleiche Richtung wie das primäre Feld hat, also das primäre verstärkt. Bei Untersuchung der Zustände in den verschiedensten Zeitpunkten wird man immer diese Verstärkung finden. Mit wachsender Frequenz wächst nach (34.9) die induzierte Spannung proportional zu ω und nach (34.2) auch der Feldstrom proportional zu ω und zur gegebenen Spannung, so daß das sekundäre magnetische Feld proportional zu ω^2 anwächst. In dem den Draht umgebenden Raum werden sich also mit wachsender Frequenz immer stärkere magnetische Felder ausbilden.

Das Anwachsen der Felder mit der Frequenz soll an Hand der Differentialgleichungen des § 34 genau berechnet werden. Das Rechteckrohr habe die Kanten a und b (Abb. 331). Der Nullpunkt des rechtwinkligen Koordinatensystems liegt in der Mitte eines Querschnitts, die x-Achse parallel zur Kante b, die y-Achse parallel zur Kante a und die z-Achse entlang der Rohrachse. Die magnetischen Feldlinien der Abb. 328 liegen in einer Ebene $x =$ const, so daß die magnetische Feldstärke nur eine Komponente $\mathfrak{H}_y$ parallel zur y-Achse und eine Komponente $\mathfrak{H}_z$ parallel zur z-Achse haben kann. In allen diesen Ebenen $x =$ const besteht das gleiche Feldbild, also auch die gleichen Feldstärken, so daß $\mathfrak{H}_y$ und $\mathfrak{H}_z$ unabhängig von x und nur abhängig

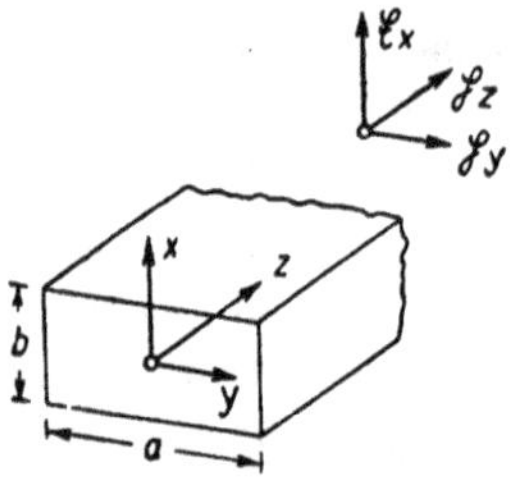

Abb. 331. Das Koordinatensystem beim Rechteckrohr

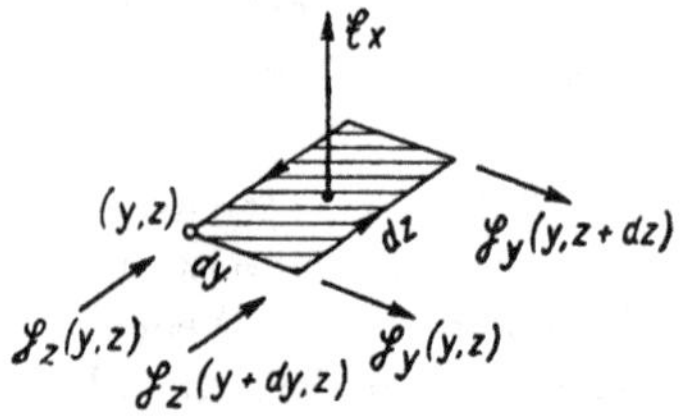

Abb. 332. Zum Durchflutungsgesetz

von y und z sind. Aus dem Durchflutungsgesetz gewinnt man Aussagen über die bestehenden Komponenten des elektrischen Feldes. In (34.7) ist hier $\mathfrak{H}_x = 0$ und $\mathfrak{H}_y$ unabhängig von x, so daß die rechte Seite der Gleichung gleich Null wird. Daher muß auch $\mathfrak{E}_z = 0$ sein. Wendet man das gleiche Verfahren auf eine Fläche dF an, die senkrecht zur y-Achse steht, so wird auch $\mathfrak{E}_y = 0$, weil $\mathfrak{H}_x = 0$ und $\mathfrak{H}_z$ unabhängig von x ist. Es besteht also nur eine elektrische Komponente $\mathfrak{E}_x$ (Abb. 331). Die elektrischen Feldlinien sind also parallele Geraden, die senkrecht auf der oberen und unteren Grenzfläche des Rohres stehen. Aus der Parallelität folgt, daß $\mathfrak{E}_x$ längs einer Feldlinie konstant, also unabhängig von x ist. Für die drei Komponenten $\mathfrak{H}_y$, $\mathfrak{H}_z$ und $\mathfrak{E}_x$, die alle drei nur Funktionen von y und z sind, benötigt man eine entsprechende Zahl von Bestimmungsgleichungen.

Auf die in Abb. 332 gezeichnete Fläche senkrecht zur x-Achse mit den Kanten dy und dz wendet man das Durchflutungsgesetz nach den gleichen Richtlinien an, die zu (34.5) führten. Hier erhält man entsprechend

$$j\omega\varepsilon_0 \cdot \mathfrak{E}_x\, dy\, dz = \mathfrak{H}_z(y+dy,z)\cdot dz - \mathfrak{H}_z(y,z)\cdot dz - \mathfrak{H}_y(y,z+dz)\cdot dy + \mathfrak{H}_y(y,z)\cdot dy$$

oder die Differentialgleichung entsprechend (34.7)

$$j\omega\varepsilon_0 \cdot \mathfrak{E}_x = \frac{\partial \mathfrak{H}_z}{\partial y} - \frac{\partial \mathfrak{H}_y}{\partial z}. \tag{42.1}$$

Das Induktionsgesetz (34.11) ergibt hier wegen $\mathfrak{E}_y = 0$:

$$j\omega\mu_0 \cdot \mathfrak{H}_z = \frac{\partial \mathfrak{E}_x}{\partial y}. \tag{42.2}$$

Wendet man das gleiche Gesetz auf die in Abb. 333 gezeichnete Fläche senkrecht zur y-Achse mit den Kanten dx und dz an, so wird wegen $\mathfrak{E}_z = 0$

$$j\omega\mu_0 \cdot \mathfrak{H}_y\, dx\, dz = -\mathfrak{E}_x(y,z+dz)\cdot dx + \mathfrak{E}_x(y,z)\cdot dx$$

oder die Differentialgleichung wie in (34.11)

$$j\omega\mu_0 \cdot \mathfrak{H}_y = -\frac{\partial \mathfrak{E}_x}{\partial z}. \tag{42.3}$$

Die Komponenten $\mathfrak{H}_y$ und $\mathfrak{H}_z$ müssen nun außerdem noch das sogenannte Kontinuitätsgesetz erfüllen, das besagt, daß im Raum keine magnetischen Feldlinien entstehen oder verschwinden können. Dies formuliert man mathematisch in folgender Weise: Man betrachtet den in Abb. 334 gezeichneten

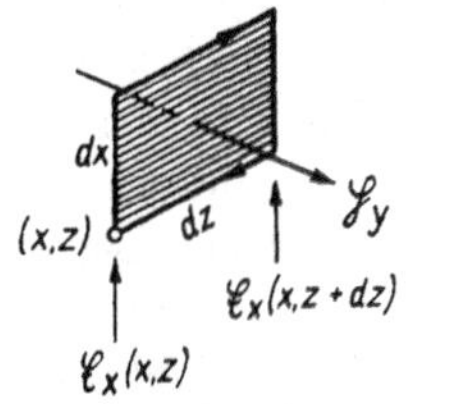

Abb. 333. Zum Induktionsgesetz

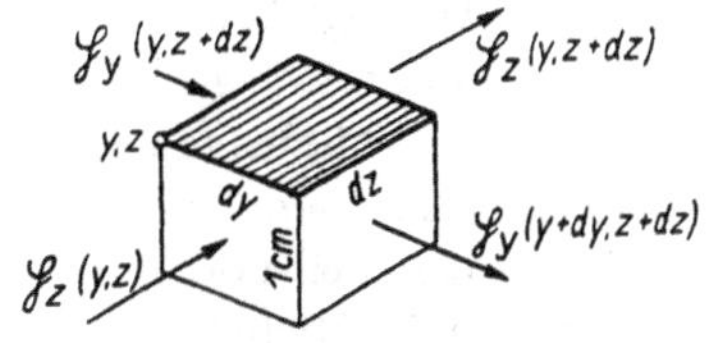

Abb. 334. Zum Kontinuitätsgesetz

Quader mit den Kanten dy, dz und 1 cm, dessen Deckfläche in einer Ebene $x = \text{const}$ liegt, in der auch die magnetischen Feldlinien verlaufen. Besteht nun irgendwo die magnetische Feldstärke $\mathfrak{H}$, so treten in Abb. 335a durch eine Fläche der Breite Δ und der Höhe 1 cm senkrecht zu den Feldlinien $\Delta \cdot \mathfrak{H}$ Feldlinien, in Abb. 335b durch eine Fläche der Breite Δ und der Höhe 1 cm schräge zu den Feldlinien aber nur $\Delta \cdot \mathfrak{H} \cos \psi$ Feldlinien, wobei ψ der Winkel zwischen den Feldlinien und einer Geraden senkrecht zur Fläche ist. $\mathfrak{H} \cdot \cos \psi$ ist die Komponente $\mathfrak{H}_N$ der Feldstärke $\mathfrak{H}$ senkrecht zur Fläche (Abb. 335c), so daß die Feldlinienzahl $\Delta \cdot \mathfrak{H}_N$ durch eine Fläche der Breite Δ und der Höhe 1 cm stets gleich dem Produkt von Δ und der Komponente $\mathfrak{H}_N$ senkrecht zur Fläche ist. In Abb. 334 treten also die Feldlinienmengen $\mathfrak{H}_z(y,z) \cdot dy$ und $\mathfrak{H}_y(y, z + dz) \cdot dz$ in den gezeichneten Quader ein. Auf den Gegenseiten treten jeweils die Feldlinienmengen $\mathfrak{H}_z(y, z + dz) \cdot dy$ und $\mathfrak{H}_y(y + dy, z + dz) \cdot dz$ wieder aus. Nach dem Kontinuitätsgesetz muß die Zahl der eintretenden gleich der Zahl der austretenden Feldlinien sein:

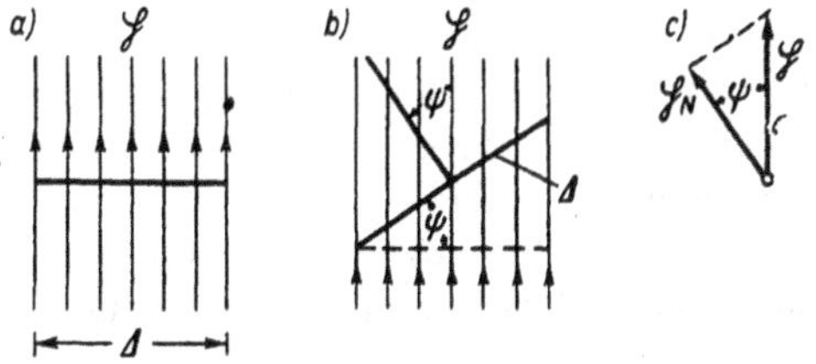

Abb. 335. Zur Berechnung der Feldlinienzahl

$$\mathfrak{H}_z(y,z) \cdot dy + \mathfrak{H}_y(y, z + dz) \cdot dz = \mathfrak{H}_z(y, z + dz) \cdot dy + \mathfrak{H}_y(y + dy, z + dz) \cdot dz$$

oder

$$-\frac{\mathfrak{H}_z(y, z + dz) - \mathfrak{H}_z(y.z)}{dz} = \frac{\mathfrak{H}_y(y + dy, z + dz) - \mathfrak{H}_y(y, z + dz)}{dy}$$

oder als Differentialgleichung

$$\frac{\partial \mathfrak{H}_y}{\partial y} = -\frac{\partial \mathfrak{H}_z}{\partial z}. \qquad (42.4)$$

(42.1) bis (42.4) sind die von den Funktionen $\mathfrak{H}_y(y,z)$, $\mathfrak{H}_z(y,z)$ und $\mathfrak{E}_x(y,z)$ zu erfüllenden Gleichungen. Die Kontinuitätsbedingung muß im Prinzip auch von den Komponenten des elektrischen Feldes erfüllt werden. Sie ist hier aber stets erfüllt, weil es nur die von x unabhängige Komponente $\mathfrak{E}_x$ gibt.

Es soll nicht versucht werden, die allgemeinste Lösung dieser Gleichungen zu finden, sondern nur eine besonders einfache Lösung betrachtet werden, an der man alle wesentlichen Merkmale studieren kann. Über das ungefähre Aussehen der Lösungsfunktionen kann man einige Aussagen machen. Alle Felder werden in Abb. 329 mit wachsendem Abstand vom Draht schwächer werden. Die z-Abhängigkeit der Feldstärken muß also durch eine mit wachsendem z asymptotisch gegen Null absinkende Funktion dargestellt werden [Funktion e^{-Kz} in (42.6) bis (42.8)]. Die Komponente $\mathfrak{H}_y$ muß bei Annäherung an die leitenden Flächen kleiner werden und an der Fläche bei $y = \pm a/2$ gleich Null werden, weil dort nur Komponenten parallel zur Fläche bestehen dürfen. $\mathfrak{H}_y$ hat in der Mitte bei $y = 0$ seinen größten Wert [Funktion $\cos(\pi y/a)$ in (42.6)]. Die Komponente $\mathfrak{E}_x$ hat in Abhängigkeit von y einen ähnlichen Verlauf, weil an den Flächen $y = \pm a/2$ keine elektrische Feldstärke parallel zu den Flächen bestehen darf [Funktion $\cos(\pi y/a)$ in (42.8)]. $\mathfrak{H}_z$ hat in der Mitte bei $y = 0$ den Wert Null, weil dort die Feldlinien parallel zur y-Achse verlaufen, aber an den Flächen $y = \pm a/2$ seinen größten Wert, jedoch bei $y = a/2$ ein anderes Vorzeichen als bei $y = -a/2$, weil die Richtung der Feldlinien an den beiden Flächen verschieden ist [Funktion $\sin(\pi y/a)$ in (42.7)].

Die Lösung der Gleichungen (42.1) bis (42.4) geht so vor sich, daß man zunächst durch Umformen eine Gleichung gewinnen muß, die nur noch eine der unbekannten Funktionen enthält. Z. B. kann man (42.2) nach y und (42.3) nach z differenzieren und erhält $j\omega\mu_0 \cdot \partial\mathfrak{H}_z/\partial y = \partial^2\mathfrak{E}_x/\partial y^2$ und $j\omega\mu_0 \cdot \partial\mathfrak{H}_y/\partial z = -\partial^2\mathfrak{E}_x/\partial z^2$. Um dies in (42.1) einsetzen zu können, multipliziert man (42.1) mit $j\omega\mu_0$ und bekommt dann eine Gleichung für $\mathfrak{E}_x$:

$$-\omega^2\varepsilon_0\mu_0 \cdot \mathfrak{E}_x = \frac{\partial^2\mathfrak{E}_x}{\partial z^2} + \frac{\partial^2\mathfrak{E}_x}{\partial y^2}. \tag{42.5}$$

Die Lösung soll hier nicht im einzelnen verfolgt werden. Der Leser prüfe an den gegebenen Funktionen, daß sie die genannten Gleichungen tatsächlich erfüllen:

$$\mathfrak{H}_y = -\mathfrak{A} \cdot \cos(\pi y/a) \cdot e^{-Kz}; \tag{42.6}$$

$$\mathfrak{H}_z = (\mathfrak{A}/K)(\pi/a)\sin(\pi y/a) \cdot e^{-Kz}; \tag{42.7}$$

$$\mathfrak{E}_x = -j\omega\mu_0(\mathfrak{A}/K)\cos(\pi y/a) \cdot e^{-Kz}, \tag{42.8}$$

wobei $\mathfrak{A}$ eine Konstante ist, über die die Gleichungen nichts aussagen, und

$$K = \pm(\pi/a)\sqrt{1 - \omega^2\varepsilon_0\mu_0(a/\pi)^2}. \tag{42.9}$$

Wenn man sich für das Feld interessiert, das sich in Abb. 329 rechts vom Draht ausbildet, benötigt man das positive K (mit wachsendem z abnehmende Felder). Die Lösung mit negativem K eignet sich für das Feld links vom Draht der Abb. 329. Die sich ergebende Abhängigkeit des Feldes von y wurde bereits anschaulich erläutert und ist unabhängig von der Frequenz. Bemerkenswert ist das K als Exponent der e-Funktion, das mit wachsender Frequenz kleiner wird, so daß die Felder mit wachsender Frequenz in der z-Richtung immer langsamer absinken. Dies wurde bereits zur Abb. 330 anschaulich erläutert. Nach (25.8) ist $\omega^2 \varepsilon_0 \mu_0 = (2\pi/\lambda)^2$, also

$$K = \pm (\pi/a) \sqrt{1 - (2a/\lambda)^2}. \quad (42.10)$$

Wesentlich ist also das Verhältnis der Breite a des Rohres zur Betriebswellenlänge λ. Solange $\lambda > 20a$ ist, also bei nicht allzu hohen Frequenzen, ist K praktisch unabhängig von der Frequenz gleich $\pm \pi/a$. Erst dann, wenn die Frequenz so hoch wird, daß die Betriebswellenlänge λ nach (1.7) in die Größenordnung der Rohrbreite kommt, wird K frequenzabhängig und $|K|$ kleiner als π/a. Es gibt eine Grenzwellenlänge

$$\lambda_g = 2a, \quad (42.11)$$

bei der $K = 0$ wird, und für die sich das von dem Draht angeregte Feld (bei Vernachlässigung aller Verluste, die durch die Leitungsströme in den begrenzenden Leitern entstehen) ungeschwächt im Rohr bis $z = \infty$ erstreckt. Führt man dieses λ_g in (42.10) ein, so erhält man die wichtige Formel

$$K = \pm (2\pi/\lambda_g) \sqrt{1 - (\lambda_g/\lambda)^2}. \quad (42.12)$$

Solange also $\lambda > 10\lambda_g$ ist, wird K frequenzunabhängig gleich $\pm 2\pi/\lambda_g$. Die genannte Lösung gibt das von dem Draht in Abb. 329 angeregte Feld sehr gut wieder, wenn man von den Bezirken in der unmittelbaren Nähe des Drahtes absieht, für die der Funktionsverlauf noch etwas korrigiert werden müßte. Die Flächenstromdichte auf den Leiteroberflächen berechnet man aus $\mathfrak{H}_y$ und $\mathfrak{H}_z$ nach (7.6) und Abb. 34. Man beachte, daß das Absinken nach der Funktion e^{-Kz} sehr schnell erfolgt, da bei $z = 1/K \approx \pm a/\pi$ alle Komponenten bereits auf den e^{-1}-fachen Wert ihrer Größe bei $z = 0$ abgesunken sind. Bei $z = \pm a$ ist der Faktor $e^{-Kz} \approx e^{-\pi} = 0{,}04$ schon außerordentlich klein, also kein nennenswertes Feld mehr vorhanden.

Das berechnete Feld ist der einfachste Typ, der in einem Rechteckleiter bestehen kann. Auf die Berechnung weiterer Typen soll verzichtet werden. Jeder dieser Typen hat seine eigene Grenzwellenlänge λ_g und das K berechnet sich stets nach (42.12) für das jeweilige λ_g. Solange $b < a$ ist, stellt die hier berechnte Form diejenige mit der größten Grenzwelle dar. Die Typen mit kleinerer Grenzwelle haben nach (42.12) größeres K. Ihre z-Abhängigkeit ist ebenfalls durch den Faktor e^{-Kz} gegeben, so daß alle Felder mit größerem K wesentlich schneller mit wachsendem z absinken. Diese höheren Feldtypen findet man daher in meßbaren Größen nur bei sehr kleinem z, also in unmittelbarer Nähe der Anregungsstelle, während bei etwas größerem z nur noch das Feld (42.6) bis (42.8) nachweisbar ist, das wegen des kleinsten K am langsamsten absinkt. Wenn das Rohr keinen rechteckigen, sondern einen kreisrunden Querschnitt wie in Abb. 336 hat, ändert sich an dem für das Rechteck berechneten Feld nur wenig. Ein

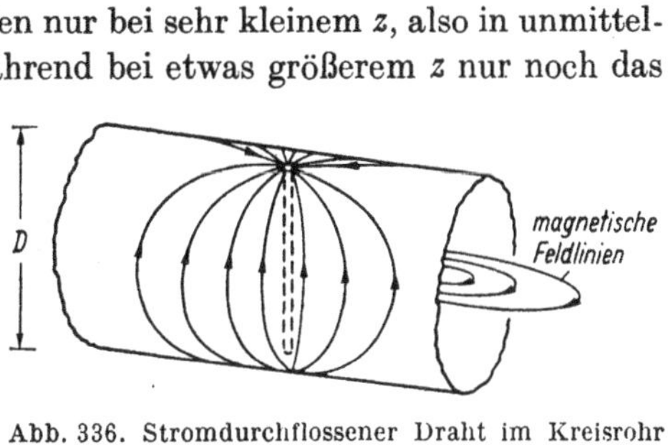

Abb. 336. Stromdurchflossener Draht im Kreisrohr

stromdurchflossener Draht quer durch das Rohr schließt seine Stromkreise über das Rohr wie in Abb. 329 und besitzt magnetische Feldlinien, deren Form denen der Abb. 328 durchaus entspricht. Auch in einem solchen Rohr sinken alle Felder nach einer Funktion e^{-Kz}, wobei sich K aus der Grenzwellenlänge der betreffenden Feldform wie in (42.12) berechnet. Für den in Abb. 336 gezeichneten Feldtyp ist dann

$$\lambda_g = 1{,}71\,D, \tag{42.13}$$

wobei D der Durchmesser des Rohres ist. Man vergleiche (42.11). Solange dann $\lambda > 10\,\lambda_g$ ist, bleibt die Form der Feldlinien annähernd frequenzunabhängig.

Diese Kenntnisse über die Ausbreitung solcher Felder wendet man an, wenn man Lüftungsrohre für Abschirmkästen bauen will, durch die keine nennenswerten Felder austreten sollen. Liegt in der Abschirmwand ein solches Rohr nach Abb. 337, so regen die in der Abschirmwand fließenden Ströme auch Ströme auf der Innenseite des Rohres an, die denen in Abb. 336 sehr ähnlich sind. In dem Rohr werden dann magnetische Felder bestehen, die nach einer Funktion e^{-Kz} absinken. Handelt es sich um ein Rohr mit Kreisquerschnitt, so entsteht vorzugsweise das Feld mit λ_g nach (42.13). Dann macht man $D < \lambda/8$, damit $\lambda_g/\lambda < 0{,}2$ wird und das K nach (42.12) eine ausreichende Größe erhält. Wenn dann die Rohrlänge größer als $3D$ ist, treten aus der Rohröffnung keine meßbaren Felder mehr aus, weil diese nach der Funktion e^{-Kz} abnehmen. Mit $\lambda_g = 1{,}71\,D$ wird $K = \pm\,3{,}68/D$ und für $z \doteq 3\,D$ der Schwächungsfaktor $e^{-Kz} = e^{-11} = 1{,}7\cdot 10^{-5}$.

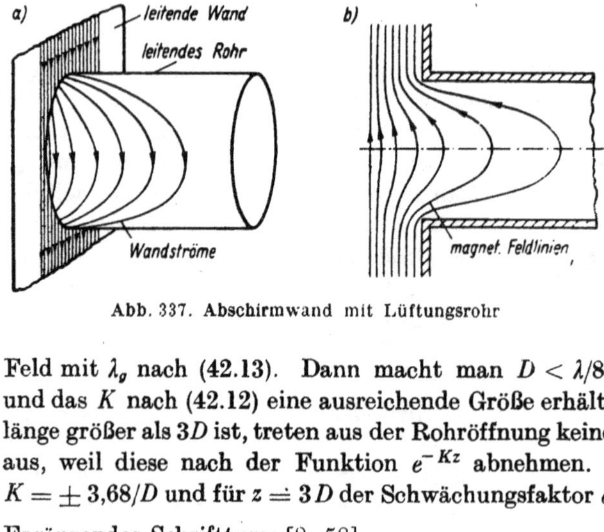

Abb. 337. Abschirmwand mit Lüftungsrohr

Ergänzendes Schrifttum: [8, 58].

§ 43. Die H_{10}-Welle im Rechteckrohr

Wenn die Betriebswellenlänge λ kleiner als die Grenzwellenlänge wird, erhält man nach (42.12) ein imaginäres K und e^{-Kz} ist nicht mehr eine mit wachsendem z aperiodisch absinkende Funktion, sondern ein komplexer Faktor geworden, der in (42.6) bis (42.8) wie in (36.5) die Ausbreitung aller Felder in Wellenform darstellt. Die Möglichkeit einer solchen Wellenausbreitung soll nun für den einfachen Fall eines Rohres mit Rechteckquerschnitt anschaulich erläutert werden. Man geht aus von einer homogenen Bandleitung (Abb. 338a), für deren Welle die Felddarstellung in § 36 gebracht wurde. Es entstehen im Momentanbild Stromkreise, die von magnetischen Feldlinien durchsetzt sind wie in Abb. 155 bei der koaxialen Leitung. Dieses Momentanbild verschiebt sich längs der Leitung mit Phasengeschwindigkeit. Wenn man nun diese Bandleitung durch zwei leitende Längswände zu einem Rechteckrohr ergänzt, so wird die Leitung dadurch auf beiden Seiten kurzgeschlossen und es ist normalerweise keine Welle mehr möglich. Es tritt dann nur das aperiodische Absinken angeregter Felder nach § 42 auf. Wenn jedoch die Bandleitung genügend breit war, wenn beispielsweise die Breite a größer als $\lambda/2$ ist, bedeuten diese seitlichen Wände keinen Kurzschluß im eigentlichen

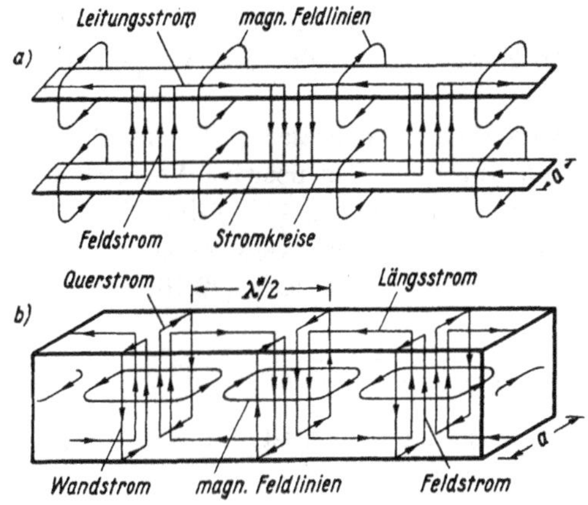

Abb. 338. Feldbild
a) bei der Bandleitung
b) im Rechteckrohr

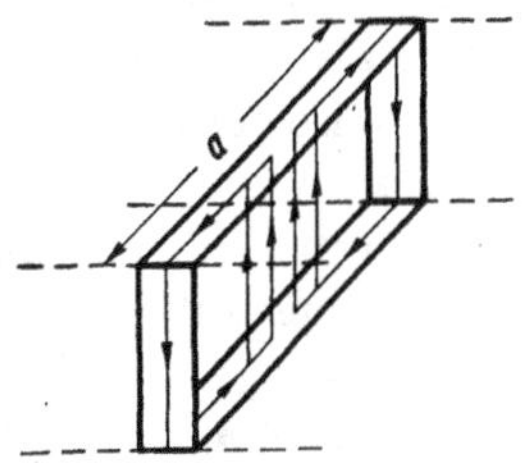

Abb. 339.
Hohlrohrelement der Abb. 338 b

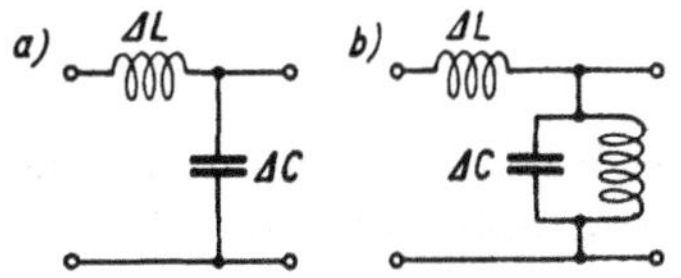

Abb. 340. Ersatzbild
a) für die Bandleitung
b) für das Hohlrohr

Sinn mehr. Wir betrachten zunächst den theoretisch besonders interessanten Fall $a = \lambda/2$ ($K = 0$). Während auf der Bandleitung der Abb. 338a alle Leitungsströme in Richtung der Leitung fließen, machen sich die beiden seitlichen Wände nach Abb. 329 dadurch entscheidend bemerkbar, daß für $a = \lambda/2$ nur Ströme quer zur Leitung über die Seitenwände fließen, so daß in der Leitungsrichtung z keine Ströme bleiben, die eine sich ausbreitende Welle ermöglichen würden. Betrachtet man die Querströme in einem schmalen Rohrstück nach Abb. 339, so tritt in diesem Querstück der in Abb. 313 gezeichnete Zustand ein. Das Querstück wird dann ein Resonanzgebilde, das bei Vernachlässigung der Verluste einen unendlich großen Widerstand darstellt. Eine einfache Bandleitung hat ein (LC)-Ersatzbild nach Abb. 340a. Zum Entstehen einer Welle ist erforderlich, daß der Längswiderstand ein induktiver und der Querblindwiderstand ein kapazitiver Widerstand ist. Beim Rohr nach Abb. 338b hat man jedoch parallel zur Querkapazität eine Querinduktivität (Abb. 340b) geschaltet, die durch die magnetische Feldenergie der Ströme über die Seitenwände entsteht. Der Querblindwiderstand ist also ein Parallelresonanzkreis und eine Welle entsteht nur dann, wenn der resultierende Blindwiderstand dieses Kreises kapazitiv ist, wenn also die Betriebswellenlänge λ kleiner als die Resonanzwellenlänge dieses Parallelkreises ist. Diese Resonanzwellenlänge ist also die Grenzwellenlänge λ_g des Rohres. Da die Resonanz des Gebildes der Abb. 339 bei $a = \lambda/2$ liegt, entsteht so die Grenzwellenlänge $\lambda_g = 2a$ nach (42.11). Wenn man die Abb. 338a durch die Querströme nach Abb. 338b ergänzt, hat man das vollständige System der Stromkreise, deren Zentrum je ein Feldstrombündel in der Rohrmitte ist, das hier eine ähnliche Rolle wie der Leitungsstrom im Draht der Abb. 329 spielt. Diese Feldstrombündel wandern jedoch mit der Phasengeschwindigkeit in der Wellenrichtung. Sie sind wie in Abb. 328 von magnetischen Feldlinien umgeben, deren genauere Form Abb. 343b zeigt. Die Leitungsströme speisen das senkrechte Feldstrombündel von allen Seiten, und zwar als Querströme über die senkrechten Wände und als Längsströme sogar teilweise aus den benachbarten Feldstrombündeln. Man vergleiche auch Abb. 343a.

An Stelle von e^{-Kz} schreibt man beim Wellenfeld besser $e^{\mp j\alpha z}$, um die Fortpflanzungskonstante α auch hier einzuführen. Das positive Vorzeichen beschreibt dabei genau wie bei der koaxialen Leitung (§ 24) den Fall der in Richtung abnehmender z laufenden Welle, das negative Vorzeichen den der in Richtung wachsender z laufenden Welle. Es ist nach (42.10) auf Grund einer kleinen Umformung

$$\pm j\alpha = K = \pm j(2\pi/\lambda)\sqrt{1 - [\lambda/(2a)]^2}, \tag{43.1}$$

wobei die Wurzel im Wellenfall ($\lambda < 2a$) wieder reell ist. Da $\alpha = 2\pi/\lambda^*$ ist, wird nach (43.1) die Wellenlänge im Rohr

$$\lambda^* = \lambda/\sqrt{1 - [\lambda/(2a)]^2}. \tag{43.2}$$

Sie ist größer als λ, was darauf zurückzuführen ist, daß die wirksame Querkapazität der Leitung ähnlich wie in (6.19) durch die parallele Induktivität (Abb. 340b) frequenzabhängig verkleinert wird. Für $\lambda = \lambda_g = 2a$ wird $\lambda^* = \infty$ und gibt die Überleitung zu der aperiodischen Feldausbreitung in § 42. Je mehr sich λ von λ_g entfernt, desto mehr nähert sich λ^* dem λ.

Für die folgenden Berechnungen der Feldstärken und des Leistungstransports betrachten wir zunächst eine in Richtung wachsender z laufende Welle. Für die in Richtung abnehmender z laufende Welle erhält man in (43.4) und (43.5) lediglich ein positives Vorzeichen, während in (43.10) bis (43.12) keine Änderung eintritt, weil es sich dort um reelle Amplituden handelt. Aus den Feldkomponenten (42.6) bis (42.8) wird in der Wellendarstellung mit $K = j\alpha$

$$\mathfrak{H}_y = -\mathfrak{A}\cdot\cos(\pi y/a)\cdot e^{-j\alpha z}; \tag{43.3}$$

$$\mathfrak{H}_z = -j(\mathfrak{A}/\alpha)(\pi/a)\sin(\pi y/a)\cdot e^{-j\alpha z}; \tag{43.4}$$

$$\mathfrak{E}_x = -\omega\mu_0(\mathfrak{A}/\alpha)\cos(\pi y/a)\cdot e^{-j\alpha z}. \tag{43.5}$$

Die reelle Amplitude aller Feldkomponenten ist unabhängig von z, die Amplituden der Welle sind längs der Leitung also konstant. Die Komponenten $\mathfrak{H}_y$ und $\mathfrak{E}_x$ sind phasengleich und haben die gleiche Abhängigkeit von y. Die y-Abhängigkeit der Komponenten stellt man als anschauliche Gedächtnishilfe am besten nach Abb. 341 dar. Längs der Strecke a sind senkrecht Pfeile der Länge $\cos(\pi y/a)$ gezeichnet, die also die räumliche Verteilung der Größe des $\mathfrak{H}_y$ und $\mathfrak{E}_x$ längs einer Linie parallel zur y-Achse geben, und waagerecht Pfeile der Länge $\sin(\pi y/a)$, die die Verteilung der Größe des $\mathfrak{H}_z$ geben.

Die Erkenntnis, daß ein solcher Hohlleiter nichts anderes ist als eine gewöhnliche Leitung mit zusätzlichen Querströmen ist sehr bedeutsam, weil sie eine Anwendung aller bisher für gewöhnliche Leitungen entwickelten Gesetze, Berechnungsverfahren und Schaltungsmöglichkeiten gestattet. Ein Hohlleiter ist ein außerordentlich einfacher Ersatz für eine andere Leitung, wenn man bedenkt, welche Schwierigkeiten z. B. die Abstandshalter bei gewöhnlichen Leitungen machen. Er hat den Nachteil, daß er bei längeren Wellen sehr große Dimensionen haben muß, damit seine Grenzwellenlänge genügend groß wird. Bei sehr kurzen Wellen ist das Rohr dagegen eine ideale Leitung. Es muß nun noch geprüft werden, ob er bezüglich Spannungsfestigkeit und Dämpfung einigermaßen günstige Eigenschaften hat.

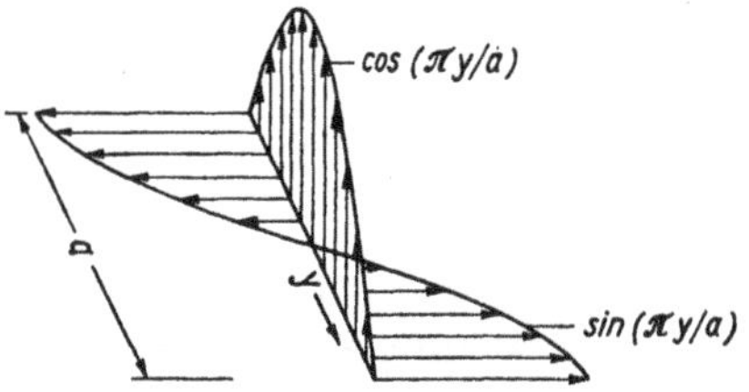

Abb. 341.
Die y-Abhängigkeit der Feldkomponenten

Wichtig ist also die Berechnung der durch eine Welle bei gegebenen Feldstärken transportierten Leistung. Der Poyntingsche Vektor S nach (36.10) und Abb. 264 setzt sich hier aus zwei Bestandteilen zusammen, einem Leistungstransport in der z-Richtung

$$S_z = \frac{1}{2} E_x H_y = S_W \tag{43.6}$$

und einem Leistungstransport in der y-Richtung

$$S_y = \frac{1}{2} E_x H_z = S_B. \tag{43.6a}$$

Da $\mathfrak{E}_x$ und $\mathfrak{H}_y$ nach (43.3) und (43.5) phasengleich sind, ist $\cos\Phi = 1$ und S_z daher eine Wirkleistung S_W, während $\mathfrak{E}_x$ und $\mathfrak{H}_z$ nach (43.3) und (43.4) eine Phasendifferenz von $\pi/2$ aufweisen, so daß $\sin\Phi = 1$ ist und S_y daher eine Blindleistung S_B darstellt. Neben der allgemeinen Energiewanderung in der z-Richtung findet also eine Pendelung von Energie in der Querrichtung statt. Für den Energietransport der Welle interessiert nur der Bestandteil S_W:

$$S_W = \frac{1}{2} E_x H_y = \frac{1}{2} (\omega\mu_0/\alpha) A^2 \cdot \cos^2(\pi y/a). \tag{43.7}$$

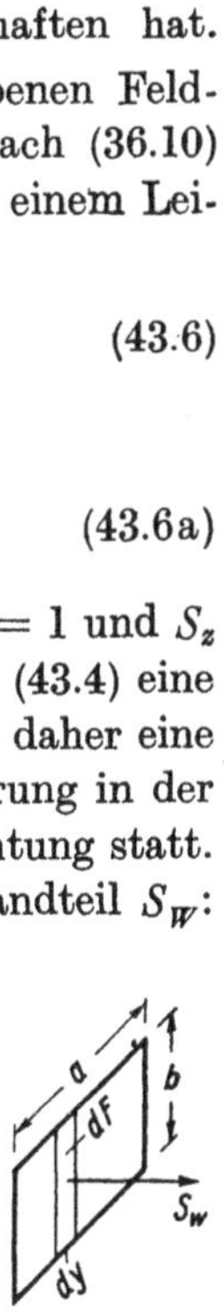

Abb. 342.
Zur Berechnung der Wirkleistung

S_W ist eine Leistungsdichte, also der Energietransport durch eine Fläche von 1 cm². Durch eine Fläche F tritt die Leistung $S_W \cdot F$. Bei raumabhängigen Komponenten benutzt man infinitesimale Flächen dF. Durch einen kleinen senkrechten Streifen der Breite dy in der Querschnittsebene des Rohres (Abb. 342) parallel zur x-Achse ($dF = b \cdot dy$) tritt die Leistung $dN = S_W \cdot b \cdot dy$. Addiert man den Leistungsdurchgang aller Teilflächen dF des Querschnitts, so erhält man die gesamte, von der Welle transportierte Leistung

$$N = \int_{-a/2}^{a/2} S_W \cdot b \cdot dy = \frac{1}{4} a \cdot b \cdot A^2 \cdot \omega\mu_0/\alpha. \tag{43.8}$$

Es ist $\omega\sqrt{\mu_0 \varepsilon_0} = 2\pi/\lambda$ nach (25.8) und $\alpha = 2\pi/\lambda^*$ nach (22.20), also mit (43.2)

$$\omega\mu_0/\alpha = \sqrt{\mu_0/\varepsilon_0}\, \lambda^*/\lambda = 120\pi / \sqrt{1 - [\lambda/(2a)]^2}\ [\Omega]. \tag{43.8a}$$

Mit Hilfe dieser Gleichungen kann man den Betrag A der bisher beliebigen Konstanten $\mathfrak{A}$ durch die transportierte Leistung ausdrücken:

$$A = 0{,}103\ \sqrt{N/(ab)}\ \sqrt[4]{1 - [\lambda/(2a)]^2}\ [\mathrm{A/cm}] \tag{43.9}$$

(N in W, Längen in cm).

Setzt man dies in (43.3) bis (43.5) ein, so erhält man den für technische Aufgaben sehr wichtigen Zusammenhang der Feldkomponenten mit der Leistung. Die nach Abb. 341 im Querschnitt verteilten Feldstärken haben dann die reellen Amplituden

$$H_y = 0{,}103 \sqrt{\frac{N}{ab}}\ \sqrt[4]{1 - [\lambda/(2a)]^2}\ \cos(\pi y/a) \left[\frac{\mathrm{A}}{\mathrm{cm}}\right]; \tag{43.10}$$

$$H_z = 0{,}052 \sqrt{\frac{N}{ab}}\ \frac{\lambda}{a}\ \frac{1}{\sqrt[4]{1 - [\lambda/(2a)]^2}}\ \sin(\pi y/a) \left[\frac{\mathrm{A}}{\mathrm{cm}}\right]; \tag{43.11}$$

$$E_x = 38{,}8 \sqrt{\frac{N}{ab}}\ \frac{1}{\sqrt[4]{1 - [\lambda/(2a)]^2}}\ \cos(\pi y/a) \left[\frac{\mathrm{V}}{\mathrm{cm}}\right]; \tag{43.12}$$

(N in W, Längen in cm).

Bezüglich der Spannungsfestigkeit des Hohlleiters interessiert die bei gegebenem N in der Mitte des Hohlleiters $[\cos(\pi y/a) = 1]$ auftretende maximale Feldstärke

$$E_{\max} = 38{,}8 \sqrt{\frac{N}{ab}}\ \frac{1}{\sqrt[4]{1 - [\lambda/(2a)]^2}} \left[\frac{\mathrm{V}}{\mathrm{cm}}\right]. \tag{43.13}$$

Je größer die Querschnittsfläche $a \cdot b$ des Hohlleiters, desto kleiner also die Feldstäıken. Ist die höchstzulässige Feldstärke $E_{\max}$ gegeben (in Luft etwa 10^4 V/cm), so gewinnt man aus (43.13) die durch das Rohr maximal übertragbare Leistung

$$N_{\max} = 0{,}66 \cdot 10^{-3}\, E_{\max}^2 \cdot ab \sqrt{1 - [\lambda/(2a)]^2}\ [\mathrm{W}]. \tag{43.14}$$

($E_{\max}$ in V/cm, Längen in cm).

Je mehr man sich der Grenzwellenlänge nähert, desto kleiner wird die übertragbare Leistung. In Luft überträgt der Hohlleiter etwa 50 kW pro cm^2 der Querschnittsfläche. Dies ist im allgemeinen noch mehr als bei einer entsprechenden koaxialen Leitung.

Den genaueren Verlauf der Ströme im begrenzenden Hohlleiter zeigt Abb. 343a in einem Momentanbild. Man ergänze das Bild durch die zentralen Feldstrombündel im Rohrinneren, die durch die magnetischen Feldlinienringe der Abb. 343b stoßen. Auf den senkrechten Wänden gibt es nur senkrechte parallele Ströme. Die reelle Amplitude $J_S{}^*$ der Flächenstromdichte auf dieser Wand ist nach (7.6) gleich H_z aus (43.11) für $y = \pm a/2$:

$$J_S{}^* = 0{,}052 \sqrt{\frac{N}{ab}\frac{\lambda}{a}} \frac{1}{\sqrt[4]{1 - [\lambda/(2a)]^2}} \left[\frac{\mathrm{A}}{\mathrm{cm}}\right]. \qquad (43.15)$$

Auf den waagerechten Wänden gibt es Stromkomponenten in Richtung der z-Achse mit der Flächenstromdichte $\mathfrak{J}_z{}^*$ und Stromkomponenten in Richtung der y-Achse mit der Flächenstromdichte $\mathfrak{J}_y{}^*$. In der Praxis interessieren nur ihre reellen Amplituden ohne Berücksichtigung der Phasen und Vorzeichen. Dann ist nach (7.6)

$$J_z{}^* = H_y \text{ und } J_y{}^* = H_z. \qquad (43.16)$$

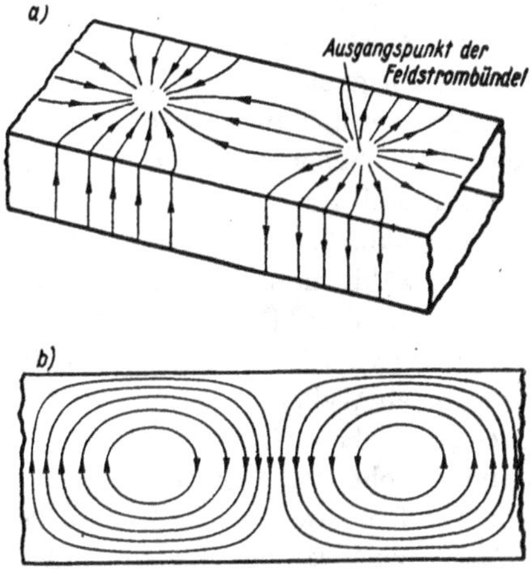

Abb. 343. Stromverlauf und magnetische Feldlinien beim Rechteckrohr (Momentanbild)

Die Flächendichte der Längsströme verteilt sich nach der Funktion $\cos(\pi y/a)$ des H_y, wie es in Abb. 344a gezeichnet ist. Die Flächendichte der Querströme wächst nach dem Rande hin nach der Funktion $\sin(\pi y/a)$ des H_z, wie es in Abb. 344b durch die wachsende Breite der Strompfeile angedeutet ist. Wichtig ist, daß in der Flächenmitte eine Linie ohne Querströme besteht. Längs dieser Linie kann man einen Schlitz im Rohr anbringen, ohne das Wellenfeld meßbar zu stören. Einen solchen Schlitz benötigt man für die in § 44 beschriebenen Widerstandsmessungen wie bei einer gewöhnlichen Leitung. Aus der Stromverteilung kann man die Leistungsverluste durch den Oberflächenwiderstand der Leiter berechnen. Für versilberte Leiteroberflächen ergibt sich dann die Dämpfungskonstante

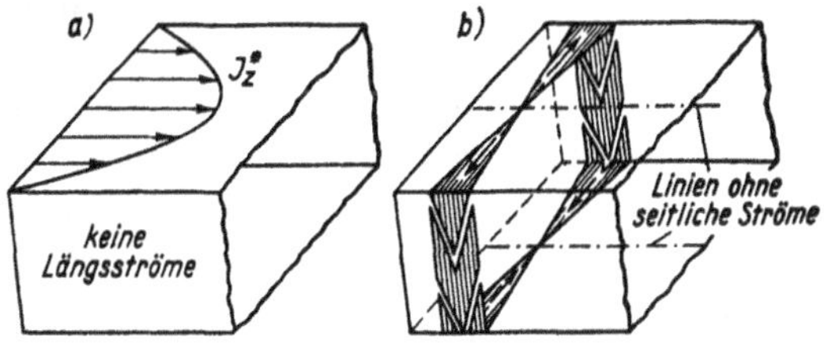

Abb. 344. Längs- und Querströme bei der H_{10}-Welle

$$\beta = \frac{1{,}1 \cdot 10^{-4}}{a\sqrt{\lambda}} \frac{(a/b) + 2[\lambda/(2a)]^2}{\sqrt{1 - [\lambda/(2a)]^2}} \left[\frac{\text{Neper}}{\text{cm}}\right] (a \text{ und } \lambda \text{ in cm}). \qquad (43.17)$$

Für andere Leiterwerkstoffe ist dieses β mit dem Faktor K_1 der Tabelle auf S. 37 zu multiplizieren. Dieses β ist sehr klein und sogar etwas kleiner als das einer gleichwertigen koaxialen Leitung nach (24.9).

Neben der hier beschriebenen Wellenform sind im gleichen Rohr weitere Wellenformen möglich, die je nach der Art der Anregung des Hohlleiters in mehr oder weniger großem Umfang nebenher entstehen können. Auch an den unvermeidlichen inhomogenen Bauelementen eines größeren Schaltungskomplexes können aus der ankommenden Welle Wellen anderer Schwingungsform gebildet werden. Man sieht z. B. leicht ein, daß die obige Wellenform im gleichen Rohr auch so laufen kann, daß sie im Querschnitt um 90^0 gedreht ist, daß also die elektrischen Feldlinien parallel zur Kante a und die magnetischen Feldlinien in Ebenen parallel zur Kante b verlaufen. Die Grenzwellenlänge dieser Welle wäre dann nach (42.11) $\lambda_g = 2b$. Wenn man diese Nebenwelle vermeiden will, muß man a und b so wählen, daß $b < \lambda/2$ und $a > \lambda/2$ ist. Da in der Nähe der Grenzwelle eines Rohres alle Wellengrößen kritische Werte annehmen, z. B. auch $E_{\max}$ in (43.13) und β in (43.17), wählt man a so groß, daß λ einen gewissen Abstand von λ_g hat. Alle anderen in dem Rohr möglichen Wellentypen haben bei geeigneter Wahl von a und b noch kleinere Grenzwellenlängen als die beiden hier betrachteten einfachsten Wellen. Als übliche Form hat sich daher ein Rechteckrohr mit $a:b = 2:1$ herausgebildet, das für $1{,}8a > \lambda > 1{,}2a$ betrieben wird und dann sowohl von der Grenzwelle $\lambda_g = 2a$ der benutzten Welle, als auch von der Grenzwelle $\lambda_g = 2b = a$ der zu vermeidenden Störwelle weit genug entfernt ist. Da auch für alle anderen prinzipiell möglichen Wellentypen die Grenzwelle kleiner bzw. höchstens gleich a ist, existiert also dann in so einem Rohr innerhalb der angegebenen Grenzen für λ nur der eine sehr einfache Wellentyp, was das Arbeiten mit solchen Hohlleitern außerordentlich erleichtert. Man kann beliebige Krümmungen, Verdrehungen, Winkelstücke und andere Inhomogenitäten einbauen und ist doch stets sicher, daß der beabsichtigte Wellentyp in definierter Lage erhalten bleibt. Auch die Anregung dieser Welle im Rohr ist dann sehr einfach. Man braucht nur an irgendeiner Stelle Ströme wie im Draht der Abb. 329 parallel zur Kante b fließen lassen oder durch Anregung elektrischer Felder entsprechende Feldströme gleicher Richtung. Dann entsteht stets diese eine bestimmte Wellenform. Die verschiedenen Wellentypen werden durch Namen voneinander unterschieden. Die hier betrachtete Wellenform heißt die H_{10}-Welle, in USA oft auch TE_{10}-Welle (transversal elektrisch, weil es keine elektrische Komponente in der longitudinalen z-Richtung gibt). Andere als diese H_{10}-Welle haben im Rechteckhohlleiter keine praktische Bedeutung.

Man kennt diesen Wellentyp auch in Hohlleitern mit anderem Querschnitt, z. B. im Hohlleiter mit Kreisquerschnitt, wo er als H_{11}-Welle (TE_{11}-Welle) bezeichnet wird. Es ergeben sich die gleichen Feldformen, die sich lediglich dem etwas geänderten äußeren Rand anpassen müssen und zwar bestehen wieder senkrechte Feldlinien, deren Querschnittsverlauf in Abb. 345 gezeichnet ist, magnetische Feldlinien in waagerechten Flächen senkrecht zu den elektrischen Feldlinien und Ströme im Außenleiter wie in Abb. 343 jedoch auf gekrümmtem Außenleiter wie in Abb. 336. Ihre Grenzwellenlänge lautet

$$\lambda_g = 1{,}71\,D, \tag{43.18}$$

wobei D der Rohrdurchmesser ist. Wählt man die Betriebswellenlänge λ zwischen $1{,}71\,D$ und $1{,}31\,D$, so kann sich nur dieser eine Wellentyp im Rohr entwickeln. Diese Welle findet praktisch Anwendung, jedoch nach Möglichkeit nur in kürzeren Rohren, weil das kreisrunde Rohr keine Garantie gegen eine Verdrehung des Feldes um die Rohrachse bietet, so daß beispielsweise die nach Abb. 345 senkrecht angeregten Feldlinien das Ende eines langen, mit Inhomogenitäten ausgestatteten Rohres in einer undefinierten und nicht beabsichtigten Schräglage erreichen (Drehung der Polarisationsebene, wobei auch elliptische Polarisation entstehen kann). Die H_{10}-Welle im Rechteckrohr mit $a:b = 2:1$ stellt also die günstigste Form einer Hohlrohrwelle dar, die sogar der Welle auf einer gewöhnlichen Leitung in wesentlichen Eigenschaften überlegen ist. Ergänzendes Schrifttum: [56, 59].

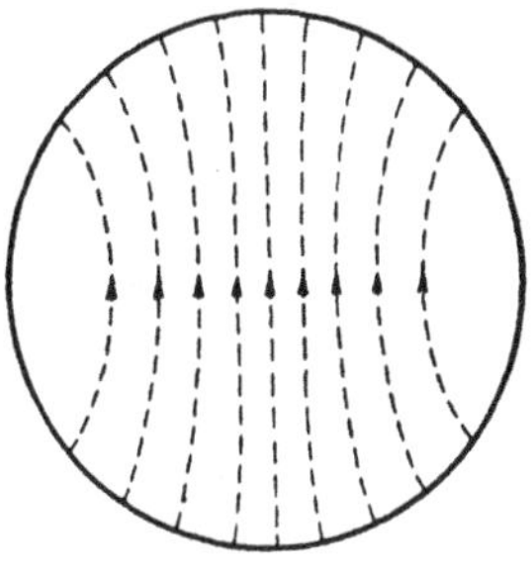

Abb. 345. Elektrische Feldlinien im Kreisrohr (H_{11}-Welle)

§ 44. Der Widerstands- und Vierpolbegriff bei der H_{10}-Welle

Die Begriffe Strom und Spannung auf der Leitung, die bei gewöhnlichen Leitungen die Vorgänge beschreiben, sind im Hohlleiter nicht anwendbar. Es gibt hier keine induktions- und feldstromfreien Querschnittsebenen, weil stets eine Komponente $\mathfrak{H}_z$ vorhanden ist. Es gibt auch keine anderen solchen Flächen irgendwelcher Form, weil die Komponenten $\mathfrak{H}_y$ und $\mathfrak{H}_z$ nach (43.3) und (43.4) nicht phasengleich sind, so daß prinzipiell keine zeitunabhängigen Flächen möglich sind, die sich für Definitionen nach § 35 eignen. Dies würde also einen Verzicht auf die Anwendung des Widerstandsbegriffs bedeuten und die Entwicklung völlig neuartiger Rechenmethoden zum quantitativen Umgang mit Hohlleiterschaltungen notwendig machen. Um diese Erschwerung des technischen Arbeitens zu vermeiden, ist man daher bemüht, etwas ähnliches wie den Widerstandsbegriff zu schaffen, das einwandfrei definiert sein soll, aber die Beibehaltung der bei gewöhnlichen Leitungen gebräuchlichen Rechen- und Meßverfahren gestattet.

Im folgenden wird stets vorausgesetzt, daß der Hohlleiter so dimensioniert ist, daß nur eine H_{10}-Welle in ihm bestehen kann. Der Hohlleiter, in den ein Generator eine Welle schickt, ist mit einem Gebilde abgeschlossen, das als Verbraucher bezeichnet wird. Wie bei der gewöhnlichen Leitung wird dieser Verbraucher im allgemeinen einen Teil der ankommenden Welle reflektieren, so daß in dem Hohlleiter wieder zwei Wellen gleicher Art, aber verschiedener Fortpflanzungsrichtung laufen. Man kann sich darauf beschränken, den Verlauf der Komponenten $\mathfrak{E}_x$ zu betrachten, da nach (43.3) bis (43.5) alle drei Komponenten bezüglich Größe und Phase innerhalb einer Welle eindeutig miteinander verbunden sind. Für eine Querschnittsebene am Ort z kann man ein Wellenverhältnis $\mathfrak{r}^*$ wie in (24.22) definieren.

$$\mathfrak{r}^* = \mathfrak{E}_x''/\mathfrak{E}_x' \quad (44.1)$$

ist der Quotient der elektrischen Feldstärke $\mathfrak{E}_x''$ der reflektierten Welle und der elektrischen Feldstärke $\mathfrak{E}_x'$ der zum Verbraucher laufenden Welle in dieser Ebene. Am Leitungsende, also in der Ebene $z = 0$ besteht das Wellenverhältnis $\mathfrak{r}_1^* = \mathfrak{E}_{x1}''/\mathfrak{E}_{x1}'$ der Feldstärkekomponenten in dieser Ebene. Für die reflektierte, in Richtung wachsender z laufende Welle besteht längs der Leitung eine konstante komplexe Amplitude $\mathfrak{E}_x'' = -\omega\mu_0\,(\mathfrak{A}''/\alpha)\cos(\pi y/a)$ und der Phasenfaktor $e^{-j\alpha z}$. Für die zum Verbraucher laufende, in Richtung abnehmender z fortschreitende Welle besteht die konstante komplexe Amplitude $\mathfrak{E}_x' = \omega\mu_0(\mathfrak{A}'/\alpha)\cos(\pi y/a)$ und der Phasenfaktor $e^{j\alpha z}$ wie in § 24 bei der gewöhnlichen Leitung. Also ist

$$\mathfrak{r}^* = -(\mathfrak{A}''/\mathfrak{A}')\,e^{-2j\alpha z} = \mathfrak{r}_1^* \cdot e^{-2j\alpha z} \quad (44.2)$$

wie in (24.23).

Gibt man der Leitung einen Längsschlitz in der querstromfreien Mittellinie der Breitseite (Abb. 344b) und verschiebt einen Abtaster zur Messung der elektrischen Feldstärke längs der Leitung wie in § 28, so erhält man den gleichen Kurvenverlauf wie in Abb. 156a für die Spannung auf einer gewöhnlichen Leitung, der ja auch dem Verlauf der elektrischen Feldstärke auf der gewöhnlichen Leitung entspricht. Man findet Orte, wo $\mathfrak{r}^*$ positiv reell ist, also $\mathfrak{E}_x'$ und $\mathfrak{E}_x''$ phasengleich sind und die maximale Feldstärke $E_{\max} = E_x' + E_x''$ gemessen wird. Man findet ferner Orte, für die $\mathfrak{r}^*$ negativ reell ist, wo also $\mathfrak{E}_x'$ und $\mathfrak{E}_x''$ entgegengesetzte Phase haben, also die minimale Feldstärke $E_{\min} = E_x' - E_x''$ gemessen wird. Aus dem Quotienten

$$m = E_{\min}/E_{\max} \quad (44.3)$$

kann man den Absolutwert des Wellenverhältnisses

$$E_x''/E_x' = A''/A' = (1 - m)/(1 + m) \quad (44.4)$$

berechnen. Aus dem Ort des Minimums auf der Leitung kann man die Phase des $\mathfrak{r}^*$ in jedem Punkt der Leitung berechnen, weil ein Abstand Δz vom Minimum in Richtung wachsender z nach (44.2) eine Phasendrehung um $-2\alpha \cdot \Delta z = -4\pi \cdot \Delta z/\lambda^*$ bedeutet. Auf diesem leicht meßbaren Wellenverhältnis kann man die Schaltungstheorie der Hohlleiter aufbauen. Wenn man jedoch beachtet, daß man bei gewöhnlichen Leitungen nach § 28 nach dem gleichen Meßverfahren (Bestimmung des m und des Ortes des Spannungsminimums) den relativen Widerstand $\mathfrak{r} = \mathfrak{R}/Z$ gewinnt, erscheint es sehr zweckmäßig, auch hier statt mit $\mathfrak{r}^*$ rein formal mit einem relativen Widerstand $\mathfrak{r}$ zu rechnen, der wie in (24.22) mit dem Wellenverhältnis durch

$$\mathfrak{r}^* = (\mathfrak{r} - 1)/(\mathfrak{r} + 1) \quad (44.5)$$

zusammenhängt. Aus dem gemessenen $\mathfrak{r}^*$ erhält man also

$$\mathfrak{r} = (1 + \mathfrak{r}^*)/(1 - \mathfrak{r}^*). \quad (44.6)$$

Bei einem Hohlleiter versagt zwar der Begriff des absoluten Widerstandes, wohl aber gibt es noch den Begriff des relativen Widerstandes. Aus einer gemessenen Feldstärkekurve nach Abb. 156a gewinnt man (z. B. mit dem normalen Leitungsdiagramm nach Abb. 188) den relativen Abschlußwiderstand $\mathfrak{r}_1 = (1 + \mathfrak{r}_1^*)/(1 - \mathfrak{r}_1^*)$ wie bei der gewöhnlichen Leitung. Die Transformation des $\mathfrak{r}_1$ durch den vorgeschalteten Hohlleiter in den relativen Widerstand $\mathfrak{r}$ an einem beliebigen Punkt z erfolgt dabei mit dem Leitungsdiagramm wie in Abb. 179 bei gewöhnlichen Leitungen auf einem m-Kreis, wobei der Parameter des l-Kreises um z/λ^* mit λ^* nach (43.2) wächst. Dies liegt einfach daran, daß (44.6) zusammen mit (44.2) für Hohlleiter die gleiche Transformation des $\mathfrak{r}$ ergibt wie bei gewöhnlichen Leitungen. Solange man sich also auf relative Widerstände beschränkt, kann man mit Hohlleitern ebenso arbeiten wie mit gewöhnlichen Leitungen. Dies ermöglicht dann eine sehr einfache Schaltungstheorie der Hohlleiter und zahlreiche Analogien zu den Ergebnissen der §§ 22 bis 33.
Auch hier kann man, wenn auch rein formal, einen relativen Widerstand nur definieren für eine beliebige, aber ungestörte Querschnittsebene des Hohlleiters. Der Abschlußwiderstand $\mathfrak{r}_0$ muß daher auf eine Ebene bezogen werden, die wie in Abb. 254 einen hinreichenden Abstand von den durch das Abschlußgebilde hervorgerufenen inhomogenen Feldstörungen hat. Abb. 346

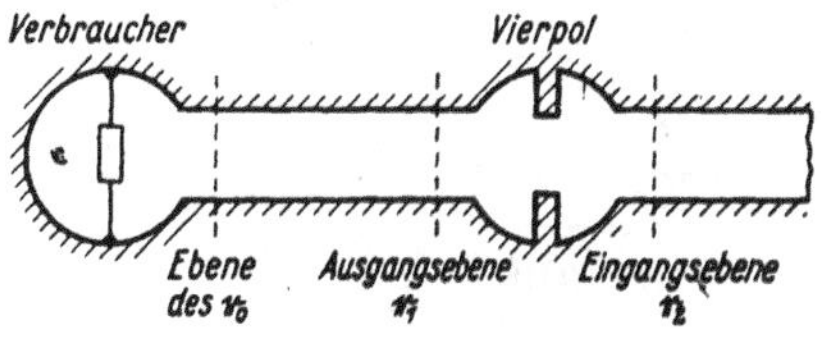

Abb. 346. Hohlleiterschaltung

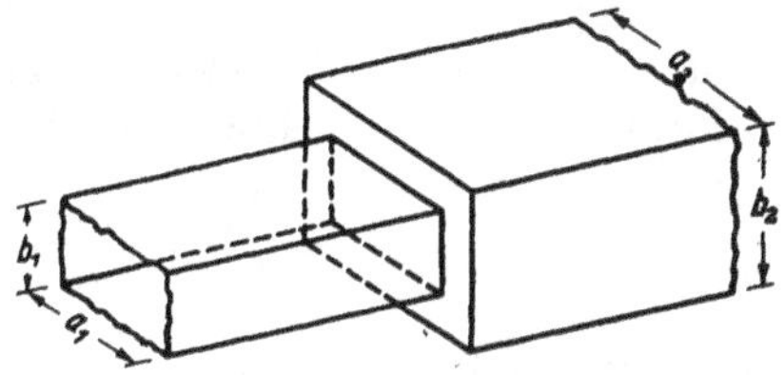

Abb. 347. Querschnittssprung

zeigt das Prinzipbild einer Hohlleiterschaltung. Die Inhomogenität im Leitungszug wird als „Vierpol" bezeichnet und durch zwei ungestörte Querschnittsebenen wie in Abb. 254 begrenzt, für die man den relativen Abschlußwiderstand $\mathfrak{r}_1$ und den relativen Eingangswiderstand $\mathfrak{r}_2$ definiert. Besonders interessieren auch hier die verlustfreien Vierpole, also Inhomogenitäten, deren Oberflächen aus idealen Leitern bestehen. Wenn die Inhomogenität beiderseits an zwei gleiche Hohlleiter stößt, wendet man die Erfahrungen des § 32 an. Man mißt die Vierpolgrößen mit Hilfe eines verschiebbaren Kurzschlusses nach Abb. 229 und erhält die gleichen Kurven wie in Abb. 230. Man verwendet zweckmäßig die Ersatzbilder der Abb. 225, deren Auswertung wie in § 32 erfolgt. Man beachte lediglich, daß die Wellenlänge λ^* hier nach (43.2) zu berechnen ist, und daß sich aus (32.10) oder (32.12) nicht die wirklichen Blindwiderstände jX und jY, sondern nur die relativen Werte

$$x = \pm 2 \operatorname{tg}(\pi \cdot \Delta l/\lambda^*); \qquad y = \pm 2 \operatorname{tg}(\pi \cdot \Delta l/\lambda^*) \tag{44.7}$$

berechnen lassen. Dies behindert jedoch die Anwendung der Ersatzbilder in keiner Weise. Wenn die Inhomogenität beiderseits an zwei verschiedene Hohlleiter stößt (Abb. 347), wendet man das Transformatorersatzbild des

§ 33 an, ebenso die dort beschriebene Meßmethode und das Auswertungsverfahren. Es interessieren dann jedoch nicht die Faktoren Z_1/Z_2 und K, sondern nur der kombinierte Faktor K' nach (33.18), der den Zusammenhang zwischen den relativen Widerständen $\mathfrak{r}_1'$ und $\mathfrak{r}_2'$ beiderseits des Transformators nach (33.17) beschreibt. Wenn man diese Gedankengänge konsequent durchführt, unterscheiden sich Hohlleiterschaltungen und gewöhnliche Schaltungen bei Verwendung von Leitungsquerschnitten mit eindeutigem H_{10}-Wellentyp überhaupt nicht.

Der Übergang vom relativen Widerstand $\mathfrak{r}$ zum wirklichen Widerstand $\mathfrak{R} = \mathfrak{r} \cdot Z$ ist erst dann möglich, wenn man einen Wellenwiderstand des Hohlleiters definiert. Dabei ist jedoch völlig klar, daß es einen Wellenwiderstand in exakter Definition nicht gibt, weil die Begriffe Strom und Spannung nicht definierbar sind. Trotzdem ist mehrfach versucht worden, Wellenwiderstandsdefinitionen einzuführen, die unter gewissen Einschränkungen brauchbar sind. Die erste Definition ist der sogenannte Feldwellenwiderstand, der in Erweiterung von (36.7) entsteht. Man beachte dabei die Komponente $\mathfrak{H}_z$ nicht, weil ihr Beitrag zum Energietransport nach (43.6a) ein reiner Blindvorgang ist und bezieht sich nur auf die energietransportierenden Querkomponenten $\mathfrak{E}_x$ und $\mathfrak{H}_y$. Bei der gewöhnlichen Leitung ist der Wellenwiderstand der Quotient der reellen Amplituden der Spannung und des Stromes. In Analogie dazu definiert man sinnvoll beim Hohlleiter den Quotienten der reellen Amplituden der elektrischen Feldstärke E_x und der magnetischen Feldstärke H_y als „Feldwellenwiderstand" Z_F.

$$Z_F = \frac{E_x}{H_y} = \frac{\omega\mu_0}{\alpha} = \frac{120\pi}{\sqrt{1 - [\lambda/(2a)]^2}}\,[\Omega] \tag{44.8}$$

nach (43.8a) ist für alle Punkte des Querschnitts konstant und hat die Dimension eines Widerstandes. Er unterscheidet sich vom Feldwellenwiderstand der Bandleitung nach (36.7) lediglich durch die Wurzel im Nenner. Bei der Grenzfrequenz ist Z_F unendlich groß, nimmt mit wachsendem Abstand von der Grenzfrequenz (abnehmendes λ) ab und erreicht für hohe Frequenzen den Grenzwert $120\pi\,\Omega$, also den Feldwellenwiderstand der gewöhnlichen Bandleitung. Diese Frequenzabhängigkeit ist bei Betrachtung der Ersatzbilder der Abb. 340 durchaus verständlich. Die gewöhnliche Leitung hat nach dem Ersatzbild der Abb. 340a den Wellenwiderstand $Z = \sqrt{\Delta L/\Delta C}$, der unabhängig von der Frequenz ist. In Abb. 340b liegt jedoch parallel zum ΔC eine Induktivität, so daß die wirksame Kapazität $\Delta C'$, die den Wellenwiderstand bedingt, nach (6.19) frequenzabhängig und bei der Grenzfrequenz (Resonanzfrequenz der Parallelschaltung) gleich Null wird. Multipliziert man den relativen Widerstand $\mathfrak{r}$ mit Z_F, so erhält man einen wirklichen Widerstand

$$\mathfrak{R}_F = \mathfrak{r} \cdot Z_F, \tag{44.9}$$

den man als den Feldwiderstand des Hohlleiters in der betreffenden Querschnittsebene bezeichnet. Im Falle des reflexionsfreien Abschlusses, wo also nur eine hinlaufende Welle gegeben ist, ist $\mathfrak{R}_F = Z_F$.

Der Begriff des Feldwellenwiderstandes befriedigt nicht immer. Wenn man z. B. zwei Hohlleiter verschiedenen Querschnitts nach Abb. 347 aneinanderstoßen läßt, so möchte man darin wie bei gewöhnlichen Leitungen einen Wellenwiderstandssprung sehen, wobei die Feldstörungen in der Übergangsstelle durch einen Transformationsfaktor K wie in § 33 bei einem entsprechenden Sprung in der inhomogenen Bandleitung beschrieben werden müßten. Es wäre also sinnvoll, beiden Leitungen einen wesentlich verschiedenen Wellenwiderstand zuzuschreiben, der von den Kantenlängen a und b abhängen müßte. Das Z_F in (44.8) enthält aber die Kante b überhaupt nicht und ist auch nicht wesentlich von a abhängig, wenn man sich nicht in der unmittelbaren Nähe der Grenzfrequenz befindet. Es ist daher üblich, noch den sogenannten Leitungswellenwiderstand zu definieren, der folgende Form erhält

$$Z_L = \frac{F}{\sqrt{1 - [\lambda/(2a)]^2}} \cdot \frac{b}{a}. \tag{44.10}$$

Hierin ist F ein Zahlenfaktor, der von den verschiedenen Autoren verschieden festgelegt wird, der aber völlig uninteressant ist, weil er alle Rechnungen unverändert durchläuft und bei der Quotientenbildung Z_{L1}/Z_{L2} im Übergang zwischen zwei verschiedenen Rechteckquerschnitten fortfällt.

Diese Definition des Z_L erweist sich als sehr sinnvoll und kann nach neueren Theorien sogar exakt begründet werden. Ohne größeren Aufwand kann man die auftretenden Abhängigkeiten etwa folgendermaßen begründen. Man kann sich einen Hohlleiter nach Abb. 348 aufgebaut denken aus übereinanderliegenden Hohlleitern gleicher Höhe b' und gleicher Breite a, in denen gleiche H_{10}-Wellen laufen. Alle Teile transportieren dann die gleiche Leistung ΔN. Gibt es m solcher Schichten, dann ist die Gesamtleistung $N = m \cdot \Delta N$, wobei die Ströme auf den Begrenzungsflächen und alle Feldstärken überall gleich sind. Der ganze Hohlleiter der Höhe $b = m \cdot b'$ überträgt also die m-fache Leistung des einzelnen Hohlleiters bei gleichem Strom, wobei jedoch die Spannung $b \cdot \mathfrak{E}_x$ längs einer elektrischen Feldlinie im ganzen Hohlleiter m-mal so groß ist wie die Spannung $b' \cdot \mathfrak{E}_x$ längs der gleichen Feldlinie im Teilleiter. Eine Leitung, die bei gleichem Strom und m-facher Spannung die m-fache Leistung transportiert, hat sinngemäß den m-fachen Wellenwiderstand. Das Z_L in (44.10) muß daher direkt proportional zu b sein. Den Einfluß der Breite a auf Z_L erhält man auf Grund des Ähnlichkeitsgesetzes des elektromagnetischen Feldes: Wenn man in einem verlustfreien Gebilde alle Dimensionen um den Faktor n und auch die Betriebswellenlänge λ um den gleichen Faktor n vergrößert, bleibt das elektromagnetische Feld unverändert erhalten. Man muß also einem Hohlleiter, dessen Kantenlängen man um den Faktor n auf $n \cdot a$ und $n \cdot b$ vergrößert, bei der Betriebswellenlänge $n \cdot \lambda$ den gleichen Wellenwiderstand zusprechen wie dem ursprünglichen mit den Kanten a und b bei der Wellenlänge λ. Diese Bedingung erfüllt die Definition (44.10) ebenfalls, da $\lambda/(2a) = n\lambda/(2na)$ und $b/a = nb/(na)$

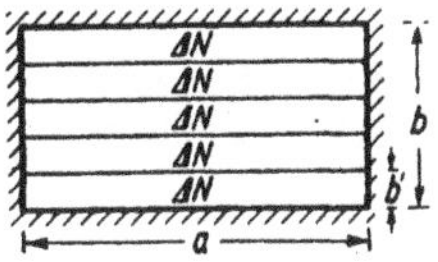

Abb. 348. Querschnittsunterteilung

ist. Durch diese beiden Überlegungen ist das Z_L nach (44.10) bis auf den Faktor F bereits festgelegt.
Von besonderem Interesse ist der Fall eines durch eine leitende Querschnittsebene kurzgeschlossenen Hohlleiters, auf dem sich eine Verteilung der elektrischen Feldstärke entsprechend $U/U_{\max}$ in Abb. 141a und eine Verteilung der magnetischen Querfeldstärke H_y entsprechend $J/J_{\max}$ in Abb. 141a ausbilden wird. Der relative Widerstand im Abstand l vom Kurzschluß ist ein reiner Blindwiderstand

$$\mathfrak{r} = jx = j \operatorname{tg}(2\pi l/\lambda^*) \qquad (44.11)$$

wie in (22.15) und Abb. 141b. So kann man also Blindwiderstände aus Hohlleitern darstellen. Für $l = \lambda^*/2$ wird $x = 0$. Wenn man im Abstand $l = \lambda^*/2$ vom Kurzschluß nochmals eine leitende Ebene anbringt, erhält man ein in sich abgeschlossenes Resonanzgebilde wie in Abb. 313 bei der gewöhnlichen Leitung, und zwar entsteht das in Abb. 325 dargestellte quaderförmige Resonanzgebilde. Die Resonanzwellenlänge λ_R nach (41.25) findet man aus der Bedingung $c = \lambda^*/2$ mit λ^* aus (43.2)

$$c = \frac{\lambda_R}{2\sqrt{1 - [\lambda/(2a)]^2}}. \qquad (44.12)$$

Ergänzendes Schrifttum: [8].

§ 45. Inhomogene Bauelemente eines Rechteckhohlleiters

Die schaltungsmäßig einfachsten Bauelemente besitzen im Vierpolersatzbild der Abb. 225 den relativen Blindwiderstand $x = 0$ oder den relativen Blindleitwert $y = 0$ und ergeben bei der Messung nach Abb. 229 in Abb. 230 eine waagerechte Gerade $l_1 + l_2 = \text{const.}$ Sie wirken dann wie ein Stück einer homogenen Leitung der Länge $(l_1' + l_2')$, das die homogenen Anschlußleitungen reflexionsfrei verbindet. Kleine Schwankungen des $(l_1 + l_2)$ bedeuten restliche Reflexionen nach (39.20), die man dadurch erkennen und durch geeignete Maßnahmen beseitigen kann. Ein wichtiges Beispiel ist der Leitungswinkel nach Abb. 349, der dem Winkel der homogenen Bandleitung nach Abb. 269 und 270 durchaus entspricht. Zwischen der inhomogenen Bandleitung nach § 36 und dem inhomogenen Hohlleiter bestehen theoretisch begründete Analogien, die eine sinngemäße Anwendung der Ergebnisse des § 36 auf Hohlleiter ermöglichen. In Abb. 349 ist der Verlauf der elektrischen Feldlinien skizziert. Die senkrechten elektrischen Feldlinien der ankommenden Welle im waagerechten Rohrteil müssen waagerechte elektrische Feldlinien im senkrechten Rohrteil anregen. Dies kann nur durch die waagerechten Komponenten des Streufeldes im Knickpunkt erfolgen, die in Abb. 349a verhältnismäßig

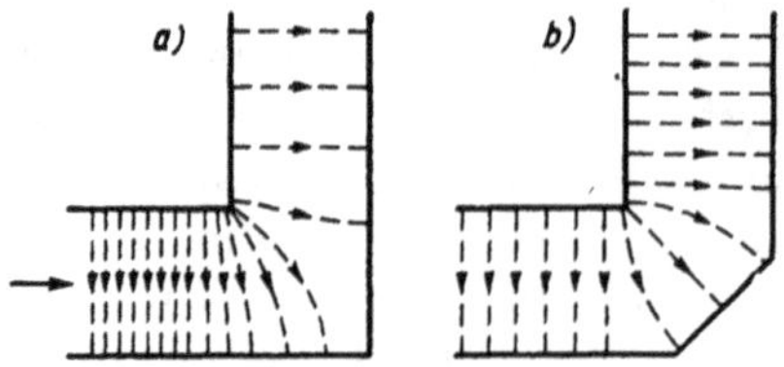

Abb. 349. Winkelstück

schwach sind, so daß nicht die volle ankommende Wellenenergie nach oben weiterläuft, sondern ein großer Teil reflektiert wird. Die Abschrägung der Ecke nach Abb. 349b erhöht dieses Streufeld und es gibt wie in Abb. 270 eine bestimmte Abschrägung, die reflexionsfreien Durchgang ergibt. Die reflexionsfreie Dimensionierung der Abschrägung ist jedoch im Hohlleiter etwas frequenzabhängig. In gleicher Weise kann eine abgeschrägte Ecke auch bei einem Winkelstück angewendet werden, das sich um die in Abb. 331 gezeichnete x-Achse winkelt, während sich der Winkel der Abb. 349 um die y-Achse winkelt.

Als Blende wird ein leitender Einsatz nach Abb. 350 bezeichnet, der eine irgendwie geformte, vorzugsweise rechteckige Öffnung hat. Für solche Blenden eignet sich besonders das Vierpolersatzbild der Abb. 225b. Legt man die Grenzebenen des Vierpols nach Abb. 346 außerhalb der Streufelder fest, so sind die Ersatzlängen l_1' und l_2' praktisch genau gleich den geometrischen Längen bis zur Blende, solange die Blende nicht sehr dick ist. Die Blende wirkt wie ein konzentrierter Querblindwiderstand am Ort des Einbaus. Die Ströme auf den Blendenwänden und die elektrischen Felder zwischen den

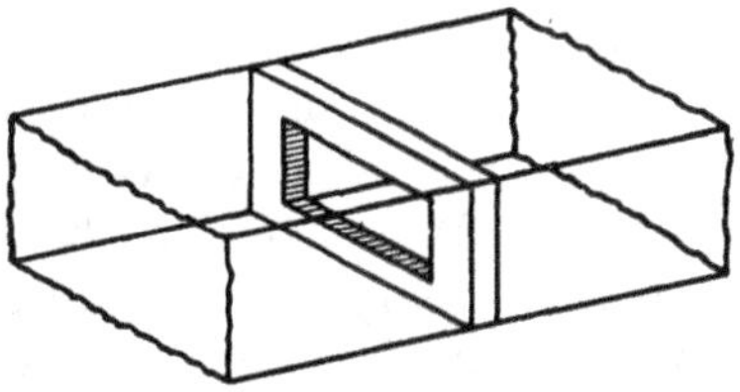

Abb. 350. Blende im Hohlrohr

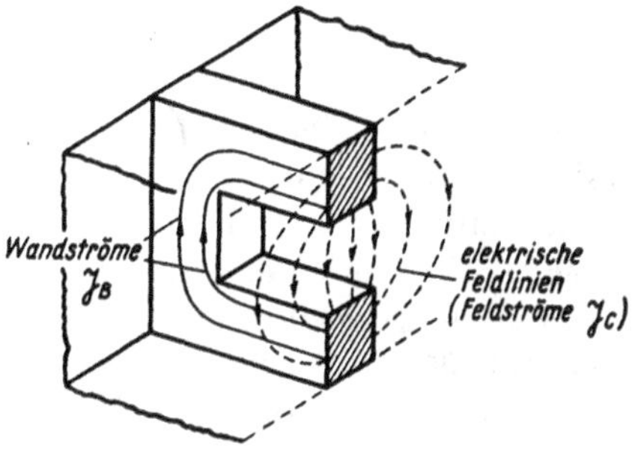

Abb. 351. Stromverlauf und elektrisches Feldlinienbild einer Blende

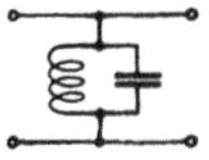

Abb. 352. Ersatzbild der Blende der Abb. 350

Blendenkanten zeigt Abb. 351 für die hintere Blendenhälfte. Die Blendenöffnung ist von annähernd senkrechten elektrischen Feldlinien umgeben, über die entsprechende Feldströme fließen. Diese sind zu ergänzen durch entsprechende Leitungsströme auf der Blende und unter Umständen auch noch auf der Hohlleiterwand. Das zweckmäßige Ersatzbild der Blende ist der Parallelresonanzkreis nach Abb. 352. Wenn die durch den Einbau der Blende entstehenden, zusätzlichen Feldströme $\mathfrak{J}_C$ und Blendenströme $\mathfrak{J}_B$ sich vollständig ergänzen, also aus der Leitung keine Ströme zur Speisung der Blende abgezweigt werden müssen, hat die Blende ihre Resonanzfrequenz mit dem relativen Leitwert $y = 0$, gibt also reflexionsfreien Durchgang. Bei höherer Frequenz nehmen die Feldströme $\mathfrak{J}_C$ zu und die Blendenströme $\mathfrak{J}_B$ ab (Abb. 352) und der benötigte Strom zur Speisung des restlichen $\mathfrak{J}_C$ muß vom Hohlleiter geliefert werden. Die Blende wirkt wie eine kapazitive Last mit $y > 0$. Bei niedrigerer Frequenz nehmen die Feldströme $\mathfrak{J}_C$ ab und die Blendenströme $\mathfrak{J}_B$ zu, und der Hohlleiter muß einen Teil des $\mathfrak{J}_B$ liefern. Die Blende wirkt dann wie eine induktive Last mit $y < 0$. Der Sonderfall der sogenannten „kapazitiven“ Blende nach Abb. 353 hat eine Resonanzwellenlänge gleich der Grenzwellenlänge $\lambda_g = 2a$ des Hohlleiters, ist also im Betriebsbereich stets ein Leitwert $y > 0$. Eine solche Blende hat nur eine kleine Spannungsfestigkeit und ist daher nicht immer anwendbar. Der Sonderfall

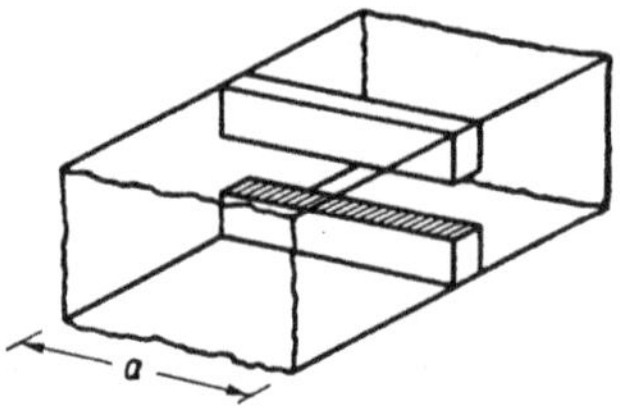

Abb. 353. Kapazitive Blende

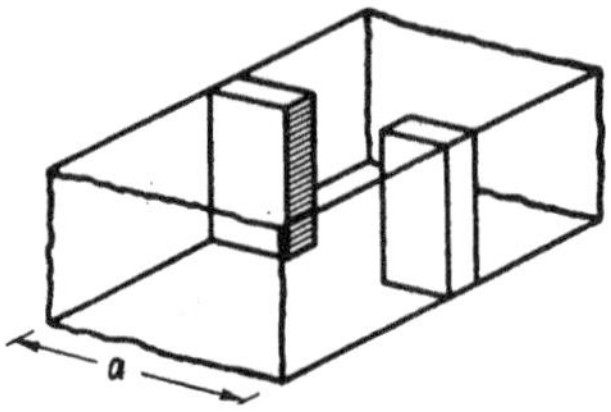

Abb. 354. Induktive Blende

der „induktiven“ Blende nach Abb. 354 hat eine relativ hohe Resonanzfrequenz und ist daher in dem praktisch verwendeten Frequenzbereich stets ein Leitwert mit $y < 0$, wobei $|y|$ umso größer wird, je kleiner der Blendenschlitz ist. Diese Blende verwendet man sehr oft.

In einem durch das Rohr laufenden Draht nach Abb. 329 parallel zur Kante b regt die Welle zusätzliche senkrechte Ströme an und der Draht erzeugt im praktisch verwendeten Frequenzbereich und bei nicht extremer Stiftdicke einen induktiven Querleitwert. Dagegen ist ein Draht parallel zur Kante a praktisch stromlos und daher ohne Wirkung. Wenn der Draht nach Abb. 355a nur als Stift in den Hohlleiter hineinragt, sind die Leitungsströme im Stift durch Feldströme vom Stiftende zur oberen Wand zu ergänzen und der entstandene Querleitwert erhält das Ersatzbild eines Serienresonanzkreises nach Abb. 355b. Bei der Resonanzfrequenz schließt der Stift den Hohlleiter kurz. Bei höherer Frequenz wirkt er wie ein induktiver, bei niedriger Frequenz wie ein kapazitiver Querwiderstand. Mit wachsender Tauchtiefe nähert sich die Resonanzwellenlänge des Stiftes der Grenzwellenlänge des Hohlleiters. Bei kleiner Tauchtiefe hat man stets einen kapazitiven Querleitwert, der mit wachsender Stiftdicke größer wird. Ein Stift mit veränderlicher Tauchtiefe ist ein oft verwendetes Hilfsmittel zur Erzeugung eines stetig einstellbaren Blindleitwerts. Stifte, die

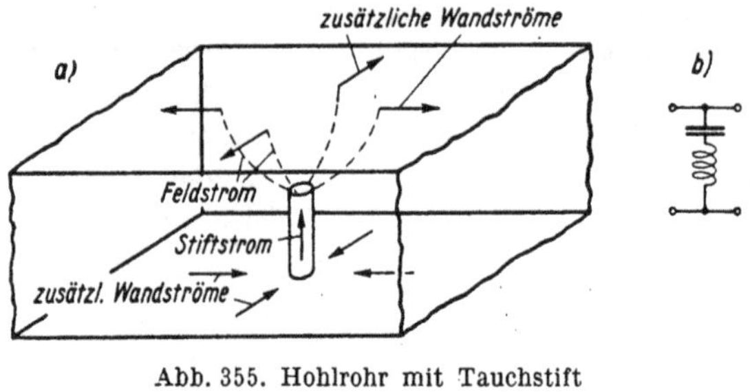

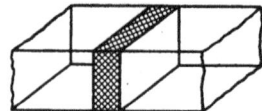

Abb. 355. Hohlrohr mit Tauchstift

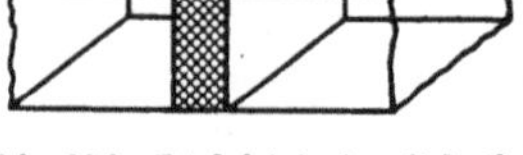
Abb. 356. Dielektrische Scheibe

nicht wie in Abb. 355a in der Rohrmitte sondern näher zur Seitenwand zu stehen, zeigen gleiches Verhalten, aber einen kleineren wirksamen Leitwert, weil die den Stiftstrom anregende Querspannung $b \cdot \mathfrak{E}_x$ des Hohlleiters mit wachsendem y nach (43.5) wie $\cos(\pi y/a)$ abnimmt.

Eine dielektrische Scheibe nach Abb. 356 läßt sich in ihrer Wirkung exakt berechnen wie die Scheibe der homogenen Leitung nach Abb. 287. Innerhalb des Dielektrikums besteht ebenfalls eine ungestörte H_{10}-Welle mit senkrechten elektrischen Feldlinien, so daß nur elektrische Feldlinien parallel zu den Trennflächen bestehen, die die Grenzbedingung (38.1) befriedigen müssen. Wenn man bei der Ableitung der Feldgleichungen in § 42 überall ε_0 durch $\varepsilon \cdot \varepsilon_0$ ersetzt, also die um den Faktor ε vergrößerten Feldströme berücksichtigt, so wird lediglich gemäß (42.9) das α in (43.1) umgewandelt in

$$\alpha_\varepsilon = (2\pi\sqrt{\varepsilon}/\lambda)\sqrt{1-[\lambda/(2a\sqrt{\varepsilon})]^2} \tag{45.1}$$

und dementsprechend tritt in (43.3) bis (43.5) dieses neue α_ε anstelle von α auf. Ebenso wird nach (44.8)

$$Z_{F\varepsilon} = \frac{E_x}{H_y} = \frac{120\pi}{\sqrt{\varepsilon}\sqrt{1-[\lambda/(2a\sqrt{\varepsilon})]^2}}\ [\Omega]. \tag{45.2}$$

Der neue Feldwellenwiderstand $Z_{F\varepsilon}$ ist also im wesentlichen um den Faktor $1/\sqrt{\varepsilon}$ kleiner, genau so wie der Wellenwiderstand einer gewöhnlichen Leitung nach (25.14). In der Wurzel macht sich ferner die vergrößerte Grenzwellenlänge im Dielektrikum

$$\lambda_{g\varepsilon} = 2a\sqrt{\varepsilon} \tag{45.3}$$

bemerkbar. Man hat also in der Grenzfläche des Dielektrikums jeweils einen Feldwellenwiderstandssprung von Z_F auf $Z_{F\varepsilon}$, dessen Wirkung wie in Abb. 287c berechnet wird. Dünne Scheiben wirken wie eine Querkapazität. Die Wellenlänge in der Scheibe lautet in Abwandlung von (43.2)

$$\lambda_\varepsilon{}^* = \frac{\lambda/\sqrt{\varepsilon}}{\sqrt{1-[\lambda/(2a\sqrt{\varepsilon})]^2}}, \tag{45.4}$$

enthält also ebenfalls den Faktor $1/\sqrt{\varepsilon}$ wie das $\lambda_\varepsilon{}^*$ der gewöhnlichen Leitung nach (25.14). Eine Scheibe der Länge $\lambda_\varepsilon{}^*/4$ wirkt wie eine $\lambda_\varepsilon{}^*/4$-Transformationsleitung nach Abb. 205, transformiert also beispielsweise einen reellen relativen Widerstand $r_1 = R_{F1}/Z_F$ in den reellen Wert $r_2 = R_{F2}/Z_F$. Wegen $R_{F2} = Z_{F\varepsilon}^2/R_{F1}$ analog (30.1) ist nach (44.8) und (45.2)

$$r_2 = \frac{(Z_{F\varepsilon}/Z_F)^2}{r_1} = \frac{1-[\lambda/(2a)]^2}{1-[\lambda/(2a\sqrt{\varepsilon})]^2}\,\frac{1}{\varepsilon r_1}. \tag{45.5}$$

Bauelemente, die ähnlich wie Querblindwiderstände wirken, sind Rohransätze entlang der Kante b nach Abb. 357, die in gewissem Abstand l vom Anschlußpunkt kurzgeschlossen sind. Ein solcher Anschlußpunkt wirkt wie eine Parallelverzweigung nach Abb. 310. Wenn die Grenzwellenlänge des Rohransatzes unter der Betriebswellenlänge liegt, ist in ihm keine Welle möglich und er wirkt wie eine Feldstörung der Hauptleitung, die praktisch unabhängig von l ist, wenn l nicht zu kurz ist. Ist dagegen in dem Ansatzrohr eine H_{10}-Welle möglich, so wirkt neben der Feldstörung des Eingangs der Ansatz wie ein relativer Parallelblindwiderstand $jK \cdot \mathrm{tg}(2\pi l/\lambda^*)$ nach (44.11) mit einem gewissen Kopplungsfaktor K, der von der Größe der Rohröffnung abhängt.

Man kann dann durch Verändern von l den parallelgeschalteten relativen Blindleitwert stetig verändern. Wenn jedoch das Ansatzrohr nach Abb. 358 parallel zur Kante a in der Mitte der Fläche liegt, zerschneidet die Rohröffnung nach Abb. 344 praktisch nur die Längsströme der Hauptleitung und der Ansatz wirkt annähernd als Serienwiderstand nach den gleichen Gesetzen wie oben. Wesentlich für die Wirkung eines solchen Ansatzes ist also

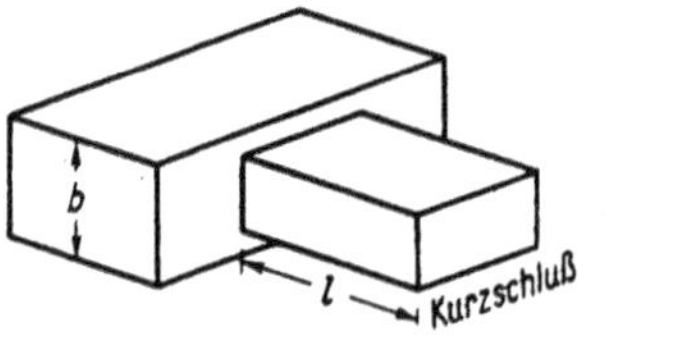

Abb. 357. Rohransatz parallel zur Kante b

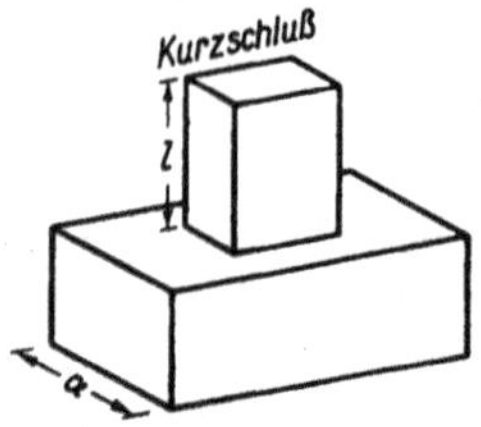

Abb. 358. Rohransatz parallel zur Kante a

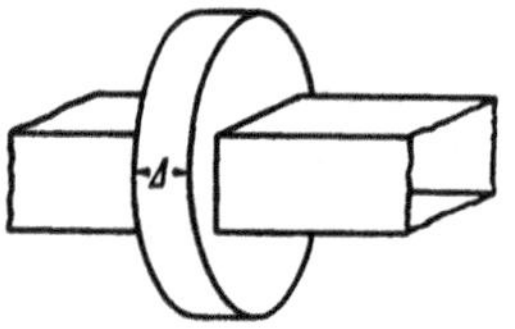

Abb. 359. Frequenzfilter

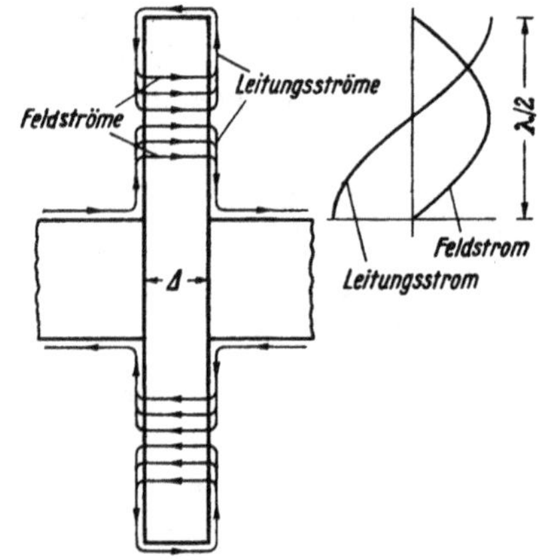

Abb. 360. Stromverlauf im zylindrischen Zwischenstück der Abb. 359

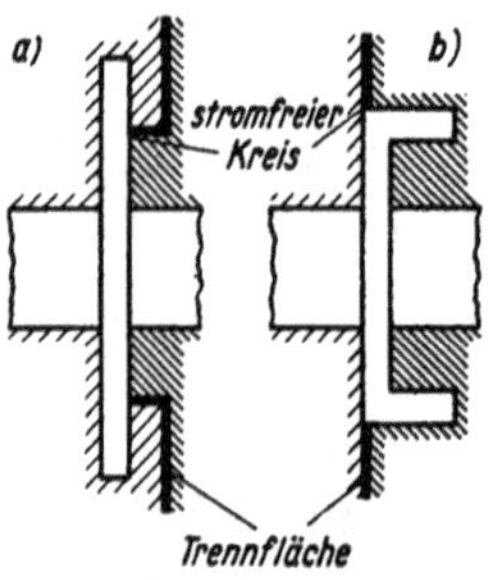

Abb. 361. Hohlrohrverbindungen

die Art und das Ausmaß der Störung der Leitungsströme der Hauptleitung durch die Rohröffnung. Man benutzt alle diese Blindgrößen vorzugsweise für Anpassungstransformationen wie in Abb. 207 bis 210.

Man kann auch besonders geformte Gebilde in den Hohlleiter einschalten, z. B. ein zylindrisches Zwischenstück nach Abb. 359, die dann als Frequenzfilter wirken. Das Zwischenstück wirkt etwa wie ein Hohlraumresonator nach Abb. 314, der in der Umgebung seiner Resonanzfrequenz wie ein in Serie zur Leitung geschalteter Parallelresonanzkreis wirkt und bei seiner Resonanzfrequenz den Leistungsdurchgang sperrt. Wenn der Außendurchmesser des Zwischenstücks in die Größenordnung von λ kommt, kann er dagegen bei einer bestimmten Frequenz einen exakten Durchlaß geben und wirkt dann etwa wie eine in Serie zum Hohlleiter liegende, am Ende kurzgeschlossene Leitung der Länge $\lambda^*/2$ (relativer Eingangswiderstand $x = 0$). Solche Zwischenzylinder wendet man mit relativ kleiner Dicke Δ an. Den ungefähren

Verlauf der Ströme in einem derartigen Gebilde kann man mit Hilfe der Theorie der am Ende kurzgeschlossenen Leitung in Erweiterung von Abb. 314 gewinnen. Abb. 360 zeigt die Stromverhältnisse. Wenn die Außenkante des Zylinders von der Hohlleiterwand etwa den mittleren Abstand $\lambda/2$ hat, bildet sich ungefähr im Abstand $\lambda/4$ von der Außenkante eine Nullstelle des Leitungsstromes wie in Abb. 313. Die Leitungsströme entsprechen ungefähr einer cos-Funktion. Im Abstand $\lambda/2$ von der Außenkante haben sie also wieder ein Maximum, und diese seitliche Leitung hat den Eingangswiderstand Null (Abb. 141 b), gibt daher als Serienwiderstand im Zuge der Hauptleitung einen praktisch reflexionsfreien Durchgang. Auf der Wand des Zwischenstücks gibt es also einen Kreis, der ungefähr den Abstand $\lambda/4$ vom Außenrand hat und frei von Leitungsströmen ist. Wenn man zwei Hohlleiter aneinandersetzen will, in deren Wänden sehr große Längsströme fließen, so legt man in die Trennstelle ein solches zylindrisches Zwischenstück und nimmt die mechanische Trennung der beiden Leitungen längs des stromfreien Kreises der Abb. 361a vor (unkritische Kontakte). Um die seitlichen Dimensionen der Anordnung zu verkleinern, kann man das Zylinderstück auch nach Abb. 361b knicken und erhält dadurch für das linke Hohlleiterende eine glatte Schlußebene.

Ein Durchlaßfilter für eine bestimmte Frequenz erhält man auch durch Anwendung zweier induktiver Blenden nach Abb. 354 in der Anordnung der Abb. 362. Ist der Blendenschlitz klein und der Abstand der Blenden gleich $\lambda^*/2$, so wirkt der Raum zwischen den Blenden als Hohlraumresonator nach Abb. 325, der durch den einen Blendenschlitz angeregt wird und durch den zweiten Schlitz eine neue Welle in dem Hohlleiter der anderen Seite entstehen läßt. Nach dem gezeichneten Ersatzbild entspricht die Anordnung einem zwischengeschalteten Parallelresonanzkreis, der induktiv an die Leitungen angekoppelt ist. Durch zwei solche Resonatoren in geeignetem Abstand kann man auf einfachem Wege ein Resonanzbandfilter (§ 11) gewinnen.

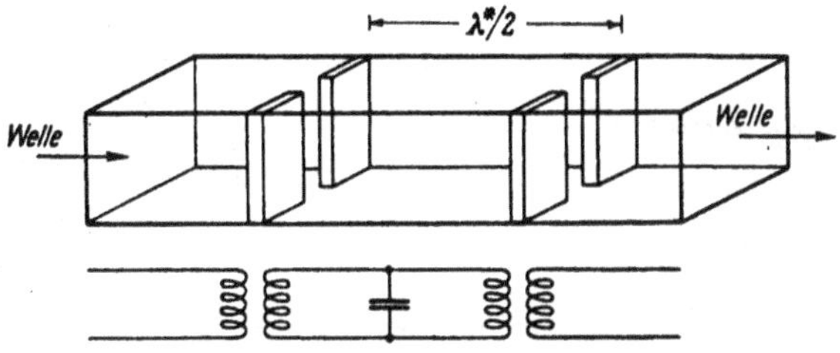

Abb. 362. Durchlaßfilter für eine definierte Frequenz

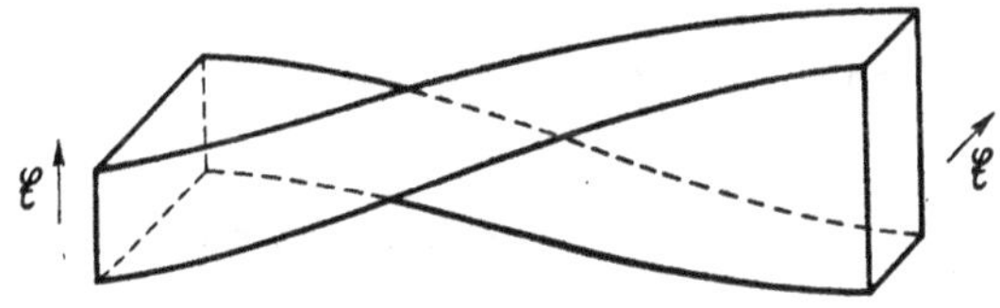

Abb. 363. Drehung der Polarisationsebene

Wenn man die Polarisationsrichtung der Welle drehen will, kann man auf einem längeren Rohrstück eine langsame Verdrehung nach Abb. 363 vornehmen. Bei kleineren Verdrehungen kann man auch unmittelbar die verdrehten Querschnitte nach Abb. 364 aneinandersetzen und die entstehenden Lücken durch leitende Flächen (schraffiert) füllen. Die Feldstörungen machen sich hier als eine Blendenwirkung der restlichen Durchgangsfläche bemerkbar, die einen induktiven Parallelleitwert ergibt. Durch eine kleine kapazitive Zusatzstörung kann man diesen Leitwert kompensieren, also z. B. durch eine zusätzliche Blende in der Durchtrittsöffnung.

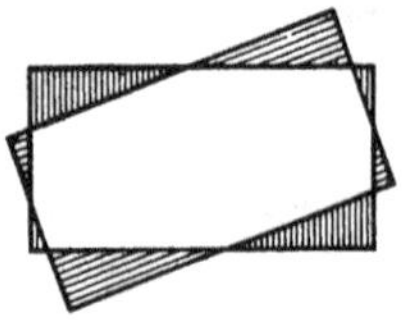

Abb. 364. Anordnung bei geringer Drehung der Polarisationsebene

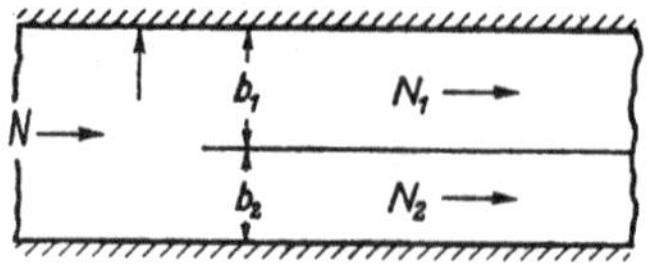

Abb. 365. Serien-Verzweigungspunkt

Einen einfachen Serienverzweigungspunkt gewinnt man nach Abb. 365, wenn man in den Hohlleiter eine leitende Querebene parallel zur Kante a einsetzt. Dadurch teilt sich die ankommende Leistung in zwei Teile, deren Größe von der Aufteilung der Querschnittsfläche durch die leitende Ebene bestimmt wird. Wenn beide Teilleitungen reflexionsfrei abgeschlossen sind, ist ziemlich genau

$$N_1/N_2 = b_1/b_2. \tag{45.6}$$

Das homogene Feld bleibt praktisch ungestört mit Ausnahme weniger Streufeldlinien, die von der vorderen Kante der eingebauten Platte ausgehen. Die eingetretene Verkleinerung der abgehenden Hohlleiterquerschnitte (b_1 und b_2) kann man rückgängig machen, indem man hinter der Verzweigung den Querschnitt langsam wieder anwachsen läßt. Ein solches Wachsen der Kante b nach Abb. 366 bedeutet allgemein ein stetiges Wachsen des Leitungswellenwiderstandes (44.10) und gibt einen reflexionsfreien Übergang, wenn das Anwachsen langsam genug erfolgt. Als einfache Merkregel kann gelten, daß sich die Höhe b des Querschnitts auf einem Leitungsstück der Länge $l = \lambda^*$ höchstens verdoppeln darf.

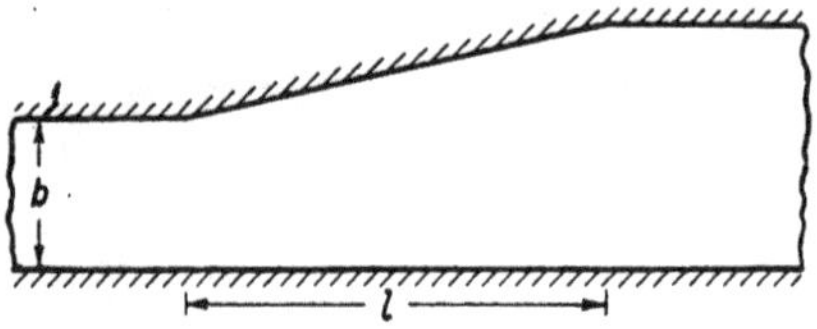

Abb. 366. Reflexionsfreier Übergang

Ergänzendes Schrifttum: [44 bis 46, 56, 57, 59].

§ 46. Elektrische Wechselfelder in Hohlleitern

Elektrische Wechselfelder in Hohlleitern zeigen ein ähnliches Verhalten wie die magnetischen Wechselfelder in § 42. Ein besonders einfaches und auch vom technischen Standpunkt aus interessantes Beispiel gibt ein Rohr mit kreisförmigem Querschnitt und zylindersymmetrischem elektrischen Feld, wie es durch einen zylindersymmetrischen Stempel nach Abb. 367, beispielsweise das Ende einer koaxialen Leitung, erzeugt wird. Zwischen Stempel und Rohr bestehe eine Wechselspannung, so daß elektrische Feldlinien zwischen Rohr und Stempel verlaufen, längs deren die Feldströme fließen. Zu diesen Feldströmen gehören Leitungsströme auf den Rohrwänden und dem Stempel, die auf dem Rohr alle in Richtung der Rohrachse fließen. Es gibt also auf dem Rohr keine Querströme wie bei den magnetischen Feldern des § 42. Die magnetischen Feldlinien sind wegen der Zylindersymmetrie Kreise in Querschnittsebenen, deren Mittelpunkte auf der Achse liegen (vgl. § 37). Die Größe der magnetischen Feldstärke lautet nach dem Durchflutungsgesetz $\mathfrak{H} = \mathfrak{J}_C/(2\pi r)$, wobei $\mathfrak{J}_C$ der gesamte Feldstrom durch den betreffenden

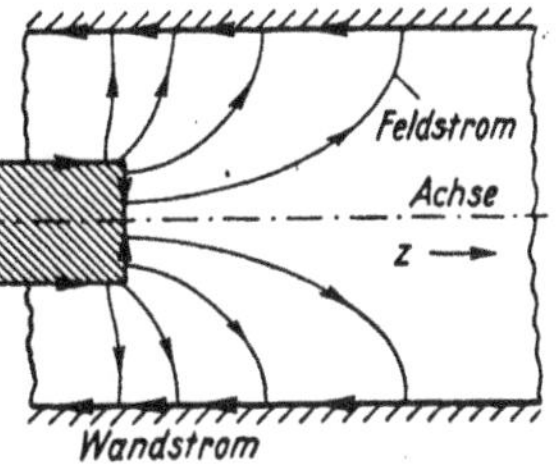

Abb. 367. Anregung eines zylindersymmetrischen, elektrischen Feldes

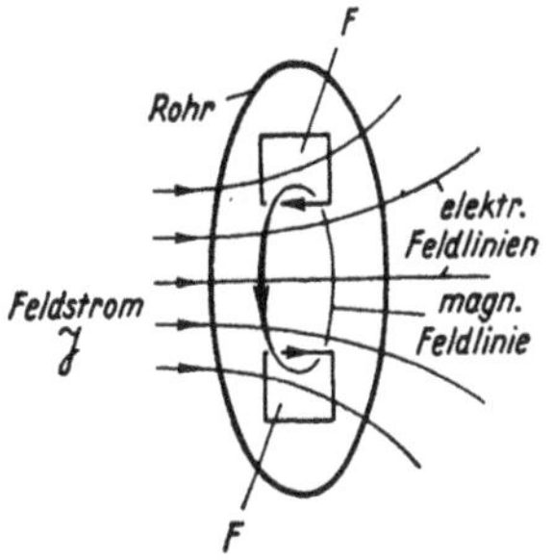

Abb. 368. Zum Durchflutungsgesetz

Feldlinienkreis mit dem Radius r nach Abb. 368 ist. Die magnetische Wechselfeldstärke erzeugt durch Induktion weitere elektrische Felder, die als sekundäre Felder bezeichnet werden und die die primären Felder verstärken. Man vergleiche die Erläuterungen zu Abb. 330. In dem in Abb. 367 gezeichneten Beispiel fließt Strom von links auf den Stempel und die Spannung des Stempels gegen das Rohr nimmt daher zu. Die elektrische Feldstärke nimmt also ebenfalls zu und der Feldstrom fließt entlang den Feldlinien in Richtung der elektrischen Feldstärke. Die Richtung der magnetischen Feldstärke nach dem Durchflutungsgesetz zeigt Abb. 368. Wenn die Spannung nach Abb. 369 nach einer sin-Funktion zunimmt, nimmt der Feldstrom und die magnetische Feldstärke nach einer cos-Funktion ab, weil der Anstieg der sin-Funktion immer langsamer erfolgt. Abnehmende magnetische Feldstärke induziert längs der Kanten der Rechtecke F der Abb. 368 eine elektrische Spannung, die negativ ist, wenn man die Kanten in dem in Abb. 263 und 368 gezeichneten Sinn bei der Spannungsberechnung nach § 34 durchläuft. Diese Spannung ändert sich nach einer Funktion $\sin \omega t$ entsprechend dem zeitlichen Absinken der cos-Funktion. Wegen des negativen Vorzeichens der Spannung laufen die sekundären elektrischen Feldstärken gegen die in Abb. 368 gezeichnete Pfeilrichtung der Rechteckkanten, haben also innerhalb des gezeichneten Kreises stets gleiche Richtung wie die primären Feldstärken. Dies gilt bei näherer Betrachtung für jeden Zeitpunkt. Der Effekt wächst mit wachsender Frequenz, weil bei gegebenem Primärfeld sowohl der Feldstrom (die magnetische Feldstärke) als auch die induzierte Spannung mit wachsender Frequenz wachsen. Innerhalb des Rohres breitet sich also das elektrische Feld mit wachsender Frequenz immer weiter aus.

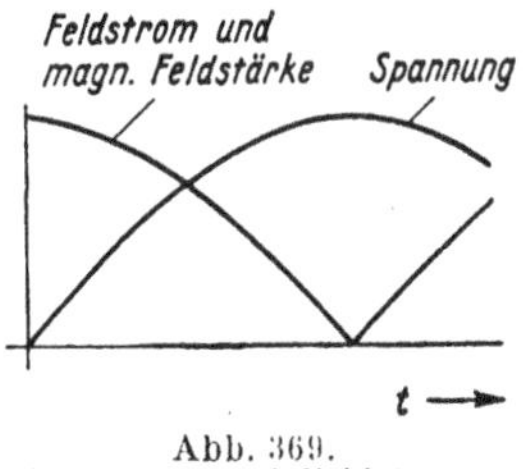

Abb. 369. Spannung und Feldstrom

Auf die genaue Berechnung der Felder soll verzichtet werden. Es ergibt sich wie in § 42 das Resultat, daß alle Feldstärken und Ströme (von kleinen Abweichungen in der unmittelbaren Nähe des Stempels abgesehen) mit wachsendem Abstand vom Stempel, also wachsendem z, nach einer Funktion e^{-Kz} abnehmen, wobei die hier positive Konstante K wie in (42.12) durch

$$K = (2\pi/\lambda_g)\sqrt{1 - (\lambda_g/\lambda)^2} \tag{46.1}$$

gegeben ist. Dieses Gesetz besteht für alle magnetischen und elektrischen Felder in homogenen Hohlleitern, wobei für die verschiedenen möglichen Feldformen jeweils das zugehörige λ_g einzusetzen ist. Für das oben betrachtete Feld ist z. B.

$$\lambda_g = 1{,}31\,D, \tag{46.2}$$

wenn D der Durchmesser des kreisförmigen Rohres ist. Für $\lambda > 10\,\lambda_g$ also $\lambda > 13\,D$ wird

$$K = 2\pi/\lambda_g = 4{,}8/D \tag{46.3}$$

unabhängig von der Frequenz. Dieses K gilt auch für die Frequenz Null, also für das statische elektrische Feld. Solange die Rohrdimensionen nicht in die Größenordnung von $D = \lambda/10$ kommen, bleiben die statischen Feldlinien auch im Wechselfeld erhalten, also bis zu re'ativ hohen Frequenzen.

Man benutzt das Gesetz (46.3) bei den sogenannten Hohlrohrspannungsteilern. In einem Rohr nach Abb. 370 befindet sich eine anregende Platte wie in Abb. 367 und eine aufnehmende Platte im Abstand z. Liegt zwischen der anregenden Platte und dem Rohr eine Wechselspannung U_1, so regen die elektrischen Wechselfelder des Rohres auch eine kleine Spannung U_2 zwischen der aufnehmenden Platte und dem Rohr an und zwar einen als Funktion von z exakt definierten Teil der anregenden Spannung U_1. Wenn man dann den Abstand z um Δz erhöht, so entspricht die dann aufgenommene Spannung U_2' den um $e^{-K\cdot\Delta z}$ gesunkenen Feldstärken am Ort der aufnehmenden Platte. Zu einer Abstandsänderung Δz gehört also ein Absinken des U_2 auf U_2' um den Faktor $e^{-4{,}8\cdot\Delta z/D}$ nach (46.3). Wie in (13.2) wird dann die Dämpfung des Vierpols durch $\ln(U_1/U_2)$ in Neper angegeben. Zu einer Abstandsänderung Δz gehört also ein Dämpfungszuwachs

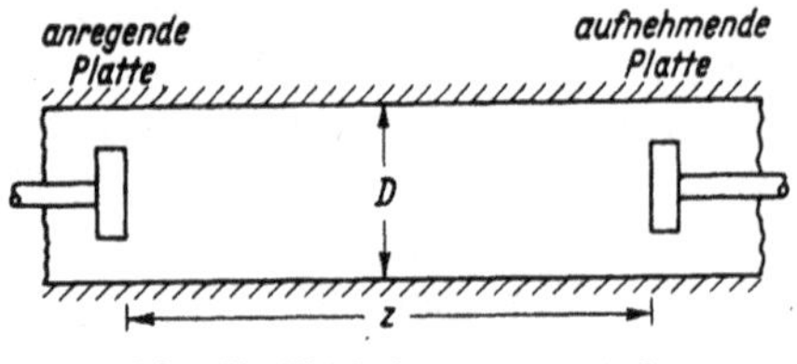

Abb. 370. Hohlrohrspannungsteiler

$$\ln(U_2/U_2') = K\cdot\Delta z = 4{,}8\cdot\Delta z/D \text{ [Neper]} \tag{46.4}$$

proportional zu Δz und unabhängig von der Frequenz, solange $\lambda > 13\,D$ ist. Auf Grund dieses einfachen Gesetzes eignet sich die ohne Mühe mit großer Präzision herstellbare Anordnung der Abb. 370 als **Dämpfungsnormal**. Oft verwendet man ein Rohr mit $D = 2{,}4$ cm und erhält dann einen Dämpfungszuwachs von genau 2 Neper je cm Verschiebung. Wenn $1{,}3\,D < \lambda < 13\,D$ ist, muß man für K in (46.4) die genauere Formel (46.1) einsetzen und die Dämpfung wird frequenzabhängig.

Falls $\lambda < \lambda_g$ wird, tritt wieder eine Wellenausbreitung im Hohlrohr wie in § 43 ein, wobei wie in (43.1) die Phasenkonstante

$$\pm j\alpha = K = \pm j(2\pi/\lambda)\sqrt{1-(\lambda/\lambda_g)^2} \tag{46.5}$$

ist. Das positive Vorzeichen beschreibt dabei wieder wie bei der koaxialen Leitung (§ 24) den Fall der in Richtung abnehmender z laufenden Welle, das negative Vorzeichen den Fall der in Richtung wachsender z laufenden Welle. Die Wellenlänge im Hohlrohr ist wie in (43.2)

$$\lambda^* = \lambda/\sqrt{1-(\lambda/\lambda_g)^2}. \tag{46.6}$$

Diese Gleichungen gelten allgemein für Wellen in Hohlleitern, wobei λ_g die Grenzwelle des verwendeten Wellentyps ist. Diese Welle bezeichnet man zur Unterscheidung von anderen in dem Rohr möglichen, aber technisch nicht verwendeten Wellentypen als die E_{01}-Welle oder TM_{01}-Welle. E-Welle soll bedeuten, daß sie aus einem statischen elektrischen Feld abgeleitet wird, im Gegensatz zur H-Welle nach § 43, bei der ein magnetisches Feld der Ausgangspunkt war. TM-Welle bedeutet transversal magnetische Welle, weil ihre magnetischen Feldlinien Kreise in einer Querschnittsebene sind, also keine longitudinalen magnetischen Komponenten in der z-Richtung bestehen. Das Verhalten der E_{01}-Welle kann man nach Abb. 371b durch Vergleich mit der in Abb. 371a dargestellten Welle einer koaxialen Leitung sehr leicht anschaulich erläutern. Wenn man den Innenleiter der koaxialen Leitung in Abb. 371a fortfallen läßt, kann man seine Wirkung bei ausreichend hoher Frequenz durch gleichlaufende Längsfeldströme ersetzen und erhält das völlig gleichartige Momentanbild der Abb. 371b der E_{01}-Welle. Notwendig

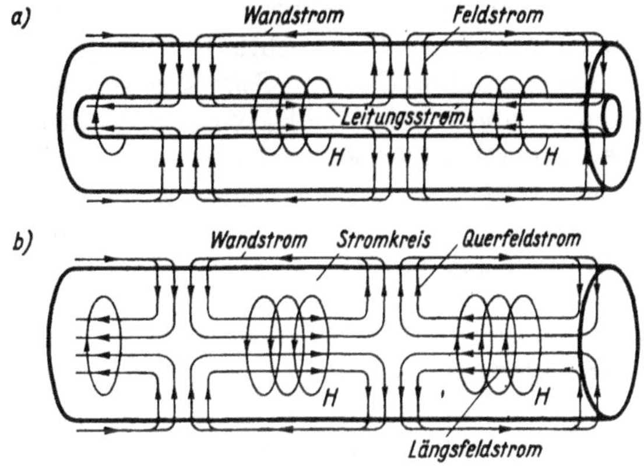

Abb. 371. Feldbild a) bei der koaxialen Leitung b) bei der E_{01}-Welle

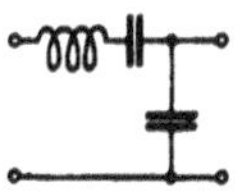

Abb. 372. Leitungsersatzbild bei der E_{01}-Welle

ist dazu lediglich eine relativ hohe Frequenz, damit das elektrische Längsfeld auch für den Energietransport ausreichende Feldströme besitzt. Im Gegensatz zur Abb. 352 muß man also das Ersatzbild des Leitungselements bei der E_{01}-Welle durch Abb. 372 darstellen. Die Serienkapazität zur Induktivität beschreibt die elektrische Feldenergie des elektrischen Längsfeldes. Da eine Leitung nur dann eine Welle führen kann, wenn das Längsglied des Ersatzbildes induktiven Charakter hat, ist im Rohr nur eine E_{01}-Welle möglich, wenn der Blindwiderstand der beiden Serienglieder resultierend induktiv ist, also für Frequenzen oberhalb ihrer Serienresonanzfrequenz. Die Resonanzfrequenz der Serienglieder ist die Grenzfrequenz des Rohres.

Die technische Anwendung dieses Wellentyps ist nicht häufig, weil seine Grenzwellenlänge nach (46.2) unterhalb der Grenzwellenlänge der H_{11}-Welle nach (43.18) liegt. In einem Rohr, dessen Durchmesser eine E_{01}-Welle gestattet, ist also stets auch eine H_{11}-Welle möglich, und es besteht die Gefahr, daß die E_{01}-Welle an den inhomogenen Bauelementen der Schaltung teilweise in eine H_{11}-Welle verwandelt wird. Die E_{01}-Welle ist also nicht unbedingt stabil. Schon bei der Anregung der Welle ist zu beachten, daß keine H_{11}-Welle nebenher entsteht und den Wellenzustand im Rohr unübersichtlich macht. Die reine Anregung gelingt immer dann, wenn das anregende Gebilde exakt zylindersymmetrisch ist wie z. B. in Abb. 367, wo keine longitudinalen magnetischen Feldstärken auftreten und alle magnetischen Feldlinien Kreise in der Querschnittsebene werden. Jede longitudinale $\mathfrak{H}_z$-Komponente würde eine H_{11}-Welle anregen. Geradlinige Rohrführung und strenge Zylindersymmetrie der Gesamtschaltung machen die Anwendung der E_{01}-Welle möglich. Man ist z.B. dort zu ihrer Verwendung gezwungen, wo man aus einer feststehenden Sendeanlage eine stetig rotierende Antenne speisen will. Dann muß nach Abb. 373 irgendwo im Leitungszug ein Übergang von einer feststehenden Leitung auf eine um ihre Achse rotierende Leitung stattfinden. Hier kommt nur eine Leitung mit kreisförmigem Querschnitt in Frage, wobei die Verwendung einer H_{11}-Welle mit ihrer definierten Feldlinienrichtung nach Abb. 345 eine dauernde Rotation der Polarisationsrichtung zur Folge haben würde. Die E_{01}-Welle geht dagegen wegen ihrer Zylindersymmetrie unverändert in die rotierende Leitung über, wenn man durch eine hinreichende Überlappung der Außenleiter für eine befriedigende kapazitive Verbindung der beiden Rohre sorgt (Abb. 373).

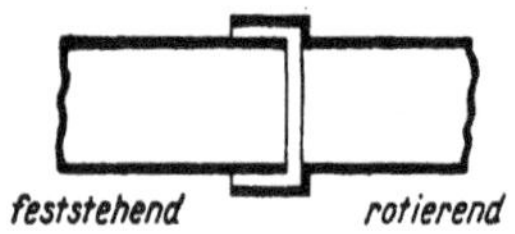

Abb. 373. Übergang zwischen feststehendem und rotierendem Leitungsstück

Ergänzendes Schrifttum: [2, 8, 42, 45 bis 47, 58].

§ 47. Inhomogene Wellenfelder

Es wurden bereits zahlreiche inhomogene elektrische Felder betrachtet. Ihre quantitative Behandlung ging von der Annahme aus, daß man bei hinreichend niedrigen Frequenzen das angenäherte Bestehen der statischen elektrischen Feldlinien annahm. Es ist daher eine Diskussion erforderlich, in wie weit eine solche Annahme überhaupt gestattet ist. Die vorhergehenden Untersuchungen über aperiodische Felder in Hohlrohren geben bereits die ersten Hinweise. Es zeigte sich dort, daß statische elektrische Felder bestimmter Form auch als Wechselfelder bei relativ hohen Frequenzen annähernd unverändert bestehen bleiben, solange die Betriebsfrequenz wesentlich unterhalb einer für die einzelnen Feldformen charakteristischen Grenzfrequenz bleibt. Bei der mathematischen Untersuchung von Inhomogenitäten zwischen homogenen Leitungen wie in den §§ 36 bis 40 zerlegt man nun das Feld in der Umgebung der Inhomogenität in einen homogenen Wellenbestandteil als Hauptteil, wobei diese Welle die gleiche Form wie in den anschließenden homogenen Leitungen hat, und ein zusätzliches elektrisches Störfeld von gleichem Charakter wie die aperiodischen Felder in Hohlrohren. Das Störfeld sinkt mit wachsendem Abstand von der Inhomogenität sehr schnell ab, ähnlich wie die Funktion e^{-Kz} der Hohlrohrfelder. Das Störfeld kann zwar eine etwas kompliziertere Form haben, zeigt aber im wesentlichen doch einen Abfall nach e^{-Kz} mit einem bestimmten K. Daraus folgt dann, daß die Feldlinien des Störfeldes frequenzunabhängig gleich den Feldlinien des zugehörigen statischen Feldes sein werden, solange die Betriebsfrequenz wesentlich kleiner als die für das Störfeld charakteristische Grenzfrequenz ist.

Die genauere theoretische Untersuchung soll sich auf die Frage beschränken, welche aperiodischen elektrischen Wechselfelder zwischen zwei parallelen, leitenden Ebenen möglich sind. Die Ebenen haben den konstanten Abstand b, und der Nullpunkt und die Achsen des Koordinatensystems liegen wie in Abb. 331. Man betrachtet sozusagen einen rechteckigen Hohlleiter, dessen Breitseite unendlich groß ist. Bisher bestand als Lösung des Feldes zwischen zwei Ebenen die ebene Welle mit den einzigen Komponenten $\mathfrak{E}_x$ und $\mathfrak{H}_y$. Das alleinige Bestehen einer Komponente $\mathfrak{E}_x$ bedeutete Parallelität und Geradlinigkeit aller elektrischen Feldlinien. Ein inhomogenes Feld ist jedoch durch gekrümmte Feldlinien gekennzeichnet, die in dem hier betrachteten Fall stets in der (x,z)-Ebene (Zeichenebene) gekrümmt sein sollen. Dies bedeutet das Auftreten elektrischer Komponenten $\mathfrak{E}_z$ in der z-Richtung. Die Betrachtung des Feldes zwischen parallelen leitenden Ebenen muß daher auf Lösungen ausgedehnt werden, bei denen auch eine Komponente $\mathfrak{E}_z$ zugelassen wird. Solche Felder treten z. B. auf, wenn ähnlich wie in Abb. 367 zwischen den leitenden Ebenen nach Abb. 374 ein elektrisches Wechselfeld durch eine dritte Platte angeregt wird, wobei der Längsschnitt der Platte unabhängig von y ist. Das magnetische Feld besitzt dann nur eine Komponente $\mathfrak{H}_y$ und alle drei Komponenten $\mathfrak{H}_y$, $\mathfrak{E}_x$ und $\mathfrak{E}_z$ sind unabhängig von y. Die Feldgleichungen zwischen diesen Größen werden nach den Regeln des § 34 aufgestellt. Sie lauten:

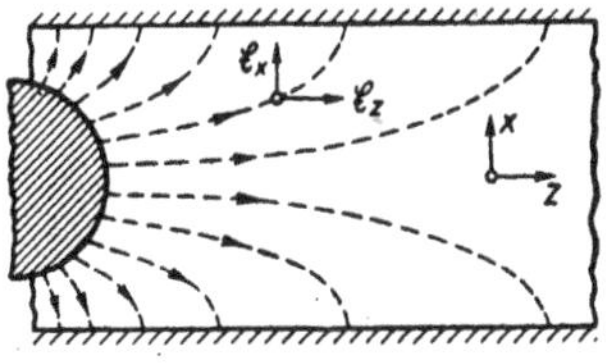

Abb. 374.
Anregung eines elektrischen Wechselfeldes mit $\mathfrak{E}_z$-Komponenten

$$j\omega\mu_0 \cdot \mathfrak{H}_y = -\frac{\partial \mathfrak{E}_x}{\partial z} + \frac{\partial \mathfrak{E}_z}{\partial x}; \tag{47.1}$$

$$j\omega\varepsilon_0 \cdot \mathfrak{E}_x = -\frac{\partial \mathfrak{H}_y}{\partial z}; \tag{47.2}$$

$$j\omega\varepsilon_0 \cdot \mathfrak{E}_z = \frac{\partial \mathfrak{H}_y}{\partial x}. \tag{47.3}$$

Hinzu kommt die Kontinuitätsbedingung für die elektrischen und magnetischen Feldlinien, wobei auf die Ableitung der Gl. (42.4) verwiesen sei. Hier ist entsprechend

$$\frac{\partial \mathfrak{E}_x}{\partial x} = -\frac{\partial \mathfrak{E}_z}{\partial z} \tag{47.4}$$

und

$$\frac{\partial \mathfrak{H}_y}{\partial y} = 0. \tag{47.4a}$$

Die Bedingung (47.4) ist jedoch stets erfüllt, wenn (47.2) und (47.3) bestehen. Um dies zu erkennen, differenziere man (47.2) nach x und (47.3) nach z und setzt die Differentialquotienten $\partial \mathfrak{E}_x/\partial x$ und $\partial \mathfrak{E}_z/\partial z$ in (47.4) ein, was eine Identität ergibt. (47.4a) ist durch die Voraussetzung erfüllt, daß $\mathfrak{H}_y$ unabhängig von y ist. Es genügt also, eine Lösung der Gleichungen (47.1) bis (47.3) zu suchen.

Um zunächst eine Gleichung mit nur einer Unbekannten zu erhalten, differenziert man (47.2) nach z und (47.3) nach x und setzt die Differentialquotienten $\partial \mathfrak{E}_x/\partial z$ und $\partial \mathfrak{E}_z/\partial x$ in die mit $j\omega\varepsilon_0$ multiplizierte Gleichung (47.1) ein. Man bekommt eine Gleichung für $\mathfrak{H}_y$:

$$-\omega^2\varepsilon_0\mu_0 \cdot \mathfrak{H}_y = \frac{\partial^2 \mathfrak{H}_y}{\partial x^2} + \frac{\partial^2 \mathfrak{H}_y}{\partial z^2} \tag{47.5}$$

mit den Lösungen

$$\mathfrak{H}_y = \mathfrak{A}_n \cos \frac{n\pi\,(x + b/2)}{b} \cdot e^{-K_n z} \tag{47.6}$$

für beliebige ganzzahlige n. Setzt man diese Funktion in (47.5) ein, so erhält man eine Gleichung für die zu einer Zahl n gehörende Konstante K_n unter Fortlassung der auf beiden Seiten gleichen Faktoren $\mathfrak{A}_n \cdot \cos[n\pi(x+b/2)/b]$ und $e^{-K_n z}$:

$$-\omega^2\varepsilon_0\mu_0 = -(n\pi/b)^2 + K_n^2$$

oder

$$K_n = \pm\frac{n\pi}{b}\sqrt{1 - \frac{\omega^2\varepsilon_0\mu_0}{(n\pi/b)^2}}. \tag{47.7}$$

Dieses K_n hat die gleiche Form wie die Konstante K in (42.9) und (46.1). Man definiert also zu jedem n eine Grenzwellenlänge

$$\lambda_{gn} = 2b/n \tag{47.8}$$

und erhält die bekannte Form

$$K_n = \pm\,(2\pi/\lambda_{gn})\sqrt{1 - (\lambda_{gn}/\lambda)^2}. \tag{47.9}$$

Solange $\lambda > \lambda_{gn}$ ist, ergibt sich ein reelles K_n und ein aperiodisch mit $e^{-K_n z}$ absinkendes Feld. Der Fall $n = 0$ ist die bekannte ebene Welle. Setzt man obiges $\mathfrak{H}_y$ in (47.2) und (47.3) ein, so erhält man die zugehörigen elektrischen Feldkomponenten

$$\mathfrak{E}_x = -j\frac{K_n}{\omega\varepsilon_0}\mathfrak{A}_n \cos\frac{n\pi(x + b/2)}{b} \cdot e^{-K_n z}; \tag{47.10}$$

$$\mathfrak{E}_z = j\frac{1}{\omega\varepsilon_0}\frac{n\pi}{b}\mathfrak{A}_n \sin\frac{n\pi(x + b/2)}{b} \cdot e^{-K_n z}, \tag{47.11}$$

die ebenfalls in der z-Richtung wie $e^{-K_n z}$ absinken. Die Komponente $\mathfrak{E}_z$ erfüllt die notwendige Grenzbedingung, daß $\mathfrak{E}_z$ auf den leitenden Grenzflächen $x = \pm b/2$ verschwindet. Für $n = 1$ wird daraus beispielsweise

$$\mathfrak{H}_y = -\mathfrak{A}_1 \cdot \sin(\pi x/b) \cdot e^{-K_1 z}; \tag{47.12}$$

$$\mathfrak{E}_x = j\frac{K_1}{\omega\varepsilon_0}\mathfrak{A}_1 \cdot \sin(\pi x/b) \cdot e^{-K_1 z}; \tag{47.13}$$

$$\mathfrak{E}_z = j\frac{1}{\omega\varepsilon_0}\frac{\pi}{b}\mathfrak{A}_1 \cdot \cos(\pi x/b) \cdot e^{-K_1 z}, \tag{47.14}$$

wobei $K_1 = \pm (2\pi/\lambda_{g1}) \sqrt{1 - (\lambda_{g1}/\lambda)^2}$ mit $\lambda_{g1} = 2b$ ist. In einem nach Abb. 374 angeregten Feld nehmen also alle Komponenten proportional zu $e^{-K_1 z}$ ab. $\mathfrak{H}_y$ und $\mathfrak{E}_x$ sind jeweils am größten für $x = \pm b/2$ und in der Mittelebene $x = 0$ gleich Null. $\mathfrak{E}_z$ erreicht dagegen für $x = 0$ seinen Maximalwert und ist in den Ebenen $x = \pm b/2$ gleich Null.

Das Wellenfeld in der Umgebung von Inhomogenitäten innerhalb der Bandleitung (§ 36) ist stets aufzufassen als eine mehr oder weniger komplizierte Überlagerung einer ebenen Welle mit den hier berechneten aperiodischen Feldern. Die Inhomogenität kann also grob aufgefaßt werden als eine homogene Leitung mit einer Störstelle nach Abb. 374. Wenn man die Frage prüfen will, inwieweit die statischen Feldlinien frequenzunabhängig bestehen bleiben, muß man lediglich die Frequenzabhängigkeit dieser aperiodischen Feldkomponenten untersuchen. Wenn die Betriebswellenlänge größer als die zehnfache Grenzwellenlänge λ_{gn} des betreffenden Feldtyps ist, bleibt das an sich frequenzabhängige K_n praktisch frequenzunabhängig gleich seinem statischen Wert $\pm n\pi/b$ nach (47.7) für $f = 0$. Die statischen Feldlinien bleiben also bis etwa $\lambda > 10\,\lambda_{gn}$ bestehen. Die Frequenzabhängigkeit wird sich zunächst bei dem Feldtyp mit der längsten Grenzwelle bemerkbar machen, also bei dem Feldanteil mit $n = 1$ und $\lambda_{g1} = 2b$. Solange also $\lambda > 20\,b$ ist, kann man mit hinreichender Genauigkeit frequenzunabhängige statische Feldlinien annehmen.

Im Gegensatz zu homogenen Feldern macht die Berechnung inhomogener Felder sehr große Schwierigkeiten und ist erst in wenigen, einfachen Fällen gelungen. Wegen ihrer großen Bedeutung für die Praxis muß man aber immer wieder versuchen Berechnungsunterlagen zu gewinnen, um einen tieferen Einblick in die Zusammenhänge zu bekommen. Im folgenden wird für nicht extrem komplizierte Inhomogenitäten eine exakte, theoretische Behandlung inhomogener Felder aufgezeigt, die es unter relativ allgemeinen Voraussetzungen auf Grund eines Näherungsverfahrens gestattet, viele Probleme der Praxis mit erträglichem Aufwand und befriedigender Genauigkeit zu lösen. Die nachfolgenden Ausführungen beschränken sich dabei auf den Fall des inhomogenen ebenen Feldes, wobei der Übergang auf koaxiale Leitungen und Hohlleiter ohne wesentliche Abänderung möglich ist [50, 55]. Unter einem inhomogenen ebenen Feld versteht man ein Feld zwischen zwei leitenden Ebenen, deren Abstand sich in der z-Richtung als der Ausbreitungsrichtung der Welle beliebig ändert (Längsschnitt in Abb. 375a), während er in der y-

Richtung konstant ist (vgl. Abb. 265, 269). Das Koordinatensystem liege wie in Abb. 331, die positive y-Achse tritt also in Abb. 375 senkrecht von unten nach oben durch die Zeichenebene. Um keine Störeffekte durch Randfelder zu erhalten, wird dabei angenommen, daß sich die Ebenen der Abb. 375 in der y-Richtung unendlich weit ausdehnen.

Ausgangspunkt der Betrachtungen ist das statische elektrische Feld der Abb. 375a und b wie es sich ergibt, wenn man zwischen die beiden leitenden Ebenen eine Gleichspannung legt. Zwischen den leitenden Ebenen der Abb. 375b erhält man dann nach der Methode der Quadratbildung (§ 8) die dort ein-

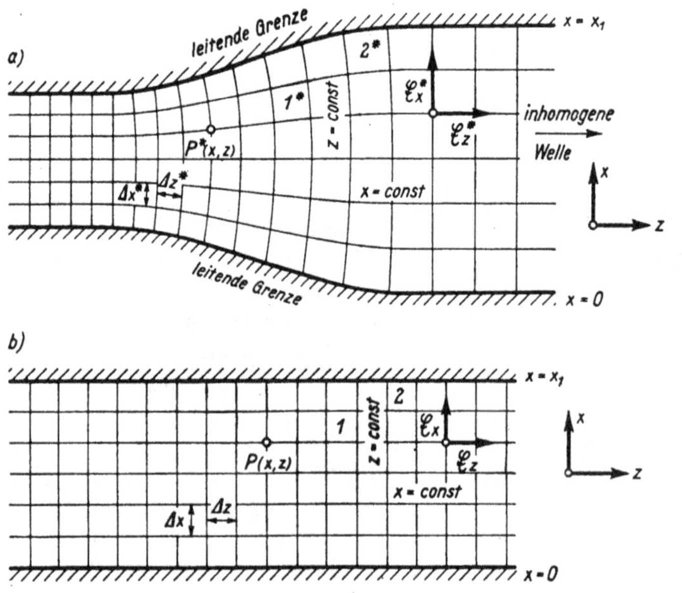

Abb. 375. Koordinatentransformation des inhomogenen ebenen Feldes

gezeichnete Feldverteilung, wobei die Linien $x =$ const den Schnittlinien der Äquipotentialflächen mit der Zeichenebene, im folgenden kurz Äquipotentiallinien genannt, und die senkrecht dazu verlaufenden Linien $z =$ const den elektrischen Feldlinien entsprechen. Beide zusammen überziehen die Fläche zwischen den leitenden Ebenen mit einem Netz geradliniger rechtwinkliger Koordinaten. Die Koordinatenänderungen Δx bzw. Δz sind dabei gleich den wahren Längen der Abstände benachbarter Linien $x =$ const bzw. $z =$ const. Legt man im Falle der Abb. 375a eine gleichgroße Gleichspannung an, so erhält man auf die gleiche Weise bei Verwendung der gleichen Zahl von Äquipotentialflächen eine ähnliche Feldkonfiguration, die sich lediglich dem geänderten Verlauf der Begrenzungsebenen anpaßt und deren wesentliches Merkmal ein krummliniger Verlauf im Bereich der Inhomogenität ist. Führt man die Äquipotentiallinien und die senkrecht dazu verlaufenden elektrischen Feldlinien wiederum als Koordinatenlinien ein, so erhält man zwischen den leitenden Ebenen ein krummliniges Koordinatensystem, in dem aber die wahren Längen Δx^* bzw. Δz^* der Abstände benachbarter Linien $x = \text{const}$ bzw. $z = \text{const}$ im allgemeinen nicht mehr gleich den Koordinatenänderungen Δx bzw. Δz sind. Es gelten die Beziehungen

$$\Delta x^* = K(x,z) \cdot \Delta x$$

und

$$\Delta z^* = K(x,z) \cdot \Delta z \tag{47.15}$$

mit (wegen der Quadratbildung) gleichem $K(x,z)$ für Δx^* und Δz^*. $K(x,z)$ ist eine dimensionslose Zahl. Genau genommen gilt (47.15) nur für infinitesimales dx^* und dz^*. Für die Anwendungen der Praxis ergibt sich jedoch eine befriedigende Genauigkeit bei hinreichend feiner endlicher Unterteilung. Das krummlinige Koordinatennetz muß bekannt sein, um die im folgenden entwickelte Theorie anwenden zu können. Da eine rechnerische Bestimmung meist nicht möglich sein wird, muß man es entweder nach der Methode der Quadratbildung oder aber durch Aufnahme im elektrolytischen Trog [39, 40] gewinnen. Auf Grund einer Koordinatentransformation, die man als konforme (winkeltreue) Abbildung bezeichnen kann, ist es also möglich jedem Quadrat der Abb. 375a ein entsprechendes Quadrat in Abb. 375b zuzuteilen (Beispiel: 1*, 1; 2*, 2) und jedem Punkt $P^*(x,z)$ in Abb. 375a einen Punkt $P(x,z)$ in Abb. 375b.

Nach diesen einführenden Betrachtungen sollen die Maxwellschen Gleichungen des inhomogenen Feldes aufgestellt werden. Dazu bestehe zwischen den unendlich gut leitenden Ebenen in Abb. 375a ein Wechselfeld, wobei vorausgesetzt wird, daß alle Feldkomponenten unabhängig von y sind und an elektrischen und magnetischen Feldkomponenten nur $\mathfrak{E}_x^*$, $\mathfrak{E}_z^*$ und $\mathfrak{H}_y^*$ auftreten, also keine $\mathfrak{E}_y^*$-, $\mathfrak{H}_x^*$- und $\mathfrak{H}_z^*$-Komponenten gegeben sind. Der Übergang auf Wechselfelder ist notwendig, um die für die später betrachteten Wellenfelder charakteristischen Erscheinungen, insbesondere den extremen Skineffekt, zu berücksichtigen. Es interessiert die x- und z-Abhängigkeit der Komponenten des inhomogenen Feldes bzw. der inhomogenen Welle. Bei der Welle findet dann ein Wirkleistungstransport nur längs der Koordinate z also nur in Richtung der Zeichenebene statt. Die Randbedingung, die von den Lösungsfunktionen erfüllt werden muß, lautet, daß längs der leitenden Ebenen $x = 0$ und $x = x_1$ die tangential gerichtete elektrische Feldkomponente $\mathfrak{E}_z^* = 0$ ist. Die zweite, prinzipiell zu erfüllende Randbedingung, daß längs der leitenden Ebenen keine vertikal gerichtete magnetische Komponente bestehen darf, ist durch die Voraussetzung, die nur eine Komponente $\mathfrak{H}_y^*$ zuläßt, automatisch erfüllt.

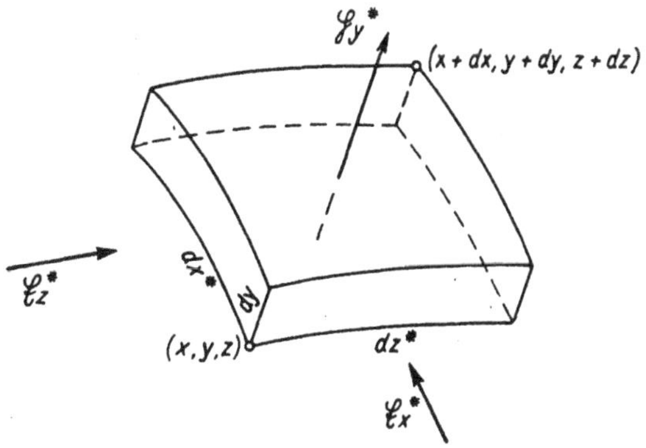

Abb. 376. Volumelement

Dieser Fall ist der einfachste und wichtigste aller möglichen Felder. Wendet man die Gesetze des elektromagnetischen Feldes auf ein Raumelement (Abb. 376) der Abb. 375a an, so lautet das Kontinuitätsgesetz für das magnetische Feld analog (47.4a)

$$\frac{\partial \mathfrak{H}_y^*}{\partial y} = 0 \tag{47.16}$$

und für das elektrische Feld mit (47.15) analog (47.4)

$$\frac{\partial}{\partial x}(K \cdot \mathfrak{E}_x^*) + \frac{\partial}{\partial z}(K \cdot \mathfrak{E}_z^*) = 0. \tag{47.17}$$

Dabei wird (47.16) durch die Voraussetzung erfüllt, wonach alle Komponenten unabhängig von y sind. Das Durchflutungsgesetz lautet nach § 34 für die vordere Fläche mit den Kanten dz^* und dy mit (47.15)

$$j\omega\varepsilon_0 (K \cdot \mathfrak{E}_x^*) = -\frac{\partial \mathfrak{H}_y^*}{\partial z}, \tag{47.18}$$

für die linke Fläche mit den Kanten dx^* und dy

$$j\omega\varepsilon_0 (K \cdot \mathfrak{E}_z^*) = \frac{\partial \mathfrak{H}_y^*}{\partial x} \tag{47.19}$$

und ist für die untere Fläche mit den Kanten dx^* und dz^* gleich Null. Das Induktionsgesetz für diese Fläche lautet mit (47.15)

$$j\omega\mu_0 (K^2 \cdot \mathfrak{H}_y^*) = \frac{\partial}{\partial x}(K \cdot \mathfrak{E}_z^*) - \frac{\partial}{\partial z}(K \cdot \mathfrak{E}_x^*). \tag{47.20}$$

Die Induktionsgesetze für die beiden anderen Flächenelemente sind wegen der vorausgesetzten Unabhängigkeit der Komponenten von y identisch gleich Null. Vgl. (47.1) bis (47.3).

Stellt man die entsprechenden Gesetze für das Feld der Abb. 375b auf, so ist $K = 1$. Füllt man dann noch den Raum zwischen den beiden leitenden Ebenen der Abb. 375b mit einem *fiktiven* Medium aus, das die relative Dielektrizitätskonstante $\varepsilon_r = 1$ aber eine *ortsabhängige* relative Permeabilität $\mu_r(x,z)$ hat, so lauten die Feldgleichungen

$$\frac{\partial \mathfrak{E}_x}{\partial x} + \frac{\partial \mathfrak{E}_z}{\partial z} = 0; \tag{47.17a}$$

$$j\omega\varepsilon_0 \cdot \mathfrak{E}_x = -\frac{\partial \mathfrak{H}_y}{\partial z}; \tag{47.18a}$$

$$j\omega\varepsilon_0 \cdot \mathfrak{E}_z = \frac{\partial \mathfrak{H}_y}{\partial x}; \tag{47.19a}$$

$$j\omega\mu_0\mu_r(x,z) \cdot \mathfrak{H}_y = \frac{\partial \mathfrak{E}_z}{\partial x} - \frac{\partial \mathfrak{E}_x}{\partial z}. \tag{47.20a}$$

Mit den Analogien

$$K \cdot \mathfrak{E}_x^* = \mathfrak{E}_x; \tag{47.21}$$

$$K \cdot \mathfrak{E}_z^* = \mathfrak{E}_z; \tag{47.22}$$

$$\mathfrak{H}_y^* = \mathfrak{H}_y; \tag{47.23}$$

$$K^2(x,z) = \mu_r(x,z) \tag{47.24}$$

sind die Feldgleichungen der Abb. 375a und die der Abb. 375b identisch. Es gilt also folgender fundamentale Satz: Das krummlinige Wellenfeld der Abb. 375a mit $\varepsilon_r = 1$ und $\mu_r = 1$ verhält sich genau so wie das geradlinige Wellenfeld der Abb. 375b, wenn man in Abb. 375b eine ortsabhängige relative Permeabilität $\mu_r(x,z) = K^2(x,z)$ einführt. Voraussetzung ist dabei, daß die eingangs erläuterte Koordinatentransformation (konforme Abbildung) möglich ist, was aber in der Praxis im allgemeinen der Fall ist, wenn man von sehr extremen Inhomogenitäten absieht. Nach (47.15) ist $K^2(x,z) = \Delta x^* \cdot \Delta z^*/(\Delta x \cdot \Delta z)$, also gleich dem Verhältnis sich entsprechender Flächenquadrate in Abb. 375a und b. Exakt gilt dies wiederum nur für infinitesimales dx, dz, dx^* und dz^*. Kleine Quadrate in Abb. 375a geben also nach (47.24) kleines $\mu_r(x,z)$ und umgekehrt. Um $\mu_r(x,z)$ bestimmen zu können, müssen daher die Konfigurationen der Abb. 375a und b, also der Verlauf im statischen Fall, bekannt sein. Der tiefere Sinn der Analogien (47.21) bis (47.24) liegt darin, daß auf Grund dieser Gleichsetzungen die elektrischen und magnetischen Energieverhältnisse in Abb. 375a und b die gleichen bleiben. So würde z.B. ohne das zusätzliche $\mu_r(x,z)$ wegen $\mathfrak{H}_y^* = \mathfrak{H}_y$ nach (47.23) zwar die Energiedichte $^1/_2\,\mu_0 H_y^2$ nach (1.1) in beiden Fällen die gleiche, aber wegen des unterschiedlichen Volumens die Gesamtenergie verschieden sein. Die Aufgabe der Berechnung inhomogener ebener Wellenfelder ist damit ganz allgemein auf die Berechnung des Wellenfeldes zwischen zwei parallelen Ebenen mit ortsabhängiger Permeabilität zurückgeführt.

Zu lösen sind die Gleichungen (47.17a) bis (47.20a). Für den Sonderfall $\mu_r(x,z) = K^2(x,z) = \text{const}$ ergibt sich allgemein ($n = 0, 1, 2 \ldots$)

$$\mathfrak{E}_x = \mathfrak{A}_n \cos\frac{n\pi x}{x_1} \cdot e^{-K_n z}; \tag{47.25}$$

$$\mathfrak{E}_z = -\frac{\mathfrak{A}_n}{K_n}\,\frac{n\pi}{x_1} \sin\frac{n\pi x}{x_1} \cdot e^{-K_n z} \tag{47.26}$$

$$\mathfrak{H}_y = j\omega\varepsilon_0 \frac{\mathfrak{A}_n}{K_n} \cos\frac{n\pi x}{x_1} \cdot e^{-K_n z}; \tag{47.27}$$

mit

$$K_n = \pm\frac{n\pi}{x_1}\sqrt{1 - \left(\frac{2x_1}{n\lambda}\sqrt{\mu_r}\right)^2}, \tag{47.28}$$

wobei $\omega^2\mu_0\varepsilon_0 = (2\pi/\lambda)^2$ nach (25.8) gesetzt wurde [vgl. (47.6) bis (47.11)]. Man prüfe die Richtigkeit der Lösungen durch Einsetzen in die Differentialgleichungen unter Berücksichtigung der zu erfüllenden Randbedingungen. Es gibt zu jedem n eine Grenzwellenlänge

$$\lambda_{gn} = \frac{2x_1}{n}\sqrt{\mu_r}, \tag{47.29}$$

bei der die Wurzel in (47.28) Null, also auch $K_n = 0$ und damit die Komponenten (47.25) bis (47.27) unabhängig von z werden. Dabei werden $\mathfrak{E}_z$ und $\mathfrak{H}_y$ für $\mathfrak{A}_n \neq 0$ unendlich groß. Solange $\lambda > \lambda_{gn}$ ist, ist K_n reell und es liegen Felder vor, die für positives K_n mit wachsendem z und für negatives K_n mit abnehmendem z exponentiell abnehmen. Dabei ist für hinreichend niedrige Frequenzen (großes λ) frequenzunabhängig $K_n = \pm\, n\pi/x_1$. Bei Annäherung an die Grenzwellenlänge λ_{gn} wird K_n frequenzabhängig und kleiner. Wenn $\lambda < \lambda_{gn}$ wird, ist K_n imaginär und man erhält für das betreffende n eine Welle. Man schreibt dann (47.28) in der zweckmäßigeren Form

$$K_n = \pm j\alpha = \pm j \frac{2\pi}{\lambda} \sqrt{\mu_r} \sqrt{1 - (\lambda/\lambda_{gn})^2}\,. \tag{47.30}$$

Für $n = 0$ wird nach (47.29) $\lambda_{g0} = \infty$. Es ist also für alle Frequenzen nur der Wellenzustand möglich und aus (47.25) bis (47.27) erhält man die bekannte ebene Welle zwischen parallelen Ebenen im homogenen Medium [vgl. (36.5)]:

$$\begin{aligned} \mathfrak{E}_x &= \mathfrak{A}_0 \cdot e^{\mp j 2\pi \sqrt{\mu_r}\, z/\lambda}; \\ \mathfrak{E}_z &= 0; \\ \mathfrak{H}_y &= \pm\, \mathfrak{A}_0 \sqrt{\frac{\varepsilon_0}{\mu_0\, \mu_r}}\; e^{\mp j 2\pi \sqrt{\mu_r}\, z/\lambda}. \end{aligned} \tag{47.31}$$

Dabei gelten die oberen Vorzeichen für die in Richtung wachsender z laufende Welle und die unteren Vorzeichen für die in Richtung abnehmender z laufende Welle. Man kann sich also den durch die allgemeine Lösung (47.25) bis (47.27) erfaßten Feldzustand zusammengesetzt denken aus den Wellenfeldern der ebenen Welle ($n = 0$) nach (47.31) und weiteren höherzahligen ($n = 1, 2 \ldots$) Wellenfeldern bzw. exponentiell abklingenden Feldern, wobei beide Vorzeichen im Exponenten der e-Funktion in getrennten Gliedern möglich sind (Linearkombination). Die bisher bekannt gewordenen Lösungen für inhomogene Felder verwenden einfache Kombinationen dieser Einzellösungen. Da in der Praxis eine außer der ebenen Welle ($n = 0$) auftretende Welle im allgemeinen unerwünscht ist und (außer $\lambda_{g0} = \infty$ für $n = 0$) die größte Wellenlänge nach (47.29) $\lambda_{g1} = 2x_1\sqrt{\mu_r}$ für $n = 1$ ist, muß man sich auf den Bereich

$$\lambda > 2x_1\sqrt{\mu_r} \quad \text{bzw.} \quad x_1 < \frac{\lambda}{2\sqrt{\mu_r}} \tag{47.32}$$

beschränken.

Der allgemeinste inhomogene Fall $\mu_r(x,z) = K^2(x,z) \neq \text{const}$, läßt sich durch eine verallgemeinerte Kombination in ähnlicher Form mittels einer Reihe darstellen ($n = 0, 1, 2\ldots$):

$$\begin{aligned} \mathfrak{E}_x &= \sum_{n=0}^{\infty} \left(f_n'(z) \cdot \cos \frac{n\pi x}{x_1} \right) \\ &= f_0'(z) + f_1'(z) \cdot \cos \frac{\pi x}{x_1} + f_2'(z) \cdot \cos \frac{2\pi x}{x_1} + \ldots. \end{aligned} \tag{47.33}$$

Die Funktionen $f_n(z)$, deren erste Differentialquotienten nach z in (47.33) die z-Abhängigkeit bestimmen, müssen dabei noch näher bestimmt werden. (47.17a) und die Randbedingung $\mathfrak{E}_z = 0$ für $x = 0$ und $x = x_1$ ist erfüllt, wenn

$$\begin{aligned} \mathfrak{E}_z &= \frac{\pi}{x_1} \sum_{n=0}^{\infty} \left(n \cdot f_n(z) \cdot \sin \frac{n\pi x}{x_1} \right) \\ &= \frac{\pi}{x_1} \left[f_1(z) \cdot \sin \frac{\pi x}{x_1} + 2\, f_2(z) \cdot \sin \frac{2\pi x}{x_1} + \ldots \right] \end{aligned} \tag{47.34}$$

ist. (47.18a) und (47.19a) sind erfüllt, wenn

$$\begin{aligned}\mathfrak{H}_y &= -j\omega\varepsilon_0 \sum_{n=0}^{\infty}\left(f_n(z)\cdot \text{ccs}\frac{n\pi x}{x_1}\right)\\ &= -j\omega\varepsilon_0\left[f_0(z)+f_1(z)\cdot\cos\frac{\pi x}{x_1}+f_2(z)\cdot\cos\frac{2\pi x}{x_1}+\dots\right].\end{aligned} \tag{47.35}$$

Damit auch noch (47.20a) erfüllt wird, ist es zweckmäßig in der gegebenen Funktion $\mu_r(x,z) = K^2(x,z)$ die Trennung der Veränderlichen in ähnlicher Form wie bei den Feldkomponenten vorzunehmen:

$$\begin{aligned}\mu_r(x,z) &= \sum_{n=0}^{\infty}\left[\mu_{rn}(z)\cdot\cos\frac{n\pi x}{x_1}\right]\\ &= \mu_{r0}(z)+\mu_{r1}(z)\cdot\cos\frac{\pi x}{x_1}+\mu_{r2}(z)\cdot\cos\frac{2\pi x}{x_1}+\dots.\end{aligned} \tag{47.36}$$

(47.36) ist die Fourieranalyse der Funktion $\mu_r(x,z)$ über die Veränderliche x, wobei

$$\mu_{r0}(z) = \frac{1}{x_1}\sum_{x=0}^{x_1}\mu_r(x,z)\cdot\Delta x \tag{47.37}$$

a)

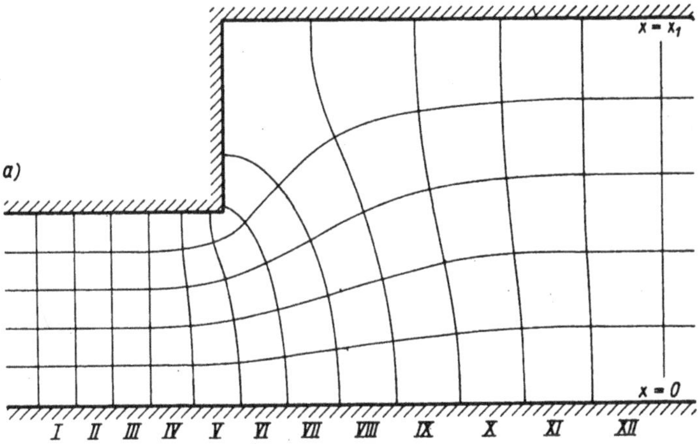

b)

	I	II	III	IV	V	VI	VII	VIII	IX	X	XI	XII
$x = x_1$	1	1	0,95	0,9	0,7	0,6	1,3	8	6	5	4,2	4,1
	1	1	1	0,95	0,9	1	1,6	3,2	4,2	4,1	4	4
	1	1	1	1	1	1,1	1,7	2,8	3,6	3,9	4	4
	1	1	1	1,05	1,1	1,3	1,8	2,6	3,4	3,6	4	4
$x = 0$	1	1	1,05	1,1	1,2	1,5	1,9	2,6	3,3	3,6	3,9	4

Abb. 377. Sprunghafte Abstandsänderung

und (für $n = 1, 2, \ldots$)

$$\mu_{rn}(z) = \frac{2}{x_1} \sum_{x=0}^{x_1} \mu_r(x,z) \cdot \cos \frac{n\pi x}{x_1} \cdot \Delta x \tag{47.38}$$

ist. Für unendlich kleine Quadrate geht das Σ-Zeichen in ein $\int$-Zeichen über. Abb. 377a zeigt als Beispiel den Fall einer sprunghaften Abstandsänderung zweier sonst paralleler Ebenen, wodurch sich im Bereich des Sprungs eine Feldinhomogenität ergibt. Die Äquipotentiallinien und die Feldlinien des statischen Feldes geben das eingezeichnete krummlinige Koordinatensystem (vgl. Abb. 375a), das durch Koordinatentransformation auf das recht-

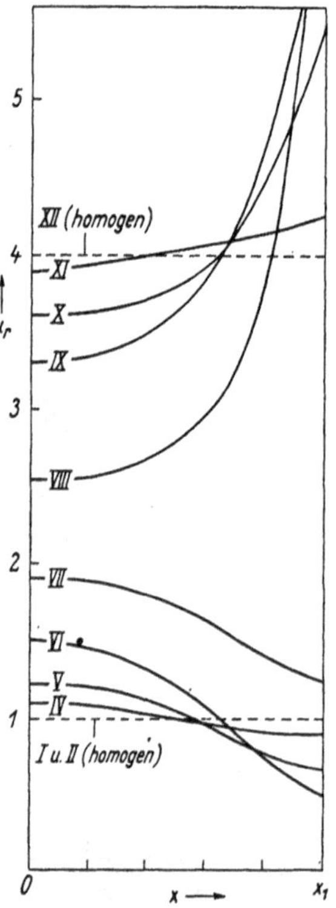

Abb. 378.
μ_r-Verteilung in den Streifen der Abb. 377

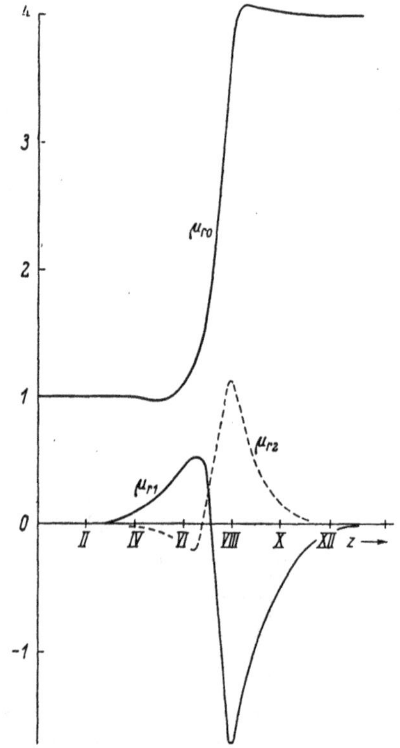

Abb. 379.
Fourierkoeffizienten des μ_r der Abb. 378

winklige System der Abb. 377b (vgl. Abb. 375b) abgebildet wird. Die Zahlen in den Quadraten der Abb. 377b geben dabei das durch die Transformation entstehende $\mu_r(x,z) = K^2(x,z)$ an. Je nach dem Feinheitsgrad der Unterteilung kann man beliebig genaue μ_r-Werte erhalten. Man erkennt, daß großen „Quadraten" in Abb. 377a große μ_r-Werte entsprechen. Abb. 378 zeigt für die einzelnen Feldlinienstreifen der Abb. 377 als Parameter (womit sich die z-Abhängigkeit ergibt) den Verlauf des μ_r in Abhängigkeit von x. Man beachte, daß das fiktive Medium teils paramagnetischen ($\mu_r > 1$) und teils diamagnetischen ($\mu_r < 1$) Charakter hat. Abb. 379 zeigt die zugehörigen

Fourierkoeffizienten $\mu_{r0}(z)$, $\mu_{r1}(z)$ und $\mu_{r2}(z)$ nach (47.37) und (47.38). Die Ecken geben dabei innerhalb eines μ_{rn}-Verlaufs Extremwerte verschiedenen Vorzeichens, je nachdem eine Konzentration oder Schwächung des Feldes vorliegt. Für die μ_{r1}-Kurve ergibt eine Feldkonzentration (VI) einen positiven Extremwert, eine Feldschwächung (VIII) einen negativen Extremwert. Die μ_{r2}-Kurve zeigt das umgekehrte Verhalten. Wichtig ist die Erkenntnis, daß auch bei relativ kräftigen Inhomogenitäten das $|\mu_{r1}|$ erheblich kleiner als μ_{r0} ist und alle übrigen $|\mu_{rn}|$ noch wesentlich kleiner sind, so daß man in der Praxis vielfach nur das μ_{r1} in seinen Spitzen zu berücksichtigen braucht, während man höhere μ_{rn}-Werte meist vernachlässigen darf. Durch Abrunden der Ecken kann man die Extremwerte der μ_{rn} bedeutend verkleinern. So ist z. B. für den gleichen Abstandssprung mit einer abgerundeten Ecke nach Abb. 380

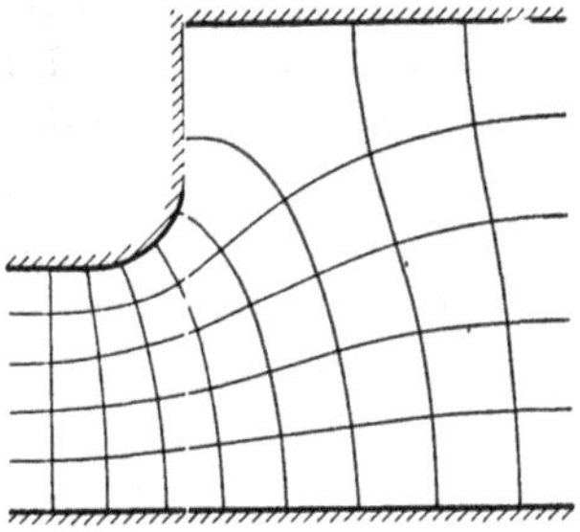

Abb. 380. Übergang mit abgerundeter Ecke

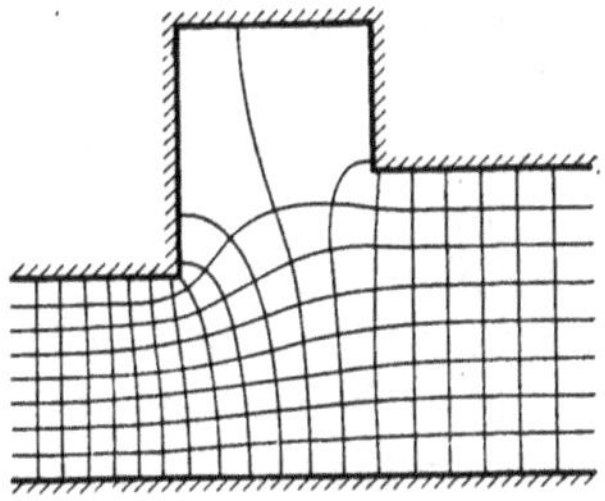

Abb. 381. Tiefe Einbuchtung

der positive Anteil des μ_{r1} nahezu verschwunden. Einen extremen Fall stellt die tiefe Einbuchtung der Abb. 381 dar, bei der innerhalb der Einbuchtung sehr große μ_r-Werte entstehen, wodurch schon bei relativ niedrigen Frequenzen sich eine selbständig stehende Welle innerhalb der Einbuchtung ausbildet. Man vgl. (47.32). Setzt man (47.33) bis (47.36) in (47.20a) ein, so ergibt sich mit $\omega^2\mu_0\varepsilon_0 = (2\pi/\lambda)^2$ nach (25.8)

$$(2\pi/\lambda)^2 \left[f_0 + f_1 \cos\frac{\pi x}{x_1} + f_2 \cos\frac{2\pi x}{x_1} + \cdots\right] \times \left[\mu_{r0} + \mu_{r1}\cos\frac{\pi x}{x_1} + \mu_{r2}\cos\frac{2\pi x}{x_1} + \cdots\right] = \left(\frac{\pi}{x_1}\right)^2 \left[f_1 \cos\frac{\pi x}{x_1} + 4 f_2 \cos\frac{2\pi x}{x_1} + \cdots\right] - \left[f_0'' + f_1''\cos\frac{\pi x}{x_1} + f_2''\cos\frac{2\pi x}{x_1} + \cdots\right]. \tag{47.39}$$

Multipliziert man unter Verwendung von

$$\cos\frac{n_1\pi x}{x_1}\cdot\cos\frac{n_2\pi x}{x_1} = \frac{1}{2}\left[\cos\frac{(n_1+n_2)\pi x}{x_1} + \cos\frac{(n_1-n_2)\pi x}{x_1}\right] \tag{47.40}$$

die linke Seite in (47.39) aus, so ist die Gleichung (47.39) erfüllt, wenn man alle cos-freien Glieder auf der rechten und linken Seite einander gleichsetzt und ebenso die jeweiligen Faktoren der $\cos(n\pi x/x_1)$. Erstmalig wurde das vollständige unendliche Gleichungssystem von R. Piloty aufgestellt [50]. Im ersten Fall erhält man dann die Beziehung

$$(2\pi/\lambda)^2 \left[f_0\,\mu_{r0} + \frac{1}{2} f_1\,\mu_{r1} + \frac{1}{2} f_2\,\mu_{r2} + \dots\right] = -f_0'' \qquad (47.41)$$

und im zweiten Fall eine Folge von Gleichungen der Form

$$(2\pi/\lambda)^2 \left[f_0\,\mu_{r1} + f_1\,\mu_{r0} + \frac{1}{2} f_2\,\mu_{r1} + \frac{1}{2} f_1\,\mu_{r2} + \dots\right] = \left(\frac{\pi}{x_1}\right)^2 f_1 - f_1''; \qquad (47.42)$$

$$(2\pi/\lambda)^2 \left[f_0\,\mu_{r2} + f_2\,\mu_{r0} + \frac{1}{2} f_1\,\mu_{r1} + \dots\right] = \left(\frac{2\pi}{x_1}\right)^2 f_2 - f_2'', \qquad (47.43)$$

woraus man dann prinzipiell die einzelnen (der unendlich vielen) Funktionen f_n berechnen kann und die Differentialgleichungen (47.17a) bis (47.20a) gelöst sind. Technisch verwendbar sind die Lösungsfunktionen (47.33) bis (47.35) aber nur dann, wenn die Reihen konvergieren und einen praktischen Nutzen erzielt man wiederum nur, wenn sie rasch konvergieren, man also ohne wesentlich ungenau zu sein möglichst mit dem Glied $f_0(z)$ abbrechen kann. Die Konvergenz wird dabei mit wachsender Frequenz schlechter und entscheidend bestimmt von der Konvergenz der Reihe des $\mu_r(x,z)$ nach (47.36). Anordnungen mit abgerundeten Ecken nach Abb. 380 geben eine sehr gute Konvergenz und auch ein Verlauf des μ_r wie in Abb. 378 und 379 ist brauchbar. Eine Anwendung auf die sehr extreme Inhomogenität der Abb. 381 ist aber nicht mehr lohnend. Für die praktische Auswertung ist es dabei wichtig, Näherungen zu entwickeln, um ohne viel Aufwand einen groben, oft aber schon genügenden Überblick über die einzelnen Werte f_n zu bekommen, wobei man sich dann von vornherein auf die Glieder beschränken kann, die von maßgeblichem Einfluß sind.

Bevor Näherungsmethoden erläutert werden, soll aber noch der besonders interessierende Fall untersucht werden, unter welchen Bedingungen in Abb. 375a $\mathfrak{E}_z{}^* = 0$ ist. Dann besteht nur eine Komponente $\mathfrak{E}_x{}^*$ bzw. in Abb. 375b nur eine Komponente $\mathfrak{E}_x$ nach (47.21) und die statischen Feldlinien bleiben auch im Wechselfeld erhalten. Mit $\mathfrak{E}_z{}^* = 0$ ist nach (47.19) $\mathfrak{H}_y{}^*$ und nach (47.17) $K \cdot \mathfrak{E}_x{}^*$ unabhängig von x aber wegen (47.18) und (47.20) abhängig von z. Die Differentialgleichungen (47.17) bis (47.20) gehen über in

$$j\omega\varepsilon_0\,(K \cdot \mathfrak{E}_x{}^*) = -\frac{\partial \mathfrak{H}_y{}^*}{\partial z}; \qquad (47.44)$$

$$j\omega\mu_0\,(K^2 \cdot \mathfrak{H}_y{}^*) = -\frac{\partial}{\partial z}\,(K \cdot \mathfrak{E}_x{}^*). \qquad (47.45)$$

Da in (47.45) auf der rechten Seite nur eine Abhängigkeit von z besteht, muß auch die linke Seite nur eine Funktion von z sein. Dies ist nur dann gegeben, wenn K unabhängig von x ist. K darf aber abhängig von z sein. Nur unter dieser Bedingung tritt also der Fall $\mathfrak{E}_z{}^* = 0$ überhaupt ein. Die geforderte Unabhängigkeit des K von x bedeutet, daß in Abb. 375a die Abstände Δx^* und Δz^* benachbarter Äquipotentiallinien und benachbarter Feldlinien längs eines Feldlinienstreifens konstant sind; man vgl. Abb. 265. Abb. 382 zeigt ein Beispiel, wo die Linien $z = \text{const}$ konzentrische Kreise und die Linien $x = \text{const}$ Geraden durch den Spurpunkt der beiden Ebenen sind. In allen Fällen, in denen K eine Funktion von x ist, ist auch eine $\mathfrak{E}_z^*$- bzw. in Abb. 375b eine $\mathfrak{E}_z$-Komponente gegeben und die elektrischen Feldlinien verlaufen nicht mehr längs der statischen Feldlinien. Da dabei im allgemeinen $\mathfrak{E}_x^*$ und $\mathfrak{E}_z^*$ nicht phasengleich sind, also auch keine zeitunabhängigen induktions- und feldstromfreien Flächen mehr bestehen, muß man auf jede Vierpoldefinition verzichten. Es zeigt sich jedoch, daß man bei hinreichend niedrigen Frequenzen und Querabmessungen, die klein gegen die Wellenlänge λ sind, $\mathfrak{E}_z^*$ in erster Näherung vernachlässigen kann und damit die Vierpoldefinition wiederum möglich ist.

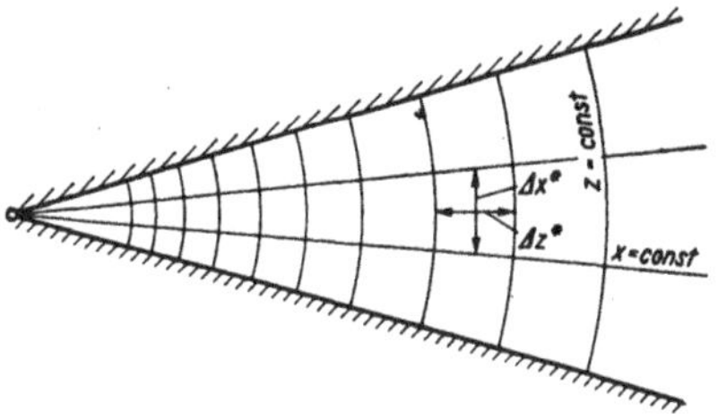

Abb. 382. Feld zwischen geneigten Ebenen

Wichtig ist die Erkenntnis, daß aus diesem Grunde bis zu einer gewissen Frequenzgrenze das statische Feld als Ausgangspunkt aller in den § 36 bis 40 angestellten Betrachtungen dienen kann, ohne wesentliche Ungenauigkeiten in die Rechnung eingehen zu lassen.

Zum Abschluß soll nun eine Näherung für die Reihenglieder f_n gebracht werden, die es gestattet, die im vorhergehenden entwickelte Theorie mit einem Minimum an Aufwand auf die in der Praxis vorwiegend auftretenden Probleme anzuwenden. Von besonderem Interesse sind dabei Inhomogenitäten, die wie in Abb. 377 beidseitig in homogene Felder ($\mu_r = \text{const}$) übergehen und in den Schaltungen als Inhomogenitäten im Zuge einer Leitung auftreten. In den homogenen Anschlußleitungen bestehen dann die Lösungen (47.31) der Welle und (47.25) bis (47.27) der Felder, wobei zur Unterdrückung von Nebenwellen der Abstand x_1 der beiden Ebenen kleiner als $\lambda/(2\sqrt{\mu_r})$ nach (47.32) sein muß. Um dabei sicher zu gehen, daß auch innerhalb einer beliebigen Inhomogenität Nebenwellen nicht auftreten, setzt man allgemein

$$x_1 < \frac{\lambda}{2\sqrt{(\mu_{r0})_{\max}}}, \tag{47.46}$$

wobei $(\mu_{r0})_{\max}$ der maximale, längs der Leitung auftretende Wert des μ_{r0} ist. Das Ziel sind Lösungsfunktionen (47.33) bis (47.35), bei denen nur noch die Funktion $f_0(z)$ von Bedeutung ist und $f_1(z)$ nur insofern interessiert, um erkennen zu können, wie weit die Näherung mit $f_0(z)$ allein brauchbar ist. Es wird dazu vorausgesetzt, daß $\mu_r(x,z)$ nach (47.36) gut konvergiert und zwar sei für alle z

$$|\mu_{rn}| < \frac{1}{2^n}\mu_{r0}. \tag{47.47}$$

Wie Abb. 379 zeigt, ist diese Bedingung auch noch für stärkere Inhomogenitäten erfüllt. Die $|\mu_{rn}|$-Werte ($n = 1, 2 \ldots$) sind im allgemeinen sehr klein und erreichen nur mit ihren schmalen Spitzen größere Beträge. Da sich später ergibt, daß die Größe $|f_n|/|f_0|$ mit wachsender Frequenz wächst, werden ferner im folgenden nur Frequenzen betrachtet, für die

$$|f_n| < \frac{1}{3^n}|f_0| \tag{47.48}$$

ist. Die zugehörige Frequenzgrenze ergibt sich aus (47.59). In (47.41) ist dann das 2. Glied $f_1\mu_{r1}/2 < |f_0|\mu_{r0}/12$, im allgemeinen sogar erheblich kleiner, so daß es nur mehr ein kleines Korrekturglied darstellt und die restlichen Glieder der Reihe vernachlässigt werden können. Es ergibt sich dann aus (47.41)

$$(2\pi/\lambda)^2\left[f_0\,\mu_{r0} + \frac{1}{2}f_1\,\mu_{r1}\right] = -f_0'' \tag{47.49}$$

und aus (47.42)

$$(2\pi/\lambda)^2\,[f_0\,\mu_{r1} + f_1\,\mu_{r0}] + (\pi/x_1)^2 f_1 = -f_1''. \tag{47.50}$$

Die immerhin denkbaren Fälle, bei denen das in (47.50) innerhalb der eckigen Klammern vernachlässigte $f_2\mu_{r1}/2$ in geringem Umfang wirksam sein könnte (annähernd gleicher Betrag und verschiedenes Vorzeichen von $f_0\mu_{r1}$ und $f_1\mu_{r0}$), ergeben aber bei genauerer Diskussion, daß dadurch ein nennenswerter Einfluß auf die Hauptfunktion $f_0(z)$ nicht ausgeübt wird. Unter den drei Voraussetzungen (47.46) bis (47.48) werden die weiteren Untersuchungen durchgeführt. Zunächst wird die Größenordnung des $|f_1|$ im Vergleich zu $|f_0|$ festgestellt, weil $f_1(z)$ vielfach so klein ist, daß man es ebenfalls noch vernachlässigen darf, und dann aus (47.49) die einfache Gleichung

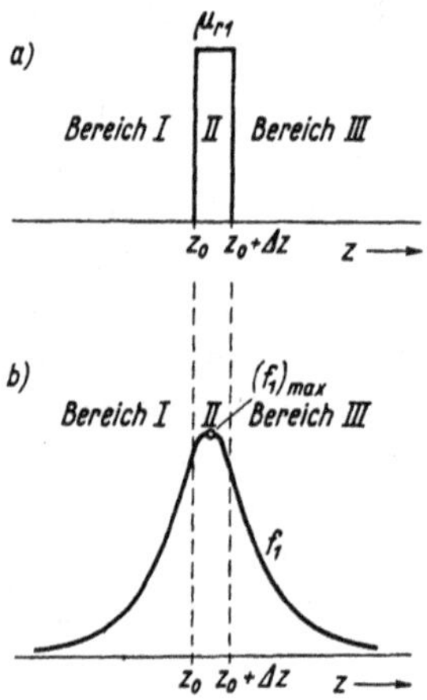

Abb. 383. Schmale μ_{r1}-Spitze

$$(2\pi/\lambda)^2 f_0\,\mu_{r0} = -f_0'' \tag{47.51}$$

wird. An einem einfachen Beispiel soll der allgemeine Fall abgeleitet werden. Gegeben sei eine Inhomogenität mit einem relativ schmalen, positiven μ_{r1}-Verlauf, dessen idealisierte Form eine Rechteckkurve nach Abb. 383a sei. Es wird ferner vorausgesetzt, daß die Frequenz noch so niedrig ist, daß x_1 wesentlich unterhalb der durch (47.46) gegebenen Grenze liegt. Dann kann man in (47.50) $(2\pi/\lambda)^2 f_1\mu_{r0}$ gegenüber $(\pi/x_1)^2 f_1$ vernachlässigen und es bleibt

$$(\pi/x_1)^2 f_1 - (2\pi/\lambda)^2 f_0\,\mu_{r1} = f_1''. \tag{47.52}$$

Zur Bestimmung des $f_1(z)$ unterteilt man den μ_{r1}-Verlauf der Abb. 383 in 3 Bereiche I, II und III. Im Bereich I ist $\mu_{r1} = 0$ und (47.52) geht über in

$$f_1'' = (\pi/x_1)^2 f_1 \tag{47.53}$$

mit der Lösung

$$f_1 = \mathfrak{A}_{\mathrm{I}}\cdot e^{(\pi/x_1)\,z}, \tag{47.54}$$

wobei $\mathfrak{A}_{\mathrm{I}}$ eine durch die Integration zunächst nicht näher bestimmte Konstante ist. Im Bereich II ist $\mu_{r1} = \text{const}$ und unter der Voraussetzung, daß der

Abstand Δz klein gegen die Wellenlänge λ ist, was für die meisten Fälle der Praxis zutrifft, kann man auch die Feldkomponenten als konstant und damit auch $f_0(z)$ als konstant betrachten und gleich seinem Mittelwert im Bereich Δz setzen. $f_0 \mu_{r1}$ ist also im Bereich II eine Konstante und (47.52) gibt die Lösung

$$f_1 = \mathfrak{A}_{II} \cdot e^{(\pi/x_1)z} + \mathfrak{B}_{II} \cdot e^{-(\pi/x_1)z} + (2x_1/\lambda)^2 f_0 \mu_{r1}. \tag{47.55}$$

Bezüglich $\mathfrak{A}_{II}$ und $\mathfrak{B}_{II}$ gilt das zu $\mathfrak{A}_I$ Gesagte. Im Bereich III ist wieder $\mu_{r1} = 0$ und aus (47.53) erhält man

$$f_1 = \mathfrak{B}_{III} \cdot e^{-(\pi/x_1)z}. \tag{47.56}$$

Die Konstanten $\mathfrak{A}_I$, $\mathfrak{A}_{II}$, $\mathfrak{B}_{II}$ und $\mathfrak{B}_{III}$ sind so zu bestimmen, daß am Ort z_0 und am Ort $(z_0 + \Delta z)$ die Funktionswerte und ihre 1. Differentialquotienten nach z von benachbarten Bereichen gleich sind. Diese Grenzbedingungen ergeben vier Gleichungen, aus denen die vier Konstanten bestimmt werden können. Den zugehörigen Funktionsverlauf zeigt Abb. 383b. Man sieht, daß nur innerhalb des Bereichs II größere Werte $f_1(z)$ erreicht werden und außerhalb des Bereichs der Inhomogenität das $f_1(z)$ rasch absinkt. Der in der Mitte des Bereichs II liegende Maximalwert $(f_1)_{max}$ lautet bei den gemachten Voraussetzungen

$$(f_1)_{max} = 2\pi \mu_{r1} \frac{x_1}{\lambda} \frac{\Delta z}{\lambda} f_0. \tag{47.57}$$

λ ist die Wellenlänge in Luft. $(f_1)_{max}$ ist dabei proportional zu $\mu_{r1} \cdot \Delta z$, also zur Fläche des Rechtecks in Abb. 383a. Bei einer μ_{r1}-Verteilung wie in Abb. 383a ist also unter den gemachten Voraussetzungen [$|\mu_{rn}|/\mu_{r0} < 1/2$", $|f_n|/|f_0| < 1/3$", $x_1 \ll \lambda/(2\sqrt{(\mu_{r0})_{max}})$, $\Delta z \ll \lambda$]

$$|f_1|/|f_0| \leq 2\pi \mu_{r1} \frac{x_1}{\lambda} \frac{\Delta z}{\lambda}. \tag{47.58}$$

Man sieht daß der Quotient $|f_1|/|f_0|$ mit wachsender Frequenz (abnehmendem λ) wächst, die $\mathfrak{E}_z$-Komponente nach (47.34) also zunimmt. Das gleiche gilt für die hier weiter nicht interessierenden höheren Werte $|f_n|/|f_0|$ $(n = 2, 3 \ldots)$. Solange $|f_1|/|f_0| < 0{,}01$ ist, was für die bekannten Bauelemente der Dezimeterwellentechnik zutrifft, kann man $\mathfrak{E}_z$ gegenüber dem $\mathfrak{E}_x$, das dann praktisch nur durch $f_0(z)$ bestimmt wird, vernachlässigen und es ist nur die einfache Gleichung (47.51) zu lösen. Es bestehen dann die statischen elektrischen Feldlinien mit hinreichender Genauigkeit. Wird $|f_1|/|f_0|$ größer, so treten nennenswerte Komponenten $\mathfrak{E}_z$ auf und die statischen Feldlinien geben nicht mehr den tatsächlichen Feldlinienverlauf wieder. Hier liegt also bei gegebener Inhomogenität die Frequenzgrenze, die sich für $|f_1|/|f_0| = 0{,}01$ aus (47.58) zu

$$\lambda < 10 \sqrt{2\pi \mu_{r1} x_1 \cdot \Delta z} \tag{47.59}$$

ergibt. Lediglich in der Hohlleitertechnik muß man das $f_1(z)$ mitunter berücksichtigen und man kann dann im allgemeinen auch das Glied $(2\pi/\lambda)^2 f_1 \mu_{r0}$ gegenüber $(\pi/x_1)^2 f_1$ in (47.50) nicht vernachlässigen. Hier kommt man dann mit einem schrittweisen Näherungsverfahren zum Ziel.

Exakte Rechnungen für den Einzelfall sind im allgemeinen sehr schwierig. Bezüglich derartiger Rechnungen sei verwiesen auf [45, 49, 51]. Die obigen Betrachtungen über die inhomogene Bandleitung, für die aus dem gegebenen statischen Feld das Verhalten der Inhomogenität im Wellenfeld abgeleitet wurde, lassen sich nach R. Piloty auch auf rechteckige Hohlleiter ausdehnen [50], ohne daß wesentliche Änderungen erforderlich sind. Das statische elektrische Feld erweist sich also als der brauchbare Ausgangspunkt für inhomogene Leitungen ziemlich allgemeiner Form. Beispielsweise führt der reflexionsfreie Winkel der Bandleitung nach Abb. 270 sofort zum reflexionsfreien Winkel des Hohlleiters nach Abb. 349 und die Abstandsvergrößerung der Abb. 265 ohne wesentliche Änderung zu dem sich erweiternden Hohlleiter der Abb. 366. Hinsichtlich der Anwendung auf koaxiale Leitungen sei verwiesen auf [55].

Ergänzendes Schrifttum: [8].

Zusammenfassendes, ergänzendes Schrifttum

[1] Hak, J.: Eisenlose Drosselspulen. Leipzig 1938.
[2] Terman, E.: Radio Engineers Handbook. New York 1943.
[3] Kohlrausch, F.: Praktische Physik. Leipzig 1935.
[4] Mie, G.: Handbuch der Experimentalphysik, herausg. v. W. Wien und F. Harms, Bd. 11. Leipzig 1932.
[5] Zickner, G.: Arch. Elektrotechn. **38** (1944), 1.
[6] Cauer, W.: Theorie der linearen Wechselstromschaltungen. Leipzig 1941.
[7] Möller, H. G.: Grundlagen und mathematische Hilfsmittel der Hochfrequenztechnik. Berlin 1945.
[8] Ramo, S. und Whinnery, J. R.: Fields and Waves in modern Radio, 2. Aufl., New York 1945.
[9] Küpfmüller, K.: Einführung in die theoretische Elektrotechnik. Berlin 1939.
[10] Hoffmann, G.: Handbuch der Experimentalphysik, herausg. v. W. Wien und F. Harms, Bd. 10. Leipzig 1930.
[11] Feldtkeller, R.: Einführung in die Theorie der Rundfunksiebschaltungen, 3. Aufl., Leipzig 1945.
[12] Zinke, O.: Hochfrequenz-Meßtechnik. Berlin 1938.
[13] Rohde, L. und Opitz, G.: Z. Hochfrequenztechn. **54** (1939), 116.
[14] Meinke, H.: Die komplexe Berechnung von Wechselstromschaltungen. Berlin 1949.
[15] Meinke, H.: Die Elektrotechn. **2** (1948), 137.
[16] König, H.: Z. Hochfrequenztechn. **58** (1941), 174.
[17] Feldtkeller, R.: Einführung in die Siebschaltungstheorie der elektrischen Nachrichtentechnik, 2. Aufl., Leipzig 1942.
[18] Wallot, J.: Theorie der Schwachstromtechnik, 4. Aufl., Berlin 1944.
[19] Feldtkeller, R.: Einführung in die Vierpoltheorie der elektrischen Nachrichtentechnik, 4. Aufl., Leipzig 1944.
[20] Weißfloch, A.: Elektr. Nachr.-Techn. **19** (1942), 259.
[21] Sommer, F.: Elektr. Nachr.-Techn. **17** (1940), 281.
[22] Magnus, J. W. und Oberhettinger, F.: Arch. Elektrotechn. **37** (1943), 381.
[23] Schmidt, O.: Z. Hochfrequenztechn. **41** (1933), 2.
[24] Smith, P. H.: Electronics **12** (1939), 29.
[25] Meinke, H.: Z. Hochfrequenztechn. **57** (1941), 17.
[26] Vilbig, F.: Lehrbuch der Hochfrequenztechnik, 4. Aufl., Leipzig 1944.
[27] Meinke, H.: Z. Naturforsch. **2a** (1947), 55.
[28] Meinke, H.: Arch. elektr. Übertr. **1** (1947), 101.
[29] Knol, K. S. und Strutt, M. J. O.: Physica **9** (1942), 577.
[30] Buschbeck, W.: Z. Hochfrequenztechn. **61** (1943), 93.
[31] Meinke, H.: Z. Hochfrequenztechn. **61** (1943), 145.
[32] Meinke, H.: Elektr. Nachr.-Techn. **19** (1942), 27.
[33] Weißfloch, A.: Z. Hochfrequenztechn. **61** (1943), 100.
[34] Weißfloch, A.: Z. Hochfrequenztechn. **60** (1942), 67.
[35] Weißfloch, A.: Z. Hochfrequenztechn. **61** (1943), 19.
[36] Meinke, H.: Frequenz **2** (1948), 41.
[37] Pohl, R. W.: Einführung in die Elektrizitätslehre, 10. Aufl., Berlin 1944.
[38] Abraham-Becker: Theorie der Elektrizität. Berlin 1930.

[39] Hepp, G.: Philips Techn. Rdsch. **8** (1939), 235.
[40] Schmude, H. und Schwenkhagen, H.: Telefunkenröhre **24** (1942), 47.
[41] Müller, J.: Z. Hochfrequenztechn. **54** (1939), 121.
[42] Riedinger, A. In: Fortschritte der Hochfrequenztechnik, herausg. v. F. Vilbig, Bd. 1. Leipzig 1941.
[43] Meinke, H.: Z. Hochfrequenztechn. **60** (1942), 29.
[44] Watson, W. H.: The physical Principles of Wave Guide Transmission and Antenna Systems. Oxford 1947.
[45] Schelkunoff, S. A.: Electromagnetic Waves. New York 1943.
[46] Slater, J. C.: Microwave Transmission. New York 1942.
[47] Meinke, H.: Felder und Wellen in Hohlleitern, 1. Aufl., München 1949.
[48] Buchholz, H.: Elektr. Nachr.-Techn. **16** (1939), 258.
[49] Whinnery, J. R. und Jamieson, H. W.: Proc. Inst. Radio Engrs., N. Y., **32** (1944), 98.
[50] Piloty, R.: Z. angew. Phys. **1** (1949), 441.
[51] Whinnery, J. R., Jamieson, H. W. und Robins, T. E.: Proc. Inst. Radio Engrs., N.Y., **32** (1944), 695.
[52] Kammerloher, J.: Hochfrequenztechnik I, 2. Aufl., Leipzig 1938.
[53] Pitsch, H.: Lehrbuch der Funkempfangstechnik. Leipzig 1948.
[54] Reich, H. J. und Mc Dowell, L. S.: Very High-frequency Techniques. New York 1947.
[55] Meinke, H.: Z. angew. Phys. **1** (1949), 509.
[56] Montgomery, C. G., Dicke, R. H. und Purcell, E. M.: Principles of Microwave Circuits, Radiation Lab. Series, Bd. 8. New York 1948.
[57] Ragan, G. L.: Microwave Transmission Circuits, Radiation Lab. Series, Bd. 9. New York 1948.
[58] Montgomery, C. G.: Technique of Microwave Measurements, Radiation Lab. Series, Bd. 10. New York 1947.
[59] Moreno, T.: Microwave Transmission Design Data. New York 1948.
[60] Meinke, H.: Arch. elektr. Übertr. **5** (1951), 106.

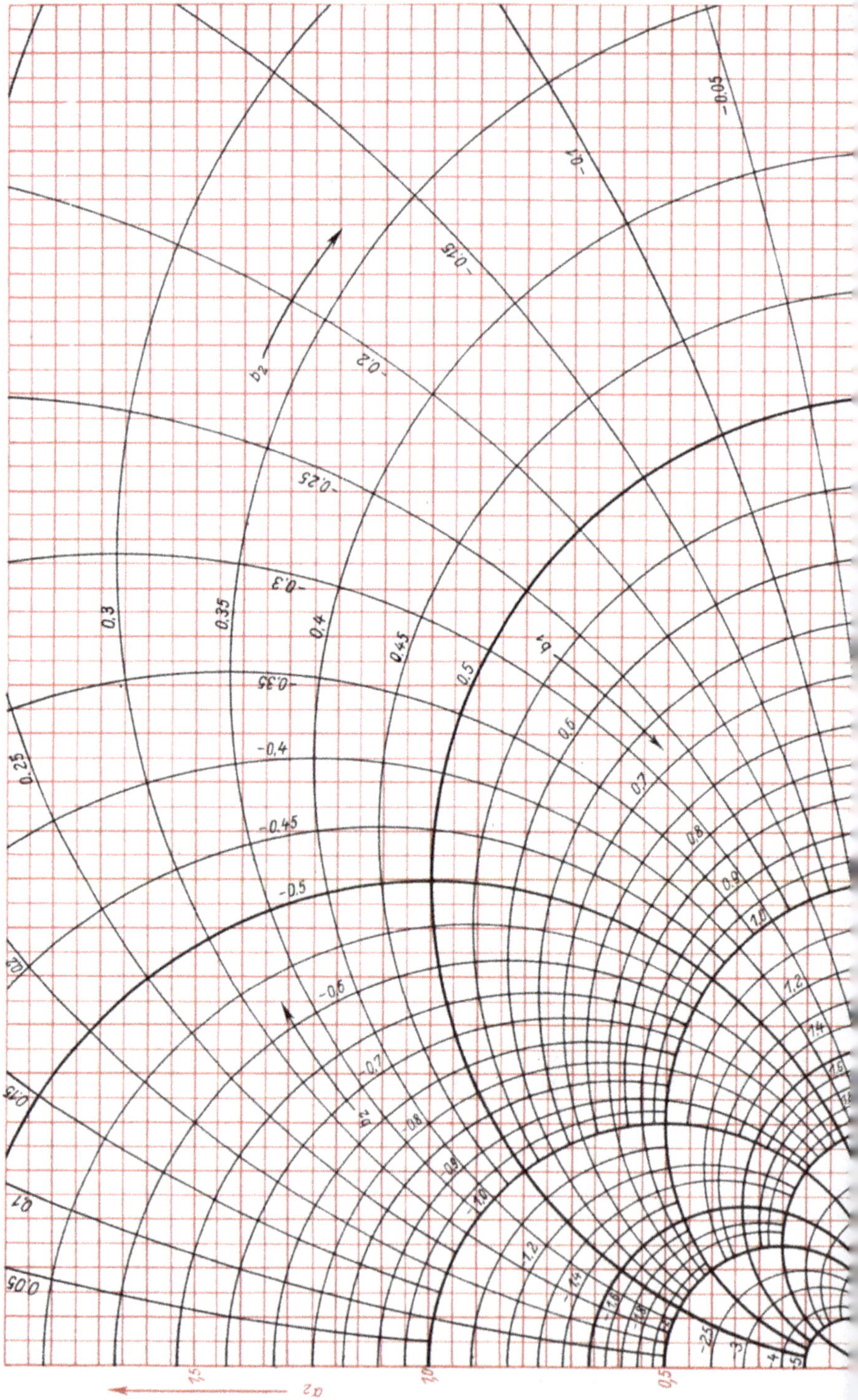

-0.05
-0.1
-0.15
-0.2
-0.25
-0.3
-0.35
-0.4
-0.45
-0.5
-0.6
-0.7
-0.8
-1.0
-1.2
-1.4
0.25
0.3
0.35
0.4
0.45
0.5
0.6
0.7
0.8
0.9
1.0
1.2
b_2
b_1
a_2
1,5
1,0
0,5

Beilage I

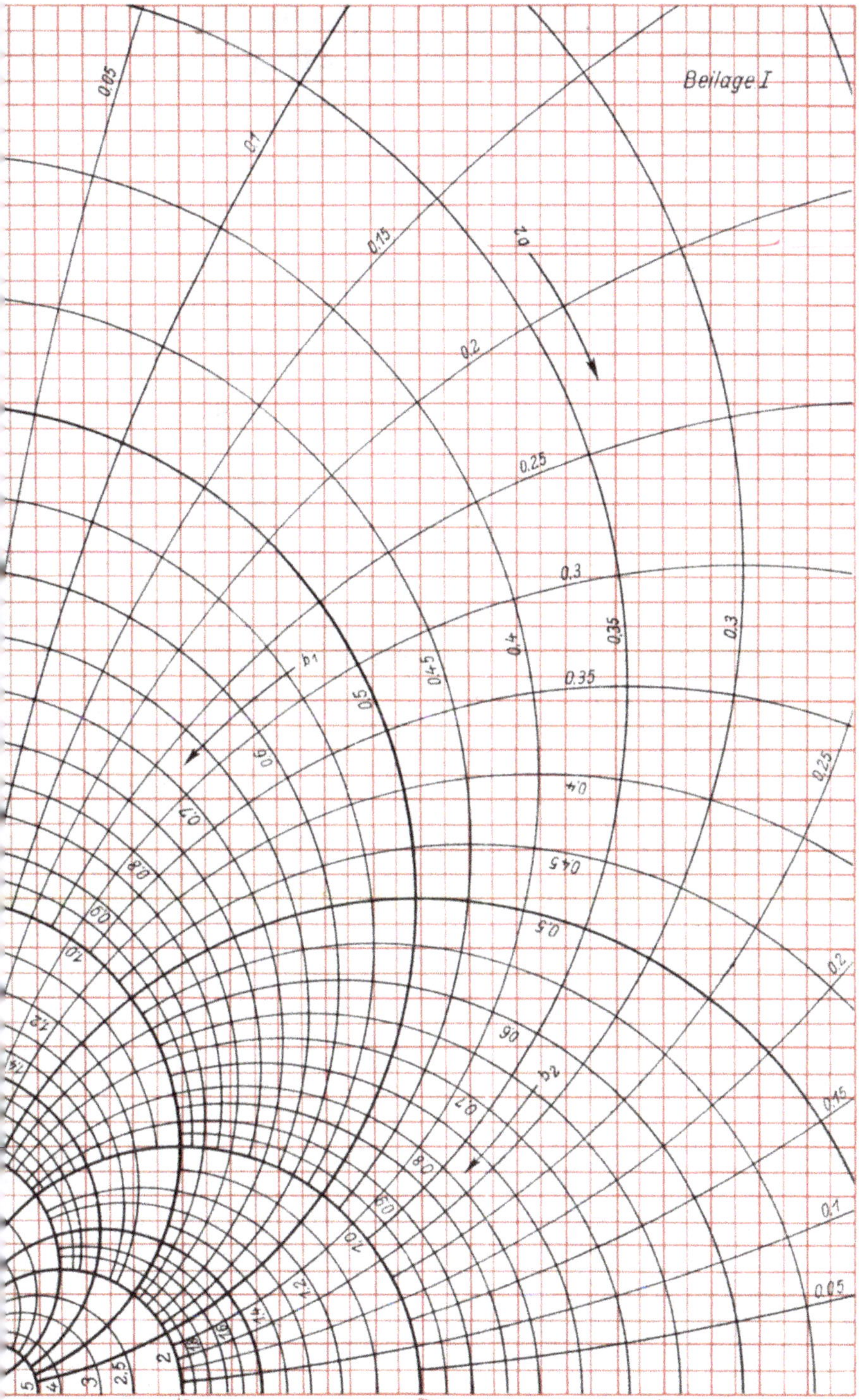

0.05
0.1
0.15
0.2
0.25
0.3
0.35
0.4
0.45
0.5
0.6
0.7
0.8
0.9
1.0
1.2
1.4
1.6
1.8
2
2.5
3
4
5
b1
b2
-0,5
-1,0
-1,5

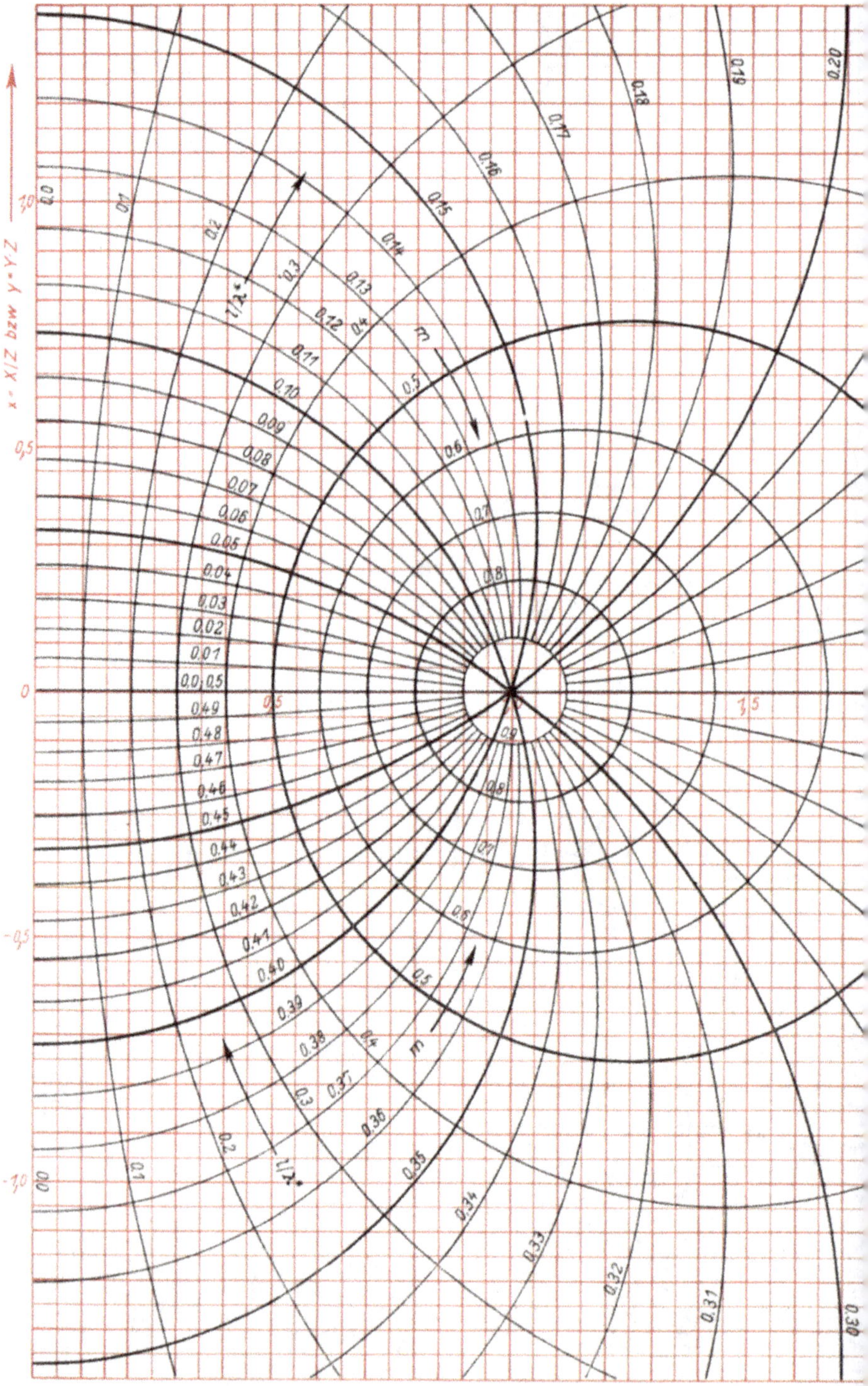

Aus Meinke, Theorie der Hochfrequenz

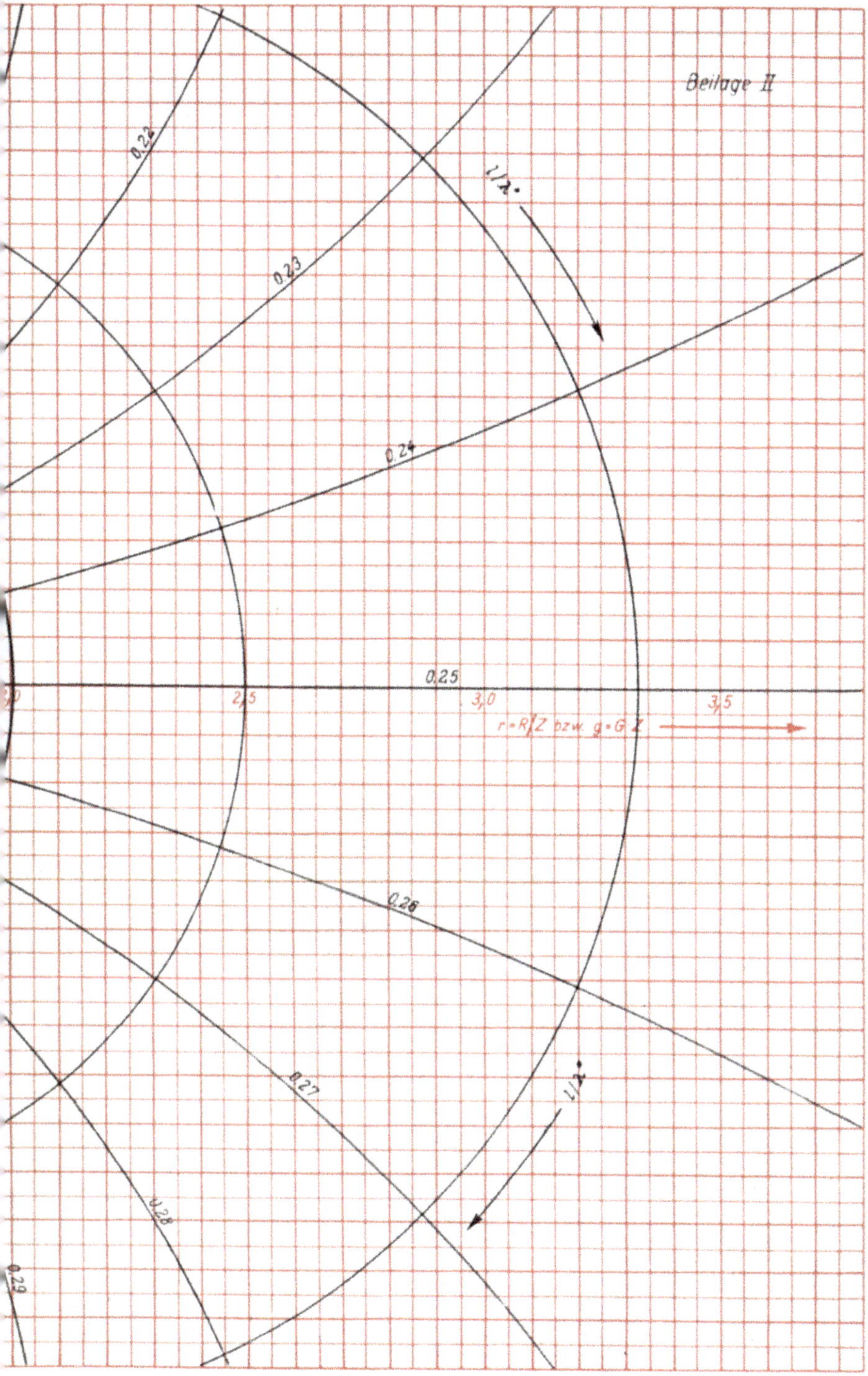

Verlag von R. Oldenbourg, München

www.ingramcontent.com/pod-product-compliance
Lightning Source LLC
Chambersburg PA
CBHW081509190326
41458CB00015B/5324
* 9 7 8 3 4 8 6 7 7 7 2 2 2 *